住房和城乡建设领域专业人员岗位培训考核系列用书

质量员专业基础知识
（土建施工）

江苏省建设教育协会　组织编写

中国建筑工业出版社

图书在版编目（CIP）数据

质量员专业基础知识（土建施工）/江苏省建设教育协
会组织编写. —北京：中国建筑工业出版社，2014.4
住房和城乡建设领域专业人员岗位培训考核系列用书
ISBN 978-7-112-16605-3

Ⅰ. ①质⋯　Ⅱ. ①江⋯　Ⅲ. ①建筑工程-质量管
理-岗位培训-教材②土木工程-工程质量-质量管理-岗位
培训-教材　Ⅳ. ①TU712

中国版本图书馆 CIP 数据核字（2014）第 053514 号

　　本书是《住房和城乡建设领域专业人员岗位培训考核系列用书》中的一本，依据《建筑与市政工程施工现场专业人员职业标准》编写。全书共分 10 章，内容包括：制图的基本知识；房屋构造；建筑测量；建筑力学；建筑材料；建筑结构；施工项目管理；建筑施工技术；法律法规；职业道德。本书可作为质量员（土建施工）岗位考试的指导用书，又可作为施工现场相关专业人员的实用手册，也可供职业院校师生和相关专业技术人员参考使用。

责任编辑：刘　江　岳建光
责任设计：李志立
责任校对：姜小莲　党　蕾

住房和城乡建设领域专业人员岗位培训考核系列用书
质量员专业基础知识
（土建施工）
江苏省建设教育协会　组织编写

＊

中国建筑工业出版社出版、发行（北京西郊百万庄）
各地新华书店、建筑书店经销
霸州市顺浩图文科技发展有限公司制版
北京同文印刷有限责任公司印刷

＊

开本：787×1092 毫米　1/16　印张：30¾　字数：750 千字
2014 年 9 月第一版　　2014 年 9 月第一次印刷
定价：79.00 元
ISBN 978-7-112-16605-3
（25337）

住房和城乡建设领域专业人员岗位培训考核系列用书

编审委员会

主　任：杜学伦

副主任：章小刚　　陈　曦　　曹达双　　漆贯学

金少军　　高　枫　　陈文志

委　员：王宇旻　　成　宁　　金孝权　　郭清平

马　记　　金广谦　　陈从建　　杨　志

魏㥁燕　　惠文荣　　刘建忠　　冯汉国

金　强　　王　飞

出　版　说　明

为加强住房城乡建设领域人才队伍建设，住房和城乡建设部组织编制了住房城乡建设领域专业人员职业标准。实施新颁职业标准，有利于进一步完善建设领域生产一线岗位培训考核工作，不断提高建设从业人员队伍素质，更好地保障施工质量和安全生产。第一部职业标准——《建筑与市政工程施工现场专业人员职业标准》（以下简称《职业标准》），已于 2012 年 1 月 1 日实施，其余职业标准也在制定中，并将陆续发布实施。

为贯彻落实《职业标准》，受江苏省住房和城乡建设厅委托，江苏省建设教育协会组织了具有较高理论水平和丰富实践经验的专家和学者，以职业标准为指导，结合一线专业人员的岗位工作实际，按照综合性、实用性、科学性和前瞻性的要求，编写了这套《住房和城乡建设领域专业人员岗位培训考核系列用书》（以下简称《考核系列用书》）。

本套《考核系列用书》覆盖施工员、质量员、资料员、机械员、材料员、劳务员等《职业标准》涉及的岗位（其中，施工员、质量员分为土建施工、装饰装修、设备安装和市政工程四个子专业），并根据实际需求增加了试验员、城建档案管理员岗位；每个岗位结合其职业特点以及培训考核的要求，包括《专业基础知识》、《专业管理实务》和《考试大纲·习题集》三个分册。随着住房城乡建设领域专业人员职业标准的陆续发布实施和岗位的需求，本套《考核系列用书》还将不断补充和完善。

本套《考核系列用书》系统性、针对性较强，通俗易懂，图文并茂，深入浅出，配以考试大纲和习题集，力求做到易学、易懂、易记、易操作。既是相关岗位培训考核的指导用书，又是一线专业人员的实用手册；既可供建设单位、施工单位及相关高、中等职业院校教学培训使用，又可供相关专业技术人员自学参考使用。

本套《考核系列用书》在编写过程中，虽经多次推敲修改，但由于时间仓促，加之编者水平有限，如有疏漏之处，恳请广大读者批评指正（相关意见和建议请发送至 JYXH05@163.com），以便我们认真加以修改，不断完善。

本书编写委员会

主　　编：郭清平
副 主 编：丛俊华
编写人员：薛晓煜　丛俊华　朱　敏　杜成仁
　　　　　杨　菊　左　颖　张　琴　冯均州
　　　　　郭清平　张福生　陈晋中　金　强

前　言

为贯彻落实住房城乡建设领域专业人员新颁职业标准，受江苏省住房和城乡建设厅委托，江苏省建设教育协会组织编写了《住房和城乡建设领域专业人员岗位培训考核系列用书》，本书为其中的一本。

质量员（土建施工）培训考核用书包括《质量员专业基础知识（土建施工）》、《质量员专业管理实务（土建施工）》、《质量员考试大纲·习题集（土建施工）》三本，反映了国家现行规范、规程、标准，并以国家质量检查和验收规范为主线，不仅涵盖了现场质量检查人员应掌握的通用知识、基础知识和岗位知识，还涉及新技术、新设备、新工艺、新材料等方面的知识。

本书为《质量员专业基础知识（土建施工）》分册，全书共分 10 章，内容包括：制图的基本知识；房屋构造；建筑测量；建筑力学；建筑材料；建筑结构；施工项目管理；建筑施工技术；法律法规；职业道德。

本书既可作为质量员（土建施工）岗位培训考核的指导用书，又可作为施工现场相关专业人员的实用手册，也可供职业院校师生和相关专业技术人员参考使用。

目　　录

第8章 建筑施工技术

第1章 制图的基本知识

1.1 基本制图标准

为了做到房屋建筑制图基本统一，清晰简明，保证图面质量，提高制图效率，满足图纸现代化管理要求，符合设计、施工、存档等要求，适应工程建设的需要，制图时必须严格遵守国家颁布的制图标准有《建筑制图标准》GB/T 50104—2010、《房屋建筑制图统一标准》GB/T 50001—2010 和《建筑结构制图标准》GB/T 50105—2010。

1.1.1 图纸幅面

为了便于图纸的装订、查阅和保存，图纸的大小规格应力求统一。工程图纸的幅面及图框尺寸应符合规定。

纸的短边一般不应加长，长边可加长，但应符合规定。

1.1.2 标题栏和会签栏

每张图纸都必须有标题栏，标题栏的文字方向为看图方向。

需要会签的图纸应绘制会签栏，栏内应填写会签人员所代表的专业、姓名、日期（年、月、日）。一个会签栏不够用时，可另加一个，两个会签栏应并列；不需会签的图纸，可不设会签栏。

1.1.3 图线

1. 线宽

图线的宽度 b，应根据图样的复杂程度和比例，并按现行国家标准《房屋建筑制图统一标准》GB/T50001-2010 中的有关规定选用。绘制较简单的图样时，可采用两种线宽的线宽组，其线宽比宜为 $b:0.25b$。

每个图样，应根据复杂程度与比例大小，先选定基本线宽 b，再选用相应的线宽组。

2. 线型

工程图是由不同种类的线型所构成，这些图线可表达图样的不同内容，以及分清图中的主次，工程图的图线线型、线宽和用途见表1-1。

1.1.4 比例

图样的比例，应为图形与实物相对应的线性尺寸之比。比例的大小，是指其比值的大小。

比例宜注写在图名的右侧，比例的字高宜比图名的字高小一号或二号。

一般情况下，一个图样应选用一种比例。根据专业制图需要，同一图样可选用两种比例，但同一投影图中的两种比例的比值不超过 5 倍。

图线线型、线宽和用途　　　　　　　　　　　　表 1-1

名称		线型	线宽	用途
实线	粗		b	主要可见轮廓线
	中粗		$0.7b$	可见轮廓线
	中		$0.5b$	可见轮廓线、尺寸线、变更云线
	细		$0.25b$	图例填充线、家具线
虚线	粗		b	见各有关专业制图标准
	中粗		$0.7b$	不可见轮廓线
	中		$0.5b$	不可见轮廓线、图例线
	细		$0.25b$	图例填充线、家具线
单点长画线	粗		b	见各有关专业制图标准
	中		$0.5b$	见各有关专业制图标准
	细		$0.25b$	中心线、对称线、轴线等
双点长画线	粗		b	见各有关专业制图标准
	中		$0.5b$	见各有关专业制图标准
	细		$0.25b$	假想轮廓线、成型前原始轮廓线
折断线	细		$0.25b$	断开界线
波浪线	细		$0.25b$	断开界线

1.1.5　尺寸标注

图形的大小及各组成部分的相对位置是通过尺寸标注来确定的。

1. 基本规则

（1）工程图上所有尺寸数字是物体的实际大小，与图形的比例及绘图的准确度无关。

（2）在建筑制图中，图上的尺寸单位，除标高及总平面图以米为单位外，其他图上均以毫米为单位。

（3）在道路工程图中，线路的里程桩号以千米为单位；标高、坡长和曲线要素均以米为单位；一般砖、石、混凝土等工程结构物以厘米为单位；钢筋和钢材长度以厘米为单位；钢筋和钢材断面尺寸以毫米为单位。

（4）图上尺寸数字之后不必注写单位，但在注解及技术要求中要注明尺寸单位。

2. 尺寸的组成

图样上的尺寸，包括尺寸界线、尺寸线、尺寸起止符号和尺寸数字。

（1）尺寸界线

图样上的尺寸界线应用细实线绘制，一般应与被注长度垂直，其一端应离开图样轮廓线不小于 2mm，另一端宜超出尺寸线 2～3mm。图样轮廓线可用作尺寸界线。

（2）尺寸线

图样上的尺寸线应用细实线绘制，应与被注长度平行。图样本身的任何图线均不得用作尺寸线。

（3）尺寸起止符号

尺寸起止符号一般用中粗斜短线绘制，其倾斜方向应与尺寸界线成顺时针45°角，长度宜为2～3mm。

（4）尺寸数字

图样上的尺寸，应以尺寸数字为准，不得从图上直接量取。

3. 坡度标注

标注坡度时，应加注坡度符号——单面箭头，箭头应指向下坡方向，如图1-1（a）、图1-1（b）所示。坡度也可用直角三角形形式标注，如图1-1（c）所示。

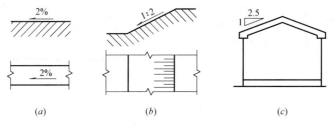

图 1-1　坡度标注方法

4. 尺寸的简化标注

杆件或管线的长度，在单线图（桁架简图、钢筋简图、管线简图）上，可直接将尺寸数字沿杆件或管线的一侧注写。

连续排列的等长尺寸，可用"个数×等长尺寸＝总长"的形式标注。

两个构配件，如个别尺寸数字不同，可在同一图样中将其中一个构配件的不同尺寸数字注写在括号内，该构配件的名称也应注写在相应的括号内。

对称构配件采用对称省略画法时，该对称构配件的尺寸线应略超过对称符号，仅在尺寸线的一端画尺寸起止符号，尺寸数字应按整体全尺寸注写，其注写位置宜与对称符号对齐。

构配件内的构造因素（如孔、槽等）如相同，可仅标注其中一个要素的尺寸。

数个构配件，如仅某些尺寸不同，这些有变化的尺寸数字，可用拉丁字母注写在同一图样中，另列表格写明其具体尺寸。

1.1.6　字体

1. 汉字

图样及说明中的汉字，宜采用长仿宋体或黑体，同一图纸字体种类不应超过两种。长仿宋体的宽度与高度的关系应符合规定，黑体字的宽度与高度应相同。汉字的字高，应不小于2.5mm。

2. 字母与数字

拉丁字母及数字（包括阿拉伯数字、罗马数字及少数希腊字母）有一般字体和窄字体两种。拉丁字母、阿拉伯数字与罗马数字的书写与排列，应符合规定。字母与数字的字高，应不小于 2.5mm。

1.1.7 工程制图的相关规定

1. 定位轴线及编号

（1）定位轴线

定位轴线是用来确定建筑物主要结构及构件位置的尺寸基准线，是房屋施工时砌筑墙身、浇筑柱梁、安装构件等施工定位的重要依据。

定位轴线用细的单点长画线表示，端部画细实线圆，直径 8～10mm。定位轴线圆的圆心应在定位轴线的延长线上或延长线的折线上，圆内注明编号。

（2）编号

一般平面上定位轴线的编号，宜标注在图样的下方或左侧。横向编号应用阿拉伯数字，从左至右顺序编写；竖向编号应用大写拉丁字母，从下至上顺序编写，如图 1-2 所示。拉丁字母的 I、O、Z 不得用做轴线编号。当字母数量不够使用，可增用双字母或单字母加数字注脚。

组合较复杂的平面图中定位轴线也可采用分区编号，编号的注写形式应为"分区号—该分区编号"。分区号采用阿拉伯数字或大写拉丁字母表示，如图 1-3 所示。

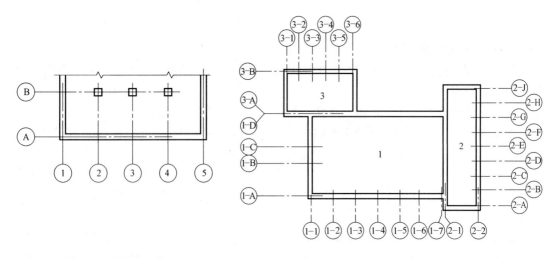

图 1-2　定位轴线的编号顺序　　　　　图 1-3　定位轴线的分区编号

圆形与弧形平面图中的定位轴线，其径向轴线应以角度进行定位，其编号宜用阿拉伯数字表示，从左下角或−90°（若径向轴线很密，角度间隔很小）开始，按逆时针顺序编写；其环向轴线宜用大写拉丁字母表示，从外向内顺序编写，如图 1-4 所示。

折线形平面图中定位轴线的编号可按图 1-5 所示的形式编写。

一个详图适用几根轴线时，应同时注明各有关轴线的编号，如图 1-6 所示。

通用详图中的定位轴线，应只画圆，不注写轴线编号。

（3）附加轴线

附加定位轴线的编号采用分数表示，如图 1-7 所示，并应按下列规定编写：

两根轴线间的附加轴线，应以分母表示前一轴线的编号，分子表示附加轴线的编号，编号宜用阿拉伯数字顺序编写；1 号轴线或 A 号轴线之前的附加轴线的分母应以 01 或 0A 表示。

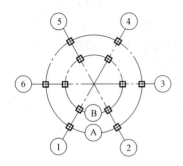

图 1-4　圆形平面定位轴线的编号

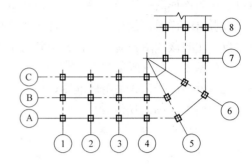

图 1-5　拆线形平面定位轴线的编号

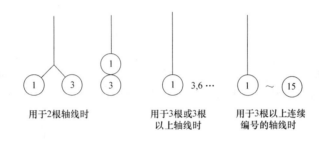

图 1-6　详图的轴线编号

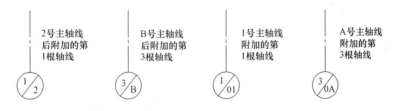

图 1-7　附加轴线的编号

2. 标高

标高是标注建筑物高度方向的一种尺寸形式，可分为绝对标高和相对标高，均以米为单位。绝对标高是以青岛市黄海平均海平面为基准而引出的标高。相对标高是根据工程需要自行选定基准面，由此引出的标高。

标高数字应以米为单位，注写到小数点以后第三位，总平面图中注写到小数点后二位。零点标高注写成 ±0.000，正数标高不注"＋"，负数标高应注"－"。在图样的同一位置需表示几个不同标高时，标高数字可按图 1-8 所示的形式注写。

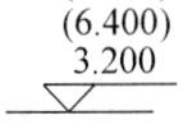

```
(9.600)
(6.400)
 3.200
▽
```

图 1-8　同一位置注写
多个标高数字

3. 索引符号和详图符号

在施工图中，对需用详图表达部分应标注索引符号，并在所绘详图处标注详图符号。

（1）索引符号

索引符号是由直径 10mm 的细实线圆和细实线的水平直径组

成，如图 1-9（a）所示。

　　索引出的详图，如与被索引的详图同在一张图纸内，应在索引符号的上半圆中用阿拉伯数字注明该详图的编号，并在下半圆中间画一段水平细实线，如图 1-9（b）所示。

　　索引出的详图，如与被索引的详图不在同一张图纸内，应在索引符号的上半圆中用阿拉伯数字注明该详图的编号，在索引符号的下半圆中用阿拉伯数字注明该详图所在图纸的编号，如图 1-9（c）所示。

　　索引出的详图，如采用标准图，应在索引符号水平直径的延长线上加注该标准图册的编号，如图 1-9（d）所示。

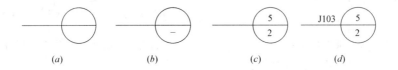

图 1-9　索引符号

　　索引符号用于索引剖面详图，除符合上述规定外，还应在被剖切的部位绘制剖切位置线，用引出线引出索引符号，引出线所在的一侧为投射方向，如图 1-10 所示。

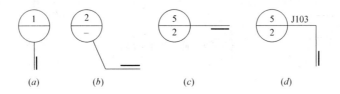

图 1-10　用于索引剖面详图的索引符号

（2）详图符号

　　详图的位置和编号，应以详图符号表示。详图符号的圆应以直径为 14mm 粗实线绘制。

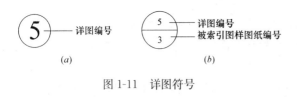

图 1-11　详图符号

　　详图与被索引的图样同在一张图纸内时，应在详图符号内用阿拉伯数字注明详图的编号，如图 1-11（a）所示。

　　详图与被索引的图样不在同一张图纸内，应用细实线在详图符号内画一水平直径，在上半圆中注明详图编号，在下半圆中注明被索引的图纸的编号，如图 1-11（b）所示。

4. 引出线与多层构造说明

（1）引出线

　　图样中某些部位的具体内容或要求无法标注时，常采用引出线注出文字说明。引出线应以细实线绘制，宜采用水平方向的直线、与水平方向成 30°、45°、60°、90°的直线，或经过上述角度再折为水平线。文字说明宜注写在水平线的上方，如图 1-12（a）所示；也可注写在水平线的端部，如图 1-12（b）所示。索引符号的引出线，应与水平直径线相连接，如图 1-12（c）所示。

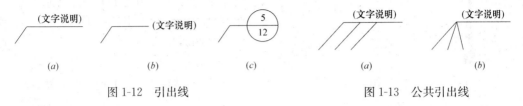

图 1-12　引出线　　　　　　　　　图 1-13　公共引出线

同时引出几个相同部分的引出线，宜互相平行，也可画成集中于一点的放射线，如图 1-13 所示。

（2）多层构造说明

多层构造或多层管道共用引出线，应通过被引出的各层。文字说明宜注写在水平线的上方，或注写在水平线的端部，说明的顺序应由上至下，并应与被说明的层次相互一致，如图 1-14（a）～图 1-14（c）所示；如层次为横向排序，则由上至下的说明顺序应与左至右的层次相互一致，如图 1-14（d）所示。

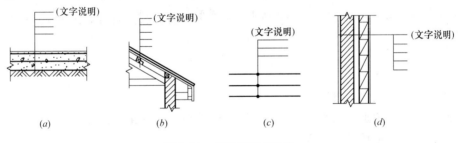

图 1-14　多层构造引出线

5. 其他符号

（1）指北针

指北针的形状如图 1-15 所示。其圆的直径为 24mm，用细实线绘制；指针尾部的宽度为 3mm，指针头部应注"北"或"N"字。如需用较大直径绘制指北针时，指针尾部宽度宜为直径的 1/8。

（2）对称符号

对称符号由对称线和两端的两对平行线组成。对称线用细点画线绘制，对称符号用两条垂直于对称轴线、平行等长的细实线绘制，其长度为 6～10mm，间距为 2～3mm，画在对称轴线两端，且平行线在对称线两侧长度相等，对称轴线两端的平行线到投影图的距离也应相等。如图 1-16 所示。

（3）连接符号

连接符号应以折断线表示需连接的部位。两部位相距过远时，折断线两端靠图样一侧应标注大写拉丁字母表示连接编号。两个被连接的图样必须用相同的字母编号，如图 1-17 所示。

（4）变更云线

对图纸中局部变更部分宜采用云线，并宜注明修改版次，如图 1-18 所示。

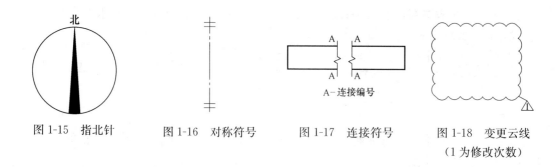

图 1-15　指北针　　　　图 1-16　对称符号　　　　图 1-17　连接符号　　　　图 1-18　变更云线
（1 为修改次数）

1.2　投影的基本知识

1.2.1　投影

1. 投影的形成

假设光线能穿透物体，而将物体表面上的各个点和线都在承接影子的平面上落下它们的影子，从而使这些点、线的影子组成能够反映物体外部或内部形状的"线框图"。把这样形成的"线框图"称为投影。

2. 投影的分类

（1）中心投影法

光线由光源点发出，投射线成束线状，如图 1-19 所示。

投影的影子（图形）随光源的方向和距形体的距离而变化。光源距形体越近，形体投影越大，它不反映形体的真实大小。

（2）平行投影法

光源在无限远处，投射线相互平行，投影大小与形体到光源的距离无关，如图 1-20 所示。

1）斜投影法：投射线相互平行，但与投影面倾斜，如图 1-20（a）所示。

2）正投影法：投射线相互平行且与投影面垂直，如图 1-20（b）所示。

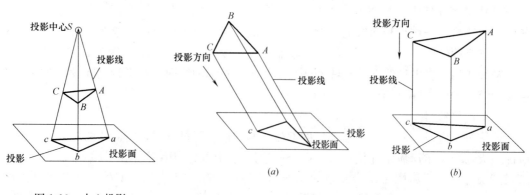

图 1-19　中心投影　　　　　　图 1-20　平行投影
　　　　　　　　　　　　　　（a）斜投影；（b）正投影

8

3. 正投影的基本特性

（1）显实性

当直线或平面平行于投影面时，它们的投影反映实长或实形。

（2）积聚性

当直线或平面平行于投影线时，其投影积聚于一点或一直线。

（3）类似性

直线或平面不平行于投影面时，直线的投影仍是直线，但长度缩短了；平面的投影仍是平面，但面积缩小了。

1.2.2 工程上常用的投影图

1. 透投影图

透视投影图是物体在一个投影面上的中心投影，简称为透投影图，如图 1-21 所示。

这种图形象逼真，具有丰富的立体感，如照片一样，常用于绘制建筑效果图。缺点是度量性差，作图繁杂。

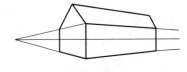

图 1-21　透投影图

2. 轴测图

轴测投影图是物体在一个投影面上的平行投影，简称轴测图，如图 1-22 所示。

这种图立体感强，具有很强的直观性，容易看懂，所以在程中常用作辅助图样。缺点是度量性差，作图较麻烦。

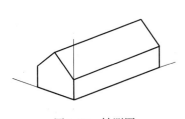

图 1-22　轴测图

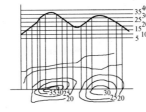

图 1-23　标高投影图

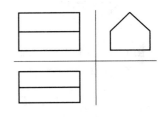

图 1-24　正投影图

3. 标高投影图

标高投影图是用正投影法得到的一种带有数字标记的单面投影图，如图 1-23 所示。这种图常用来表达地面的形状。

4. 正投影图

正投影图是用正投影法得到的多面投影图，如图 1-24 所示。这种图立体感差，直观性不强，但能正确反映物体的形状和大小，并且作图方便，度量性好，所以工程上应用最广。

1.2.3 三投影图及其对应关系

1. 三投影图的形成

只有一个正投影图是无法完整的反映出形体的形状和大小的，如图 1-25 所示的三个形体各不相同，但它们一个方向的正投影图是完全相同的。因此，形体必须有两个或两个以上方向的投影才能将形体的形状和大小反映清楚。

如果对一个较为复杂的形体，只向两个投影面做投影时，其投影就只能反映它两个面的形状和大小，亦不能确定形体的唯一形状，如图 1-26 所示。可见，若使正投影图唯一确定物体的形状，就必须采用多面正投影的方法，为此，我们设立了三面投影体系。

（1）三投影面的设置

设立三个互相垂直的平面作为投影面，组成一个三面投影体系。处于水平位置的投影面称为水平投影面，简称水平面，用 H 表示；处于正立位置的投影面称为正立投影面，简称正立面，用 V 表示，处于侧立位置的投影面称为侧立投影面，简称侧立面，用 W 表示。三个投影面两两相交，交线 OX、OY、OZ 称为投影轴。

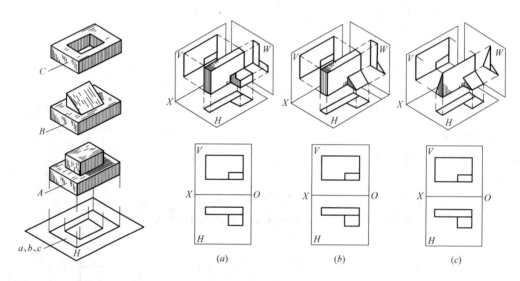

图 1-25　一个投影图不能
反映形体的空间形状

图 1-26　两个投影图也不一定能
反映形体的空间形状

（2）三投影图的形成

在三面投影体系中放入一个物体，采用三组不同方向的平行投影线，向三个投影面垂直投影，在三个投影面上分别得到该物体的正投影图，称为三面正投影图，如图 1-27 所示。H 投影面上的投影，称为水平投影图；V 投影面上的投影，称为正面投影图；W 投影面上的投影，称为侧面投影图。

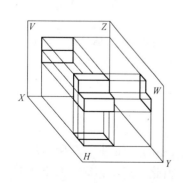

图 1-27　三投影图的形成

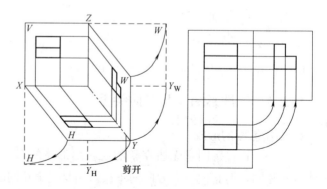

图 1-28　三投影图的展开

（3）三投影图的展开

在工程制图中，我们需要将空间形体图示于二维平面上，即图纸上。所以必须将三投影图画在一平面上，这就是三投影图的展开。展开时，V 面保持不动，H 面绕 OX 轴向下旋转 $90°$，W 面绕 OZ 轴向右旋转 $90°$，最终使三投影图位于一个平面上，如图 1-28 所示。此时，OY 轴分解成 OY_H、OY_W 两根轴线，分别与 OX、OZ 轴处于同一直线上。

2. 三投影图的投影关系

（1）三投影图上形体的方位

形体的一个投影图可以反映形体相应的四个方位，如图 1-29 所示。正投影图反映形体的上、下、左、右四个方位；水平投影图反映形体的前、后、左、右四个方位；侧面投影图反映形体的上、下、前、后四个方位。因此，可以根据投影图所反映的方位对应关系，判断形体上任意点、线、面的空间关系。

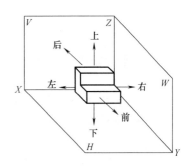

图 1-29 形体的方位

（2）三投影图上形体的尺寸

在三投影图中，平行于 OX 轴的形体上两端点之间的尺寸称为长度；平行于 OY 轴的形体上两端点之间的尺寸称为宽度；平行于 OZ 轴的形体上两端点之间的尺寸称为高度。

形体的一个投影图可以反映形体相应的两个方向的尺度如图 1-30 所示。正投影图反映形体的长、高两个方向的尺度；水平投影图反映形体的长、宽两个方向的尺度；侧面投影图反映形体的高、宽两个方向的尺度。

（3）三投影图的关系

三投影图之间的关系可归纳为"长对正、高平齐、宽相等"的三等关系，即正投影图与水平投影图长对正（等长）；正投影图与侧面投影图高平齐（等高）；水平投影图与侧面投影图宽相等（等宽）。

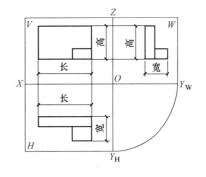

图 1-30 三投影图的尺寸关系

1.2.4 点的三面投影及其规律

1. 三面正投影面的形成与展开

过空间点 A 分别向 H、V、W 投影面作垂线，所得垂足即为空间点 A 在该投影面的投影，如图 1-31（a）所示。

一般情况下为区别空间点及其投影，在投影法中规定：空间点用大写字母表示，H 面投影用同名小写字母表示，V 面投影用同名小写字母右上角加一撇表示，W 面投影用同名小写字母右上角加两撇表示。

2. 点的投影规律

根据点三面投影的立体图和展开分析，可得出点的三面投影规律：

（1）水平投影和正面投影的连线垂直于 OX 轴（$aa_Xa' \perp OX$）；

（2）正面投影和侧面投影的连线垂直于 OZ 轴（$a'a_Za'' \perp OZ$）；

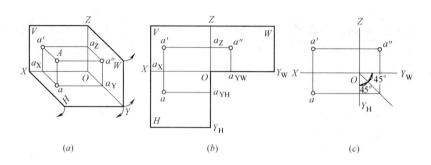

图 1-31　点的三面投影

（a）立体图；（b）投影图展开；（c）投影图

（3）水平投影到 OX 轴的距离等于侧面投影到 OZ 轴的距离（$aa_X = a''a_Z$）。

1.2.5　直线的投影

1. 一般位置直线

如图 1-32（a）所示，直线 AB 与三个投影面都倾斜，它与三个投影面 H、V、W 分别有一倾角，用 α、β、γ 表示，这种直线称为一般位置直线。

一般位置直线的投影特性如下：

（1）三个投影都倾斜于投影轴，长度缩短；

（2）不能直接反映直线与投影面的真实倾角。

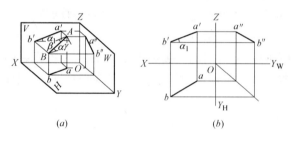

图 1-32　一般位置直线

（a）立体图；（b）投影图

2. 投影面平行线

投影面平行线有三种情况，如表 1-2 所示。

投影面平行线 　　　　　　　　　　　　　　　　　　　　　表 1-2

名称	立　体　图	投　影　图	投影特性
正平线			1. $a'b'$ 反映实长和 α、γ 角。 2. $ab /\!/ OX$，$a''b'' /\!/ OZ$，且长度缩短
水平线			1. cd 反映实长和 β、γ 角。 2. $c'd' /\!/ OX$，$c''d'' /\!/ OYW$，且长度缩短

名称	立 体 图	投 影 图	投影特性
侧平线			1. $e''f''$反映实长和α、β角。 2. $ef//O_{YH}$，$e'f'//OZ$，且长度缩短

分析表 1-2，可以归纳出投影面平行线的投影特性：

（1）直线在它所平行的投影面上的投影反映实长，且反映对其他两投影面倾角的实形；

（2）该直线在其他两个投影面上的投影分别平行于相应的投影轴，且小于实长。

3. 投影面垂直线

垂直于一个投影面，平行于另外两个投影面的直线称为投影面垂直线。投影面垂直线有三种情况，如表 1-3 所示。

投影面垂直线   表 1-3

名称	立 体 图	投 影 图	投影特性
正垂线			1. $a'b'$积聚成一点。 2. $ab//OY_H$，$a''b''//OY_W$，且反映真长
铅垂线			1. cd 积聚成一点。 2. $c'd'//OZ$，$c''d''//OZ$，且反映真长
侧垂线			1. $e''f''$积聚成一点。 2. $ef//OX$，$e'f'//OX$，且反映真长

分析表 1-3，可以归纳出投影面垂直线的投影特性：

（1）直线在它所垂直的投影面上的投影积聚成一点；

（2）该直线在另两个投影面上的投影分别垂直（同时平行）于相应的投影轴，且都等于该直线的实长。

1.2.6 平面的投影

1. 一般位置平面

如图 1-33（a）所示，与三个投影面 H、V、W 都倾斜的平面称为一般位置平面。

一般位置平面的三个投影既不反映平面实形，又无积聚性。投影均为原图的类似形，且各投影的图形面积均小于实形。

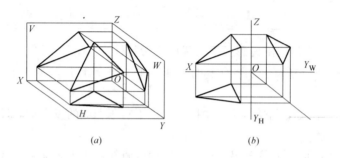

图 1-33　一般位置平面
（a）立体图；（b）投影图

2. 投影面垂直面

投影面垂直面　　　　　　　　　　　　　　　　表 1-4

名称	轴　测　图	投　影　图	投影特性
正垂面			1. V 面投影积聚成一直线，并反映与 H、W 面的倾角 α、γ。 2. 其他两个投影为面积缩小的类似形
铅垂面			1. H 面投影积聚成一直线，并反映与 V、W 面的倾角 β、γ。 2. 其他两个投影为面积缩小的类似形
侧垂面			1. W 面投影积聚成一直线，并反映与 H、V 面的倾角 α、β。 2. 其他两个投影为面积缩小的类似形

投影面垂直面有三种情况，如表 1-4 所示。

分析表 1-4，可以归纳出投影面垂直面的投影特性：

（1）平面在它所垂直的投影面上的投影积聚为一条斜线，该斜线与投影轴的夹角反映该平面与相应投影面的夹角；

（2）平面在另外两个投影面上的投影不反映实形，且变小。

3. 投影面平行面

投影面平行面有三种情况，如表 1-5 所示。

投影面平行面
表 1-5

名称	轴 测 图	投 影 图	投 影 特 性
正平面			1. V 面投影反映真形。 2. H 面投影、W 面投影积聚成直线，分别平行于投影轴 OX、OZ
水平面			1. H 面投影反映真形。 2. V 面投影、W 面投影积聚成直线，分别平行于投影轴 OX、OY_W
侧平面			1. W 面投影反映真形。 2. V 面投影、H 面投影积聚成直线，分别平行于投影轴 OZ、OY_H

分析表 1-5，可以归纳出投影面平行面的投影特性：

（1）平面在它所平行的投影面上的投影为反映实形；

（2）平面在另外两个投影面上的投影积聚为两条直线，两直线同时垂直于同一轴线（分别平行另两轴线）。

1.2.7 体的投影

1. 棱柱体

以三棱柱体为例，将它置于三面投影体系中，如图 1-34（a）所示。三棱柱体的摆放位置：上、下两底面平行于 H 面，后棱面平行于 V 面，其余两个侧棱面均为铅垂面。

三棱柱的三面投影图：H 投影的三角形是三棱柱上、下两底面的重合投影，反映实

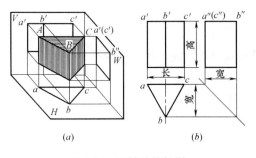

图 1-34　三棱柱的投影

（a）立体图；（b）投影图

形，又是三个侧棱面的积聚投影，同时三角形的三个顶点也是三条棱线的积聚投影。上、下两底面的 V 面与 W 面投影图，分别积聚为水平线段。后棱面的 V 面投影反映实形，W 面投影积聚为一垂直线段。另两侧棱面在 V 面和 W 面上的投影均为类似形（矩形），不反映实形，且 W 面投影重合。

2. 棱锥

以三棱锥体为例，将它置于三面投影体系中，如图 1-35（a）所示。三棱锥体的摆放位置：底面平行于 H 面，后棱面垂直于 W 面，其余两个侧棱面均为一般位置平面。

三棱锥的三面投影图：H 投影的三角形是三棱锥底面的投影，反映实形，底面的 V 面与 W 面投影图，分别积聚为水平线段。锥顶的 H 面投影在底面三角形的形心处，它与三角形三个顶点的连线是三条侧棱线的投影。后棱面的 W 面投影积聚为一条倾斜的线段，H 面和 V 面投影均为类似形。其余两个侧棱面的三面投影均为类似形，且 W 面投影重合。

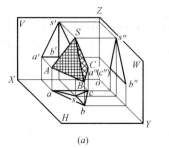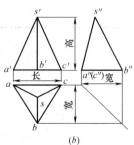

图 1-35　三棱锥的投影

（a）立体图；（b）投影图

3. 圆柱体

圆柱体的摆放位置：上、下两底面平行于 H 面，圆柱面垂直于 H 面，如图 1-36（a）所示。

圆柱体的三面投影图：H 投影的圆是圆柱上、下两底面的重合投影，反映实形，也是圆柱面的积聚投影。上、下两底面的 V 面与 W 面投影图，分别积聚为水平线段。圆柱面的 V 面与 W 面投影图为大小相同的矩形。

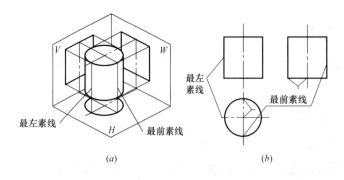

图 1-36　圆柱体的投影

（a）立体图；（b）投影图

4. 圆锥体

圆锥体的摆放位置：底面平行于 H 面，如图 1-37（a）所示。

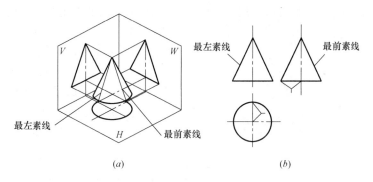

图 1-37 圆锥体的投影

（a）立体图；（b）投影图

圆锥体的三面投影图：H 投影的圆是圆锥底面的投影，反映实形，底面的 V 面与 W 面投影图，分别积聚为水平线段。锥顶的 H 面投影在底面圆的圆心处。上、下两底面的 V 面与 W 面投影图，分别积聚为水平线段。圆锥面的 V 面与 W 面投影图为大小相同的等腰三角形。

5. 圆球体

圆球体的三面投影都是大小相等的圆，是球体在三个不同方向的轮廓线的投影，其直径与球径相等，如图 1-38 所示。

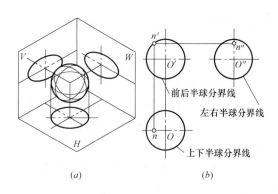

图 1-38 圆球体的投影

（a）立体图；（b）投影图

1.3　建筑形体的表达方法

1.3.1　投影图

1. 基本投影图

在建筑制图中，对于复杂的形体为了便于绘图和读图，需增加一些投影图。在原有三个投影面 V、H、W 的对面，再增设三个分别与它们平行的投影面 V_1、H_1、W_1，形成一个像正六面体的六个投影面，这六个投影面称为基本投影面。

把由上向下观看建筑形体在 H 面的投影称为平面图；把由前向后看建筑形体在 V 面的投影称为正立面图，简称正面图；把由左向右看建筑形体在 W 面的投影称为左侧立面图。把由下向上观看建筑形体在 H_1 面的投影称为底面图；把由后向前看建筑形体在 V_1 面的投影称为背立面图；把由右向左看建筑形体在 W_1 面的投影称为右侧立面图，如图

1-39所示。

工程上有时也称以上六个基本投影图为主投影图、俯投影图、左投影图、右投影图、仰投影图和后投影图。画图时，根据实际情况，选用其中必要的几个基本投影图。

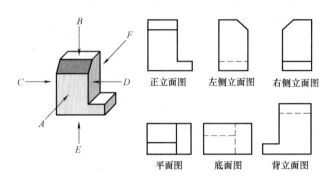

图 1-39　基本视图

2. 投影图的简化画法

（1）对称图形的画法

当投影图对称时，可以只画一半投影图或 1/4 投影图，但必须画出对称线，并加上对称符号。

当投影图对称时，图形也可画成稍超出其对称线，即略大于对称图形的一半，此时可不画对称符号，在折断处画出折断线或波浪线。

（2）相同构造要素的画法

形体内有多个完全相同而连续排列的构造要素，可仅在两端或适当位置画出其完整图形，其余部分以中心线或中心线交点表示。

如果形体中相同构造要素只在某一些中心线交点上出现，则在相应的中心线交点处用小圆点表示。

（3）折断省略画法

对于较长的构件，如沿长度方向的形状相同或按一定规律变化，可采用折断画法。

折断画法：即只画构件的两端，将中间折断部分省去不画。在折断处应以折断线表示，折断线两端应超出图形线 2~3mm，其尺寸应按原构件长度标注。

（4）同一构件的分段画法

同一构配件，如绘制位置不够，可分段绘制，再以连接符号表示相连。

连接符号应以折断线表示连接的部位，并以折断线两端靠图样一侧的大写拉丁字母表示连接编号。两个被连接的图样，必须用相同的字母编号。

（5）构件局部不同的画法`

一个构配件如与另一构配件仅部分不相同，该构配件可只画不同部分。

在两个构配件的相同部位与不同部位的分界线处，分别绘制连接符号，两个连接符号应对准在同一位置上。

1.3.2　剖面图

在工程图中，物体上可见的轮廓线用实线表示，不可见的轮廓线用虚线表示。对内部结构比较复杂的建筑形体，投影图中会出现很多的虚线，因而使图面虚、实线纵横交错，致使图面不清晰，难以阅读。在工程制图中，为了解决这个问题，采用了剖面图。

1. 剖面图的形成

假想用一个剖切平面在形体的适当部位剖切开，移走观察者与剖切平面之间的部分，将剩余部分可见轮廓线投影到与剖切平面平行的投影面上，所得的投影图称为剖面图，如图 1-40 所示。

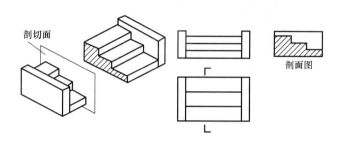

图 1-40　剖面图的形成

2. 剖面图的标注

（1）剖切符号：由剖切位置线和投射方向线组成。

1）剖切位置线：表示剖切平面的剖切位置，剖切位置线用两段粗实线绘制，长度宜为 6~10mm。

2）投射方向线（又叫剖视方向线）：画在剖切位置线外端且与剖切位置线垂直的两段粗实线，表示形体剖切后剩余部分的投影方向，其长度宜为 4~6mm。

3）需要转折的剖切位置线，应在转角的外侧加注与该符号相同的编号，如图 1-41 中的 3 所示。

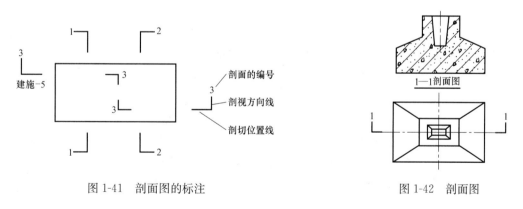

图 1-41　剖面图的标注　　　　　　　图 1-42　剖面图

（2）剖切编号

剖切编号宜采用阿拉伯数字，按顺序由左至右、由下至上连续编排，并应注写在剖视方向线的端部，如图 1-42 所示。

在相应剖面图的下方写"×-×剖面图"作为图名，并在图名下方画上与之等长的粗实线，如图 1-42 中"1-1 剖面图"。

（3）材料图例

在剖面图、断面图中，被剖切面剖到的实体部分应画上材料图例，材料图例应符合《房屋建筑制图统一标准》GB/T 50001—2010 的规定。当不需要表明材料的各类时，可用同方向、等间距的 45°细实线表示剖面线。

3. 剖面图的类型

（1）全剖面图

假想用一个剖切平面将形体全部"切开"后所得到的剖面图，如图 1-40 所示。

全剖面图一般用于不对称或者虽然对称但外形简单、内部比较复杂的形体。

（2）半剖面图

当形体具有对称平面时，在垂直于对称平面的投影面上的投影，以对称线为分界，一半画剖面，另一半画投影图，这种组合的图形称为半剖面图，如图 1-43 所示。

半剖面图适用于表达内外结构形状对称的形体。

（3）阶梯剖面图

当用一个剖切平面不能将形体上需要表达的内部结构都剖切到时，可用两个或两个以上相互平行的剖切平面剖开物体，所得到的剖面图称为阶梯剖面图，如图 1-44 所示。

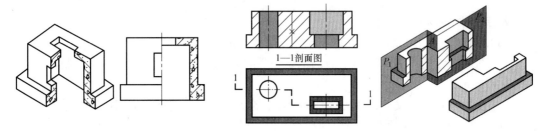

图 1-43　半剖面图　　　　　　　　　　　图 1-44　阶梯剖面图

（4）局部剖面图

用一个剖切平面将形体的局部剖开后所得到的剖面图称为局部剖面图，如图 1-45 所示。

在建筑工程和装饰工程中，为了表示楼面、屋面、墙面及地面等的构造和所用材料，常用分层剖切的方法画出各构造层次的剖面图，称为分层局部剖面图，如图 1-46 所示。

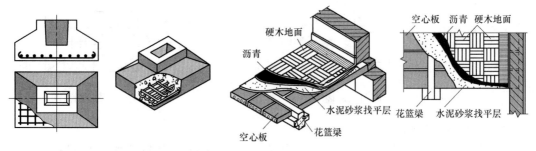

图 1-45　局部剖面图　　　　　　　　　　图 1-46　分层剖面图

（5）旋转剖面图

用两个相交的剖切平面（交线垂直于基本投影面）剖开物体，把两个平面剖切得到的图形，旋转到与投影面平行的位置，然后再进行投影，这样得到的剖面图称为旋转剖面图，如图 1-47 所示。

1.3.3 断面图

1. 断面图的形成

假想用剖切面将物体的某处切断，仅画出该剖切面与物体接触部分即截断面的图形，称为断面图。断面图常用来表示建筑及装饰工程中板、柱、造型等某一部位需单独绘制的断面真形。

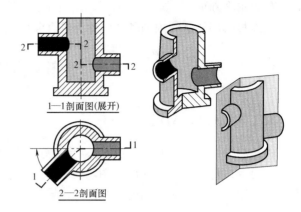

1—1剖面图(展开)

2—2剖面图

图 1-47　旋转剖面图

2. 断面图的表示

断面图的断面轮廓粗实线绘制，轮廓线内画材料图例，画法同剖面图。

断面图的剖切符号由剖切位置线和编号两部分组成，不画投影方向线，而是用编号的注写位置来表示剖切后的投影方向。

3. 断面图的类型

根据断面图的位置可分为：

（1）移出断面

画在投影图外的断面图，如图 1-48 所示。

移出断面图可画在剖切平面的延长线上，当一个形体有多个移出断面时，可以画在投影图的四周。

（2）中断断面

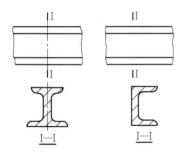

图 1-48　移出断面图

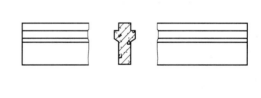

图 1-49　中断断面图

当形体较长且断面没有变化时，可以将断面图画在投影图中间断开处，称为中断断面，如图 1-49 所示。

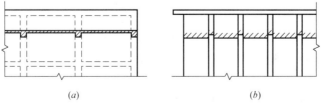

（a）　　　　　　　　　　（b）

图 1-50　重合断面图

（a）梁板结构的重合断面；（b）墙面装饰的重合断面

（3）重合断面

画在投影图轮廓线内的断面图称为重合断面图，如图 1-50 所示。

1.4 计算机辅助制图

1.4.1 AutoCAD 软件简介

AutoCAD 是一种通用绘图软件，具有强大的辅助绘图功能，现已成为工程设计领域中应用最为广泛的计算机辅助绘图与设计软件之一。其应用范围遍布机械、建筑、航天、轻工、军事、电子、服装和模具等设计领域。

1.4.2 AutoCAD 软件功能

AutoCAD 2012 软件经过多次的版本更新，在操作界面、细节功能、运行速度、数据共享和软件管理等方面都有较大的改进和增强，更有利于用户快速实现设计效果。

1. 基本功能

AutoCAD 软件的基本功能主要体现在产品绘制、编辑、注释和渲染等多个方面。

（1）创建与编辑图形

在 AutoCAD 的【绘图】菜单、选项板和工具栏中包含各种二维和三维绘图工具，使用这些工具可以绘制直线、多段线和圆等基本二维图形，也可以将绘制的图形转换为面域，对其进行填充。此外还可使用编辑工具创建各种类型的 CAD 图形。

对于一些二维图形，通过拉伸、设置标高和厚度等操作就可以轻松地转换为三维图形，或者使用基本实体或曲面功能，快速创建圆柱体、球体和长方体等基本实体，以及三维网格、旋转网格等曲面模型。而使用编辑工具可以快速创建出各种各样的复杂三维图形。

此外，为了方便查看图形的机构特征，还可绘制轴测图以二维绘图技术来模拟三维对象。轴测图实际上是二维图形，只需要将软件切换到轴测模式后，即可绘制出轴测图。此时直线将绘制成 30°、90°、150°等角度的斜线，圆轮廓线将绘制为椭圆形。

（2）图形文本注释

尺寸标注是向图形中添加测量注释的过程。AutoCAD 的【标注】菜单、选项板和工具栏中包含了一套完整的尺寸标注和尺寸编辑工具。使用它们可以在图形的各个方向上创建各种类型的标注，也可以方便、快速地以一定格式创建符合行业或项目标准的标注。

（3）渲染和观察三维图形

在 AutoCAD 中可以运用雾化、光源和材质，将模型渲染为具有真实感的图像。如果是为了演示，可以渲染全部对象；如果时间有限，或显示设备和图形设备不能提供足够的灰度等级和颜色，就不必精细渲染；如果只需快速查看设计的整体效果，则可以简单消隐或设置视觉样式。

此外为了查看三维图形各方位的显示效果，可在三维操作环境中使用动态观察器观察模型，也可以设置漫游和飞行方式观察图形，甚至还可以录制运动动画和设置观察相机，更方便地查看模型结构。

（4）输出与打印图形

AutoCAD 不仅允许将所绘图形以不同样式通过绘图仪或打印机输出，还能够将不同格式的图形导入 AutoCAD，或将 AutoCAD 图形以其他格式输出。因此当图形绘制完成之后可以使用多种方法将其输出。例如可以将图形打印在图纸上，或创建成文件以供其他应用程序使用。

（5）图形显示功能

AutoCAD 可以任意调整图形的显示比例，以便观察图形的全部或局部，并可以使图形上、下、左、右移动来进行观察。该软件为用户提供了 6 个标准投影图（6 种视角）和4 个轴测投影图，可以利用视点工具设置任意的视角，还可以利用三维动态观察器设置任意视角效果。

2. 新增功能

（1）绘图视窗

AutoCAD 2012 的绘图视窗除了保持一贯的各工具集成在顶部的选项板中，整个操作界面呈现得更加简洁。

（2）视觉样式

AutoCAD 2012 提供了 5 种新的视觉样式类型供用户选择，包括着色、带边框着色、灰度、勾画和 X-射线。

（3）透明度功能

AutoCAD 2012 提供一个新的透明度功能，可通过拖动【不透明度】滑块，进而控制模型的透明度效果。此外在【图层特性管理器】对话框中也可以设置透明图层，进而控制位于该图层上对象的透明度。

（4）图案填充

新版软件图案填充的设置不再通过对话框，而是将填充图案各参数的设置集成在顶部的选项板中。可以即时预览填充样式和比例，并且可以动态观看填充变更效果。此外系统还增加了 MIRRHATCH 参数，用于控制镜像时剖面线是否翻转。

（5）集成的材质库

新版软件在设置材质方面变动较大。系统提供的材质库集成在【材质浏览器】选项板的【Autodesk 库】中。此外针对每个材质的修改，系统提供了专门的【材质编辑器】；而针对贴图的修改，则提供了【纹理编辑器】。

1.5　识读建筑施工图

在房屋施工图设计阶段，设计人员将拟建建筑物的内外形状和大小、布置以及各部分的结构、构造、装修、设备等内容，按照"国标"的规定，用正投影的方法详细准确地画出来的图样称为房屋建筑图。

1.5.1　房屋建筑图的基本知识

1. 房屋建筑图的分类

一套完整的房屋建筑工程施工图按专业内容或作用的不同，一般分为：

（1）建筑施工图，简称建施图。主要用于表达建筑物的规划位置、外部造型、内部各房间的布置、内外装修及构造施工要求等。

（2）结构施工图，简称结施图。主要用于表达建筑物承重结构的结构类型，结构布置，构件种类、数量、大小、做法等。

（3）设备施工图，简称设施图。主要用于表达建筑物的给水排水、暖气通风、供电照明、燃气等设备的布置和施工要求。

房屋全套施工图的编排顺序一般为：建筑施工图、结构施工图、给水排水施工图、采暖通风施工图、电气施工图等。

2. 房屋建筑施工图的特点

（1）建筑施工图中的图样是依据正投影法原理绘制的。

（2）建筑施工图中的图样是按比例绘制的。房屋的平、立、剖面图采用小比例绘制，对无法表达清楚的部分，采用大比例绘制的建筑详图来进行表达。

（3）房屋构、配件以及所使用的建筑材料均采用国标规定的图例或代号来表示。

（4）施工图中的尺寸，除标高和总平面图中的尺寸以米为单位外，一般施工图中的尺寸以毫米为单位，尺寸数字后面不必标注单位。

（5）为了使所绘的图样重点突出，建筑图上采用了多种线型且线型粗细变化。

3. 施工图的阅读方法

一套完整的房屋施工图，阅读时应先看图纸目录和设计总说明，再按建筑施工图、结构施工图和设备施工图的顺序阅读。阅读建筑施工图，先看平面图、立面图、剖面图，后看详图。阅读结构施工图，先看基础图、结构平面图，后看构件详图。当然，这些步骤不是孤立的，要经常互相联系并反复进行。

阅读图样时，要先从大的方面看，然后再依次阅读细小部分，即先粗看、后细看。还应注意按先整体后局部，先文字说明后图样，先图形后尺寸的原则依次进行。同时，还应注意各类图纸之间的联系，弄清各专业工种之间的关系等。

1.5.2 首页图

首页图是建筑施工图的第一页，它的内容一般包括：图纸目录、设计总说明、建筑装修及工程做法、门窗表等。

1. 图纸目录

图纸目录放在一套图纸的最前面，说明本工程的图纸类别、图号编排，图纸名称和备注等，以方便图纸的查阅。

2. 设计说明

主要说明工程的概况和总的要求。内容包括工程设计依据（如工程地质、水文、气象资料）、设计标准（建筑标准、结构荷载等级、抗震要求、耐火等级、防水等级）、建设规模（占地面积、建筑面积）、工程做法（墙体、地面、楼面、屋面等做法）及材料要求等。

3. 门窗表

门窗表反映门窗的类型、编号、数量、尺寸规格、所在标准图集等相应内容，以备工程施工、结算所需。

1.5.3 总平面图

1. 总平面图的形成

建筑总平面图是将新建工程四周一定范围内的新建、拟建、原有和拆除的建筑物、构筑物连同其周围的地形、地物状况用水平投影方法和相应的图例所画出的工程图样。主要表达拟建房屋的位置和朝向，表明拟建房屋一定范围内原有、新建、拟建、即将拆除的建筑及其所处周围环境、地形地貌、道路、绿化等情况。

2. 总平面图的图示内容

（1）图名、比例

由于总平面图所包括的区域面积大，所以绘制时常采用 1∶500、1∶1000、1∶2000、1∶5000 等小比例。

（2）图例

由于比例较小，故总平面图应用图例来表明各建筑物及构筑物的位置，道路、广场、室外场地和绿化，河流、池塘等的布置情况以及各建筑物的层数等，均应按规定的图例绘制。对于自定的图例，必须在总平面图的适当位置加以说明。

（3）工程的用地范围

新建建筑工程用地的范围一般以规划红线确定。规划红线又称建筑红线，它是城市建设规划图上划分建设用地和道路用地的分界线，一般用红色线条来表示，故称为"红线"。规划红线由当地规划管理部门确定，在确定沿街建筑或沿街地下管线位置时，不能超越此线或按规划管理部门规定。

（4）新建建筑的平面位置

新建建筑所在地域一般以规划红线确定。拟建建筑的定位有三种方式：一种是利用新建筑与原有建筑或道路中心线的距离确定新建筑的位置；第二种是利用建筑坐标确定新建建筑的位置；第三种是利用测量坐标确定新建建筑的位置。

新建建筑的平面位置对于小型工程，一般根据原有房屋、道路、围墙等固定设施来确定其位置并标出定位尺寸。

对于建造成片建筑或大中型工程，为确保定位放线的正确，通常用坐标网来确定其平面位置。在地形图上以南北方向为 X 轴，东西方向为 Y 轴，以 100m×100m 或 50m×50m 画成的细网格线称为测量坐标网。在坐标网中，房屋的平面位置可由房屋三个墙角的坐标来定位，如图 1-51（a）所示。

当房屋的两个主向与测量坐标网不平行时，为方便施工，通常采用建筑施工坐标网定位。其方法是在图中选定某一适当位置为坐标原点，以竖直方向为 A 轴，水平方向为 B 轴，同样以 100m×100m 或 50m×50m 进行分格，即为施工坐标网，只要在图中标明房屋两个相对墙角的 A、B 坐标值，就可以确定其位置，还可算出房屋总长和总宽，如图 1-51（b）所示。

（5）新建建筑区域的地形

新建建筑附近的地形情况，一般用等高线表示，由等高线可以分析出地形的高低起伏情况。如图 1-51（b）中的 725、726 两根曲线即为等高线。

（6）建筑物的层数、尺寸标注和室内外地面的标高

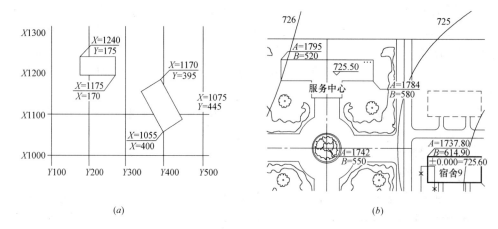

图 1-51　坐标确定建筑平面位置

(a) 测量坐标确定位置；(b) 施工坐标确定位置

　　在总平面图中建筑物，其层数一般用在建筑平面图形的右上角用小圆点的数量或直接用数字表示。

　　总平面图中尺寸标注的内容包括：新建建筑物的总长和总宽；新建建筑物与原有建筑物或道路的间距；新增道路的宽度等。

　　总平面图中标注的标高应为绝对标高，并保留至小数点后两位。

　　(7) 指北针或风向频率玫瑰图

　　建筑总平面图中一般均画出指北针或带有指北方向的风向频率玫瑰图，以表示新建房屋的朝向及当地的风向频率。

　　3. 总平面图的读图方法

　　(1) 看图名、比例。如图 1-52 所示的总平面图，比例是 1：500。

　　(2) 了解工程的用地范围、地形地貌和周围环境情况。如图 1-52 所示的总平面图，该建筑区域的地形为西高东低。根据图上的图例可知新建建筑有 3 个，分别是宿舍 7、宿舍 8 和宿舍 9，建筑层数均为 6 层。原有建筑有 8 个，分别是宿舍 1、宿舍 2、宿舍 3、宿舍 4、宿舍 5、宿舍 6 和俱乐部与服务中心，在新建建筑的左面（西面）；其中 6 幢宿舍的层数为 4 层，俱乐部与服务中心为 3 层；俱乐部的中间有一个天井，俱乐部的后面（北面）是服务中心，俱乐部与服务中心之间有一个圆形花池。在新建建筑的后面（北面）有一个计划扩建的建筑，在俱乐部的右面（东面）、新建建筑的左面（西面）有二个拆除建筑，在新建建筑的右面（东面）还有一个池塘等。

　　(3) 了解新建房屋的朝向、标高、出入口位置等和该地区的主要风向。如图 1-52 所示，所有的建筑朝向均为坐北朝南。除俱乐部有东、南、西、北四个出口外，其余建筑的出入口均朝南。宿舍 7、宿舍 8 和宿舍 9 的室内地坪绝对标高均为 725.60，相对标高为 ±0.000。原有的宿舍 1、宿舍 2、宿舍 3、宿舍 4、宿舍 5 和宿舍 6 的建筑层数均为 4 层，室内地坪绝对标高均为 726.00。俱乐部与服务中心的建筑层数均为 3 层，室内地坪绝对标高均为 725.50。该地区的常年主导风向为东南风。

　　(4) 了解新建房屋的准确位置。如图 1-52 所示，本图中新建建筑所采用是建筑坐标定位方法，坐标网格 100m×100m，所有的建筑对应的两个角用建筑坐标定位，从坐标可知原有建筑和新建建筑的长度和宽度。如服务中心的坐标分别是 $A=1793$、$B=520$ 和 $A=1784$、$B=580$，表示服务中心的长度为 $(580-520)m=60m$，宽度为 $(1793-1784)m=9m$。新建建筑中的宿舍 7 的坐标分别为 $A=1661.20$、$B=614.90$ 和 $A=1646$、$B=649.60$，表示宿舍 7 的长度为 $(649.6-614.9)m=34.7m$，宽度为 $(1661.20-1646)m=15.2m$。

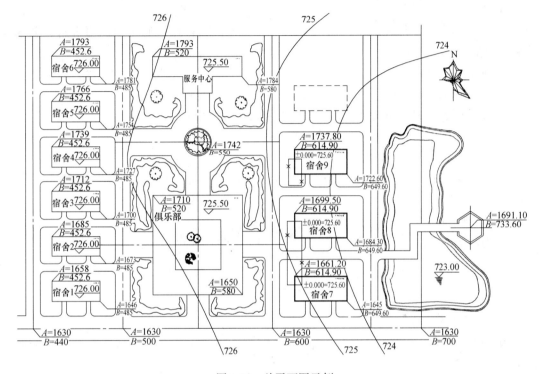

图 1-52　总平面图示例

（5）了解道路交通布置情况。如图 1-52 所示，纵坐标为 1630 及横坐标分别为 440、500、600、660 的轴线为几条主干道的中心线位置，连接俱乐部与服务中心的道路也是主干道。另外，在两宿舍楼间的也有通行的道路。

1.5.4　建筑平面图

1. 建筑平面图的形成

建筑平面图是假想用一个水平的剖切平面，在房屋窗台略高一点位置水平剖开整幢房屋，移去剖切平面上方的部分，对留下部分所作的水平剖投影图，简称平面图。

建筑平面图反映新建建筑的平面形状、房间的位置、大小、相互关系、墙体的位置、厚度、材料、柱的截面形状与尺寸大小，门窗的位置及类型，以及其他建筑构配件的布置。

对多层楼房，原则上每一楼层均要绘制一个平面图，并在平面图下方注写图名（如底层平面图、二层平面图等）；若房屋某几层平面布置相同，可将其作为标准层，并在图样下方注写适用的楼层图名（如三、四、五层平面图）。若房屋对称，可利用其对称性，在对称符号的两侧各画半个不同楼层平面图。

2. 平面图的图示内容及表示方法

（1）图示内容

1）表示出所有轴线及其编号以及墙、柱、墩的位置、尺寸。

2）表示出所有房间的名称及其门窗的位置、编号、与大小。

3）注出室内外的有关尺寸及室内楼地面的标高。

4）表示电梯、楼梯的位置及楼梯上下行方向及主要尺寸。

5）表示阳台、雨篷、台阶、斜坡、烟道、通风道、管井、消防梯、雨水管、散水、排水沟、花池等位置及尺寸。

6）画出室内设备，如卫生器具、水池、工作台、隔断及重要设备的位置、形状。

7）表示地下室、地坑、地沟、墙上预留洞、高窗等位置尺寸。

8）在底层平面图上还应该画出剖面图的剖切符号及编号。

9）标注有关部位的详图索引符号。

10）底层平面图左下方或右下方画出指北针。

11）屋顶平面图上一般应表示出：女儿墙、檐沟、屋面坡度、分水线与雨水口、变形缝、楼梯间、水箱间、天窗、上人孔、消防梯及其他构筑物、索引符号等。

（2）比例

常用比例是 1：100，1：200，1：50 等，必要时可用比例是 1：150，1：300 等。

（3）图例

在平面图中，门窗、卫生设施及建筑材料均应按规定的图例绘制。

（4）尺寸

平面图上的尺寸分为内部尺寸和外部尺寸。

内部尺寸：说明房间的净空大小和室内的门窗洞、孔洞、墙厚和固定设备（如厕所、盥洗室等）的大小位置。

外部尺寸：为了便于施工读图，平面图下方及左侧应注写三道尺寸，如有不同时，其他方向也就标注。这三道尺寸从里到外分别是：

第一道：表示建筑物外墙门窗洞口等各细部位置的大小及定位尺寸。

第二道：表示定位轴线之间的尺寸。

第三道：表示建筑物外墙轮廓的总尺寸。

在平面图上，除注出各部长度和宽度方向的尺寸之外，还要注出楼地面等的相对标高，以表明各房间的楼地面对标高零点的相对高度。

3. 建筑平面图的识读

（1）建筑平面图的读图注意事项

1）看清图名和绘图比例，了解该平面图属于哪一层。

2）阅读平面图时，应由低向高逐层阅读平面图。首先从定位轴线开始，根据所注尺寸看房间的开间和进深，再看墙的厚度或柱子的尺寸，看清楚定位轴线是处于墙体的中央位置还是偏心位置，看清楚门窗的位置和尺寸。尤其应注意各层平面图变化之处。

3）在平面图中，被剖切到的砖墙断面上，按规定应绘制砖墙材料图例，若绘图比例小于等于 1：50，则不绘制砖墙材料图例。

4）平面图中的剖切位置与详图索引标志也是不可忽视的问题，它涉及朝向与所表达的详尽内容。

5）房屋的朝向可通过底层平面图中的指北针来了解。

（2）底层平面图的识读

1）了解平面图的图名、比例。如图 1-53 所示，该图为底层平面图，比例为 1：100。

2）了解建筑的朝向。如图 1-53 所示，从图中指北针可知该建筑是坐北朝南的方向。

3）了解建筑的平面布置。如图 1-53 所示，该建筑横向定位轴线 13 根，纵向定位轴线 6 根，共有 2 个单元，每单元 2 户，户型相同。每户有南北 2 个卧室，一个客厅朝南，一间厨房，一个卫生间，一个阳台朝南。楼梯间有 2 个管道井，A 轴线外墙上设空调外机搁板。

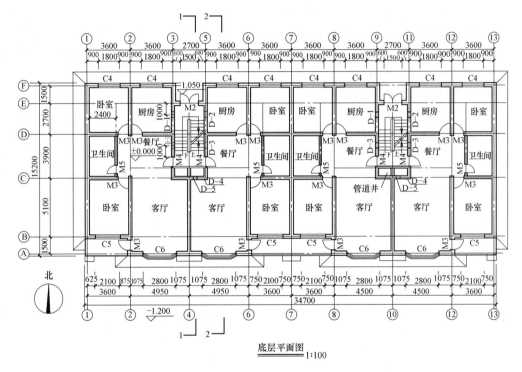

图 1-53　底层平面图

4）了解建筑平面图上的尺寸。从图 1-53 中可知，该建筑的内部尺寸如图中的 D1、D2（D 表示洞）距离 E 轴线、D3 距离门边均为 1000mm，卫生间隔墙距离①轴线2400mm，这些都是定位尺寸。

该建筑的外部尺寸中最里面的一道细部尺寸如 A 轴线上的 C-6 的洞宽是 2800mm，B轴线上的 C-5 的洞宽是 2100mm，两窗洞间的距离为（750+750）mm=1500mm，而两 C-6窗洞间的尺寸为（1075+1075）mm=2150mm。从中间一道的轴间尺寸可知，客厅的开间为 4950mm，进深为 5100mm；南卧的开间为 3600mm，进深为 5100mm；北卧和厨房的开间均为 3600mm，进深均为 4200mm；卫生间的进深为 3900mm，开间从内部尺寸中查得为 2400mm；阳台有进深为 1500mm。从最外一道尺寸看出，该建筑的总长是 34700mm，总宽是 15200mm。

5）了解建筑中各组成部分的标高情况。如图 1-53 所示，该建筑室内地面标高为

±0.000，室外地面标高为−1.200，说明室内外高度相差 1.200m。

6) 了解门窗的位置及编号。从图 1-54 中可看出，楼梯间的门为 M2，每户进户门为 M4，卧室、厨房和阳台的门为 M3，卫生间的门为 M5。F 轴线上的是 C4，B 轴线上的是 C5，A 轴线上的是 C6。

7) 了解建筑剖面图的剖切位置、索引标志。从图 1-53 中可发现有 2 个剖切符号，分别是在④～⑤轴线间的 1-1 剖切符号和 2-2 剖切符号，剖面图类型均为全剖面图，剖视方向向左。

8) 了解各专业设备的布置情况。建筑内的专业设备如卫生间的洗脸盆、浴缸等的位置，读图时要注意其位置、形式及相应尺寸。

（3）标准层平面图和顶层平面图的识读

为了简化作图，已在底层平面图上表示过的内容，在标准层平面图和顶层平面图上不再表示，顶层平面图上不再画二层平面图上表示过的雨篷等。识读标准层平面图和顶层平面图重点应与底层平面图对照异同。

（4）屋顶平面图的识读

屋顶平面图是屋面的水平投影图，不管是平屋顶还是坡屋顶，主要应表示出屋面排水情况和突出屋面的全部构造位置。

屋顶平面图的基本内容：

1) 表明屋顶形状和尺寸，女儿墙的位置和墙厚，以及突出屋面的楼梯间、水箱、烟道、通风道、检查孔等具体位置。

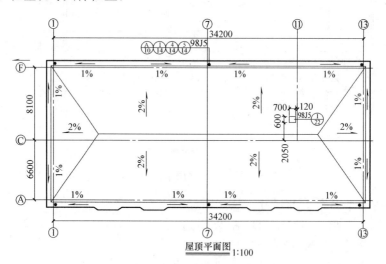

图 1-54　屋顶平面图

2) 表示出屋面排水分区情况、屋脊、天沟、屋面坡度及排水方向和下水口位置等。

3) 屋顶构造复杂的还要加注详图索引符号，画出详图。

屋顶平面图虽然比较简单，亦应与外墙详图和索引屋面细部构造详图对照才能读懂，尤其是有外楼梯、检查孔、檐口等部位和做法、屋面材料防水做法。

如图 1-54 所示的屋顶平面图，从图中可见该屋顶为四坡挑檐排水，屋面排水坡度为 2%，檐沟排水坡度为 1%，排水管设在 A、F 轴线墙上的①⑦⑬轴线处，构造做法采用标准图集 98J5 第 10 页 A 图、第 14 页 1、4、5 图的做法。上人孔尺寸为 700mm×600mm，距 C 轴线 2050mm，构造做法采用标准图集 98J5 第 22 页 1 图的做法。

1.5.5 建筑立面图

1. 立面图的形成、用途与命名方式

在与建筑立面平行的铅直投影面上所做的正投影图称为建筑立面图，简称立面图。立面图主要反映房屋各部位的高度、外貌和装修要求，是建筑外装修的主要依据。

立面图的命名方式有三种：

（1）用朝向命名：建筑物的某个立面面向那个方向，就称为那个方向的立面图。

（2）按外貌特征命名：将建筑物反映主要出入口或比较显著地反映外貌特征的那一面称为正立面图，其余立面图依次为背立面图、左立面图和右立面图。

（3）用建筑平面图中的首尾轴线命名：按照观察者面向建筑物从左到右的轴线顺序命名。

施工图中这三种命名方式都可使用，但每套施工图只能采用其中的一种方式命名。

2. 立面图的图示内容

（1）建筑立面图主要表明建筑物外立面的形状。

（2）门窗在外立面上的分布、外形、开启方向。

（3）屋顶、阳台、台阶、雨篷、窗台、勒脚、雨水管的外形和位置。

（4）外墙面装修做法。

（5）室内外地坪、窗台窗顶、阳台面、雨篷底、檐口等各部位的相对标高及详图索引符号等。

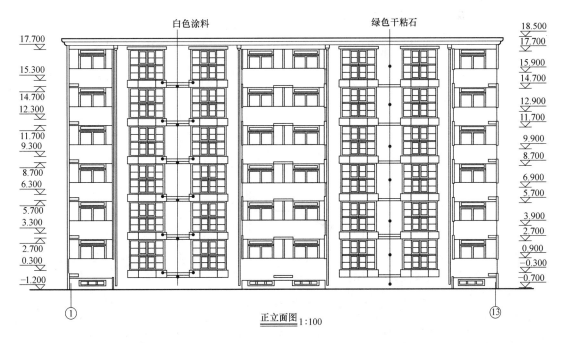

图 1-55 正立面图

3. 建筑立面图识读

（1）从正立面图上了解该建筑的外貌形状，并与平面图对照深入了解屋面、名称、雨篷、台阶等细部形状及位置。如图 1-55 所示，该建筑为 6 层，屋面为平屋面。相邻两户客厅的窗下墙之间及下层卧室窗上方装有空调外机搁板。

（2）从立面图上了解建筑的高度。从图 1-55 中看到，正立面图的左右两侧都注有标高尺寸。从左侧标高可知：室外标高为 −1.200，室内标高为 ±0.000，一层客厅窗台标高为 0.300，窗顶标高为 2.700，表示窗洞高度为 2.4m，以上各层相同。从右侧标高可知：地下室窗台标高 −0.700，窗顶标高 −0.300，表示地下室窗高 0.4m；一层卧室窗台标高 0.900，窗顶标高 2.700，表示卧室窗高 1.8m，以上各层相同；屋顶标高 18.500，可算得该建筑的总高为（18.5＋1.2)m＝19.7m。

（3）了解建筑物的装修做法。

从图 1-56 中看到，建筑以绿色干粘石为主，只是在卧室窗下及空调外机搁板处刷白色涂料。

（4）了解立面图上的索引符号的意义。

（5）了解其他立面图。

（6）建立建筑物的整体形状。

1.5.6　建筑剖面图

1. 建筑剖面图的形成与用途

假想用一个或一个以上的铅垂剖切平面剖切建筑物，得到的剖面图称为建筑剖面图，简称剖面图，如图 1-56 所示。建筑剖面图用以表示建筑内部的结构构造、垂直方向的分

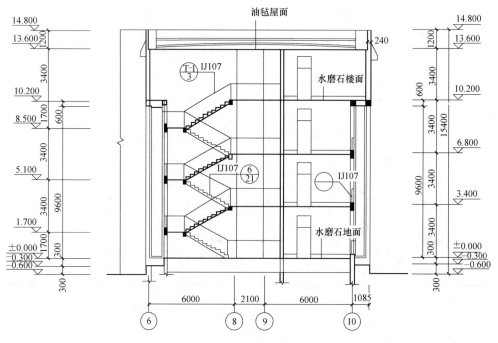

图 1-56　剖面图

层情况、各层楼地面、屋顶的构造及相关尺寸、标高等。

剖切的位置常取楼梯间、门窗洞口及构造比较复杂的典型部位。剖面图的数量，则根据房屋的复杂程度和施工的实际需要而定。剖面图的名称必须与底层平面图上所标的剖切位置和剖视方向一致。

2. 剖面图的图示内容

剖切的位置常取楼梯间、门窗洞口及构造比较复杂的典型部位。剖面图的数量，则根据房屋的复杂程度和施工的实际需要而定。剖面图的名称必须与底层平面图上所标的剖切位置和剖视方向一致。

3. 剖面图的图示内容

（1）被剖切到的墙、梁及定位轴线。

（2）室内底层地面、各层楼面、屋顶、门窗、楼梯、阳台、室内装修等及室外地面、散水、明沟、室外装修等剖切到的和可见的部分。

（3）标注尺寸和标高。

（4）楼地面、屋顶各层的构造及说明。

4. 剖面图的识读

（1）结合底层平面图阅读，对应剖面图与平面图的相互关系，建立起房屋内部的空间概念。

（2）结合建筑设计说明或材料做法表，查阅地面、楼面、墙面、顶棚的装修做法。

（3）查阅各部位的高度。

（4）结合屋顶平面图阅读，了解屋面坡度、屋面防水、女儿墙泛水、屋面保温、隔热等的做法。

（5）详图索引符号。

1.5.7 建筑详图

1. 详图的由来、特点与种类

为了满足施工要求，对建筑的细部构造用较大的比例详细地表达出来，这样的图称为建筑详图，简称详图，有时也叫作大样图。常用的比例有 1∶50、1∶20、1∶10、1∶5、1∶2、1∶1 等。

2. 详图的内容

（1）图名（或详图符号）、比例。

（2）表达出构配件各部分的构造连接方法及相对位置关系。

（3）表达出各部位、各细部的详细尺寸。

（4）详细表达构配件或节点所用的各种材料及其规格。

（5）有关施工要求及制作方法说明等。

3. 建筑外墙身剖面详图

外墙身详图也叫外墙大样图，是建筑剖面图的局部放大图样，表达外墙与地面、楼面、屋面的构造连接情况以及檐口、门窗顶、窗台、勒脚、防潮层、散水、明沟的尺寸、材料、做法等构造情况，如图 1-57 所示。外墙身详图是砌墙、室内外装修、门窗安装、编制施工预算以及材料估算等的重要依据。

在多层房屋中，各层构造情况基本相同，所以，外墙身详图只画墙脚、檐口和中间部分三个节点。为了简化作图，通常采用省略方法画，即在门窗洞口处断开。

（1）外墙身详图的内容

1）墙脚。外墙墙脚主要是指一层窗台及以下部分，包括散水（或明沟）、防潮层、勒脚、一层地面、踢脚等部分的形状、大小材料及其构造情况。

2）中间部分。主要包括楼板层、门窗过梁、圈梁的形状、大小材料及其构造情况，还应表示出楼板与外墙的关系。

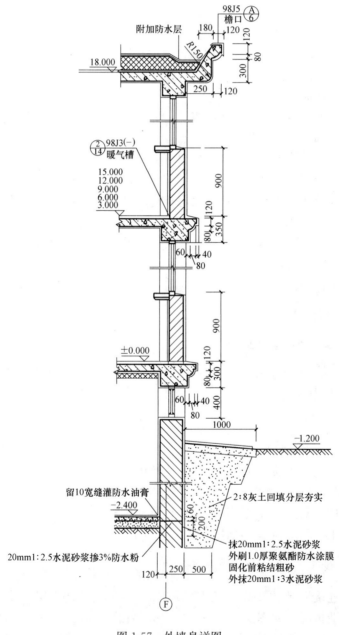

图 1-57　外墙身详图

3）檐口。应表示出屋顶、檐口、女儿墙、屋顶圈梁的形状、大小、材料及其构造情况。

墙身大样图一般用1：20的比例绘制，由于比例较大，各部分的构造如结构层、面层的构造均应详细表达出来，并画出相应的图例符号。

（2）外墙身详图的识读

1）了解墙身详图的图名和比例。图1-58为F轴线的墙身大样图，比例为1：20。

2）了解墙脚构造。从图1-57中可知，该墙脚防潮层采用1：2.5水泥砂浆，内掺3％防水粉。地下室地面与墙脚相交处留10mm宽缝并灌防水油亮油膏。外墙面的防潮做法是：先抹20mm厚1：2.5水泥砂浆，再刷1.0mm厚聚氨酯防水涂膜，且在涂膜固化前粘结粗砂，最后再20mm厚抹1：3水泥砂浆。

3）了解中间节点。从图1-58中可知，窗台高度为900mm，暖气槽的做法见98J3（一）标准图集第14页的2详图，各层楼板与过梁整体浇筑，楼板面的标高分别为3.000、6.000、9.000、12.000和15.000，表示该节点适用于二～六层的相同部位。

4）了解檐口部位。如图1-58，檐口顶部做法见98J5标准图集第6页的A图。

4. 楼梯详图

楼梯是垂直交通工具，最常用的是钢筋混凝土楼梯。楼梯由楼梯段、休息平台（包括平台板和梁）和栏杆（或栏板）等组成。

楼梯详图是由楼梯平面图、楼梯剖面图和楼梯节点详图三部分构成。

（1）楼梯平面图

楼梯平面图就是将建筑平面图中的楼梯间比例放大后画出的图样，比例通常为1：50。

楼梯平面图实际是各层楼梯的水平剖面图，水平剖切平面应通过每层上行第一梯段及门窗洞口的任一位置。包括底层平面图、标准层平面图和顶层平面图。

楼梯底层平面：当水平剖切平面沿底层上行第一梯段休息平台以下某一位置切开时，便可以得到底层平面图。

楼梯标准层平面图：当水平剖切平面沿标准层的休息平台以下及梯间窗洞台以上的某一位置切开时，便可得到标准层平面图。

楼梯顶层平面图：当水平剖切沿顶层门窗洞口的某一位置切开时，便可得到顶层平面图。

1）楼梯平面图的内容

① 楼梯间的位置。

② 楼梯间的开间、进深和墙体厚度。

③ 楼梯段的长度、宽度，踏步的宽度和数量。

④ 休息平台的形状和位置。

⑤ 楼梯井的宽度。

⑥ 楼梯段的起步尺寸。

⑦ 各楼层、各平台的标高。

⑧ 底层平面图中的剖切符号。

2）楼梯平面图的识读

① 了解楼梯间在建筑物中的位置。如图1-58所示，从图中可知，楼梯间位于C、E

轴线和 3、5 轴线的范围内。

② 了解楼梯间的开间、进深、墙体的厚度、门窗的位置。从图 1-58 中可知，该楼梯间的开间为 2700mm，进深为 6600mm。外墙厚 370mm，内墙厚 240mm，楼梯间的门窗宽度均为 1500mm。

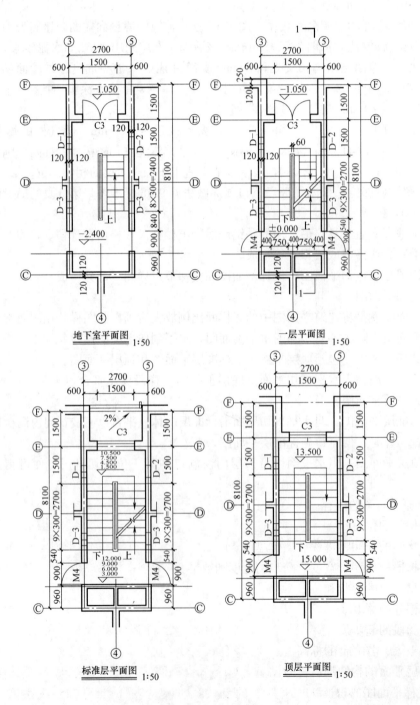

图 1-58　楼梯平面图

③ 了解楼梯段、楼梯井和休息平台的平面形式、位置、踏步的宽度和数量。从图1-58中可知，该楼梯为双跑式的楼梯，每个梯段有 9 个踏步，踏步宽 300mm，每个梯段的水平投影长 2700mm，楼梯平台宽度为（1500−120）mm＝1380mm。

④ 了解楼梯的走向以及上下行的起步位置。从图 1-58 中可知，该楼梯走向如图中箭头所示，地下室平台的起步尺寸为 840mm，其他层平台的起步尺寸为 540mm。

⑤ 了解楼梯段各层平台的标高。从图 1-58 中可知，楼梯间入口处的标高为−1.050，其他层休息平台的标高分别为 1.500、4.500、7.500、10.500 和 13.500。

⑥ 在底层平面图中了解楼梯剖面图的剖切位置，及剖视方向。

（2）楼梯剖面图

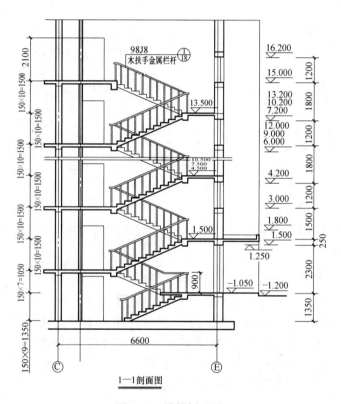

图 1-59　楼梯剖面图

楼梯剖面图是用假想的铅垂剖切平面，通过各层的一个梯段和门窗洞口，将楼梯垂直剖切，向另一未剖到的梯段方向作投影，所得到的剖面图。楼梯剖面图一般采用的比例有1∶50、1∶30 或 1∶40。

1）楼梯剖面图内容

楼梯剖面图主要表达楼梯踏步、平台的构造、栏杆的形状以及相关尺寸。

2）楼梯剖面图的识读

① 了解楼梯的构造形式。从图 1-59 中可知，该楼梯的结构形式为双跑板式楼梯。

② 了解楼梯在竖向和进深方向的有关尺寸。从图 1-59 可知，该建筑的层高为3000mm，楼梯间进深为 6600mm。

③ 了解楼梯段、平台、栏杆、扶手等的构造和用料说明。

④ 被剖切梯段的踏步级数。从图1-59可知，从楼梯入门处到一层地面需上7个踏步，每个踢面高150mm，梯段的垂直高度为1500mm。

⑤了解图中的索引符号，从而知道楼梯细部做法。

（3）楼梯节点详图

楼梯节点详图主要表达楼梯栏杆、踏步、扶手的做法。

如图1-60所示为栏杆构造做法，表达楼梯栏杆的具体位置和采用的材料。

如图1-61所示为踏步防滑条的做法，表达防滑条的具体位置和采用的材料。

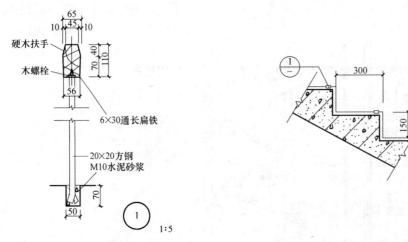

图1-60　栏杆构造做法　　　　　　　　图1-61　踏步防滑条做法

5. 门窗详图

门与窗是房屋的重要组成部分，其详图一般都预先绘制成标准图，以供设计人员选用。如果选用了标准图，在施工图中就要用索引符号并加注所选用的标准图集的编号表示，此时，不必另画详图。如果门、窗没按标准图选用，就一定要画出详图。

门窗详图用立面图表示门、窗的外形尺寸，开启方向，并标注出节点剖面详图或断面图的索引符号；用较大比例的节点剖面图（如图1-62所示）或断面图，表示门、窗的截面、用料、安装位置、门窗扇与门窗框的连接关系等。

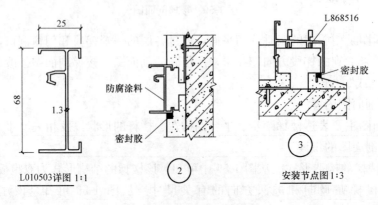

图1-62　门窗节点详图示例

1.6 识读结构施工图

在建筑设计的基础上，对房屋各承重构件的布置、形状、大小、材料、构造及相互关系等进行设计，画出来的图样称为结构施工图（又称结构图），简称"结施"。结构施工图是制作和安装构件、编制施工计划及进行工程预算的重要依据。

1.6.1 结构施工图的内容

不同类型的结构，其施工图的具体内容与表达也各有不同，但结构施工图一般包括结构设计说明（包括结构设计的主要依据；设计标高所对应的绝对标高值；建筑结构的安全等级和设计使用年限；建筑场地的地震基本烈度、场地类别、地基土的液化等级、建筑抗震设防类别、抗震设防烈度和混凝土结构的抗震等级；所选用结构材料的品种、规格、型号、性能、强度等级、受力钢筋保护层厚度、钢筋的锚固长度、搭接长度及接长方法；所采用的通用做法的标准图图集；施工应遵循的施工规范和注意事项等）、结构布置图（包括基础平面图、楼层结构平面布置图、屋顶结构布置图）和构件详图（包括梁、板、柱及基础结构详图；楼梯、电梯结构详图；屋架结构详图；其他详图，如支撑、预埋件、连接件等的详图）。

1.6.2 结构施工图的识读方法

识读结构施工图也是一个由浅入深、由粗到细的渐进过程，在阅读施工图时，要养成做记录的习惯，准备为以后的工作提供技术资料，要学会纵览全局，这样才能促进自己不断进步。

结构施工图的识读方法可归纳为："从上往下看，从左往右看，从前往后看，从大到小看，由粗到细看，图样与说明对照看，结施与建施结合看，其他设施图参照看。"

结构施工图按结构设计说明、基础图、柱及剪力墙施工图、楼屋面结构平面图及详图、楼梯电梯施工图的顺序读图，并将结构平面图与详图，结构施工图与建筑施工图对照起来看，遇到问题时，应一一记录并整理汇总，待图纸会审时提交加以解决。

1.6.3 一般规定

1. 结构图的图线、线型、线宽应符合《建筑结构制图标准》GB/T 50105—2010 规定。
2. 结构图应选用表 1-6 中的常用比例。
3. 结构图中构件的名称宜用代号表示，如表 1-7 所示。结构施工图中钢筋图例及画法应符合规定。

结构图常用比例　　　　　　　　　　　　　　　　表 1-6

图名	常用比例	可用比例
结构平面布置图、基础平面图	1∶50、1∶100、1∶200	1∶150
圈梁平面图、管沟平面图等	1∶200、1∶500	1∶300
详图	1∶10、1∶20、1∶50	1∶5、1∶25、1∶30、1∶40

4. 结构图上的轴线及编号应与建筑施工图一致。

5. 图上的尺寸标注应与建筑施工图相符合，但结构图所注尺寸是结构的实际尺寸，即不包括结构表层粉刷或面层的厚度。

6. 结构图应用正投影法绘制。

结构图中构件名称与代号　　　　表 1-7

序号	名称	代号	序号	名称	代号	序号	名称	代号
1	板	B	9	屋面梁	WL	17	框架	KJ
2	屋面板	WB	10	吊车梁	DL	18	柱	Z
3	空心板	KB	11	圈梁	QL	19	基础	J
4	密肋板	MB	12	过梁	GL	20	梯	T
5	楼梯板	TB	13	连系梁	LL	21	雨篷	YP
6	盖板或光盖板	GB	14	基础梁	JL	22	阳台	YT
7	墙板	QB	15	楼梯梁	TL	23	预埋件	M
8	梁	L	16	屋架	WJ	24	钢筋网	W

1.6.4　基础图

基础是建筑物的主要组成部分，作为建筑物最下部的承重构件埋于地下，承受建筑物的全部荷载，并传递给基础．建筑物的上部结构形式相应地决定基础的形式。

基础图主要是表示建筑物在相对标高±0.000 以下基础结构的图纸，一般包括基础平面图和基础详图。它是施工时在基地上放灰线、开挖基槽、砌筑基础的依据。

1. 基础平面图

假想用一水平剖切平面沿房屋的地面与基础之间将房屋剖开，移去上半部分，剩下的下半部分，再在基础周围未回填土前，所作出的水平剖面图，称为基础平面图。

（1）尺寸标注。基础平面图的尺寸标注分内部尺寸（标注各道墙的厚度、柱的断面尺寸和基础底面的宽度等）和外部尺寸（只标注定位轴线的间距和总尺寸两部分），如图1-63所示。

（2）基础平面图的剖切符号。凡基础宽度、墙厚、大放脚、基底标高、管沟做法不同时，均以不同的断面图表示，所以在基础平面图中还应注出各断面图的剖切符号及编号，以便对照查阅。

（3）基础平面图的主要内容：

1）图名、比例。如图 1-63 为条形基础平面图，其比例 1：100 与建筑平面图相同。

2）纵横向定位轴线及编号、轴线尺寸。从图 1-63 中可看出，基础平面图中的横向、纵向定位轴线的编号与建筑平面图完全相同，轴间尺寸也保持一致。

3）基础墙、柱的平面布置，基础底面形状、大小及其与轴线的关系。图 1-63 中条形基础用两条平行的粗实线表示剖切到的墙厚，基础墙两侧的中实线表示基础外形轮廓。图中涂黑的为构造柱。

4）基础梁的位置、代号。

5）基础编号、基础断面图的剖切位置线及其编号。如图 1-63 所示，断面位置用○—表示，其编号分别为 JC1 和 JC2。

6）施工说明，即所用材料的强度等级、防潮层做法、设计依据及施工注意事项等。

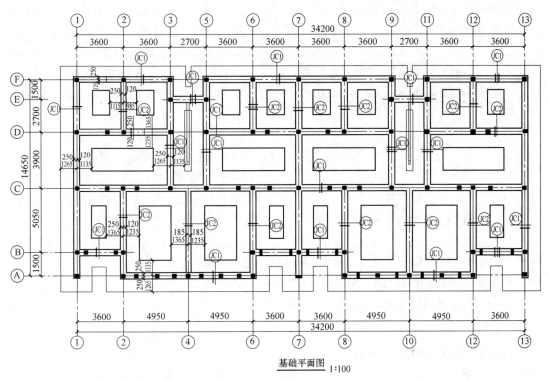

图 1-63　基础平面图

2. 基础详图

（1）基础详图的形成

在基础的某一处用铅垂剖切平面切开基础所得到的断面图称为基础详图。基础详图常用 1：10、1：20、1：50 的比例绘制。基础详图表示了基础的断面形状、大小、材料、构造、埋深及主要部位的标高等，如图 1-64 所示为条形基础详图。

（2）基础详图的数量

同一幢房屋，由于各处有不同的荷载和不同的地基承载力，下面就有不同的基础。对于每一种不同的基础，都要画出它的断面图，并在基础平面图上用 1-1、2-2、3-3……剖切位置线或用○—圆内加编号表明该断面的位置。

（3）基础详图的表示方法

1）基础断面形状的细部构造按正投影法绘制。

2）基础断面除钢筋混凝土材料外，其他材料宜画出材料图例符号。

3）钢筋混凝土独立基础除画出基础的断面图外，有时还要在平面图中采用局部剖面表达底板配筋。

4）基础详图的轮廓线用中实线表示，钢筋符号用粗实线绘制。

（4）基础详图的主要内容

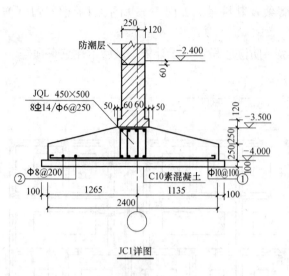

250 120

防潮层

−2.400

60

JQL 450×500
8Φ14/Φ6@250

50 60 60 50

−3.500

120

−3.500

250 250

−4.000

Φ8@200

C10素混凝土

Φ10@100

100

② ①

100 1265 1135 100

2400

JC1详图

图 1-64　钢筋混凝土条形基础详图

1）图名、比例。如图 1-64 为编号为 JC1 的钢筋混凝土条形基础详图。

2）轴线及其编号。

3）基础断面的详细尺寸和标高。从图 1-65 可看出，该基础包括基础、基础圈梁和基础墙三部分组成。标高 −3.500 以上为基础墙部分，墙体厚 370mm（−3.500 以上 120mm 高度的墙体厚度为 490mm）；−3.500 到 −4.000 范围为基础大放脚，宽度为 2400mm；基础圈梁与基础在放脚浇在一起，其宽 450mm，高 500mm；基础下有 100mm 厚的 C15 的素混凝土垫层。

4）配筋情况。从图 1-64 可看出，基础底板配有 φ12@200 的受力钢筋和 φ8@200 的分布筋；基础梁内上下各配 4Φ14 的钢筋和 φ6@250 的箍筋。

5）防潮层的位置和做法。从图 1-64 可看出，在距标高 −2.400 以下 60mm 处有一道粗实线，表示水平防潮层的位置。

6）施工说明等。

1.6.5　楼层结构平面图

楼层结构平面图是假想用一个水平的剖切平面沿楼板面将房屋剖开后所作的楼层水平投影。它是用来表示每层的梁、板、柱、墙等承重构件的平面布置，说明各构件在房屋中的位置，以及它们之间的构造关系，是现场安装或制作构件的施工依据。

1. 楼层结构平面图的表示方法

（1）对于多层建筑，一般应分层绘制楼层结构平面图。但如各层构件的类型、大小、数量、布置相同时，可只画出标准层的楼层结构平面图。

如平面对称，可采用对称画法，一半画屋顶结构平面图，另一半画楼层结构平面图。楼梯间和电梯间因另有详图，可在平面图上用相交对角线表示。

（2）当铺设预制楼板时，可用细实线分块画出板的铺设方向。

（3）当现浇板配筋简单时，直接在结构平面图中表明钢筋的弯曲及配置情况，注明编号、规格、直径、间距；当配筋复杂或不便表示时，用对角线表示现浇板的范围。

（4）梁一般用单点粗点画线表示其中心位置，并注明梁的代号。圈梁、门窗过梁等应编号注出，若结构平面图中不能表达清楚时，则需另绘其平面布置图。

（5）楼层、屋顶结构平面图的比例与建筑平面图相同，一般采用 1：100 或 1：200 的比例绘制。

（6）楼层、屋顶结构平面图中一般用中实线表示剖切到或可见的构件轮廓线，图中虚线表示不可见构件的轮廓线。

（7）楼层结构平面图的尺寸，一般只注开间、进深、总尺寸及个别地方容易弄错的尺寸。定位轴线的画法、尺寸及编号应与建筑平面图一致。

2. 楼层结构平面图识读

阅读楼层平面布置图时，应从以下几方面入手：

（1）了解图名、比例。

（2）了解定位轴线及编号是否与建筑平面图相一致。

（3）了解结构层中楼板的平面位置和组合情况。

（4）了解墙、柱、梁、板等构件的平面位置、编号及截面尺寸等情况。

（5）了解预制板的跨度方向、数量、型号或编号和预留洞的大小及位置。

（6）了解现浇板的布置、配筋情况等。

（7）了解详图索引符号及剖切符号。

（8）了解相关文字说明。

3. 屋顶结构平面图

屋顶结构平面图是表示屋面承重构件平面布置的图样，其图示内容和表达方法与楼层结构平面图基本相同。

1.6.6 结构详图

1. 钢筋混凝土构件详图种类

模板图：也称外形图，它主要表明钢筋混凝土构件的外形，预埋铁件、预留钢筋、预留孔洞的位置，各部位尺寸和标高、构件以及定位轴线的位置关系等。

配筋图：配筋图包括立面图、断面图和钢筋详图，主要表示构件内部各种钢筋的位置、直径、形状和数量等。

钢筋表：为便于编制预算，统计钢筋用量，对配筋较复杂的钢筋混凝土构件应列出钢筋表，以计算钢筋用量。

2. 钢筋混凝土构件详图的内容

（1）构件名称或代号、比例。

（2）构件的定位轴线及其编号。

（3）构件的形状、尺寸和预埋件代号及布置。

（4）构件内部钢筋的布置。

（5）构件的外形尺寸、钢筋规格、构造尺寸以及构件底面标高。

（6）施工说明。

3. 钢筋混凝土梁详图

梁是房屋结构中的主要承重构件，常见的有过梁、圈梁、楼板梁、框架梁、楼梯梁、雨篷梁等。梁的结构详图由配筋图和钢筋表组成。

4. 钢筋混凝土柱

钢筋混凝土柱构件详图与钢筋混凝土梁基本相同，对于比较复杂的钢筋混凝土柱，除画出构件的立面图和断面图外，还需画出模板图。

5. 楼梯结构图

楼梯结构图包括楼梯结构平面图（主要表示楼梯类型、尺寸、结构及梯段在水平投影的位置、编号、休息平台板配筋和标高等）和楼梯结构剖面图（主要表示各楼梯段、休息平台板的立面投影位置、标高、楼梯板配筋详图）。

1.6.7 现浇钢筋混凝土构件平面整体表示方法简介

平法的表达形式，概括来讲，是把结构构件的尺寸和配筋等，按照平面整体表示方法制图规则，整体直接表达在各类构件的结构平面布置图上，再与标准构造详图相配合，即构成一套新型完整的结构设计。改变了传统的那种将构件从结构平面布置图中索引出来，再逐个绘制配筋详图的繁琐方法。

平法的表达方式大大减少了图纸的数量，使得图纸表达更为直观、便于识读；表达顺序与施工一致，使施工看图、记忆和查找方便，利于施工质量检查。

在平面布置图上表示各构件尺寸和配筋的方式，分平面注写方式、列表注写方式和截面注写方式三种。

1. 柱平法施工图

（1）截面注写

截面注写方式是在分标准层绘制的柱平面布置图上，分别在同一编号的柱中选择一个截面，并将此截面在原位放大，以直接注写截面尺寸和配筋具体数值，如图 1-66 所示。

截面注写又分为：

1）集中注写：柱截面尺寸 $b \times h$、角筋（如图 1-65 所示中的 4Φ22）或全部纵筋（纵筋直径相同且能表示清楚时如图 1-66 所示中的 24Φ22）、箍筋的级别、直径与间距（间距有加密区和非加密区之分时，用"/"区分，如图 1-65、图 1-66 中的 Φ10@100/200）。

当矩形截面的角筋与中部直径不同时，一种按"角筋＋b 边中部筋＋h 边中部筋"的形式注写。例：4Φ22＋10Φ22＋8Φ20 表示角筋 4Φ22，b 边中部筋共 10Φ22（每边 5Φ22），h 边中部钢筋共 8Φ20（每边 4Φ20）。另一种方式在集中标注中仅注写角筋，然后在截面配筋图上原位注写中部钢筋，当采用对称配筋时，仅注写一侧中部钢筋，另一侧不注写，如图 1-65 所示。

当异形截面的角筋与中部筋不同时，按"角筋＋中部筋"的形式注写。例：5Φ22＋15Φ20 表示角筋 5Φ22，各边中部筋共 15Φ20。

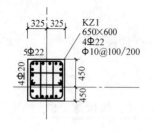

图 1-65 截面注写方式（一）

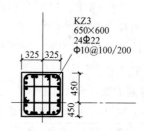

图 1-66 截面注写方式（二）

2）原位注写：柱截面与轴线关系 b_1、b_2 和 h_1、h_2 的具体数值；截面各边中部筋的具体数值（对称配筋的矩形截面，可仅在一侧注写，如图 1-65 所示）。当采用截面注写方式时，可以根据具体情况，在一柱平面布置图上加括号来区分表达不同标准层的注写数值。

3）识读举例，如图 1-67 所示，该图反映的是标高在 19.470～37.470 段（对应表格，即为 6～10 层范围内）的柱配筋情况，以 KZ1 为例：

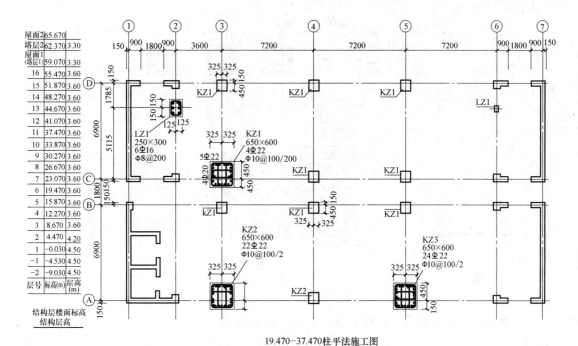

图 1-67　柱截面注写方式

① 集中注写：柱截面尺寸 650mm×600mm；角筋为 4 根直径 22mm 的 Ⅱ 级钢筋，箍筋为直径 10mm 的 Ⅰ 级钢筋，柱端加密区间距为 100mm、柱身非加密区间距为 200mm，4×4型箍筋。

② 原位注写：柱截面与轴线关系的几何参数 b_1＝325、b_2＝325、h_1＝150、h_2＝450；纵筋布置截面 b 边中部筋为 5 根直径为 22mm 的 Ⅱ 级钢筋，h 边中部筋为 4 根直径为 20mm 的 Ⅱ 级钢筋。

（2）列表注写方式

柱的列表注写方式，系在柱平面布置图上，分别在同一编号的柱中选择一个（有时需要选择几个）截面标准几何参数代号；在柱表中注写柱号、柱段起止标高、几何尺寸（含柱截面对轴线的偏心情况）与配筋的具体数值，并配以各种柱截面形状和箍筋类型图，如图 1-68 所示。注写的内容包括：

1）柱编号：由柱类型代号、序号组成，应符合表 1-8 的规定。

柱编号表　　　　　　　　　　　　　　　　表 1-8

柱类型	代号	序号
框 架 柱	KZ	××
框 支 柱	KZZ	
芯 柱	XZ	
梁 上 柱	LZ	
剪力墙上柱	QZ	

注：编号时，当柱的总高、分段截面尺寸和配筋均对应相同，仅分段截面与轴线的关系不同时，仍可将其编为同一柱号。

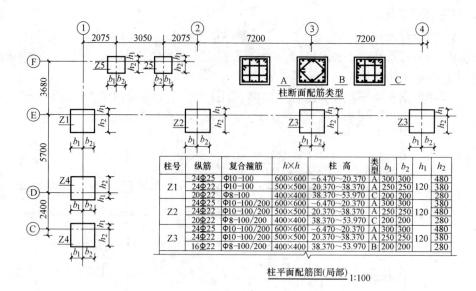

柱平面配筋图(局部) 1:100

柱号	纵筋	复合箍筋	$h \times h$	柱 高	类型	b_1	b_2	h_1	h_2
Z1	24Φ25	Φ10-100	600×600	−6.470~20.370	A	300	300		480
	24Φ22	Φ10-100	500×500	20.370~38.370	A	250	250	120	380
	20Φ22	Φ8-100	400×400	38.370~53.970	C	200	200		280
Z2	24Φ25	Φ10-100/200	600×600	−6.470~20.370	A	300	300		380
	24Φ22	Φ10-100/200	500×500	20.370~38.370	A	250	250	120	480
	20Φ22	Φ8-100/200	400×400	38.370~53.970	C	200	200		280
Z3	24Φ25	Φ10-100/200	600×600	−6.470~20.370	A	300	300		480
	24Φ22	Φ10-100/200	500×500	20.370~38.370	A	250	250	120	380
	16Φ22	Φ8-100/200	400×400	38.370~53.970	B	200	200		280

图 1-68 柱列表注写方式

2) 各段柱的起止标高，自柱根部往上以变截面位置或截面未变但配筋改变处为界分段注写。

3) 柱尺寸：

矩形柱：注写柱截面尺寸 $b \times h$ 及与轴线关系的几何参数代号 b_1、b_2 和 h_1、h_2 的数值。其中 $b = b_1 + b_2$，$h = h_1 + h_2$。

圆柱：表中 $b \times h$ 一栏改用在在圆柱直径数字前加 d 表示。圆柱截面与轴线的关系也用 b_1、b_2、h_1、h_2 表示，并使 $d = b_1 + b_2 = h_1 + h_2$。

4) 配筋情况：

柱纵筋：当纵筋直径相同，各边根数也相同时，将纵筋写在"全部纵筋"一栏中；否则，将纵筋分角筋、截面 b 边中部筋和 h 边中部筋三项分别注写。

箍筋：注写箍筋类型号及肢数、箍筋的级别、直径与间距（间距有柱端加密区和柱身非加密区之分时，用"/"区分）。在表的上部或图中适当位置画出箍筋类型图以及箍筋复合的具体方式，在图上标注出与表中相对应尺寸 b、h，编上类型号。

5) 识读举例，如图 1-69 中的 Z1：

① −6.470~20.370 段：柱截面尺寸 600×600，与轴线关系的几何参数 $b_1 = 300$、$b_2 = 300$、$h_1 = 120$、$h_2 = 480$；纵筋 24 根直径为 25mm 的Ⅱ级钢筋，沿柱四周均匀布置；箍筋为Ⅰ级钢筋，直径为 10mm，间距为 100mm，箍筋类型属于 A 型（4×4）。

② 20.370~38.370 段：柱截面尺寸 500×500，与轴线关系的几何参数 $b_1 = 250$、$b_2 = 250$、$h_1 = 120$、$h_2 = 380$；纵筋 24 根直径为 22mm 的Ⅱ级钢筋，沿柱四周均匀布置；箍筋为Ⅰ级钢筋，直径为 10mm，间距为 100mm，箍筋类型属于 A 型（4×4）。

③ 38.370~53.970 段：柱截面尺寸 400×400，与轴线关系的几何参数 $b_1 = 200$、$b_2 = 200$、$h_1 = 120$、$h_2 = 280$；纵筋 20 根直径为 20mm 的Ⅱ级钢筋，沿柱四周均匀布置；箍筋为Ⅰ级钢筋，直径为 8mm，间距为 100mm，箍筋类型属于 C 型（4×4）。

46

2. 梁平法施工图

（1）平面注写方式

平面注写方式系在梁平面布置图上，分别在不同编号的梁中各选一根梁，在其上注写截面尺寸和配筋具体数值的方式来表达梁平法施工图。

平面注写包括集中标注和原位标注，集中标注表达梁的通用数值，原位标注表达梁的特殊数值。平面注写采用集中注写与原位注写相结合的方式标注，如图1-69所示。

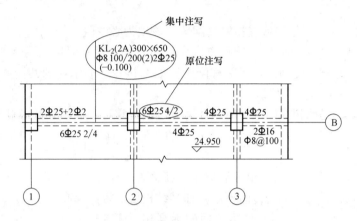

图1-69　梁的平面注写

1）梁集中标注的内容，有五项必注值及一项选注值（集中标注可以从梁的任意一跨引出），规定如下：

① 梁编号：该项为必注值。由梁类型代号、序号、跨数及有无悬挑代号几项组成，应符合表1-9的规定。

梁编号表　　　　　　　　　　　　　　　　　　　　　　　　表1-9

梁类型	代号	序号	跨数及是否带有悬挑
楼层框架梁	KL		
屋面框架梁	WKL		
框 支 梁	KZL		
非框架梁	L	××	(××)、(××A)或(××B)
井 字 梁	JZL		
悬 挑 梁	XL		

注：（××A）为一端悬挑，（××B）为两端悬挑，悬挑不计入跨数。

例：如图1-69中所示，KL_2（2A）表示第2号框架梁，2跨，一端有悬挑。

② 梁截面尺寸：该项为必注值。

当为等截面梁时，用 $b \times h$（宽×高）表示。如图1-69中所示，300×650表示梁宽300mm，高650mm。

当为加腋梁时，用 $b \times h$　$YC_1 \times C_2$ 表示，其中 C_1 为腋长，C_2 为腋高；当为悬挑梁且根部和端部的高度不同时，用斜线分隔根部与端部的高度值，即为 $b \times h_1/h_2$。

③ 梁箍筋：包括钢筋级别、直径、加密区与非加密区间距及肢数，该项为必注值。

加密区与非加密区的不同间距及肢数需用斜线分隔。如图1-69中所示，Φ8@100/200

（2），表示箍筋为Ⅰ级钢筋，直径为8，加密区间距为100，非加密区间距为200，两肢箍；当梁箍筋为同一种间距及肢数相同时，则不需用斜线，如Φ10@200；当加密区和非加密区的箍筋肢数相同时，则将肢数注写一次。

④ 梁上部通长筋或架立筋配置：该项为必注值。

当同排纵筋中既有通长筋又有架立筋时，应用"＋"相连。注写时须将角部纵筋写在"＋"之前，架立筋写在"＋"后面的括号内，如2Φ22＋（4Φ12）；2Φ22为通长筋，4Φ12为架立筋。

⑤ 梁侧面纵向构造钢筋或受扭钢筋配置：该项为必注值。

当梁腹板高度≥450mm时，须配置纵向构造钢筋，注写时以大写字母G打头，接续注写设置在梁两侧的总配筋值，且对称配置。如G4Φ12，表示梁的两侧共4Φ12配置的纵向构造钢筋，每侧各配置2Φ12。

当梁侧配置的是受扭纵向钢筋时，注写时以大写字母N打头，接续注写设置在梁两侧的总配筋值，且对称配置。如6Φ10，表示梁的两侧共6Φ10配置的纵向受扭钢筋，每侧各配置3Φ10。

⑥ 梁顶面标高高差：是指相对于结构层楼面标高的高差值，该项为选注值。有高差时，须将其写入括号内，无高差时不注。如某结构层的楼面标高为48.950m，当梁的梁顶标高为（−0.050）时，即表明该梁顶面的标高相对于48.950m低0.05m，为48.900m；如果是（＋0.100）则表示该梁顶面比楼面标高高0.1m，为49.050m。

2）当集中标注的某项数值不适用于梁的某部位时，则将该项数值原位标注。梁原位标注的内容有：

① 梁支座上部纵筋（含通长筋）：写在梁的上方，并且靠近支座。

当上部纵筋多于一排时，用斜线"/"将各排纵筋自上而下分开。如6Φ25 4/2，表示梁支座上部纵筋布置上一排纵筋为4Φ25，下一排纵筋为2Φ25。

当同排纵筋有两种直径时，用加号"＋"将两种直径相连，注写时将角部纵筋写在前面。如梁支座上部纵筋有四根，2Φ25放在角部，2Φ22放在中部，则在梁支座上部应注写为2Φ25＋2Φ22。

当梁中间支座两边的上部纵筋不同时，须在支座两边分别标注；当梁中间支座两边的上部纵筋相同时，可仅在支座一边标注配筋值，另一边省去不注。

② 梁下部纵筋（不含通长筋）：写在梁的下方，并且靠近跨中。

当下部纵筋多于一排时，用斜线"/"将各排纵筋自上而下分开。如梁下部纵筋注写为6Φ25 2/4，表示上一排纵筋为2Φ25，下一排纵筋为4Φ25，全部伸入支座。

当同排纵筋有两种直径时，表示方法同梁支座上部纵筋。

当梁下部纵筋不全部伸入支座时，将梁支座下部纵筋减少的数量写在括号内。如梁下部纵筋注写为6Φ25 2（−2）/4，则表示上排纵筋为2Φ25，且不伸入支座；下排的纵筋为4Φ25，全部伸入支座。

当集中标注已按规定注写了梁上部和下部均为通长的纵筋值时，则不需在梁下部重复做原位标注。

③ 梁侧面纵向构造钢筋或受扭钢筋：注写在下部纵向钢筋之后或下方，以"G"或"N"打头。

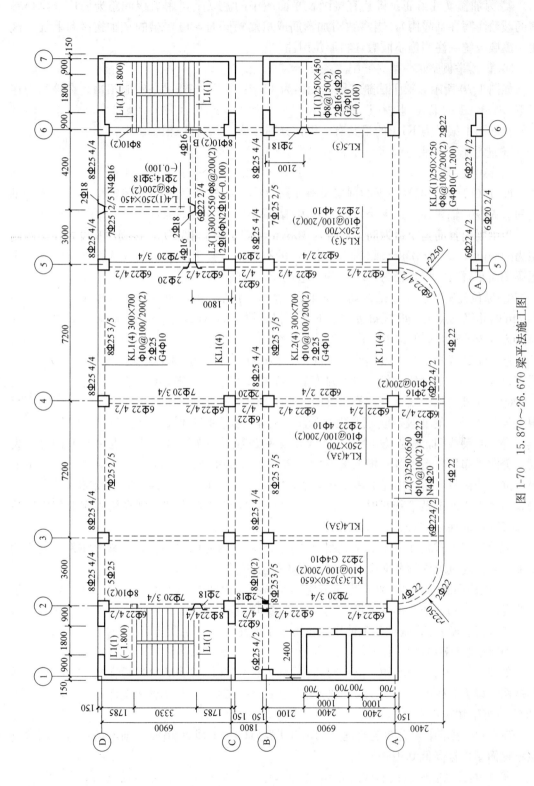

图 1-70 15.870～26.670 梁平法施工图

④ 附加箍筋或吊筋：将其直接画在平面图中的主梁上，用引线注总配筋值（附加箍筋的肢数注写在括号内），当多数附加箍筋或吊筋相同时，可在梁的平法施工图上统一注明，少数与统一注明值不同时，再原位引注。

3）识读举例：

如图 1-70 所示，梁平法施工图的图名为 15.870～26.670 梁平法施工图。在该图中选择编号为 KL1 的梁为例进行识读：

在该图中编号为 KL1 的梁共有三根，分别在 A、C、D 三根轴线上，其中 D 轴线上的 KL1 梁进行了平面注写。

① 集中注写：

KL1（4）表示编号为 1 的框架梁有 4 跨（②～③轴线间、③～④轴线间、④～⑤轴线间、⑤～⑥轴线间，共 4 跨）；300×700 表示梁宽 300mm，梁高 700mm.；Φ10-100/200（2）表示梁内箍筋为Ⅰ级钢筋，直径为 10mm，非加密区间距为 200mm，支座处加密区间距为 100mm，两肢箍筋；2Φ25 表示梁上部的有 2 根直径为 25mm 的Ⅱ级钢筋；G4Φ10 表示梁侧面布置有 4 根直径为 10mm 的构造钢筋，每侧 2 根。

② 原位注写：②～③轴线间：梁上方 8Φ25 4/4 表示支座处梁上部布置 8 根直径为 25mm 的Ⅱ级钢筋，分两排布置，上下各 4 根；梁下方 5Φ25 表示梁下部布置 5 根直径为 25mm 的Ⅱ级钢筋，单排布置；

③～④轴线间：梁上方钢筋布置同①～②轴线；梁下方 7Φ25 2/5 表示梁下部布置 5 根直径为 25mm 的Ⅱ级钢筋，分两排布置，上排 2 根下排 5 根；

④～⑤轴线间：梁上方钢筋布置同①～②轴线；梁下方 8Φ25 3/5 表示梁下部布置 5 根直径为 25mm 的Ⅱ级钢筋，分两排布置，上排 3 根下排 5 根；

⑤～⑥轴线间，梁上方 8Φ25 4/4 表示支座处梁上部布置 8 根直径为 25mm 的Ⅱ级钢筋，分两排布置，上下各 4 根；梁下方 7Φ25 2/5 表示梁下部布置 7 根直径为 25mm 的Ⅱ级钢筋，分两排布置，上排 2 根下排 5 根；2Φ18 表示 KL1 与 L4 相接的地方有 2 根附加吊筋，直径为 18mm 的Ⅱ级钢筋。

（2）截面注写方式

截面注写方式是在梁平面布置图上，分别在不同编号的梁中各选一根梁用剖面号引出配筋图，并在其上注写截面尺寸和配筋具体数值的方式，如图 1-71 所示。

1）在截面配筋详图上注写截面尺寸、梁顶面标高高差、上部筋、下部筋、侧面构造筋或受扭筋、箍筋的具体数值及。其表达形式同平面注写方式。

2）截面注写方式既可单独使用，也可与平面注写方式结合使用。

3）识读举例：

如图 1-71 所示，该图中有三个截面图，其中 1-1 和 2-2 是 L3 的配筋图，3-3 是 L4 的配筋图。以 L3 为例：

① 集中注写：

L3（1）表示编号为 3 的非框架梁，有 1 跨（⑤～⑥轴线间）；（－0.100）表示 L3 顶面比楼面结构标高低 0.100m。

② 截面注写：

300×550 表示梁宽 300mm，梁高 550mm。1-1 反映的是 L3 两端支座处的配筋情况：

图上方 4Φ16 表示梁上部布置 4 根直径为 16mm 的Ⅱ级钢筋；图下方 6Φ22　2/4 表示梁下部布置 6 根直径为 22mm 的Ⅱ级钢筋，分两排布置，上排 2 根下排 4 根；Φ8@200 表示端支座处箍筋为Ⅰ级钢筋，直径为 8mm，间距为 200mm，图上看出是两肢箍筋。2-2 反映的是 L3 跨中的配筋情况：图上方 2Φ16 表示梁上部布置 2 根直径为 16mm 的Ⅱ级钢筋；梁下部钢筋及箍筋布置同 1-1。

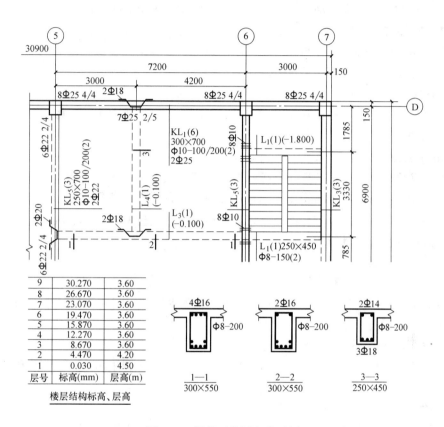

图 1-71　梁截面注写方式示例

1.7　识读钢结构施工图

钢结构工程施工设计图通常有图纸目录、设计说明、基础图、结构布置图、构件图、节点详图以及其他次构件、钢材订货表等。

1. 图纸目录

通常注有设计单位名称、工程名称、工程编号、项目、出图日期、图纸名称、图别、图号、图幅以及校对、制表人等。

2. 设计说明

通常包含设计依据、设计条件、工程概况、设计控制参数、材料、钢构件制作和加工、钢结构运输和安装、钢结构涂装、钢结构防火、钢结构的维护及其他需说明的事项等内容。

3. 基础图

包括基础平面布置图和基础详图基础平面布置图主要表示基础的平面位置（即基础与轴线的关系），以及基础梁、基础其他构件与基础之间的关系；标注基础、钢筋混凝土柱、基础梁等有关构件的编号，表明地基持力层、地耐力、基础混凝土和钢材强度等级等有关方面的要求。基础详图主要表示基础的细部尺寸，如基底平面尺寸、基础高度、底板配筋、基底标高和基础所在的轴线号等；基础梁详图主要表示梁的断面尺寸、配筋和标高。

4. 柱脚平面布置图

主要表示柱脚的轴线位置与和柱脚详图的编号。柱脚详图表示柱脚的细部尺寸、锚栓位置及柱脚二次灌浆的位置和要求等。

5. 结构平面布置图

表示结构构件在平面的相互关系和编号，如刚架、框架或主次梁、楼板的编号以及它们与轴线的关系。

6. 墙面结构布置图

可以是墙面檩条布置图、柱间支撑布置图。墙面檩条布置图表示墙面檩条的位置、间距及檩条的型号；柱间支撑布置图表示柱间支撑的位置和支撑杆件的型号；墙面檩条布置图同时也表示隅撑、拉条、撑杆的布置位置和所选用的钢材型号，以及墙面其他构件的相互关系，如门窗位置、轴线编号、墙面标高等。

7. 屋盖支撑布置图

表示屋盖支撑系统的布置情况。屋面的水平横向支撑通常由交叉圆杆组成，设置在与柱间支撑相同的柱间；屋面的两端和屋脊处设有刚性系杆，刚性系杆通常是圆钢管或角钢，其他为柔性系杆可用圆钢。

8. 屋面檩条布置图

表示屋面檩条的位置、间距和型号以及拉条、撑杆、隅撑的布置位置和所选用的型号。

9. 构件图

可以是框架图、刚架图，也可以是单根构件图。如刚架图主要表示刚架的细部尺寸、梁和柱变截面位置，刚架与屋面檩条、墙面檩条的关系；刚架轴线尺寸、编号及刚架纵向高度、标高；刚架梁、柱编号、尺寸以及刚架节点详图索引编号等。

10. 节点详图

表示某些复杂节点的细部构造。如刚架端部和屋脊的节点，它表示连接节点的螺栓个数、螺栓直径、螺栓等级、螺栓位置、螺栓孔直径；节点板尺寸、加劲肋位置、加劲肋尺寸以及连接焊缝尺寸等细部构造情况。

11. 次构件详图

包括隅撑、拉条、撑杆、系杆及其他连接构件的细部构造情况。

12. 材料表

包括构件的编号、零件号、截面代号、截面尺寸、构件长度、构件数量及重量等。

第 2 章　房 屋 构 造

2.1　概　　述

任何建筑都包含了与其时代、社会、经济、文化相适应的功能、技术、形象三方面的内容，并且构成建筑的三个基本要素。

建筑功能：人类建造房屋有着明确的目的性，即满足不同的使用要求。

建筑技术：建筑技术是指建造房屋的手段，包括建筑材料科学、建筑结构技术、建筑施工技术和建筑设备技术等多方面学科技术的综合，是建筑得以实施的基本技术条件。

建筑形象：建筑形象是通过建筑的体形、体量及其空间组合、立面形式、材料色彩与质感和装饰处理等来反映，应该说，建筑形象是其功能和技术的综合反映。

2.1.1　民用建筑构造组成

常见的民用建筑，因其功能不同，形式也多种多样，但建筑物都是由相同的部分组成。一般大量性民用建筑的构造由六大部分组成，即基础、墙（或柱）、楼板层及地坪层（楼地层）、屋顶、楼梯和门窗等主要部分组成。这些组成部分构成了房屋的主体，它们在建筑的不同部位发挥着不同的作用。房屋除了上述几个主要组成部分外，往往还有其他的构配件和设施，如阳台、散水等，可依据建筑物的要求设置，以保证建筑物可以充分发挥其功能民用建筑的构造组成如图 2-1 所示。

2.1.2　民用建筑分类

民用建筑：是指供人们工作、学习、生活、居住等类型的建筑。民用建筑又分为以下两大类：

1. 按使用性质分类

（1）居住类建筑：如住宅、单身宿舍、招待所等。

（2）公共类建筑：按性质不同又可分为许多类，如办公类建筑、文教类建筑、商业服务类建筑、体育建筑、交通建筑、邮电建筑、旅馆类建筑、市政公用设施类建筑和综合性建筑等。

2. 按承重结构的材料分类

（1）木结构建筑：用木材作为主要承重构件的建筑。

（2）混合结构建筑：用两种或两种以上材料作为主要承重构件的建筑。

（3）钢筋混凝土结构建筑：主要承重构件全部采用钢筋混凝土的建筑。

（4）钢结构建筑：主要承重构件全部采用钢材制作的建筑。

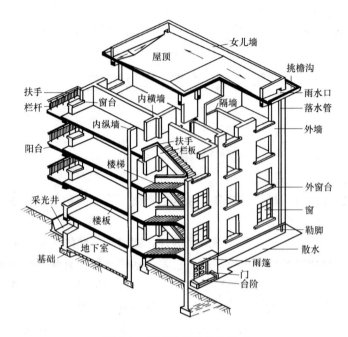

图 2-1　民用建筑的构造组成

3. 按建筑物的层数或总高度分类

（1）住宅建筑 1～3 层为低层，4～6 层为多层，7～9 层为中高层，10 层及以上为高层。

（2）公共建筑建筑物总高度在 24m 以下者为非高层建筑，总高度超过 24m 者为高层建筑（不包括高度超过 24m 的单层主体建筑）。

（3）建筑物总高度超过 100m 时，不论其是住宅或公共建筑均为超高层。

4. 按施工方法分类

（1）全装配式建筑：指主要构件（如墙板、楼板、屋面板、楼梯等）都在工厂或施工现场预制，然后全部在施工现场进行装配。

（2）全现浇式建筑：指主要承重构件（如钢筋混凝土梁、板、柱、楼梯等）都在施工现场浇筑的建筑。

（3）部分现浇、部分装配式建筑：该类建筑指一部分构件（如楼板、屋面板、楼梯等）在工厂预制，另一部分构件（如柱、梁）为现场浇筑的建筑。

（4）砌筑类建筑：指由砖、石及各类砌块砌筑的建筑。

2.1.3　建筑物的等级

建筑物的等级有耐久等级和耐火等级。

1. 耐久等级

建筑物耐久等级的指标是使用年限。在《民用建筑设计通则》GB 50352—2005 中对建筑物耐久年限做如下规定：

一级：耐久年限为 100 年以上，适用于重要的建筑和高层建筑。

二级：耐久年限为 50～100 年，适用于一般性建筑。

三级：耐久年限为 25～50 年，适用于次要的建筑。

四级：耐久年限为 15 年以下，适用于临时性建筑或简易建筑。

建筑物的耐久等级是衡量建筑物耐久程度的标准。如住宅属于次要建筑，其耐久等级应为三级。

2. 耐火等级

建筑物的耐火等级是衡量建筑物耐火程度的标准，是根据组成建筑物构件的燃烧性能和耐火极限确定的。我国《建筑设计防火规范》GB 50016—2006 中规定，9 层及 9 层以下的住宅建筑、建筑高度不超过 24m 的公共建筑、建筑高度超过 24m 的单层公共建筑、工业建筑等的耐火等级分为四级。

燃烧性能指组成建筑物的主要构件在明火或高温作用下燃烧与否，以及燃烧的难易。建筑构件按燃烧性能分为三级，即不燃烧体、难燃烧体和燃烧体。

耐火极限指建筑构件从受到火的作用起，到失去支持能力或完整性被破坏或失去隔火作用为止的这段时间，用小时表示。

高层民用建筑的耐火等级，主要依据建筑高度、建筑层数、建筑面积和建筑物的重要程度来划分。

2.1.4　建筑标准化和统一模数制

1. 建筑标准化

建筑标准化包括两方面：一是建筑设计的标准，包括由国家颁发的建筑法规、建筑设计规范、建筑标准、定额等；二是建筑标准设计，即根据统一的标准编制的标准构件与标准配件图集、整个房屋的标准设计图等。标准构件与标准配件的图集一般由国家或地方设计部门进行编制，供设计人员选用，同时也为构件加工生产单位提供依据。标准设计包括整个房屋的设计和单元设计两个部分。

2. 统一模数制

为实现建筑标准化，使建筑制品、建筑构配件实现工业化大规模生产，必须制定建筑构件和配件的标准化规格系列，使建筑设计各部分尺寸、建筑构配件、建筑制品的尺寸统一协调，并使之具有通用性和互换性，加快设计速度，提高施工质量和效率，降低造价，为此，国家颁发了《建筑模数协调统一标准》GBJ 2—1986。

（1）模数

建筑模数：建筑设计中选定的标准尺寸单位。它是建筑物、建筑构配件、建筑制品以及有关设备尺寸相互间协调的基础和增值单位。

1）基本模数：建筑模数协调统一标准中的基本尺度单位，用符号 M 表示，即 1M＝100mm。

2）导出模数：分为扩大模数和分模数。扩大模数为基本模数的整数倍，如 3M、6M、12M、15M 等。分模数为整数除基本模数，如 1/2M，1/5M，1/10M。

（2）模数数列及其应用

模数数列是以基本模数、扩大模数、分模数为基础扩展的数值系统。模数数列根据建筑空间的具体情况拥有各自的适用范围，建筑物中的所有尺寸，除特殊情况外，一般都应符合模数数列的规定。

2.2 基础与地下室构造

2.2.1 基础的类型与构造

1. 基础与地基的概念

建筑物最下面的部分，与土层直接接触的部分称为基础。基础是建筑物的组成部分，而地基则是基础下面的土层，不是建筑物的组成部分，它的作用是承受基础传来的荷载。

基础承受建筑物的全部荷载，并将荷载传给下面的土层——地基，因此要求地基具有足够的承载能力，在进行结构设计时，必须对基础下面土层的承载能力进行勘察，确定其大小和性质。能够承受荷载的土层称为持力层，持力层下方的土层为下卧层。

2. 地基分类

天然地基：不需要经过处理就可以直接承受建筑物荷载的地基。如岩石、碎石、砂土等。

人工地基：必须进行处理后才可以承受建筑物荷载的地基；常采用压实法、换土法、挤密法。

3. 基础与地基的关系

基础的类型与构造并不完全决定于建筑物上部结构，它与地基土的性质有着密切关系。具有同样上部结构的建筑物建造在不同的地基上，其基础的形式与构造可能是完全不同的。因此，地基与基础之间，有着相互影响，相互制约的密切关系如图 2-2 所示。

4. 基础的类型

（1）按基础的构造形式分类

基础构造形式的确定随建筑物上部结构形式、荷载大小及地基土质情况而定。在一般情况下，

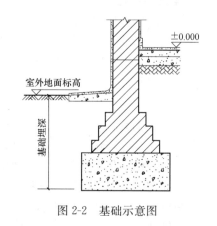

图 2-2 基础示意图

上部结构形式直接影响基础的形式，当上部荷载增大且地基承载力有变化时，基础形式也随之变化。

1）条形基础：当建筑物上部结构采用砖墙，基础沿墙身设置，多做成长条形，这种基础称条形基础或带形基础。当建筑上部的结构采用框架式，但地基的承载力比较弱，也可采用条形基础。

2）独立基础：当建筑物上部结构采用框架结构或单层排架及门架结构承重时，其基础常采用方形或矩形的单独基础，这种基础称为独立基础。当基础埋深较大时，上部为墙承式，也可使用。

3）筏形基础：当建筑物上部荷载比较大，而所在地的地基承载力又比较弱，这时采

用简单的条形基础不能满足需要时，常将墙或柱下基础连成一片，使整个建筑物的荷载承受在一块整板上，这种满堂式的板式基础称筏形基础。筏形基础有平板式和梁板式两种。

4）箱形基础：由钢筋混凝土的底板、顶板和若干纵横墙组成的，形成空心箱体的整体结构，共同承受上部结构的荷载。箱形基础整体空间刚度大，对抵抗地基的不均匀沉降有利，一般适用于高层建筑或在软弱地基上建造的上部荷载较大的建筑物。

5）桩基础：当上部的荷载较大时，需要将其传至深层较为坚硬的地基中去，应采用桩基础。按桩的受力方式分为端承桩和摩擦桩。

（2）按基础的材料分

1）砖条形基础一般由垫层、大放脚和基础墙三部分组成。大放脚的做法有间隔式和等高式两种（图 2-3）。

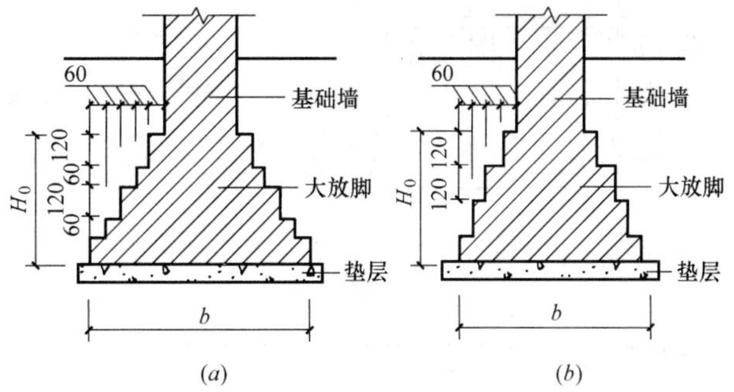

2）混凝土基础

混凝土基础是用不低于 C15 的混凝土浇捣而成，其剖面形式有阶梯形和锥形（图 2-4）。

3）钢筋混凝土基础

钢筋混凝土基础因配有钢筋，可以做得宽而薄，其剖面形式多为扁锥形（图 2-5）。

图 2-3 砖基础

（a）间隔式；（b）等高式

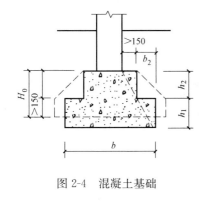

图 2-4 混凝土基础

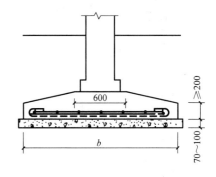

图 2-5 钢筋混凝土基础

2.2.2 地下室构造

1. 地下室的分类

（1）按埋入地下深度的不同，可分为：

1）全地下室：全地下室是指地下室地面低于室外地坪的高度超过该房间净高的 1/2。

2）半地下室：半地下室是指地下室地面低于室外地坪的高度为该房间净高的 1/3～1/2。

（2）按使用功能不同，可分为：

1）普通地下室：一般用作高层建筑的地下停车库、设备用房；根据用途及结构需要可做成一层或二、三层、多层地下室。

2）人防地下室：结合人防要求设置的地下空间，用以应付战时情况下人员的隐蔽和疏散，并有具备保障人身安全的各项技术措施。

2. 地下室的组成

地下室一般由墙、底板、顶板、门窗、楼梯和采光井六部分组成（图2-6）。

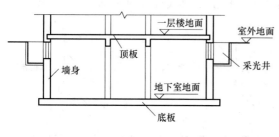

图2-6 地下室组成

3. 地下室防潮

当设计最高地下水位低于地下室底板且无形成上层滞水可能时，地下水不能入侵地下室内部，地下室底板和外墙可以做防潮处理，地下室防潮只适用于防无压水。

1）做法：先在外墙表面抹一层20mm厚的水泥砂浆找平层，再涂一道冷底子油和两道热沥青，然后在外侧回填低渗透性土壤，如黏土、灰土等，土层宽度为500mm左右。

2）地下室的所有墙体都应设两道水平防潮层，一道设在地下室地坪附近，另一道设在室外地坪以上150～200mm处，以防地潮沿地下墙身或勒脚处侵入室内（图2-7）。

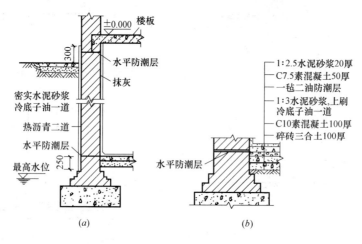

图2-7 地下室防潮处理
（a）墙身防潮；（b）地坪防潮

4. 地下室防水

当最高地下水位高于地下室地坪时，地下水不但会侵入墙体，还会对地下室外墙和底板产生侧压力和浮力，必须采取防水措施。

（1）防水等级

地下室防水工程分为四个等级，各地下工程的防水方案应根据工程的重要性和使用要求选定。

（2）防水构造

目前我国地下工程防水常用的措施有卷材防水、混凝土构件自防水、涂料防水、塑料防水板防水、金属防水层等。选用何种材料防水，应根据地下室的使用功能、结构形式、环境条件等因素合理确定。一般处于侵蚀介质中的工程应采用耐腐蚀的防水混凝土、防水砂浆或卷材、涂料；结构刚度较差或受振动影响的工程应采用卷材、涂料等柔性防水材料。

1）卷材防水

卷材防水是以防水卷材和相应的胶粘剂分层粘贴，铺设在地下室底板垫层至墙体顶端的基面上，形成封闭防水层的做法。

根据防水层铺设位置的不同分为外包防水和内包防水（图 2-8）。

具体做法：在铺贴卷材前，先将基面找平并涂刷基层处理剂，然后按确定的卷材层数分层粘贴卷材，并做好防水层的保护。

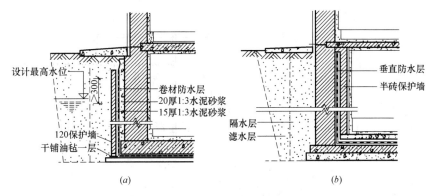

图 2-8　地下室卷材防水构造

（a）外包防水；（b）内包防水

2）混凝土构件自防水（图 2-9）

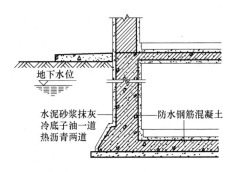

图 2-9　混凝土构件自防水

2.3　墙体与门窗构造

2.3.1　墙体概述

1. 墙体的作用

（1）承重：承受房屋的屋顶、楼层、人和设备的荷载，以及墙体自重、风荷载、地震荷载等。

（2）围护：抵御自然界风、雪、雨等的侵袭，防止太阳辐射和噪声的干扰等。

（3）分隔：墙体可以把房间分隔成若干个小空间或小房间。

（4）装修：墙体还是建筑装修的重要部分，墙面装修对整个建筑物的装修效果作用很大。

2. 墙体的分类

（1）按墙体所在位置分类

按墙体在平面上所处位置不同，可分为外墙和内墙；纵墙和横墙。对于一片墙来说，窗与窗之间和窗与门之间的称为窗间墙，窗台下面的墙称为窗下墙。墙体各部分名称见图2-10。

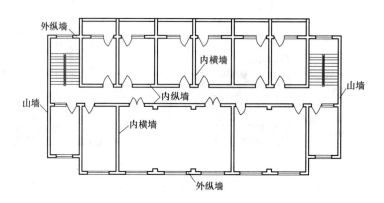

图2-10　墙体各部分名称

（2）按墙体受力状况分类

在混合结构建筑中，按墙体受力方式分为两种：承重墙和非承重墙。非承重墙又可分为两种：一是自承重墙，不承受外来荷载，仅承受自身重量并将其传至基础；二是隔墙，起分隔房间的作用，不承受外来荷载，并把自身重量传给梁或楼板。框架结构中的墙称框架填充墙。

（3）按墙体构造和施工方式分类

1）按构造方式墙体可以分为实体墙、空体墙和组合墙三种。实体墙由单一材料组成，如砖墙、砌块墙等。空体墙也是由单一材料组成，可由单一材料砌成内部空腔，也可用具有孔洞的材料建造墙，如空斗砖墙、空心砌块墙等。组合墙由两种以上材料组合而成，例如混凝土、加气混凝土复合板材墙。其中混凝土起承重作用，加气混凝土起保温隔热作用。

2）按施工方法墙体可以分为块材墙、板筑墙及板材墙三种。块材墙是用砂浆等胶结材料将砖石块材等组砌而成，例如砖墙、石墙及各种砌块墙等。板筑墙是在现场立模板，现浇而成的墙体，例如现浇混凝土墙等。板材墙是预先制成墙板，施工时安装而成的墙，例如预制混凝土大板墙、各种轻质条板内隔墙等。

3. 墙体的设计要求

（1）具有足够的强度和稳定性。

（2）满足保温隔热等热工方面的要求。

（3）采取隔蒸汽措施。

（4）满足隔声要求。

（5）其他要求：

墙体还应满足防水防潮要求，墙体的材料、尺寸标准应考虑经济并适应建筑工业化的要求。

2.3.2　砖墙构造

砖墙属于块材墙，是指各种砌块、砖块和石块按一定技术要求砌筑而成的墙体。习惯上把砖块与各种胶凝材料砌筑而成的墙体称为砖墙，把各种砌块与胶凝材料砌筑而成的墙体称为砌块墙。

1. 砖墙的材料

（1）砖

按材料分有黏土砖、炉渣砖、灰砂砖、粉煤灰砖等；按形状分为实心砖、空心砖和多孔砖等。

普通实心砖的规格为240mm×115mm×53mm（图2-11）。

为适应建筑模数及节能的要求等，近年来开发了许多砖型，如空心砖、多孔砖等（图2-12）。

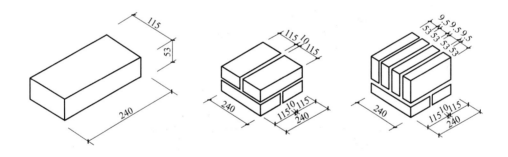

图2-11　普通实心砖的尺寸关系

（2）砂浆

砂浆：由胶凝材料（水泥、石灰）和填充料（砂、矿渣、石屑等）混合加水搅拌而成。

作用：将砖块粘结成砌体，提高墙体的强度、稳定性及保温、隔热、隔声、防潮等性能。

常用的砂浆有水泥砂浆、混合砂浆、石灰砂浆和黏土砂浆。

2. 砖墙的砌筑方式和厚度

实心砖墙：用普通实心砖砌筑的实体墙。

常见的砌筑方式：全顺式、一顺一丁式、多顺一丁式、每皮丁顺相间式及两平一侧式等（图2-13）。

实心砖墙体的厚度除应满足强度、稳定性、保温隔热、隔声及防火等功能方面的要求外，还应与砖的规格尺寸相配合（图 2-14）。

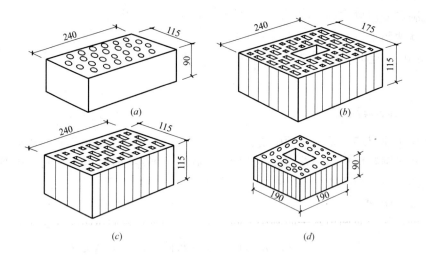

图 2-12　多孔砖规格尺寸

（a）KP1 型；（b）DP2 型；（c）DP3 型；（d）M 型

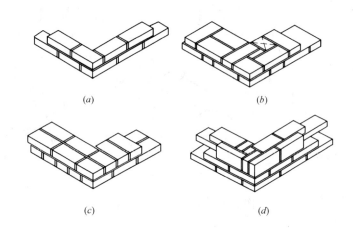

图 2-13　砖墙的组砌方式

（a）全顺式；（b）每皮丁顺相间式；（c）一丁一顺式；（d）两平一侧式

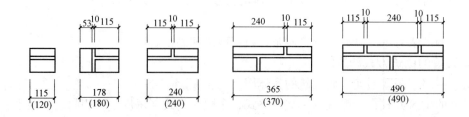

图 2-14　墙厚与砖规格的关系

3. 墙体的细部构造

（1）墙身防潮：

墙身防潮：在墙脚铺设防潮层，以防止土壤中的水分由于毛细作用上升使建筑物墙身受潮，提高建筑物的耐久性，保持室内干燥、卫生。

墙身防潮层应在所有的内外墙中连续设置，且按构造形式不同分为水平防潮层和垂直防潮层两种。

1）防潮层的位置

① 当室内地面垫层为混凝土等密实材料时，防潮层设在垫层厚度中间位置，一般低于室内地坪 60mm。

② 当室内地面垫层为三合土或碎石灌浆等非刚性垫层时，防潮层的位置应与室内地坪平齐或高于室内地坪 60mm。

③ 当室内地面低于室外地面或内墙两侧的地面出现高差时，除了要分别设置两道水平防潮层外，还应对两道水平防潮层之间靠土一侧的垂直墙面做防潮处理（图 2-15）。

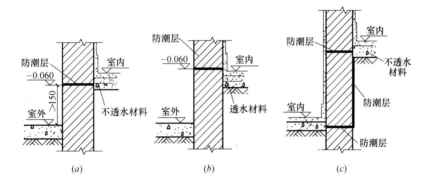

图 2-15 墙身防潮层的位置
（a）地面垫层为密实材料；（b）地面垫层为透水材料；（c）室内地面有高差

2）防潮层的做法

① 墙身水平防潮层的做法有 4 种，如图 2-16 所示。

② 墙身垂直防潮层的具体做法是在垂直墙面上先用水泥砂浆找平，再刷冷底子油一道、热沥青两道或采用防水砂浆抹灰防潮（图 2-17）。

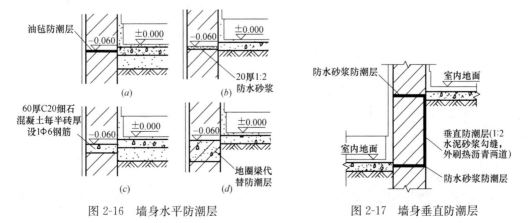

图 2-16 墙身水平防潮层　　　　图 2-17 墙身垂直防潮层

（2）勒脚：外墙接近室外地面的部分。

作用：一是防止外界机械性碰撞对墙体的损坏；

二是防止屋檐滴下的雨、雪水及地表水对墙的侵蚀；

三是美化建筑外观。

做法：抹水泥砂浆、水刷石、斩假石；或外贴面砖、天然石板等（图2-18）。

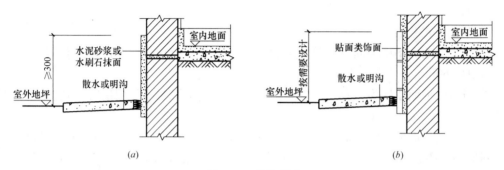

图2-18　勒脚做法

(a) 抹灰勒脚；(b) 贴面勒脚

（3）散水：指靠近勒脚下部的水平排水坡。

房屋四周可采取散水或明沟排除雨水。当屋面为有组织排水时一般设明沟或暗沟，也可设散水。屋面为无组织排水时一般设散水，但应加滴水砖（石）带。散水的做法通常是在素土夯实上铺三合土、混凝土等材料，厚度60～70mm。散水应设不小于3%的排水坡。散水宽度一般0.6～1.0m。散水与外墙交接处应设分格缝，分格缝用弹性材料嵌缝，防止外墙下沉时将散水拉裂。散水整体面层纵向距离每隔6～12m做一道伸缩缝。

明沟：在外墙四周或散水外缘设置的排水沟。

做法：散水的做法通常是在基层土壤上现浇混凝土（图2-19）或用砖、石铺砌，水泥砂浆抹面。明沟通常采用素混凝土浇筑，也可用砖、石砌筑，并用水泥砂浆抹面。

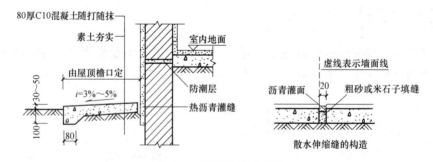

图2-19　混凝土散水构造

（4）窗台：窗洞口下部的防水和排水构造，同时也是建筑立面重点处理的部位，有内窗台和外窗台之分。

外窗台的构造做法有砖砌窗台和预制混凝土板窗台两种（图2-20a、图2-20d）。

内窗台构造也有两种（图2-20e、图2-20f）。

（5）过梁：为支承门窗洞口上部墙体荷载，并将其传给洞口两侧的墙体所设置的横梁。

目前常用的有钢筋砖过梁和钢筋混凝土过梁两种形式。

钢筋砖过梁：在门窗洞口上部砂浆层内配置钢筋的平砌砖过梁（图 2-21）。

钢筋混凝土过梁：是采用较普遍的一种，可现浇，也可预制。其断面形式有矩形和 L 形两种（图 2-22）。

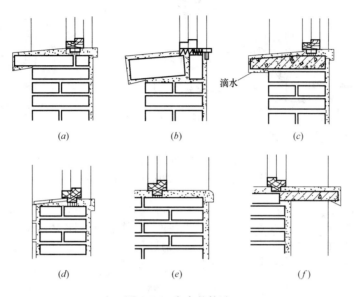

图 2-20　窗台的构造

（a）平砌砖外窗台；（b）侧砌砖外窗台；（c）预制钢筋混凝土窗台；

（d）不悬挑窗台；（e）抹灰内窗台；（f）采暖地区预制钢筋混凝土内窗

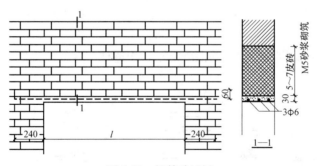

图 2-21　钢筋砖过梁

（6）圈梁：沿建筑物外墙、内纵墙及部分横墙设置的连续而封闭的梁。

作用：提高建筑物的整体刚度及墙体的稳定性，减少由于地基不均匀沉降而引起的墙体开裂，提高建筑物的抗震能力。

当圈梁被门窗洞口（如楼梯间窗洞口）截断时，应在洞口上部设置附加圈梁，进行搭接补强。附加圈梁与圈梁的搭接长度不应小于两梁净距的两倍，且不小于 1000mm（图 2-23）。

圈梁的数量和位置与建筑物的高度、层数、地基状况和地震烈度有关。

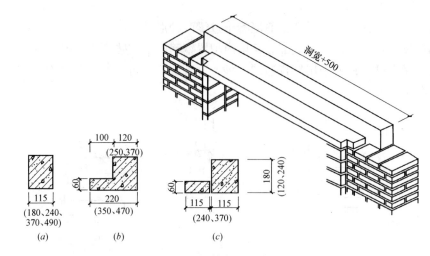

图 2-22　钢筋混凝土过梁

(a) 矩形截面；(b) L 形截面；(c) 组合式截面

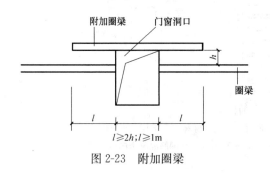

l≥2h；l≥1m

图 2-23　附加圈梁

圈梁有钢筋砖圈梁和钢筋混凝土圈梁两种。钢筋混凝土圈梁宜设置在与楼板或屋面板同一标高处（称为板平圈梁），或紧贴板底（称为板底圈梁）（图 2-24a、图 2-24b）。钢筋砖圈梁如图 2-24c 所示。

（7）构造柱：钢筋混凝土构造柱是从构造角度考虑设置的，是防止房屋倒塌的一种有效措施。构造柱必须与圈梁及墙体紧密相连，从而加强建筑物的整体刚度，提高墙体抗变形的能力。

具体构造要求：先砌墙后浇钢筋混凝土柱，构造柱与墙的连接处宜砌成马牙槎，并沿

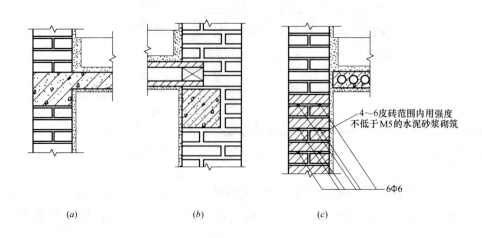

4～6皮砖范围内用强度不低于M5的水泥砂浆砌筑

6Φ6

(a)　　　　　(b)　　　　　(c)

图 2-24　圈梁的构造

(a) 钢筋混凝土平圈梁；(b) 钢筋混凝土板底圈梁；(c) 钢筋砖圈梁

墙高每隔500mm设2φ6水平拉结钢筋连接，每边伸入墙内不少于1000mm，柱截面应不小于180mm×240mm；混凝土的强度等级不小于C15；构造柱下端应锚固于基础或基础圈梁内；构造柱应与圈梁连接（图2-25）。

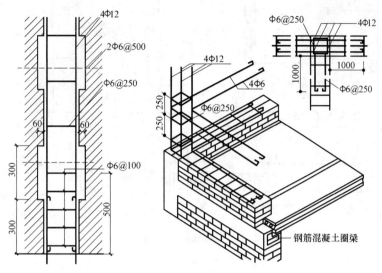

图2-25 构造柱的构造

4. 隔墙的构造

隔墙是分隔建筑物内部空间的非承重构件，不承受荷载并将自重传递给楼板和梁。

（1）隔墙的构造要求

隔墙是分隔建筑物内部空间的非承重构件，本身重量由楼板或梁来承担。设计要求：隔墙自重轻，厚度薄，有隔声和防火性能，便于拆卸，浴室、厕所的隔墙能防潮、防水。

（2）隔墙的类型及构造

1）块材隔墙

块材隔墙是用普通黏土砖、空心砖、加气混凝土等块材砌筑而成，常采用普通砖隔墙和砌块隔墙两种。

① 普通砖隔墙（图2-26）

普通砖隔墙一般采用1/2砖（120mm）隔墙。1/2砖墙用普通黏土砖采用全顺式砌筑而成，砌筑砂浆强度等级不低于M5，砌筑较大面积墙体时，长度超过6m应设砖壁柱，高度超过5m时，应在门过梁处设通长钢筋混凝土带。

为了保证砖隔墙不承重，在砖墙砌到楼板底或梁底时，将立砖斜砌一皮，或将空隙塞木楔打紧，然后用砂浆填缝。设防烈度为8度和9度时长度大于5.1m的后砌非承重砌体隔墙的墙顶，应与楼板或梁拉接。

② 砌块隔墙（图2-27）

为减轻隔墙自重，可采用轻质砌块，墙厚一般为90~120mm。加固措施同1/2砖隔墙之做法。砌块不够整块时宜用普通黏土砖填补。因砌块孔隙率大、吸水量大，故在砌筑时先在墙下部实砌3~5皮实心黏土砖再砌砌块。

2）轻骨架隔墙

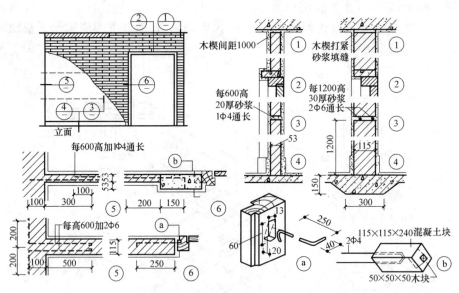

图 2-26 普通砖隔墙构造

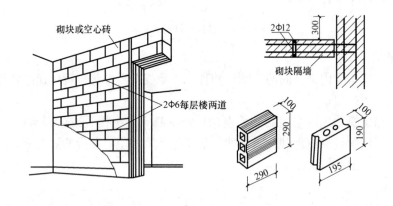

图 2-27 砌块隔墙构造图

轻骨架隔墙由骨架和面板层两部分组成,骨架有木骨架和金属骨架之分,面板有板条抹灰、钢丝网板条抹灰、胶合板、纤维板、石膏板等。由于先立墙筋(骨架),再做面层,故又称为立筋式隔墙。

① 板条抹灰隔墙

板条抹灰隔墙是由上槛、下槛、墙筋斜撑或横档组成木骨架,其上钉以板条再抹灰而成(图 2-28)。

② 立筋面板隔墙

立筋面板隔墙系指面板用人造胶合板、纤维板或其他轻质薄板,骨架为木质或金属组合而成。

a. 骨架。墙筋间距视面板规格而定。金属骨架一般采用薄型钢板、铝合金薄板或拉眼钢板网加工而成,并保证板与板的接缝在墙筋和横挡上。

b. 饰面层。常用类型有:胶合板、硬质纤维板、石膏板等。

采用金属骨架时，可先钻孔，用螺栓固定，或采用膨胀铆钉将板材固定在墙筋上。立筋面板隔墙为干作业，自重轻，可直接支撑在楼板上，施工方便，灵活多变，故得到广泛应用，但隔声效果较差。

3）板材隔墙

板材隔墙是指各种轻质板材的高度相当于房间净高，不依赖骨架，可直接装配而成，目前多采用条板，如碳化石灰板、加气混凝土条板、多孔石膏条板、纸蜂窝板、水泥刨花板、复合板等。

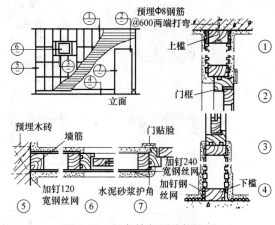

图 2-28　板条抹灰隔墙构造图

5. 窗与门构造

门窗是建筑物的两个重要的围护部件。门在房屋建筑中的主要作用是交通联系，并兼采光和通风；窗的作用主要是采光、通风及眺望。

（1）窗

1）窗的分类

① 按窗的框料材质分：铝合金窗、塑钢窗、彩板窗、木窗、钢窗等。

② 按窗的层数分：单层窗和双层窗。

③ 按窗扇的开启方式分：固定窗、平开窗、悬窗、立转窗、推拉窗、百叶窗等（图 2-29）。

2）窗的组成与尺寸

① 窗的尺寸

窗的尺度应根据采光、通风的需要来确定，同时兼顾建筑造型和《建筑模数协调统一标准》等的要求。

为了确保窗的坚固、耐久，应限制窗扇的尺寸，一般平开木窗的窗扇高度为 800～1200mm，宽度不大于 500mm；上、下悬窗的窗扇高度为 300～600 mm；中悬窗窗扇高度不大于 1200mm，宽度不大于 1000mm；推拉窗的高宽均不宜大于 1500mm。

② 窗的组成

窗一般由窗框、窗扇和五金零件组成。

窗框是窗与墙体的连接部分，由上框、下框、边框、中横框和中竖框组成。

窗扇是窗的主体部分，分为活动扇和固定扇两种，一般由上冒头、下冒头、边梃和窗芯（又叫窗棂）组成骨架，中间固定玻璃、窗纱或百叶。

五金零件包括铰链、插销、风钩等。

③ 窗在墙洞中的位置与窗框的安装

窗在墙洞中的位置主要根据房间的使用要求和墙体的厚度来确定。一般有三种形式，如图 2-30 所示。

窗框的安装有立口和塞口两种。

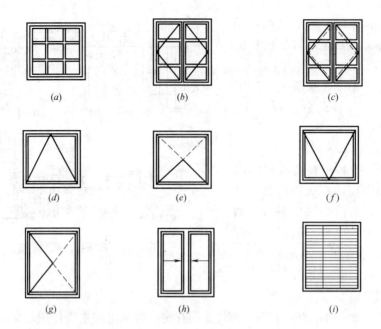

图 2-29　窗的分类

(a) 固定窗；(b) 平开窗（单层外开）；(c) 平开窗（双层内外开）；(d) 上悬窗；

(e) 中悬窗；(f) 下悬窗；(g) 立转窗；(h) 左右推拉窗；(i) 百叶窗

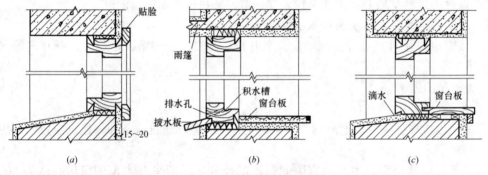

图 2-30　窗框在墙洞中的位置

(a) 窗框内平；(b) 窗框外平；(c) 窗框居中

a. 立口：砌墙时就将窗框立在相应的位置，找正后继续砌墙。

特点：能使窗框与墙体连接紧密牢固，但安装窗框和砌墙两种工序相互交叉进行，会影响施工进度，并且容易对窗造成损坏。

b. 塞口：砌墙时将窗洞口预留出来，预留的洞口一般比窗框外包尺寸大 30～40mm，当整幢建筑的墙体砌筑完工后，再将窗框塞入洞口固定。

特点：不会影响施工进度，但窗框与墙体之间的缝隙较大，应加强固定时的牢固性和对缝隙的密闭处理。

3）窗的构造

① 铝合金窗的构造

铝合金窗多采用水平推拉式的开启方式，窗扇在窗框的轨道上滑动开启。窗扇与窗框之间用尼龙密封条进行密封，以避免金属材料之间相互摩擦。玻璃卡在铝合金窗框料的凹槽内，并用橡胶压条固定（图 2-31）。

铝合金窗一般采用塞口的方法安装，固定时，窗框与墙体之间采用预埋铁件、燕尾铁脚、膨胀螺栓、射钉固定等方式连接（图 2-32）。

② 塑钢窗：以 PVC 为主要原料制成空腹多腔异型材，中间设置薄壁加强型钢，经加热焊接而成窗框料。

特点：导热系数低，耐弱酸碱，无须油漆并具有良好的气密性、水密性、隔声性等优点。

塑钢窗的开启方式及安装构造与铝合金窗基本相同。

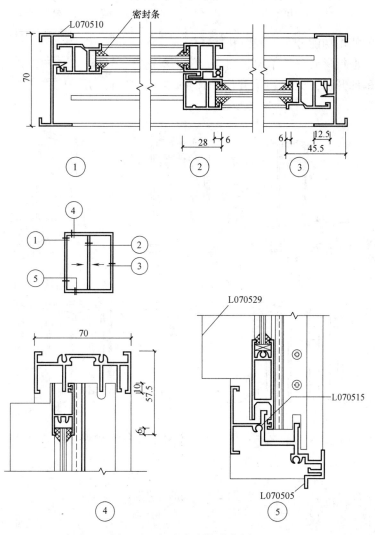

图 2-31　铝合金窗构造实例

（2）门

1）门的分类

① 按门在建筑物中所处的位置分：内门和外门。

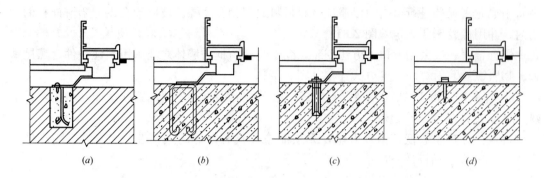

图 2-32　铝合金窗框与墙体的固定方式

(*a*) 预埋铁件；(*b*) 燕尾铁脚；(*c*) 金属膨胀螺栓；(*d*) 射钉

② 按门的使用功能分：一般门和特殊门。

③ 按门的框料材质分：木门、铝合金门、塑钢门、彩板门、玻璃钢门、钢门等。

④ 按门扇的开启方式分：平开门、弹簧门、推拉门、折叠门、转门、卷帘门、升降门等（图 2-33）。

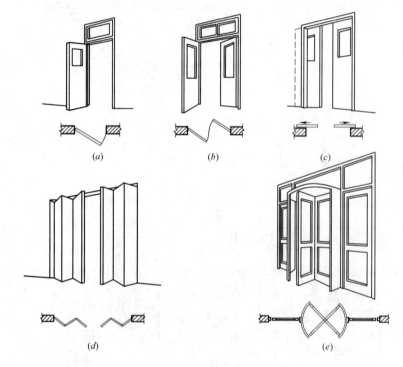

图 2-33　门的开启方式

(*a*) 平开门；(*b*) 弹簧门；(*c*) 推拉门；(*d*) 折叠门；(*e*) 转门

2）门的尺寸

门的尺寸指门洞的高宽尺寸，应满足人流疏散，搬运家具、设备的要求，并应符合《建筑模数协调统一标准》的规定。

一般情况下，门保证通行的高度不小于 2000 mm，当上方设亮子时，应加高 300～

600mm。门的宽度应满足一个人通行，并考虑必要的空隙，一般为 700～1000mm，通常设置为单扇门。对于人流量较大的公共建筑的门，其宽度应满足疏散要求，可设置两扇以上的门。

3）门的组成

门一般由门框、门扇、五金零件及附件组成（图 2-34）。

门框是门与墙体的连接部分，由上框、边框、中横框和中竖框组成。

门扇一般由上、中、下冒头和边梃组成骨架，中间固定门芯板。

五金零件包括铰链、插销、门锁、拉手等。附件有贴脸板、筒子板等。

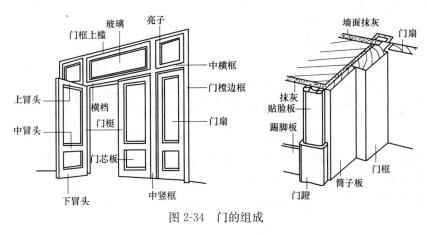

图 2-34 门的组成

2.4 楼板与地面构造

楼板层和地坪层是房屋主要的水平承重构件和水平支承构件，它将荷载传递到墙、柱、基础或地基上，同时又对墙体起着水平支承作用，以减少水平风力和地震水平荷载对墙面的作用。楼板层将房屋分成若干层，地坪层大多直接与地基相连，有时分割地下室。

2.4.1 楼板层与地坪层的构造组成和设计要求

楼板层与地坪层由各种构造层次，具有各种功能作用，根据房间使用功能的不同，各种构造层次可以增加或减少，但基本构造层次不变。

1. 楼板层的构造组成

楼板层主要由面层、结构层和顶棚组成（图 2-35）。

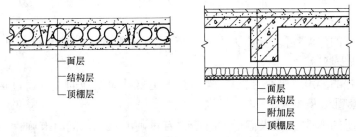

图 2-35 楼板层的组成

（1）面层：楼板层和地层的面层部分，楼板层的面层称楼面，地层的面层称地面。

（2）结构层：又称楼板。它是楼板层的承重构件，承受楼板层上的全部荷载，并将其传给墙或柱，同时对墙体起水平支撑的作用，增强建筑物的整体刚度和墙体的稳定性。

（3）顶棚层：它是楼板层下表面的面层，也是室内空间的顶界面，其主要功能是保护楼板、装饰室内、敷设管线及改善楼板在功能上的某些不足。

2. 地坪层的构造组成

地坪层主要由面层、垫层和基层组成（图 2-36）。

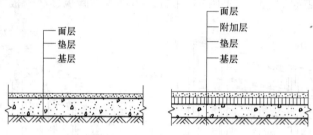

图 2-36　地坪层的组成

（1）垫层：是地坪层的承重层。它必须有足够的强度和刚度，以承受面层的荷载并将其均匀地传给垫层下面的土层。

（2）基层：垫层下面的支承土层。它也必须有足够的强度和刚度，以承受垫层传下来的荷载。

（3）附加层：在楼地层中起隔声、保温、找坡和暗敷管线等作用的构造层。

3. 楼板层与地坪层的设计要求

（1）楼板层的设计要求

楼板层的设计应满足建筑的使用、结构、施工以及经济等多方面的要求。

1）具有足够的强度和刚度，以保证结构的安全及变形要求。根据结构规范要求，当为现浇板时，其相对挠度应不大于 $L/250\sim L/350$；当为预制装配板时，相对应挠度不大于 $L/200$（L 为构件的跨度）。

2）根据不同的使用要求和建筑质量等级，要求具有不同程度的隔声、防火、防水、防潮、保温、隔热等性能。

3）便于在楼层敷设各种管线。

4）尽量为建筑工业化创造条件，提高建筑质量和加快施工进度。

（2）地坪层的设计要求

1）具有足够的坚固性。即要求在各种外力作用下不易被磨损、破坏，且要求表面平整、光洁、易清洁和不起灰。

2）具有良好的保温性能。作为人们经常接触的地面，应给人们以温暖舒适的感觉，保证寒冷季节脚步舒适。

3）具有良好的隔声、吸声性能。隔声要求主要针对楼地面，可通过选择楼地面垫层的厚度与材料类型来达到。

4）具有一定的弹性。当人们行走时不致有过硬的感觉，同时有弹性的地面对减弱撞击声也有利。

5）美观要求。地面是建筑内部空间的重要组成部分，应具有与建筑功能相适应的外观形象。

6）其他要求。对有水作用的房间，地面应防水防潮；对有火灾隐患的房间，应防火耐燃烧等。

2.4.2 楼板层与地坪层的类型

1. 楼板层的类型

楼板层按其结构层所用材料的不同，可分为木楼板、砖拱楼板、钢筋混凝土楼板及压型钢板与混凝土组合楼板等多种形式。

钢筋混凝土楼板因其承载能力大、刚度好，且具有良好的耐久、防火和可塑性，目前被广泛采用。

按其施工方式不同，钢筋混凝土楼板可分为现浇式、装配式和装配整体式三种类型。

2. 地坪层的类型

（1）整体地面

1）水泥砂浆地面；

2）水泥石屑地面；

3）水磨石地面。

（2）块材地面

是利用各种人造的和天然的预制块材、板材镶铺在基层上面：

1）铺砖地面；

2）缸砖、地面砖及陶瓷锦砖地面；

3）天然石板地面。

（3）木地面

按构造方式有架空、实铺和粘贴三种。

（4）卷材地面

包括塑料地板地面、橡胶地毡地面、地毯地面。

（5）涂料地面

涂料类地面耐磨性好，耐腐蚀、耐水防潮，整体性好，易清洁，不起灰，弥补了水泥砂浆和混凝土地面的缺陷，同时价格低廉，易于推广。

2.5 屋 顶 构 造

屋顶是房屋最上层覆盖的外围护结构，其主要作用是抵御自然界的风霜雨雪、太阳辐射、气温变化和其他外界的不利因素，以使屋顶覆盖下的空间有一个良好的使用环境。因此，屋顶的核心功能是防水，其次是保温隔热。同时，屋顶的形式对建筑物的造型有很大程度的影响。

2.5.1 屋顶的作用及构造要求

屋顶主要有三个作用：一是承重作用；二是围护作用；三是装饰建筑立面。

屋顶应满足坚固耐久、防水排水、保温隔热、抵御侵蚀等使用要求，同时还应做到自重轻、构造简单、施工方便、造价经济，并与建筑整体形象协调。

2.5.2 屋顶的类型

（1）平屋顶：屋面排水坡度小于或等于10％的屋顶，常用的坡度为2％～3％（图2-37）。

（2）坡屋顶：指屋面排水坡度在10％以上的屋顶（图2-38）。

（3）曲面屋顶：一般适用于大跨度的公共建筑中（图2-39）。

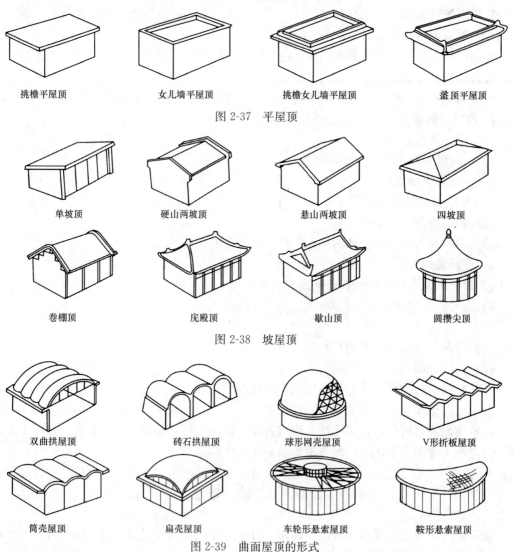

挑檐平屋顶　　　　女儿墙平屋顶　　　　挑檐女儿墙平屋顶　　　　盝顶平屋顶

图 2-37　平屋顶

单坡顶　　　　硬山两坡顶　　　　悬山两坡顶　　　　四坡顶

卷棚顶　　　　庑殿顶　　　　歇山顶　　　　圆攒尖顶

图 2-38　坡屋顶

双曲拱屋顶　　　　砖石拱屋顶　　　　球形网壳屋顶　　　　V形折板屋顶

筒壳屋顶　　　　扁壳屋顶　　　　车轮形悬索屋顶　　　　鞍形悬索屋顶

图 2-39　曲面屋顶的形式

2.5.3 平屋顶的构造

1. 平屋顶的构造组成（图2-40）

（1）屋面

屋面是屋顶最上面的表面层次，要承受施工荷载和使用时的维修荷载，以及自然界风吹、日晒、雨淋、大气腐蚀等的长期作用，因此屋面材料应有一定的强度、良好的防水性和耐久性能。

（2）承重结构

承重结构承受屋面传来的各种荷载和屋顶自重。

（3）顶棚

顶棚位于屋顶的底部，用来满足室内对顶部的平整度和美观要求。

（4）保温隔热层

当对屋顶有保温隔热要求时，需要在屋顶中设置相应的保温隔热层，以防止外界温度变化对建筑物室内空间带来影响。

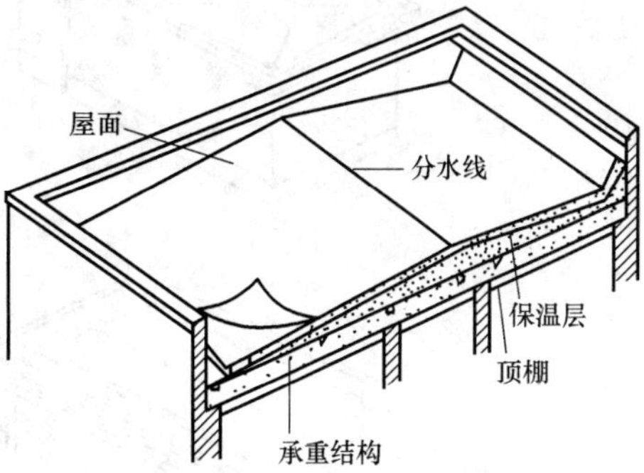

图 2-40　平屋顶的构造组成

2. 平屋顶的排水

（1）排水坡度的形成

1）材料找坡

将屋面板水平搁置，然后在上面铺设炉渣等廉价轻质材料形成坡度。

特点：结构底面平整，容易保证室内空间的完整性，但垫置坡度不宜太大，否则会使找坡材料用量过大，增加屋顶荷载。

2）结构找坡

将屋面板搁置在顶部倾斜的梁上或墙上形成屋面排水坡度。

特点：不需再在屋顶上设置找坡层，屋面其他层次的厚度也不变化，减轻了屋面荷载，施工简单，造价低，但不符合人们的使用习惯。

（2）排水方式

1）无组织排水

将屋顶沿外墙挑出，形成挑檐，屋面雨水经挑檐自由下落至室外地坪。

2）有组织排水

在屋顶设置与屋面排水方向相垂直的纵向天沟，汇集雨水后，将雨水由雨水口、雨水管有组织地排到室外地面或室内地下排水系统。

按照雨水管的位置，有组织排水分为外排水和内排水。

① 外排水：屋顶雨水由室外雨水管排到室外的排水方式。按照檐沟在屋顶的位置，外排水的檐口形式有：沿屋面四周设檐沟、沿纵墙设檐沟、女儿墙外设檐沟、女儿墙内设檐沟等（图 2-41）。

② 内排水：屋顶雨水由设在室内的雨水管排到地下排水系统的排水方式（图 2-42）。

（3）平屋顶的防水

1）柔性防水屋面

柔性防水屋面：用具有良好的延伸性、能较好地适应结构变形和温度变化的材料做防水层的屋面，包括卷材防水屋面和涂膜防水屋面。

卷材防水屋面：用防水卷材和胶结材料分层粘贴形成防水层的屋面，具有优良的防水性和耐久性，因而被广泛采用。卷材防水屋面的基本构造如图 2-43 所示。

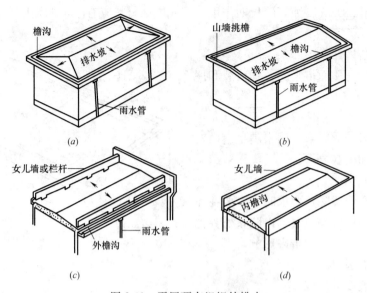

图 2-41　平屋顶有组织外排水

（a）沿屋面四周设檐沟；（b）沿纵墙设檐沟；（c）女儿墙外设檐沟；（d）女儿墙内设檐沟

卷材防水层的防水卷材包括沥青类卷材、高聚物改性沥青防水卷材和合成高分子防水卷材三类。

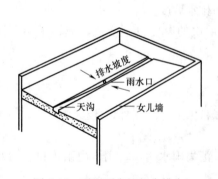

图 2-42　平屋顶有组织内排水

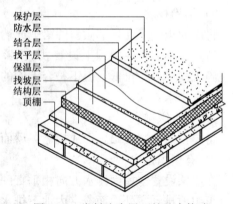

图 2-43　卷材防水屋面的基本构造

保护层分为不上人屋面和上人屋面两种做法。

做法：在防水层上用水泥砂浆或沥青砂浆铺贴缸砖、大阶砖、预制混凝土板等，或在防水层上浇筑 40mm 厚 C20 细石混凝土。

卷材防水屋面的细部构造：

① 泛水：屋面防水层与突出构件之间的防水构造（图 2-44）。

② 檐口：屋面防水层的收头处，檐口的形式由屋面的排水方式和建筑物的立面造型要求来确定（图 2-45～图 2-48）。

2）刚性防水屋面

刚性防水屋面：用刚性防水材料，如防水砂浆、细石混凝土、配筋的细石混凝土等做防水层的屋面。

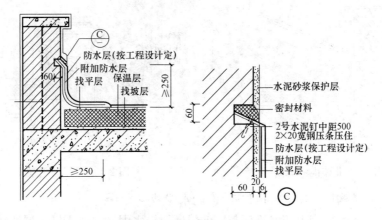

图 2-44 女儿墙泛水的构造

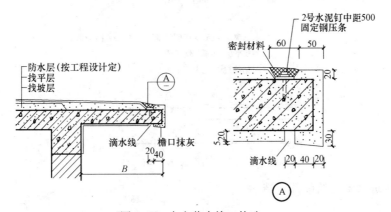

图 2-45 自由落水檐口构造

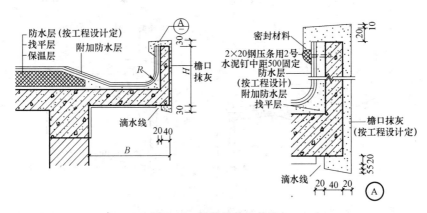

图 2-46 挑檐沟檐口构造

　　特点：构造简单、施工方便、造价低廉，但对温度变化和结构变形较敏感，容易产生裂缝而渗漏。

　　① 防水屋面的基本构造（图 2-49）

　　结构层：一般采用现浇钢筋混凝土屋面板。

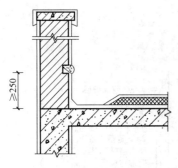
图 2-47 女儿墙内檐沟檐口

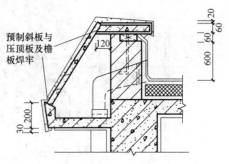
预制斜板与压顶板及檐板焊牢

图 2-48 斜板挑檐檐口

找平层：在结构层上用 20mm 厚 1∶3 的水泥砂浆找平。

隔离层：一般采用麻刀灰、纸筋灰、低强度等级水泥砂浆或干铺一层油毡等做法。

防水层：刚性防水层一般采用配筋的细石混凝土形成。

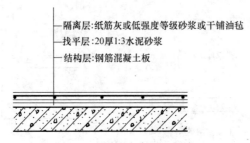

—隔离层：纸筋灰或低强度等级砂浆或干铺油毡
—找平层：20厚1∶3水泥砂浆
—结构层：钢筋混凝土板

图 2-49 刚性防水屋面层次

② 刚性防水屋面的细部构造

a. 分格缝

分格缝的间距一般不宜大于 6m，并应位于结构变形的敏感部位（图 2-50）。

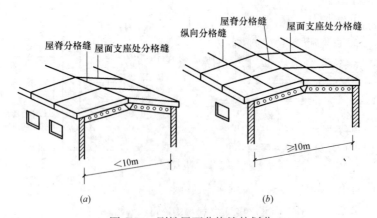

图 2-50 刚性屋面分格缝的划分

(a) 房屋进深小于 10m 分格缝的划分；(b) 房屋进深大于 10m 分格缝的划分

分格缝的宽度为 20～40mm，有平缝和凸缝两种构造形式（图 2-51）。

b. 檐口

构造如图 2-52、图 2-53 所示。

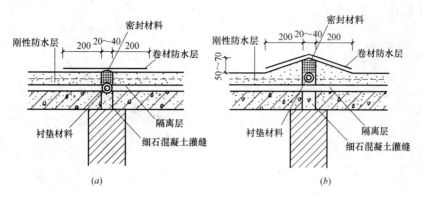

图 2-51　分格缝的构造

(a) 平缝；(b) 凸缝

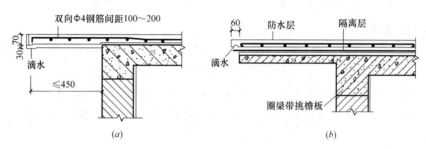

图 2-52　自由落水挑檐口

(a) 混凝土防水层悬挑檐口；(b) 挑檐板挑檐口

2.5.4　坡屋顶构造

1. 坡屋顶的承重结构

坡屋顶的承重结构用来承受屋面传来的荷载，并把荷载传给墙或柱。其结构类型有横墙承重、屋架承重、木构架承重和钢筋混凝土屋面板承重等。

（1）横墙承重

横墙承重：将横墙顶部按屋面坡度大小砌

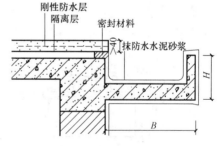

图 2-53　挑檐沟檐口构造

成三角形，在墙上直接搁置檩条或钢筋混凝土屋面板支承屋面传来的荷载，又叫硬山搁檩（图 2-54）。

特点：构造简单、施工方便、节约木材，有利于防火和隔声等优点，但房间开间尺寸受限制，适用于住宅、旅馆等开间较小的建筑。

（2）屋架（屋面梁）承重

屋架是由多个杆件组合而成的承重桁架，可用木材、钢材、钢筋混凝土制作，形状有三角形、梯形、拱形、折线形等。屋架支承在纵向外墙或柱上，上面搁置檩条或钢筋混凝土屋面板承受屋面传来的荷载。

屋架承重与横墙承重相比，可以省去横墙，使房屋内部有较大的空间，增加了内部空间划分的灵活性（图 2-55）。

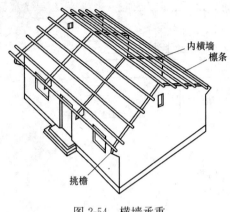

图 2-54　横墙承重

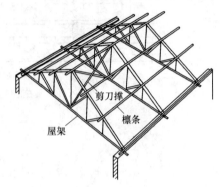

图 2-55　屋架承重

（3）木构架承重

木构架结构是我国古代建筑的主要结构形式，它一般由立柱和横梁组成屋顶和墙身部分的承重骨架，檩条把一排排梁架联系起来形成整体骨架（图 2-56）。

这种结构形式的内外墙填充在木构架之间，不承受荷载，仅起分隔和围护作用。构架交接点为榫齿结合，整体性及抗震性较好；但消耗木材量较多，耐火性和耐久性均较差，维修费用高。

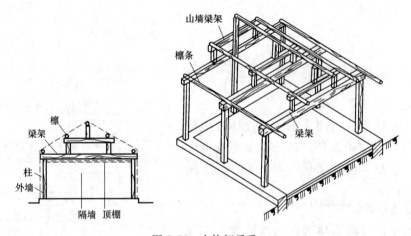

图 2-56　木构架承重

（4）钢筋混凝土屋面板承重

钢筋混凝土屋面板承重：即在墙上倾斜搁置现浇或预制钢筋混凝土屋面板（类似于平屋顶的结构找坡屋面板的搁置方式）来作为坡屋顶的承重结构。

特点：节省木材，提高了建筑物的防火性能，构造简单，近年来常用于住宅建筑和风景园林建筑中。

2. 坡屋顶的屋面构造

（1）平屋瓦面

1）木望板平瓦屋面

木望板平瓦屋面是在檩条或椽木上钉木望板，木望板上干铺一层油毡，用顺水条固定后，再钉挂瓦条挂瓦所形成的屋面（图2-57）。

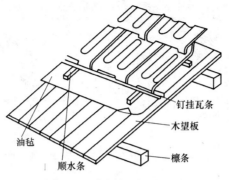

图2-57　木望板平瓦屋面

2）钢筋混凝土板平瓦屋面

钢筋混凝土板平瓦屋面是以钢筋混凝土板为屋面基层的平瓦屋面。

钢筋混凝土板平瓦屋面的构造可分为以下两种：

① 将断面形状呈倒T形或F形的预制钢筋混凝土挂瓦板固定在横墙或屋架上，然后在挂瓦板的板肋上直接挂瓦（图2-58）。

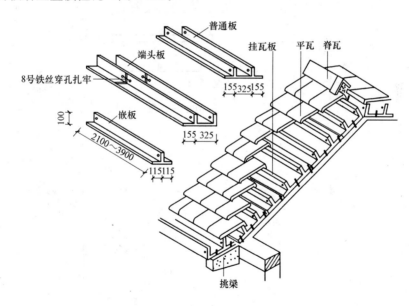

图2-58　钢筋混凝土板平瓦屋面

② 采用钢筋混凝土屋面板作为屋顶的结构层，上面固定挂瓦条挂瓦，或用水泥砂浆、麦秸泥等固定平瓦（图2-59）。

3）油毡瓦屋面

油毡瓦是以玻璃纤维为胎基，经浸涂石油沥青后，面层热压各色彩砂，背面撒以隔离材料而制成的瓦状材料，形状有方形和半圆形（图2-60）。

油毡瓦适用于排水坡度大于20％的坡屋面，可铺设在木板基层和混凝土基层的水泥砂

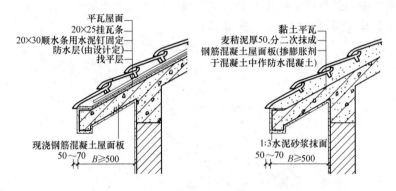

图 2-59　钢筋混凝土屋面板基层平瓦屋面

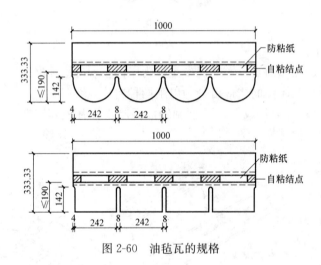

图 2-60　油毡瓦的规格

浆找平层上（图 2-61）。

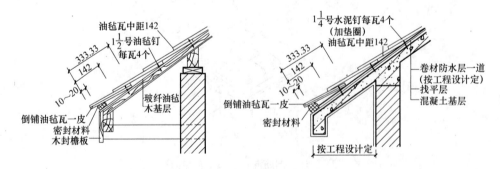

图 2-61　油毡瓦屋面

（2）压型钢板屋面

压型钢板：将镀锌钢板轧制成型，表面涂刷防腐涂层或彩色烤漆而成的屋面材料，具有多种规格，有的中间填充了保温材料，成为夹芯板，可提高屋顶的保温效果。

特点：自重轻、施工方便、装饰性与耐久性强的优点，一般用于对屋顶的装饰性要求较高的建筑中。

压型钢板屋面一般与钢屋架相配合（图 2-62）。

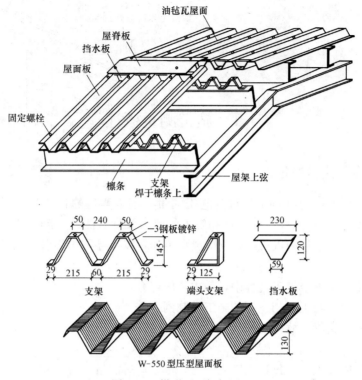

图 2-62　梯形压型钢板屋面

第 3 章　建 筑 测 量

3.1　施工测量概述

3.1.1　施工测量概述

在施工阶段所进行的测量工作称为施工测量。施工测量的目的是把图纸上设计的建（构）筑物的平面位置和高程，按设计和施工的要求放样（测设）到相应的地点，作为施工的依据。并在施工过程中进行一系列的测量工作，以指导和衔接各施工阶段和工种间的施工。

施工测量贯穿于整个施工过程中，其主要内容有：

（1）施工前建立与工程相适应的施工控制网。

（2）建（构）筑物的放样及构件与设备安装的测量工作，以确保施工质量符合设计要求。

（3）检查和验收工作。每道工序完成后，都要通过测量检查工程各部位的实际位置和高程是否符合要求，根据实测验收的记录，编绘竣工图和资料，作为验收时鉴定工程质量和工程交付后管理、维修、扩建、改建的依据。

（4）变形观测工作。随着施工的进展，测定建（构）筑物的位移和沉降，作为鉴定工程质量和验证工程设计、施工是否合理的依据。

3.1.2　施工测量的特点

（1）施工测量是直接为工程施工服务的，因此它必须与施工组织计划相协调。测量人员必须了解设计的内容、性质及其对测量工作的精度要求，随时掌握工程进度及现场变动，使测设精度和速度满足施工的需要。

（2）施工测量的精度主要取决于建（构）筑物的大小、性质、用途、材料、施工方法等因素。一般高层建筑施工测量精度应高于低层建筑，装配式建筑施工测量精度应高于非装配式，钢结构建筑施工测量精度应高于钢筋混凝土结构建筑。往往局部精度高于整体定位精度。

（3）由于施工现场各工序交叉作业、材料堆放、运输频繁、场地变动及施工机械的振动，使测量标志易遭破坏，因此，测量标志从形式、选点到埋设均应考虑便于使用、保管和检查，如有破坏，应及时恢复。

3.1.3　施工测量的原则

由于施工现场有各种建（构）筑物，且分布面广，开工兴建时间不一。为了保证各个建（构）筑物的平面位置和高程都符合设计要求，施工测量也应遵循"从整体到局部，先控制后碎部"的原则。即在施工现场先建立统一的平面控制网和高程控制网，然后，根据控制点的点位，测设各个建（构）筑物的位置。

此外，施工测量的检核工作也很重要，因此，必须加强外业和内业的检核工作。

3.2 施工测量仪器与工具

3.2.1 常见的测量仪器

随着电子技术的迅速发展和计算机技术的广泛应用，测绘技术和测绘仪器都得到了迅速发展，试对常见的测量工作即高程测量、角度测量、距离测量、点位测量涉及的测量仪器作一介绍。

1. 高程测量

为实现水准仪读数的自动化和数字化，科研人员经过近30年的努力，终于在1990年由瑞士威特（WILD）首先研制出电子数字水准仪。电子水准仪较传统的光学水准仪具有无可比拟的优越性，它是集电子光学、图像处理、计算机技术于一体的当代最先进的水准测量仪器，它具有测量速度、精度高、使用方便、作业劳动强度轻、便于用电子手簿记录、实现内外业一体化等优点。电子水准仪有广阔的应用前景大体上应用在以下几个方面：

一是快速的精密水准测量，其读数快且精度高，较传统的精密水准测量提高30%～50%的工作效率，用于建筑物的变形沉降观测和工业设备的精密安装测量；二是电子数字水准仪与计算机相连接，可以实现实时、自动的连续高程测量，在应用软件的支持下可实现内外业信息的一体化；三是在标准测量、地形测量、线路测量及施工测量等领域有着更为广泛的应用。

在高程测量的另外一个方面，最显著的发展应数液体静力水准测量系统，这种系统通过各种类型的传感器测量容器的液面高度，可同时获取数十个乃至数百个监测点的高程，具有高精度、遥测、自动化、可移动和可持续测量等特点。两容器间的距离可达数十公里，如用于跨河与跨海峡的水准测量，通过一种压力传感器，允许两容器之间的高差从过去的数厘米达到数米。

2. 角度测量

角度测量的仪器主要指经纬仪。经纬仪的发展大体可分为三个阶段，即游标经纬仪、光学经纬仪、电子经纬仪。电子经纬仪虽然在外观上和光学经纬仪相类似，但是它是用微机控制和电子测角系统代替光学的读数系统。和光学经纬仪相比它有其明显的优越性，主要有：电子经纬仪使用电子测角系统，能自动显示测量成果，实现读数的自动化和数字化；采用积木式结构，较为方便地与测距仪和数字记录器组合成全站型电子速测仪，若配以适当的接口，可把野外采集的数据直接输入计算机进行计算和绘图；电子经纬仪的测角精度高，使用方便且人为误差少。

3. 距离测量

在距离测量方面，测绘技术发展也比较快，目前对中长距离（数十米至数公里）、短距离（数米至数十米）和微距离（毫米至微米）以及变化量的精密测量的测量精度都很高，以 ME5000 为代表的精密激光测距仪和双频激光测距仪，中长距离测量精度可达亚毫米级。

许多短距离、微距离测量都实现了测量数据采集的自动化，其中最典型的代表是铟瓦线尺测距仪、应变仪、石英伸缩仪、各种光学应变计、位移与振动激光快速遥测仪等。采用多普勒效应的双频激光干涉仪，能在数十米范围内达到 $0.01\mu m$ 的计量精度，成为重要的长度检校和精密测量设备；采用 CCD 线列传感器测量微距离可达到百分之几微米的精度，它们使距离测量精度从毫米、微米级进入到纳米级世界。

4. 点位测量

点位测量主要指点的三维坐标测量。对点的三维坐标测量测绘仪器有了新的进展，电脑型全站仪配合丰富的软件，向全能型和智能化方向发展。带电动马达驱动和程序控制的全站仪结合激光、通讯及 CCD 技术，可实现测量的全自动化，被称作测量机器人。测量机器人可自动寻找并精确照准目标，在 1 秒内完成一目标点的观测，像机器人一样对成百上千个目标作持续和重复观测，可广泛用于变形监测和施工测量。

GPS 接收机已逐渐成为一种通用的定位仪器在工程测量中得到广泛应用，将 GPS 接收机与电子全站仪或测量机器人连接在一起，称超全站仪或超测量机器人，它将 GPS 的实时动态定位技术与全站仪灵活的三维坐标测量技术完美结合，可实现无控制网的各种工程测量。

3.2.2 常规测量仪器使用和维护

（1）携带仪器时，检查仪器箱是否锁好，提手和背带是否牢靠。

（2）开箱时将箱子置于平稳处；开箱后注意观察仪器在箱内安放的位置，以便用完按原样放回，避免因放错位置而盖不上箱盖。

（3）拿取仪器前，应将所有制动螺旋松开；拿仪器时，对水准仪应握住基座部分，对经纬仪应握住支架部分，严禁握住望远镜拿取仪器。

（4）安置仪器三脚架之前，应将架高调节适中，拧紧架腿螺丝；安置时，先使架头大致水平，然后一手握住仪器，一手拧连接螺旋。

（5）野外作业时，必须做到：

1）人不离仪器，严防无人看管仪器；切勿将仪器靠在树上或墙上；严禁小孩摆弄仪器；严禁在仪器旁打闹。

2）在阳光下或雨天作业时必须撑伞遮阳，以防日晒和雨淋。

3）透镜表面有尘土或污物时应先用专用毛刷清除，再用镜头纸擦拭，严禁用手绢、粗布等物清擦。

4）各制动螺旋切勿拧得过紧，以免损伤；各微动螺旋切忌旋至尽头，以免失灵。

5）转动仪器时，应先松开制动螺旋，动作力求准确、轻捷，用力要均匀。

6）使用仪器时，对其性能不了解的部件，不得擅自使用。

7）仪器装箱时，须将各制动螺旋旋开；装入箱后，小心试关一次箱盖，确认安放稳妥之后再制动各螺旋，最后关箱上锁。

8）仪器远距离搬站时，应装箱搬运。其余情况下一手握住仪器，另一手抱拢脚架竖直地搬移，切忌扛在肩上搬站。罗盘仪搬站时，应将磁针固定，使用时再松开。

3.2.3　测量工具使用和维护

（1）钢尺须防压（穿过马路量距时应特别注意车辆）、防扭、防潮，用毕应擦净上油后再卷入盒内。

（2）皮尺应防潮湿，一旦潮湿，须晾干后卷入盒内。

（3）水准尺、花杆禁止横向受力，以防弯曲变形；作业时，应由专人认真扶持，不用时安放稳妥，不得垫坐，不准斜靠在树上、墙上等以防倒下摔坏，要平放在地面或可靠的墙角处。

（4）不准拿测量工具进行玩耍。

3.3　建筑物的定位放线

3.3.1　概述

由于在勘探设计阶段所建立的控制网，是为测图而建立的，有时并未考虑施工的需要，所以控制点的分布、密度和精度，都难以满足施工测量的要求；另外，在平整场地时，大多控制点被破坏。因此施工之前，在建筑场地应重新建立专门的施工控制网。

1. 施工控制网的分类

施工控制网分为平面控制网和高程控制网两种。

（1）施工平面控制网　施工平面控制网可以布设成三角网、导线网、建筑方格网和建筑基线四种形式，至于采用哪种形式的平面控制网，应根据总平面图和施工场地的地形条件来确定。

① 三角网　对于地势起伏较大，通视条件较好的施工场地，可采用三角网。

② 导线网　对于地势平坦，通视又比较困难的施工场地，可采用导线网。

③ 建筑方格网　对于建筑物多为矩形且布置比较规则和密集的施工场地，可采用建筑方格网。

④ 建筑基线　对于地势平坦且又简单的小型施工场地，可采用建筑基线。

（2）施工高程控制网　施工高程控制网采用水准网。

2. 施工控制网的特点

与测图控制网相比，施工控制网具有控制范围小、控制点密度大、精度要求高及使用频繁等特点。

3.3.2　施工场地的平面控制测量

1. 建筑基线

建筑基线是建筑场地的施工控制基准线，即在建筑场地布置一条或几条轴线。它适用于建筑设计总平面图布置比较简单的小型建筑场地。

（1）建筑基线的布设形式　建筑基线的布设形式，应根据建筑物的分布、施工场地地形等因素来确定。常用的布设形式有"一"字形、"L"形、"十"字形和"T"形，如图

3-1 所示。

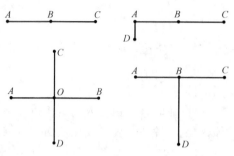

图 3-1　建筑基线的布设形式

（2）建筑基线的布设要求　建筑基线的布设有以下几点要求：

1）建筑基线应尽可能靠近拟建的主要建筑物，并与其主要轴线平行，以便使用比较简单的直角坐标法进行建筑物的定位。

2）建筑基线上的基线点应不少于三个，以便相互检核。

3）建筑基线应尽可能与施工场地的建筑红线相联系。

4）基线点位应选在通视良好和不易被破坏的地方，为能长期保存，要埋设永久性的混凝土桩。

（3）建筑基线的测设方法　根据施工场地的条件不同，建筑基线的测设方法有以下两种：

1）根据建筑红线测设建筑基线　由城市测绘部门测定的建筑用地界定基准线，称为建筑红线。在城市建设区，建筑红线可用作建筑基线测设的依据。如图 3-2 所示，AB、AC 为建筑红线，1、2、3 为建筑基线点，利用建筑红线测设建筑基线的方法如下：

首先，从 A 点沿 AB 方向量取 d_2 定出 P 点，沿 AC 方向量取 d_1 定出 Q 点。

然后，过 B 点作 AB 的垂线，沿垂线量取 d_1 定出 2 点，作出标志；过 C 点作 AC 的垂线，沿垂线量取 d_2 定出 3 点，作出标志；用细线拉出直线 $P3$ 和 $Q2$，两条直线的交点即为 1 点，作出标志。

最后，在 1 点安置经纬仪，精确观测 $\angle 213$，其与 $90°$ 的差值应小于 $\pm20''$。

2）根据附近已有控制点测设建筑基线　在新建筑区，可以利用建筑基线的设计坐标和附近已有控制点的坐标，用极坐标法测设建筑基线。如图 3-3 所示，A、B 为附近已有控制点，1、2、3 为选定的建筑基线点。测设方法如下：

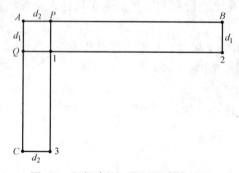

图 3-2　根据建筑红线测设建筑基线

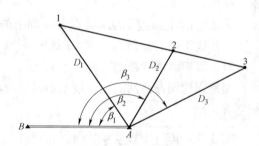

图 3-3　根据控制点测设建筑基线

首先，根据已知控制点和建筑基线点的坐标，计算出测设数据 β_1、D_1、β_2、D_2、β_3、D_3。然后，用极坐标法测设1、2、3点。

由于存在测量误差，测设的基线点往往不在同一直线上，且点与点之间的距离与设计值也不完全相符，因此，需要精确测出已测设直线的折角 β' 和距离 D'，并与设计值相比较。如图 3-4 所示，如果 $\Delta\beta=\beta'-180°$ 超过 $\pm15''$，则应对 $1'$、$2'$、$3'$ 点在与基线垂直的方向上进行等量调整，调整量按下式计算：

$$\delta=\frac{ab}{a+b}\times\frac{\Delta\beta}{2\rho} \tag{3-1}$$

式中　δ——各点的调整值（m）；

a、b——分别为 12、23 的长度（m）。

如果测设距离超限，如 $\dfrac{\Delta D}{D}=\dfrac{D'-D}{D}>\dfrac{1}{10000}$，则以 2 点为准，按设计长度沿基线方向调整 $1'$、$3'$ 点。

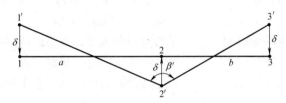

图 3-4　基线点的调整

2. 建筑方格网

由正方形或矩形组成的施工平面控制网，称为建筑方格网，或称矩形网，如图 3-5 所示。建筑方格网适用于按矩形布置的建筑群或大型建筑场地。

（1）建筑方格网的布设　布设建筑方格网时，应根据总平面图上各建（构）筑物、道路及各种管线的布置，结合现场的地形条件来确定。如图 3-5 所示，先确定方格网的主轴线 AOB 和 COD，然后再布设方格网。方格网的主轴线应布设在建筑区的中部，与主要建筑物轴线平行或垂直。

（2）建筑方格网的测设　测设方法如下：

1）主轴线测设　主轴线测设与建筑基线测设方法相似。首先，准备测设数据。然后，测设两条互相垂直的主轴线 AOB 和 COD，如图 3-5 所示。主轴线实质上是由 5 个主点 A、B、O、C 和

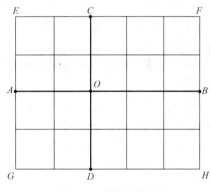

图 3-5　建筑方格网

D 组成。最后，精确检测主轴线点的相对位置关系，并与设计值相比较，如果超限，则应进行调整。建筑方格网的主要技术要求如表 3-1 所示。

建筑方格网的主要技术要求　　　　　　　　　　　　　表 3-1

等级	边长/m	测角中误差	边长相对中误差	测角检测限差	边长检测限差
Ⅰ级	100～300	5″	1/30000	10″	1/15000
Ⅱ级	100～300	8″	1/20000	16″	1/10000

2）方格网点测设　如图 3-5 所示，主轴线测设后，分别在主点 A、B 和 C、D 安置经纬仪，后视主点 O，向左右测设 90°水平角，即可交会出田字形方格网点。随后再作检核，测量相邻两点间的距离，看是否与设计值相等，测量其角度是否为 90°，误差均应在允许

范围内，并埋设永久性标志。

建筑方格网轴线与建筑物轴线平行或垂直，因此，可用直角坐标法进行建筑物的定位，计算简单，测设比较方便，而且精度较高。其缺点是必须按照总平面图布置，其点位易被破坏，而且测设工作量也较大。

由于建筑方格网的测设工作量大，测设精度要求高，因此可委托专业测量单位进行。

3.3.3　施工场地的高程控制测量

1. 施工场地高程控制网的建立

建筑施工场地的高程控制测量一般采用水准测量方法，应根据施工场地附近的国家或城市已知水准点，测定施工场地水准点的高程，以便纳入统一的高程系统。

在施工场地上，水准点的密度，应尽可能满足安置一次仪器即可测设出所需的高程。而测图时敷设的水准点往往是不够的，因此，还需增设一些水准点。在一般情况下，建筑基线点、建筑方格网点以及导线点也可兼作高程控制点。只要在平面控制点桩面上中心点旁边，设置一个突出的半球状标志即可。

为了便于检核和提高测量精度，施工场地高程控制网应布设成闭合或附合路线。高程控制网可分为首级网和加密网，相应的水准点称为基本水准点和施工水准点。

2. 基本水准点

基本水准点应布设在土质坚实、不受施工影响、无震动和便于实测，并埋设永久性标志。一般情况下，按四等水准测量的方法测定其高程，而对于为连续性生产车间或地下管道测设所建立的基本水准点，则需按三等水准测量的方法测定其高程。

3. 施工水准点

施工水准点是用来直接测设建筑物高程的。为了测设方便和减少误差，施工水准点应靠近建筑物。

此外，由于设计建筑物常以底层室内地坪高±0标高为高程起算面，为了施工引测设方便，常在建筑物内部或附近测设±0水准点。±0水准点的位置，一般选在稳定的建筑物墙、柱的侧面，用红漆绘成顶为水平线的"▼"形，其顶端表示±0位置。

3.4　民用建筑的施工测量

民用建筑是指住宅、办公楼、食堂、俱乐部、医院和学校等建筑物。民用建筑施工测量的主要任务是建筑物的定位和放线、基础工程施工测量、墙体工程施工测量及高层建筑施工测量等。

3.4.1　施工测量前的准备工作

（1）熟悉设计图纸　设计图纸是施工测量的主要依据，在测设前，应熟悉建筑物的设计图纸，了解施工建筑物与相邻地物的相互关系，以及建筑物的尺寸和施工的要求等，并仔细核对各设计图纸的有关尺寸。测设时必须具备下列图纸资料：

1）总平面图　如图3-6所示，从总平面图上，可以查取或计算设计建筑物与原有建筑物或测量控制点之间的平面尺寸和高差，作为测设建筑物总体位置的依据。

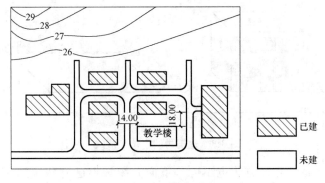

图 3-6　总平面图

2）建筑平面图　如图 3-7 所示，从建筑平面图中，可以查取建筑物的总尺寸，以及内部各定位轴线之间的关系尺寸，这是施工测设的基本资料。

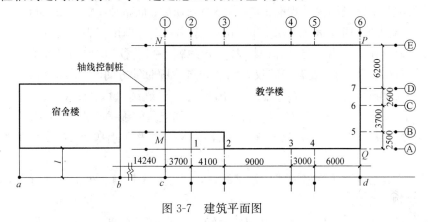

图 3-7　建筑平面图

3）基础平面图　从基础平面图上，可以查取基础边线与定位轴线的平面尺寸，这是测设基础轴线的必要数据。

4）基础详图　从基础详图中，可以查取基础立面尺寸和设计标高，这是基础高程测设的依据。

5）建筑物的立面图和剖面图　从建筑物的立面图和剖面图中，可以查取基础、地坪、门窗、楼板、屋架和屋面等设计高程，这是高程测设的主要依据。

（2）现场踏勘　全面了解现场情况，对施工场地上的平面控制点和水准点进行检核。

（3）施工场地整理　平整和清理施工场地，以便进行测设工作。

（4）制定测设方案　根据设计要求、定位条件、现场地形和施工方案等因素，制定测设方案，包括测设方法、测设数据计算和绘制测设略图，如图 3-8 所示。

（5）仪器和工具　对测设所使用的仪器和工具进行检核。

3.4.2　定位和放线

1. 建筑物的定位

建筑物的定位，就是将建筑物外廓各轴线交点（简称角桩，即图 3-8 中的 M、N、P 和 Q）测设在地面上，作为基础放样和细部放样的依据。

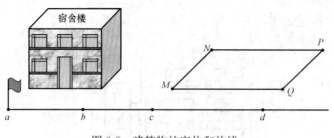

图 3-8　建筑物的定位和放线

由于定位条件不同，定位方法也不同，下面介绍根据已有建筑物测设拟建建筑物的方法。

(1) 如图 3-8 所示，用钢尺沿宿舍楼的东、西墙，延长出一小段距离 l 得 a、b 两点，作出标志。

(2) 在 a 点安置经纬仪，瞄准 b 点，并从 b 沿 ab 方向量取 14.240m（因为教学楼的外墙厚 370mm，轴线偏里，离外墙皮 240mm），定出 c 点，作出标志，再继续沿 ab 方向从 c 点起量取 25.800m，定出 d 点，作出标志，cd 线就是测设教学楼平面位置的建筑基线。

(3) 分别在 c、d 两点安置经纬仪，瞄准 a 点，顺时针方向测设 90°，沿此视线方向量取距离 $l+0.240$m，定出 M、Q 两点，作出标志，再继续量取 15.000m，定出 N、P 两点，作出标志。M、N、P、Q 四点即为教学楼外廓定位轴线的交点。

(4) 检查 NP 的距离是否等于 25.800m，$\angle N$ 和 $\angle P$ 是否等于 90°，其误差应在允许范围内。

如施工场地已有建筑方格网或建筑基线时，可直接采用直角坐标法进行定位。

2. 建筑物的放线

建筑物的放线，是指根据已定位的外墙轴线交点桩（角桩），详细测设出建筑物各轴线的交点桩（或称中心桩），然后，根据交点桩用白灰撒出基槽开挖边界线。放线方法如下：

(1) 在外墙轴线周边上测设中心桩位置　如图 3-9 所示，在 M 点安置经纬仪，瞄准 Q 点，用钢尺沿 MQ 方向量出相邻两轴线间的距离，定出 1、2、3 各点，同理可定出 5、6、7 各点。量距精度应达到设计精度要求。量出各轴线之间距离时，钢尺零点要始终对在同一点上。

(2) 恢复轴线位置的方法　由于在开挖基槽时，角桩和中心桩要被挖掉，为了便于在施工中，恢复各轴线位置，应把各轴线延长到基槽外安全地点，并做好标志。其方法有设置轴线控制桩和龙门板两种形式。

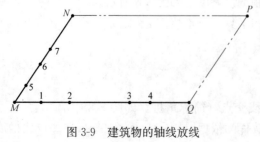

图 3-9　建筑物的轴线放线

1) 设置轴线控制桩　轴线控制桩设置在基槽外，基础轴线的延长线上，作为开槽后，各施工阶段恢复轴线的依据，如图 3-9 所示。轴线控制桩一般设置在基槽外 2~4m 处，打下木桩，桩顶钉上小钉，准确标出轴线位置，并用混凝土包裹木桩，如图 3-10 所示。如附近有建筑物，亦可把轴线投测到建筑物上，用红漆作出标志，以代替轴线控制桩。

2）设置龙门板　在小型民用建筑施工中，常将各轴线引测到基槽外的水平木板上。水平木板称为龙门板，固定龙门板的木桩称为龙门桩，如图 3-11 所示。设置龙门板的步骤如下：

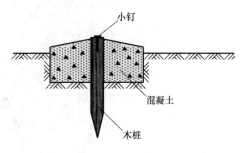

图 3-10　轴线控制桩

在建筑物四角与隔墙两端，基槽开挖边界线以外 1.5～2m 处，设置龙门桩。龙门桩要钉得竖直、牢固，龙门桩的外侧面应与基槽平行。

根据施工场地的水准点，用水准仪在每个龙门桩外侧，测设出该建筑物室内地坪设计高程线（即±0 标高线），并作出标志。

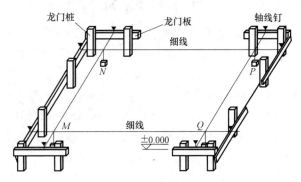

图 3-11　龙门板

沿龙门桩上±0 标高线钉设龙门板，这样龙门板顶面的高程就同在±0 的水平面上。然后，用水准仪校核龙门板的高程，如有差错应及时纠正，其允许误差为±5mm。

在 N 点安置经纬仪，瞄准 P 点，沿视线方向在龙门板上定出一点，用小钉作标志，纵转望远镜在 N 点的龙门板上也钉一个小钉。用同样的方法，将各轴线引测到龙门板上，所钉之小钉称为轴线钉。轴线钉定位误差应小于±5mm。

最后，用钢尺沿龙门板的顶面，检查轴线钉的间距，其误差不超过 1：2000。检查合格后，以轴线钉为准，将墙边线、基础边线、基础开挖边线等标定在龙门板上。

3.4.3　基础工程施工测量

1. 基槽抄平

建筑施工中的高程测设，又称抄平。

（1）设置水平桩　为了控制基槽的开挖深度，当快挖到槽底设计标高时，应用水准仪根据地面上±0.000m 点，在槽壁上测设一些水平小木桩（称为水平桩），如图 3-12 所示，使木桩的上表面离槽底的设计标高为一固定值（如 0.500m）。

为了施工时使用方便，一般在槽壁各拐角处、深度变化处和基槽壁上每隔 3～4m 测设一水平桩。

水平桩可作为挖槽深度、修平槽底和打基础垫层的依据。

（2）水平桩的测设方法　如图 3-12 所示，槽底设计标高为−1.700m，欲测设比槽底

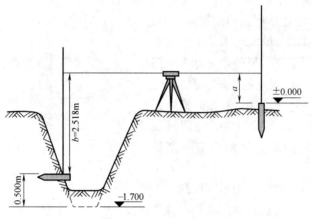

图 3-12　设置水平桩

设计标高高 0.500m 的水平桩，测设方法如下：

1）在地面适当地方安置水准仪，在 ±0 标高线位置上立水准尺，读取后视读数为 1.318m。

2）计算测设水平桩的应读前视读数 $b_应$：

$$b_应 = a - h = 1.318 - (-1.700 + 0.500) = 2.518$$

3）在槽内一侧立水准尺，并上下移动，直至水准仪视线读数为 2.518m 时，沿水准尺尺底在槽壁打入一小木桩。

2. 垫层中线的投测

基础垫层打好后，根据轴线控制桩或龙门板上的轴线钉，用经纬仪或用拉绳挂锤球的方法，把轴线投测到垫层上，如图 3-13 所示，并用墨线弹出墙中心线和基础边线，作为砌筑基础的依据。

由于整个墙身砌筑均以此线为准，这是确定建筑物位置的关键环节，所以要严格校核后方可进行砌筑施工。

3. 基础墙标高的控制

房屋基础墙是指 ±0.000m 以下的砖墙，它的高度是用基础皮数杆来控制的。

（1）基础皮数杆是一根木制的杆子，如图 3-14 所示，在杆上事先按照设计尺寸，将砖、灰缝厚度画出线条，并标明 ±0.000m 和防潮层的标高位置。

（2）立皮数杆时，先在立杆处打一木桩，用水准仪在木桩侧面定出一条高于垫层某一数值（如 100mm）的水平线，然后将皮数杆上标高相同的一条线与木桩上的水平线对齐，并用大铁钉把皮数杆与木桩钉在一起，作为基础墙的标高依据。

4. 基础面标高的检查

基础施工结束后，应检查基础面的标高是否符合设计要求（也可检查防潮层）。可用水准仪测出基础面上若干点的高程和设计高程比较，允许误差为 ±10mm。

3.4.4　墙体施工测量

1. 墙体定位

（1）利用轴线控制桩或龙门板上的轴线和墙边线标志，用经纬仪或拉细绳挂锤球的方

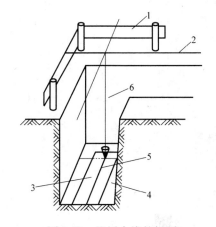

图 3-13　垫层中线的投测

1—龙门板；2—细线；3—垫层；

4—基础边线；5—墙中线；6—锤球

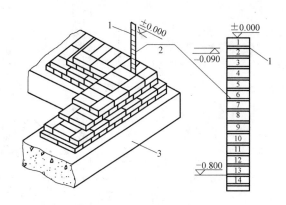

图 3-14　基础墙标高的控制

1—防潮层；2—皮数杆；3—垫层

法将轴线投测到基础面上或防潮层上。

（2）用墨线弹出墙中线和墙边线。

（3）检查外墙轴线交角是否等于90°。

（4）把墙轴线延伸并画在外墙基础上，如图 3-15 所示，作为向上投测轴线的依据。

（5）把门、窗和其他洞口的边线，也在外墙基础上标定出来。

2. 墙体各部位标高控制

在墙体施工中，墙身各部位标高通常也是用皮数杆控制。

（1）在墙身皮数杆上，根据设计尺寸，按砖、灰缝的厚度画出线条，并标明 0.000m、门、窗、楼板等的标高位置，如图 3-16 所示。

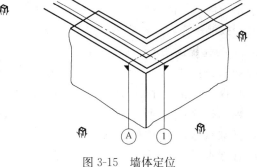

图 3-15　墙体定位

（2）墙身皮数杆的设立与基础皮数杆相同，使皮数杆上的 0.000m 标高与房屋的室内地坪标高相吻合。在墙的转角处，每隔 10～15m 设置一根皮数杆。

（3）在墙身砌起 1m 以后，就在室内墙身上定出＋0.500m 的标高线，作为该层地面施工和室内装修用。

（4）第二层以上墙体施工中，为了使皮数杆在同一水平面上，要用水准仪测出楼板四角的标高，取平均值作为地坪标高，并以此作为立皮数杆的标志。

框架结构的民用建筑，墙体砌筑是在框架施工后进行的，故可在柱面上画线，代替皮数杆。

3.4.5　建筑物的轴线投测

在多层建筑墙身砌筑过程中，为了保证建筑物轴线位置正确，可用吊锤球或经纬仪将

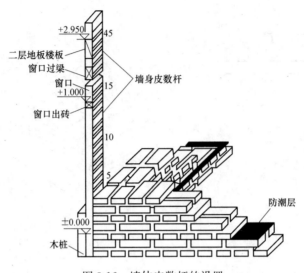

图 3-16　墙体皮数杆的设置

轴线投测到各层楼板边缘或柱顶上。

1. 吊锤球法

将较重的锤球悬吊在楼板或柱顶边缘，当锤球尖对准基础墙面上的轴线标志时，线在楼板或柱顶边缘的位置即为楼层轴线端点位置，并画出标志线。各轴线的端点投测完后，用钢尺检核各轴线的间距，符合要求后，继续施工，并把轴线逐层自下向上传递。

吊锤球法简便易行，不受施工场地限制，一般能保证施工质量。但当有风或建筑物较高时，投测误差较大，应采用经纬仪投测法。

2. 经纬仪投测法

如图 3-17 所示，在轴线控制桩上安置经纬仪，严格整平后，瞄准基础墙面上的轴线标志，用盘左、盘右分中投点法，将轴线投测到楼层边缘或柱顶上。将所有端点投测到楼板上之后，用钢尺检核其间距，相对误差不得大于1/2000。检查合格后，才能在楼板分间弹线，继续施工。

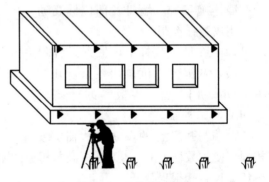

图 3-17　经纬仪投测法

3.4.6　建筑物的高程传递

在多层建筑施工中，要由下层向上层传递高程，以便楼板、门窗口等的标高符合设计要求。高程传递的方法有以下几种：

1. 利用皮数杆传递高程

一般建筑物可用墙体皮数杆传递高程。具体方法参照 3.4.4 中"墙体各部位标高控制"。

2. 利用钢尺直接丈量

对于高程传递精度要求较高的建筑物，通常用钢尺直接丈量来传递高程。对于二层以上的各层，每砌高一层，就从楼梯间用钢尺从下层的"+0.500m"标高线，向上量出层高，测出上一层的"+0.500m"标高线。这样用钢尺逐层向上引测。

3. 吊钢尺法

用悬挂钢尺代替水准尺，用水准仪读数，从下向上传递高程。

3.5　高层建筑的施工测量

高层建筑物施工测量中的主要问题是控制垂直度，就是将建筑物的基础轴线准确地向高层引测，并保证各层相应轴线位于同一竖直面内，控制竖向偏差，使轴线向上投测的偏差值不超限。

轴线向上投测时，要求竖向误差在本层内不超过 5mm，全楼累计误差值不应超过 $2H/10000$（H 为建筑物总高度），且不应大于：30m$<H\leqslant$60m 时，10mm；60m$<H\leqslant$90m 时，15mm；90m$<H$ 时，20mm。

高层建筑物轴线的竖向投测，主要有外控法和内控法两种，下面分别介绍这两种方法。

3.5.1　外控法

外控法是在建筑物外部，利用经纬仪，根据建筑物轴线控制桩来进行轴线的竖向投测，亦称作"经纬仪引桩投测法"。具体操作方法如下。

1. 在建筑物底部投测中心轴线位置

高层建筑的基础工程完工后，将经纬仪安置在轴线控制桩 A_1、A_1'、B_1 和 B_1' 上，把建筑物主轴线精确地投测到建筑物的底部，并设立标志，如图 3-18 中的 a_1、a_1'、b_1 和 b_1'，以供下一步施工与向上投测之用。

2. 向上投测中心线

随着建筑物不断升高，要逐层将轴线向上传递，如图 3-18 所示，将经纬仪安置在中心轴线控制桩 A_1、A_1'、B_1 和 B_1' 上，严格整平仪器，用望远镜瞄准建筑物底部已标出的轴线 a_1、a_1'、b_1 和 b_1' 点，用盘左和盘右分别向上投测到每层楼板上，并取其中点作为该层中心轴线的投影点，如图 3-18 中的 a_2、a_2'、b_2 和 b_2'。

3. 增设轴线引桩

当楼房逐渐增高，而轴线控制桩距建筑物又较近时，望远镜的仰角较大，操作不便，投测精度也会降低。为此，要将原中心轴线控制桩引测到更远的安全地方，或者附近大楼的屋面。具体做法是：

将经纬仪安置在已经投测上去的较高层（如第十层）楼面轴线 $a_{10}a_{10}'$ 上，如图 3-19 所示，瞄准地面上原有的轴线控制桩 A_1 和 A_1' 点，用盘左、盘右分中投点法，将轴线

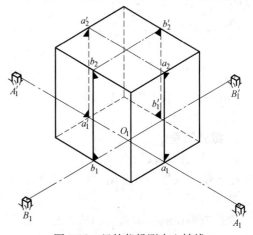

图 3-18　经纬仪投测中心轴线

延长到远处 A_2 和 A_2' 点，并用标志固定其位置，A_2、A_2' 即为新投测的 A_1A_1' 轴控制桩。

更高各层的中心轴线，可将经纬仪安置在新的引桩上，按上述方法继续进行投测。

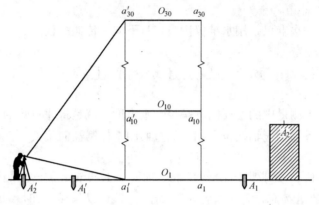

图 3-19　经纬仪引桩投测

3.5.2　内控法

内控法是在建筑物内±0平面设置轴线控制点，并预埋标志，以后在各层楼板相应位置上预留 200mm×200mm 的传递孔，在轴线控制点上直接采用吊线坠法或激光铅垂仪法，通过预留孔将其点位垂直投测到任一楼层，如图 3-21 和图 3-23 所示。

1. 内控法轴线控制点的设置

在基础施工完毕后，在±0首层平面上，适当位置设置与轴线平行的辅助轴线。辅助轴线距轴线 500～800mm 为宜，并在辅助轴线交点或端点处埋设标志，如图 3-20 所示。

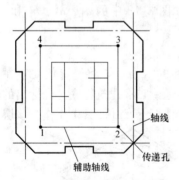

图 3-20　内控法轴线控制点的设置

2. 吊线坠法

吊线坠法是利用钢丝悬挂重锤球的方法，进行轴线竖向投测。这种方法一般用于高度在 50～100m 的高层建筑施工中，锤球的重量约为 10～20kg，钢丝的直径约为0.5～0.8mm。投测方法如下：

如图 3-21 所示，在预留孔上面安置十字架，挂上锤球，对准首层预埋标志。当锤球线静止时，固定十字架，并在预留孔四周作出标记，作为以后恢复轴线及放样的依据。此时，十字架中心即为轴线控制点在该楼面上的投测点。

用吊线坠法实测时，要采取一些必要措施，如用铅直的塑料管套着坠线或将锤球沉浸于油中，以减少摆动。

3. 激光铅垂仪法

（1）激光铅垂仪简介

激光铅垂仪是一种专用的铅直定位仪器。适用于高层建筑物、烟囱及高塔架的铅直定位测量。

激光铅垂仪的基本构造如图 3-22 所示，主要由氦氖激光管、精密竖轴、发射望远镜、水准器、基座、激光电源及接收屏等部分组成。

激光器通过两组固定螺钉固定在套筒内。激光铅垂仪的竖轴是空心筒轴，两端有螺扣，上、下两端分别与发射望远镜和氦氖激光器套筒相连接，二者位置可对调，构成向上或向下发射激光束的铅垂仪。仪器上设置有两个互成90°的管水准器，仪器配有专用激光电源。

（2）激光铅垂仪投测轴线

图 3-23 为激光铅垂仪进行轴线投测的示意图，其投测方法如下：

1）在首层轴线控制点上安置激光铅垂仪，利用激光器底端（全反射棱镜端）所发射的激光束进行对中，通过调节基座整平螺旋，使管水准器气泡严格居中。

2）在上层施工楼面预留孔处，放置接受靶。

3）接通激光电源，启辉激光器发射铅直激光束，通过发射望远镜调焦，使激光束会聚成红色耀目光斑，投射到接受靶上。

4）移动接受靶，使靶心与红色光斑重合，固定接受靶，并在预留孔四周作出标记，此时，靶心位置即为轴线控制点在该楼面上的投测点。

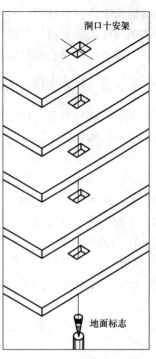

图 3-21　吊线坠法投测轴线

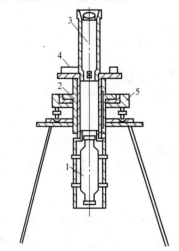

图 3-22　激光铅垂仪基本构造

1—氦氖激光器；2—竖轴；3—发射望远镜；

4—管水准器；5—基座

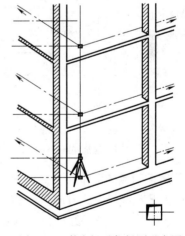

图 3-23　激光铅垂仪投测示意图

3.6　工业建筑的施工测量

3.6.1　概述

工业建筑中以厂房为主体，一般工业厂房多采用预制构件，在现场装配的方法施工。

厂房的预制构件有柱子、吊车梁和屋架等。因此，工业建筑施工测量的工作主要是保证这些预制构件安装到位。具体任务为：厂房矩形控制网测设、厂房柱列轴线放样、杯形基础施工测量及厂房预制构件安装测量等。

3.6.2　厂房矩形控制网测设

工业厂房一般都应建立厂房矩形控制网，作为厂房施工测设的依据。下面介绍根据建筑方格网，采用直角坐标法测设厂房矩形控制网的方法。

如图 3-24 所示，H、I、J、K 四点是厂房的房角点，从设计图中已知 H、J 两点的坐标。S、P、Q、R 为布置在基础开挖边线以外的厂房矩形控制网的四个角点，称为厂房控制桩。厂房矩形控制网的边线到厂房轴线的距离为 4m，厂房控制桩 S、P、Q、R 的坐标，可按厂房角点的设计坐标，加减 4m 算得。测设方法如下：

1. 计算测设数据

根据厂房控制桩 S、P、Q、R 的坐标，计算利用直角坐标法进行测设时，所需测设数据，计算结果标注在图 3-24 中。

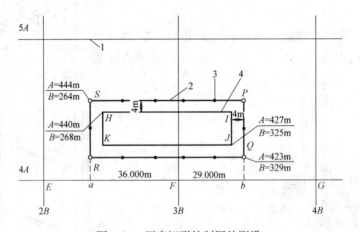

图 3-24　厂房矩形控制网的测设

1—建筑方格网；2—厂房矩形控制网；3—距离指标桩；4—厂房轴线

2. 厂房控制点的测设

（1）从 F 点起沿 FE 方向量取 36m，定出 a 点；沿 FG 方向量取 29m，定出 b 点。

（2）在 a 与 b 上安置经纬仪，分别瞄准 E 与 F 点，顺时针方向测设 90°，得两条视线方向，沿视线方向量取 23m，定出 R、Q 点。再向前量取 21m，定出 S、P 点。

（3）为了便于进行细部的测设，在测设厂房矩形控制网的同时，还应沿控制网测设距离指标桩，如图 3-24 所示，距离指标桩的间距一般等于柱子间距的整倍数。

3. 检查

（1）检查∠S、∠P 是否等于 90°，其误差不得超过±10″。

（2）检查 SP 是否等于设计长度，其误差不得超过 1/10000。

以上这种方法适用于中小型厂房，对于大型或设备复杂的厂房，应先测设厂房控制网的主轴线，再根据主轴线测设厂房矩形控制网。

3.6.3　厂房柱列轴线与柱基施工测量

1. 厂房柱列轴线测设

根据厂房平面图上所注的柱间距和跨距尺寸，用钢尺沿矩形控制网各边量出各柱列轴线控制桩的位置，如图 3-25 中的 $1'$、$2'$、…，并打入大木桩，桩顶用小钉标出点位，作为柱基测设和施工安装的依据。丈量时应以相邻的两个距离指标桩为起点分别进行，以便检核。

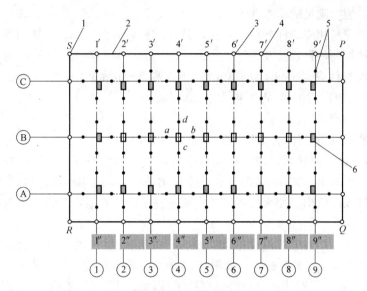

图 3-25　厂房柱列轴线和柱基测设

1—厂房控制桩；2—厂房矩形控制网；3—柱列轴线控制桩；

4—距离指标桩；5—定位小木桩；6柱基

2. 柱基定位和放线

（1）安置两台经纬仪，在两条互相垂直的柱列轴线控制桩上，沿轴线方向交会出各柱基的位置（即柱列轴线的交点），此项工作称为柱基定位。

（2）在柱基的四周轴线上，打入四个定位小木桩 a、b、c、d，如图 3-25 所示，其桩位应在基础开挖边线以外，比基础深度大 1.5 倍的地方，作为修坑和立模的依据。

（3）按照基础详图所注尺寸和基坑放坡宽度，用特制角尺，放出基坑开挖边界线，并撒出白灰线以便开挖，此项工作称为基础放线。

（4）在进行柱基测设时，应注意柱列轴线不一定都是柱基的中心线，而一般立模、吊装等习惯用中心线，此时，应将柱列轴线平移，定出柱基中心线。

3. 柱基施工测量

（1）基坑开挖深度的控制

当基坑挖到一定深度时，应在基坑四壁，离基坑底设计标高 0.5m 处，测设水平桩，作为检查基坑底标高和控制垫层的依据。

（2）杯形基础立模测量

杯形基础立模测量有以下三项工作：

1）基础垫层打好后，根据基坑周边定位小木桩，用拉线吊锤球的方法，把柱基定位线投测到垫层上，弹出墨线，用红漆画出标记，作为柱基立模板和布置基础钢筋的依据。

2）立模时，将模板底线对准垫层上的定位线，并用锤球检查模板是否垂直。

3）将柱基顶面设计标高测设在模板内壁，作为浇灌混凝土的高度依据。

3.6.4 厂房预制构件安装测量

1. 柱子安装测量

（1）柱子安装应满足的基本要求

柱子中心线应与相应的柱列轴线一致，其允许偏差为±5mm。牛腿顶面和柱顶面的实际标高应与设计标高一致，其允许误差为±（5～8mm），柱高大于5m时为±8mm。柱身垂直允许误差为当柱高≤5m时为±5mm；当柱高5～10m时，为±10mm；当柱高超过10m时，则为柱高的1/1000，但不得大于20mm。

（2）柱子安装前的准备工作

柱子安装前的准备工作有以下几项：

1）在柱基顶面投测柱列轴线　柱基拆模后，用经纬仪根据柱列轴线控制桩，将柱列轴线投测到杯口顶面上，如图3-26所示，并弹出墨线，用红漆画出"▶"标志，作为安装柱子时确定轴线的依据。如果柱列轴线不通过柱子的中心线，应在杯形基础顶面上加弹柱中心线。

用水准仪，在杯口内壁，测设一条一般为−0.600m的标高线（一般杯口顶面的标高为−0.500m），并画出"▼"标志，如图3-26所示，作为杯底找平的依据。

2）柱身弹线　柱子安装前，应将每根柱子按轴线位置进行编号。如图3-27所示，在每根柱子的三个侧面弹出柱中心线，并在每条线的上端和下端近杯口处画出"▶"标志。根据牛腿面的设计标高，从牛腿面向下用钢尺量出−0.600m的标高线，并画出"▼"标志。

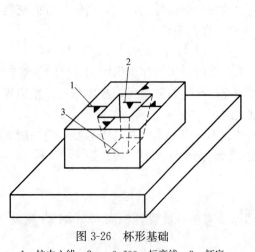

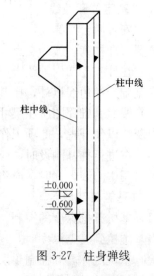

图 3-26　杯形基础

1—柱中心线；2——0.600m标高线；3—杯底

图 3-27　柱身弹线

3）杯底找平　先量出柱子的−0.600m标高线至柱底面的长度，再在相应的柱基杯口内，量出-0.600m标高线至杯底的高度，并进行比较，以确定杯底找平厚度，用水泥沙浆根据找平厚度，在杯底进行找平，使牛腿面符合设计高程。

（3）柱子的安装测量

柱子安装测量的目的是保证柱子平面和高程符合设计要求，柱身铅直。

1）预制的钢筋混凝土柱子插入杯口后，应使柱子三面的中心线与杯口中心线对齐，如图3-28（a）所示，用木楔或钢楔临时固定。

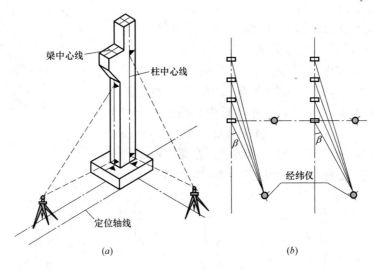

图3-28 柱子垂直度校正

2）柱子立稳后，立即用水准仪检测柱身上的±0.000m标高线，其容许误差为±3mm。

3）如图3-28（a）所示，用两台经纬仪，分别安置在柱基纵、横轴线上，离柱子的距离不小于柱高的1.5倍，先用望远镜瞄准柱底的中心线标志，固定照准部后，再缓慢抬高望远镜观察柱子偏离十字丝竖丝的方向，指挥用钢丝绳拉直柱子，直至从两台经纬仪中，观测到的柱子中心线都与十字丝竖丝重合为止。

4）在杯口与柱子的缝隙中浇入混凝土，以固定柱子的位置。

5）在实际安装时，一般是一次把许多柱子都竖起来，然后进行垂直校正。这时，可把两台经纬仪分别安置在纵横轴线的一侧，一次可校正几根柱子，如图3-28（b）所示，但仪器偏离轴线的角度，应在15°以内。

（4）柱子安装测量的注意事项

所使用的经纬仪必须严格校正，操作时，应使照准部水准管气泡严格居中。校正时，除注意柱子垂直外，还应随时检查柱子中心线是否对准杯口柱列轴线标志，以防柱子安装就位后，产生水平位移。在校正变截面的柱子时，经纬仪必须安置在柱列轴线上，以免产生差错。在日照下校正柱子的垂直度时，应考虑日照使柱顶向阴面弯曲的影响，为避免此种影响，宜在早晨或阴天校正。

2. 吊车梁安装测量

吊车梁安装测量主要是保证吊车梁中线位置和吊车梁的标高满足设计要求。

(1) 吊车梁安装前的准备工作

吊车梁安装前的准备工作有以下几项：

1) 在柱面上量出吊车梁顶面标高　根据柱子上的±0.000m 标高线，用钢尺沿柱面向上量出吊车梁顶面设计标高线，作为调整吊车梁面标高的依据。

2) 在吊车梁上弹出梁的中心线　如图 3-29 所示，在吊车梁的顶面和两端面上，用墨线弹出梁的中心线，作为安装定位的依据。

3) 在牛腿面上弹出梁的中心线　根据厂房中心线，在牛腿面上投测出吊车梁的中心线，投测方法如下：

如图 3-30（a）所示，利用厂房中心线 A_1A_1，根据设计轨道间距，在地面上测设出吊车梁中心线（也是吊车轨道中心线）$A'A'$ 和 $B'B'$。在吊车梁中心线的一个端点 A'（或 B'）上安置经纬仪，瞄准另一个端点 A'（或 B'），固定照准部，抬高望远镜，即可将吊车梁中心线投测到每根柱子的牛腿面上，并墨线弹出梁的中心线。

图 3-29　在吊车梁上弹出梁的中心线

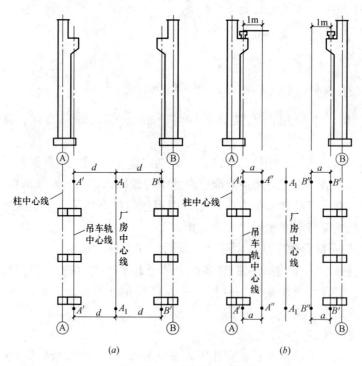

(a)　　　　　　　　　　　(b)

图 3-30　吊车梁的安装测量

(2) 吊车梁的安装测量

安装时，使吊车梁两端的梁中心线与牛腿面梁中心线重合，是吊车梁初步定位。采用平行线法，对吊车梁的中心线进行检测，校正方法如下：

1) 如图 3-30（b）所示，在地面上，从吊车梁中心线，向厂房中心线方向量出长度 a（1m），得到平行线 $A''A''$ 和 $B''B''$。

106

2）在平行线一端点 A''（或 B''）上安置经纬仪，瞄准另一端点 A''（或 B''），固定照准部，抬高望远镜进行测量。

3）此时，另外一人在梁上移动横放的木尺，当视线正对准尺上一米刻画线时，尺的零点应与梁面上的中心线重合。如不重合，可用撬杠移动吊车梁，使吊车梁中心线到 $A''A''$（或 $B''B''$）的间距等于 1m 为止。

吊车梁安装就位后，先按柱面上定出的吊车梁设计标高线对吊车梁面进行调整，然后将水准仪安置在吊车梁上，每隔 3m 测一点高程，并与设计高程比较，误差应在 3mm 以内。

3. 屋架安装测量

（1）屋架安装前的准备工作

屋架吊装前，用经纬仪或其他方法在柱顶面上，测设出屋架定位轴线。在屋架两端弹出屋架中心线，以便进行定位。

（2）屋架的安装测量

屋架吊装就位时，应使屋架的中心线与柱顶面上的定位轴线对准，允许误差为 5mm。屋架的垂直度可用锤球或经纬仪进行检查。用经纬仪检校方法如下：

1）如图 3-31 所示，在屋架上安装三把卡尺，一把卡尺安装在屋架上弦中点附近，另外两把分别安装在屋架的两端。自屋架几何中心沿卡尺向外量出一定距离，一般为 500mm，作出标志。

2）在地面上，距屋架中线同样距离处，安置经纬仪，观测三把卡尺的标志是否在同一竖直面内，如果屋架竖向偏差较大，则用机具校正，最后将屋架固定。

垂直度允许偏差为：薄腹梁为 5mm；桁架为屋架高的 1/250。

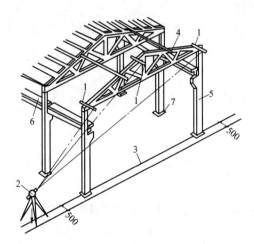

图 3-31　屋架的安装测量
1—卡尺；2—经纬仪；3—定位轴线；4—屋架；5—柱；6—吊车梁；7—柱基

3.7　建筑物的变形观测

为保证建筑物在施工、使用和运行中的安全，以及为建筑物的设计、施工、管理及科学研究提供可靠的资料，在建筑物施工和运行期间，需要对建筑物的稳定性进行观测，这种观测称为建筑物的变形观测。

建筑物变形观测的主要内容有建筑物沉降观测、建筑物倾斜观测、建筑物裂缝观测和位移观测等。

3.7.1　建筑物的沉降观测

建筑物沉降观测是用水准测量的方法，周期性地观测建筑物上的沉降观测点和水准基点之间的高差变化值。

1. 水准基点的布设

水准基点是沉降观测的基准，因此水准基点的布设应满足以下要求：

（1）要有足够的稳定性

水准基点必须设置在沉降影响范围以外，冰冻地区水准基点应埋设在冰冻线以下 0.5m。

（2）要具备检核条件

为了保证水准基点高程的正确性，水准基点最少应布设三个，以便相互检核。

（3）要满足一定的观测精度

水准基点和观测点之间的距离应适中，相距太远会影响观测精度，一般应在 100m 范围内。

2. 沉降观测点的布设

进行沉降观测的建筑物，应埋设沉降观测点，沉降观测点的布设应满足以下要求：

（1）沉降观测点的位置

沉降观测点应布设在能全面反映建筑物沉降情况的部位，如建筑物四角，沉降缝两侧，荷载有变化的部位，大型设备基础，柱子基础和地质条件变化处。

（2）沉降观测点的数量

一般沉降观测点是均匀布置的，它们之间的距离一般为 10～20m。

3. 沉降观测

（1）观测周期

观测的时间和次数，应根据工程的性质、施工进度、地基地质情况及基础荷载的变化情况而定。

1）当埋设的沉降观测点稳固后，在建筑物主体开工前，进行第一次观测。

2）在建（构）筑物主体施工过程中，一般每盖 1～2 层观测一次。如中途停工时间较长，应在停工时和复工时进行观测。

3）当发生大量沉降或严重裂缝时，应立即或几天一次连续观测。

4）建筑物封顶或竣工后，一般每月观测一次，如果沉降速度减缓，可改为 2～3 个月观测一次，直至沉降稳定为止。

（2）观测方法

观测时先后视水准基点，接着依次前视各沉降观测点，最后再次后视该水准基点，两次后视读数之差不应超过±1mm。另外，沉降观测的水准路线（从一个水准基点到另一个水准基点）应为闭合水准路线。

（3）精度要求

沉降观测的精度应根据建筑物的性质而定。

1）多层建筑物的沉降观测，可采用 DS_3 水准仪，用普通水准测量的方法进行，其水准路线的闭合差不应超过 $\pm 2.0\sqrt{n}$mm（n 为测站数）。

2）高层建筑物的沉降观测，则应采用 DS_1 精密水准仪，用二等水准测量的方法进行，其水准路线的闭合差不应超过 $\pm 1.0\sqrt{n}$mm（n 为测站数）。

（4）工作要求

沉降观测是一项长期、连续的工作，为了保证观测成果的正确性，应尽可能做到四定，即固定观测人员，使用固定的水准仪和水准尺，使用固定的水准基点，按固定的实测路线和测站进行。

3.7.2　建筑物的倾斜观测

用测量仪器来测定建筑物的基础和主体结构倾斜变化的工作，称为倾斜观测。

建筑物主体的倾斜观测，应测定建筑物顶部观测点相对于底部观测点的偏移值，再根据建筑物的高度，计算建筑物主体的倾斜度，即

$$i = \tan\alpha = \frac{\Delta D}{H} \tag{3-2}$$

式中　i——建筑物主体的倾斜度；

　　ΔD——建筑物顶部观测点相对于底部观测点的偏移值（m）；

　　H——建筑物的高度（m）；

　　α——倾斜角（°）。

由上式可知，倾斜测量主要是测定建筑物主体的偏移值 ΔD。偏移值 ΔD 的测定一般采用经纬仪投影法。

3.7.3　建筑物的裂缝观测

当建筑物出现裂缝之后，应及时进行裂缝观测。

用厚 10mm，宽约 50～80mm 的石膏板（长度视裂缝大小而定），固定在裂缝的两侧。当裂缝继续发展时，石膏板也随之开裂，从而观察裂缝继续发展的情况。

3.7.4　建筑物的位移观测

根据平面控制点测定建筑物的平面位置随时间而移动的大小及方向，称为位移观测。位移观测首先要在建筑物附近埋设测量控制点，再在建筑物上设置位移观测点。位移观测的方法有以下两种：

1. 角度前方交会法

利用角度前方交会法，对观测点进行角度观测，利用两期之间的坐标差值，计算该点

的水平位移量。

2. 基准线法

某些建筑物只要求测定某特定方向上的位移量，如大坝在水压力方向上的位移量，这种情况可采用基准线法进行水平位移观测。

第 4 章　建 筑 力 学

4.1　静力学基本知识

4.1.1　力的概念

1. 力

力是物体之间的相互机械作用。其作用效果可使物体的运动状态发生改变和使物体产生变形。前者称为力的运动效应或外效应，后者称为力的变形效应或内效应，理论力学只研究力的外效应。力对物体作用的效应取决于力的大小、方向、作用点这三个要素，且满足平行四边形法则，故力是定位矢量。

2. 刚体

刚体是指在力作用下不变形的物体。刚体是静力学中的理想化力学模型。

3. 力系

工程力学研究中把作用于同一物体或物体系上的一群力称为力系。按其作用线所在的位置，力系可以分为平面力系和空间力系，按其作用线的相互关系，力系分为平行力系、汇交力系和一般力系等等。

如果物体在某一力系作用下，保持平衡状态，则该力系称为平衡力系。作用在物体上的一个力系，如果可用另一个力系来代替，而不改变力系对物体的作用效果，则这两个力系称为等效力系。如果一个力与一个力系等效，则这个力就为该力系的合力；原力系中的各个力称为其合力的各个分力。

4.1.2　静力学公理

1. 二力平衡公理

作用在同一刚体上的两个力，使刚体处于平衡状态的充要条件是：这两个力大小相等，方向相反，作用线在同一直线上。

此公理说明了作用在同一个物体上的两个力的平衡条件。

2. 作用力与反作用力公理

作用力和反作用力总是同时存在，两力的大小相等、方向相反，沿着同一直线，分别作用在两个相互作用的物体上。

该公理揭示了物体之间相互作用力的定量关系，它是分析物体间受力关系时必须遵循的原则，也为研究多个物体组成的物体系统问题提供了基础。这里必须强调指出：作用力和反作用力是分别作用在两个物体上的力，任何作用在同一个物体上的两个力都不是作用力与反作用力。

3. 加减平衡力系公理

在作用着已知力系的刚体上，加上或者减去任意平衡力系，不会改变原来力系对刚体的作用效应。这是因为平衡力系对刚体的运动状态没有影响，所以增加或减少任意平衡力系均不会使刚体的运动效果发生改变。

推论：力的可传性原理

作用在刚体上的力，可以沿其作用线移动到刚体上的任意一点，而不改变力对物体的作用效果。

根据力的可传性原理可知，力对刚体的作用效应与力的作用点在作用线上的位置无关。因此，力的三要素可改为：力的大小、方向、作用线。

4. 力平行四边形法则

作用于物体上任一点的两个力可合成为作用于同一点的一个力，即合力。合力的矢由原两力的矢为邻边而作出的力平行四边形的对角矢来表示。

推论：三力汇交定理

当刚体在三个力作用下平衡时，设其中两力的作用线相交于某点，则第三力的作用线必定也通过这个点。

4.1.3　约束与约束反力

约束是指由周围物体所构成的、限制非自由体位移的条件。而约束反力是指约束对被约束体的反作用力。

工程中常见的约束类型及其反力的画法如下：

1. 光滑接触面：其约束反力沿接触点的公法线，指向被约束物体。

2. 光滑圆柱、铰链和颈轴承：其约束反力位于垂直于销钉轴线的平面内，经过轴心，通常用过轴心的两个大小未知的正交分力表示。

3. 固定铰支座：其约束反力与光滑圆柱铰链相同。

4. 活动铰支座：与光滑接触面类似。其约束反力垂直于光滑支承面。

5. 光滑球铰链：其约束反力过球心，通常用空间的三个正交分力表示。

6. 止推轴承：其约束反力常用空间的三个正交分力表示。

7. 二力体：所受两个约束反力必沿两力作用点连线且等值、反向。

8. 柔软不可伸长的绳索：其约束反力为沿柔索方向的一个拉力，该力背离被约束物体。

9. 固定端约束：其约束反力在平面情况下，通常用两正交分力和一个力偶表示；在空间情况下，通常用空间的三个正交分力和空间的三个正交分力偶表示。

正确地进行物体的受力分析并画其受力图，是分析、解决力学问题的基础。画受力图时必须注意以下几点：

（1）明确研究对象。根据求解需要，可以取单个物体为研究对象，也可以取由几个物体组成的系统为研究对象。不同的研究对象的受力图是不同的。

（2）正确确定研究对象受力的数目。由于力是物体间相互的机械作用，因此，对每一个力都应明确它是哪一个施力物体施加给研究对象的，决不能凭空产生。同时，也不可漏掉某个力。一般可先画主动力，再画约束反力。凡是研究对象与外界接触的地方，都一定存在约束反力。

（3）正确画出约束反力。一个物体往往同时受到几个约束的作用，这时应分别根据每个约束本身的特性来确定其约束反力的方向，而不能凭主观臆测。

（4）当分析两物体间相互作用时，应遵循作用、反作用关系。若作用力的方向一经假定，则反作用力的方向应与之相反。当画整个系统的受力图时，由于内力成对出现，组成平衡力系。因此不必画出，只需画出全部外力。

4.1.4　平面力系的平衡条件

1. 平面任意力系的平衡条件

由力学概念知道，一般情况下平面力系与一个力及一个力偶等效。若与平面力系等效的力和力偶均等于零，则原力系一定平衡。平面任意力系平衡的重要条件是：力系中所有各力在两个坐标轴上的投影的代数和等于零，力系中所有各力对于任意一点 O 的力矩代数和等于零。

由此得平面任意力系的平衡方程：$\sum X = 0$、$\sum Y = 0$、$\sum M_O(F) = 0$。

2. 几种特殊情况的平衡方程

（1）平面汇交力系

若平面力系中的各力的作用线汇交于一点，则此力系称为平面汇交力系。根据力系的简化结果知道，汇交力系与一个力（力系的合力）等效。由平面任意力系的平衡条件知，平面汇交力系平衡的充要条件是力系的合力等于零，即 $\sum X = 0$、$\sum Y = 0$。

（2）平面平行力系

若平面力系中的各力的作用线均相互平行，则此力系为平面平行力系。显然，平面平行力系是平面力系的一种特殊情况。由平面力系的平衡方程推出，由于平面平行力系在某一坐标轴 x 轴（或 y 轴）上的投影均为零，因此，平衡方程为 $\sum Y = 0$（或 $\sum X = 0$）、$\sum M_O(F) = 0$。

当然，平面平行力系的平衡方程也可写成二矩式：$\sum M_A(F) = 0$、$\sum M_B(F) = 0$。其中，A、B 两点之间的连线不能与各力的作用线平行。

平面一般力系的独立平衡方程最多有 3 个，平面平行力系、平面汇交力系有两个独立平衡方程，平面力偶系有 1 个独立平衡方程。

4.2　材料力学基本知识

4.2.1　弹性体

变形：形状或尺寸的变化。

变形的表现：纵向变形或横向变形，横向变形和纵向变形是相互关联的，二者之比叫泊松比 μ。

变形的种类：弹性变形（荷载卸去后可恢复的变形）和塑性变形（荷载卸去后不可恢复的变形）。

材料力学的三个假定：

1. 均匀、连续假定（材料及性质各点相同）。

2. 各向同性假定。

3. 小变形假定（变形远比其本身尺寸小）。

4.2.2　构件的类型

1. 杆件：长度远远大于横截面的宽度和高度的构件。

2. 板壳或薄壁结构：厚度远远小于它的另两个方向的尺寸。

3. 实体结构：它是三个方向的尺寸基本为同量级的结构。

建筑力学以杆系结构作为研究对象。

4.2.3　虎克定律

材料在弹性范围内，正应力 σ 与应变 ε 成正比，即

$$\sigma = E \cdot \varepsilon \tag{4-1}$$

E：弹性模量，描述材料抵抗弹性变形的能力。

不同的材料，当 σ 相同时，弹性模量越大，变形越小；反之，弹性模量越小，变形越大。

4.2.4　应力

杆件的变形基本形式有：轴向拉伸或压缩、剪切、扭转、弯曲。

而杆件分布内力的大小（或称分布集度），用单位面积上的内力大小来度量，称为应力。由于内力是矢量，因而应力也是矢量，其方向就是分布内力的方向。沿截面法线方向的应力称为正应力，用希腊字母 σ 表示。与截面相切的应力分量称为切应力，用希腊字母 τ 表示。常用的应力单位是兆帕（MPa），$1\text{MPa} = 10^6 \text{N/m}^2$。

1. 轴向拉压杆横截面上的应力

由于轴向拉（压）杆横截面上只有均匀分布的拉（压）力，故横截面上各点只有正应力，且正应力相等。设轴向拉（压）杆横截面上轴力为 F_N，面积为 A，则横截面上任一点的正应力为

$$\sigma = \frac{F_N}{A} \tag{4-2}$$

2. 梁横截面上的应力

（1）纯弯曲梁横截面上的正应力

梁在纯弯曲时横截面上任一点处正应力的计算公式：

$$\sigma = \frac{M}{I_z} y \tag{4-3}$$

由上式知，梁横截面上任一点处的正应力 σ，与截面上的弯矩 M 和该点到中性轴的距离 y 成正比，而与截面对中性轴的惯性矩 I_z 成反比。

（2）梁横截面上的切应力

弯曲切应力的一般表达式：

$$\tau = \frac{F_Q S_z^*}{I_z b} \tag{4-4}$$

式中 S_z^* 为横截面上所求切应力作用点的水平横线以下（或以上）部分截面积对中性轴的面积矩；F_Q 为所要求切应力横截面上的剪力；b 为所求切应力点处的截面厚度；I_z 为横截面对中性轴的惯性矩。

4.2.5 容许应力和安全系数

容许应力，用符号 $[\sigma]$ 表示：

$$[\sigma] = \frac{\sigma_s}{K} \tag{4-5}$$

K：安全系数，$K>1$，是结构安全程度的储备。取值与结构的材料、荷载、计算误差、工作条件、重要程度等多种情况有关。

为了保证有足够的强度，必须满足强度条件：

$$\sigma \leqslant [\sigma] \tag{4-6}$$

如果 $\sigma > [\sigma]$，则结构不安全。

4.3 结构力学基本知识

4.3.1 平面杆件结构和荷载的分类

1. 平面杆件结构的分类

（1）梁：是一种受弯构件，轴线常为一直线（水平或斜向），可以是单跨梁，也可以是多跨连续梁，其支座可以是铰支座、可动铰支座，也可以是固定支座。

（2）刚架：由梁和柱组成，具有刚结点。刚架杆件以受弯为主，所以又叫梁式构件。各杆会产生弯矩、剪力、轴力，但以弯矩为主要内力。

（3）桁架：由若干直杆在两端用铰结点连接构成。桁架杆件主要承受轴向变形，是拉压构件。

支座常为固定铰支座或可动铰支座，当荷载只作用于桁架结点上时，各杆只产生轴力。

（4）组合结构：由梁式构件和拉压构件构成。即结构中部分是链杆，部分是梁或刚架，在荷载作用下，链杆中往往只产生轴力，而梁或刚架部分则同时还存在弯矩与剪力。

（5）拱：一般由曲杆构成，在竖向荷载作用下有水平支座反力。拱内不仅存在剪力、弯矩，而且还存在轴力。

2. 荷载的分类

（1）荷载的分类

结构上的荷载可分为下列三类：

1）永久荷载，例如结构自重、土压力、预应力等。

2）可变荷载，例如楼面活荷载、屋面活荷载和积灰荷载、吊车荷载、风荷载、雪荷载等。

3）偶然荷载，例如爆炸力、撞击力等。

（2）荷载的分布形式

1) 材料的重度

某种材料单位体积的重量（kN/m³）称为材料的重度，即重力密度，用 γ 表示，如工程中常用水泥砂浆的重度是 20kN/m³。

2) 均布面荷载

在均匀分布的荷载作用面上，单位面积上的荷载值称为均布面荷载，其单位为 kN/m² 或 N/m²。一般板上的自重荷载为均布面荷载，其值为重度乘以板厚。

3) 均布线荷载

沿跨度方向单位长度上均匀分布的荷载，称为均布线荷载，其单位为 kN/m 或 N/m。一般梁上的自重荷载为均布线荷载，其值为重度乘以横截面面积。

4) 非均布线荷载

沿跨度方向单位长度上非均匀分布的荷载，称为非均布线荷载，其单位为 kN/m 或 N/m。

5) 集中荷载（集中力）

集中地作用于一点的荷载称为集中荷载，其单位为 kN 或 N，通常用 G 或 F 表示。一般柱子的自重荷载为集中力，其值为重度乘以柱子的体积。

3. 荷载的代表值

在后续进行结构设计时，对荷载应赋予一个规定的量值，该量值即所谓荷载代表值。永久荷载采用标准值为代表值，可变荷载采用标准值、组合值、频遇值或准永久值为代表值。

（1）荷载的标准值

荷载标准值是荷载的基本代表值，为设计基准期内（50 年）最大荷载统计分布的特征值，是指其在结构使用期间可能出现的最大荷载值。

1) 永久荷载标准值（G_k），是永久荷载的唯一代表值。对于结构自重可以根据结构的设计尺寸和材料的重度确定，《建筑结构荷载规范》GB 50009—2012 中列出了常用材料和构件自重。

2) 可变荷载标准值（Q_k），由设计使用年限内最大荷载概率分布的某个分位值确定，是可变荷载的最大荷载代表值，由统计所得。我国《建筑结构荷载规范》GB 50009—2012 对于楼（屋）面活荷载、雪荷载、风荷载、吊车荷载等可变荷载标准值，规定了具体的数值，设计时可直接查用。

（2）可变荷载组合值（Q_c）

当结构上同时作用有两种或两种以上可变荷载时，由于各种可变荷载同时达到其最大值（标准值）的可能性极小，因此计算时采用可变荷载组合值。可变荷载组合值，应为可变荷载标准值乘以荷载组合值系数。

（3）可变荷载频遇值（Q_f）

可变荷载频遇值是指结构上时而出现的较大荷载。对可变荷载，在设计基准期内，其超越的总时间为规定的较小比率或超越频率为规定频率的荷载值。可变荷载频遇值总是小于荷载标准值，其值取可变荷载标准值乘以小于 1 的荷载频遇值系数，用 Q_f 表示。

（4）可变荷载准永久值（Q_q）

可变荷载准永久值是指可变荷载中在设计基准期内经常作用（其超越的时间约为设计

基准期一半）的可变荷载。在规定的期限内有较长的总持续时间，也就是经常作用于结构上的可变荷载。其值取可变荷载标准值乘以小于1的荷载准永久值系数，用 Q_q 表示。

4. 荷载分项系数

（1）荷载分项系数

荷载分项系数用于结构承载力极限状态设计中，目的是保证在各种可能的荷载组合出现时，结构均能维持在相同的可靠度水平上。荷载分项系数又分为永久荷载分项系数 γ_G 可变荷载分项系数 γ_Q，其值见表4-1。

基本组合的荷载分项系数

表 4-1

γ_G				γ_Q	
其效应对结构不利时		其效应对结构有利时			
由可变荷载效应控制的组合	1.2	一般情况	1.0	一般情况	1.4
由永久荷载效应控制的组合	1.35	对结构的倾覆、滑移或漂浮验算	0.9	对标准值大于 $4kN/m^2$ 的工业房屋楼面结构的荷载	1.3

（2）荷载的设计值

一般情况下，荷载标准值与荷载分项系数的乘积为荷载设计值，也称设计荷载，其数值大体上相当于结构在非正常使用情况下荷载的最大值，它比荷载的标准值具有更大的可靠度。永久荷载设计值为 $\gamma_G G_k$；可变荷载设计值为 $\gamma_Q Q_k$。

4.3.2 平面体系的几何组成分析

1. 概述

前提条件：不考虑结构受力后由于材料的应变而产生的微小变形，即把组成结构的每根杆件都看作完全不变形的刚性杆件。

几何不变体系：在荷载作用下能保持其几何形状和位置都不改变的体系。

几何可变体系：在荷载作用下不能保持其几何形状和位置都不改变的体系。

注意：建筑结构必须是几何不变的。

2. 研究体系几何组成的目的

（1）研究几何不变体系的组成规律，用以判定一结构体系是否可作为结构使用。

（2）明确结构各部分在几何组成上的相互关系，从而选择简便合理的计算顺序。

（3）判定结构是静定结构还是超静定结构，以便选择正确的结构计算方法。

3. 相关概念

（1）刚片：假想的一个在平面内完全不变形的刚性物体叫作刚片。

1）在平面杆件体系中，一根直杆、折杆或曲杆都可以视为刚片，并且由这些构件组成的几何不变体系也可视为刚片。地基基础也可视为一个大刚片。

2）刚片中任意两点间的距离保持不变，所以可由刚片中的一条直线代表刚片。

（2）自由度

1）自由度的概念：体系运动时，用以确定体系在平面内位置所需的独立坐标数。

2）一个点：在平面内运动完全不受限制的一个点有两个自由度。

一个刚片：在平面内运动完全不受限制的一个刚片有 3 个自由度。

注：由以上分析可见，凡体系的自由度大于零，则是可以发生运动的，位置是可以改变的，即都是几何可变体系。

3）约束：

定义：又称联系，是体系中构件之间或体系与基础之间的联结装置。限制了体系的某些方向的运动，使体系原有的自由度数减少。也就是说约束，是使体系自由度数减少的装置。

约束的类型：链杆、铰结点、刚结点（见图 4-1）。

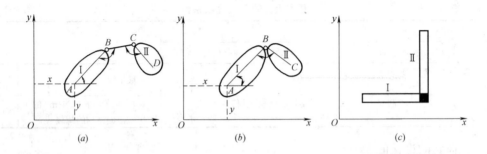

图 4-1　约束的类型

（3）平面体系的自由度计算

1）体系与基础相连时的自由度计算公式：

$$W=3m-(3g+2j+r) \tag{4-7}$$

注：支座链杆数是把所有的支座约束全部转化为链杆约束所得到的。

2）体系不与基础相连时的自由度计算公式

体系不以基础相连，则支座约束 $r=0$，体系对基础有 3 个自由度，仅研究体系本身的内部可变度 V，可得体系自由度的计算公式为：

$$W=V+3$$

得　　　　　　　　$$V=W-3=3m-(3g+2j)-3 \tag{4-8}$$

4.3.3　静定结构

静定结构是指结构的支座反力和各截面的内力可以用平衡条件唯一确定的结构。何谓静定结构：①从结构的几何构造分析知，静定结构为没有多余联系的几何不变体系；②从受力分析看，在任意的荷载作用下，静定结构的全部反力和内力都可以由静力平衡条件确定，且解答是唯一的确定值，因此静定结构的约束反力和内力皆与所使用的材料、截面的形状和尺寸无关；③支座移动、温度变化、制造误差、材料收缩等因素只能使静定结构产生刚体的位移，不会引起反力及内力。

实际工程中应用较广泛也较常见的静定结构是静定梁、静定平面刚架、静定平面桁架，如图 4-2 所示。本章以单跨静定梁为例，进行内力分析。

1. 单跨静定梁的基本形式及约束反力

单跨静定梁的结构形式有水平梁、斜梁及曲梁；简支梁、悬臂梁及伸臂梁是单跨静定梁的基本形式（图 4-3），梁和地基按两刚片规则组成静定结构，其三个支座反力由平面一

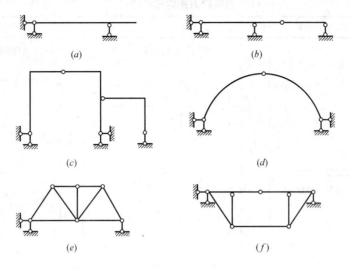

图 4-2　常见静定结构

（a）单跨静定梁；（b）多跨静定梁；（c）静定刚架；（d）三铰；（e）静定桁架；（f）静定组合结构

图 4-3　单跨静定梁

（a）简支梁；（b）悬臂梁；（c）伸臂梁

般力系的三个平衡方程即可求出。

2. 单跨静定梁内力分析

计算内力的方法为截面法。平面杆系结构（图 4-4a）在任意荷载作用下，其杆件在传力过程中横截面 $m\text{-}m$ 上一般会产生某一分布力系，将分布力系向横截面形心简化得

到主矢和主矩，而主矢向截面的轴向和切向分解即为横截面的轴力 F_N 和剪力 F_s，主矩即为截面的弯矩 M，单位为 kN/m。轴力 F_N、剪力 F_s 和弯矩 M 即为平面杆系结构构件横截面的三个内力分量，如图 4-4（b）所示。

内力的符号规定与材料力学一致：轴力以拉力为正；剪力以绕分离体顺时针方向转动者为正；弯矩以使梁的下侧纤维受拉为正，反之则为负。

根据荷载、剪力和弯矩间的微分关系，以及杆件在集中力和集中力偶作用截面两侧内力的变化规律，将内力图绘制方法总结在表 4-2 及图 4-5 中以供复习。

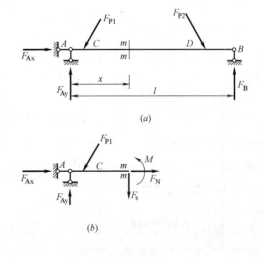

图 4-4　单跨静定梁内力分析

序号	梁上的外力情况	剪力图	弯矩图
1	$q=0$ 无外力作用梁段	F_s 图为水平线 	M 图为斜直线
2	$q=$常数>0 均布荷载作用指向上方	上斜直线 	上凸曲线
3	$q=$常数<0 均布荷载作用指向下方	下斜直线 	下凸曲线
4	集中力作用	C 截面剪力有突变 	C 截面弯矩有转折
5	集中力偶作用	C 截面剪力无变化 	C 截面左右侧,弯矩突变 (M_e顺时针,弯矩增加;反之减少)
6	M 极值的求解	$F_s(x)=0$ 的截面	M 有极值

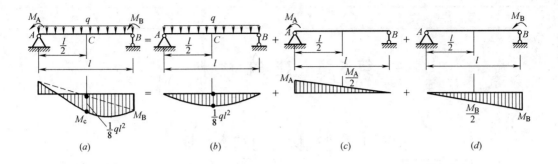

图 4-5 M 图 (kN・m)

第5章 建筑材料

5.1 建筑材料的基本性质

5.1.1 材料的组成与结构

1. 材料的组成

化学组成：无机非金属建筑材料的化学组成以各种氧化物含量来表示；金属材料以元素含量来表示。化学组成决定着材料的化学性质，影响其物理性质和力学性质。

矿物组成：材料中的元素和化合物以特定的矿物形式存在并决定着材料的许多重要性质。矿物组成是无机非金属材料中化合物存在的基本形式。

2. 材料的结构与构造

宏观结构：材料的宏观结构是指用肉眼和放大镜能够分辨的粗大组织。其尺寸约为毫米级大小，以及更大尺寸的构造情况。宏观结构按孔隙尺寸可以分为：

（1）致密结构，基本上是无孔隙存在的材料。例如钢铁、有色金属、致密天然石材、玻璃、玻璃钢、塑料等。

（2）多孔结构，是指具有粗大孔隙的结构。如加气混凝土、泡沫混凝土、泡沫塑料及人造轻质材料等。

（3）微孔结构，是指微细的孔隙结构。如石膏制品、黏土砖瓦等。

（4）纤维结构，是指木材纤维、玻璃纤维、矿物棉纤维所具有的结构。

（5）层状结构，采用粘结或其他方法将材料迭合成层状的结构。如胶合板、迭合人造板、蜂窝夹芯板以及某些具有层状填充料的塑料制品等。

（6）散粒结构，是指松散颗粒状结构。比如混凝土骨料、用作绝热材料的粉状和粒状的填充料。

微观结构是指材料在原子、分子层次的结构。材料的微观结构，基本上可分为晶体与非晶体。晶体结构的特征是其内部质点（离子、原子、分子）按照特定的规则在空间周期性排列。非晶体也称玻璃体或无定形体，如无机玻璃。玻璃体是化学不稳定结构，容易与其他物体起化学作用。

亚微观结构也称作细观结构，是介于微观结构和宏观结构之间的结构形式。如金属材料晶粒的粗细及其金相组织、木材的木纤维、混凝土中的孔隙及界面等。

从宏观、亚微观和微观三个不同层次的结构上来研究土木工程材料的性质，才能深入其本质，对改进与提高材料性能以及创制新型材料都有着重要的意义。

5.1.2 材料的物理性质

材料的亲水性与憎水性：与水接触时，有些材料能被水润湿，而有些材料则不能被水润湿，对这两种现象来说，前者为亲水性，后者为憎水性。材料具有亲水性或憎水性的根本原因在于材料的分子结构。亲水性材料与水分子之间的分子亲合力，大于水分子本身之间的内聚力；反之，憎水性材料与水分子之间的亲合力，小于水分子本身之间的内聚力。

材料的吸水性：材料能吸收水分的能力，称为材料的吸水性。吸水的大小以吸水率来表示。

材料的吸湿性：材料的吸湿性是指材料在潮湿空气中吸收水分的性质。干燥的材料处在较潮湿的空气中时，便会吸收空气中的水分；而当较潮湿的材料处在较干燥的空气中时，便会向空气中放出水分。前者是材料的吸湿过程，后者是材料的干燥过程。由此可见，在空气中，某一材料的含水多少是随空气的湿度变化的。材料的含水率受所处环境中空气湿度的影响。当空气中湿度在较长时间内稳定时，材料的吸湿和干燥过程处于平衡状态，此时材料的含水率保持不变，其含水率叫作材料的平衡含水率。

材料的抗渗性：抗渗性是材料在压力水作用下抵抗水渗透的性能。土木建筑工程中许多材料常含有孔隙、孔洞或其他缺陷，当材料两侧的水压差较高时，水可能从高压侧通过内部的孔隙、孔洞或其他缺陷渗透到低压侧。这种压力水的渗透，不仅会影响工程的使用，而且渗入的水还会带入能腐蚀材料的介质，或将材料内的某些成分带出，造成材料的破坏。

5.1.3 材料的力学性质

1. 材料的强度

材料的强度是材料在外力作用下抵抗破坏的能力。通常情况下，材料内部的应力多由外力（或荷载）作用而引起，随着外力增加，应力也随之增大，直至应力超过材料内部质点所能抵抗的极限，即强度极限，材料发生破坏。

2. 弹性和塑性

材料在外力作用下产生变形，当外力取消后能够完全恢复原来形状的性质称为弹性。这种完全恢复的变形称为弹性变形（或瞬时变形）。材料在外力作用下产生变形，如果外力取消后，仍能保持变形后的形状和尺寸，并且不产生裂缝的性质称为塑性。这种不能恢复的变形称为塑性变形（或永久变形）。

3. 脆性和韧性

材料受力达到一定程度时，突然发生破坏，并无明显的变形，材料的这种性质称为脆性。大部分无机非金属材料均属脆性材料，如天然石材、烧结普通砖、陶瓷、玻璃、普通混凝土、砂浆等。脆性材料的另一特点是抗压强度高而抗拉、抗折强度低。在工程中使用时，应注意发挥这类材料的特性。

4. 硬度和耐磨性

材料的硬度是材料表面的坚硬程度，是抵抗其他硬物刻划、压入其表面的能力。通常用刻划法、回弹法和压入法测定材料的硬度。刻划法用于天然矿物硬度的划分，按滑石、石膏、方解石、萤石、磷灰石、长石、石英、黄晶、刚玉、金刚石的顺序，分为 10 个硬度等级。回弹法用于测定混凝土表面硬度，并间接推算混凝土的强度；也用于测定陶瓷、砖、砂浆、塑料、橡胶、金属等的表面硬度并间接推算其强度。

耐磨性是材料表面抵抗磨损的能力。材料的耐磨性用磨耗率表示。

5.1.4 材料的耐久性

材料的耐久性是泛指材料在使用条件下，受各种内在或外来自然因素及有害介质的作用，能长久地保持其使用性能的性质。

材料在建筑物之中，除要受到各种外力的作用之外，还经常要受到环境中许多自然因素的破坏作用。这些破坏作用包括物理、化学、机械及生物的作用。

物理作用可有干湿变化、温度变化及冻融变化等。这些作用将使材料发生体积的胀缩，或导致内部裂缝的扩展。时间长久之后即会使材料逐渐破坏。在寒冷地区，冻融变化对材料会起着显著的破坏作用。在高温环境下，经常处于高温状态的建筑物或构筑物，所选用的建筑材料要具有耐热性能。在民用和公共建筑中，考虑安全防火要求，须选用具有抗火性能的难燃或不燃的材料。

化学作用包括大气、环境水以及使用条件下酸、碱、盐等液体或有害气体对材料的侵蚀作用。机械作用包括使用荷载的持续作用，交变荷载引起材料疲劳、冲击、磨损、磨耗等。

生物作用包括菌类、昆虫等的作用而使材料腐朽、蛀蚀而破坏。

砖、石料、混凝土等矿物材料，多是由于物理作用而破坏，也可能同时会受到化学作用的破坏。金属材料主要是由于化学作用引起的腐蚀。木材等有机质材料常因生物作用而破坏。沥青材料、高分子材料在阳光、空气和热的作用下，会逐渐老化而使材料变脆或开裂。

材料的耐久性指标是根据工程所处的环境条件来决定的。例如处于冻融环境的工程，所用材料的耐久性以抗冻性指标来表示。处于暴露环境的有机材料，其耐久性以抗老化能力来表示。

5.2 结 构 材 料

5.2.1 水泥

水泥——无机水硬性胶凝材料，是重要的建筑材料之一，在建筑工程中被广泛应用。

水泥品种繁多，如按其主要水硬性物质名称进行分类可分为：硅酸盐水泥、铝酸盐水泥、硫铝酸盐水泥、氟铝酸盐水泥、磷酸盐水泥等。根据国家标准《水泥的命名、定义和术语》GB/T 4131—1997 规定，水泥按其性能及用途可分为通用水泥、专用水泥及特性水泥三类。目前，在我国建筑工程中常用的水泥是通用水泥。通用水泥主要有硅酸盐水泥、普通硅酸盐水泥、矿渣硅酸盐水泥、火山灰质硅酸盐水泥、粉煤灰硅酸盐水泥和复合硅酸盐水泥等水泥组成。通用硅酸盐水泥的组分见表 5-1。

1. 常用水泥的技术要求

（1）凝结时间

常用硅酸盐水泥的组分（%）   表 5-1

品种	代号	组分（质量分数）				
		熟料＋石灰	粒化高炉矿渣	火山灰质混合材料	粉煤灰	石灰石
硅酸盐水泥	P·Ⅰ	100	—	—	—	—
	P·Ⅱ	≥95	≤5	—	—	—
		≥95	—	—	—	≤5
普通硅酸盐水泥	P·O	≥85且<95	>5且≤20			
矿渣硅酸盐水泥	P·S·A	≥50且<80	>20且≤50	—	—	—
	P·S·B	≥30且<50	>50且≤70	—	—	—
火山灰质硅酸盐水泥	P·P	≥60且<80	—	≥20且<40	—	—
粉煤灰硅酸盐水泥	P·F	≥60且<80	—	—	>20且<40	—
复合硅酸盐水泥	P·C	≥60且<80	>20且≤50			

水泥的凝结时间分为初凝时间和终凝时间。

初凝时间：从水泥加水拌合起至水泥浆开始失去可塑性所需的时间。

终凝时间：从水泥加水拌合起至水泥浆完全失去可塑性并开始产生强度所需的时间。

水泥的凝结时间在施工中具有非常重要的意义。为了保证有足够的时间在初凝时间前完成混凝土的搅拌、运输等施工工序，初凝时间不宜太短；为了使混凝土、砂浆能尽快地硬化达到一定的强度，从而有利于下道工序及早尽快进行，终凝时间不宜太长。

国家标准规定，六大常用水泥的初凝时间都不得短于45min。硅酸盐水泥的终凝时间不得长于6.5h，其他五类常用水泥的终凝时间不得长于10h。

（2）体积安定性

水泥的体积安定性：水泥在凝结硬化过程中，体积变化的均匀性。

若水泥硬化后产生不均匀的体积变化，这就是所谓的体积安定性不良。一旦水泥发生体积安定性不良的问题就会使混凝土构件产生膨胀性裂缝，降低建筑工程质量，甚至引起严重事故。因此，施工中所使用的水泥必须经过安定性检测，合格后方能使用。

引起水泥体积安定性不良主要原因：

1）水泥熟料矿物组成中游离氧化钙或氧化镁过多。

2）水泥粉磨时石膏掺量过多。水泥熟料中一旦含有游离氧化钙或氧化镁这些熟化很慢的元素时，它们将在水泥已经硬化后才慢慢水化，并产生体积的膨胀，引起不均匀的体积变化，导致水泥石的开裂。石膏掺量太多后，水泥硬化后过量的石膏还会继续与已经固化的水化铝酸钙作用，生成钙矾石，体积增大约 1.5 倍，使水泥石开裂。

国家标准规定，游离氧化钙对水泥体积安定性的影响的试验是煮沸法。测试方法可采用试饼法或雷氏法。由于游离氧化镁及过量石膏对水泥体积安定性的影响不便于检验，故国家标准对水泥中的氧化镁和三氧化硫的含量分别作了限制。

（3）强度及强度等级

水泥的强度是评价和选用水泥的重要的技术指标，也是进行划分水泥强度等级的重要依据。水泥的强度除了受水泥熟料的矿物组成、混合料的掺量、石膏掺量、细度、龄期和养护条件等因素影响外，还与试验方法有关。

国家标准规定，水泥的强度应采用胶砂法来测定。该法是将水泥和标准砂按1：3混合，加入规定量的水，按规定的方法制成试件，并按规定进行养护，分别测定其3d和28d的抗压强度和抗折强度。根据测定结果，按表5-2所列的有关国家标准中的规定，可确定该水泥的强度等级。

水泥的强度等级（MPa） 表5-2

品　　种	强度等级	抗压强度		抗折强度	
		3d	28d	3d	28d
硅酸盐水泥	42.5	≥17.0	≥42.5	≥3.5	≥6.5
	42.5R	≥22.0		≥4.0	
	52.5	≥23.0	≥52.5	≥4.0	≥7.0
	52.5R	≥27.0		≥5.0	
	62.5	≥28.0	≥62.5	≥5.0	≥8.0
	62.5R	≥32.0		≥5.5	
普通硅酸盐水泥	42.5	≥17.0	≥42.5	≥3.5	≥6.5
	42.5R	≥22.0		≥4.0	
	52.5	≥23.0	≥52.5	≥4.0	≥7.0
	52.5R	≥27.0		≥5.0	
矿渣硅酸盐水泥 火山灰质硅酸盐水泥 粉煤灰硅酸盐水泥 复合硅酸盐水泥	32.5	≥10.0	≥32.5	≥2.5	≥5.5
	32.5R	≥15.0		≥3.5	
	42.5	≥15.0	≥42.5	≥3.5	≥6.5
	42.5R	≥19.0		≥4.0	
	52.5	≥21.0	≥52.5	≥4.0	≥7.0
	52.5R	≥23.0		≥4.5	

注：强度等级中，R表示早强型。

（4）其他技术要求

其他技术要求包括水泥的细度及化学指标。水泥的细度属于选择性指标。通用硅酸盐水泥的化学指标有不溶物、烧失量、三氧化硫、氧化镁、氯离子和碱含量。碱含量是指水泥中碱金属氧化物的含量，以 $Na_2O+0.658K_2O$ 计算值来表示。水泥中的碱含量高时，如果配制混凝土的骨料具有碱活性，可能产生碱骨料反应，导致混凝土因不均匀膨胀而破坏。因此，若使用活性骨料，用户要求提供低碱水泥时，则水泥中的碱含量应小于水泥用量的0.6%或由供需双方商定。

（5）常用水泥的包装及标志

国家标准规定，除以上主要技术要求外，水泥还有混合材料掺加量、包装标志等方面的技术要求。水泥可以散装或袋装，袋装水泥每袋净含量为50kg，且不应少于标志质量的99%；随机抽取20袋总质量（含包装袋）应不少于1000kg。水泥包装袋上应清楚标明：执行标准、水泥品种、代号、强度等级、生产者名称、生产许可证标志及编号、出厂编号、包装日期、净含量。包装袋两侧应根据水泥的品种采用不同的颜色印刷水泥名称和强度等级，硅酸盐水泥和普通硅酸盐水泥采用红色，矿渣硅酸盐水泥采用绿色；火山灰质硅酸盐水泥、粉煤灰硅酸盐水泥和复合硅酸盐水泥采用黑色或蓝色。

2. 常用水泥的特性及应用

六大常用水泥的主要特性见表 5-3。

常用水泥的主要特性　　　　　　　　　　　　　　　表 5-3

	硅酸盐水泥	普通水泥	矿渣水泥	火山灰水泥	粉煤灰水泥	复合水泥
主要特性	①凝结硬化快、早期强度高 ②水化热大 ③抗冻性好 ④耐热性差 ⑤耐蚀性差 ⑥干缩性较小	①凝结硬化较快、早期强度高 ②水化热较大 ③抗冻性较好 ④耐热性较差 ⑤耐蚀性较差 ⑥干缩性较小	①凝结硬化慢、早期强度低,后期强度增长较快 ②水化热较小 ③抗冻性差 ④耐热性好 ⑤耐蚀性较好 ⑥干缩性较大 ⑦泌水性大、抗渗性差	①凝结硬化慢、早期强度低,后期强度增长较快 ②水化热较小 ③抗冻性差 ④耐热性较差 ⑤耐蚀性较好 ⑥干缩性较大 ⑦抗渗性较好	①凝结硬化慢、早期强度低,后期强度增长较快 ②水化热较小 ③抗冻性差 ④耐热性较差 ⑤耐蚀性较好 ⑥干缩性较小 ⑦抗裂性较高	①凝结硬化慢、早期强度低,后期强度增长较快 ②水化热较小 ③抗冻性差 ④耐蚀性较好 ⑤其他性能与所掺入的两种或两种以上混合材料的种类、掺量有关

在混凝土工程中，根据使用场合、条件的不同，可选用不同种类的水泥，具体可参考表 5-4。

常用水泥的选用　　　　　　　　　　　　　　　表 5-4

混凝土工程特点或所处环境条件			优先选用	可以使用	不宜使用
普通混凝土	1	在普通气候环境中的混凝土	普通水泥	矿渣水泥、火山灰水泥、粉煤灰水泥、复合水泥	
	2	在干燥环境中的混凝土	普通水泥	矿渣水泥	火山灰水泥 粉煤灰水泥
	3	在高湿度环境中或长期处于水中的混凝土	矿渣水泥、火山灰水泥、粉煤灰水泥、复合水泥	普通水泥	
	4	厚大体积的混凝土	矿渣水泥、火山灰水泥、粉煤灰水泥、复合水泥		硅酸盐水泥
有特殊要求的混凝土	1	要求快硬早强的混凝土	硅酸盐水泥	普通水泥	矿渣水泥 火山灰水泥 粉煤灰水泥 复合水泥
	2	高强(大于 C50 级)的混凝土	硅酸盐水泥	普通水泥 矿渣水泥	火山灰水泥 粉煤灰水泥
	3	严寒地区的露天混凝土,寒冷地区的处在水位升降范围内的混凝土	普通水泥	矿渣水泥	火山灰水泥 粉煤灰水泥
	4	严寒地区处在水位升降范围内的混凝土	普通水泥(≥42.5 级)		矿渣水泥 火山灰水泥 粉煤灰水泥 复合水泥
	5	有抗渗要求的混凝土	普通水泥、火山灰水泥		矿渣水泥
	6	有耐磨性要求的混凝土	硅酸盐水泥、普通水泥	矿渣水泥	火山灰水泥 粉煤灰水泥
	7	受侵蚀介质作用的混凝土	矿渣水泥、火山灰水泥、粉煤灰水泥、复合水泥		硅酸盐水泥

3. 水泥的储存和使用

水泥在储存和运输过程中，应按不同强度等级、品种及出厂日期分别储运，水泥储存时应注意防潮。存放时间过长或受潮的水泥要经过试验才能使用。水泥储存时间不宜过长，以免降低强度。水泥按出厂日期起算，超过三个月（快硬硅酸盐水泥为一个月）时，应视为过期水泥。不同品种的水泥不能混合使用。对同一品种的水泥，但强度等级不同，或出厂日期差距过久的水泥，也不能混合使用。

4. 水泥的检验

水泥进场时必须检查验收才能使用。水泥进场时，必须有出厂合格证或质量保证证明，并应对品种、强度等级、包装、出厂日期等进行检查验收。

（1）检验内容和检验批确定

1）按同一生产厂家、同一等级、同一品种、同一批号且连续进场的水泥，袋装不超过 200t 为一批，散装不超过 500t 为一批，每批抽样不少于一次。

2）取样时应随机从不少于 3 个车罐中各采取等量水泥，经混拌均匀后，再从中称取不少于 12kg 水泥作为检验样。袋装水泥应从 20 袋中取样不少于 12kg 水泥作为检验样。

水泥进场时应对其品种、级别、包装或散装仓号、出厂日期等进行检查，并应对其强度、安定性及其他必要的性能指标进行复验，其质量必须符合现行国家标准《通用硅酸盐水泥》GB 175 等的规定。

当在使用中对水泥质量有怀疑或水泥出厂超过三个月（快硬硅酸盐水泥超过一个月）时，应进行复验，并按复验结果使用。

钢筋混凝土结构、预应力混凝土结构中，严禁使用含氯化物的水泥。

（2）复验项目

水泥的复验项目主要有：细度或比表面积、凝结时间、安定性、标准稠度用水量、抗折强度和抗压强度。

5.2.2 石灰

石灰是建筑工程中使用最早的气硬性胶凝材料之一。由于生产石灰的原料分布广，生产工艺简单，成本低廉，所以在土木工程中至今仍被广泛地采用。

1. 石灰的原料和生产

（1）石灰的原料

生产石灰的最主要的原料是以 $CaCO_3$ 为主要成分的天然岩石，常用的有石灰石、白云石等，这些天然原料中的黏土杂质控制在 8% 以内。

除了用天然原料生成外，石灰的另一来源是利用化学工业副产品，例如用电石（碳化钙）制取乙炔时的电石渣，其主要的成分是 $Ca(OH)_2$，也就是消石灰。

（2）石灰的生产

生石灰的生产过程就是煅烧石灰石，使 $CaCO_3$ 分解并排出 CO_2 的过程。其化学反应式如下：

$$CaCO_3 \xrightarrow{900℃} CaO + CO_2 \uparrow$$

$$MgCO_3 \xrightarrow{700℃} MgO + CO_2 \uparrow$$

在实际生产中，石灰石致密程度、块体大小及杂质含量有所不同，并考虑到热损失等因素，所以为了加快分解，煅烧温度常提高到 $1000 \sim 1100℃$。由于石灰石的外形尺寸大或煅烧时窑中温度分布不均等原因，生石灰中常含有欠火石灰和过火石灰。当煅烧温度过低，煅烧时间不充足时，$CaCO_3$ 不能完全分解，将生成欠火石灰。欠火石灰使用时，粘结力小，产浆量较低，它只是降低了石灰的利用率，不会带来危害。当煅烧温度过高，煅烧时间过长时，将生成颜色较深，密度较大的过火石灰。过火石灰结构密实，晶粒粗大，熟化速度很慢，容易使硬化的浆体产生隆起和开裂，影响工程质量。为避免过火石灰在使用以后，因吸收空气中的水蒸气而逐步熟化膨胀，使已硬化的砂浆或制品产生隆起、开裂等破坏现象，在使用以前必须使过火石灰熟化或将过火石灰去除。常采用的方法是在熟化过程中，利用筛网除掉较大尺寸过火石灰颗粒，而较小的过火石灰颗粒在储灰坑中至少存放两周以上，使其充分熟化，此即所谓的"陈伏"。陈伏时为防止石灰碳化，石灰膏的表面须保存有一层水。

生石灰是一种白色或灰色块状物质，其主要成分是氧化钙，因石灰原料中常常含有一定的碳酸镁成分，所以经过煅烧生成的生石灰中，也相应地含有氧化镁的成分。按石灰中氧化镁的含量，将生石灰分为钙质生石灰（$MgO \leqslant 5\%$）和镁质生石灰（$MgO > 5\%$）两类。镁质生石灰熟化较慢，但硬化后强度稍高。它们按技术指标又可分为优等品、一等品和合格品三个等级。

2. 石灰的熟化

生石灰（CaO）与水反应生成氢氧化钙（熟石灰，又称消石灰）的过程，称为石灰的熟化或消解（消化）。石灰熟化过程中会放出大量的热，同时体积增大 $1 \sim 2.5$ 倍。石灰中的过火石灰熟化较慢，若在石灰浆体硬化后再发生熟化，会因熟化产生的膨胀而引起"崩裂"或者"鼓泡"现象，严重影响工程质量。因此生石灰（块灰）不能直接用于工程，使用前需要进行熟化。由块状生石灰熟化而成的石灰膏，一般应在储灰坑中陈伏两周左右。石灰膏在陈伏期间，表面应覆盖有一层水，以隔绝空气，避免与空气中的二氧化碳发生碳化反应。

根据加水量的不同，石灰可熟化成为消石灰粉或者石灰膏。将块灰淋以适当的水，使之充分熟化成为粉状，再干燥筛分成为干粉，称为消石灰粉或者熟石灰粉。将块状生石灰用较多的水熟化，或将消石灰粉与水拌合，所得到的具有一定稠度的膏状物称为石灰膏或者石灰乳。

3. 石灰的硬化

石灰在空气中的硬化包括两个过程同时进行：

（1）结晶作用

石灰浆在使用过程中，因游离水分逐渐蒸发和被砌体吸收，使得 $Ca(OH)_2$ 溶液过饱而逐步结晶析出，促进石灰浆体的硬化，同时干燥使得浆体紧缩而产生强度。

（2）碳化作用

石灰浆体表面的 $Ca(OH)_2$ 与空气中的 CO_2 作用，生成不溶解于水的 $CaCO_3$ 晶体，析出的水分被逐步地蒸发，其反应如下：

$$Ca(OH)_2 + CO_2 + nH_2O = CaCO_3 + (n+1)H_2O$$

碳化反应生成的 $CaCO_3$ 晶体，与 $Ca(OH)_2$ 颗粒一起构成紧密交织的结晶网，提高了浆体强度。石灰的碳化慢，强度低，不耐水。

4. 石灰的特性

（1）保水性良好：石灰浆体中氢氧化钙粒子呈胶体分散状态，颗粒极细（其粒径约为 $1\mu m$），比表面积很大（约 $10\sim30m^2/g$），所以颗粒表面能吸附一层较厚的水膜，从而使石灰浆体有较强保持水分的能力，即良好的保水性。将它掺入水泥砂浆中，可配成具有较好流动性和可塑性的混合砂浆，并克服了水泥砂浆容易泌水的缺点。

（2）凝结硬化慢、可塑性好：石灰浆体通过干燥、结晶以及碳化作用而硬化，由于良好的保水性以及空气中的二氧化碳含量低，且碳化后形成的碳酸钙硬壳阻止二氧化碳向内部渗透，也妨碍水分向外蒸发，因而硬化缓慢。

（3）强度低、耐水性差：硬化浆体的强度主要由干燥、结晶作用而产生，其值并不高，1：3 的石灰砂浆 28 d 的抗压强度只有 $0.2\sim0.5MPa$。在潮湿环境中，石灰浆体中的水分不易蒸发，二氧化碳也无法渗入，硬化将停止；由于氢氧化钙易溶于水，即使已硬化的石灰浆体遇水也会溶解溃散。因此，石灰不宜在长期潮湿和受水浸泡的环境中使用，也不宜用于重要建筑物基础。

（4）体积收缩大：石灰浆体在硬化过程中，要蒸发掉大量水分，引起体积较大收缩，致使容易出现干缩裂缝，因此除了调成石灰乳作薄层粉刷外，一般不宜单独用来制作建筑构件和制品。实际使用时常在石灰浆体中掺入砂作为骨料或者麻刀、纸筋等纤维状材料以抵抗收缩引起的开裂。

（5）化学稳定性差：石灰浆体是碱性材料，容易和酸性物质发生中和反应，即容易遭受酸性介质的腐蚀。石灰浆体在潮湿的空气中发生的碳化反应，其实也就是 $Ca(OH)_2$ 与碳酸 H_2CO_3 生成 $CaCO_3$ 的中和反应。另外，$Ca(OH)_2$ 能与玻璃态的活性 SiO_2 或活性 Al_2O_3 反应，生成有水硬性的产物。

（6）吸湿性强：生石灰具有较强的吸湿性，是传统的干燥剂。

5. 石灰的应用与储存

石灰在建筑工程中应用范围很广，生石灰粉、消石灰粉、石灰乳、石灰膏等不同品种的石灰具有不同的用途。

（1）生石灰粉可与含硅材料混合经加工制成硅酸盐制品。生石灰粉还可与纤维材料（如玻璃纤维）或轻质骨料加水拌合成型，然后用二氧化碳进行人工碳化，制成碳化石灰板。碳化石灰板加工性能好，适合作非承重的内隔墙板、顶棚板。

（2）消石灰粉和黏土按一定比例配合可制成灰土，比如消石灰粉和黏土的体积比为 3：7时配制成三七灰土。消石灰粉与黏土、砂石、炉渣等可拌制成三合土。灰土与三合土主要用在一些建筑物的基础、地面的垫层和公路的路基上。

（3）将熟化好的石灰膏或消石灰粉加水稀释成石灰乳，可用作内外墙及天棚粉刷的涂料；如果掺入适量的砂或水泥和砂，即可配制成石灰砂浆或混合砂浆，用于墙体砌筑或抹面工程；也可掺入纸筋、麻刀等制成石灰灰浆，用于内墙或顶棚抹面。

石灰的储存：生石灰会吸收空气中的水分和二氧化碳，生成碳酸钙粉末从而失去粘结力。所以在工地上储存时要防止受潮，不宜储存太多也不宜存放过久。另外，石灰熟化时要放出大量的热量，因此必须将生石灰与可燃物分开保管，以免造成火灾。通常进场后可以立即陈伏，将储存期变为陈伏期。

5.2.3 石膏

1. 石膏的品种和生产

（1）石膏的品种

石膏是以硫酸钙为主要成分的气硬性胶凝材料，其制品具有一系列的优良性质，在建筑领域中得到广泛的应用。石膏胶凝材料品种很多，主要有天然石膏、建筑石膏、高强石膏、无水石膏、高温煅烧石膏等。

（2）石膏的生产

建筑工程中最常用品种是建筑石膏，亦称熟石膏，主要成分是β型半水石膏。它是将天然二水石膏在107～170℃常压下煅烧成半水石膏，经磨细而成的一种粉末状材料。它的反应式如下：

$$CaSO_4 \cdot 2H_2O \xrightarrow[\text{常压}]{107\sim170℃} CaSO_4 \cdot 1/2H_2O(\beta\text{型}) + 3/2H_2O$$

天然二水石膏在加工时随加热过程中温度和压力的不同，可以得到不同的石膏产品。

如：$CaSO_4 \cdot 2H_2O \xrightarrow[\text{0.13MPa}]{124℃} CaSO_4 \cdot 1/2H_2O(\alpha\text{型}) + 3/2H_2O$

α型半水石膏与β型半水石膏相比，结晶颗粒较粗，比表面积较小，硬化后强度较高，其3h的抗压强度高达9～24MPa，因此又称为高强石膏。

2. 石膏的技术要求

建筑石膏呈白色粉末状，一般按产品名称、抗折强度及标准号的顺序进行产品标记，例如抗折强度为2.5MPa的建筑石膏表示为：建筑石膏2.5 GB 9776。

根据《建筑石膏》GB 9776—2008规定，按其强度、细度、凝结时间指标分为优等品、一等品和合格品三个等级，见表5-5，抗折强度和抗压强度为试样与水接触后2h测得的。

建筑石膏等级标准（GB 9776—2008） 表5-5

技术指标		优等品	一等品	合格品
强度（MPa）	抗折强度	2.5	2.1	1.8
	抗压强度	4.9	3.9	2.9
细度	0.2mm方孔筛筛余(%)≤	5.0	10.0	15.0
凝结时间（min）	初凝时间≥	6		
	终凝时间≥	30		

建筑石膏在贮运过程中，应防止受潮及混入杂物。不同等级的石膏应分别贮运，不得混杂。一般贮存期为3个月，超过3个月，强度将降低30%左右，超过贮存期限的石膏应重新进行质量检验，以确定其等级。

3. 建筑石膏的技术性质

（1）凝结硬化快。石膏浆体的初凝和终凝时间都较短，一般的初凝时间为几分钟到几十分钟，终凝时间在半个小时以内，一个星期就能完全硬化。

（2）硬化时体积微膨胀。石膏浆体凝结硬化时不像石灰、水泥会出现收缩，反而有时会略有膨胀，这样石膏在硬化体的表面就能制作出纹理细致的浮雕花饰。

（3）硬化后孔隙率较高。石膏浆体硬化后内部孔隙率可达到50%～60%左右，所以石膏制品的表观密度较小、强度较低、导热系数小、吸热性能强、吸湿性能大。可以调节室内温度和湿度。

（4）防火性能好。石膏制品遇到火灾时，二水石膏将脱出结晶水，在制品表面形成蒸汽幕和脱水物隔热层，可有效减少火焰对内部结构的危害性。

（5）耐水性和抗冻性差。建筑石膏硬化体的吸湿性强，吸收的水分会减弱石膏晶粒间的结合力，使强度显著降低；如果长期浸水，会因二水石膏晶体逐渐被溶解而导致结构破坏。石膏制品吸水饱和后受冻，会因孔隙中水分结冰膨胀而破坏。所以，石膏制品的耐水性和抗冻性较差，不宜用于潮湿部位。

4. 建筑石膏的应用

建筑石膏不仅有以上所述的特性外，它还具有无污染、保温绝热、吸声、阻燃等方面的优点，一般做成石膏抹面灰浆、建筑装饰制品和石膏板等。

（1）室内抹灰及粉刷

建筑石膏加水、砂拌合成石膏砂浆，可用于室内抹灰面，具有绝热、阻火、隔声、舒适、美观等特点。建筑石膏加水和缓凝剂调成石膏浆体，掺入部分石灰可用作室内粉刷涂料。粉刷后的墙面光滑细腻、洁白美观。

（2）装饰制品

以石膏为主要原料，掺入少量的纤维增强材料和胶料，加水搅拌成石膏浆体，利用石膏硬化时体积微膨胀的性能，可制成各种石膏雕塑、饰面板及各种装饰品。

（3）石膏板

我国目前生产的石膏板主要有纸面石膏板、石膏空心条板、石膏装饰板、纤维石膏板等。

5.2.4 骨料

骨料，是建筑砂浆及混凝土主要组成材料之一。起骨架及减少由于胶凝材料在凝结硬化过程中干缩湿涨所引起体积变化等作用，同时还可以作为胶凝材料的廉价填充料。

按粒径大小混凝土骨料分为细骨料和粗骨料。粒径0.15～5mm之间的骨料称为细骨料。粒径5～150mm之间的骨料称为粗骨料。粒径小于0.08mm为粉尘。

1. 细骨料（砂）

细骨料一般采用天然砂，在天然砂缺乏的条件下，也可采用天然石料粉碎制成的人工砂。天然砂有河砂、海砂、山砂之分，以洁净的河砂为优，海砂经处理洗去盐分筛去贝壳等轻物质后，也可使用。山砂风化较强烈，含泥量大，必须经充分论证后方可使用。人工砂颗粒粗糙且内含一定量的石粉，故拌制的混凝土不仅强度高，而且和易性也容易得到保证。选择砂的品种时一定要因地制宜，以保证优质经济。

（1）砂的质量标准

① 配制混凝土用砂要求洁净，砂中含泥不但增大拌合物的需水量，而且还会阻碍水泥浆与骨料之间的黏结，降低混凝土的强度与耐久性（抗冻、抗渗等），因此对骨料中的含泥量要严加控制，一般来说，砂中的含泥量要求小于5%。

② 砂应质地坚硬、清洁，有害杂质含量不超过限量。砂中有害杂质含量应不超过国家规范的规定。采用海砂时，由于含盐量大，对钢筋有锈蚀作用，应控制在 0.1% 以内。

(2) 砂的粗细程度及颗粒级配

① 粗细程度

砂的粗细程度，是指不同粒径的砂粒混在一起的平均粗细程度。在混凝土各种材料用量相同的情况下，如砂过粗，砂子颗粒的表面积较小，混凝土的黏聚性、保水性较差；如砂过细，砂子颗粒的表面积过大，虽说混凝土的黏聚性、保水性好，但由于需较多的水泥浆来包裹砂粒表面，故富余的用于润滑的水泥浆较少，混凝土拌合物流动性差，甚至还会影响混凝土强度。所以拌混凝土用的砂不宜过粗，也不宜过细。

砂的粗细程度通常用细度模数表示，细度模数用筛分析法测定。称取 500g 通过孔径为 10mm 筛子的烘干砂样，用一套孔径为 4.75、2.5、1.25、0.63、0.315、0.16mm 的圆孔标准筛，依次过筛，秤取各筛上筛余物的质量，计算各筛分计筛余百分数（各筛筛余物质量占砂样总量的百分数）及累计筛余百分数（该筛及比该筛粗的所有分计筛余百分数之和）见表 5-6，然后按下式计算砂的细度模数。

$$M_X = [(A_2 + A_3 + A_4 + A_5 + A_6) - 5A_1]/(100 - A_1)$$

分计筛余百分率和累计筛余百分率关系 表 5-6

方孔筛	分计筛余		累计筛余百分率(%)
	质量(g)	百分率(%)	
4.75mm	m_1	$a_1 = m_1/500$	$A_1 = a_1$
2.36mm	m_2	$a_2 = m_2/500$	$A_2 = a_1 + a_2$
1.18mm	m_3	$a_3 = m_3/500$	$A_3 = a_1 + a_2 + a_3$
600μm	m_4	$a_4 = m_4/500$	$A_4 = a_1 + a_2 + a_3 + a_4$
300μm	m_5	$a_5 = m_5/500$	$A_5 = a_1 + a_2 + a_3 + a_4 + a_5$
150μm	m_6	$a_6 = m_6/500$	$A_6 = a_1 + a_2 + a_3 + a_4 + a_5 + a_6$

混凝土用砂的细度模数范围一般为 3.7～1.6，细度模数愈大，表示砂愈粗。粗砂 $M_X = 3.7～3.1$，中砂 $M_X = 3.0～2.3$，细砂 $M_X = 2.2～1.6$，特细砂 $M_X = 1.5～0.7$。

② 颗粒级配

砂的颗粒级配是指砂中各种粒径颗粒的互相搭配及组合情况。

级配良好的砂，其大小颗粒的含量适当，一般有较多的粗颗粒并有适当数量的中等颗粒及少量的细颗粒填充其空隙。砂的总表面积及空隙率均较小。使用级配良好的砂填充空隙用的水泥浆较少，不仅可以节省水泥，而且混凝土的和易性好，强度、耐久性及密实度也较高。GB/T 14684—2011 规定，按 600μm 筛孔的累计筛余百分率，将砂分为三个级配区，见表 5-7。凡经筛分析检验的砂，各筛的累计筛余百分率落在表中的任何一个区内，其级配都属合格或良好。砂的实际累计筛余百分率与表相比较，除 4.75mm 和 600μm 外，允许略有超出，但超出总量应小于 5%。

配制混凝土时宜优先选用 2 区砂。当采用 1 区砂时，应适当增加砂用量，并保持足够的水泥用量，以满足混凝土的和易性；当采用 3 区砂时，宜适当减少砂用量，以保证混凝土强度，见表 5-7 和图 5-1。

级配区 方孔筛	1	2	3
9.50mm	0	0	0
4.75mm	10～0	10～0	10～0
2.36mm	35～5	25～0	15～0
1.18mm	65～35	50～10	25～0
600μm	85～71	70～41	40～16
300μm	95～80	92～70	85～55
150μm	100～90	100～90	100～90

砂的颗粒级配区　　　　　　　　　　表 5-7

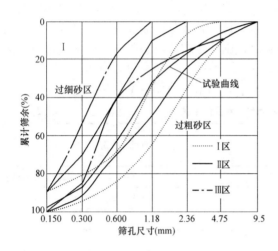

图 5-1　砂的级配曲线图

（3）有害杂质和碱活性

混凝土用砂要求洁净、有害杂质少。砂中所含有的泥块、淤泥、云母、有机物、硫化物、硫酸盐等，都会对混凝土的性能有不利的影响，属有害杂质，需要控制其含量不超过有关规范的规定。对于重要工程混凝土所使用的砂，还应进行碱活性检验，以确定适用性。

（4）坚固性

砂的坚固性：砂在气候、环境变化或其他物理因素作用下抵抗破裂的能力。实验室确定砂的坚固性是进行硫酸钠溶液检验，试样经过 5 次循环后其砂的质量损失应符合有关标准的规定。

2. 粗骨料（石）

粒径大于 5mm 的骨料称为粗骨料。普通混凝土常用的粗骨料有碎石和卵石。混凝土用粗骨料的技术要求有以下几方面：

（1）颗粒级配及最大粒径

粗骨料中公称粒级的上限称为最大粒径。当骨料粒径增大时，其比表面积减小，混凝土的水泥用量也减少，故在满足技术要求的前提下，粗骨料的最大粒径应尽量选大一些。在钢筋混凝土结构工程中，粗骨料的最大粒径不得超过结构截面最小尺寸的 1/4；同时，不得大于钢筋间最小净距的 3/4。对于混凝土实心板，可允许采用最大粒径达 1/3 板厚的骨料，但最大粒径不得超过 40mm。对于采用泵送的混凝土，碎石的最大粒径应不大于输送管径的 1/3，卵石的最大粒径应不大于输送管径的 1/2.5。

（2）颗粒级配

粗骨料级配好坏，对保证混凝土和易性、强度及耐久件更具重要意义。要求大小石子搭配适当，骨料的空隙率及总表面积均较小，使混凝土的水泥用量少，质量好。

粗骨料的级配也通过筛分析实验确定。颗粒级配与细骨料级配的原理相应。所用标准筛为方孔筛，尺寸为 2.36、4.75、9.50、16.0、19.0、26.5、31.5、37.5、53.0、63.0、75.0、90mm 十二筛档。

粗骨料通常有天然级配及人工级配两种级配方法。

（3）强度和坚固性

对碎石或卵石的强度指标，可使用岩石抗压强度和压碎指标两种方法表示。

岩石抗压强度检验用于：当混凝土强度等级为 C60 及以上时，应进行岩石抗压强度检验。

压碎指标用于：检验制作粗骨料的岩石的抗压强度与混凝土强度等级之比是否大于等于 1.5。

有抗冻要求的混凝土所用粗骨料，要求测定其坚固性。检验方法：硫酸钠溶液检验，试样经 5 次循环后其质量损失应符合有关标准的规定。

3. 骨料的验收

粗、细骨料应按批进行质量检验，检验批可按如下规定确定：

（1）对集中生产的，以 400m³ 或 600t 为一批，对分散生产的，以 200m³ 或 300t 为一批，不足上述规定数量者也以一批论。

（2）对产源、质量比较稳定，进料量又较大时，可以 1000t 检验一次。

（3）检验项目：

石：每验收批至少应进行颗粒级配、含泥量、泥块含量、针片状含量检验。

砂：每验收批至少应进行颗粒级配、含泥量、泥块含量检验。如为海砂，还应检验其氯离子含量。

5.2.5 普通混凝土

混凝土是以胶凝材料、水、细骨料（如砂）、粗骨料（如碎石、卵石等）、必要时掺入外加剂和矿物质混合材料，按适当比例配合，经过均匀拌制、密实成型及养护硬化而制成的人工石材。

在混凝土中，碎石和砂起骨架作用，叫骨料，水泥与水构成的水泥浆，包裹了骨料颗粒，并填充其空隙。水泥浆在拌合时，起润滑作用，在硬结后，显示出胶结和强度作用。骨料和水泥浆复合发挥作用，构成混凝土整体。

混凝土是建筑施工中的主要材料之一，在建筑工程中被广泛使用，它具有以下特点：

（1）有较高的抗压强度及耐久性，而且可以通过改变配合比得到性能不同的混凝土，以满足不同工程的要求。

（2）混凝土拌合物有良好的塑性，容易浇筑成各种所需形状的构件。

（3）混凝土与钢筋有牢固的粘结力，可以做成钢筋混凝土结构。

（4）混凝土的组成材料中，砂、石占很大的比例，可以就地取材，比较经济。用钢筋混凝土结构代替钢木结构，能节约大量钢材、木材，建筑物建成后，又可省去许多维修的费用。

混凝土的主要缺点是：自重大，抗拉强度低，容易产生裂缝，硬化时间长，在施工中影响质量的因素较多，质量波动较大。

随着科学技术的发展，混凝土的缺点正被逐渐克服。如采用轻质骨料可显著降低混凝土的自重，提高强度；掺入纤维或聚合物，可提高抗拉强度，掺入早强剂，可显著缩短硬化时间。

1. 普通混凝土的技术性能与要求

普通混凝土（以下简称混凝土）一般由水泥、砂、石和水所组成。为改善混凝土的某些性能，还常加入适量的外加剂和掺合料。普通混凝土（以下简称混凝土）主要在建筑结构、道路、水下工程中作结构材料。混凝土的结构示意图见图 5-2。混凝土的结构及各组成材料的比例，骨料约占混凝土体积的 70%，其余是水泥和水组成的水泥浆和少量残留的空气。

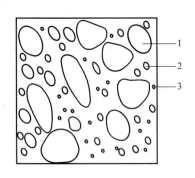

图 5-2　混凝土结构示意图
1—粗骨料；2—细骨料；3—水泥浆

2. 混凝土的技术性能和质量要求

混凝土在未凝结硬化前，称为混凝土拌合物（或称新拌混凝土）。它必须具有良好的和易性，便于施工，以保证能获得良好的浇筑质量；混凝土拌合物凝结硬化后，应具有足够的强度，以保证建筑物能安全地承受设计荷载，并应具有必要的耐久性。

和易性是指在一定的施工条件下，混凝土拌合物便于施工操作，并获得均匀密实混凝土的性质。和易性是一个综合的技术指标，它主要包括流动性、黏聚性、保水性三方面。

（1）流动性：混凝土拌合物在自重或施工机械的作用下，能产生流动并且能均匀密实地填满模板内部空间的性能。流动性反映了混凝土的稀稠程度，直接影响施工操作与混凝土的质量。它的大小与水灰比、砂率、骨料种类及级配、温度等有关。

（2）黏聚性：混凝土拌合物有一定黏聚力，在运输及浇捣过程中，不致发生分层离析，使混凝土保持整体均匀的性能。黏聚性差的混凝土拌合物，施工过程中的振动、冲击下及转运、卸料时，砂浆与石子易分离，振捣后出现蜂窝、空洞等缺陷，影响工程质量。

（3）保水性：混凝土拌合物，有一定的保水能力，施工过程中不易发生严重泌水的性能。保水性差的混凝土拌合物在施工过程中水分泌出，造成毛细通道或由于受骨料阻挡，集聚于粗骨料之下，严重影响水泥浆与骨料的胶结。

（4）和易性：由于和易性包括上述三方面的含义，所以很难用一个指标来表示。对于塑性混凝土，通常通过坍落度试验来测定和易性。

工地上常用坍落度实验来测定混凝土拌合的坍落度或坍落扩展度，作为流动性指标，坍落度或坍落扩展度愈大表示流动性愈大。对坍落度值小于 10mm 的干硬性混凝土拌合物，则用维勃稠度实验测定其稠度作为流动性指标，稠度值愈大表示流动性愈小。影响混凝土拌合物和易性的主要因素包括单位体积用水量、砂率、组成材料的性质、时间和温度等。坍落度的大小反映了混凝土拌合物的流动性。试验过程中还须进行观察：用捣棒插捣时有无困难；混凝土顶面是否容易抹平；有无水分从拌合物中析出。用捣棒轻击混凝土拌合物侧面时，锥体是逐渐下坍还是突然倒坍或崩溃，有无石子破落，通过观察来评定混凝土拌合物的黏聚性及保水性。

3. 混凝土的强度

（1）混凝土立方体抗压标准强度与强度等级

混凝土立方体抗压标准强度（或称立方体抗压强度标准值）是指按标准方法制作和养护的边长为 150mm 的立方体试件，在 28d 龄期，用标准试验方法测得的抗压强度总体分布中具有不低于 95% 保证率的抗压强度值，以 $f_{cu,k}$ 表示。

混凝土强度等级是按混凝土立方体抗压标准强度来划分的，采用符号 C 与立方体抗压强度标准值（单位为 MPa）表示。普通混凝土划分为 C15、C20、C25、C30、C35、C40、C45、C50、C55、C60、C65、C70、C75 和 C80 共 14 个等级，C30 即表示混凝土立方体抗压强度标准值 $30\text{MPa} \leqslant f_{cu,k} < 35\text{MPa}$。混凝土强度等级是混凝土结构设计、施工质量控制和工程验收的重要依据。

（2）混凝土的轴心抗压强度

轴心抗压强度的测定采用 150mm×150mm×300mm 棱柱体作为标准试件。

结构设计中混凝土受压构件的计算采用混凝土的轴心抗压强度，更加符合工程实际。

（3）混凝土的抗拉强度

混凝土抗拉强度只有抗压强度的 1/20～1/10，且随着混凝土强度等级的提高，比值有所降低。在结构设计中抗拉强度是确定混凝土抗裂度的重要指标，有时也用它来间接衡量混凝土与钢筋的粘结强度等。我国采用立方体的劈裂抗拉试验来测定混凝土的劈裂抗拉强度，并可换算得到混凝土的轴心抗拉强度。

（4）影响混凝土强度的因素

除施工方法及施工质量影响混凝土强度外，水泥强度及水灰比、骨料种类及级配、养护条件及龄期对混凝土强度影响较大。

1）水泥强度及水灰比

从混凝土的结构与混凝土的受力破坏过程可知，混凝土的强度主要取决于水泥石的强度和界面粘结强度。水泥强度和水灰比是影响混凝土强度的主要因素。在其他材料相同时，水泥强度等级越高，配置成的混凝土强度等级也越高。若水泥强度等级相同，则混凝土的强度主要取决于水灰比，水灰比越小，配置成的混凝土强度等级越高。但是，如果水灰比过小，混凝土拌合物过于干稠，在一定的施工条件下，混凝土不能被振捣密实，出现较多的蜂窝、孔洞，反而导致混凝土的强度严重下降。

2）骨料的品种、规格与质量

在水泥强度等级与水灰比相同的条件下，碎石混凝土的强度往往高于卵石混凝土，特别是在水灰比较小时。如水灰比为 0.4 时，碎石混凝土较卵石混凝土的强度高 20%～35%，而当水灰比为 0.65 时，二者的强度基本上相同。其原因是水灰比小时，界面粘结是主要矛盾，而水灰比大时，水泥石强度成为主要矛盾。

泥及泥块等杂质含量少、级配好的骨料，有利于骨料与水泥石间的粘结，充分发挥骨料的骨架作用，并可降低用水量及水灰比，因而有利于强度。二者对高强混凝土尤为重要。粒径粗大的骨料，可降低用水量及水灰比，有利于提高混凝土的强度。对高强混凝土，较小粒径的粗骨料可明显改善粗骨料与水泥石的界面粘结强度，可提高混凝土的强度。

3）养护条件及龄期

混凝土振捣成型后的一段时间内，保持适当的温度和湿度，使水泥充分水化，称为混凝土的养护。混凝土在拌制成型后所经历的时间称为龄期。在正常养护条件下，混凝土的强度将随龄期的增长而不断发展，最初几天强度发展较快，以后逐渐缓慢，28 天达到设计强度。28 天后更慢，若能长期保持适当的温度和湿度，强度的增长可延续数十年。

4）施工因素的影响

混凝土施工工艺复杂，在配料、搅拌、运输、振捣、养护过程中，一定要严格遵守施工规范，确保混凝土强度。

4. 混凝土检验规则

（1）一般规则

1）预拌混凝土的检验分为出厂检验和交货检验。

2）当判断混凝土质量是否符合要求时，强度、坍落度及含气量应以交货检验结果为依据；氯离子总含量以供方提供的资料为依据；其他检验项目应按合同规定执行。

3）交货检验的试验结果应在试验结束后 15d 内通知供方。

4）混凝土中氯化物和碱的总含量应符合现行国家标准和设计的要求。

（2）检验项目

1）常规检验混凝土强度和坍落度。

2）如有特殊要求除检验混凝土强度和坍落度外，还应按合同规定检验其他项目。

3）掺有引气型外加剂的混凝土应检验其含气量。

（3）取样与组批

1）用于出厂检验的混凝土试样应在搅拌地点采取，用于交货检验的混凝土试样应在交货地点采取。

2）交货检验的混凝土试样的采取及坍落度试验应在混凝土运到交货地点时开始算起 20min 内完成，试样的制作应在 40min 内完成。

3）结构混凝土的强度等级必须符合设计要求。用于检查结构构件混凝土强度的试件，应在混凝土的浇筑地点随机抽取。取样与试件留置应符合下列规定：

① 每拌制 100 盘且不超过 100m³ 的同配合比的混凝土，取样不得少于一次；

② 每工作班拌制的同一配合比的混凝土不足 100 盘时，取样不得少于一次；

③ 当一次连续浇筑超过 1000m³ 时，同一配合比的混凝土每 200m³ 取样不得少于一次；

④ 每一楼层、同一配合比的混凝土，取样不得少于一次；

⑤ 每次取样应至少留置一组标准养护试件，同条件养护试件的留置组数应根据实际需要确定。

5.2.6　砂浆

建筑砂浆是由胶凝材料、细骨料和水配制而成的建筑工程材料。与普通混凝土相比，砂浆又称无粗骨料混凝土。建筑砂浆在建筑工程中是一项用量大、用途广泛的建筑材料。将砖、石、砌块等粘结成为砌体的砂浆称为砌筑砂浆。它起着粘结砌块、传递荷载的作用，是砌体的重要组成部分。

1. 砌筑砂浆的组成材料

砂浆的组成材料包括胶凝材料、细骨料、掺合料、水和外加剂。

（1）胶凝材料

砌筑砂浆常用的胶凝材料有水泥、石灰膏、建筑石膏等。

砌筑砂浆用水泥的强度等级应根据设计要求进行选择。水泥砂浆采用的水泥，其强度等级不宜大于 32.5 级；水泥混合砂浆采用的水泥，其强度等级不宜大于 42.5 级。

（2）骨料

砌筑砂浆用砂宜选用中砂，其中毛石砌体宜选用粗砂。砂的含泥量不应超过 5%。强度等级为 M2.5 的水泥混合砂浆，砂的含泥量不应超过 10%。

（3）掺合料

掺合料是为改善砂浆和易性而加入的无机材料，例如石灰膏、电石膏、黏土膏、粉煤砂、沸石粉等。掺加料对砂浆强度无直接贡献。

（4）砂浆用水

应符合《混凝土用水标准》JGJ 63 中规定，选用不含有害杂质的洁净水。

2. 砂浆的技术性能

（1）新拌砂浆的和易性

砂浆的和易性包括流动性和保水性，流动性用沉入度（又称为稠度）的大小表示，保水性用分层度的大小表示。

砂浆流动性的选择与砌体种类（砖、石、砌块、板及其他材料种类等）、施工方法以及天气情况有关，可参考表 5-8。

砌筑砂浆的稠度　　　　　　　　　　　表 5-8

砌 体 种 类	砂浆稠度（mm）	砌 体 种 类	砂浆稠度（mm）
烧结普通砖砌体 蒸压粉煤灰砖砌体	70～90	烧结多孔砖、空心砖砌体 轻骨料小型空心砌块砌体 蒸压加气混凝土砌块砌体	60～80
混凝土实心砖、混凝土多孔砖砌体 普通混凝土小型空心砌块砌体 蒸压灰砂砖砌体	50～70	石砌体	30～50

注：1　采用薄灰砌筑法砌筑蒸压加气混凝土砌块砌体时，加气混凝土粘结砂浆的加水量按照其产品说明书控制；
　　2　当砌筑其他砌体时，其砌筑砂浆的稠度可根据块体吸水特性及气候条件确定。

（2）砂浆的流动性

表示砂浆在自重或外力作用下流动的性能称为砂浆的流动性，也叫稠度。表示砂浆流动性大小的指标是沉入度，它是以砂浆稠度仪测定的，其单位为 mm。工程中对砂浆稠度选择的依据是砌体类型和施工气候条件。

影响砂浆流动性的因素有：砂浆的用水量、胶凝材料的种类和用量、骨料的粒形和级配、外加剂的性质和掺量、拌合的均匀程度等。

（3）砂浆的保水性

搅拌好的砂浆在运输、停放和使用过程中，阻止水分与固体料之间、细浆体与骨料之间相互分离，保持水分的能力为砂浆的保水性。加入适量的微沫剂或塑化剂，能明显改善砂浆的保水性和流动性。

砂浆的保水性用砂浆分层度仪测定，以分层度（mm）表示。分层度过大，表示砂浆易产生分层离析不利于施工及水泥硬化。砌筑砂浆分层度不应大于 30mm。分层度过小，容易发生干缩裂缝，故通常砂浆分层度不宜小于 10mm。

（4）凝结时间

建筑砂浆凝结时间，以贯入阻力达到 0.5MPa 为评定依据。水泥砂浆不宜超过 8h，水泥混合砂浆不宜超过 10h，加入外加剂后应满足设计和施工的要求。

（5）砂浆抗压强度与砂浆强度等级

砂浆的强度等级是以边长为 70.7mm 的 3 个立方体试块，按规定方法成型并标准养护至 28d 后测定的抗压强度代表值来表示。砂浆强度等级分为 M20、M15、M10、M7.5、M5、M2.5 六个级别。

3. 砌筑砂浆质量检验

（1）供需双方应在合同规定的交货地点交接预拌砂浆。

（2）当判定预拌砂浆质量是否符合要求时，强度、稠度以交货检验结果为依据；分层度、凝结时间以出厂检验结果为依据；其他检验项目应按合同规定执行。

（3）取样与组批

1）用于交货检验的砂浆试样应在交货地点采取，用于出厂检验的砂浆试样应在搅拌地点采取。

2）交货检验的砂浆试样应在砂浆运送到交货地点后按规定在 20min 内完成，稠度测试和强度试块的制作应在 30min 内完成。

3）砂浆强度检验的试样，其取样频率和组批条件应按以下规定进行：

① 用于出厂检验的试样，每 250m³ 相同配合比的砌筑砂浆，取样不得少于一次，每一工作班相同配合比的砂浆不满 50m³ 时，取样也不得少于一次；

② 预拌砂浆必须提供质量证明书。

4. 抹面砂浆

抹面砂浆是涂抹在建筑物或构筑物的表面，既能保护墙体，又具有一定装饰性的建筑材料。根据砂浆的使用功能可将抹面砂浆分为普通抹面砂浆、装饰砂浆、特种砂浆（如防水砂浆、绝热砂浆、防辐射砂浆、吸声砂浆、耐酸砂浆等）。对抹面砂浆要求具有良好的工作性即易于抹成很薄的一层，便于施工，还要有较好的粘结力，保证基层和砂浆层良好粘结，并且不能出现开裂，因此有时加入一些纤维材料（如麻刀、纸筋、有机纤维）；有时加入特殊的骨料如陶砂、膨胀珍珠岩等以强化其功能。

（1）普通抹面砂浆

普通抹面砂浆具有保护墙体，延长墙体的使用寿命，兼有一定的装饰效果的作用，其组成与砌筑砂浆基本相同，但胶凝材料用量比砌筑砂浆多，而且抹面砂浆的和易性要求比砌筑砂浆好，粘结力更高。抹面砂浆配合比可以从砂浆配合比速查手册中查得。

为了保证抹面砂浆的施工质量（表面平整，不容易脱落），一般分两层或三层施工。

底层砂浆是为了增加抹灰层与基层的粘结力。砂浆的保水性要好，以防水分被基层吸收，影响砂浆的硬化。用于砖墙底层的抹灰，多用混合砂浆；有防水防潮要求时应采用水泥砂浆；对于板条或板条顶棚多采用石灰砂浆或混合砂浆；对于混凝土墙体、柱、梁、板、顶棚多采用混合砂浆，底层砂浆与基层材料（砌块、烧结砖或石块）的粘结力要强，因此要求基层材料表面具有一定的粗糙程度和清洁程度。

中层主要起找平作用，又称找平层，一般采用混合砂浆或石灰砂浆，找平层的稠度要合适，应能很容易的抹平；砂浆层的厚度以表面抹平为宜。有时可省略。

面层起装饰作用，多用细砂配制成混合砂浆、麻刀石灰砂浆或纸筋石灰砂浆。在容易受碰撞的部位（如窗台、窗口、踢脚板等）应采用水泥砂浆。在加气混凝土砌块墙体表面上作抹灰时，应采用特殊的施工方法，如在墙面上刮胶、喷水润湿或在砂浆层中夹一层钢丝网片以防开裂脱落。表 5-9 为常用抹面砂浆配合比及应用范围。

常用抹面砂浆配合比及应用范围　　　　　　表 5-9

材　料	体积配合比	应用范围
水泥：砂	1：3～1：2.5	潮湿房间的墙裙、踢脚、地面基层
水泥：砂	1：2～1：1.5	地面、墙面、顶棚
水泥：砂	1：0.5～1：1	混凝土地面压光
石灰：砂	1：2～1：4	干燥环境中砖、石墙表面
石灰：水泥：砂	1：0.5：4.5～1：1：5	勒脚、檐口、女儿墙及潮湿部位
石灰：黏土：砂	1：1：4～1：1：8	干燥环境墙表面
石灰：石膏：砂	1：0.4：2～1：1：3	干燥环境墙及顶棚板
石灰：石膏：砂	1：2：2～1：2：4	干燥环境线脚及装饰
石灰膏：麻刀	100：2.5(质量比)	木板条顶棚面层
石灰膏：纸筋	100：3.8(质量比)	木板条顶棚面层
石灰膏：纸筋	1m³灰膏掺 3.6kg 纸筋	较高级墙板、顶棚
石灰：石膏：砂：锯末	1：1：3：5	用于吸声粉刷

（2）防水砂浆

防水砂浆是具有显著的防水、防潮性能的砂浆，是一种刚性防水材料和堵漏密封材料。一般依靠特定的施工工艺或在普通水泥砂浆中加入防水剂、膨胀剂、聚合物等配制而成。适用于不受振动或埋置深度不大、具有一定刚度的防水工程；不适用于易受振动或发生不均匀沉降的部位。防水砂浆通常是在普通水泥砂浆中掺入外加剂，用人工压抹而成。常采用多层施工，而且涂抹前在湿润的基层表面刮一层树脂水泥浆；同时加强养护防止干裂，以保证防水层的完整，达到良好的防水效果。防水砂浆的组成材料要求为：

1）水泥选用 32.5 级以上的微膨胀水泥或普通水泥，适当增加水泥的用量；

2）采用级配良好、较纯净的中砂，灰砂比为 1：(1.5～3.0)，水灰比为 0.5～0.55；

3）选用适用的防水剂，防水剂有无机铝盐类、氯化物金属盐类、金属皂化物类及聚合物。

（3）装饰砂浆

装饰砂浆是一种具有特殊美观装饰效果的抹面砂浆。底层和中层的做法与普通抹面基本相同，面层通常采用不同的施工工艺，选用特殊的材料，得到符合要求的具有不同的质感、颜色、花纹和图案效果。常用胶凝材料有石膏、彩色水泥、白水泥或普通水泥，骨料有大理石、花岗岩等带颜色的碎石渣或玻璃、陶瓷碎粒等。装饰抹灰按面层做法分为拉毛、弹涂、水刷石、干粘石、斩假石、喷涂等。

5.2.7 建筑钢材

1. 钢材的技术性能

（1）抗拉性能

抗拉性能是建筑钢材最重要的技术性质。其技术指标为由拉力试验测定的屈服点、抗拉强度和伸长率。低碳钢（软钢）受拉的应力—应变图（图 5-3）能够较好地解释这些重要的技术指标，

1）屈服点：当试件拉力在 OA 范围内时，如卸去拉力，试件能恢复原状，应力与应变的比值为常数，因此，该阶段被称为弹性阶段。当对试件的拉伸进入塑性变形的屈服阶段 BC 时，称屈服下限 C 下所对应的应力为屈服强度或屈服点，记做 σ_s。设计时一般以 σ_s 作为强度取值的依据。对屈服现象不明显的钢材，规定以 0.2% 残余变形时的应力 $\sigma_{0.2}$ 作为屈服强度。

2）抗拉强度：从图 5-3 中 CD 曲线逐步上升可以看出：试件在屈服阶段以后，其抵抗塑性变形的能力又重新提高，称为强化阶段。对应于最高点 D 的应力称为抗拉强度，用 σ_b 表示。

设计中抗拉强度虽然不能利用，但屈强比 σ_s/σ_b 有一定意义。屈强比愈小，反映钢材受力超过屈服点工作时的可靠性愈大，因而结构的安全性愈高。但屈强比太小，则反映钢材不能有效地被利用。

3）伸长率：图 5-3 当曲线到达 D 点后，试件薄弱处急剧缩小，塑性变形迅速增加，产生"颈缩现象"而断裂。量出拉断后标距部分的长度 L_1，标距的伸长值与原始标距 L_0 的百分率称为伸长率。即伸长率表征了钢材的塑性变形能力。

（2）冷弯性能

冷弯性能是指钢材在常温下承受弯曲变形的能力，是钢材的重要工艺性能。

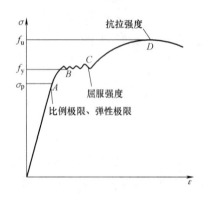

图 5-3 低碳钢受拉应力—应变图

冷弯性能指标是通过试件被弯曲的角度（90°、180°）及弯心直径 d 对试件厚度（或直径）a 的比值（d/a）区分的，试件按规定的弯曲角和弯心直径进行试验，如图 5-4 所示，弯曲角度越大，d 与 a 的比值越小，表明冷弯性能越好。试件弯曲处的外表面无裂断、裂缝或起层，即认为冷弯性能合格。

（3）冲击韧性

冲击韧性是指钢材抵抗冲击荷载的能力。冲击韧性指标是通过标准试件的弯曲冲击韧性试验确定的。以摆锤打击试件，于刻槽处将其打断，试件单位截面积上所消耗的功，即为钢材的冲击韧性指标，用冲击韧性 a_k（J/cm²）表示，如图 5-5 所示。a_k 值愈大，冲击韧性愈好。

钢材的化学成分、组织状态、内在缺陷及环境温度都会影响钢材的冲击韧性。试验表

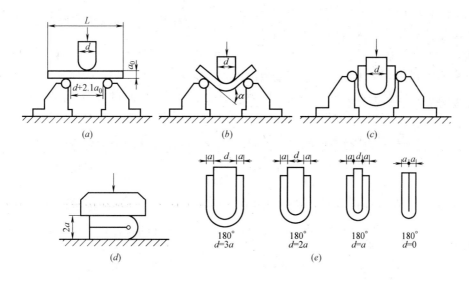

图 5-4 钢材冷弯

（a）试样安装；（b）弯曲 90°；（c）弯曲 180°；（d）弯曲至两面重合；（e）规定弯心

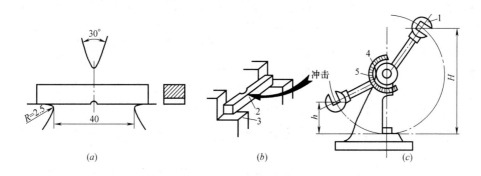

图 5-5 冲击韧性试验图

（a）试件尺寸；（b）试验装置；（c）试验机

1—摆锤；2—试件；3—试验台；4—刻度盘；5—指针

明，冲击韧性随温度的降低而下降，其规律是开始下降缓和，当达到一定温度范围时，突然下降很多而呈脆性，这种脆性称为钢材的冷脆性。

发生冷脆时的温度称为临界温度，其数值愈低，说明钢材的低温冲击性能愈好。所以在负温下使用的结构，应当选用脆性临界温度较工作温度为低的钢材。

随时间的延长而表现出强度提高，塑性和冲击韧性下降的现象称为时效。完成时效变化的过程可达数十年，但是钢材如经受冷加工变形，或使用中经受振动和反复荷载的影响，时效可迅速发展。因时效而导致性能改变的程度称为时效敏感性，对于承受动荷载的结构应该选用时效敏感性小的钢材。

（4）硬度

钢材的硬度是指其表面局部体积内抵抗外物压入产生塑性变形的能力。常用的测定硬度的方法有布氏法和洛氏法。

（5）耐疲劳性

在反复荷载作用下的结构构件，钢材往往在应力远小于抗拉强度时发生断裂，这种现象称为钢材的疲劳破坏。疲劳破坏的危险应力用疲劳极限来表示，它是指疲劳试验中，试件在交变应力作用下，于规定的周期基数内不发生断裂所能承受的最大应力。

一般认为，钢材的疲劳破坏是由拉应力引起的，因此，钢材的疲劳极限与其抗拉强度有关，一般抗拉强度高，其疲劳极限也较高。由于疲劳裂纹是在应力集中处形成和发展的，故钢材的疲劳极限不仅与其内部组织有关，也和表面质量有关。

（6）焊接性能

钢材的可焊性是指焊接后在焊缝处的性质与母材性质的一致程度。影响钢材可焊性的主要因素是化学成分及含量。如硫产生热脆性，使焊缝处产生硬脆及热裂纹。又如，含碳量超过 0.3％，可焊性显著下降等。

2. 建筑钢材的验收

建筑钢材的实物质量主要是看所送检的钢材是否满足规范及相关标准要求；现场所检测的建筑钢材尺寸偏差和重量偏差是否符合产品标准规定；外观缺陷是否在标准规定的范围内。

（1）钢筋混凝土用热轧带肋钢筋

钢筋混凝土用热轧带肋钢筋的力学和冷弯性能应符合规范规定。

热轧带肋钢筋的力学和冷弯性能检验应按批进行。每批应由同一牌号、同一炉罐号、同一规格的钢筋组成，每批重量不大于 60t。力学性能检验的项目有拉伸试验和冷弯试验等两项，需要时还应进行反复弯曲试验。

1）拉伸试验：每批任取两支切取两件试样进行拉伸试验。拉伸试验包括屈服点、抗拉强度和伸长率三项。

2）冷弯试验：每批任取两支切取两件试样进行 180°冷弯试验。冷弯试验时，受弯部位外表面不得产生裂纹。

3）反复弯曲：需要时，每批任取 1 件试样进行反复弯曲试验。

4）取样规格：拉伸试样：500～600mm；弯曲试样：200～250mm。

各项试验检验的结果符合上述规定时，该批热轧带肋钢筋为合格。如果有一项不合格，则从同一批中再任取双倍数量的试样进行该不合格项目的复验。如仍有一项不合格，则该批为不合格。

（2）钢筋混凝土用热轧光圆钢筋

热轧光圆钢筋的力学和冷弯性能检验应按批进行。每批应由同一牌号、同一炉罐号、同一规格、同一交货状态的钢筋组成，每批重量不大于 60t。力学性能检验的项目有拉伸试验和冷弯试验等两项。

1）拉伸试验：每批任取两支切取两件试样进行拉伸试验。拉伸试验包括屈服点、抗拉强度和伸长率三项。

2）冷弯试验：每批任取两支切取两件试样进行 180°冷弯试验。冷弯试验时，受弯部位外表面不得产生裂纹。

各项试验检验的结果符合上述规定时，该批热轧光圆钢筋为合格。如果有一项不合格，则从同一批中再任取双倍数量的试样进行该不合格项目的复验。如仍有一项不合格，则该批为不合格。

5.2.8 砌墙砖和砌块

1. 砌墙砖

凡是由黏土、工业废料或其他地方资源为主要原料，以不同工艺制成的在建筑工程中用于砌筑墙体的砖统称为砌墙砖。常用的砌墙砖产品有烧结普通砖、烧结多孔砖、混凝土多孔砖、蒸压灰砂砖、粉煤灰砖等。

（1）烧结普通砖

烧结普通砖的标准尺寸为 240mm×115mm×53mm。

根据抗压强度分为 MU30、MU25、MU20、MU15、MU10 五个等级。根据尺寸偏差、外观质量、泛霜和石灰爆裂分为优等品、一等品、合格品三个质量等级。

烧结普通砖主要用来砌筑建筑物的内外墙，优等品可用于清水墙建筑。

当生产烧结砖的原料中含有有害杂质或生产工艺不当时，均可造成烧结砖的质量缺陷，影响砖的耐久性。主要缺陷及耐久性指标有：

1）烧结砖的泛霜

当生产烧结砖的原料中含有可溶性无机盐时，会隐含在成品烧结砖的内部，砖吸水后再次干燥时，水分会向外迁移，这些可溶性盐随水渗到砖的表面，水分蒸发后便留下白色粉末状的盐，形成白霜，这就是泛霜现象。

泛霜严重时，由于大量盐类的溶出和结晶膨胀，不仅影响外观，还会造成砖砌体表面粉化及剥落，内部孔隙率增大，抗冻性显著下降。国家标准规定优等砖不得有泛霜现象，合格砖不得严重泛霜。

2）烧结砖的石灰爆裂

有时生产烧结砖的原料中夹有石灰石等杂物，经焙烧后砖内形成了颗粒状的石灰块等物质。处于干燥条件下时，这些杂质不会影响砖的性能，一旦吸水后，就会产生局部体积膨胀，导致砖体开裂甚至崩溃。石灰爆裂不仅造成砖体的外观缺陷和强度降低，还可能造成对砌体的严重危害。

3）欠火砖与过火砖

烧结砖的形成是砖坯经高温焙烧，使部分物质熔融，冷凝后将未经熔融的颗粒粘结在一起成为整体。当焙烧温度不足时，熔融物太少，难以充满砖体内部，粘结不牢，这种砖称为欠火砖。欠火砖孔隙率大，强度低，抗冻性差，外观颜色较浅，为有缺陷砖。

当焙烧温度过高时，砖内熔融物过多，造成高温下的砖体变软，此时砖在点支撑下易产生弯曲变形，这种砖为过火砖。它也属于有缺陷砖。欠火砖与过火砖均为不合格产品。

4）烧结砖的耐久性

烧结砖的耐久性除了砖的泛霜和石灰爆裂性外，还包括抗风化性能。砖的抗风化性能用抗冻融试验或吸水率试验来衡量。

（2）烧结多孔砖

烧结多孔砖的标准尺寸为 240mm×115mm×90mm。

根据抗压强度分为 MU30、MU25、MU20、MU15、MU10 五个等级。根据尺寸偏差、外观质量、孔型及孔洞排列、泛霜和石灰爆裂分为优等品、一等品、合格品三个质量等级。与烧结普通砖相比，烧结多孔砖具有自重轻、保温性能好、节能节土、施工效率高等优点，可用于 6 层以下建筑物的承重墙。

（3）烧结空心砖

烧结空心砖外形为直角六面体，长度、宽度、高度尺寸应符合下列要求（mm）：390，290，240，190，180（175），140，115，90。

根据抗压强度分为 MU10.0、MU7.5、MU5.0、MU3.5、MU2.5 五个等级。体积密度分为（kg/m³）：800、900、1000、1100 级。根据尺寸偏差、外观质量、孔洞排列及其结构、泛霜、石灰爆裂、吸水率分为优等品、一等品、合格品三个质量等级。因烧结空心砖的结构为水平孔，强度较低，所以主要用于非承重墙、框架结构的填充墙。

（4）混凝土多孔砖

混凝土多孔砖是以水泥为胶结材料，以砂、石等为主要骨料，加水搅拌、成型、养护制成的一种多排小孔的混凝土砖。其外形为直角六面体。长度、宽度、高度尺寸应符合下列要求（mm）：290，240，190，180；240，190，115，90；115，90。根据抗压强度分为 MU30、MU25、MU20、MU15、MU10 五个等级。根据尺寸偏差、外观质量分为一等品及合格品两个质量等级。

2. 砌块

砌块按主规格尺寸可分为小砌块、中砌块和大砌块。目前，我国以中小型砌块使用较多。按其空心率大小砌块又可分为空心砌块和实心砌块两种。空心率小于 25% 或无孔洞的砌块为实心砌块；空心率大于或等于 25% 的砌块为空心砌块。

常用的砌块有普通混凝土小型空心砌块、轻骨料混凝土小型空心砌块和蒸压加气混凝土砌块。

（1）普通混凝土小型空心砌块

按国家标准《普通混凝土小型空心砌块》GB 8239—1997 的规定，普通混凝土小型空心砌块按其尺寸偏差、外观质量分为优等品、一等品和合格品；按其抗压强度分为MU3.5、MU5.0、MU7.5 、MU10.0、MU15.0 和 MU20.0 六个等级。

砌块的主规格为 390mm×190mm×190mm。

普通混凝土小型空心砌块可用于承重结构和非承重结构。目前主要用于单层和多层工业民用建筑的内墙和外墙。混凝土砌块的吸水率小，吸水速度慢，砌筑前不允许浇水，以免发生"走浆"现象，影响砂浆饱满度和砌体的抗剪强度。

（2）轻骨料混凝土小型空心砌块

轻骨料混凝土小型空心砌块按密度划分为 500kg/m³、600kg/m³、700kg/m³、800kg/m³、900kg/m³、1100kg/m³、1200kg/m³、和 1400kg/m³ 八个等级；按强度分为 MU1.5、MU2.5、MU3.5、MU5.0、MU7.5 和 MU10.0 六个等级。

与普通混凝土小型空心砌块相比，轻骨料混凝土小型空心砌块密度较小、热工性能较好，但干缩值较低大，使用时更容易产生裂缝，目前主要用于非承重的隔墙和围护墙。

（3）蒸压加气混凝土砌块

根据国家标准《蒸压加气混凝土砌块》GB 11968—2006 规定，蒸压加气混凝土砌块按干密度分为 B03、B04、B05、B06、B07、B08 共六个级别；按抗压强度分 A1.0、A2.0、A2.5、A3.5、A5.0、A7.5、A10 七个级别；按尺寸偏差与外观质量、干密度、抗压强度和抗冻性分为优等品、合格品两个等级。

加气混凝土砌块保温隔热性能好，用作墙体可降低建筑物采暖、制冷等使用能耗。加气混凝土砌块广泛用于一般建筑物墙体，可用于多层建筑物的非承重墙及隔墙，也可用于低层建筑的承重墙。体积密度级别低的砌块还用于屋面保温。

3. 墙体材料的验收

（1）烧结普通砖

烧结普通砖、空心砖的尺寸允许偏差应符合规定要求。每一生产厂家的烧结普通砖到施工现场后，必须对其强度等级进行复检。抽检数量按 15 万块为一验收批，抽样数量为 1 组。强度检验试样每组为 10 块。

（2）烧结多孔砖、空心砖

烧结多孔砖的尺寸允许偏差应符合要求。每一生产厂家的烧结多孔砖、空心砖到施工现场后，必须对其强度等级进行复检。抽检数量按 5 万块为一验收批，抽样数量为 1 组。强度检验试样每组为 10 块。

（3）混凝土多孔砖

混凝土多孔砖的尺寸允许偏差应符合要求。每一生产厂家的混凝土多孔砖到施工现场后，必须对其尺寸偏差、外观质量、强度等级进行复检。抽检数量按同原料、同工艺、同强度等级 5 万块为一验收批，抽样数量为 1 组。强度检验试样每组为 10 块。

（4）普通混凝土小型空心砌块

各等级普通混凝土小型空心砌块的尺寸偏差应符合要求。每一生产厂家的普通混凝土小型空心砌块到施工现场后，必须对其强度等级进行复检，每 1 万块小砌块至少应抽检 1 组。用于多层以上建筑基础和底层的小砌块抽检数量应不少于 2 组。强度检验试样每组为 5 块。

（5）轻骨料混凝土小型空心砌块

各等级轻骨料混凝土小型空心砌块的尺寸偏差应符合规定要求。每一生产厂家的轻骨料小砌块到施工现场后，必须对其强度等级和密度等级进行复检，每 1 万块小砌块至少应抽检 1 组。强度检验试样每组为 5 块，密度检验试样每组为 3 块。

（6）蒸压加气混凝土砌块

每一生产厂家的蒸压加气混凝土砌块到施工现场后，必须对其抗压强度和体积密度进行复检，以同品种、同规格、同等级的砌块 1 万块为 1 批，不足 1 万块亦为 1 批。每 1 批蒸压加气混凝土砌块至少应抽检 1 组。强度级别和体积密度检验应制作 3 组（共 9 小块）试件。

5.3　建筑装饰材料

5.3.1　饰面石材

1. 石材的品种

石材分为天然石材和人造石材。

天然石材主要分为两种：大理石和花岗石。人造石材是采用无机或有机胶凝材料作为胶粘剂，以天然砂、碎石、石粉或工业渣等为粗、细填充料，经成型、固化、表面处理而成的一种人造材料。

2. 石材的技术性能与要求

（1）天然花岗石

1）花岗石的特性．

花岗石构造致密、强度高、密度大、吸水率极低、质地坚硬、耐磨，属酸性硬石材。

2）花岗岩的技术要求

天然花岗石板材的技术要求包括规格尺寸允许偏差、平面度允许公差、角度允许公差、外观质量和物理性能。

3）花岗岩的应用

花岗石板材主要应用于大型公共建筑或装饰等级要求较高的室内外装饰工程。花岗石因不易风化，外观色泽可保持百年以上，所以，粗面和细面板材常用于室外地面、墙面、柱面、勒脚、基座、台阶；镜面板材主要用于室内外地面、墙面、柱面、台面、台阶等，特别适宜做大型公共建筑大厅的地面。

（2）大理石

1）大理石的特性

质地较密实、抗压强度较高、吸水率低、质地较软，属碱性中硬石材。天然大理石易加工、开光性好，常被制成抛光板材，其色调丰富、材质细腻、极富装饰性。天然大理石是石灰岩或白云岩在地壳内经过高温高压作用形成的变质岩，多为层状结构，有明显的结晶，纹理有斑纹、条纹之分，是一种富有装饰性的天然石材。天然大理石化学成分为碳酸盐（如碳酸钙或碳酸镁），矿物成分为方解石或白云石，纯大理石为白色，当含有部分其他深色矿物时，便产生多种色彩与优美花纹。从色彩上来说，有纯黑、纯白、纯灰、墨绿等数种。从纹理上说，有晚霞、云雾、山水、海浪等山水图案、自然景观。

大理石抗压强度较高，但硬度并不太高，易于加工雕刻与抛光。由于这些优点，使其在工程装饰中得以广泛应用。当大理石长期受雨水冲刷，特别是受酸性雨水冲刷时，可能使大理石表面的某些物质被侵蚀，从而失去原貌和光泽，影响装饰效果，因此大理石多用于室内装饰。

2）大理石的技术要求

天然大理石板材的技术要求包括规格尺寸允许偏差、平面度允许公差、角度允许公差、外观质量和物理性能。其中物理性能的要求为：体积密度应不小于 $2.30g/cm^3$，吸水率不大于 0.50%，干燥压缩强度不小于 $50.0MPa$，弯曲强度不小于 $7.0MPa$，耐磨度不小于 $10cm$，镜面板材的镜向光泽值应不低于 70 光泽单位。

3）大理石的应用

天然大理石板材是装饰工程的常用饰面材料。一般用于宾馆、展览馆、剧院、商场、图书馆、机场、车站等工程的室内墙面、柱面、服务台、栏板、电梯间门口等部位。由于其耐磨性相对较差，虽也可用于室内地面，但不宜用于人流较多场所的地面。大理石由于耐酸腐蚀能力较差，除个别品种外，一般只适用于室内。

（3）人造饰面石材

人造饰面石材一般具有重量轻、强度大、厚度薄、色泽鲜艳、花色繁多、装饰性好、耐腐蚀、耐污染、便于施工、价格较低的特点。按照所用材料和制造工艺的不同，可把人造饰面石材分为水泥型人造石材、聚酯型人造石材、复合型人造石材、烧结型人造石材和微晶玻璃型人造石材几类。其中聚酯型人造石材和微晶玻璃型人造石材是目前应用较多的品种。

3. 石材的质量验收

石材进入现场后应对物理性能进行复检，天然石材同一品种、类别、等级的板材为一批，人造石材同一配方、同一规格和同一工艺参数的产品每 200 块为一批，不足 200 块以一批计算。

5.3.2 建筑陶瓷

1. 陶瓷的品种

陶瓷按其成型方式分为干压和挤压。按生产工艺分为有釉砖、无釉砖、抛光砖、渗花砖等。建筑陶瓷主要是指用于建筑内外饰面的干压陶瓷砖和陶瓷卫生洁具。

（1）干压陶瓷砖

按应用特性分为釉面内墙砖、墙地砖、陶瓷锦砖。

1）釉面内墙砖

陶质砖可分为有釉陶质砖和无釉陶质砖两种。其中，以有釉陶质砖即釉面内墙砖应用最为普遍。釉面内墙砖强度高，表面光亮、防潮、易清洗、耐腐蚀、变形小、抗急冷急热。表面细腻、色彩和图案丰富，风格典雅，极富装饰性。

釉面内墙砖是多孔陶质坯体，在长期与空气接触的过程中，特别是在潮湿的环境中使用，坯体会吸收水分，产生吸湿膨胀现象，所以，釉面内墙砖只能用于室内，不能用于室外。

釉面内墙砖的技术要求为尺寸偏差、表面质量、物理性能、化学性能。根据边直度、直角度、表面平整度和表面质量，釉面内墙砖分为优等品和合格品两个等级。

2）陶瓷墙地砖

陶瓷墙地砖具有强度高、致密坚实、耐磨、吸水率小（＜10％）、抗冻、耐污染、易清洗，耐腐蚀、耐急冷急热、经久耐用等特点。

炻质砖的技术要求为：尺寸偏差、表面质量、物理性能与化学性能。无釉细炻砖的技术要求为：尺寸偏差、表面质量、物理性能中的吸水率平均值为 3％＜E≤6％，单个值不大于 6.5％；其他物理和化学性能技术要求项目同炻质砖。

炻质砖和无釉细炻砖按产品的边直度、直角度、表面平整度和表面质量分为优等品和合格品两个等级。

（2）陶瓷卫生产品

根据国标《卫生陶瓷》GB 6952—2005，陶瓷卫生产品根据材质分为瓷质卫生陶瓷（吸水率要求不大于 0.5％）和陶质卫生陶瓷（吸水率大于或等于 8.0％，小于 15.0％）。

常用的瓷质卫生陶瓷产品有洁面器、大小便器、浴缸。陶瓷卫生产品具有质地洁白、色泽柔和、釉面光亮、细腻、造型美观、性能良好等特点。

2. 质量验收

建筑陶瓷进场时必须检查验收才能使用，建筑陶瓷进场时必须先查看出厂合格证和出厂试验报告。出厂试验报告中应包括尺寸偏差、表面质量、吸水率、破坏强度和断裂模数。建筑陶瓷进入现场后应对主要技术性能进行复检，以同种产品、同一级别、同一规格实际的交货量大于 5000m² 为一批，不足 5000m² 以一批计。

5.3.3 建筑玻璃

建筑玻璃是以石英砂、纯碱、石灰石、长石等为主要原料，经 1550～1600℃ 高温熔融、成型、冷却并裁割而得到的有透光性的固体材料。其主要成分是二氧化硅（含量 72％左右）和钙、钠、钾、镁的氧化物。

1. 净片玻璃

净片玻璃是指未经深加工的平板玻璃，也称为白片玻璃。净片玻璃按生产方法不同，可分为普通平板玻璃和浮法玻璃两类。根据国家标准《平板玻璃》GB 11614—2009 的规定，净片玻璃按其公称厚度，可分为以下几种规格：2mm、3mm、4mm、5mm、6mm、8mm、10mm、12mm、15mm、19mm、22mm、25mm 十二种规格。

净片玻璃具有良好的透视、透光性能。对太阳光中近红外热射线的透过率较高，但对可见光射至室内墙顶地面和家具、织物而反射产生的远红外长波热射线却有效阻挡，故可产生明显的"暖房效应"。净片玻璃对太阳光中紫外线的透过率较低。

按照国家标准，净片玻璃根据其外观质量进行定级，平板玻璃分为优等品、一等品和合格品三个等级。

3～5mm 的净片玻璃一般直接用于有框门窗的采光，8～12mm 的平板玻璃可用于隔断、橱窗、无框门。净片玻璃的另外一个重要用途是作为钢化、夹层、镀膜、中空等深加工玻璃的原片。

2. 安全玻璃

安全玻璃包括钢化玻璃、夹丝玻璃和夹层玻璃。

钢化玻璃具有机械强度高、弹性好、热稳定性好、碎后不易伤。常用作建筑物的门窗、隔墙、幕墙及橱窗、家具等。但钢化玻璃使用时不能切割、磨削，边角亦不能碰击挤压，需按现成的尺寸规格选用或提出具体设计图纸进行加工定制。用于大面积玻璃幕墙的玻璃在钢化程度上要予以控制，宜选择半钢化玻璃（即没达到完全钢化，其内应力较小），以避免受风荷载引起振动而自爆。

夹丝玻璃由于钢丝网的骨架作用，不仅提高了玻璃的强度，而且遭受到冲击或温度骤变而破坏时，碎片也不会飞散，避免了碎片对人的伤害作用。夹丝玻璃还具有良好的防火和防盗性。夹丝玻璃应用于建筑的天窗、采光屋顶、阳台及须有防盗、防抢功能要求的营业柜台的遮挡部位。当用作防火玻璃时，要符合相应耐火极限的要求。夹丝玻璃可以切割，但断口处裸露的金属丝要作防锈处理，以防锈体体积膨胀，引起玻璃"锈裂"。

夹层玻璃是在两片或多片玻璃原片之间，用 PVB（聚乙烯醇缩丁醛）树脂胶片经加热、加压粘合而成的平面或曲面的复合玻璃制品。夹层玻璃的层数有 2、3、5、7 层，最多可达 9 层。夹层玻璃有着较高的安全性，一般用于在建筑上用作高层建筑的门窗、天窗、楼梯栏板和有抗冲击作用要求的商店、银行、橱窗、隔断及水下工程等安全性能高的场所或部位等。夹层玻璃不能切割，需要选用定型产品或按尺寸定制。

3. 节能装饰型玻璃

（1）着色玻璃

着色玻璃是一种既能显著地吸收阳光中热作用较强的近红外线，而又保持良好透明度的节能装饰性玻璃。着色玻璃通常都带有一定的颜色，所以也称为着色吸热玻璃。

1）特性

① 有效吸收太阳的辐射热，产生"冷室效应"，可达到蔽热节能的效果。

② 吸收较多的可见光，使透过的阳光变得柔和，避免眩光并改善室内色泽。

③ 能较强地吸收太阳的紫外线，有效地防止紫外线对室内物品的褪色和变质作用

④ 仍具有一定的透明度，能清晰地观察室外景物。

⑤ 色泽鲜丽，经久不变，能增加建筑物的外形美观。

2）应用

着色玻璃在建筑装修工程中应用的比较广泛。凡既需采光又须隔热之处均可采用。采用不同颜色的着色玻璃能合理利用太阳光，调节室内温度，节省空调费用，而且对建筑物的外形有很好的装饰效果。一般多用作建筑物的门窗或玻璃幕墙。

（2）镀膜玻璃

镀膜玻璃分为阳光控制镀膜玻璃和低辐射镀膜玻璃，是一种既能保证可见光良好透过又可有效反射热射线的节能装饰型玻璃。镀膜玻璃是由无色透明的平板玻璃镀覆金属膜或金属氧化物而制得。根据外观质量，阳光控制镀膜玻璃和低辐射镀膜玻璃可分为优等品和合格品。

1）阳光控制镀膜玻璃

阳光控制镀膜玻璃是对太阳光具有一定控制作用的镀膜玻璃。

这种玻璃具有良好的隔热性能。在保证室内采光柔和的条件下，可有效地屏蔽进入室内的太阳辐射能。可以避免暖房效应，节约室内降温空调的能源消耗。并具有单向透视性，阳光控制镀膜玻璃的镀膜层具有单向透视性，故又称为单反玻璃。

阳光控制镀膜玻璃可用作建筑门窗玻璃、幕墙玻璃，还可用于制作高性能中空玻璃。具有良好的节能和装饰效果，很多现代的高档建筑都选用镀膜玻璃做幕墙，但在使用时应注意，不恰当或使用面积过大会造成光污染，影响环境的和谐。单面镀膜玻璃在安装时，应将膜层面向室内，以提高膜层的使用寿命和取得节能的最大效果。

2）低辐射镀膜玻璃

低辐射镀膜玻璃又称"Low-E"玻璃，是一种对远红外线有较高反射比的镀膜玻璃。

低辐射镀膜玻璃对于太阳可见光和近红外光有较高的透过率，有利于自然采光，可节省照明费用。但玻璃的镀膜对阳光中的和室内物体所辐射的热射线均可有效阻挡，因而可使夏季室内凉爽而冬季则有良好的保温效果，总体节能效果明显。此外，低辐射膜玻璃还具有较强的阻止紫外线透射的功能，可以有效地防止室内陈设物品、家具等受紫外线照射产生老化、褪色等现象。

低辐射膜玻璃一般不单独使用，往往与普通平板玻璃、浮法玻璃、钢化玻璃等配合，制成高性能的中空玻璃。

（3）中空玻璃

中空玻璃是由两片或多片玻璃以有效支撑均匀隔开并周边粘结密封，使玻璃层间形成

有干燥气体空间，从而达到保温隔热效果的节能玻璃制品。中空玻璃按玻璃层数，有双层和多层之分，一般是双层结构。可采用无色透明玻璃、热反射玻璃、吸热玻璃或钢化玻璃等作为中空玻璃的基片。

1）特性

① 光学性能良好；

② 保温隔热、降低能耗；

③ 防结露；

④ 良好的隔声性能。

2）应用

中空玻璃主要用于保温隔热、隔声等功能要求较高的建筑物，如宾馆、住宅、医院、商场、写字楼等，也广泛用于车船等交通工具。

5.4 建筑功能材料

建筑功能材料是以材料的力学性能以外的功能为特征的材料，它赋予建筑物防水、防腐、防火、绝热等功能。

5.4.1 防水材料

防水材料是指能防止雨水、雪水、地下水等对建筑物和各种构筑物的渗透、渗漏和侵蚀的材料。本节主要介绍柔性防水材料，按照主要成分可以分为沥青防水材料、高聚物改性沥青防水材料及合成高分子防水材料三大类。

1. 沥青

沥青是一种有机胶凝材料，具有防潮、防水、防腐的性能，广泛用作交通、水利及工业与民用建筑工程中的防潮、防腐、防水材料，常温下呈现黑色至褐色的固体、半固体或黏稠液体。

沥青材料可分为地沥青和焦油沥青两大类。地沥青包括天然沥青和石油沥青；焦油沥青包括煤沥青、木沥青、泥炭沥青、页岩沥青。工程中使用最多的是煤沥青和石油沥青，石油沥青的防水性能好于煤沥青，但煤沥青的防腐、粘结性能较好。

（1）石油沥青

石油沥青是石油经过蒸馏提炼出来的这种轻质油品及润滑油以后的残留物，再经过加工得到的褐色或黑褐色的黏稠状液体或固体状物质，略有松香味，能溶于多种有机溶剂，如三氯甲烷、四氯化碳等。

1）石油沥青的分类

按原油的成分分为石蜡基沥青、沥青基沥青和混合基沥青；按石油加工方法不同分为残留沥青、蒸馏沥青、氧化沥青、裂解沥青和调和沥青；按照用途划分为道路石油沥青、建筑石油沥青和普通石油沥青。

2）石油沥青的成分

石油沥青的成分非常复杂，在研究沥青的组成时，将化学成分相近和物理性质相似而具有特征的部分划分为若干组，即组分。各组分的含量多少会直接影响沥青的性质，一般包括油分、树脂、地沥青质三大组分，此外，还有一定的石蜡固体。

油分和树脂可以互溶，树脂可以浸润地沥青质。以地沥青质为核心，周围吸附部分树脂和油分，构成胶团，无数胶团均匀分布在油分中，形成胶体结构。

石油沥青的状态随温度不同也会改变。温度升高，固体沥青中的易熔成分逐渐变为液体，使沥青流动性提高；当温度降低时，它又恢复为原来的状态。石油沥青中各组分不稳定，会因环境中的阳光、空气、水等因素作用而变化，油分、树脂减少，地沥青质增多，这一过程称为"老化"。这时，沥青层的塑性降低，脆性增加，变硬，出现脆裂，失去水分、防腐蚀效果。

3）石油沥青的技术性质

① 黏滞性

黏滞性是指沥青材料在外力作用下抵抗发生黏性变形的能力。半固体和固体沥青的黏性用针入度表示；液体沥青的黏性用黏制度表示。黏制度和针入度是划分沥青牌号的主要指标。

② 塑性

塑性是指沥青在外力作用下变形的能力。用延伸度表示，简称延度。塑性表示沥青开裂后的自愈能力记忆受到机械力作用后的变形而不破坏的能力。

③ 温度稳定性

温度稳定性是指沥青在高温下，黏制性随温度变化而变化的快慢程度。变化程度越大，沥青的温度稳定性越差。温度稳定性用软化点表示，即沥青材料由固态变为具有一定流动性的膏体时的温度。沥青的软化点大致在 $50\sim100℃$ 之间。软化点高，沥青的耐久性好，但软化点过高，又不易加工和施工；软化点低的沥青，夏季高温时容易产生流淌而变形。

（2）煤沥青

煤沥青是炼焦或生产煤气的副产品，烟煤干馏时所挥发的物质冷凝得到的黑色黏稠物质，称为煤焦油，煤焦油再经过分馏提取各种油品后的残渣即为煤沥青。与石油沥青相比，煤沥青具有密度高、抗腐蚀性好等特点。

2. 改性沥青

对沥青进行氧化、乳化、催化或者掺入橡胶、树脂等物质，使得沥青的性质发生不同程度的改善，得到的产品称为改性沥青。

（1）橡胶改性沥青

掺入橡胶的沥青，具有一定橡胶特性，其气密性、低温柔性、耐化学腐蚀性，耐光、耐气候性、耐燃烧性均得到改善，可用于制作卷材、片材、密封材料或涂料。

（2）树脂改性沥青

用树脂改性沥青，可以提高沥青的耐寒性、耐热性、粘结性和不透水性，常用品种有聚乙烯、聚丙烯、酚醛树脂等。

（3）橡胶树脂改性沥青

同时加入橡胶和树脂，可使沥青同时具备橡胶和树脂的特性，性能更加优良。主要产品有片材、卷材、密封材料、防水涂料。

5.4.2 防水卷材

防水卷材是一种可卷曲的片状制品，按组成材料分为氧化沥青卷材、高聚物改性沥青卷材、合成高分子卷材三大类。

1. 沥青防水卷材

沥青防水卷材以沥青为主要防水材料，以原纸、织物、纤维毡、塑料薄膜、金属箔等为胎基，用不同矿物粉料或塑料薄膜等做隔离材料，通常称之为油毡。胎基是油毡的骨架，使卷材具有一定的形状、强度和韧性，从而保证了在施工中的铺设性和防水层的抗裂性，对卷材的防水效果有直接影响。沥青防水卷材由于质量轻，价格低廉，防水性能良好，施工方便，能适应一定的温度变化和基层伸缩变形，故多年来在工业与民用建筑的防水工程中得到了广泛应用。通常更具沥青和胎基的种类对油毡进行分类，如石油沥青纸胎油毡、石油沥青玻纤油毡等。

（1）石油沥青纸胎油毡

凡是用低软化点热熔沥青浸渍原纸而制成的防水卷材称为油纸；在油纸两面再浸涂软化点较高的沥青，再撒上隔离材料即成油毡。表面撒滑石粉作为隔离材料的称为粉毡，撒云母片作为隔离材料的称为片毡。

《石油沥青纸胎油毡》GB 326—2007 规定：油毡按卷重和物理性能分为Ⅰ型、Ⅱ型和Ⅲ型。油毡幅宽为 1000mm，其他规格可以由供需双方商定。石油沥青油毡按产品名称、类型和标准号顺序标记。示例：Ⅲ型石油沥青油毡纸胎油毡标记为：油毡 Ⅲ 型 GB 326—2007。

Ⅰ型、Ⅱ型油毡适用于辅助防水、保护隔离层、临时性建筑防水、防潮及包装等。Ⅲ型油毡使用于屋面工程的多层防水。

《屋面工程技术规范》GB 50345—2012 规定：沥青防水卷材仅适用于屋面防水等级为Ⅲ级（一般建筑物，合理使用年限为 10 年）和Ⅳ级（非永久性的建筑、防水层合理使用年限为 5 年）的屋面防水工程。

对于防水等级为Ⅲ级的屋面，应选用三毡四油沥青卷材防水；对于防水等级为Ⅳ级的屋面，可选用二毡四油沥青卷材防水。

（2）石油沥青玻璃布油毡

采用玻璃布为胎基，浸涂石油沥青并在两面涂撒隔离材料所制成的一种防水卷材。玻璃布油毡幅宽为 1000mm。玻璃布油毡按物理性能分为一等品（B）和合格品（C）。玻璃布油毡适用于铺设地下防水、防腐层，并用于屋面作防水层及金属管道的防腐保护层。

（3）沥青玻纤油毡

玻纤油毡是采用玻璃纤维薄毡为胎基，浸涂石油沥青，在其表面涂撒以矿物材料或覆盖以聚氯乙烯薄毡等隔离材料制成的一种防水卷材。玻纤油毡按上表面材料分为膜面、粉面和砂面三个品种。按每 $10m^2$ 重量分为 15 号、25 号和 35 号三个标号。15 号玻纤适用于一般工业与民用建筑的多层防水，并用于包扎管道（热水管除外），作防腐保护层；25 号和 35 号玻纤油毡适用于屋面、地下、水利等工程的多层防水，其中 35 号玻纤油毡可采用热熔法的多层防水。

2. 高聚物改性沥青卷材

高聚物改性沥青卷材是以合成高分子聚合物改性沥青作为涂盖层、纤维织物或纤维毡为基胎，粉状、粒状、片状或薄膜材料为防粘隔离层制成的防水卷材，具有高温不流淌、低温不脆裂、拉伸强度高、延伸率较大等优异性能。

（1）弹性体改性沥青防水卷材

弹性体改性沥青防水卷材是以 SBS 热塑性弹性体作为改性剂，以聚酯毡或玻纤毡为胎基，两面覆盖以聚乙烯膜、细砂、粉料或矿物粒制成的卷材，简称 SBS 卷材，属于弹性体卷材。SBS 卷材属于高性能的防水卷材，保持沥青防水的可靠性和橡胶的弹性，提高了柔韧性、延展性、耐寒性、粘附性、耐气候性，具有良好的耐高、低温性，可形成高强度防水层，并耐穿刺、硌伤、撕裂和疲劳，出现裂缝能自我愈合，能在寒冷气候热熔搭接，密封可靠。SBS 卷材广泛应用于各种领域和类型的防水工程。最适用于：工业与民用建筑的常规及特殊屋面防水；工业与民用建筑的地下工程的防水、防潮及室内游泳池等的防水；各种水利设施及市政工程防水。

（2）塑性体改性沥青防水卷材

塑性体改性沥青防水卷材是指以聚酯毡或玻纤毡为胎基，无规聚丙烯或聚烯烃类聚合物作改性剂，两面覆以隔离材料制成的防水卷材，简称 APP 卷材。APP 卷材具有良好的防水性能、耐高温性能和较好的柔韧性，能形成高强度、耐撕裂、耐穿刺的防水层，耐紫外线照射、耐久寿命长，热熔法粘结，可靠性强。广泛用于各种领域和类型的防水，尤其是工业与民用建筑的屋顶及地下防水、地铁、隧道桥和高架桥上沥青混凝土桥面的防水，但必须用专用胶结剂粘结。

（3）高聚物改性沥青防水卷材的外观要求

成卷卷材应卷紧，端面里进外出不得超过 10mm；成卷卷材在规定温度下展开，在距离卷芯 1.0m 长度外，不应有 10mm 以上的裂纹和粘结；胎基应浸透，不应有未被浸透的条纹；卷材表面应平整，不允许有空洞、缺边、裂口，矿物粒应均匀并且紧密粘附于卷材表面；每卷接头不多于 1 个，较短一段不应少于 2.5m，接头应剪切整齐，加长 150mm，备做粘结。

（4）高聚物改性沥青防水卷材储存、运输与保管

不同品种、等级、标号、规格的产品应有明显标记，不得混放；卷材应存放在远离火源、通风、干燥的室内，防止日晒、雨淋和受潮；卷材必须立放，高度不得超过两层，不得倾斜或横压，运输时平方不宜超过 4 层；应避免与化学介质及有机溶剂等有害物质接触。

5.4.3 防水涂料

防水涂料是以沥青、合成高分子等为主体，在常温下呈现无定形流态或半固态，经过涂布，在基底表面能形成坚韧的防水膜物料的总称。

1. 沥青类防水涂料

主要成膜物质是沥青，有溶剂型和水乳型两种。主要品种有冷底子油、沥青胶、水性沥青基底防水涂料。

2. 高聚物改性沥青防水涂料

高聚物改性沥青防水涂料是以高聚物改性沥青为基料，制成的水乳型或溶剂型防水涂料。品种有再生胶改性沥青防水涂料、水乳型氯丁橡胶沥青防水涂料、SBS 橡胶改性沥青防水涂料等。

3. 防水涂料的储藏、运输及保管的要求

防水涂料的包装容器必须密封严密，容器表面应有标明涂料名称、生产厂名、生产日期和产品有效期的明显标志；储藏、运输及保管的环境温度不应低于 0℃；严防日晒、碰撞、渗漏；应存放在干燥、通风、远离火源的室内，料库内应配备有专门的用于扑灭有机溶剂的消防措施；运输时，运输工具、车轮应有接地措施，防止静电起火。

5.4.4　新型建筑材料

新型建筑材料一般包括在建筑工程实践中已有成功并且代表建筑材料发展方向的一些新型建筑材料。

一般来说，有两种因素会激发人们开发新型材料，一是现有的材料存在着一些缺点，不能完全满足使用要求，需要改善这些基本材料的性能，弥补缺点、在原有基础上发展新型材料例如提高混凝土的抗拉强度，提高钢材的耐腐蚀性。二是随着科学的进步和社会环境的变化出现了到目前为止不曾有过的新的要求，激发人们去开发新型的材料，以满足要求。例如新型墙体材料、智能化建筑材料等。

所以，社会的发展水平，人们所追求的生活环境，以及建筑结构的进步都促进了新型建筑材料的开发和发展。

1. 轻质高强型材料

随着城市化进程加快，城市人口密度日趋增大，城市功能日益集中和强化，因此需要建造高层建筑，以解决众多人口的居住问题和行政、金融、商贸、文化等部门的办公空间。同时，社会的进步，经济的发展，传统劳动习惯的改变，给人们带来了更多的闲暇时间，人们的观念也将发生变化，除了满足物质生活的需求之外，人们将更加追求精神上、情趣上的享受。大型公共建筑的需求量将增多，例如大型体育馆、音乐厅、综合性商场大厦、高级宾馆、饭店等。因此，未来的建筑物将向更高、更大跨度发展。而要建造这样大型、超超高层的建筑物，就要求所使用的结构材料具有轻质、高强、耐久等优良特性。

2. 高耐久性材料

到目前为止，普通建筑物和结构物的使用寿命一般设定在 50 年至 100 年。现代社会基础设施的建设日趋大型化、综合化，例如超高层建筑、大型水利设施、海底隧道、人工岛等，耗资巨大，建设周期长，维修困难，因此人们对于结构物的耐久性要求越来越高。此外，随着人类对地下、海洋等苛刻环境的开发，也要求高耐久性的材料。

材料的耐久性直接影响建筑物、结构物的安全性和经济性能。耐久性是衡量材料在长期使用条件下的安全性能。造成结构物破坏的原因是多方面的，一般仅仅由于荷载作用而破坏的事例并不多，由于耐久性原因产生的破坏日益增多。尤其是处于特殊环境下的结构物，例如水工结构物、海洋工程结构物，耐久性比强度更重要。同时，材料的耐久性直接影响着结构物的使用寿命和维修费用。长期以来，我国比较注重建筑物在建造时的初始投资，而忽略在使用过程中的维修、运行费用，忽视使用年限缩短所造成的损失。在考虑建筑物的成本时，想方设法减少材料使用量，或者采用性能档次低的材料，在计算成本时也往往以此作为计算的依据。但是建筑物、结构物是使用时间较长的产品，其成本计算包括初始建设费用，使用过程的光、热、水、清洁、换气等运行费用，保养、维修费用和最后解体处理等全部费用。如果材料的耐久性好，不仅使用寿命长，而且维修量小，将大大减少建筑物的总成本。所以注重开发高耐久性的材料，同时在规划设计时，应考虑建筑物的总成本，不要片面地追求节省一次性初始投资。

3. 新型墙体材料

2000多年以来，我国的房屋建筑墙体材料一直沿用传统的黏土砖。1997年我国黏土砖的产量已达到5300亿块，烧制这些黏土块将破坏大面积的耕地。从建筑施工的角度来看，以黏土砖为墙体的房屋建筑运输重量大，施工速度慢。目前我国每平方米房屋建筑面积的建筑材料的运输重量约为1200～1300kg，其中黏土砖约占2/3，即为800kg左右。由于不设置保温层，外墙厚度一般为37cm，降低了房屋的有效使用面积。同时房屋的保温隔声效果、居住的热环境及舒适性差，用于建筑物取暖的能耗较大。

基于以上原因，墙体材料的改革已成为国家保护土地资源、节省建筑能耗的一个重要环节。国家很早就已制定了在九五期间墙体材料改革与建筑节能目标。为了实现这个目标，新型墙体材料的开发是一项重要任务。北京地区从1997年开始已经明确规定不得使用实心黏土砖；从2000年起全国新型墙体材料产量折合标准砖已达1200亿块，占墙体材料总量的20%，城市节能住宅和新型墙体住宅竣工面积占当年城市住宅竣工面积的40%。

4. 装饰、装修材料

随着社会经济水平的提高，人们越来越追求舒适、美观、清洁的居住环境。在20世纪80年代以前，我国普通住宅基本不进行室内装修，地面大多为水泥净浆抹面，墙面和顶棚为白灰喷涂或抹面，门框为木制，窗框涂抹油漆以防止腐蚀和虫蛀。20世纪80年代，随着我国经济对外开放和国内经济搞活，与国际交流日益增多，首先在公共建筑、宾馆、饭店和商业建筑开始了装饰与装修。而进入20世纪90年代以来，家居装修在建筑业中占有很大比重。随着住房制度的改革，商品房、出租公寓的增多，人们开始注重装扮自己的居室，营造一个温馨的居住环境。一个普通城市个人住宅，装修费用平均占房屋总造价的1/3左右。而装修材料的费用大约占装修工程的1/2以上。各种综合的家居建材商店、建材城等应运而生，各类装修材料，尤其是中、高档次的材料使用量日益增大。

家庭生活在人们的全部生活内容中占1/2以上的实践，人们越来越重视家居空间的质量和舒适性、健康性，为了实现美好的居室环境，未来社会对房屋建筑的装饰、装修材料的需求仍将继续增大。

5. 绿色环保型建材

现代社会经济发达、基础设施建设规模庞大，建筑材料的大量生产和使用一方面为人类构造了丰富多彩、便捷的生活方式，同时也给地球环境和生态平衡造成了不良的影响。为了实现可持续发展的目标，将建筑材料对环境造成的负荷控制在最小限度之内，需要开发研究绿色环保型建筑材料。例如利用工业废料（粉煤灰、矿渣、煤矸石等）可生产水泥、砌块等材料，利用废弃的泡沫塑料生产保温墙体板材，利用废弃的玻璃生产贴面材料等。既可以减少固体废渣的堆存量，减轻环境污染，又可节省自然界中的原材料，对环保和地球资源的保护具有积极的作用。免烧水泥可以节省生产所消耗的能量。高流态、自密实免振混凝土，在施工中不需振捣，既可节省施工能耗，又能减轻施工噪声。

6. 景观材料

景观材料是指能够美化环境、协调人工环境与自然之间的关系，增加环境情趣的材料，例如绿化混凝土、自动变色涂料、楼顶草坪、各种园林造型材料。现代社会由于工业生产活跃，道路及住宅建设量大，城市的绿化面积越来越少，一座城市几乎成了钢筋混凝土的灰岛。而在郊外，由于修筑道路、水库大坝、公路、铁路等基础设施，破坏自然景观的情况也时有发生。为了保护自然环境，增加绿色植被面积、绿化混凝土、楼顶草坪、模拟自然石材或木材的混凝土材料、各种园林造型材料将受到人们青睐。

7. 智能化材料

所谓智能化材料，即材料本身具有自我诊断和预告破坏、自我调节、自我修复的功能，以及可重复利用性。这类材料当内部发生某种异常变化时，能将材料的内部状况，例如位移、变形、开裂等情况反映出来，以便在破坏前采取有效措施。同时智能化材料能够根据内部的承载能力及外部作用情况进行自我调整，例如吸湿放湿材料，根据环境的湿度自动吸收或放出水分，能保持环境湿度平衡；自动调光玻璃，根据外部光线的强弱调整进光量，满足室内的采光和健康性要求。智能化材料还具有类似于生物的自我成长、新陈代谢的功能，对破坏或受到伤害的部位进行自我修复。当建筑物解体的时候，材料本身还可重复使用，减少建筑垃圾。这类材料的研究开发目前处于起步阶段，关于自我诊断、预告破坏和自我调节功能已有初步成果。

总之，为了提高生活质量，改善居住环境、工作环境和出行环境，人类一直在开发、研究能够满足性能要求的建筑材料，使建筑材料的品种不断增多，功能不断完善，性能不断提高。随着社会的发展，科学技术的进步，人们对居住、工作、出行等环境质量的要求将越来越高，对建筑材料的功能与性质也将提出更高的要求，这就要求人类不断地研究开发具有更优良的性能、同时与环境协调的各类建筑材料，在满足现代人日益增长的需求的同时，符合可持续发展的原则。

第6章 建 筑 结 构

6.1 建筑结构概述

6.1.1 建筑结构的概念和分类

建筑中，由若干构件（如板、梁、柱、墙、基础等）相互连接而成的能承受荷载和其他间接作用（如温差伸缩、地基不均匀沉降等）的体系，称为建筑结构（图 6-1）。建筑结构在建筑中起骨架作用，是建筑的重要组成部分。

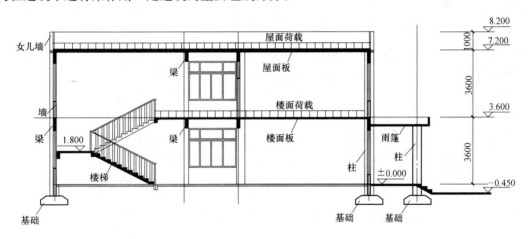

图 6-1　建筑结构

1. 按材料分类

根据所用材料的不同，建筑结构可分为混凝土结构、砌体结构、钢结构和木结构。

2. 按受力分类

建筑结构按受力和构造特点的不同可分为混合结构、框架结构、框架-剪力墙结构、剪力墙结构、筒体结构、大跨结构等。其中大跨结构多采用网架结构、薄壳结构、膜结构及悬索结构。

6.1.2 建筑结构的功能

1. 结构的功能要求

不管采用何种结构形式，也不管采用什么材料建造，任何一种建筑结构都是为了满足所要求的功能而设计的。建筑结构在规定的设计使用年限内，应满足下列功能要求。

（1）安全性：即结构在正常施工和正常使用时能承受可能出现的各种作用，在设计规定的偶然事件发生时及发生后，仍能保持必需的整体稳定。

（2）适用性：即结构在正常使用条件下具有良好的工作性能。例如不发生过大的变形或振幅，以免影响使用，也不发生足以令用户不安的裂缝。

（3）耐久性：即结构在正常维护下具有足够的耐久性能。例如混凝土不发生严重的风化、脱落，钢筋不发生严重锈蚀，以免影响结构的使用寿命。

2. 结构的可靠性

结构的可靠性定义：结构在规定的时间内，在规定的条件下，完成预定功能的能力。结构的安全性、适用性和耐久性总称为结构的可靠性。

结构可靠度是可靠性的定量指标，可靠度的定义是：结构在规定的时间内，在规定的条件下，完成预定功能的概率。

3. 极限状态的概念

整个结构或结构的一部分超过某一特定状态就不能满足设计规定的某一功能要求，此特定状态为该功能的极限状态。极限状态实质上是一种界限，是有效状态和失效状态的分界。极限状态共分两类。

（1）承载能力极限状态：超过这一极限状态后，结构或构件就不能满足预定的安全性的要求。当结构或构件出现下列状态之一时，即认为超过了其承载能力极限状态。

（2）正常使用极限状态：超过这一极限状态，结构或构件就不能完成对其所提出的适用性或耐久性的要求。当结构或构件出现下列状态之一时，即认为超过了正常使用极限状态。

由上述两类极限状态可以看出，结构或构件一旦超过承载能力极限状态，就可能发生严重破坏、倒塌，造成人身伤亡和重大经济损失。因此，应该把出现这种极限状态的概率控制得非常严格。而结构或构件出现正常使用极限状态的危险性和损失要小得多，其极限状态的出现概率可适当放宽。所以，结构设计时承载能力极限状态的可靠度水平应高于正常使用极限状态的可靠度水平。

目前，我国结构设计年限分四类

一类（临时性建筑）：设计使用年限 5 年；

二类（易于替换的结构构件）：设计使用年限 25 年；

三类（普通房屋）：设计使用年限 50 年；

四类（纪念性和特别重要的建筑）：设计使用年限 100 年。

6.2 钢筋混凝土结构基本知识

6.2.1 钢筋混凝土基本构件的基本计算

1. 钢筋混凝土受弯构件承载力计算

钢筋混凝土受弯构件正截面破坏形式有适筋破坏、超筋破坏、少筋破坏。

适筋梁的破坏特征：拉区边缘混凝土开裂，拉区钢筋逐渐屈服，裂缝开裂延伸，中性轴上移，压区混凝土压碎，破坏有明显预兆，是延性破坏。受弯构件正截面承载力计算基本公式的建立是依据这种破坏形态建立的。

超筋梁的破坏特征：拉区混凝土开裂，由于与裂缝相交的钢筋太多，不能屈服，裂缝不能有效延伸，压区混凝土突然压碎，破坏无明显预兆，是脆性破坏。

少筋梁的破坏特征：拉区混凝土开裂，由于与裂缝相交的钢筋太少，钢筋立即屈服而被拉断，裂缝迅速延伸到压区面而破坏，无预兆，是脆性破坏。

（1）受弯构件正截面承载力计算

1）单筋矩形截面受弯构件正截面承载力计算的基本公式及适用条件

单筋矩形受弯构件正截面承载力应符合下列规定

$$\alpha_1 f_c b x = f_y A_s \tag{6-1}$$

$$M \leqslant M_u = \alpha_1 f_c b x (h_0 - x/2) \tag{6-2}$$

或

$$M \leqslant M_u = f_y A_s (h_0 - x/2) \tag{6-3}$$

适用条件：

①$\rho \leqslant \rho_b$，保证这一条件，防止发生超筋破坏，超筋破坏是脆性破坏；

②$A_s / bh \geqslant \rho_{min}$，保证这一条件，防止发生少筋破坏，少筋破坏是脆性破坏，若 $A_s / bh \leqslant \rho_{min}$，应按构造配置 A_s，即取 $A_{s,min} = \rho_{min} bh$。

2）双筋矩形截面受弯构件正截面承载力计算的基本公式及适用条件

双筋矩形截面受弯构件正截面承载力的两个基本公式：

$$\alpha_1 f_c b x + f'_y A'_s = f_y A_s \tag{6-4}$$

$$M \leqslant M_u = \alpha_1 f_c b x \left(h_0 - \frac{x}{2} \right) + f'_y A'_s (h_0 - a'_s) \tag{6-5}$$

适用条件：

①$\rho_1 \leqslant \rho_b$ 是为了保证受拉钢筋屈服，不发生超筋梁脆性破坏，且保证受压钢筋在构件破坏以前达到屈服强度；

②为了使受压钢筋能达到抗压强度设计值，应满足 $x \geqslant 2a'_s$，其含义为受压钢筋位置不低于受压应力矩形图形的重心。当不满足条件时，则表明受压钢筋的位置离中和轴太近，受压钢筋的应变太小，以致其应力达不到抗压强度设计值。

（2）受弯构件斜截面受剪承载力

斜截面受剪截面破坏形式：斜压破坏、剪压破坏、斜拉破坏。

《混凝土结构设计规范》通过限制截面最小尺寸来防止斜压破坏，通过控制箍筋的最小配筋率来防止斜拉破坏，对剪压破坏，则是通过受剪承载力的计算在梁中配置适量的箍筋及弯起钢筋来防止。斜截面受剪承载力计算公式

$$V_{cs} = 0.7 f_t b h_0 + 1.25 f_{yv} \frac{A_{sv}}{s} h_0 \tag{6-6}$$

2. 钢筋混凝土受压构件承载力

（1）轴心受压构件的承载力

1）三个受力阶段

与适筋梁相似。

2）计算公式

全部拉力由钢筋来承担。

$$N_u = f_y A_s \tag{6-7}$$

（2）偏心受压构件的承载力

1）对称配筋矩形截面偏心受压构件基本计算公式

$$\sum N = 0, N_u = \alpha_1 f_c bx \tag{6-8}$$

若 $x < 2a_s'$ 时，取 $x = 2a_s'$，则有 $a_s = N(e_0 + h/2 - A_s')/f_y(h_0 - A_s')$

截面设计问题：$N_b = \alpha_1 f_c b \xi_b h_0$，$N \leqslant N_b$，为大偏压；$N > N_b$ 为小偏压；

截面复核问题：取 $A_s' = A_s$，$f_y' = f_y$，由，$\sum M = 0$ 求出 x，即可求出 N_u。

2）不对称配筋矩形截面偏心受压构件

截面设计问题：$\eta e_i \geqslant 0.3h_0$ 按大偏压设计，$\eta e_i < 0.3h_0$ 按小偏压设计。求出 ξ 后再来判别。

截面复核问题：$N_b = \alpha_1 f_c b \xi_b h_0$，$N \leqslant N_b$，为大偏压；$N > N_b$ 为小偏压；两个未知数，两个基本方程，可以求解。

3. 钢筋混凝土受拉及受扭构件承载力

（1）钢筋混凝土偏心受拉承载力

偏心受拉构件正截面受拉承载力计算，按纵向拉力 N 的位置不同，可分为大偏心受拉与小偏心受拉两种情况：

当 N 作用在钢筋 A_s 合力点及 A_s' 合力点范围以外时，属于大偏心受拉；

当 N 作用在钢筋 A_s 合力点及 A_s' 合力点范围以内时，属于小偏心受拉。

1）大偏心受拉

当 N 作用在钢筋 A_s 合力点及 A_s' 合力点范围以外时，截面虽开裂，但截面不会裂通，还有受压区。构件破坏时，钢筋 A_s 及 A_s' 的应力都达到屈服强度，受压区混凝土强度达到 $\alpha_1 f_c$。

基本公式如下：

$$N_u = f_y A_s - f_y' A_s' - \alpha_1 f_c bx \tag{6-9}$$
$$N_u e = \alpha_1 f_c bx(h_0 - x/2) + f_y' A_s'(h_0 - a_s') \tag{6-10}$$

适用条件：

① $x \leqslant \xi_b h_0$——保证构件破坏时，受拉钢筋先达到屈服；

② $x \geqslant 2A_s'$——保证构件破坏时，受压钢筋能达到屈服。

2）小偏心受拉

当 N 作用在钢筋 A_s 合力点及 A_s' 合力点范围以内时，临破坏前，一般情况是截面全裂通，拉力完全由钢筋承担。

在这种情况下，不考虑混凝土的受拉工作。设计时，可假定构件破坏时钢筋 A_s 及 A_s' 的应力都达到屈服强度。

基本公式如下：

$$N_u e = f_y A_s'(h_0' - a_s) \tag{6-11}$$
$$N_u e' = f_y A_s(h_0 - a_s') \tag{6-12}$$

（2）钢筋混凝土受扭承载力

受扭承载力计算公式：

$$T \leqslant T_u = 0.35 f_t W_t + 1.2\sqrt{\xi} \frac{f_{yv} A_{st1}}{s} A_{cor} \tag{6-13}$$

适用条件为：

1）抗扭配筋的上限。为了避免配筋过多而产生超筋脆性破坏，《混凝土结构设计规范》规定受扭截面应符合以下条件，否则应加大截面尺寸。

$$T \leqslant 0.2\beta_c f_c W_t \tag{6-14}$$

式中 β_c——混凝土强度影响系数，其取值与斜截面受剪承载力相同。

2）抗扭配筋的下限。为了防止配筋过少而产生少筋脆性破坏，《混凝土结构设计规范》规定受扭箍筋和纵筋应满足其最小配筋率的要求与构造要求。

当符合下式要求时，可不进行受扭承载力计算，仅需按构造配置抗扭钢筋：$T \leqslant 0.7 f_t W_t$。

6.2.2 钢筋混凝土基本构件的构造要求

1. 梁在截面尺寸、混凝土、钢筋配置方面的一般构造要求

梁的截面尺寸应满足承载力极限状态和正常使用极限状态的要求。一般根据刚度条件由设计经验决定，根据跨度的 $1/10\sim1/15$ 确定梁的高度。《高层建筑混凝土结构技术规程》规定框架结构主梁的高跨比为 $1/10\sim1/18$。矩形截面梁高宽比取 $2\sim3.5$，T 形截面梁取 $2.5\sim4.0$。

梁中的钢筋有纵向钢筋、弯起钢筋、纵向构造钢筋（腰筋）、架立钢筋和箍筋，箍筋、纵筋和架立钢筋绑扎（或焊）在一起，形成钢筋骨架。

纵向钢筋的强度等级一般宜采用 HRB400 或 RRB400 级和 HRB335 级钢筋。直径是 10、12、14、16、18、20、22、25mm，根数一般不少于 3 根。梁下部钢筋水平方向的净间距不应小于 25mm 和钢筋直径；梁上部钢筋水平方向的净间距不应小于 30mm 和 1.5 倍钢筋直径。保护层厚度根据环境类别一般为 $25\sim40$mm。布筋方式有分离式配筋和弯起式配筋。

箍筋的强度等级宜采用 HPB300 级、HRB335 级和 HRB400 级。直径一般为 $6\sim10$mm。当梁高大于 800mm 时，直径不宜小于 8mm；当梁高小于或等于 800mm 时，直径不宜小于 6mm；且不应小于 $d/4$（d 为纵向受压钢筋的最大直径）。箍筋间距由构造或由计算确定，且不应大于 $15d$（d 为纵向受压钢筋的最小直径）和 400mm，当一层内的纵向受压钢筋多于 5 根且直径大于 18mm 时，箍筋的间距不应大于 $10d$。计算不需要箍筋的梁，仍需按构造配置箍筋。梁中箍筋加密区的间距一般是 100mm。箍筋有开口和闭口、单肢和多肢、螺旋箍筋等形式。箍筋应做成封闭式，当梁的宽度大于 400mm 且一层内的纵向受压钢筋多于 3 根时，或当梁的宽度不大于 400mm 但一层内的纵向受压钢筋多于 4 根时，应设置复合箍筋（如四肢箍）。

架立钢筋的直径，当梁的跨度小于 4m 时，不宜小于 8mm；当梁的跨度在 $4\sim6$m 范围时，不宜小于 10mm；当梁的跨度大于 6m 时，不宜小于 12mm。

当梁截面高度大于或等于 450mm 时，梁的两侧应配置纵向构造钢筋，纵向构造钢筋的间距不宜大于 200mm，直径为 $10\sim14$mm。每侧纵向构造钢筋的截面面积不应小于扣除翼缘厚度后的梁截面面积的 0.1%。

2. 板在截面尺寸、混凝土、钢筋配置方面的一般构造要求

《混凝土结构设计规范》规定了现浇钢筋混凝土板的最小厚度为 60mm。板中有两种钢筋：受力钢筋和分布钢筋。受力钢筋常用 HPB300 级、HRB335 级和 HRB400 级钢筋，常用直径是 6、8、10、12mm，其中现浇板的板面钢筋直径不宜小于 8mm。受力钢筋间距一般为 70～200mm，当板厚 $h \leqslant 150mm$，不应大于 200mm，当板厚 $h > 150mm$，不应大于 1.5h 且不应大于 250mm。分布钢筋宜采用 HPB300 级、HRB335 级和 HRB400 级钢筋，常用直径是 6mm 和 8mm。单位长度上分布钢筋的截面面积不宜小于单位宽度上受力钢筋截面面积的 15%，且不应小于该方向板截面面积的 0.15%。板内分布钢筋不仅可使主筋定位，分担局部荷载，还可承受收缩和温度应力。分布钢筋的间距不宜大于 250mm，保护层厚度根据环境类别一般为 15～30mm。

3. 柱在截面尺寸、混凝土、钢筋配置方面的一般构造要求

（1）截面形式

一般采用方形或矩形，有时也采用圆形或多边形。

偏心受压构件一般采用矩形截面，但为了节约混凝土和减轻柱的自重，较大尺寸的柱常常采用 I 形截面。拱结构的肋常做成 T 形截面。采用离心法制造的柱、桩、电杆以及烟囱、水塔支筒等常用环形截面。

（2）截面尺寸

1）方形或矩形截面柱

截面不宜小于 250mm×250mm。为了避免矩形截面轴心受压构件长细比过大，承载力降低过多，常取 $l_0/b \leqslant 30$，$l_0/h \leqslant 25$。此处 l_0 为柱的计算长度，b 为矩形截面短边边长，h 为长边边长。

为了施工支模方便，柱截面尺寸宜使用整数，截面尺寸 ≤800mm，以 50mm 为模数；截面尺寸 >800mm，以 100mm 为模数。

2）工字形截面柱

翼缘厚度 ≮120mm，腹板厚度 ≮100mm。

（3）材料强度要求

1）混凝土强度等级宜采用较高强度等级的混凝土。一般采用 C25、C30、C35、C40，对于高层建筑的底层柱，必要时可采用高强度等级的混凝土。

2）纵向钢筋一般采用 HRB400 级、HRB335 级和 RRB400 级，不宜采用高强度钢筋，这是由于它与混凝土共同受压时，不能充分发挥其高强度的作用。

3）箍筋一般采用 HPB300 级、HRB335 级钢筋，也可采用 HRB400 级钢筋。

（4）纵筋

1）纵筋的配筋率

轴心受压构件、偏心受压构件全部纵筋的配筋率 ≮0.6%；同时，一侧钢筋的配筋率 ≮0.2%。

2）轴心受压构件的纵向受力钢筋要求

① 沿截面的四周均匀放置，根数不得少于 4 根；

② 直径不宜小于 12mm，通常为 16～32mm，宜采用较粗的钢筋；

③ 全部纵筋配筋率 ≯5%。

3）偏心受压构件的纵向受力钢筋

① 放置在偏心方向截面的两边；

② 当截面高度 $h \geqslant 600$mm 时，在侧面应设置直径为 $10 \sim 16$mm 的纵向构造钢筋，并相应地设置附加箍筋或拉筋。

4）钢筋间距

① 净距 $\not< 50$mm；

② 中距 $\not> 300$mm。

5）纵筋的连接

① 纵筋的连接接头宜设置在受力较小处；

② 可采用机械连接，也可采用焊接和搭接；

③ 对于直径大于 28mm 的受拉钢筋和直径大于 32mm 的受压钢筋，不宜采用绑扎的搭接接头。

（5）箍筋

1）形式

为了能箍住纵筋，防止纵筋压曲，柱中箍筋应做成封闭式。

2）间距

在绑扎骨架中 $\not> 15d$，在焊接骨架中 $\not> 20d$（d 为纵筋最小直径），且 $\not> 400$mm，亦 $\not>$ 截面的短边尺寸。

3）直径

① 箍筋直径 $\not< d/4$（d 为纵筋的最大直径），且 $\not< 6$mm；

② 当纵筋配筋率超过 3％时，箍筋直径 $\not< 8$mm，其间距 $\not> 10d$（d 为纵筋最小直径）。

4）复合箍筋

① 当截面短边大于 400mm，截面各边纵筋多于 3 根时，应设置复合箍筋；

② 当截面短边不大于 400mm，且纵筋不多于四根时，可不设置复合箍筋。

5）纵筋搭接长度范围内箍筋

在纵筋搭接长度范围内，箍筋的直径不宜小于搭接钢筋直径的 0.25 倍；箍筋间距应加密：

① 当搭接钢筋为受拉时，箍筋间距 $\not> 5d$，且 $\not> 100$mm；

② 当搭接钢筋为受压时，箍筋间距 $\not> 10d$，且 $\not> 200$mm；

③ 当搭接受压钢筋直径大于 25mm 时，应在搭接接头两个端面外 100mm 范围内各设置两根箍筋。

6）对于截面形状复杂的构件，不可采用具有内折角的箍筋，避免产生向外的拉力，致使折角处的混凝土破损。

4. 混凝土保护层

最外层钢筋的外表面到截面边缘的垂直距离，称为混凝土保护层厚度，用 c 表示。

《混凝土结构设计规范》GB 50010—2010 中 8.2.1 条规定设计使用年限为 50 年的混凝土结构，最外层钢筋的保护层厚度应符合表 6-1 的规定；设计使用年限为 100 年的混凝土结构，最外层钢筋的保护层厚度不应小于表 6-1 中数值的 1.4 倍。普通钢筋及预应力钢筋，其混凝土保护层厚度（钢筋外边缘至混凝土表面的距离）不应小于钢筋的公称直径，且应符合表 6-1 的规定。一般设计中是采用最小值的。

当梁、柱、墙中纵向受力钢筋的保护层厚度大于 50mm 时，宜对保护层采取有效的构造措施。可在保护层内配置防裂、防剥落的焊接钢筋网片，网片钢筋的保护层厚度不应小于 25mm，并应采取有效的绝缘、定位措施。

混凝土保护层最小厚度（mm）　　　　　　　　　表 6-1

环境类别	板、墙、壳	梁、柱、杆
一	15	20
二 a	20	25
二 b	25	35
三 a	30	40
三 b	40	50

注：1. 混凝土强度等级不大于 C25 时，表中保护层厚度数值应增加 5mm；

　　　2. 钢筋混凝土基础宜设置混凝土垫层，基础中钢筋的混凝土保护层厚度应从垫层顶面算起，且不应小于 40mm。

5. 钢筋的锚固

当计算中充分利用钢筋的抗拉强度时，受拉钢筋的锚固应符合下列要求：

（1）基本锚固长度应按下列公式计算

普通钢筋　　　　　　　　　　$l_{ab} = \alpha \dfrac{f_y}{f_t} d$　　　　　　　　　　（6-15）

预应力筋　　　　　　　　　　$l_{ab} = \alpha \dfrac{f_{py}}{f_t} d$　　　　　　　　　（6-16）

式中　l_{ab}——受拉钢筋的基本锚固长度；

f_y、f_{py}——普通钢筋、预应力筋的抗拉强度设计值；

　　　f_t——混凝土轴心抗拉强度设计值，当混凝土强度等级高于 C60 时，按 C60 取值；

　　　d——锚固钢筋的直径；

　　　α——锚固钢筋的外形系数。

（2）受拉钢筋的锚固长度应根据锚固条件按下列公式计算，且不应小于 200mm：

$$l_a = \zeta_a l_{ab}$$　　　　　　　　　（6-17）

式中　l_a——受拉钢筋的锚固长度；

　　　ζ_a——锚固长度修正系数。

（3）当锚固钢筋保护层厚度不大于 5d 时，锚固长度范围内应配置横向构造筋，其直径不应小于 $d/4$；对梁、柱、斜撑等杆状构件间距不应大于 5d，对板、墙等平面构件间距不大于 10d，且均不应小于 100mm，此处 d 为锚固钢筋的直径。

当纵向受拉普通钢筋末端采用弯钩或机械锚固措施时，包括弯钩或锚固端头在内的锚固长度（投影长度）可取为基本锚固长度 l_{ab} 的 60%。

混凝土结构中的纵向受压钢筋，当计算中充分利用其抗压强度时，锚固长度不应小于相应受拉锚固长度的 70%。受压钢筋不应采用末端弯钩和一侧贴焊锚筋的锚固措施。

承受动力荷载的预制构件，应将纵向受力普通钢筋末端焊接在钢板或角钢上，钢板或角钢应可靠地锚固在混凝土中。钢板或角钢的尺寸应按计算确定，其厚度不宜小于 10mm。

其他构件中受力普通钢筋的末端也可通过焊接钢板或型钢实现锚固。

6.2.3 钢筋混凝土楼盖、楼梯和雨篷

1. 钢筋混凝土楼盖的分类

钢筋混凝土楼盖按施工方法可分为现浇式、装配式和装配整体式三种形式。现浇式楼盖整体性好、刚度大、防水性好和抗震性强，并能适应房间的平面形状、设备管道、荷载或施工条件比较特殊的情况；其缺点是费工、费模板、工期长，施工受季节的限制，故现浇式楼盖通常用于建筑平面布置不规则的局部楼面或运输吊装设备不足的情况。

在具体的实际工程中究竟采用何种形式的楼盖，应根据房屋的性质、用途、平面尺寸、荷载大小、采光以及技术经济等因素进行综合考虑。

肋梁楼盖由板、次梁和主梁组成，其中板被梁划分成许多区格，每一区格的板一般是四边支承在梁或墙上。板的四边支承在次梁、主梁或砖墙上，称四边支承的板；对于两边支承的板，板上的荷载通过板的受弯传到两边支承的梁或墙上。而四边支承板，是通过板的双向受弯传到四边的支承梁或墙上的。根据试验及理论分析，四边支承板的长边尺寸 L_2 与短边尺寸 L_1 的比例大小，对板的受力方式有很大关系。当 $L_2/L_1 > 2$ 时，在荷载作用下，板在 L_1 方向上的弯曲曲率远大于 L_2 方向的弯曲曲率，这表明荷载主要沿 L_1 方向传递到支承梁或墙上，沿 L_2 方向传递的荷载甚小，可略去不计，板基本上是单向受力工作，故称之为单向板；当 $L_2/L_1 \leqslant 2$ 时，则板在两个方向的弯曲曲率相当，这表明板在两个方向都传递荷载，故称之为双向板。

2. 现浇单向板肋梁楼盖

（1）结构平面布置

1）由于墙柱间距和柱网尺寸决定着主梁和次梁的跨度，因此它们的间距不宜过大，也不能太小，根据设计经验，主梁的跨度一般为 5~8m，次梁为 4~6m。

2）梁格布置力求规整，梁系尽可能连续贯通，板厚和梁的截面尺寸尽可能统一，在较大孔洞的四周、非轻质隔墙下和较重设备下应设置梁。为增强房屋横向刚度，主梁一般沿房屋的横向布置，并与柱构成平面内框架或平面框架，这样可使整个结构具有较大的侧向刚度，这就是通常所说的"短主梁、长次梁"。此外，由于主梁与外墙面垂直，窗扇高度较大，对室内采光有利。

（2）计算简图

单向板肋梁楼盖的板、次梁、主梁均分别为支撑在次梁、主梁、柱（或墙）上的连续梁。计算时对于板和次梁不论其支座是墙还是梁，均将其支座视为铰支座。

1）荷载计算

当楼面承受均布荷载时，对于板通常取宽度为 1m 的板带作为计算单元，板所承受的荷载即为板带自重（包括面层及粉刷层等）及板带上的均布可变荷载（也叫活载）。

在确定板传递给次梁的荷载和次梁传递给主梁的荷载时，一般均忽略结构的连续性，按简支进行计算。所以，对于次梁，取相邻板跨中线所分割出来的面积作为它的受荷面积，次梁所承受的荷载为次梁自重及其受荷面积上板传来的荷载。

对于主梁，它承受主梁自重及由次梁传来的集中荷载，但由于主梁自重与次梁传来的荷载相比往往较小，故为了简化计算，一般可将主梁均布自重折算为若干集中荷载，加入次梁传来的集中荷载合并计算。

当楼面承受集中（或局部）荷载时，可按楼面的集中或局部荷载换算成等效均布荷载进行计算，换算方法可参阅《建筑结构荷载规范》附录三。

2）支座抗扭对次梁、板的内力影响

在进行连续梁（板）内力计算时，一般假设其支座均为铰接，即忽略支座对梁（板）的转动约束作用，当连续梁（板）简单放置在墙上时，这样的假定是接近于实际情况的，当连续梁（板）与支座为整体浇筑时，如现浇梁板结构，支座假定为理想铰接，与实际情况不完全相符。

当活载隔跨布置时，由于构件的弯曲变形将使支承梁发生扭转。对于连续板，次梁是板的支座，由于次梁两端被主梁所约束，次梁的抗扭刚度将部分地阻止板的自由转动；对于次梁，主梁是它的支座，同样有这个影响。这个影响反映在支座处的转角比铰接支座的转角小，其实际效果是减少了跨中的最大正弯矩和支座的最大负弯矩（绝对值），即减弱了活载的不利影响。这种影响通常很难精确计算，一般采用调整荷载（即加大恒载、减少活载）的方法加以考虑。也就是说，在进行荷载最不利组合及内力计算时，仍按铰接支座假定，但用折算荷载代替实际的计算荷载。

对于板：折算恒载 $g' = g + \frac{1}{2}p$，折算活载 $g' = g + \frac{1}{4}p$

对于次梁：折算恒载 $p' = \frac{3}{4}p$，折算活载 $g' = g + \frac{1}{4}p$

式中，g、p 是实际的恒载及活载。

3）连续梁（板）的跨度与跨数

连续板、梁各跨的计算跨度（用于计算弯矩，计算剪力时用净跨）与支座的构造形式、构件的截面尺寸以及内力计算方法有关，通常可按表 6-2 采用。

板和梁的计算跨度　　　　　　　　　　　　　　　　　　　　表 6-2

跨数	支 座 情 形		计算跨度 l	
			板	梁
单跨	两端简支		$l = l_0 + h$	$l = l_0 + a \leqslant 0.5h$
	一端简支、一端与梁整体连接		$l = l_0 + 0.5h$	
	两端与梁整体连接		$l = l_0$	
多跨	两端简支		当 $b \leqslant 0.1l_c$ 时，$l = l_0$	当 $b' \leqslant 0.05l_c$ 时，$l = l_c$
			当 $b > 0.1l_c$ 时，$l = 1.1l_0$	当 $b' > 0.05l_c$ 时，$l = 1.05l_0$
	一端入墙内另端与梁整体连接	按塑性计算	$l = l_0 + 0.5h$	$l = l_0 + 0.5b \leqslant 1.025l_0$
		按弹性计算	$l = l_0 + 0.5(h + b)$	$l = l_c \leqslant 1.025l_0 + 0.5b$
	两端均与梁整体连接	按塑性计算	$l = l_0$	$l = l_0$
		按弹性计算	$l = l_c$	$l = l_c$

注：l_0 为支座间净距；l_c 为支座中心间的距离；h 为板的厚度；b 为边支座宽度；b' 为中间支座宽度。

当连续梁（板）的某跨受到荷载作用时，它的相邻各跨的内力与变形也会受到影响，但这种影响是距该跨愈远而愈小，当超过两跨以上时这种影响已很小。正因为如此，对于多跨连续板、梁（跨度相等或相差不超过 10%），若跨数超过五跨时，可按五跨来计算。

此时，除连续板、梁两边的第一、第二跨外，其余的中间各跨及中间支座的内力值均按五跨连续板、梁的中间跨度和中间支座采用。

3. 单向板肋梁楼盖的截面设计与构造要求

（1）截面设计

1）板的厚度，见表 6-3。

板的厚度   表 6-3

构件种类	截面高度 h 与跨度 l 比值	附 注
简支单向板 两端连续单向板	$\geqslant 1/35$ $\geqslant 1/40$	单向板 h 不小于下列数值：屋顶板 60mm 民用建筑楼板 70mm 工业建筑楼板 80mm
四边简支双向板 四边连续双向板	$\geqslant 1/45$ $\geqslant 1/50$ （按短向跨度）	板厚一般取 $80\text{mm} \leqslant h \leqslant 160\text{mm}$

2）板的计算单元通常取为 1m，按单筋矩形截面设计。

3）板的内拱作用，如图 6-2 所示。

在现浇楼盖中，有的板四周与梁整体连接。在正负弯矩作用下，会在支座上部和跨中下部产生裂缝，使板形成了一个具有一定矢高的拱，此时，在竖向荷载作用下一部分荷载将通过拱的作用以压力的形式传递给周边。

对四周与梁整体连接的单向板（现浇连续板的内区格就属于这种情况），其中间跨的跨中截面及中间支座截面的计算弯矩可减少 20%，其他截面则不予降低（如板的角区格、边跨的跨中截面及第一内支座截面的计算弯矩则不折减），如图 6-3 所示。

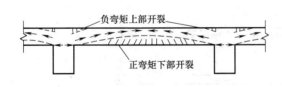

图 6-2 板的内拱作用   图 6-3 折减系数

4）板按塑性内力重分布方法计算。

板的弯矩按下列公式计算：

$$M = \alpha(g+q)l^2 \tag{6-18}$$

弯矩计算系数 α 如图 6-4 所示。

5）板一般能满足斜截面受剪承载力要求，设计时可不进行受剪承载力验算。

（2）连续板的构造要求

单向板短向布置受力筋，在长向布置分布筋。

1）受力钢筋的配置方法

① 由于连续板各跨、各支座截面所需钢筋的数量不可能都相等，因此在配筋时，常采用各截面的钢筋间距相同而钢筋直径不同的方法。

② 钢筋的直径：常用直径为 6、8、10、12mm。

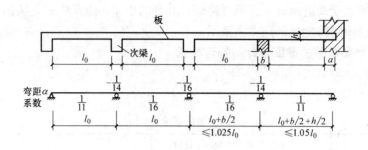

图 6-4　连续单向板的弯矩计算系数 α

③ 钢筋的间距：一般不小于 70mm。当 $h>150mm$ 时，不应大于 200mm，当 $h<150mm$ 时，不应大于 250mm，且不应大于 $1.5h$。由板中伸入支座的下部钢筋，其间距不应大于 400mm，其截面面积不应小于跨中受力筋的 $1/3$。

④ 配筋方式：如图 6-5 所示。

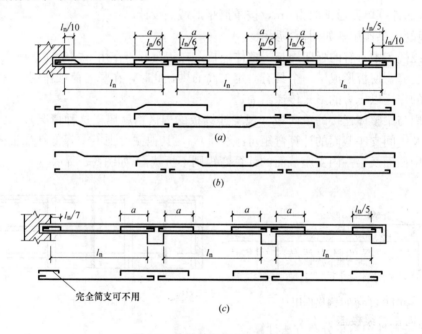

图 6-5　连续单向板的配筋方式

连续板的钢筋布置可采用一端弯起式（图 6-5a）、两端弯起式（图 6-5b）及分离式（图 6-5c）。

弯起式负筋由支座两侧的跨中在距支座边 $l_0/6$ 处弯起。弯起角度一般为 30°，当板厚 $h>120mm$ 时，可为 45°。支座顶部承受负弯矩的钢筋，可在距支座边不小于 a 的距离处切断，a 的取值如下：当 $q/g\leqslant3$ 时，$a=l_0/4$；当 $q/g>3$ 时，$a=l_0/3$。

2）板中构造钢筋

① 分布钢筋

分布钢筋的方向与受力钢筋的方向垂直布置。

单向板中单位长度上分布钢筋的截面面积不宜小于单位宽度上受力钢筋截面面积的

170

15％，间距不宜大于 250mm，直径不宜小于 6mm。

② 嵌入承重墙内的板面构造钢筋（图 6-6）

由于墙的约束作用，板在墙边存在有负弯矩。因此，在构造上需配置一定数量的负弯矩钢筋，《混凝土结构设计规范》要求其数量不得少于短跨正弯矩钢筋的 1/3，且不少于每米 $5\phi8$。伸出墙边不小于 $l_0/7$，角部不小于 $l_0/4$。

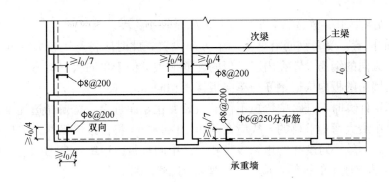

图 6-6　嵌入承重墙内的板面构造钢筋

③ 垂直于主梁的板面构造钢筋（图 6-7）

在单向板长边支座处，也会产生一定的负弯矩。为此《混凝土结构设计规范》要求应在沿主梁方向配置不少于每米 $5\phi8$ 的构造钢筋。伸出墙边不小于 $l_0/4$。

（3）主次梁的构造要求

主梁、次梁的一般构造，如混凝土、截面尺寸、保护层、受力筋、箍筋、架立筋、腰筋等的一般规定，均与简支梁相同。所不同的是主梁因承受的是次梁传来的集中荷

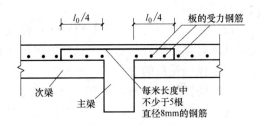

图 6-7　垂直于主梁的板面构造钢筋

载，在这集中荷载作用下，主梁腹部可能出现斜裂缝，并引起局部破坏。应在主梁与次梁交接处设置附加的箍筋或附加的吊筋。

4. 双向板肋梁楼盖

（1）双向板的受力分析和试验研究

板在荷载作用下沿两个正交方向受力都不可忽略时称为双向板。双向板可以为四边支承、三边支承或两邻边支承板，但在肋梁楼盖中每一区格板的四边一般都有梁或墙支承，是四边支承板，板上的荷载主要通过板的受弯作用传到四边支承的构件上。

双向板在弹性工作阶段，板的四角有翘起的趋势，若周边没有可靠固定，将产生犹如碗形的变形。板传给支座的压力沿边长不是均匀分布的，而是在每边的中心处达到最大值，因此，在双向板肋形楼盖中，由于板顶面实际会受墙或支承梁约束，破坏时就会出现板底裂缝。

（2）双向板的截面设计与构造要求

双向板在两个方向的配筋都应按计算确定。考虑短跨方向的弯矩比长跨方向的大，因

此应将短跨方向的跨中受拉钢筋放在长跨方向的外侧，以得到较大的截面有效高度。截面有效高度、通常分别取值如下：短跨方向，$h_0 = h - 20$（mm）；长跨方向，$h_0 = h - 30$（mm）。

双向板的构造要求主要如下：

1）双向板的厚度。一般不宜小于 80mm，也不应大于 160mm。为了保证板的刚度，板的厚度 h 还应符合：

简支板，$h > l_x/45$；连续板，$h > l_x/50$，l_x 是较小跨度。

2）钢筋的配置。受力钢筋沿纵横两个方向设置，此时应将弯矩较大方向的钢筋设置在外层，另一方向的钢筋设置在内层。板的配筋形式类似于单向板，有弯起式与分离式两种。沿墙边及墙角的板内构造钢筋与单向板楼盖相同。

按弹性理论计算时，其跨中弯矩不仅沿板长变化，而且沿板宽向两边逐渐减小；而板底钢筋是按跨中最大弯矩求得的，故应在两边予以减少。将板按纵横两个方向各划分为两个宽为 $l_x/4$（l_x 为较小跨度）的边缘板带和一个中间板带。边缘板带的配筋为中间板带配筋的 50%。连续支座上的钢筋，应沿全支座均匀布置。

受力钢筋的直径、间距、截断点的位置等均可参照单向板配筋的有关规定。

5. 装配式混凝土楼盖

装配式混凝土楼盖主要由搁置在承重墙或梁上的预制混凝土铺板组成，故又称为装配式铺板楼盖。

设计装配式楼盖时，一方面应注意合理地进行楼盖结构布置和预制构件选型，另一方面要处理好预制构件间的连接以及预制构件和墙（柱）的连接。

（1）预制铺板的形式

常用的预制铺板有实心板、空心板、槽形板、Т形板等，其中以空心板应用最为广泛。我国各地区或省一般均有自编的标准图，其他铺板大多数也编有标准图。随着建筑业的发展，预制的大型楼板（平板式或双向肋形板）也日益增多。

（2）楼盖梁

在装配式混凝土楼盖中，有时需设置楼盖梁。楼盖梁可为预制或现浇，视梁的尺寸和吊装能力而定。

一般混合结构房屋中的楼盖梁多为简支梁或带悬挑的简支梁，有时也做成连续梁。梁的截面多为矩形。当梁较高时，为满足建筑净空要求，往往做成花篮梁（十字梁）。此外，为便于布板和砌墙，还设计成 Т 形梁和 Γ 形梁。简支梁的高跨比一般为 1/14～1/8。

（3）装配式混凝土楼盖的连接构造

楼盖除承受竖向荷载外，它还作为纵墙的支点，起着将水平荷载传递给横墙的作用。在这一传力过程中，楼盖在自身平面内，可视为支承在横墙上的深梁，其中将产生弯曲和剪切应力。因此，要求铺板与铺板之间、铺板与墙之间以及铺板与梁之间的连接应能承受这些应力，以保证这种楼盖在水平方向的整体性。此外，它可以增强铺板之间的连接，也可增加楼盖在垂直方向受力时的整体性，改善各独立铺板的工作条件。因此，在装配式混凝土楼盖设计中，应处理好各构件之间的连接构造。

1）板与板的连接

板与板的连接，一般采用强度不低于 C20 的细石混凝土或砂浆灌缝。

当楼面有振动荷载或房屋有抗震设防要求时，板缝内应设置拉接钢筋。此时，板间缝应适当加宽。

2）板与墙和板与梁的连接

板与墙和梁的连接，分支承与非支承两种情况。

板与其支承墙和梁的连接，一般采用在支座上坐浆（厚度为 10～20mm）。板在砖墙上支承宽应不小于 100mm，在钢筋混凝土梁上支承宽应不小 60～80mm，方能保证可靠地连接。

板与非支承墙和梁的连接，一般采用细石混凝土灌缝。当板长不小于 5m 时，应在板的跨中设置两根直径为 8mm 的联系筋，或将钢筋混凝土圈梁设置于楼盖平面处，以增强其整体性。

6. 钢筋混凝土楼梯的结构形式及构造

楼梯的平面布置、踏步尺寸、栏杆形式等由建筑设计确定。根据结构传力途径不同，楼梯的类型有板式楼梯和梁式楼梯，这两种是最常见的现浇楼梯，此外也有采用装配式楼梯的。

（1）板式楼梯

板式楼梯由梯段板、休息平台和平台梁组成。梯段是斜放的齿形板，支承在平台梁和楼层梁上，底层下端一般支承在地垄墙上。

板式楼梯计算时，梯段斜板按斜放的简支梁计算，斜板的计算跨度取平台梁间的斜长净距 l_n。

平台板一般都是单向板，可取 1m 宽板带进行计算。平台板一端与平台梁整体连接，另一端可能支承在砖墙上，也可能与过梁整浇，跨中弯矩可近似取为 $M=\frac{1}{8}ql^2$，或取 $M=\frac{1}{10}ql^2$。考虑到板支座的转动会受到一定约束，一般应将板下部受力钢筋在支座附近弯起一半，必要时可在支座处板上面配置一定量钢筋，伸出支承边缘长度为 $l_n/4$，如图 6-8 所示。

（2）梁式楼梯

梁式楼梯由踏步板、斜梁和平台板。

1）踏步板

踏步板按两端简支在斜梁上的单向板考虑，计算时一般取一个踏步作为计

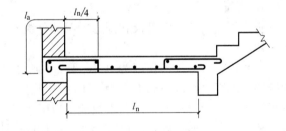

图 6-8 平台板配筋

算单元。踏步板为梯形截面，板的计算高度可近似取平均高度 $h=(h_1+h_2)/2$（图 6-9），板厚一般不小于 30～40mm。每一踏步一般需配置不少于 2Φ6 的受力钢筋，沿斜向布置间距不大于 300mm 的 Φ6 分布钢筋。

2）斜梁

斜梁的内力计算特点与梯段斜板相同。踏步板可能位于斜梁截面高度的上部，也可能位于下部，计算时可近似取为矩形截面。图 6-10 为斜边梁的配筋构造图。

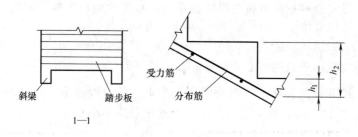

图 6-9 踏步板

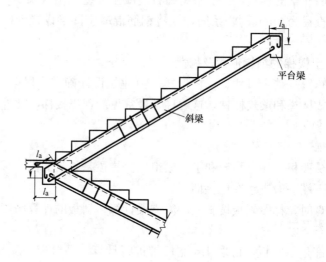

图 6-10 斜梁的配筋

3）平台梁

平台梁主要承受斜边梁传来的集中荷载（由上、下楼梯斜梁传来）和平台板传来的均布荷载，平台梁一般按简支梁计算。

7. 雨篷

板式雨篷一般由雨篷板和雨篷梁两部分组成。雨篷梁既是雨篷板的支承，又兼有过梁的作用。

一般雨篷板的挑出长度为 0.6～1.2m 或更大，视建筑要求而定。现浇雨篷板多数做成变厚度的，一般取根部板厚为 1/10 挑出长度，但不小于 70mm，板端不小于 50mm。雨篷板周围往往设置凸沿以便有组织地排泄雨水。雨篷梁的宽度一般取与墙厚相同，梁的高度应按承载能力要求确定。梁两端伸进砌体的长度应考虑雨篷抗倾覆的因素确定。

雨篷计算包括三方面内容：

（1）雨篷板的正截面承载力计算；

（2）雨篷梁在弯矩、剪力、扭矩共同作用下的承载力计算；

（3）雨篷抗倾覆验算。

6.2.4 预应力混凝土结构

1. 预应力混凝土概念

预应力混凝土是指为了避免钢筋混凝土结构的裂缝过早出现，充分利用高强度钢筋及高强度混凝土，设法在混凝土结构或构件承受使用荷载前，通过施加外力，使得构件受到的拉应力减小，甚至处于压应力状态下的混凝土构件。

预应力混凝土构件与普通混凝土构件相比，除能提高构件的抗裂度和刚度外，还具有能增加构件的耐久性，节约材料，减少自重等优点。但是在制作预应力混凝土构件时，增加了张拉工作，相应增添了张拉机具和锚固装置，同时制作工艺、施工、计算及构造较复杂，且延性较差。

预应力混凝土构件所选用的材料都要求有较高的强度。《混凝土结构设计规范》规定，预应力混凝土构件的混凝土强度等级不应低于 C30。

2. 施加预应力方法

施加预应力的方法有先张法和后张法两种。

（1）先张拉：在台座或钢模上张拉钢筋至设计规定拉力，用夹具临时固定钢筋，然后浇注混凝土当混凝土达到设计强度的 75％ 及以上时切断钢筋。

先张拉预应力的传递是依靠钢筋和混凝土之间的粘结强度完成的。

先张法适宜成批生产中、小型构件，工艺简单，成本较低，但需要台座，不够灵活。

（2）后张拉：预留孔道并浇灌混凝土，当混凝土达到设计强度的 75％ 及以后，在孔道中穿入预应力钢筋并张拉钢筋至设计拉力。

后张法不需台座，比较灵活，但质量不宜保证，需要永久性锚具，用钢量大，不经济。

3. 预应力损失及其组合

预应力损失包括：

（1）锚具变形和钢筋内缩引起的预应力损失。可通过选择变形小锚具或增加台座长度、少用垫板等措施减小该项预应力损失，称为 σ_{l_1}；

（2）预应力钢筋与孔道壁之间的摩擦引起的预应力损失。可通过两端张拉或超张拉减小该项预应力损失，称为 σ_{l_2}；

（3）预应力钢筋与承受拉力设备之间的温度差引起的预应力损失。可通过二次升温措施减小该项预应力损失，称为 σ_{l_3}；

（4）预应力钢筋松弛引起的预应力损失。可通过超张拉减小该项预应力损失，称为 σ_{l_4}；

（5）混凝土收缩、徐变引起的预应力损失。可通过减小水泥用量、降低水灰比、保证密实性、加强养护等措施减小该项预应力损失，称为 σ_{l_5}；

（6）螺旋式预应力钢筋构件，由于混凝土局部受挤压引起的预应力损失。为减小该损失可适当增大构件直径，称为 σ_{l_6}。

这六种预应力损失并非同时存在，有的只发生在先张法构件，有的只发生在后张法构件。此外，有的只发生在混凝土预压前，有的发生在混凝土预压后，所以应将其分为第一批和第二批损失。预应力损失的组合如表 6-4 所示。

预应力损失组合 表 6-4

预应力损失值的组合	先张法构件	后张法构件
混凝土预压前(第一批)损失	$\sigma_{l_1} + \sigma_{l_2} + \sigma_{l_3} + \sigma_{l_4}$	$\sigma_{l_1} + \sigma_{l_2}$
混凝土预压后(第二批)损失	σ_{l_5}	$\sigma_{l_4} + \sigma_{l_5} + \sigma_{l_6}$

6.3 砌体结构基本知识

6.3.1 砌体的种类及力学性能

1. 砌体的种类

包括无筋砌体与配筋砌体。砌体的选用原则：因地制宜就地取材；应考虑结构的受荷性质、受荷大小；应考虑房屋的使用要求、使用年限和工作环境。

2. 砌体的力学性能

（1）砌体的受压性能

试验研究表明，砌体轴心受压从加载直到破坏，按照裂缝的出现、发展和最终破坏，大致经历三个阶段。

第一阶段：从砌体受压开始，当压力增大至50%～70%的破坏荷载时，砌体内出现第一条（批）裂缝。在此阶段，单块砖内产生细小裂缝，且多数情况下裂缝约有数条，但一般均不穿过砂浆层，如果不再增加压力，单块砖内的裂缝也不继续发展，对于混凝土小型空心砌块，在此阶段，砌体内通常只产生一条细小裂缝，但裂缝往往在单个块体的高度内贯通。

第二阶段：随着荷载的增加，当压力增大至80%～90%的破坏荷载时，单个块体内的裂缝将不断发展，裂缝沿着竖向灰缝通过若干皮砖或砌块，并逐渐在砌体内连接成一段段较连续的裂缝。此时荷载即使不再增加，裂缝仍继续发展，砌体已临近破坏，在工程实践中可视为处于十分危险状态。

第三阶段：随着荷载继续增加，砌体中的裂缝迅速延伸、宽度扩展，连续的竖向贯通裂缝把砌体分割形成小柱体，砌体个别块体材料可能被压碎或小柱体失稳，从而导致整个砌体的破坏，如图6-11所示。

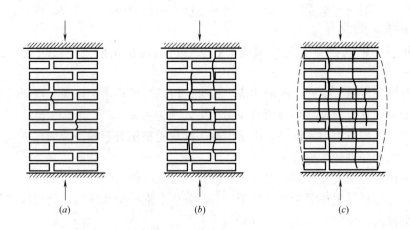

图 6-11　砌体轴心受压
(*a*) 第 I 阶段；(*b*) 第 II 阶段；(*c*) 第 III 阶段

（2）影响砌体抗压强度的因素

1）块体与砂浆的强度等级：

块体与砂浆的强度等级是确定砌体强度最主要的因素。单个块体的抗弯、抗拉强度在某种程度上决定了砌体的抗压强度。一般来说，强度等级高的块体的抗弯、抗拉强度也较高，因而相应砌体的抗压强度也高，但并不与块体强度等级的提高成正比；而砂浆的强度等级越高，砂浆的横向变形越小，砌体的抗压强度也有所提高。

2）块体的尺寸与形状；

3）砂浆的流动性、保水性及弹性模量的影响；

4）砌筑质量与灰缝的厚度。

（3）砌体的受拉、受弯和受剪性能

在实际工程中，因砌体具有良好的抗压性能，故多将砌体用作承受压力的墙、柱等构件。与砌体的抗压强度相比，砌体的轴心抗拉、弯曲抗拉以及抗剪强度都低很多。但有时也用它来承受轴心拉力、弯矩和剪力，如砖砌的圆形水池、承受土壤侧压力的挡土墙以及拱或砖过梁支座处承受水平推力的砌体等。

1）砌体的受拉性能

砌体轴心受拉时，依据拉力作用于砌体的方向，有三种破坏形态。当轴心拉力与砌体水平灰缝平行时，砌体可能沿灰缝齿状截面（或阶梯形截面）破坏，即为砌体沿齿状灰缝截面轴心受拉破坏。在同样的拉力作用下，砌体也可能沿块体和竖向灰缝较为整齐的截面破坏，即为砌体沿块体（及灰缝）截面的轴心受拉破坏。当轴心拉力与砌体的水平灰缝垂直时，砌体可能沿通缝截面破坏，即为砌体沿水平通缝截面轴心受拉破坏。

砌体的抗拉强度主要取决于块材与砂浆连接面的粘结强度。由于块材和砂浆的粘结强度主要取决于砂浆强度等级，所以砌体的轴心抗拉强度可由砂浆的强度等级来确定。

2）砌体的受弯性能

砌体结构弯曲受拉时，按其弯曲拉应力使砌体截面破坏的特征，同样存在三种破坏形态。即可分为沿齿缝截面受弯破坏、沿块体与竖向灰缝截面受弯破坏以及沿通缝截面受弯破坏三种形态。沿齿缝和通缝截面的受弯破坏与砂浆的强度有关。

3）砌体的受剪性能

砌体在剪力作用下的破坏，均为沿灰缝的破坏，故单纯受剪时砌体的抗剪强度主要取决于水平灰缝中砂浆及砂浆与块体的粘结强度。

4）砌体的弹性模量

砌体为弹塑性材料，随应力增大，塑性变形在变形（总量）中所占比例增大。试验表明，砌体受压后的变形由空隙的压缩变形、块体的压缩变形和砂浆层的压缩变形三部分所组成，其中砂浆层的压缩是主要部分。

5）砌体的强度设计值

砌体的强度设计值是在承载能力极限状态设计时采用的强度值。设计时可查《砌体结构设计规范》。

6.3.2 砌体结构墙、柱

1. 混合结构房屋的结构布置方案

混合结构的房屋通常是指屋盖、楼盖等水平承重结构的构件采用钢筋混凝土或木材墙、柱与基础等竖向承重结构的构件采用砌体材料的房屋。房屋的结构布置可分为四种方案：

（1）纵墙承重体系：无内横墙或横墙间距很大，由纵墙直接承受楼面、屋面荷载的结构布置。

纵墙承重体系房屋屋（楼）面荷载的主要传递路线为：楼（屋）面荷载——纵墙——基础——地基。

（2）横墙承重体系：房屋开间不大，横墙间距较小，将楼（或屋面）板直接搁置在横墙上的结构布置。主要传递路线为：楼（屋）面荷载——横墙——基础——地基。

该体系的主要特点是房屋的横向刚度大，整体性好，对抵抗风力、地震作用和调整地基的不均匀沉降较纵墙承重体系有利。

（3）纵横墙承重体系：当建筑物的功能要求房间的大小变化较多时，为了结构布置的合理性，通常采用纵横墙布置方案。纵横墙承重方案，既可保证有灵活布置的房间，又具有较大的空间刚度和整体性，纵、横两个方向的空间刚度均比较好，便于施工，所以适用于教学楼、办公楼、多层住宅等建筑。

（4）内框架承重体系：即外墙与内柱同时承重。楼板铺设在梁上，梁两端支承在外纵墙上，中间支承在柱上。

内框架承重体系竖向荷载的主要传递路线是：板——梁——外纵墙——外纵墙基础——地基或者板——梁——柱——柱基础——地基。

2. 房屋的静力计算方案

在进行房屋的静力分析时，首先应根据房屋不同的空间性能，分别确定其静力计算方案，然后再进行静力计算。《砌体结构设计规范》根据房屋空间刚度的大小把房屋的静力计算方案分为：刚性方案、弹性方案、刚弹性方案，见图 6-12。

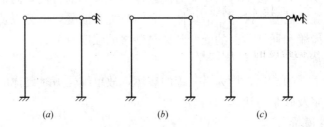

图 6-12　房屋的静力计算方案
(a) 刚性方案；(b) 弹性方案；(c) 刚弹性方案

《砌体规范》考虑屋（楼）盖水平刚度的大小和横墙间距两个主要因素，划分静力计算方案。根据相邻横墙间距，及屋盖或楼盖的类别，确定房屋的静力计算方案，见表 6-5。

而作为刚性和刚弹性方案房屋的横墙，应符合下列要求：

（1）横墙中开有洞口时洞口的水平截面面积不应超过横墙截面面积的 50%。

（2）横墙的厚度不宜小于 180mm。

（3）单层房屋的横墙长度不宜小于其高度；多层房屋的横墙长度，不宜小于 $H/2$（H 为横墙总高度）。

	屋盖或楼盖类别	刚性方案	刚弹性方案	弹性方案
1	整体式、装配整体和装配式无檩体系钢筋混凝土屋盖或钢筋混凝土楼盖	$s<32$	$32\leqslant s\leqslant72$	$s>72$
2	装配式有檩体系钢筋混凝土屋盖、轻钢屋盖和有密铺望板的木屋盖或木楼盖	$s<20$	$20\leqslant s\leqslant48$	$s>48$
3	瓦材屋面的木屋盖和轻钢屋盖	$s<16$	$16\leqslant s\leqslant36$	$s>36$

注：1. 表中 s 为房屋横墙间距，其长度单位为 m；
　　2. 当屋盖、楼盖类别不同或横墙间距不同时，可按《砌体结构设计规范》第 4.2.7 条的规定确定房屋的静力计算方案；
　　3. 对无山墙或伸缩缝处无横墙的房屋，应按弹性方案考虑。

当横墙不能同时符合上述要求时，应对横墙的刚度进行验算。如横墙的最大水平位移值小于 $H/4000$ 时，仍可视作刚性或刚弹性方案房屋的横墙。符合此刚度要求的一段横墙或其他结构构件（如框架等），也可视作刚性或刚弹性方案房屋的横墙。

3. 受压构件承载力计算

（1）计算公式

无论是轴压、偏压，还是短柱、长柱，在工程设计中，其承载力均可按下式进行计算：

$$N\leqslant\gamma_a\cdot\phi\cdot f\cdot A \tag{6-19}$$

式中　N——轴向力设计值；

　　　ϕ——高厚比 β 和轴向力的偏心距 e 对受压构件承载力的影响系数；

　　　f——砌体的抗压强度设计值；

　　　A——截面面积，对各类砌体均按毛截面计算；对带壁柱墙，其翼缘宽度按砌体结构规范相应规定采用；

　　　γ_a——抗压强度调整系数。

（2）计算步骤及要点

1）计算轴力设计值。如果已知的是轴力标准值，请注意转化为设计值。

2）计算砌体面积，并判别是否大于等于 $0.3m^2$，注意抗力调整系数的取值，对于水泥砂浆砌筑的砌体或砌体面积小于 $0.3m^2$ 的都需要乘以一抗力调整系数。

3）计算构件的高厚比，对于轴压构件，是计算高度与短边边长的比值。

4）计算承载力影响系数，要求掌握轴压构件的承载力影响系数的计算公式，即

$$\varphi_0=\frac{1}{1+\alpha\beta^2} \tag{6-20}$$

式中　α——与砂浆强度有关的系数；当砂浆强度等级大于等于 M5 时，$\alpha=0.0015$；砂浆强度等级等于 M2.5 时，$\alpha=0.002$；砂浆强度等级等于 M0 时，$\alpha=0.009$。

4. 无筋砌体局部受压承载力计算

砌体的局部受压按受力特点的不同可以分为局部均匀受压和梁端局部受压两种。

（1）砌体截面局部均匀受压

当荷载均匀地作用在砌体局部受压面积上时，就属于这种情况，其承载能力按下列公式计算：

$$N_l \leqslant \gamma \cdot f \cdot A_l \tag{6-21}$$

其中砌体的局部抗压强度提高系数：

$$\gamma = 1 + 0.35 \sqrt{\frac{A_0}{A_l} - 1} \tag{6-22}$$

（2）梁端局部受压

当梁支承在砌体上时，由于梁的弯曲，使梁端有脱开砌体的趋势，所以梁端受压属于非均匀局部受压，见图 6-13。

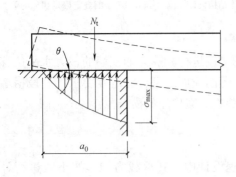

图 6-13　梁端局部受压

梁端支承处砌体的局部受压承载力按式（6-23）计算：

$$\psi N_0 + N_l \leqslant \eta \gamma f A_l \tag{6-23}$$

5. 墙、柱的高厚比

砌体结构房屋中，作为受压构件的墙、柱除了满足承载力要求之外，还必须满足高厚比的要求。墙、柱的高厚比验算是保证砌体房屋施工阶段和使用阶段稳定性与刚度的一项重要构造措施。

砌体规范中墙、柱允许高厚比 $[\beta]$ 的确定，是根据我国长期的工程实践经验经过大量调查研究得到的，同时也进行了理论校核。

构件的高厚比按下式确定：

对矩形截面　　　　　　$$\beta = \gamma_\beta \frac{H_0}{h} \tag{6-24}$$

对 T 形截面　　　　　　$$\beta = \gamma_\beta \frac{H_0}{h_T} \tag{6-25}$$

式中　γ_β——不同砌体材料的高厚比修正系数；

　　　H_0——受压构件的计算高度；

　　　h——矩形截面轴向力偏心方向的边长，当轴心受压时为截面较小边长；

　　　h_T——T 形截面的折算厚度，可近似按 $3.5i$ 计算；

　　　i——截面回转半径。

6. 墙、柱的一般构造要求

为了保证房屋的空间刚度和整体性，墙、柱除应满足上述高厚比验算的要求外，还应满足下列构造要求：

（1）五层及五层以上房屋的外墙以及振动或层高大于 6m 的墙和柱所用材料的最低强度等级，应符合下列要求：砖 MU10，砌块 MU7.5，石材 MU30，砂浆 MU5。

（2）在室内地面以下，室外散水坡顶面以上的砌体内，应铺设防潮层。防潮层材料一般采用防水水泥砂浆。室外勒脚部位应采用水泥砂浆粉刷并抹光。地面以下或防潮层以下的砌体，所用材料的最低强度等级应符合要求。

（3）承重独立砖柱的截面尺寸不应小于 240mm×370mm×370mm。毛石墙厚度，不宜小于 350mm，毛料石柱截面较小边长，不宜小于 400mm。当有振动荷载时，墙、柱不宜采用毛石砌体。

（4）跨度大于 6m 的屋架，跨度大于 4.8m（对砖砌体）、4.2m（对砌块和料石砌体）以及 3.9m（对毛石砌体）的梁，其支承面下的砌体应设置混凝土或钢筋混凝土垫块，当墙中设有圈梁时，垫块与圈梁宜浇成整体。

（5）对 180mm 厚砖墙为 4.8m，对厚度 $h \leqslant 240mm$ 的墙，当大梁跨度大于或等于 6m（对砖墙）、4.8m（对砌块和料石墙）时，其支承处宜加设壁柱，或采用其他加强措施。

（6）预制钢筋混凝土板的支承长度，在墙上不宜小于 100mm；在钢筋混凝土圈梁上不宜小于 80mm。

（7）骨架房屋的填充墙，应分别采用拉结条或其他措施与骨架的柱和横梁连接。

（8）山墙处的壁柱宜砌至山墙顶部。风压较大的地区，檩条应与山墙锚固，屋盖不宜挑出山墙。

（9）砌块的砌体应分皮错缝搭砌。中型砌块上下搭砌不得小于砌块高度的 1/3，且不应小于 150mm；小型空心砌块上下搭砌长度，不得小于 90mm。

（10）混凝土中型空心砌块房屋，宜在外墙转角处、楼梯间四角的砌体孔洞内设置不少于 1 根直径为 12 的竖向钢筋，并用 C20 细石混凝土灌实。竖向钢筋应贯通墙高并锚固于基础和楼、屋盖圈梁内，其锚固长度不得小于 30 倍的钢筋直径。钢筋接头应绑扎或焊接，绑扎接头搭接长度不得小于 35 倍的钢筋直径。

（11）空斗墙的下列部位，宜采用斗砖或眠砖实砌：

纵横墙交接处，其实砌宽度距墙中心线每边不小于 370mm；

室内地面以下，及地面以上高度为 180mm 的砌体；

檩条和钢筋混凝土楼板等构件的支承面下，高度为 120～180mm 的通长砌体，所用砂浆不应低于 M2.5；

屋架、大梁等构件的垫块底面以下，高度为 240～360mm，长度不应小于 740mm 的砌体，其所用砂浆不应低于 M2.5。

6.3.3　过梁、挑梁与圈梁

1. 圈梁

（1）圈梁的设置

在砌体结构房屋中，沿外墙四周及内墙水平方向设置连续封闭的钢筋混凝土梁或钢筋砖梁，称为圈梁。钢筋混凝土圈梁可以现浇，也可以预制。但由于目前砖的规格不整齐，砌体上安放圈梁时的坐浆厚度不易控制，所以预制圈梁实际应用较少。钢筋混凝土圈梁的宽度宜与墙厚相同，当墙厚 $h > 240mm$ 时，其宽度不宜小于 $2h/3$。其高度应等于每皮砖厚度的倍数，并不应小于 120mm。

（2）圈梁的作用

1）增强房屋的空间刚度和整体性，加强纵横墙的联系。圈梁还可以在验算墙、柱高厚比时为不动铰支承，以减小墙、柱的计算高度，提高其稳定性。例如设有钢筋混凝土圈梁的带壁柱墙，当 $b/s \geqslant 1/30$ 时，（b 为圈梁宽度，s 为相邻壁柱中心距），圈梁可视作壁柱间墙的不动铰支点。

2）承受地基不均匀沉降在墙体中所引起的弯曲应力，可抑制墙体裂缝的出现或减小裂缝的宽度，还可有效地消除或减弱较大振动荷载对墙体产生的不利影响。

3）过门窗洞口的圈梁，若配筋不少于过梁时，可兼作过梁。

2. 过梁

（1）过梁的设置和作用

过梁是砌体结构房屋墙体门窗洞上常用的构件，它用来承受洞口顶面以上砌体的自重及上层楼盖梁板传来的荷载。过梁可采用砖砌过梁和钢筋混凝土过梁。砖砌过梁又可分为砖砌平拱过梁和钢筋砖过梁。

1）砖砌过梁

① 钢筋砖过梁。一般来讲，钢筋砖过梁的跨度不宜超过 1.5m，砂浆强度等级不宜低于 M5。钢筋砖过梁的施工方法是：在过梁下皮设置支承和模板，然后在模板上铺一层厚度不小于 30mm 的水泥砂浆层，在砂浆层里埋入钢筋。钢筋直径不应小于 5mm，间距不宜大于 120mm。钢筋每边伸入砌体支座内的长度不宜小于 240mm。

② 砖砌平拱过梁。砖砌平拱过梁的跨度不宜超过 1.2m，砂浆的强度等级不宜低于M5。

③ 砖砌弧拱过梁。砖砌弧拱过梁竖砖砌筑的高度不应小于 115mm。弧拱最大跨度一般为 2.5～4m。砖砌弧拱由于施工较为复杂，目前较少采用。

2）钢筋混凝土过梁［代号为 GL］

对于有较大振动或可能产生不均匀沉降的房屋，或当门窗宽度较大时，应采用钢筋混凝土过梁。钢筋混凝土过梁按受弯构件设计，其截面高度一般不小于 180mm，截面宽度与墙体厚度相同，端部支承长度不应小于 240mm。目前砌体结构已大量采用钢筋混凝土过梁，各地市均已编有相应标准图集供设计时选用。

（2）过梁的破坏形式

砖砌过梁在荷载作用下，随着荷载的不断增大，将先后在跨中受拉区出现垂直裂缝，在靠近支座处出现沿灰缝近于 45°的阶梯形斜裂缝，这时过梁像一个拱一样地工作。过梁下部的拉力将由钢筋承受（对钢筋砖过梁）或由两端砌体提供推力来平衡（对砖砌平拱）。最后过梁可能有三种破坏形态：过梁跨中正截面的受弯承载力不足而破坏；过梁支座附近截面受剪承载力不足，沿灰缝产生 45°方向的阶梯形斜裂缝不断扩展而破坏；过梁支座端部墙体长度不够，引起水平灰缝的受剪承载力不足发生支座滑动而破坏。

3. 挑梁

在砌体结构房屋中，常常设计一种一端嵌入墙内，另一端悬臂挑出的梁，称为挑梁，如雨蓬、凸阳台、悬挑楼梯等。

楼面及屋面结构中用来支承阳台板、外伸走廊板、檐口板的构件即为挑梁（代号是TL）。挑梁是一种悬挑构件，它除了要进行抗倾覆验算外，还应按钢筋混凝土受弯、受剪构件分别计算挑梁的纵筋和箍筋。此外，还要满足下列要求：

（1）挑梁埋入墙体内的长度 l_1 与挑出长度 l 之比宜大于 1.2；当挑梁上无砌体时，l_1 与 l 之比宜大于 2。

（2）挑梁中的纵向受力钢筋配置在梁的上部，至少应有一半伸入梁尾端，且不少于 1 Φ12，其余钢筋伸入墙体的长度不应小于 $\frac{2l_1}{3}$。

（3）挑梁下的墙砌体受到较大的局部压力，应进行挑梁下局部受压承载力验算。

6.4　钢结构基本知识

6.4.1　钢结构的特点及应用范围

1. 钢结构的特点

钢结构是由钢构件经焊接、螺栓或铆钉连接而成的结构。钢结构具有以下特点：

（1）钢材强度高、质量轻。钢结构能承受更大的荷载，跨越更大的跨度。

（2）钢结构安全可靠。

（3）钢结构工业化程度高。

（4）钢结构密封性好。

（5）钢结构具有一定的耐热性。对于重要结构必须采取防火措施。

（6）易于锈蚀。

2. 钢结构的应用

可应用于厂房结构、大跨结构、多层工业建筑结构、高层结构、塔桅结构、板壳结构，可拆卸结构。

3. 钢结构中常用的基本元件是钢板及型钢，有下列几种形式：

（1）钢板

钢板的表示方法为"－宽度×厚度×长度"或"－宽度×厚度"单位为 mm 如：－400×6×2000，－400×6。

（2）型钢

等边（等肢）角钢型号表示方法为L肢宽×厚度。

不等边（不等肢）角钢型号表示方法为L长肢宽×短肢宽×厚度。

工字钢型号表示方法为Ⅰ高度，高度以厘米数表示，如高为 100mm 的型号表示为Ⅰ10，型号 20 号以上时，腹板厚度分 a、b、c 三种，如Ⅰ32a、Ⅰ32b、Ⅰ32c。

槽钢型号表示方法为匚高度，高度以厘米数表示。

（3）H 型钢和 T 型钢

H 型钢翼缘宽，翼缘上下表面平行，材料分布侧重在翼缘部分，具有较好的力学性能。H 型钢分宽翼缘（HW）、中翼缘（HM）、窄翼缘（HN）和 H 型钢柱（HP）四类。各种 T 型钢符号分别为 T W、T M、T N 三种。H 型钢和剖分 T 型钢的型号表示均为：高度×宽度×腹板厚度×翼缘厚度，其型号见国家标准《热轧 H 型钢和剖分 T 型钢》GB/T 11263—1998 的规定。

（4）钢管

钢管有轧制无缝钢管及冷弯成型的高频焊接钢管，对圆形钢管型号表示为 φ 外径×厚度。

（5）冷弯薄壁型钢（图 6-14）

薄壁型钢一般用 2～6mm 厚的薄钢板经冷弯或模压而成，其构件及连接应符合现行国家标准《冷弯薄壁型钢结构技术规范》GB 50018—2003 的规定。

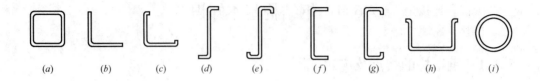

(a) (b) (c) (d) (e) (f) (g) (h) (i)

图 6-14　冷弯薄壁型钢形式

4. 钢材的选用与要求

承重结构的钢材，应根据结构的重要性，荷载的性质（静力或动力）、结构形式、应力状态、连接方法（焊接或螺栓连接）、钢材厚度工作温度等因素综合考虑，选择合适钢号和材性。

（1）下列情况的承重结构和构件不应选用 Q235 沸腾钢。

1）焊接结构

直接承受动力荷载或振动荷载且需要验算疲劳的结构。

工作温度低于－20℃时的直接承受动力荷载或振动荷载但可不验算疲劳的结构以及承受静力荷载的受弯及受拉的重要承重结构。

工作温度等于或低于－30℃的所有承重结构。

2）非焊接结构

工作温度等于或低于－20℃的直接承受动力荷载且需要验算疲劳的结构。

（2）承重结构的钢材应具有屈服强度、抗拉强度、伸长率和有害元素硫、磷含量的合格保证（建筑钢的含硫量一般不超过 0.05%，含磷量一般不超 0.045%），对焊接结构尚应具有碳含量（控制在 0.12%～0.2%之间）的合格保证，钢材中含碳量增加，可焊性降低，易发生低温脆断。

焊接承重结构以及重要的非焊接承重结构（非焊接的重要结构如吊车梁、吊车桁架、有振动设备或有大吨位吊车厂房的屋架、托架、大跨度重型桁架等）以及需要弯曲成型的构件等，都要求具有冷弯试验的合格保证。

（3）对于需要验算疲劳的焊接结构的钢材（重级工作制和吊车起重重量等于或大于 50 吨的中级工作制焊接吊车梁、吊车桁架或类似结构的钢材）应具有常温冲击韧性的合格保证。

（4）当焊接承重结构为防止钢材的层状撕裂，对厚度大于 40mm 时应采用厚度方向性能钢板，其材质应符合现行国家标准《厚度方向性能钢板》GB/T 5313 的规定。

（5）对处于外露环境，且对耐腐蚀有特殊要求的或在腐蚀性气态和固态介质作用下的承重结构，宜采用耐候钢。

6.4.2　钢结构连接

1. 钢结构连接方法种类和特点

钢结构的连接通常有焊接、铆接和螺栓连接三种方式。铆接很少采用，常用焊接和螺栓连接。

（1）焊接连接

焊接是通过电弧产生热量，使焊条和焊件局部熔化，然后冷却凝结形成焊缝，使焊件连成一体。焊接连接是当前钢结构最主要的连接方式，它的优点是构造简单，用钢省，加工方便，连接的密闭性好，易于采用自动化作业。焊接连接的缺点是焊件会产生残余应力和残余变形，焊缝附近材质变脆，焊缝质量易受材料、操作的影响，对钢材材性要求较高，高强度钢更要有严格的焊接程序。

焊接连接有气焊、接触焊和电弧焊等方法。

（2）螺栓连接

螺栓连接需要先在构件上开孔，然后通过拧紧螺栓产生紧固力将被连接板件连成一体，其分为普通螺栓连接和高强度螺栓连接两种。

1）普通螺栓连接

普通螺栓的优点是装卸便利，不需特殊设备。普通螺栓又分为 C 级螺栓（又称粗制螺栓）和 A、B 级螺栓（又称精制螺栓）两种。C 级螺栓制作精度较差，栓径和孔径之间的缝隙相差 1～1.5mm，便于制作和安装，但螺杆与钢板孔壁接触不够紧密，当传递剪力时，连接变形较大，故 C 级螺栓宜用于承受拉力的连接，或用于次要结构和可拆卸结构的受剪连接以及安装时的临时固定。它有 4.6 级和 4.8 级两种；A、B 级螺栓其栓径和孔径之间的缝隙相差只有 0.3～0.5mm，受力性能较粗制螺栓好，但其加工费用较高且安装费时费工，目前建筑结构中很少使用。它有 5.6 级和 8.8 级两种。

A、B 级螺栓间的区别只是尺寸不同，其中 A 级为螺栓杆直径 $d \leqslant 24$mm 且螺栓杆长度 $l \leqslant 150$mm 的螺栓，B 级为 $d > 24$mm 或 $l > 150$mm 的螺栓。

2）高强度螺栓连接

高强度螺栓传递剪力的机理与普通螺栓不同，它是靠被连接板间的强大摩擦阻力传递剪力，这种螺栓用高强度的钢材制作，安装时通过特制的扳手，以较大的扭矩拧紧螺帽，使螺栓杆产生很大的预应力，由于螺帽的挤压力把被连接的部件夹紧，依靠接触面间的摩擦力来阻止部件相对滑移，达到传递外力的目的，因而变形较小。其优点是施工简单、受力好、耐疲劳且可以撤换以及在动力荷载作用下不致松动。是一种很有发展前途的连接方式。从受力特征的不同，高强度螺栓连接可分为摩擦型和承压型两种。

摩擦型连接：外力仅依靠部件接触面间的摩擦力来传递。孔径比螺栓公称直径大 1.5～2.0mm。其特点是连接紧密，变形小，传力可靠，疲劳性能好，主要用于直接承受动力荷载的结构、构件的连接。

承压型连接：起初由摩擦传力，后期同普通螺栓连接一样，依靠杆和螺孔之间的抗剪和承压来传力。孔径比螺栓公称直径大 1.0～1.5mm。其连接承载力一般比摩擦型连接高，可节约钢材。但在摩擦力被克服后变形较大，故仅适用于承受静力荷载或间接承受动力荷载的结构、构件的连接。

除上述常用连接外，在薄壁钢结构中还经常采用射钉、自攻螺钉和焊钉等连接方式。

2. 焊接连接

（1）焊接方法与材料

1）焊接方法

钢结构常用电渣焊、气体保护焊和电阻焊等，电弧焊分为手工电弧焊、自动焊和半自动焊。以手工电弧焊为最常用，设备简单，操作方便，但质量波动较大。

2）焊接材料

采用的焊条，应符合现行国家标准的规定。

（2）焊接接头及焊缝形式

焊接接头有平接（图 6-15a）、搭接（图 6-15b、c）、T 形连接（图 6-15d、e）和角接（图 6-15f、g），所采用的焊缝主要有对接焊缝（图 6-15a、e、g）及角焊缝（图 6-15b、c、d、f）两种。

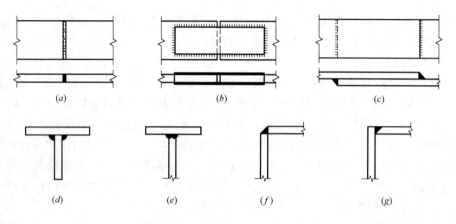

图 6-15　焊接接头及焊缝形式

对接焊缝按坡口形式分为 I 形缝（图 6-16a）、带钝边单边 V 形缝（图 6-16b）、带钝边 V 形缝（Y 形缝图 6-16c）、带钝边 U 形缝（图 6-16d）、带钝边双单边 V 形缝（K 形缝图 6-16e）、双 Y 形缝（X 形缝图 6-16f）等。

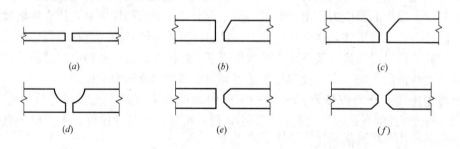

图 6-16　对接焊缝坡口形式

角焊缝的形式可分直角角焊缝与斜角角焊缝，直角角焊缝的截面形式有普通焊缝、平坡焊缝、深熔焊缝等（图 6-17a、b、c）。一般情况下采用普通焊缝，在承受动力荷载的连接中，可用平坡焊缝或深熔焊缝等。在 T 形接头中焊件不成直角时，可采用斜角角焊缝，适用于夹角为 $60° \leqslant a \leqslant 135°$ 时（图 6-17d、e、f）。除钢管结构外，夹角大于 135°或小于 60°的斜角角焊缝不宜用作受力焊缝。

（3）焊缝符号及标注

1）焊缝符号

焊缝符号由基本符号、辅助符号和引出线组成，必要时还可以加上补充符号和焊接尺寸符号。

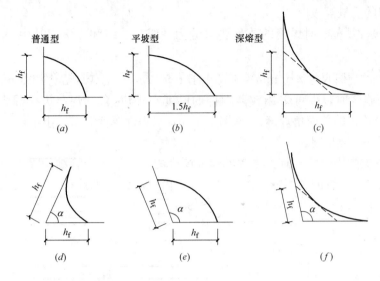

图 6-17　直角与斜角焊缝

2）焊缝标注

① 当箭头指向焊缝所在的一面时（即近端），基本符号及尺寸符号等应标在基准线实线侧。

② 当箭头指向焊缝所在的另一面时（相对的一面即远端），应将基本符号及尺寸符号等标在基准线虚线侧。

③ 若为双面对称焊缝，基准线可不加虚线。对有坡口的焊缝，箭头线应指向带坡口的一侧。图 6-18（b）是图 6-18（a）所示 V 形坡口焊缝的表示方法。

④ 图 6-18（c）表示相同焊缝符号的表示方法，在同一图形上，可只选择一处标准焊缝的符号和尺寸。焊缝符号为 3/4 圆弧，画在引出线的转折处的外突一侧；在同一图形上，当有数种相同的焊缝时，可将焊缝分类编号标注。

⑤ 熔透角焊缝的符号在引出线的转折处有涂黑的圆点，如图 6-18（d）。

⑥ 当焊缝分布比较复杂或不能表达清楚时，在标准焊缝符号的同时，可在图形上加中实线（表示可见焊缝）、加栅线（表示不可见焊缝）、安装焊缝（图 6-18e）。焊缝的符号与标注要求详见国家标准《焊缝符号表示法》GB 324—2008、《技术制图、焊缝符号的尺寸、比例及简化表示法》GB/T 12212—2012，《建筑结构制图标准》GB/T 50105—2010 的要求。

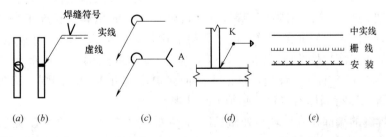

图 6-18　焊缝标注

（4）焊缝的质量等级

《钢结构设计规范》对焊缝的质量要求分为一级、二级和三级，其中一级质量最好。按要求选用。

① 角焊缝的焊脚尺寸 h_f（mm）不得小于 $1.5\sqrt{t_1}$，t_1 为较厚焊件厚度 mm（当采用低氢型碱性焊条施焊时，t_1 可采用较薄焊件的厚度）。但对自动焊，最小焊脚尺寸可减小 1mm，对 T 形连接的单面角焊缝，应增加 1mm，当焊件厚度等于或小于 4mm 时则最小焊脚尺寸应与焊件厚度相同。

② 角焊缝的焊脚尺寸不宜大于较薄焊件厚度的 1.2 倍（钢管结构除外）（图 6-19a）。板件（厚度为 t_1）边缘的角焊缝最大焊脚尺寸，尚应符合下列要求：当 $t_1 \leqslant 6$mm 时，$h_f \leqslant t_1$；当 $t_1 > 6$mm，$h_f \leqslant t_1 - (1\sim2)$mm（图 6-19b）。

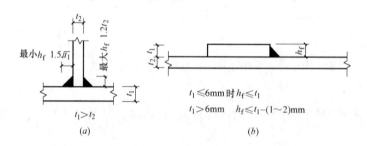

图 6-19　焊脚尺寸

圆孔或槽孔内的角焊缝焊脚尺寸尚不宜大于圆孔直径或槽孔短径的 1/3。

③ 角焊缝的两焊脚尺寸一般为相等。当焊件的厚度相差较大且等焊脚尺寸不能符合上述①、②条要求时，可采用不等焊脚尺寸，与较薄焊件接触的焊脚边应符合上述第②条的要求；与较厚焊件接触的焊脚边应符合上述第①条的要求。

④ 侧面角焊缝和正面角焊缝的计算长度不得小于 $8h_f$ 和 40mm。

⑤ 侧面角焊缝的计算长度不宜大于 $60h_f$，当大于上述数值时，其超过部分在计算中不予考虑。若内力沿侧面角焊缝全长分布时，其计算长度不受此限。

⑥ 在直接承受动力荷载的结构中，角焊缝表面应做成直线形或凹形。焊脚尺寸的比例；对正面角焊缝宜为 1:1.5（长边顺内力方向）；对侧面角焊缝可为 1:1。

⑦ 在次要构件或次要焊缝连接中，可采用断续角焊缝。断续角焊缝焊段的长度不得小于 $10h_f$ 或 50mm，其净距不应大于 $15t$（受压构件）或 $30t$（受拉构件），t 为较薄焊件的厚度。

⑧ 当板件的端部仅有两侧面角焊缝连接时，每条侧面角焊缝长度不宜小于两侧角焊缝之间的距离；同时两侧面角焊缝之间的距离不宜大于 $16t$（当 $t > 12$mm）或 190mm（当 $t \leqslant 12$mm），t 为较薄焊件的厚度。

⑨ 杆件与节点板的连接焊缝，宜采用两面侧焊，也可用三面围焊，对角钢杆件还可采用 L 形围焊，所有围焊的转角处必须连续施焊。

⑩ 当角焊缝的端部在构件转角处做长度为 $2h_f$ 的绕角焊时，转角处必须连续施焊。

⑪ 在搭接连接中，搭接长度不得小于焊件较小厚度的 5 倍，并不得小于 25mm。

角焊缝的优点是焊件板边不需要先加工，也不需要校正缝距，施工方便。其缺点是应力集中现象比较严重；需搭接长度，材料耗用量大。

3. 普通螺栓排列和要求

（1）最少螺栓数要求

一般情况，每一杆件在节点上以及拼接接头一端，按构造要求的螺栓数目不宜少于 2 个，这是由于：

1）一个螺栓不能防止连接处的转动；

2）一个螺栓破坏后将使整个接头失效，而多个螺栓中若有一个破坏，不至于使整个接头立即失效，可靠性得到提高；

3）一个螺栓给安装带来极大困难。

（2）螺栓排列

1）排列形式

螺栓排列有并列式和错列式（或称梅花式）。

2）螺栓间距

螺栓间距既不能过小，也不能过大。因为：

① 受力要求

在受力方向，螺栓的端距过小时，钢板有被剪断、被挤压破坏的可能。当各排栓钉距、中距（线距）和边距过小时，构件有沿折线或直线破坏的可能。

② 构造要求

当螺栓之间的距离过大时，被连接的构件接触面就不够紧密，潮气容易浸入缝隙而造成腐蚀，所以要规定螺栓的最大容许距离。

③ 施工要求：要保证一定的空间，便于转动螺栓扳手，因此规定了螺栓的最小容许间距。

4. 构件间的连接

（1）梁与柱的连接

梁支承于柱顶的连接：梁的反力通过柱的顶板传给柱子；顶板一般取 16～20mm 厚，与柱用焊接相连；梁与顶板用普通螺栓相连。

梁支承于柱侧的铰接连接，多用于多层框架中的横梁与柱子的连接。

（2）柱与基础的连接

柱与基础铰接主要用于轴心受压的情况。刚接柱角不但要传递轴力，也要传递弯矩和剪力，在弯矩作用下，倘在底板范围内产生拉力，就需由锚栓来承受，锚栓须经计算，为了保证柱脚与基础能形成刚性连接，锚栓不宜固定在底板上，而应在靴梁两侧焊接两块较小的肋板，锚栓固定在肋板上面的水平板上。为便于安装，锚栓不宜穿过底板。

6.4.3 钢结构基本构件

1. 轴心受力构件

轴心受力构件广泛应用于桁架、塔架、网架、支撑体系等结构中，常用于受压柱。轴心受力构件的截面形式主要有实腹式（热轧型钢、钢板焊接成的工形钢）及格构式（钢板和型钢组成）两类。格构式又分缀板式和缀条式两种（图 6-20）。

受压柱由柱头、柱身、柱脚三部分组成。柱身截面有实腹式、缀板式和缀条式三种。

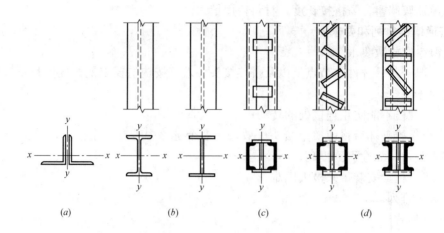

图 6-20　轴心受力柱的截面形式

（a）轴力构件；（b）实腹式柱；（c）缀板式柱；（d）缀条式柱

实腹式柱由于轧制工字型钢翼缘太窄，不符合稳定要求，材料较费，故很少采用。焊接工字钢翼缘宽度大，稳定性好，较为经济。

轴心受压柱一般采用铰接平板式柱脚，由底板、靴梁、隔板及锚栓等组成，最常用的柱脚如图 6-21 所示。柱脚用锚栓固定在基础上，当上部结构安装校正后，将螺帽、垫板焊牢固定，再用混凝土将柱脚完全包住，埋于室内地面以下。

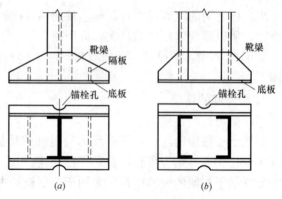

图 6-21　柱脚构造

2. 受弯构件

钢梁在工业与民用建筑结构中应用甚广，常用的有工作平台梁、楼盖梁、吊车梁等，主要用以承受横向荷载，故又称受弯构件。受弯构件可能会发生整体失稳与局部失稳，其中的整体失稳是弯扭屈曲。

受弯构件包括实腹式（梁）和格构式（桁架）两类。

（1）实腹式受弯构件——梁

钢梁最常用于工作平台梁、楼盖梁、墙架梁、吊车梁、框架梁等。钢梁按材料和制作方法可分为型钢梁和组合梁两大类。型钢梁加工简单、制造方便、成本较低，因而广泛用作中小型钢梁。当荷载或跨度相当大时，由于工厂轧制条件的限制，型钢梁的尺寸有限，不能满足构件承载能力和刚度的要求，因此必须采用组合梁。

型钢梁常用工字钢或槽钢制成（图 6-22a、b、c）。工字钢的截面材料分布比较符合平面弯曲的特点，用料比较经济，应用最广。槽钢的翼缘较小，材料在截面上的分布不如工字钢合理，而且它的截面不对称，剪力中心在腹板的外侧，弯曲时常同时产生扭转，受力性能较差，应用不如工字钢广泛。用槽钢时应采取措施使荷载的作用线接近剪力中心，或采取构造措施使截面不会产生扭转。

薄壁型钢（图 6-22d、e）可用作某些受力不大的受弯构件，如檩条和墙梁等，用料比较经济，但因薄壁断面，防锈要求较高，也要防止杆件的扭转和屈曲。

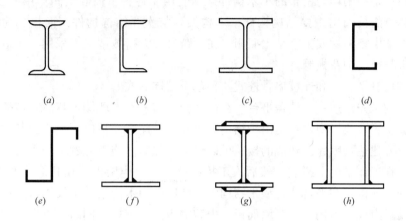

| (a) | (b) | (c) | (d) |

| (e) | (f) | (g) | (h) |

图 6-22　型钢梁截面形式

组合梁由钢板、型钢用焊缝、铆钉或螺栓连接而成。它的截面组成比较灵活，可使材料在截面上的分布更为合理，节约用料。它常用作荷载或跨度较大的梁。用三块钢板焊成的工字型组合梁构造最简单，制作方便，应用最广泛。有时限于钢板厚度，偶有采用双层翼缘板的组合梁。承受动力荷载的梁，如钢材质量不能满足焊接结构的要求，可采用铆接或高强度螺栓连接。用 T 型钢和钢板也可焊成工字形梁。当梁承受的荷载很大而其截面高度受到限制时，或承受双向弯矩时，或承受很大的扭矩时，可采用箱形截面梁。

在跨度很大而荷载不大时（弯矩很大而剪力较小），将 H 型钢（宽翼缘工字钢）沿腹板的折线割开再焊成空腹的蜂窝形梁，是一种经济、合理的形式。

根据弯曲变形情况，可分为在一个主平面内弯曲的单向受弯梁和两个主平面内弯曲的双向受弯梁（或称斜弯曲梁）。根据梁的支撑情况，可分为简支梁和连续梁。钢梁一般都用简支梁。简支梁制造简单，安装方便，且可避免支座不均匀沉陷所产生的不利影响。

（2）格构式受弯构件——桁架

桁架主要是由轴心受力构件（拉杆和压杆）组成的格构式扩大构件，用以承受横向荷载和跨越较大的空间。当跨度较大采用实腹式受弯构件将造成多费钢材时，就需采用桁架。钢桁架主要用于房屋建筑中的屋盖、桥梁、各种塔架（起重、输电、钻探等）和水工结构如闸门等建筑中，用途极为广泛。根据其承受荷载后的传力途径，有空间桁架和平面桁架之分。屋盖体系中的钢网架和各种塔架等常为空间钢桁架，其内力分析必须借助于空间力系的平衡条件。工程结构中的大部分钢桁架则常可按平面桁架考虑。

6.5　木结构基本知识

木结构建筑从结构形式上分，一般分为轻型木结构和重型木结构，主要结构构件均采用实木锯材或工程木产品。目前在中国建成的木结构住宅主要应用轻型木结构。

轻型木结构建筑具有突出的技术特点，产品、构件工业化程度高、规格系列齐全，施工技术简单、施工质量易于控制、现场干法施工、建造速度快，结构整体性好，抗震优良，建筑造型容易实施，使建筑效果更加丰富多样。

轻型木结构是利用均匀密布的小木构件来承受房屋各种平面和空间作用的受力体系。轻型木结构建筑的抗力由主要结构构件（木构架）与次要结构构件（面板）的组合而得到。木构架通常由规格材或工字型木搁栅（在大跨或较大荷载情况下采用）组成。常用的面板有胶合板与定向刨花板等。

轻型木结构有平台式和连续墙骨柱式两种基本结构形式。

平台式结构是先建造一个楼盖平台，在该平台上施工上层墙体，然后在该墙体顶上再建造上层楼盖。平台式轻型木结构由于结构简单和容易建造而被广泛使用。其主要优点是楼盖和墙体分开建造，因此已建成的楼盖可以作为上部墙体施工时的工作平台。通常墙体中的木构架可在工作平台上拼装，然后人工抬起就位。木构架也可在其他地方先拼装好，再运到施工现场就位。在平台式轻型木结构中，墙体中的木构架由顶梁板（双层或单层）、墙骨柱与底梁板组成。木构架可为墙面板与内装饰板提供支撑。同时，也可作为挡火构件以阻止火焰在墙体中的蔓延。

连续墙骨柱式结构因其在施工现场安装不方便，现在已很少应用。连续墙骨柱式结构与平台式结构的主要区别是连续墙骨柱式结构的外墙与某些内墙的墙骨柱从基础底梁板一直延伸到屋盖下的顶梁板。其底层楼盖搁栅锚固于靠近墙骨柱的底梁板上。楼盖搁栅在楼面处与墙骨柱搭接，并支承在凹入外墙墙骨柱内的 20×90mm 的肋板上。楼盖搁栅和外墙墙骨柱的连接采用垂直钉连接，和支承他的内墙或梁的连接采用斜向钉连接。由于墙中缺少梁板，为防止失火时火焰蔓延，在墙骨柱以及搁栅间要另加挡火构件（通常为 40mm 厚规格材横撑）。

6.6 多、高层建筑结构基本知识

6.6.1 多层与高层房屋结构的类型

近年来，我国高层建筑发展十分迅速，各地兴建高层建筑层数已普遍增加。我国《高层建筑混凝土结构技术规程》JGJ3－2010 规定 10 层及 10 层以上或房屋高度大于 28m 的住宅建筑以及房屋高度大于 24m 的其他高层民用建筑为高层建筑结构。我国《民用建筑设计通则》则规定，10 层及 10 层以上的住宅建筑以及高度超过 24m 的公共建筑和综合性建筑为高层建筑。多高层房屋结构体系包括水平结构体系（楼、屋盖系统）和竖向结构体系（墙、柱）。竖向荷载和水平荷载均为其主要荷载，其中水平结构体系中的楼（屋）盖结构承受并传递竖向荷载给竖向构件，并作为刚性楼盖利用其平面内的无限刚度协调各抗侧构件的变形和位移；竖向构件承受并传递竖向荷载。竖向结构体系的墙、柱与水平结构体系中的梁板共同组成房屋的抗侧空间结构，共同抵抗侧向力作用。多高层建筑的结构体系主要有框架结构、剪力墙结构、框架—剪力墙结构、筒体结构。下面就常见的几种结构体系作一些阐述。

1. 框架结构体系

框架结构体系由框架梁、柱、板等主要构件组成。按照框架布置方向的不同，框架结构体系可分为横向布置、纵向布置和双向布置三种框架结构形式。横向框架布置形式是20世纪90年代以前常用的一种框架布置形式。在有抗震要求的房屋设计中，要求框架必须纵横向布置，形成双向框架结构形式，以抵抗水平荷载及地震作用，双向框架作用结构布置形式具有较强的空间整体性，可以承受各个方向的侧向力，与纵、横向布置的单向框架比较，具有较好的抗震性能。框架结构的特点是柱网布置灵活，便于获得较大的使用空间。延性较好，但横向侧移刚度小，水平位移大。比较适用于大空间的多层及层数较少的高层建筑。框架结构的变形特征为剪切型。

2. 剪力墙结构体系

剪力墙结构体系是指竖向承重结构由剪力墙组成的一种房屋结构体系。剪力墙的主要作用除承受并传递竖向荷载作用外，还承担平行于墙体平面的水平剪力。

剪力墙承受竖向荷载及水平荷载的能力都较大。其特点是整体性好，侧向刚度大，水平力作用下侧移小，并且由于没有梁、柱等外露构件，可以不影响房屋的使用功能。缺点是不能提供大空间房屋，结构延性较差。剪力墙结构适用范围较大，从十几层到几十层都很常见，由于剪力墙结构能承受更大的竖向力和水平力作用，横向刚度大，因此比框架更适合用于高层建筑的结构体系布置中。由于剪力墙结构提供的房屋空间一般较小，所以比较适合用于宾馆、住宅等建筑类型。当在下部一层或几层需要更大空间时，往往在下部取消部分剪力墙，形成框支剪力墙结构。

剪力墙结构的变形特征是弯曲型。

3. 框架—剪力墙结构体系

框架—剪力墙结构体系是指由框架和剪力墙共同作为竖向承重结构的多（高）层房屋结构体系。

由于框架的主要特点是能获得大空间房屋，房间布置灵活，而其主要弱点是侧向刚度小，侧移大。而剪力墙结构侧向刚度大，侧移小，但不能提供灵活的大空间房屋。框架—剪力墙结构体系则充分发挥他们各自的特点，既能获得大空间的灵活空间，又具有较强的侧向刚度。所以这种结构形式在房屋设计中比较常用。在框架—剪力墙结构体系中，框架往往只承受并传递竖向荷载，而水平荷载及地震作用主要由剪力墙承担。一般情况下，剪力墙可承受70%~90%的水平荷载作用。剪力墙在建筑平面上的布置，应按均匀、分散、对称周边的原则考虑，并宜沿纵横两个方向布置。剪力墙宜布置在建筑物的周边附近，恒载较大处及建筑平面变化处和楼梯间和电梯的周围；剪力墙宜贯穿建筑物的全高，宜避免刚度突变；剪力墙开洞时，洞口宜上下对齐。建筑物纵（横）向区段较长时，纵（横）向剪力墙不宜集中布置在端开间，不宜在变形缝两侧同时设置剪力墙。框架—剪力墙的变形特征是弯剪型。

4. 筒体结构体系

筒体结构主要包括框架—核心筒结构与筒中筒结构。框架核心筒结构由实体核心筒和外框架构成。一般将楼电梯间及一些服务用房集中在核心筒内；其他需要较大空间的办公用房、商业用房等布置在外框架部分。核心筒实体是由两个方向的剪力墙构成的封闭的空间结构，它具有很好的整体性与抗侧刚度，其水平截面为单孔或多孔的箱形截面。它既可以承担竖向荷载，又可以承担任意方向的水平侧向力作用。由于核心筒在高层建筑中往往布置在平面的中心部位，而在其四周布置功能空间，核心筒也因此而得名。筒中筒结构是由实体的内筒与空腹的外筒组成，空腹外筒是由布置在建筑物四围的密集立柱与高跨比很大的横向窗间梁所构成的一个多孔筒体。筒中筒结构体系具有更大的整体性和抗侧刚度，因此适用于高度很大的建筑。除上述两种筒体结构形式外，还有多重筒结构、成束筒结构等。筒体为适应各种建筑功能的要求，还可以与框架或剪力墙相结合，形成各自独特的结构方案。

5. 混合结构体系

混合结构体系是由多种不同材料构件组成的结构体系。如：钢管混凝土构件和型钢混凝土构件等。由于不同材料制成的构件有不同的特征，并且各自有其明显的优点，采用混合结构的目的就是通过对各种材料构件的优化组合，来充分发挥各种材料及构件的优越性能。

6.6.2 多高层建筑结构体系的总体布置原则

1. 钢筋混凝土多高层建筑的适用高度和高宽比

各种结构体系有其各自的优缺点，同时也有它的经济合理的适用范围。设计人员应根据建筑的用途及功能、建筑高度、荷载情况、抗震等级和所具备的物质与施工技术条件等因素来确定结构形式和结构体系类型。

2. 结构布置原则

（1）选择合理的结构体系。

（2）结构平面布置要有利于抵抗水平和竖向荷载，受力明确，传力直接。

（3）结构竖向布置应力求自下而上刚度变化均匀，体型均匀不突变，外形尽量减少外挑、内收等。

（4）合理设置变形缝，变形缝包括伸缩缝、沉降缝和防震缝。

6.6.3 多层和高层钢筋混凝土房屋抗震构造措施

1. 剪力墙的抗震构造措施

（1）截面尺寸

抗震墙的厚度，一、二级不应小于 160mm 且不应小于层高的 1/20，三、四级不应小于 140mm 且不应小于层高的 1/25。底部加强部位的墙厚，一、二级不宜小于 200mm 且不宜小于层高的 1/16；无端柱或翼墙时不应小于层高的 1/12。

（2）竖向、横向分布钢筋的配筋要求

1）一、二、三级抗震墙的竖向和横向分布钢筋应双排布置，最小配筋率均不应小于 0.25%；四级抗震墙不应小于 0.20%；钢筋最大间距不应大于 300mm，最小直径不应小于 8mm。

2）部分框支抗震墙结构的抗震墙底部加强部位，纵向及横向分布钢筋配筋率均不应小于 0.3%，钢筋间距不应大于 200mm。

2. 框架—剪力墙的抗震构造措施

（1）截面尺寸

抗震墙的厚度同于抗震墙结构。抗震墙的周边应设置梁（或暗梁）和端柱组成的边框端；端柱截面宜与同层框架柱相同并满足对框架柱的要求。

（2）配筋要求

抗震墙底部加强部位的端柱和紧靠抗震墙洞口的端柱宜按柱箍筋加密区的要求沿全高加密箍筋。抗震墙的竖向和横向分布钢筋配筋率均不应小于0.25％，并应双排布置；拉筋间距不应大于600mm，直径不应小于6mm。

3. 筒体结构抗震构造要求

框架—核心筒结构应符合下列要求：

（1）核心筒与框架之间的楼盖宜采用现浇梁板体系。

（2）低于9度采用加强层时，加强层的大梁或桁架应与核心筒内的墙肢贯通；大梁或桁架与周边框架柱的连接宜采用铰接或半刚性连接。

（3）结构整体分析应计入加强层变形的影响。

（4）设防烈度为9度时不应采用加强层。

（5）在施工程序及连接构造上，应采取措施减小结构竖向温度变形及轴向压缩对加强层的影响。

6.7　新型建筑结构基本知识

近来人们对建筑造型、建筑设计和跨度的要求越来越高，这样对建筑结构的要求更高。为了解决这些问题，涌现出了一些新的结构体系。包括：钢—混凝土混合结构、巨型结构体系、张拉整体结构、膜结构等。

6.7.1　钢—混凝土混合结构

钢—混凝土混合结构是我国目前在高层建筑领域里应用较多的一种结构形式。钢结构和混凝土结构各有所长，前者具有重量轻、强度高、延性好、施工速度快、建筑物内部净空高度大等优点；而后者刚度大、耗钢量少、材料费省、防火性能好。综合利用这两种结构的优点为高层建筑的发展开辟了一条新途径。统计分析表明，高层建筑采用钢—混凝土混合结构的用钢量约为钢结构的70％，而施工速度与全钢结构相当，在综合考虑施工周期、结构占用使用面积等因素后。混合结构的综合经济指标优于全钢结构和混凝土结构的综合经济指标。

6.7.2　巨型结构体系

巨型结构是由大型构件（巨型梁、巨型柱和巨型支撑）组成的，主结构与常规结构构件组成的次结构共同工作的一种结构体系。

巨型结构的特点：从平面整体上看，巨型结构的材料使用正好满足了尽量开展的原则，可以充分发挥材料性能；从结构角度看，巨型结构是一种超常规的具有巨大抗侧刚度及整体工作性能的大型结构，是一种非常合理的超高层结构形式；从建筑角度看，巨型结构可以满足许多具有特殊形态和使用功能的建筑平立面要求，使建筑师们的许多天才想象得以实施。

6.7.3 膜结构

膜结构是张力结构体系的一种，它是用多种高强薄膜材料（常见的有 PVC 类、PTFE 类及有机硅类）及辅助结构（常见的有钢索、钢桁架或钢柱等）通过一定的方式使其内部产生一定的预张应力，并形成应力控制下的某种空间形态。膜结构有以下三种形式：充气式膜结构、张拉式膜结构、骨架式膜结构。

6.7.4 高效预应力结构体系

高效预应力结构是指用高强度材料、现代设计方法和先进的施工工艺建筑起来的预应力结构，是当今技术最先进、用途最广、最有发展前途的一种建筑结构形式之一。与传统预应力相结构相比，高效预应力结构具有以下一些特点：（1）广泛采用高强度材料：目前国内预应力混凝土结构中常用的混凝土强度等级从 C40～C80，甚至达到 C100 以上；（2）按照现代设计理论设计，大大改善了高效预应力结构的抗震性能、正常使用性能等；（3）近年来开发了先进的施工工艺为高效预应力结构的大规模推广应用提供了技术基础，如高吨位、大冲程千斤顶的应用和多种锚固体系等；（4）高效预应力结构适用范围广，可适用于大跨和超大跨度以及使用性能高的结构，并可应用到高层结构转换层、钢结构、基础、路面等结构领域。

6.7.5 张拉整体结构

张拉整体结构是由一组连续的拉杆和连续的或不连续的压杆组合而成的自应力、自支撑的空间网格结构。其中"不连续的压杆"的含义是压杆的端部互不接触，即一个节点上只连接一个压杆。张拉整体结构符合自然规律，可以最大限度地利用材料和截面的特性，因而可以用尽量少的钢材建造超大跨度建筑。

6.8 建筑结构抗震基本知识

6.8.1 地震的基本概念

地震是一种突发性的自然灾害，其作用结果是引起地面的颠簸和摇晃。由于我国地处两大地震带（环太平洋地震带，地中海—南亚地震带）的交汇区，且东部我国台湾及西部青藏高原直接位于两大地震带上，因此，其地震区分布广，发震频繁，是一个地震多发的国家。

地震发生的地方称为震源；震源正上方的位置称为震中；震中附近地面振动最厉害，也是破坏最严重的地区，称为震中区或极震区；地面某处至震中的距离称为震中距；地震时地面上破坏程度相近的点连成的线称为等震线；震源至地面的垂直距离称为震源深度。

依其成因，地震可分为三种主要类型：火山地震、塌陷地震和构造地震。根据震源深度不同，又可将构造地震分为三种：浅源地震——震源深度不大于 60km；中源地震——震源深度 60～300km；深源地震——震源深度大于 300km。

地震引起的振动以波的形式从震源向各个方向传播，它使地面发生剧烈的运动，从而使房屋产生上下跳动及水平晃动。当建筑结构经受不住这种剧烈的颠晃时，就会产生破坏甚至倒塌。

1. 震级

衡量地震大小的等级称为震级，它表示一次地震释放能量的多少，一次地震只有一个震级。地震的震级用 M 表示，单位是"里氏"。

一般来说，震级小于里氏 2 级的地震，人们感觉不到，称为微震；里氏 2～4 级的地震称为有感地震；5 级以上的地震称为破坏地震，会对建筑物造成不同程度的破坏；7～8 级地震称为强烈地震或大地震；超过 8 级的地震称为特大地震。到目前，世界震级最大的地震是 1960 年发生在智利的 8.7 级地震。1976 年我国河北唐山发生的地震为 8 级，2008 年 5 月 1 2 日四川汶川地震为 8 级。

2. 烈度

地震烈度是指某一地区地面和建筑物遭受一次地震影响的强烈程度。地震烈度不仅与震级大小有关，而且与震源深度、震中距、地质条件等因素有关。一次地震只有一个震级，然而同一次地震却有好多个烈度区。一般来说，离震中越近，烈度越高。我国地震烈度采用十二度划分法。

震级和烈度是两个概念，新闻报道的都是震级，烈度仅对地面和房屋的破坏程度而言。

3. 抗震设防烈度

抗震设防烈度是按国家批准权限审定，作为一个地区抗震设防依据的地震烈度。《建筑抗震设计规范》GB 50011—2010 给出了全国主要城镇抗震设防烈度。

抗震设防烈度为 6 度及以上地区的建筑，必须进行抗震设计。抗震设防烈度大于 9 度地区的建筑和行业有特殊要求的工业建筑，其抗震设计应按有关专门规定执行。即我国抗震设防的范围为地震烈度为 6 度、7 度、8 度和 9 度地震区。一般低于 6 度不用考虑抗震设计，6 度只需满足抗震构造规定，7～9 度必须进行抗震计算和构造设计。

4. 抗震设防的一般目标

抗震设防是指对建筑物进行抗震设计并采取抗震构造措施，以达到抗震的效果。抗震设防的依据是抗震设防烈度。《建筑抗震设计规范》GB 50011—2010 提出了"三水准两阶段"的抗震设防目标。

（1）第一水准——小震不坏：当遭受低于本地区抗震设防烈度的多遇地震影响时，一般不受损坏或不需修理可继续使用。

（2）第二水准——中震可修：当遭受相当于本地区抗震设防烈度的地震影响时，可能损坏，经一般修理或不需修理仍可继续使用。

（3）第三水准——大震不倒：当遭受高于本地区抗震设防烈度预估的罕遇地震影响时，不致倒塌或发生危及生命的严重破坏。

"两阶段"指：弹性阶段的概念设计和弹塑性阶段的抗震设计。

6.8.2　建筑抗震设防分类和设防标准

在进行建筑设计时，应根据建筑的重要性不同，采取不同的抗震设防标准。《建筑工程抗震设防分类标准》GB 50223—2008 将建筑按其使用功能的重要程度不同，分为甲、乙、丙、丁四类。

6.8.3 抗震设计的基本要求

为了减轻建筑物的地震破坏，避免人员伤亡，减少经济损失，对地震区的房屋必须进行抗震设计。建筑结构的抗震设计分为两大部分：一是计算设计——对地震作用效应进行定量分析计算；二是概念设计——正确地解决总体方案、材料使用和细部构造，以达到合理抗震设计的目的。根据概念设计的原理，在进行抗震设计、施工及材料选择时，应遵守下列一些要求：

(1) 选择对抗震有利的场地和地基；
(2) 选择对抗震有利的建筑体型；
(3) 选择合理的抗震结构体系；
(4) 结构构件应有利于抗震；
(5) 处理好非结构构件；
(6) 采用隔震和消能减震设计；
(7) 合理选用材料；
(8) 保证施工质量。

6.9　地基与基础基本知识

6.9.1 土的工程性质及分类

1. 土的组成

自然界中的土体结构组成十分复杂，为了分析问题方便，将其看成是三相，简化成一般的物理模型进行分析。

土的三相，即土粒为固相；土中的水为液相；土中的气为气相。表示土的三相组成部分质量、体积之间的比例关系的指标，称为土的三相比例指标。主要指标有：比重、天然密度、含水量（这三个指标需用实验室实测）和由它们计算得出的指标干密度、饱和密度、孔隙率、孔隙比和饱和度。

土的三相比例指标是其物理性质的反映，但与其力学性质有内在联系，显然固相成分的比例越高，其压缩性越小，抗剪强度越大，承载力越高。

2. 土的物理性质指标

由于土是由固体颗粒、液体和气体三部分组成，各部分含量的比例关系，直接影响土的物理性质和土的状态。例如，同样一种土，松散时强度较低，经过外力压密后，强度会提高。对于黏性土，含水量不同，其性质也有明显差别，含水量多，则软；含水量少，则硬。

在土力学中，为进一步描述土的物理力学性质，将土的三相成分比例关系量化，用一些具体的物理量表示，这些物理量就是土的物理力学性质指标。如含水量、密度、土粒比重、孔隙比、孔隙率和饱和度等。为了形象、直观地表示土的三相组成比例关系，常用三相图来表示土的三相组成。

实测指标有土的含水率、土的密度、土粒比重。其他指标有孔隙比、孔隙度、饱和度等等，土的物理性质指标之间的关系可用三相图来换算。

土从一种状态转变成另一种状态的界限含水量，称为稠度界限。工程上常用的稠度界限有液限和塑限。

（1）液限（ω_L）

液限指土从塑性状态转变为液性状态时的界限含水量。

（2）塑限（ω_P）

塑限指土从半固体状态转变为塑性状态时的界限含水量。

实验室测定液限使用液限仪，测定塑性用搓条法。此外，为了表征土体天然含水量与界限含水量之间的相对关系，工程上还常用液性指数和塑性指数两个指标判别土体的稠度。

（3）塑性指数 I_P

$$I_P = \omega_L - \omega_P \tag{6-26}$$

式中，ω_L 为液限，ω_P 为塑限。塑性指数越大，土性越黏，工程中根据塑性指数的大小对黏性土进行分类。

（4）液性指数 I_L

$$I_L = \frac{\omega - \omega_P}{\omega_L - \omega_P} \tag{6-27}$$

当 $I_L = 0$ 时，$\omega = \omega_P$，土从半固态进入可塑状态。当 $I_L = 1$ 时，土从可塑状态进入液态。因此，可以根据 I_L 的值直接判定土的软硬状态。工程上按液性指数 I_L 的大小，可把黏性土的状态区分开来：

$$I_L \leqslant 0 \qquad 坚固状态$$
$$0 < I_L \leqslant 1.0 \qquad 可塑状态$$
$$I_L > 1.0 \qquad 流动状态$$

应当注意，实验室测定塑限和液限时，是用扰动样，土的结构已经破坏，实测值要比实际值小，因此，用液性指数反映天然土的稠度有一定缺点，用于判别重塑土的稠度较为合适。

3. 地基土（岩）的工程分类

根据《建筑地基基础设计规范》，作为建筑地基的岩土，可分为岩石、碎石土、砂土、粉土、黏性土和人工填土。按我国土的分类标准，碎石土和砂土属于粗粒土，粉土和黏性土属于细粒土。粗粒土按粒径级配分类，细粒土则按塑性指数分类。

4. 土的工程特性指标

土的工程特性指标应包括强度指标、压缩性指标以及静力触探探头阻力，标准贯入试验锤击数、载荷试验承载力等其他特性指标。

地基土工程特性指标的代表值应分别为标准值、平均值及特征值。抗剪强度指标应取标准值，压缩性指标应取平均值，载荷试验承载力应取特征值。

载荷试验包括浅层平板载荷试验和深层平板载荷试验。浅层平板载荷试验适用于浅层地基，深层平板载荷试验适用于深层地基。

（1）土的抗剪强度指标，可采用原状土室内剪切试验、无侧限抗压强度试验、现场剪切试验、十字板剪切试验等方法测定。当采用室内剪切试验确定时，应选择三轴压缩试验中的不固结不排水试验。经过预压固结的可采用固结不排水试验。每层土的试验数量不得少于 6 组。室内试验抗剪强度指标 C_k、φ_k，可按规范确定。

在验算坡体的稳定性时，对于已有剪切破裂面或其他软弱结构面的抗剪强度，应进行野外大型剪切试验。

（2）土的压缩性指标可采用原状土室内压缩试验、原位浅层或深层平板载荷试验、旁压试验确定。

6.9.2 地基承载力及地基处理

按载荷试验等原位试验确定地基承载力

$$f_a = f_{ak} + \eta_b \gamma (b-3) + \eta_d \gamma_0 (d-0.5) \tag{6-28}$$

式中　f_a——修正后的地基承载力特征值，kPa；

　　　f_{ak}——地基承载力特征值；

η_b、η_d——基础宽度和埋深的地基承载力修正系数，按基底下土的类别查表；

　　　γ——基础底面以下土的重度，kN/m^3，地下水位以下取有效重度；

　　　b——基础底面宽度，m。当宽度小于 3m 按 3m 计，大于 6m 按 6m 计；

　　　γ_0——基础底面以上土的加权平均重度，kN/m^3，地下水位以下取有效重度；

　　　d——基础埋置深度，m。

6.9.3 天然地基上浅基础

1. 概述

支承建筑物的那部分天然地层，称为天然地基；若天然地基的承载能力不够，经人为加强或改良过的，称为人工地基。

天然地基上的基础，依其埋置的深浅，可分为浅基础和深基础两大类。大多数建筑物基础的埋深不会很大（例如不大于 3～5m），可以用普通开挖基坑和敞坑排水的方法修建，这类基础，称为浅基础。有时，根据各方面的方案比较，需要将基础埋置到较深的坚实地层上，此时，要采用某些特殊的施工手段和相应的某些基础形式来修建，如桩基、沉井和地下连续墙等，这样的基础称为深基础。

2. 浅基础的类型

（1）无筋扩展基础

由砖、毛石、混凝土、毛石混凝土与灰土和三合土等材料组成的，且不需配置钢筋的墙下条形基础或柱下独立基础称为无筋扩展基础，亦称刚性基础。

（2）扩展基础

将上部结构传来的荷载，通过向侧边扩展成一定底面积，使作用在基底的压应力等于或小于地基土的允许承载力，而基础内部的应力应同时满足材料本身的强度要求，这种起到压力扩散作用，由钢筋混凝土材料建造的基础称为扩展基础，亦称柔性基础。扩展基础有柱下独立基础和墙下条形基础。

（3）柱下条形基础

同一排上若干柱子的基础联合在一起，就成为柱下条形基础。柱下条形基础的构造与倒置的钢筋混凝土 T 形截面梁相同，其经济指标一般高于单独基础。因为条形基础具有相当大的抗弯刚度，不容易产生太大的挠曲，故基础上各个柱子的下沉比较均匀。一般在下述情况下采用：

1）柱荷载较大或地基条件较差，如用单独基础，可能出现过大的沉降差异时；

2）地基承载力不足，须加大基础底面积，但布置单独基础在平面位置上又受到限制。

（4）柱下交梁基础

如果地基很软，土的压缩性或柱荷载的分布在两个方向上都很不均匀，一方面需要进一步扩大基础的底面积，同时又要求基础具有空间刚度来调整不均匀沉降时，可在柱网下纵横两个方向设置钢筋混凝土条形基础，这样，就形成了交梁基础（或称十字交叉条形基础）。

（5）片筏基础

当地基承载力低，而上部结构传来的荷载却很大，以致上述交梁基础还不能提供足够的底面积时，可采用钢筋混凝土片筏基础。特别是对于有地下室的房屋或大型贮液结构物（如水池、油库等），它们本身就需要可靠的防渗底板，片筏基础就成为理想的底板结构。片筏基础在构造上犹如倒置的钢筋混凝土楼盖，分为梁板式和平板式两类，后者一般在荷载不太大，柱网较均匀且间距较小的情况下采用。由于片筏基础的整体刚度相当大，故能将各个柱子的沉降调整得比较均匀。

（6）箱形基础

高层建筑荷载大、高度大，按照地基稳定性的要求，基础埋置深度应加深，常采用箱形基础。箱形基础由现浇的钢筋混凝土底板、顶板、侧墙及一定数量的隔墙构成的箱形结构，简称箱基。

6.9.4 桩基础

一般建筑物都应该充分利用地基土层的承载能力，而尽量采用浅基础。但若浅层土质不良、无法满足建筑物对地基变形和强度方面的要求时，可以利用下部坚实土层或岩层作为持力层，这就要采取有效的施工方法建造深基础了。深基础主要有桩基础、墩基础、沉井和地下连续墙等几种类型，其中以桩基最为常用。

由设置于岩土中的桩和连接于桩顶端的承台组成的基础称为桩基础。桩的主要分类如下：

（1）按承载状态分类，可分为摩擦型桩（分为摩擦桩和端承摩擦桩）和端承型桩（分为端承桩和摩擦端承桩）。

（2）按桩的使用功能分类，可分为竖向抗压桩，竖向抗拔桩，水平受荷桩，复合受荷桩。

（3）按桩身材料分类，可分为木桩，素混凝土桩，钢筋混凝土桩，钢桩。

（4）按桩的施工方法分类，可分为预制桩，灌注桩（钻孔灌注桩、冲孔灌注桩、沉管灌注桩、夯压成型灌注桩）。

（5）按成桩方法分类，可分为非挤土桩、部分挤土桩、挤土桩。

（6）按桩径大小分类，可分为小桩（桩径 $d \leqslant 250\text{mm}$），中等直径桩（桩径 d 为 $250 \sim 800\text{mm}$），大直径桩（桩径 $d \geqslant 800\text{mm}$）。

第7章 施工项目管理

7.1 施工项目质量管理

7.1.1 施工项目质量管理概述

1. 质量及质量管理的概念

我国国家标准 GB/T 19000—2008 中关于质量的定义是一组固有特性满足要求的程度。

我国国家标准 GB/T 19000—2008 中对质量管理的定义是：在质量方面指挥和控制组织的协调的活动。

质量管理的首要任务是确定质量方针、明确质量目标和岗位职责。质量管理的核心是建立有效的质量管理体系，通过质量策划、质量控制、质量保证和质量改进这四项具体活动，确保质量方针、目标的切实实施和具体实现。

施工项目质量管理应由参加项目的全体员工参与，并由项目经理作为项目质量的第一责任人，通过全员共同努力，才能有效地实现预期的方针和目标。

2. 施工项目质量的影响因素

全面质量管理要坚持"预防为主、防治结合"的基本思路，将管理重点放在影响工作质量的人、材、机、法和环境等因素。

（1）人

人是质量活动的主体，这里泛指与工程有关的单位、组织及个人，包括建设、勘察设计、施工、监理及咨询服务单位，也包括政府主管及工程质量监督、检测单位，单位组织的施工项目的决策者、管理者和作业者等。

（2）材料

材料控制包括原材料、成品、半成品和构配件等的控制，应严把质量验收关，保证材料正确合理使用，建立管理台账，进行收、发、储、运等各环节的技术管理，避免混料和材料混用。

材料质量控制的内容主要有：材料的质量标准，材料的性能，材料的取样、试验方法，材料的适用范围和施工要求等。

材料质量检验一般有书面检验、外观检验、理化检验和无损检验等 4 种方法。

根据材料信息和保证资料的具体情况，材料的质量检验程度分免检、抽检和全部检查 3 种。

（3）机械设备

施工机械设备的选用，除了需要考虑施工现场的条件、建筑结构类型、机械设备性能等方面的因素外，还应结合施工工艺和方法、施工组织与管理和建筑技术经济等各种影响因素，进行多方案论证比较，力求获得较好的综合经济效益。

机械设备的选用，应着重从机械设备的选型、机械设备的主要性能参数和机械设备的使用操作要求等三方面予以控制。

要健全"人机固定"制度、"操作证"制度、岗位责任制度、交接班制度、"技术保养"制度、"安全使用"制度和机械设备检查制度等，确保机械设备处于最佳使用状态。

（4）工艺方法

施工项目建设期内所采取的技术方案、工艺流程、组织实施、检测手段和施工组织设计等都属于工艺方法的范畴。

（5）环境

影响施工项目质量的环境因素较多，有工程技术环境、工程管理环境、劳动环境。环境因素对质量的影响，具有复杂而多变的特点。因此，根据工程特点和具体条件，应对影响质量的环境因素，采取有效的措施严加控制。尤其是施工现场，应建立文明施工和文明生产的环境，保持材料工件堆放有序，道路畅通，工作场所清洁整齐，施工程序井井有条，为确保质量、安全创造良好条件。

3. 施工项目质量的特点

（1）影响质量的因素多

设计、材料、机械、地形、地质、水文、气象以及施工工艺、操作方法、技术措施的选择都将对施工项目的质量产生不同程度的影响。

（2）容易产生质量变异

由于项目没有固定的生产流水线，也没有规范化的生产工艺、成套的生产设备和稳定的生产环境；在施工中要严防出现系统性因素的质量变异，要把质量变异控制在偶然性因素范围内。

（3）质量隐蔽性

工序交接多，中间产品多，隐蔽工程多是建设工程项目的主要特点，应重视隐蔽工程的质量控制，尽量避免隐蔽工程质量事件的发生。

（4）质量检查不能解体、拆卸

施工项目产品建成后，不可能像某些工业产品那样，再拆卸或解体检查内在的质量，或者重新更换零件。

（5）质量要受投资、进度的制约

施工项目的质量，受投资、进度的制约较大，因此，项目在施工中，还必须正确处理质量、投资、进度三者之间的关系，使其达到对立的统一。

（6）评价方法的特殊性

工程质量的检查评定及验收是按检验批、分项工程、分部工程和单位工程进行的。工程质量是在施工单位按合格质量标准自行检查评定的基础上，由监理工程师（或建设单位项目负责人）组织有关单位、人员进行检验确认验收。

4. 施工项目质量管理的基本原理

PDCA循环是人们在管理实践中形成的基本理论方法，这个循环工作原理是美国的戴明发明的，故又称"戴明循环"。

PDCA 分为四个阶段：即计划 P （Plan）、实施 D （Do）、检查 C （Check）和处置 A （Action）。

（1）计划 P

质量计划阶段，是明确质量目标并制定实现质量目标的行动方案。具体是确定质量控制的组织制度、工作程序、技术方法、业务流程、资源配置、检验试验要求、管理措施等具体内容和做法。此阶段还包括对其实现预期目标的可行性、有效性、经济合理性进行分析论证。

（2）实施 D

此阶段是按照计划要求及制定的质量目标去组织实施。具体包含两个环节：即计划行动方案的交底和工程作业技术活动的开展。计划交底目的在于使具体的作业者和管理者，明确计划的意图和要求，为下一步作业活动的开展奠定基础，步调一致地去实现预期的质量目标。

（3）检查 C

检查可分为自检、互检和专检。各类检查都包含两大方面：一是检查是否严格执行了计划行动方案，不执行计划的原因；二是检查计划执行的结果，即产品的质量是否达到标准的要求，并对此进行确认和评价。

（4）处置 A

此阶段是总结经验，纠正偏差，并将遗留问题转入下一轮循环。对于遇到的质量问题，应及时分析原因，采取必要的纠偏措施，使质量保持受控状态。

7.1.2　施工项目施工质量控制

1. 施工质量控制过程

施工质量控制的过程包括施工准备质量控制（事前控制）、施工过程质量控制（事中控制）和施工验收质量控制（事后控制）。

（1）施工准备阶段的质量控制

施工准备阶段的质量控制是指项目正式施工活动开始前，对项目施工各项准备工作及影响项目质量的各因素和有关方面进行的质量控制。主要包括：

1）技术资料、文件准备的质量控制。

2）设计交底和图纸审核的质量控制：

① 设计交底

工程施工前，由设计单位向施工单位有关技术人员进行设计交底，其主要内容包括：

A. 地形、地貌、水文气象、工程地质及水文地质等自然条件。

B. 施工图设计依据：初步设计文件，规划、环境等要求，设计规范。

C. 设计意图：设计思想、设计方案比较、基础处理方案、结构设计意图、设备安装和调试要求、施工进度安排等。

D. 施工注意事项：对基础处理的要求，对建筑材料的要求，采用新结构、新工艺的要求，施工组织和技术保证措施等。

② 图纸审核

图纸审核是设计单位和施工单位进行质量控制的重要手段，也是使施工单位通过审查熟悉了解设计图纸，明确设计意图和关键部位的工程质量要求，发现和减少设计差错，保证工程质量。图纸审核的主要内容包括：

A. 对设计者的资质进行认定。

B. 设计是否满足抗震、防火、环境卫生等要求。

C. 图纸与说明是否齐全。

D. 图纸中有无遗漏、差错或相互矛盾之处，图纸表示方法是否清楚，是否符合标准要求。

E. 地质及水文地质等资料是否充分、可靠。

F. 所需材料来源有无保证，能否替代。

G. 施工工艺、方法是否合理，是否切合实际，是否便于施工，能否保证质量要求。

H. 施工图及说明书中涉及的各种标准、图册、规范和规程等，施工单位是否具备。

3）采购质量控制

采购质量控制主要包括对采购产品及其供货方的质量控制。

采购物资应符合设计文件、标准、规范、相关法规及承包合同要求，如果项目部另有附加的质量要求，也应予以满足。

4）质量教育与培训

通过教育培训和其他措施提高员工的能力，增强质量和顾客意识，使员工满足所从事的质量工作对员工能力的要求。

（2）施工阶段的质量控制

1）技术交底

按照工程重要程度，单位工程开工前，应由企业或项目技术负责人向承担施工的负责人或分包人进行全面技术交底。各分项工程施工前，应由项目技术负责人向参加该项目施工的所有班组和配合工种进行交底。

技术交底的主要内容包括图纸交底、施工组织设计交底、分项工程技术交底和安全交底等。交底的形式有书面、口头、会议、挂牌、样板、示范操作等。

2）测量控制

① 对于有关部门提供的原始基准点、基准线和参考标高等的测量控制点应做好复核工作，经审核批准后，才能进行后续相关工序的施工。

② 施工测量控制网的复测。及时保护好已测定的场地平面控制网和主轴线的桩位，它是待建项目定位的主要依据，是保证整个施工测量精度、保证工程质量及工程项目顺利进行的基础。因此，在复测施工测量控制网时，应抽检建筑方格网、控制高程的水准网点以及标桩埋设位置等。

3）材料控制

① 对供货方质量保证能力进行评定。

② 建立材料管理制度，减少材料损失、变质。

③ 对原材料、半成品和构配件进行标识。

④ 加强材料检查验收。

⑤ 发包人提供的原材料、半成品、构配件和设备。

⑥ 材料质量抽样和检验方法：

材料质量抽样应按规定的部位、数量及采选的操作要求进行。材料质量的检验项目分为一般试验项目和其他试验项目。材料质量检验方法有书面检验、外观检验、理化检验和无损检验等。

4）机械设备控制

① 机械设备的使用形式

机械设备的使用形式包括自行采购、租赁、承包和调配等。

② 注意机械配套

机械配套有两层含义：其一，是一个工种的全部过程和作业环节的配套；其二，是主导机械与辅助机械在规格、数量和生产能力上的配套。

③ 机械设备的合理使用

合理使用机械设备，按照要求正确操作，是保证项目施工质量的重要环节。应贯彻人机固定原则，实行定机、定人、定岗位责任的"三定"制度。

④ 机械设备的保养与维修

保养分为例行保养和强制保养。例行保养的主要内容：有保持机械的清洁、检查运转情况、防止机械腐蚀和按技术要求润滑等。强制保养是按照一定周期和内容分级进行保养。

5）环境控制

① 建立环境管理体系，实施环境监控。

② 对影响施工项目质量的环境因素的控制：

A. 工程技术环境：工程技术环境包括工程地质、水文地质、气象等状况。施工时需要对工程技术环境进行调查研究。

B. 工程管理环境：工程管理环境包括质量管理体系、环境管理体系、安全管理体系和财务管理体系等。

C. 劳动环境：劳动环境包括劳动组织、劳动工具、劳动保护与安全施工等方面的内容。

6）计量控制

施工中的计量工作，包括施工生产时的投料计量、施工测算监测计量以及对项目、产品或过程的测试、检验和分析计量等。

计量控制的主要任务是统一计量单位制度，组织量值传递，保证量值的统一。

7）工序控制

工序亦称"作业"。工序是工程项目建设过程基本环节，也是组织生产过程的基本单位。一道工序，是指一个（或一组）工人在一个工作地对一个（或几个）劳动对象（工程、产品、构配件）所完成的一切连续活动的总和。

工序控制的实质是工序质量控制，即使工序处于稳定受控状态。

8）特殊过程控制

特殊过程是指该施工过程或工序施工质量不易或不能通过其后的检验和试验而得到充分的验证，或者万一发生质量事故则难以挽救的施工过程。

特殊过程是施工质量控制的重点，设置质量控制点就是要根据施工项目的特点，抓住影响工序施工质量的主要因素进行强化控制。

质量控制点的设置是保证施工过程质量的有力措施，也是进行质量控制的重要手段，其设置示例详见表 7-1。

质量控制点的设置示例　　　　　　　　　　　　　　　表 7-1

分项工程	质量控制点
工程测量定位	标准轴线桩、水平桩、龙门板、定位轴线、标高
地基、基础(含设备基础)	基坑(槽)尺寸、标高、土质、地基承载力，基础垫层标高，基础位置、尺寸、标高，预留洞孔、预埋件的位置、规格、数量，基础标高，杆底弹线
砌体	砌体轴线，皮杆数，砂浆混合比，预留洞孔、预埋件位置、数量，砌块排列
模板	位置、尺寸、标高，预埋件位置，预留洞孔尺寸、位置，模板强度及稳定性，模板内部清理及润湿情况
钢筋混凝土	水泥品种、强度等级，砂石质量，混凝土配合比，外加剂比例，混凝土振捣，钢筋品种、规格、尺寸、搭接长度，钢筋焊接，预留洞、孔及预理规格、数量、尺寸、位置，预留构件吊装或出场(脱模)强度，吊装位置、标高、支承长度、焊缝长度
吊装	吊装设备起重能力、吊具、索具、地锚
钢结构	翻样图、放大样
焊接	焊接条件、焊接工艺
装修	视具体情况而定

9）工程变更控制

工程变更可能导致项目工期、成本以及质量的改变。对于工程变更必须进行严格的管理和控制。

在工程变更控制中，应考虑以下几个方面：

① 注意控制和管理那些能够引起工程变更的因素和条件。

② 分析论证各方面提出的工程变更要求的合理性和可行性。

③ 当工程变更发生时，应对其进行严格的跟踪管理和控制。

④ 分析工程变更而引起的风险并采取必要的防范措施。

10）成品保护

加强成品保护，要从两个方面着手，首先需要加强教育，提高全体员工的成品保护意识。同时要合理安排施工顺序，采取有效的保护措施。

成品保护的措施：

① 护

护就是提前保护，防止对成品的污染及损伤。如外檐水刷石大角或柱子要立板固定保护。为了防止清水墙面污染，应在相应部位提前钉上塑料布或纸板。

② 包

包就是进行包裹，防止对成品的污染及损伤。如在喷浆前对电气开关、插座和灯具等设备进行包裹。铝合金门窗应用塑料布包扎。

③ 盖

盖就是表面覆盖，防止堵塞、损伤。如高级水磨石地面或大理石地面完成后，应用苫布覆盖。落水口、排水管安好后应加覆盖，以防堵塞。

④ 封

封就是局部封闭。如室内塑料墙纸、木地板油漆完成后，应立即锁门封闭。屋面防水完成后，应封闭上屋面的楼梯门或出入口。

（3）竣工验收阶段的质量控制

建筑工程质量验收可以划分为检验批、分项工程、分部工程和单位工程四个部分；其中单位工程质量验收也称质量竣工验收，是建筑工程投入使用前的最后一次验收，也是最重要的一次验收。验收合格的条件有 5 个；除构成单位工程的各分部工程应该验收合格、质量控制资料应完整以外，还须进行以下 3 方面的验收：

其一，所含分部工程中有关安全、节能、环境保护和主要使用功能的检查资料应完整；

其二，对主要使用功能进行抽查；

其三，由参加验收的各方人员共同对工程项目进行观感质量检查。

对于工程质量缺陷，可采用以下处理方案。

1）修补处理

当工程的某些部分的质量虽未达到规定的规范、标准或设计要求，存在一定的缺陷，但经过修补后还可达到标准的要求，在不影响使用功能或外观要求的情况下，可以做出进行修补处理的决定。

2）返工处理

当工程质量未达到规定的标准或要求，有十分严重的质量问题，对结构的使用和安全都将产生重大影响，而又无法通过修补办法给予纠正时，可以做出返工处理的决定。

3）限制使用

当工程质量缺陷按修补方式处理不能达到规定的使用要求和安全，而又无法返工处理的情况下，不得已时可以做出结构卸荷、减荷以及限制使用的决定。

4）不做处理

某些工程质量缺陷虽不符合规定的要求或标准，但其情况不严重。经过分析、论证和慎重考虑后，可以做出不做处理的决定。具体分为以下几种情况：不影响结构安全和正常使用要求；经过后续工序可以弥补的不严重的质量缺陷；经复核验算，仍能满足设计要求的质量缺陷。

2. 施工作业过程的质量控制

施工作业过程的质量控制，即是对各道工序的施工质量控制。

（1）施工工序质量控制的要求

1）坚持预防为主。事先分析并找出影响工序质量的主导因素，提前采取措施加以重点控制，使质量问题消灭在发生之前或萌芽状态。

2）进行工序质量检查。利用一定的方法和手段，对工序操作及其完成的可交付成果的质量进行检查、测定，并将实测结果与操作规程、技术标准进行比较，从而掌握施工质量状况。具体的检查方法为工序操作、质量巡查、抽查及重要部位的跟踪检查。

3）按目测、实测及抽样试验程序，对工序产品、分项工程做出合格与否的判断。

4）对合格工序产品应及时提交监理，经确认合格后予以签认验收。

5）完善质量记录资料。质量记录资料主要包括各项检查记录、检测资料及验收资料。质量记录资料应真实、齐全、完整，它既可作为工程质量验收的依据，也可为工程质量分析提供可追溯的依据。

（2）施工工序质量检验

1）质量检验的内容

① 开工前检查。主要检查工程项目是否具备开工条件，开工后能否连续正常施工，能否保证工程质量。

② 工序交接检查。对于重要的工序或对工程质量有重大影响的工序，在自检、互检的基础上，还要组织专职人员对工序进行交接检查。

③ 隐蔽工程检查。凡是隐蔽工程均应检查认证后方能掩盖。

④ 停工后复工前的检查。因处理工程项目质量问题或由于某种，原因停工后需复工时，亦应经检查认可后方能复工。

⑤ 分项、分部工程完工后，需经过检查认可，签署验收记录后，才能进行下一阶段施工项目施工。

⑥ 成品保护检查。检查成品有无保护措施，或保护措施是否可靠。

此外，还应经常深入现场，对施工操作质量进行巡视检查。必要时，还应进行跟班或追踪检查，以确保工序质量满足工程需要。

2）质量检查的方法

现场进行工序质量检查的方法主要有目测法、实测法和试验法 3 种。

① 目测法。其手段可归纳为看、摸、敲、照 4 个字。

② 实测法。就是通过实测数据与施工规范及质量标准所规定的允许偏差对照，以此判别工程质量是否合格。实测检查法的手段，可归纳为靠、吊、量、套 4 个字。

靠，是用直尺、塞尺检查墙面、地面、屋面等的平整度。

吊，是用托线板以线坠吊线检查垂直度。

量，是用测量工具和计量仪表等检查断面尺寸、轴线、标高、湿度和温度等的偏差。

套，是以方尺套方，辅以塞尺检查。

③ 试验检查。指必须通过试验手段，才能对质量进行判断的检查方法。

7.2 施工项目进度管理

7.2.1 概述

1. 工程进度计划的分类

（1）根据工程建设的参与者来分

参与工程建设的每一个单位均要编制和自己任务相适应的进度计划。根据工程进度管理不同的需要和不同的用途，业主方和其他参与方可以构建多个不同的工程进度计划系统。

（2）根据工程项目的实施阶段来分

根据工程项目的实施阶段，工程项目的进度计划可以分为以下几种。

1）设计进度计划：即对设计阶段进度安排的计划。

2）施工进度计划：施工阶段是进度管理的"操作过程"，要严格按计划进度实施，对造成计划偏离的各种干扰因素予以排除，保证进度目标实现。

3）物资设备供应进度计划。

其中，施工进度计划可按实施阶段分解为年、季、月、旬等不同阶段的进度计划，也可按项目的结构分解为单位（项）工程、分部分项工程的进度计划等，如图7-1所示。

图 7-1　施工进度计划分解示意图

2. 工程工期

所谓工程工期是指工程从开工至竣工所经历的时间。工程工期一般按日历月计算，有明确的起止年月。可以分为定额工期、计算工期与合同工期。

（1）定额工期

定额工期指在平均建设管理水平、施工工艺和机械装备水平及正常的建设条件（自然的、社会经济的）下，工程从开工到竣工所经历的时间。

（2）计算工期

计算工期指根据项目方案具体的工艺、组织和管理等方面情况，排定网络计划后，根据网络计划所计算出的工期。

（3）合同工期

合同工期指业主与承包商签订的合同中确定的承包商完成所承包项目的工期，也即业主对项目工期的期望。合同工期的确定可参考定额工期或计划工期，也可根据投产计划来确定。

3. 影响进度管理的因素

工程进度管理是一个动态过程，影响因素多，风险大，应认真分析和预测，采取合理措施，在动态管理中实现进度目标。影响工程进度管理的因素主要有以下几方面。

（1）业主。业主提出的建设工期目标的合理性、在资金及材料等方面的供应进度、业主各项准备工作的进度和业主项目管理的有效性等，均影响着建设项目的进度。

（2）勘察设计单位。勘察设计目标的确定、可投入的力量及其工作效率、各专业设计的配合，以及业主和设计单位的配合等均影响着建设项目进度控制。

（3）承包人。施工进度目标的确定、施工组织设计编制、投入的人力及施工设备的规模，以及施工管理水平等均影响着建设项目进度控制。

（4）建设环境。建筑市场状况、国家财政经济形势、建设管理体制和当地施工条件（气象、水文、地形、地质、交通和建筑材料供应）等均影响着建设项目进度控制。

上述多方面的因素是客观存在的，但有许多是人为的，是可以预测和控制的，参与工程建设的各方要加强对各种影响因素的控制，确保进度管理目标的实现。

7.2.2　施工组织与流水施工

在工程项目施工过程中，可以采用以下三种组织方式：依次施工、平行施工与流水施工。

1. 依次施工

依次施工是将拟建工程项目的整个建造过程分解成若干个施工过程，然后按照一定的施工顺序，各施工过程或施工段依次开工、依次完成的一种施工组织方式。这种施工方式组织简单，但由于同一工种工人无法连续施工造成窝工，从而使得施工工期较长。

2. 平行施工

平行施工是所有施工对象的各施工段同时开工、同时完工的一种施工组织方式。这种施工方式施工速度最快，但由于工作面拥挤，同时投入的人力、物力过多而造成组织困难和资源浪费。

3. 流水施工

流水施工是把施工对象划分成若干施工段，每个施工过程的专业队（组）依次连续地在每个施工段上进行作业，当前一个专业队（组）完成一个施工段的作业之后，就为下一个施工过程提供了作业面，不同的施工过程，按照工程对象的施工工艺要求，先后相继投入施工，使各专业队（组）在不同的空间范围内可以互不干扰地同时进行不同的工作。流水施工能够充分、合理地利用工作面争取时间，减少或避免工人停工、窝工。而且，由于其连续性、均衡性好，有利于提高劳动生产率，缩短工期。同时，可以促进施工技术与管理水平的提高。

（1）流水施工组织

在合理确定流水参数的基础上，流水施工组织可以通过图表的形式表示出来。

流水参数是在组织流水施工时，用以表达流水施工在工艺流程、空间布置与时间排列等方面的特征和各种数量关系的参数。流水参数主要包括工艺参数、空间参数与时间参数三大类。

1）工艺参数

流水施工过程中的工艺参数主要指施工过程。施工过程的数量一般以 n 表示。

2）空间参数

流水施工过程中的空间参数主要包括工作面、施工段与施工层。

① 工作面

某专业工种的工人在从事建筑产品施工生产过程中，所必须具备的活动空间，这个活动空间称为工作面。

② 施工段

划分施工段的目的是使各施工队（组）的劳动力能正常进行流水连续作业，不至于出现停歇现象。施工段一般以 m 表示。

③ 施工层

施工层是指为满足竖向流水施工的需要，在建筑物垂直方向上划分的施工区段，常用 j 表示。

3）时间参数（略）

（2）等节拍专业流水施工

等节拍专业流水施工是指所有的施工过程在各施工段上的流水节拍全部相等，并且等于流水步距的一种流水施工。

等节拍流水一般适用于工程规模较小、建筑结构比较简单和施工过程不多的建筑物。常用于组织一个分部工程的流水施工。组织等节拍流水施工的首先要分析施工过程，确定施工顺序，应将劳动量小的施工过程合并到相邻施工过程中去，以使各流水节拍相等；其次确定主要施工过程的施工班组人数及其组成。

等节拍专业流水又分为无间歇时间的等节拍专业流水与有间歇时间的等节拍专业流水两种。

（3）成倍节拍流水施工

成倍节拍流水施工指同一施工过程在各施工段上的流水节拍相等，而不同的施工过程在同一施工段上的流水节拍不全相等，而成倍数关系的施工组织方法。成倍节拍流水施工又分为一般成倍节拍流水施工与加快成倍节拍流水施工两种。

（4）无节奏专业流水施工

无节奏专业流水施工是指同一施工过程在各施工段上的流水节拍不全相等，各施工过程在同一施工段上的流水节拍也不全相等、也不全成倍数关系的流水施工方式。组织无节奏专业流水施工的基本要求是：各施工班组尽可能依次在施工段上连续施工，允许有些施工段出现空闲，但不允许多个施工班组在同一施工段交叉作业，更不允许发生工艺顺序颠倒现象。

7.2.3 网络计划技术

与传统的横道图计划相比，网络计划的优点主要表现在以下几方面。

（1）网络计划能够表示施工过程中各个环节之间互相依赖、互相制约的关系。对于工程的组织者和指挥者来说，就能够统筹兼顾，从全局出发，进行科学管理。

（2）可以分辨出对全局具有决定性影响的工作，以便使在组织实施计划时，能够分清主次，把有限的人力、物力首先用来完成这些关键工作。

（3）可以从计划总工期的角度来计算各工序的时间参数。对于非关键的工作，可以计算其时差，从而为工期计划的调整优化提供科学的依据。

（4）能够在工程实施之前进行模拟计算，可以知道其中的任何一道工序在整个工程中的地位以及对整个工程项目和其他工序的影响，从而使组织者心里有数。

（5）网络计划可以使用计算机进行计算。一个规模庞大的工程，特别是进行计划优化时，必然要进行大量的计算，而这些计算往往是手工计算或使用一般的计算工具难以胜任的。使用网络计划，可以利用电子计算机进行准确快速的计算。

实际上，越是复杂多变的工程，越能体现出网络计划的优越性。网络图中的双代号网络、单代号网络与时标网络是进度计划表示过程中使用最多的网络图。下面着重介绍双代号网络图。

1. 双代号网络图

双代号网络图是用一对节点及之间的箭线表示一项工作的网络图。其中的节点（圆圈）表示工作间的连接（工作的开始、结束）。双代号网络图主要有三个基本要素。

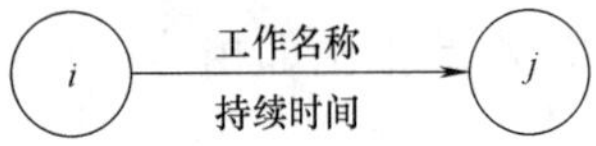

图 7-2 工作表示图

1）工作，又称工序或作业。在双代号网络图中一项工作用一条箭线和两个圆圈表示，如图 7-2 所示。

双代号网络图中有一种工作既不消耗时间，也不需要消耗资源的工作，称为虚工作。虚工作是为了反映各工作间的逻辑关系而引入的，并用虚箭线表示。

2) 节点，又称事项或事件。它表示一项工作的开始或结束的瞬间，起承上启下的衔接作用，且不需要消耗时间或资源。节点在网络图中一般用圆圈表示，并赋以编号。

3) 线路，又称路线。网络图从起点节点开始，沿箭头方向顺序通过一系列箭线与节点，最后达到终点节点的通路称为线路。一个网络图中，从起点节点到终点节点，一般都存在着许多条线路，每条线路上含若干工作。网络图中线路持续时间最长的线路称为关键路线。关键路线的持续时间又称网络计划的计算工期。同时，位于关键线路上的工作称为关键工作。

4) 时间参数的计算

双代号网络图中各个工作有 6 个时间参数，分别是：

最早开始时间 $ES_{i,j}$——表示工作（i，j）最早可能开始的时间；

最早结束时间 $EF_{i,j}$——表示工作（i，j）最早可能结束的时间；

最迟开始时间 $LS_{i,j}$——表示工作（i，j）最迟必须开始的时间；

最迟结束时间 $LF_{i,j}$——表示工作（i，j）最迟必须结束的时间；

总时差 $TF_{i,j}$——表示工作（i，j）在不影响总工期的条件下，可以延误的最长时间；

自由时差 $FF_{i,j}$——表示工作（i，j）在不影响紧后工作最早开始时间的条件下，允许延误的最长时间。

2. 单代号网络

单代号绘图法用圆圈或方框表示工作，并在圆圈或方框内可以写上工作的编号、名称和持续时间。工作之间的逻辑关系用箭线表示。单代号绘图法将工作有机地连接，形成一个有方向的图形称为单代号网络图，如图 7-3 所示。

图 7-3　单代号绘图法工作的表示图

3. 时标网络

所谓时标网络，是以时间坐标为尺度表示工作的进度网络，时间单位可大可小，如季度、月、旬、周或天等。双代号时标网络既可以表示工作的逻辑关系，又可以表示工作的持续时间。

7.2.4　施工项目进度控制

1. 概念

施工项目进度控制是指在既定的工期内，编制出最优的施工进度计划，在执行该计划的施工中，经常检查施工实际进度情况，并将其与计划进度相比较。如有偏差，则分析产生偏差的原因，采取补救措施或调整、修改原计划，直至工程竣工。进度控制的最终目的是确保项目施工目标的实现，施工进度控制的总目标是建设工期。

进度控制的主要环节包括进度检查、进度分析和进度的调整等。

2. 影响施工项目进度的因素

由于施工项目具有规模大、周期长、参与单位多等特点，因而影响进度的因素很多。归纳起来，这些因素包括以下几方面：

① 人的干扰因素。

② 材料、机具和设备干扰因素。

③ 地基干扰因素。

④ 资金干扰因素。

⑤ 环境干扰因素。

3. 施工项目进度控制的措施

进度控制的措施包括组织措施、技术措施、经济措施和合同措施等。

（1）组织措施

进度控制的组织措施主要包括：

1）建立进度控制小组，将进度控制任务落实到个人；

2）建立进度报告制度和进度信息沟通网络；

3）建立进度协调会议制度；

4）建立进度计划审核制度；

5）建立进度控制检查制度和调整制度；

6）建立进度控制分析制度；

7）建立图纸审查、及时办理工程变更和设计变更手续的措施。

（2）技术措施

进度控制的技术措施主要包括：

1）采用多级网络计划技术和其他先进适用的计划技术；

2）组织流水作业，保证作业连续、均衡、有节奏；

3）缩短作业时间，减少技术间歇；

4）采用电子计算机控制进度的措施；

5）采用先进高效的技术和设备。

（3）经济措施

进度控制的经济措施主要包括：

1）对工期缩短给予奖励；

2）对应急赶工给予优厚的赶工费；

3）对拖延工期给予罚款、收赔偿金；

4）提供资金、设备、材料和加工订货等供应保证措施；

5）及时办理预付款及工程进度款支付手续；

6）加强索赔管理。

（4）合同措施

进度控制的合同措施包括：

1）加强合同管理，加强组织、指挥和协调，以保证合同进度目标的实现；

2）严格控制合同变更，对各方提出的工程变更和设计变更，经监理工程师严格审查后补进合同文件；

3）加强风险管理，在合同中要充分考虑风险因素及其对进度的影响和处理办法等。

4. 施工项目进度控制的内容

（1）施工阶段进度控制目标的确定

施工项目进度控制系统是一个有机的大系统，从目标上来看，它是由进度控制总目标、分目标和阶段目标组成；从进度控制计划上来看，它由项目总进度控制计划、单位工程进度计划和相应的设计、资源供应、资金供应和投产动用等计划组成。

确定施工进度控制目标的主要因素有：工程建设总进度对工期的要求；工期定额；类似工程项目的进度；工程难易程度和工程条件。在进行施工进度分解目标时，还要考虑以下因素。

1）对于大型工程建设项目，应根据工期总目标对项目的要求集中力量分期分批建设，以便尽早投入使用，尽快发挥投资效益。

2）合理安排土建与设备的综合施工。应根据工程和施工特点，合理安排土建施工与设备基础、设备安装的先后顺序及搭接、交叉或平行作业，明确设备工程对土建工程的要求以及需要土建工程为设备工程提供施工条件的内容及时间。

3）结合本工程的特点，参考同类工程建设的建设经验确定施工进度目标。避免片面按主观愿望盲目确定进度目标，造成项目实施过程中进度的失控。

4）做好资金供应、施工力量配备、物资（材料、构配件和设备）供应与施工进度需要的平衡工作，确保工程进度目标的要求不落空。

5）考虑外部协作条件的配合情况。了解施工过程中及项目竣工动用所需的水、电气、通讯、道路及其他社会服务项目的满足程序和满足时间。确保它们与有关项目的进度目标相协调。

6）考虑工程项目所在地区地形、地质、水文和气象等方面的限制条件。

（2）施工阶段进度控制的内容

施工项目进度控制是一个不断变化的动态控制的过程，也是一个循环进行的过程。它是指在限定的工期内，编制出最佳的施工进度计划，在执行该计划的施工过程中，经常将实际进度与计划进度进行比较，分析偏差，并采取必要的补救措施和调整、修改原计划，如此不断循环，直至工程竣工验收为止。

施工项目的进度控制主要包括以下内容。

1）根据合同工期目标，编制施工准备工作计划、施工方案、项目施工总进度计划和单位工程施工进度计划，以确定工作内容、工作顺序、起止时间和衔接关系，为实施进度控制提供相关依据。

2）编制月（旬）作业计划和施工任务书，作好进度记录以掌握施工实际情况，加强调度工作以促成进度的动态平衡，从而使进度计划的实施取得显著成效。

3）采用实际进度与计划进度相对比的方法，把定期检查与应急检查相结合，对进度实施跟踪控制。实行进度控制报告制度，在每次检查之后，写出进度控制报告，提供给建设单位、监理单位和企业领导作为进度纠偏提供依据，为日后更好地进行进度控制提供参考。

    4）监督并协助分包单位实施其承包范围内的进度控制。

    5）对项目及阶段进度控制目标的完成情况、进度控制中的经验和问题做出总结分析，积累进度控制信息，促进进度控制水平不断提高。

    6）接受监理单位的施工进度控制监理。

5. 进度计划实施中的监测与分析程序

在工程项目的实施过程中，项目管理者必须经常地、定期地对进度的执行情况进行跟踪检查，发现问题，应及时采取有效措施加以解决。

施工进度的监测不仅是进度计划实施情况信息的主要来源，还是分析问题、采取措施。调整计划的依据。主要包括以下几方面的工作。

（1）进度计划执行中的跟踪检查

跟踪检查施工实际进度是分析施工进度、调整施工进度的前提。其目的是收集实际施工进度的有关数据。

（2）整理、统计和分析收集的数据

收集的数据要及时进行整理、统计和分析，形成与计划具有可比性的数据资料。例如根据本期检查实际完成量确定累计完成的量、本期完成的百分比和累计完成的百分比等数据资料。

（3）对比分析实际进度与计划进度

对比分析实际进度与计划进度主要是将实际的数据与计划的数据进行比较，如将实际累计完成量、实际累计完成百分比与计划累计完成量、计划累计完成百分比进行比较。通常可利用表格形成各种进度比较报表或直接绘制比较图形来直观地反映实际与计划的偏差。通过比较判断实际进度比计划进度拖后、超前还是与计划进度一致。

将收集的资料整理和统计成与计划进度具有可比性的数据后，用实际进度与计划进度的比较方法进行比较分析。可采用的比较通常有：横道图比较法、S形曲线比较法、"香蕉"型曲线比较法及前锋线比较法等。通过比较，得出实际进度与计划进度是一致、超前还是拖后，以便为决策提供依据。

（4）编制进度控制报告

进度控制报告是把监测比较的结果，以及有关施工进度现状和发展趋势的情况，以最简练的书面报告形式提供给项目经理及各级业务职能负责人。承包单位的进度控制报告应提交给监理工程师，作为其控制进度、核发进度款的依据。

（5）施工进度监测结果的处理

通过监测分析，如果进度偏差比较小，应在分析其产生原因的基础上采取有效控制和纠偏措施，解决矛盾，排除障碍，继续执行原进度计划。如果经过努力，确实不能按原计划实现时，再考虑对原计划进行必要的调整。如适当延长工期，或改变施工速度等。计划的调整一般是不可避免的，但应当慎重，尽量减少对计划的调整。

6. 施工进度计划的调整

（1）概述

在项目进度监测过程中，一旦发现实际进度与计划进度不符，即出现进度偏差时，必须认真寻找产生进度偏差的原因，分析进度偏差对后续工作产生的影响，并采取必要的调整措施，以确保施工进度总目标的实现。

　　通过检查分析，如果发现原有施工进度计划不能适用实际情况时，为确保施工进度控制目标的实现或确定新的施工进展计划目标，需要对原有计划进行调整，并以调整后的计划作为施工进度控制的新依据。具体的过程如图 7-4 所示。

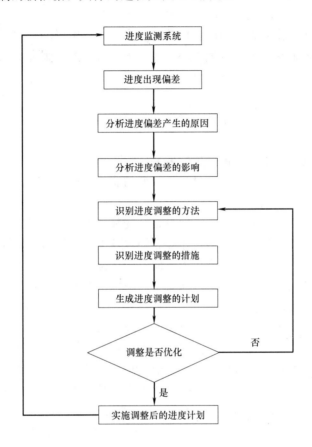

图 7-4　项目进度调整系统过程

（2）进度计划实施中的调整方法

1）分析偏差对后续工作及总工期的影响

　　根据以上对实际进度与计划进度的比较，能显示出实际进度与计划进度之间的偏差。当这种偏差影响到工期时，应及时对施工进度进行调整，以实现通过对进度的检查达到对进度控制的目的，保证预定工期目标的实现。偏差的大小及其所处的位置，对后续工作和总工期的影响程度是不同的。用网络计划中总时差和自由时差的概念进行判断和分析，步骤如下：

　　① 分析出现进度偏差的工作是否为关键工作

　　根据工作所在线路的性质或时间参数的特点，判断其是否为关键工作。若出现偏差的工作为关键工作，则无论偏差大小，都必须采取相应的调整措施。若出现偏差的工作不是关键工作，则需要根据偏差值 Δ 与总时差 TF 和自由时差 FF 的大小关系，确定对后续工作和总工期的影响程度。

② 分析进度偏差是否大于总时差

若进度偏差大于总时差，说明此偏差必将影响后续工作和总工期，必须采取相应的调整措施。若进度偏差小于或等于总时差，说明此偏差对总工期无影响，但它对后续工作的影响程度，需要根据此偏差与自由时差的比较情况来确定。

③ 分析进度偏差是否大于自由时差

若进度偏差大于自由时差，说明此偏差对后续工作产生影响，应根据后续工作允许的影响程度来确定如何调整。若进度偏差小于或等于自由时差，则说明此偏差对后续工作无影响。因此，原进度计划可以不做调整。

2）进度计划的调整方法

在对实施进度计划分析的基础上，确定调整原计划的方法主要有以下两种。

① 改变某些工作的逻辑关系

通过以上分析比较，如果进度产生的偏差影响了总工期，并且有关工作之间的逻辑关系允许改变，可以改变关键线路和超过计划工期的非关键线路上的有关工作之间的逻辑关系，以达到缩短工期的目的。

这种方法不改变工作的持续时间，而只是改变某些工作的开始时间和完成时间。对于大中型建设项目，因其单位工程较多且相互制约比较少，可调整的幅度比较大，所以容易采用平行作业的方法来调整施工进度计划。而对于单位工程项目，由于受工作之间工艺关系的限制，可调整的幅度比较小，所以通常采用搭接作业的方法来调整施工进度计划。

② 改变某些工作的持续时间

不改变工作之间的先后顺序关系，只是通过改变某些工作的持续时间来解决所产生的工期进度偏差，使施工进度加快，从而保证实现计划工期。但应注意，这些被压缩持续时间的工作应是位于因实际施工进度的拖延而引起总工期延长的关键线路和某些非关键线路上的工作，且这些工作又是可压缩持续时间的工作。具体措施如下：

A. 组织措施：增加工作面，组织更多的施工队伍，增加每天的施工时间，增加劳动力和施工机械的数量。

B. 技术措施：改进施工工艺和施工技术，缩短工艺技术间歇时间，采用更先进的施工方法，加快施工进度；用更先进的施工机械。

C. 经济措施：实行包干激励，提高奖励金额，对所采取的技术措施给予相应的经济补偿。

D. 其他配套措施：改善外部配合条件，改善劳动条件，实施强有力的调度等。

一般情况下，不管采取哪种措施，都会增加费用。因此，在调整施工进度计划时，应利用费用优化的原理选择费用增加最少的关键工作作为压缩对象。

7.3 施工项目成本管理

7.3.1 施工项目成本管理的任务

施工项目成本管理就是要在保证工期和质量满足要求的情况下，利用组织措施、经济措施、技术措施、合同措施把成本控制在计划范围内，并进一步寻求最大程度的成本节约。施工成本管理的任务主要包括：成本预测、成本计划、成本控制、成本核算、成本分析和成本考核。

1. 施工项目成本预测

施工项目成本预测就是根据成本信息和施工项目的具体情况，运用一定的专门方法，对未来的成本水平及其可能发展趋势做出科学的估计，其实质就是在施工以前对成本进行估算。施工项目成本预测是施工项目成本决策与计划的依据。

2. 施工项目成本计划

施工项目成本计划是以货币形式编制施工项目在计划期内的生产费用、成本水平、成本降低率以及为降低成本所采取的主要措施和规划的书面方案，它是建立施工项目成本管理责任制、开展成本控制和核算的基础。成本计划是目标成本的一种形式。

3. 施工项目成本控制

施工项目成本控制是指在施工过程中，对影响施工项目成本的各种因素加强管理，并采用各种有效措施，将施工中实际发生的各种消耗和支出严格控制在成本计划范围内，随时揭示并及时反馈，严格审查各项费用是否符合标准，计算实际成本和计划成本（目标成本）之间的差异并进行分析，消除施工中的损失浪费现象，发现和总结先进经验。

施工项目成本控制应贯穿于施工项目从投标阶段开始直到项目竣工验收的全过程，它是企业全面成本管理的重要环节。施工成本控制可分为事先控制、事中控制（过程控制）和事后控制。

4. 施工项目成本核算

施工项目成本核算是指按照规定开支范围对施工费用进行归集，计算出施工费用的实际发生额，并根据成本核算对象，采用适当的万法，计算出该施工项目的总成本和单位成本。施工项目成本核算所提供的各种成本信息是成本预测、成本计划、成本控制、成本分析和成本考核等各个环节的依据。

5. 施工项目成本分析

施工项目成本分析是在成本形成过程中，对施工项目成本进行的对比评价和总结工作。它贯穿于施工成本管理的全过程，主要利用施工项目的成本核算资料，与计划成本、预算成本以及类似施工项目的实际成本等进行比较，了解成本的变动情况，同时也要分析主要技术经济指标对成本的影响，系统地研究成本变动原因，检查成本计划的合理性，深入揭示成本变动的规律，以便有效地进行成本管理。

成本分析的基本方法包括：比较法、因素分析法、差额计算法和比率法。

6. 施工项目成本考核

施工项目成本考核是指施工项目完成后，对施工项目成本形成中的各责任者，按施工项目成本目标责任制的有关规定，将成本的实际指标与计划、定额、预算进行对比和考核，评定施工项目成本计划的完成情况和各责任者的业绩，并以此给予相应的奖励和处罚。

7.3.2 施工项目成本管理的措施

为了取得施工项目成本管理的理想成果，应当从多方面采取措施实施管理，通常可以将这些措施归纳为组织措施、技术措施、经济措施、合同措施等 4 个方面。

1. 组织措施

组织措施是从施工成本管理的组织方面采取的措施，如实行项目经理责任制，落实施工成本管理的组织机构和人员，明确各级施工成本管理人员的任务和职能分工、权利和责任，编制本阶段施工成本控制工作计划和详细的工作流程图等。

2. 技术措施

技术措施不仅对解决施工成本管理过程中的技术问题是不可缺少的，而且对纠正施工成本管理目标偏差也有相当重要的作用。因此，运用技术纠偏措施的关键，一是要能提出多个不同的技术方案，二是要对不同的技术方案进行技术经济分析。在实践中，要避免仅从技术角度选定方案而忽视对其经济效果的分析论证。

3. 经济措施

经济措施是最易为人接受和采用的措施。管理人员应编制资金使用计划，确定、分解施工成本管理目标。对施工成本管理目标进行风险分析，并制定防范性对策。通过偏差原因分析和未完工程施工成本预测，可发现一些潜在的问题将引起未完工程施工成本的增加，对这些问题应以主动控制为出发点，及时采取预防措施。

4. 合同措施

成本管理要以合同为依据，因此合同措施就显得尤为重要。对于合同措施从广义上理解，除了参加合同谈判、修订合同条款、处理合同执行过程中的索赔问题、防止和处理好与业主和分包商之间的索赔之外，还应分析不同合同之间的相互联系和影响，对每一个合同作总体和具体分析等。

7.3.3 施工项目成本计划的编制

1. 施工项目成本计划的编制依据

施工项目成本计划的编制依据包括：合同报价书；施工预算；施工组织设计或施工方案；人、料、机市场价格；公司颁布的材料指导价格；公司内部机械台班价格；劳动力内部挂牌价格；周转设备内部租赁价格；摊销损耗标准；已签订的工程合同、分包合同（或估价书）；结构件外加工计划和合同；有关财务成本核算制度和财务历史资料；其他相关资料。

2. 施工项目成本计划的编制方法

（1）按施工项目成本组成编制施工项目成本计划

施工项目成本可以按成本构成分解为人工费、材料费、施工机械使用费、措施费和间接费。

（2）按子项目组成编制施工项目成本计划

大中型的工程项目通常是由若干单项工程构成的，而每个单项工程包括了多个单位工程，每个单位工程又是由若干个分部分项工程构成。因此，首先要把项目总施工成本分解到单项工程和单位工程中，再进一步分解为分部工程和分项工程。

（3）按工程进度编制施工项目成本计划

编制按时间进度的施工成本计划，通常可利用控制项目进度的网络图进一步扩充而得。即在建立网络图时，一方面确定完成各项工作所需花费的时间，另一方面同时确定完成这一工作的合适的施工成本支出计划。在编制网络计划时，应在充分考虑进度控制对项目划分要求的同时，还要考虑确定施工成本支出计划对项目划分的要求，做到二者兼顾。

7.3.4 施工项目成本核算

施工成本一般以单位工程为成本核算对象，但也可以按照承包工程项目的规模、工期、结构类型、施工组织和施工现场等情况，结合成本管理要求，灵活划分成本核算对象。施工成本核算的基本内容包括：

（1）人工费核算；

（2）材料费核算；

（3）周转材料费核算；

（4）结构件费核算；

（5）机械使用费核算；

（6）其他措施费核算；

（7）分包工程成本核算；

（8）间接费核算；

（9）项目月度施工成本报告编制。

施工成本核算制是明确施工成本核算的原则、范围、程序、方法、内容、责任及要求的制度。项目管理必须实行施工成本核算制，它和项目经理责任制等共同构成了项目管理的运行机制。组织管理层与项目管理层的经济关系、管理责任关系、管理权限关系，以及项目管理组织所承担的责任成本核算的范围、核算业务流程和要求等，都应以制度的形式做出明确的规定。

项目经理部要建立一系列项目业务核算台账和施工成本会计账户，实施全过程的成本核算，具体可分为定期的成本核算和竣工工程成本核算，如每天、每周、每月的成本核算。定期的成本核算是竣工工程全面成本核算的基础。

形象进度、产值统计、实际成本归集三同步，即三者的取值范围应是一致的。形象进度表达的工程量、统计施工产值的工程量和实际成本归集所依据的工程量均应是相同的数值。

对竣工工程的成本核算，应区分为竣工工程现场成本和竣工工程完全成本，分别由项目经理部和企业财务部门进行核算分析，其目的在于分别考核项目管理绩效和企业经营效益。

7.3.5 施工项目成本控制和分析

1. 施工项目成本控制的依据

施工成本控制的依据包括以下内容。

（1）工程承包合同

施工成本控制要以工程承包合同为依据，围绕降低工程成本这个目标，从预算收入和实际成本两方面，努力挖掘增收节支潜力，以求获得最大的经济效益。

（2）施工成本计划

施工成本计划是根据施工项目的具体情况制定的施工成本控制方案，既包括预定的具体成本控制目标，又包括实现控制目标的措施和规划，是施工成本控制的指导文件。

（3）进度报告

进度报告提供了每一时刻工程实际完成量、工程施工成本实际收到工程款情况等重要信息。施工成本控制工作正是通过实际情况与施工成本计划相比较，找出二者之间的差别，分析偏差产生的原因，从而采取措施改进以后的工作。此外，进度报告还有助于管理者及时发现工程实施中存在的隐患，并在事态还未造成重大损失之前采取有效措施，尽量避免损失。

（4）工程变更

在项目的实施过程中，由于各方面的原因，工程变更是很难避免的。工程变更一般包括设计变更、进度计划变更、施工条件变更、技术规范与标准变更、施工次序变更、工程数量变更等。一旦出现变更，工程量、工期、成本都必将发生变化，从而使得施工成本控制工作变得更为复杂和困难。因此，施工成本管理人员就应当通过对变更要求当中各类数据的计算、分析，随时掌握变更情况，包括已发生工程量、将要发生工程量、工期是否拖延、支付情况等重要信息，判断变更以及变更可能带来的索赔额度等。

除了上述几种施工成本控制工作的主要依据以外，有关施工组织设计、分包合同文本等也都是施工成本控制的依据。

2. 施工项目成本控制的步骤

在确定了项目施工成本计划之后，必须定期地进行施工成本计划值与实际值的比较，当实际值偏离计划值时，分析产生偏差的原因，采取适当的纠偏措施，以确保施工成本控制目标的实现。其步骤如下。

（1）比较

按照某种确定的方式将施工成本计划值与实际值逐项进行比较，以发现施工成本是否已超支。

（2）分析

在比较的基础上，对比较的结果进行分析，以确定偏差的严重性及偏差产生的原因。这一步是施工成本控制工作的核心，其主要目的在于找出产生偏差的原因，从而采取有针对性的措施，减少或避免相同原因的再次发生或减少由此造成的损失。

（3）预测

根据项目实施情况估算整个项目完成时的施工成本。预测的目的在于为决策提供支持。

（4）纠偏

当工程项目的实际施工成本出现了偏差，应当根据工程的具体情况、偏差分析和预测的结果，采取适当的措施，以期达到使施工成本偏差尽可能小的目的。纠偏是施工成本控制中最具实质性的一步。只有通过纠偏，才能最终达到有效控制施工成本的目的。

（5）检查

指对工程的进展进行跟踪和检查，及时了解工程进展状况以及纠偏措施的执行情况和效果，为今后的工作积累经验。

3. 施工项目成本控制的方法

施工成本控制的方法很多，这里着重介绍偏差分析法。

（1）偏差的概念

在施工成本控制中，把施工成本的实际值与计划值的差异叫作施工成本偏差，即：

$$施工成本偏差＝已完工程实际施工成本－已完工程计划施工成本 \qquad (7-1)$$

式中：

已完工程实际施工成本＝已完工程量×实际单位成本

已完工程计划施工成本＝已完工程量×计划单价成本

结果为正表示施工成本超支，结果为负表示施工成本节约。但是，必须特别指出，进度偏差对施工成本偏差分析的结果有重要影响，如果不加考虑就不能正确反映施工成本偏差的实际情况。如：某一阶段的施工成本超支，可能是由于进度超前导致的，也可能由于物价上涨导致。所以，必须引入进度偏差的概念。

$$进度偏差（Ⅰ）＝已完工程实际时间－已完工程计划时间 \qquad (7-2)$$

为了与施工成本偏差联系起来，进度偏差也可表示为：

$$进度偏差（Ⅱ）＝拟完工程计划施工成本－已完工程计划施工成本 \qquad (7-3)$$

所谓拟完工程计划施工成本，是指根据进度计划安排在某一确定时间内所应完成的工程内容的计划施工成本，即：

$$拟完工程计划施工成本＝拟完工程量（计划工程量）×计划单位成本 \qquad (7-4)$$

进度偏差为正值，表示工期拖延；结果为负值表示工期提前。

（2）偏差分析的方法

偏差分析可采用不同的方法，常用的有横道图法、表格法和曲线法。

1）横道图法

用横道图法进行施工成本偏差分析，是用不同的横道标识已完工程计划施工成本、拟完工程计划施工成本和已完工程实际施工成本，横道的长度与其金额成正比例。

横道图法具有形象、直观、一目了然等优点，它能够准确表达出施工成本的绝对偏差，而且能一眼感受到偏差的严重性，但这种方法反映的信息量少，一般在项目的较高管理层应用。

2）表格法

表格法是进行偏差分析最常用的一种方法，它将项目编号、名称、各施工成本参数以及施工成本偏差数综合归纳入一张表格中，并且直接在表格中进行比较。由于各偏差参数都在表中列出，使得施工成本管理者能够综合地了解并处理这些数据。

3）曲线法

曲线法是用施工成本累计曲线（S形曲线）来进行施工成本偏差分析的一种方法。

用曲线法进行偏差分析同样具有形象、直观的特点，但这种方法很难直接用于定量分析，只能对定量分析起一定的指导作用。

4. 施工项目成本分析的依据

施工项目成本分析，就是根据会计核算、业务核算和统计核算提供的资料，对施工成本的形成过程和影响成本升降的因素进行分析，以寻求进一步降低成本的途径。

（1）会计核算

会计核算主要是价值核算。会计是对一定单位的经济业务进行计量、记录、分析和检查已做出预测，参与决策，实行监督，旨在实现最优经济效益的一种管理活动。资产、负债、所有者权益、营业收入、成本、利润等会计六要素指标，主要是通过会计来核算。由于会计记录具有连续性、系统性、综合性等特点，所以它是施工成本分析的重要依据。

（2）业务核算

业务核算是各业务部门根据业务工作的需要而建立的核算制度，它包括原始记录和计算登记表，如单位工程及分部分项工程进度登记，质量登记，工效、定额计算登记，物资消耗定额记录，测试记录等等。业务核算的范围比会计、统计核算要广。业务核算的目的，在于迅速取得资料，在经济活动中及时采取措施进行调整。

（3）统计核算

统计核算是利用会计核算资料和业务核算资料，把企业生产经营活动客观现状的大量数据，按统计方法加以系统整理，表明其规律性。它的计量尺度比会计宽，可以用货币计算，也可以用实物或劳动量计量。它通过全面调查和抽样调查等特有的方法，不仅能提供绝对数指标，还能提供相对数和平均数指标，可以计算当前的实际水平，确定变动速度，可以预测发展的趋势。

5. 施工项目成本分析的方法

（1）成本分析的基本方法

施工成本分析的方法包括比较法、因素分析法、差额计算法、比率法等基本方法。

1）比较法

比较法，又称"指标对比分析法"，就是通过技术经济指标的对比，检查目标的完成情况，分析产生差异的原因，进而挖掘内部潜力的方法。这种方法，具有通俗易懂、简单易行、便于掌握的特点，因而得到了广泛的应用，但在应用时必须注意各技术经济指标的可比性。比较法的应用，通常有下列形式。

① 将实际指标与目标指标对比。

② 本期实际指标与上期实际指标对比。

③ 与本行业平均水平、先进水平对比。

2）因素分析法

因素分析法又称连环置换法。这种方法可用来分析各种因素对成本的影响程度。在进行分析时，首先要假定众多因素中的一个因素发生了变化，而其他因素不变，然后逐个替换，分别比较其计算结果，以确定各个因素的变化对成本的影响程度。因素分析法的计算步骤如下：

① 确定分析对象，并计算出实际数与目标数的差异；

② 确定该指标是由哪几个因素组成的，并按其相互关系进行排序；

③ 以目标数为基础，将各因素的目标数相乘，作为分析替代的基数；

④ 将各个因素的实际数按照上面的排列顺序进行替换计算，并将替换后的实际数保留下来；

⑤ 将每次替换计算所得的结果，与前一次的计算结果相比较，两者的差异即为该因素对成本的影响程度；

⑥ 各个因素的影响程度之和，应与分析对象的总差异相等。

3）差额计算法

差额计算法是因素分析法的一种简化形式，它利用各个因素的目标值与实际值的差额来计算其对成本的影响程度。

4）比率法

比率法是指用两个以上的指标的比例进行分析的方法。它的基本特点是：先把对比分析的数值变成相对数，再观察其相互之间的关系。常用的比率法有以下几种。

① 相关比率法。由于项目经济活动的各个方面是相互联系、相互依存又相互影响的，因而可以将两个性质不同而又相关的指标加以对比，求出比率，并以此来考察经营成果的好坏。

② 构成比率法。又称比重分析法或结构对比分析法。通过构成比率，可以考察成本总量的构成情况及各成本项目占成本总量的比重，同时也可看出量、本、利的比例关系（即预算成本、实际成本和降低成本的比例关系），从而为寻求降低成本的途径指明方向。

③ 动态比率法。动态比率法，就是将同类指标不同时期的数值进行对比，求出比率，以分析该项指标的发展方向和发展速度。动态比率的计算，通常采用基期指数和环比指数两种方法。

（2）综合成本的分析方法

所谓综合成本，是指涉及多种生产要素，并受多种因素影响的成本费用，如分部分项工程成本、月（季）度成本、年度成本、竣工成本等。由于这些成本都是随着项目施工的进展而逐步形成的，与生产经营有着密切的关系。因此，做好上述成本的分析工作，无疑将促进项目的生产经营管理，提高项目的经济效益。

1）分部分项工程成本分析

分部分项工程成本分析是施工项目成本分析的基础。分部分项工程成本分析的对象为已完成分部分项工程，分析的方法是：进行预算成本、目标成本和实际成本的"三算"对比，分别计算实际偏差和目标偏差，分析偏差产生的原因，为今后的分部分项工程成本寻求节约途径。

分部分项工程成本分析的资料来源（依据）是：预算成本来自投标报价成本，目标成本来自施工预算，实际成本来自施工任务单的实际工程量、实耗人工和限额领料单的实耗材料。

2）月（季）度成本分析

月（季）度成本分析，是施工项目定期的、经常性的中间成本分析。对于具有一次性特点的施工项目来说，有着特别重要的意义。因为通过月（季）度成本分析，可以及时发现问题，以便按照成本目标指定的方向进行监督和控制，保证项目成本目标的实现。

月（季）度成本分析的依据是当月（季）的成本报表。分析的方法，通常有以下几个方面。

① 通过实际成本与预算成本的对比，分析当月（季）的成本降低水平；通过累计实际成本与累计预算成本的对比，分析累计的成本降低水平，预测实现项目成本目标的前景。

② 通过实际成本与目标成本的对比，分析目标成本的落实情况，以及目标管理中的问题和不足，进而采取措施，加强成本管理，保证成本目标的落实。

③ 通过对各成本项目的成本分析，可以了解成本总量的构成比例和成本管理的薄弱环节。

④ 通过主要技术经济指标的实际与目标对比，分析产量、工期、质量、"二材"节约

率、机械利用率等对成本的影响。

⑤ 通过对技术组织措施执行效果的分析，寻求更加有效的节约途径。

⑥ 分析其他有利条件和不利条件对成本的影响。

3）年度成本分析

企业成本要求一年结算一次，不得将本年成本转入下一年度。而项目成本则以项目的寿命周期为结算期，要求从开工、竣工到保修期结束连续计算，最后结算出成本总量及其盈亏。

由于项目的施工周期一般较长，除进行月（季）度成本核算和分析外，还要进行年度成本的核算和分析。这不仅是为了满足企业汇编年度成本报表的需要，同时也是项目成本管理的需要。因为通过年度成本的综合分析，可以总结一年来成本管理的成绩和不足，为今后的成本管理提供经验和教训，从而可对项目成本进行更有效的管理。

年度成本分析的依据是年度成本报表。年度成本分析的内容，除了月（季）度成本分析的 6 个方面以外，重点是针对下一年度的施工进展情况规划提出切实可行的成本管理措施，以保证施工项目成本目标的实现。

4）竣工成本的综合分析

凡是有几个单位工程而且是单独进行成本核算（即成本核算对象）的施工项目，其竣工成本分析应以各单位工程竣工成本分析资料为基础，再加上项目经理部的经营效益（如资金调度、对外分包等所产生的效益）进行综合分析。如果施工项目只有一个成本核算对象（单位工程），就以该成本核算对象的竣工成本资料作为成本分析的依据。

单位工程竣工成本分析，应包括以下 3 方面内容：

① 竣工成本分析；

② 主要资源节超对比分析；

③ 主要技术节约措施及经济效果分析。

通过以上分析，可以全面了解单位工程的成本构成和降低成本的来源，对今后同类工程的成本管理很有参考价值。

7.4 施工项目安全管理

7.4.1 安全生产管理概论

安全生产是我国的一项基本国策，必须强制贯彻执行。同时，安全生产也是建筑企业的立身之本，关系到企业能否稳定、持续、健康地发展。总之，安全生产是建筑企业科学规范管理的重要标志。

施工项目安全管理，就是在施工过程中，项目部组织安全生产的全部管理活动。通过对生产要素的过程控制，使其不安全行为和状态减少或消除，达到减少一般事故，杜绝伤亡事故，从而保证安全管理目标的实现。

1. 安全生产方针

建筑企业的安全生产方针经历了从"安全生产"到"安全第一、预防为主"的产生和发展过程，应强调在施工生产中要做好预防工作，尽可能将事故消灭在萌芽状态之中。

2. 安全生产管理制度

安全生产管理制度是依据国家法律法规制定的，项目全体员工在生产经营活动中必须贯彻执行，同时也是企业规章制度的重要组成部分。通过建立安全生产管理制度，可以把企业员工组织起来，围绕安全目标进行生产建设。同时，我国的安全生产方针和法律法规也是通过安全生产管理制度去实现的。安全生产管理制度既有国家制定的，也有企业制定的。企业必须建立的基本制度包括：安全生产责任制、安全技术措施、安全生产培训和教育、安全生产定期检查、伤亡事故的调查和处理等制度。此外，随着社会和生产的发展，安全生产管理制度也在不断发展，国家和企业在这些基本制度的基础上又建立和完善了许多新制度，比如，特种设备及特种作业人员管理，机械设备安全检修以及文明生产等制度。

7.4.2 施工安全管理体系

1. 建立施工安全管理体系的原则

施工安全管理体系是项目管理体系中的一个子系统，它是根据 PDCA 循环模式的运行方式，以逐步提高、持续改进的思想指导企业系统地实现安全管理的既定目标。因此，施工安全管理体系是一个动态的、自我调整和完善的管理系统。建立施工安全管理体系的原则：

（1）贯彻"安全第一，预防为主"的方针，企业必须建立健全安全生产责任制和群防群治制度，确保工程施工劳动者的人身和财产安全。

（2）施工安全管理体系的建立，必须适用于工程施工全过程的安全管理和控制。

（3）施工安全管理体系文件的编制，必须符合《中华人民共和国建筑法》、《中华人民共和国安全生产法》、《建设工程安全生产管理条例》、《职业安全卫生管理体系标准》和国际劳工组织（ILO）167 号公约等法律、行政法规及规程的要求。

（4）项目经理部应根据本企业的安全管理体系标准，结合各项目的实际加以充实，确保工程项目的施工安全。

（5）企业应加强对施工项目的安全管理、指导，帮助项目经理部建立和实施安全管理体系。

2. 施工安全保证体系的构成

（1）施工安全的组织保证体系

施工安全的组织保证体系是负责施工安全工作的组织管理系统，一般包括最高权力机构、专职管理机构的设置和专兼职安全管理人员的配备（如企业的主要负责人，专职安全管理人员，企业、项目部主管安全的管理人员以及班组长、班组安全员）。

（2）施工安全的制度保证体系

施工安全的制度保证体系是为贯彻执行安全生产法律、法规、强制性标准、工程施工设计和安全技术措施，确保施工安全而提供制度的支持与保证体系。

（3）施工安全的技术保证体系

为了达到施工状态安全、施工行为安全以及安全生产管理到位的安全目的，施工安全的技术保证，就是为上述安全要求提供安全技术的保证，确保在施工中准确判断其安全的可靠性，对避免出现危险状况、事态做出限制和控制规定，对施工安全保险与排险措施给予规定以及对一切施工生产给予安全保证。

施工安全技术保证由专项工程、专项技术、专项管理、专项治理 4 种类别构成，每种类别又有若干项目，每个项目都包括安全可靠性技术、安全限控技术、安全保险与排险技术和安全保护技术等4种技术，建立并形成安全技术保证体系。

（4）施工安全投入保证体系

施工安全投入保证体系是确保施工安全应有与其要求相适应的人力、物力和财力投入，并发挥其投入效果的保证体系。其中，人力投入可在施工安全组织保证体系中解决，而物力和财力的投入则需要解决相应的资金问题。其资金来源为工程费用中的机械装备费、措施费（如脚手架费、环境保护费、安全文明施工费、临时设施费等）、管理费和劳动保险支出等。

（5）施工安全信息保证体系

施工安全工作中的信息主要有文件信息、标准信息、管理信息、技术信息、安全施工状况信息及事故信息等，这些信息对于企业搞好安全施工工作具有重要的指导和参考作用。因此，企业应把这些信息作为安全施工的基础资料保存，建立起施工安全的信息保证体系，以便为施工安全工作提供有力的安全信息支持。

7.4.3　施工安全技术措施

1. 概述

施工安全技术措施是在施工项目生产活动中，根据工程特点、规模、结构复杂程度、工期、施工现场环境、劳动组织、施工方法、施工机械设备、变配电设施、架设工具以及各项安全防护设施等，针对施工中存在的不安全因素进行预测和分析；找出危险点，为消除和控制危险隐患，从技术和管理上采取措施加以防范，消除不安全因素，防止事故发生，确保施工项目安全施工。

2. 施工安全技术措施的编制要求

（1）施工安全技术措施在施工前必须编制好，并且经过审批后正式下达施工单位指导施工。设计和施工发生变更时，安全技术措施必须及时变更或作补充。

（2）根据不同分部分项工程的施工方法和施工工艺可能给施工带来的不安全因素，制定相应的施工安全技术措施，真正做到从技术上采取措施保证其安全实施。

1）主要的分部分项工程，如土石方工程、基础工程（含桩基础）、砌筑工程、钢筋混凝土工程、钢门窗工程、结构吊装工程及脚手架工程等都必须编制单独的分部分项工程施工安全技术措施。

2）编制施工组织设计或施工方案时，在使用新技术、新工艺、新设备、新材料的同时，必须考虑相应的施工安全技术措施。

（3）要编制各种机械动力设备、用电设备的安全技术措施。

（4）对于有毒、有害、易燃、易爆等项目的施工作业，必须考虑防止可能给施工人员造成危害的安全技术措施。

（5）对于施工现场的周围环境中可能给施工人员及周围居民带来的不安全因素，以及由于施工现场狭小导致材料、构件、设备运输的困难和危险因素，制定相应的施工安全技术措施。

（6）针对季节性施工的特点，必须制定相应的安全技术措施。夏季要制定防暑降温措施；雨期施工要制定防触电、防雷、防坍塌措施；冬期施工要制定防风、防火、防滑、防煤气和亚硝酸钠中毒措施。

（7）施工安全技术措施中要有施工总平面图，在图中必须对危险的油库、易燃材料库以及材料、构件的堆放位置、垂直运输设备、变电设备、搅拌站的位置等，按照施工需要和安全规程的要求明确定位，并提出具体要求。

（8）制定的施工安全技术措施必须符合国家颁发的施工安全技术法规、规范及标准。

3. 施工安全技术措施的主要内容

施工安全技术措施可按施工准备阶段和施工阶段编写，如表 7-2、表 7-3 所示。

施工准备阶段安全技术措施   表 7-2

准备类型	内　　容
技术准备	①了解工程设计对安全施工的要求。 ②调查工程的自然环境(水文、地质、气候、洪水、雷击等)和施工环境(粉尘、噪声、地下设施、管道和电缆的分布、走向等)对施工安全及施工对周围环境安全的影响。 ③改扩建工程施工与建设单位使用、生产发生交叉，可能造成双方伤害时，双方应签订安全施工协议，搞好施工与生产的协调，明确双方责任，共同遵守安全事项。 ④在施工组织设计中，编制切实可行、行之有效的安全技术措施，并严格履行审批手续，送安全部门备案
物资准备	①及时供应质量合格的安全防护用品(安全帽、安全带、安全网等)，并满足施工需要。 ②保证特殊工种(电工、焊工、爆破工、起重工等)使用工具、器械质量合格，技术性能良好。 ③施工机具、设备(起重机、卷扬机、电锯、平面刨、电气设备等)、车辆等，须经安全技术性能检测，鉴定合格，防护装置齐全，制动装置可靠，方可进厂使用。 ④施工周转材料(脚手杆、扣件、跳板等)须经认真挑选，不符合安全要求禁止使用
施工现场准备	①按施工总平面图要求做好现场施工准备。 ②现场各种临时设施、库房，特别是炸药库、油库的布置，易燃易爆品存放都必须符合安全规定和消防要求，并经公安消防部门批准。 ③电气线路、配电设备符合安全要求，有安全用电防护措施。 ④场内道路畅通，设交通标志，危险地带设危险信号及禁止通行标志，保证行人、车辆通行安全。 ⑤现场周围和陡坡、沟坑处设围栏、防护板，现场入口处设"无关人员禁止入内"的警示标志。 ⑥塔吊等起重设备安置要与输电线路，永久或临设工程间有足够的安全距离，避免碰撞，以保证搭设脚手架、安全网的施工距离。 ⑦现场设消防栓，有足够的有效的灭火器材、设施
施工队伍准备	①总包单位及分包单位都应持有《施工企业安全资格审查认可证》方可组织施工。 ②新工人、特殊工种工人须经上岗位技术培训、安全教育后，持合格证上岗。 ③高险难作业工人须经身体检查合格，具有安全生产资格，方可施工作业。 ④特殊工种作业人员，必须持有《特种作业操作证》方可上岗

施工阶段安全技术措施   表 7-3

工程类型	内　　容
一般工程	①单项工程、单位工程均有安全技术措施，分部分项工程有安全技术具体措施，施工前由技术负责人向参加施工的有关人员进行安全技术交底，并应逐级保存"安全交底任务单"。 ②安全技术应与施工生产技术统一，各项安全技术措施必须在相应的工序施工前落实好。 ③操作者严格遵守相应的操作规程，实行标准化作业。 ④针对采用的新工艺、新技术、新设备、新结构制定专门的施工安全技术措施。 ⑤在明火作业现场(焊接、切割、熬沥青等)有防火、防爆措施。 ⑥考虑不同季节的气候对施工生产带来的不安全因素可能造成的各种突发性事故，从防护上、技术上、管理上有预防自然灾害的专门安全技术措施

工程类型	内　容
特殊工程	①对于结构复杂、危险性大的特殊工程，应编制单项的安全技术措施。 ②安全技术措施中应注明设计依据，并附有计算、详图和文字说明
拆除工程	①详细调查拆除工程的结构特点、结构强度、电线线路、管道设施等现状，制定可靠的安全技术方案。 ②拆除建筑物、构筑物之前，在工程周围划定危险警戒区域，设立安全围栏，禁止无关人员进入作业现场。 ③拆除工作开始前，先切断被拆除建筑物、构筑物的电线、供水、供热、供煤气的通道。 ④拆除工作应自上而下顺序进行，禁止数层同时拆除，必要时要对底层或下部结构进行加固。 ⑤栏杆、楼梯、平台应与主体拆除程序配合进行，不能先行拆除。 ⑥拆除作业工人应站在脚手架或稳固的结构部分上操作，拆除承重梁、柱之前应拆除其承重的全部结构，并防止其他部分坍塌。 ⑦拆下的材料要及时清理运走，不得在旧楼板上集中堆放，以免超负荷。 ⑧拆除建筑物、构筑物内需要保留的部分或设备，要事先搭好防护棚。 ⑨一般不采用推倒方法拆除建筑物，必须采用推倒方法时，应采取特殊安全措施

4. 安全技术交底

（1）安全技术措施交底的基本要求

1）项目经理部必须实行逐级安全技术交底制度，纵向延伸到班组全体作业人员。

2）技术交底必须具体、明确，针对性强。

3）技术交底的内容应针对分部分项工程施工中给作业人员带来的潜在危害和存在问题。

4）应优先采用新的安全技术措施。

5）应将工程概况、施工方法、施工程序、安全技术措施等向工长、班组长进行详细交底。

6）定期向由两个以上作业队和多工种进行交叉施工的作业队伍进行书面交底。

7）保持书面安全技术交底签字记录。

（2）安全技术交底主要内容

1）建设工程项目、单项工程和分部分项工程的概况、施工特点和施工安全要求。

2）确保施工安全的关键环节、危险部位、安全控制点及采取相应的技术、安全和管理措施。

3）做好"四口"、"五临边"的防护设施，其中"四口"为通道口、楼梯口、电梯井口、预留洞口；"五临边"为未安栏杆的阳台周边、无外架防护的屋面周边、框架工程的楼层周边、卸料平台的外侧边及上下跑道、斜道的两侧边。

4）项目管理人员应做好的安全管理事项及作业人员应注意的安全防范事项。

5）各级管理人员应遵守的安全标准和安全操作规程的规定及注意事项。

6）安全检查要求，注意及时发现和消除安全隐患。

7）对于出现异常征兆、事态或发生事故的应急救援措施。

8）对于安全技术交底未尽的其他事项的要求（即应按哪些标准、规定和制度执行）。

7.4.4 施工安全教育与培训

1. 施工安全教育和培训的重要性

安全生产保证体系的成功实施，有赖于施工现场全体人员的参与，需要他们具有良好的安全意识和安全知识。保证他们得到适当的教育和培训，是实现施工现场安全保证体系有效运行，达到安全生产目标的重要环节。施工现场应在项目安全保证计划中确保对员工进行教育和培训的需求，指定安全教育和培训的责任部门或责任人。

安全教育和培训要体现全面、全员、全过程的原则，覆盖施工现场的所有人员（包括分包单位人员），贯穿于从施工准备、工程施工到竣工交付的各个阶段和方面，通过动态控制，确保只有经过安全教育的人员才能上岗。

2. 施工安全教育主要内容

（1）现场规章制度和遵章守纪教育

1）本工程施工特点及施工安全基本知识。

2）本工程（包括施工生产现场）安全生产制度、规定及安全注意事项。

3）工种的安全技术操作规程。

4）高处作业、机械设备、电气安全基础知识。

5）防火、防毒、防尘、防爆及紧急情况安全防范自救。

6）防护用品发放标准及防护用品、用具使用的基本知识。

（2）本工种岗位安全操作及班组安全制度、纪律教育

1）本班组作业特点及安全操作规程。

2）本班组安全活动制度及纪律。

3）爱护和正确使用安全防护装置（设施）及个人劳动防护用品。

4）本岗位易发生事故的不安全因素及其防范对策。

5）本岗位的作业环境及使用的机械设备、工具的安全要求。

（3）安全生产须知

1）新工人进入工地前必须认真学习本工种安全技术操作规程。未经安全知识教育和培训，不得进入施工现场操作。

2）进入施工现场，必须戴好安全帽、扣好帽带。

3）在没有防护设施的 2m 高处、悬崖或陡坡施工作业必须系好安全带。

4）高空作业时，不准往下或向上抛材料和工具等物件。

5）不懂电器和机械的人员，严禁使用和玩弄机电设备。

6）建筑材料和构件要堆放整齐稳妥，不要过高。

7）危险区域要有明显标志，要采取防护措施，夜间要设红灯示警。

8）在操作中，应坚守工作岗位，严禁酒后操作。

9）特殊工种（电工、焊工、司炉工、爆破工、起重及打桩司机和指挥、架子工、各种机动车辆司机等）必须经过有关部门专业培训考试合格发给操作证，方准独立操作。

10）施工现场禁止穿拖鞋、高跟鞋，易滑、带钉的鞋，禁止赤脚和赤膊操作。

11）不得擅自拆除施工现场的脚手架、防护设施、安全标志、警告牌、脚手架连接铅丝或连接件。需要拆除时，必须经过加固后并经施工负责人同意。

12）施工现场的洞、坑、井架、升降口、漏斗等危险处，应有防护措施并有明显标志。

13）任何人不准向下、向上乱丢材、物、垃圾、工具等。不准随意开动一切机械。操作时思想要集中，不准开玩笑，做私活。

14）不准坐在脚手架防护栏杆上休息。

15）手推车装运物料时，应注意平稳，掌握重心，不得猛跑或撒把溜放。

16）拆下的脚手架、钢模板、轧头或木模、支撑，要及时整理，圆钉要及时拔除。

17）砌墙斩砖要朝里斩，不准朝外斩。防止碎砖堕落伤人。

18）工具用好后要随时装入工具袋。

19）不准在井架内穿行；不准在井架提升后不采取安全措施到下面去清理砂浆、混凝土等杂物；吊篮不准久停空中；下班后吊篮必须放在地面处，且切断电源。

20）要及时清扫脚手架上的霜、雪、泥等。

21）脚手板两端间要扎牢，防止空头板（竹脚手片应四点扎牢）。

22）脚手架超载危险。砌筑脚手架均布荷载每平方米不得超过270kN，即在脚手架上堆放标准砖不得超过单行侧放三层高，20孔多孔砖不得超过单行侧放四层高，非承重三孔砖不得超过单行平放五皮高。只允许两排脚手架上同时堆放。要避免下列危险：脚手架连接物拆除；坐在防护栏杆上休息；搭、拆脚手架、井字架不系安全带。

23）单梯上部要扎牢，下部要有防滑措施。

24）挂梯上部要挂牢，下部要绑扎。

25）人字梯中间要扎牢，下部要有防滑措施，不准人坐在上面作骑马式运动。

26）高空作业：从事高空作业的人员，必须身体健康，严禁患有高血压、贫血症、严重心脏病、精神症、癫痫病、深度近视眼在500度以上的人员，以及经医生检查认为不适合高空作业的人员从事高空作业，对井架、起重工等从事高空作业的工种人员要每年体检一次。

7.4.5　施工安全检查

工程项目安全检查的目的是为了消除隐患、防止事故，它是改善劳动条件及提高员工安全生产意识的重要手段，是安全控制工作的一项重要内容。通过安全检查可以发现工程中的危险因素，以便有计划地采取措施，保证安全生产。施工项目的安全检查应由项目经理组织，定期进行。

安全检查可分为日常性检查、专业性检查，季节性检查、节假日前后的检查和不定期检查。

1. 安全检查的主要内容

（1）查思想：主要检查企业的领导和职工对安全生产工作的认识。

（2）查管理：主要检查工程的安全生产管理是否有效。主要内容包括：安全生产责任制，安全技术措施计划，安全组织机构，安全保证措施，安全技术交底，安全教育，持证上岗，安全设施，安全标识，操作规程，违规行为，安全记录等。

（3）查隐患：主要检查作业现场是否符合安全生产、文明生产的要求。

（4）查整改：主要检查对过去提出问题的整改情况。

（5）查事故处理：对安全事故的处理应达到查找事故原因、明确责任并对责任者做出处理、明确和落实整改措施等要求。同时还应检查对伤亡事故是否及时报告、认真调查、严肃处理。

安全检查的重点是违章指挥和违章作业。安全检查后应编制安全检查报告，说明已达标项目、未达标项目、存在问题、原因分析、纠正和预防措施。

2. 项目经理部安全检查的主要规定

（1）定期对安全控制计划的执行情况进行检查、记录、评价和考核，对作业中存在的不安全行为和隐患，签发安全整改通知，由相关部门制定整改方案，落实整改措施，实施整改后应予复查。

（2）根据施工过程的特点和安全目标的要求确定安全检查的内容。

（3）安全检查应配备必要的设备或器具，确定检查负责人和检查人员，并明确检查的方法和要求。

（4）检查应采取随机抽样、现场观察和实地检测的方法，并记录检查结果，纠正违章指挥和违章作业。

（5）对检查结果进行分析，找出安全隐患，确定危险程度。

（6）编写安全检查报告并上报。

3. 安全检查方法

（1）"看"：主要查看管理记录、持证上岗、现场标识、交接验收资料、"三宝"使用情况、"洞口"、"临边"防护情况和设备防护装置等。

（2）"量"：主要是用尺进行实测实量。

（3）"测"：用仪器、仪表实地进行测量。

（4）"现场操作"：由司机对各种限位装置进行实际动作，检验其灵敏程度。能测量的数据或操作试验，不能用估计、步量或"差不多"等来代替，要尽量采用定量方法检查。

7.5　施工现场管理

7.5.1　施工现场管理概述

1. 施工现场管理的概念

施工现场管理有两种含义，即狭义的现场管理和广义的现场管理。狭义的现场管理是指对施工现场内各作业的协调、临时设施的维修、施工现场与第三者的协调及现场内存的清理整顿等所进行的管理工作。广义的现场管理指项目施工管理。

2. 施工现场管理的内容

（1）平面布置与管理

现场平面管理的经常性工作主要包括：根据不同时间和不同需要，结合实际情况，合理调整场地；做好土石方的平衡工作，规定各单位取弃土石方的地点，数量和运输路线；审批各单位在规定期限内，对清除障碍物，挖掘道路，断绝交通、断绝水电动力线路等申请报告；对运输大宗材料的车辆，做出妥善安排，避免拥挤堵塞交通；做好工地的测量工作，包括测定水平位置、高程和坡度，已完工工程量的测量和竣工图的测量等。

（2）建筑材料的计划安排、变更和储存管理

主要内容是：确定供料和用料目标；确定供料、用料方式及措施；组织材料及制品的采购、加工和储备，作好施工现场的进料安排；组织材料进场、保管及合理使用；完工后及时退料及办理结算等。

（3）合同管理工作

承包商与业主之间的合同管理工作的主要内容包括：合同分析；合同实施保证体系的建立；合同控制；施工索赔等。现场合同管理人员应及时填写并保存有关方面签证的文件。包括：业主负责供应的设备、材料进场时间及材料规格、数量和质量情况的备忘录；材料代用议定书；材料及混凝土试块试验单；完成工程记录和合同议事记录；经业主和设计单位签证的设计变更通知单；隐蔽工程检查验收记录；质量事故鉴定书及其采取的处理措施；合理化建议及节约分成协议书；中间交工工程验收文件；合同外工程及费用记录；与业主的来往信件、工程照片、各种进度报告；监理工程师签署的各种文件等。

承包商与分包商之间的合同管理工作主要是监督和协调现场分包商的施工活动，处理分包合同执行过程中所出现的问题。

（4）质量检查和管理

包括两个方面工作：第一，按照工程设计要求和国家有关技术规定，如施工及验收规范、技术操作规程等，对整个施工过程的各个工序环节进行有组织的工程质量检验工作，不合格的建筑材料不能进入施工现场，不合格的分部分项工程不能转入下道工序施工。第二，采用全面质量管理的方法，进行施工质量分析，找出产生各种施工质量缺陷的原因，随时采取预防措施，减少或尽量避免工程质量事故的发生，把质量管理工作贯穿到工程施工全过程，形成一个完整的质量保证体系。

（5）安全管理与文明施工

安全生产是现场施工的重要控制目标之一，也是衡量施工规场管理水平的重要标志。主要内容包括：安全教育；建立安全管理制度；安全技术管理；安全检查与安全分析等。

文明施工是指在施工现场管理中，按照现代化施工的客观要求，使施工现场保持良好的施工环境和施工秩序。

（6）施工过程中的业务分析

为了达到对施工全过程控制，必须进行许多业务分析，如：施工质量情况分析；材料消耗情况分析；机械使用情况分析；成本费用情况分析；施工进度情况分析；安全施工情况分析等。

7.5.2 施工现场管理的业务内容

1. 图纸会审

（1）图纸会审的一般程序

1）图纸学习

了解设计意图、设计标准和规定，明确技术标准和施工工艺规程等有关技术问题。

2）图纸审查

通过初审、会审、综合会审三级审查，完成相应图纸审查工作。

（2）图纸会审的主要内容

1）图纸学习的主要内容

学习图纸时应掌握的主要内容包括以下几方面：

① 基础及地下室部分：留口留洞位置及标高，并核对建筑、结构、设备图之间的关系；下水及排水的方向；防水工程与管线的关系；变形缝及人防出口的做法、接头的关

系；防水体系的包圈、收头要求等。

② 结构部分：各层砂浆、混凝土的强度要求；墙体、柱体的轴线关系；圈梁组合柱或现浇梁柱的节点做法和要求；连结筋和结构加筋的数量和关系，悬挑结构（牛腿、阳台、雨罩、挑檐等）的锚固要求；楼梯间的构造及钢筋的重点要求等。

③ 装修部分：材料、做法；土建与专业的洞口尺寸、位置等关系；结构施工应为装修提供的条件（预埋件、预埋木砖、预留洞等）；防水节点的要求等。

图纸学习还应包括设计规定选用的标准图集和标准做法的学习。

2）图纸审查的主要内容

① 设计图纸是否符合国家建筑方针、政策。

② 是否无证设计或越级设计；图纸是否经设计单位正式签署。

③ 地质勘探资料是否齐全。

④ 设计图纸与说明是否齐全；有无矛盾，规定是否明确。

⑤ 设计是否安全合理。

⑥ 核对设计是否符合施工条件。

⑦ 核对主要轴线、尺寸、位置、标高有无错误和遗漏。

⑧ 核对土建专业图纸与设备安装等专业图纸之间，以及图与表之间的规定和数据是否一致。

⑨ 核对材料品种、规格、数量能否满足要求。

⑩ 地基处理方法是否合理，建筑与结构构造是否存在不能施工、不便施工的技术问题，或容易导致质量、安全、工程费用增加等方面问题。

⑪ 设计地震烈度是否符合当地要求。

⑫ 防火、消防、环境卫生是否满足要求。

图纸会审中提出的技术难题，应同三方研究协商，拟订解决的办法，写出会议纪要。

（3）施工图纸管理

对施工图纸要统一由公司技术主管部门负责收发、登记、保管、回收。

2. 合同管理与索赔

（1）现场合同管理工作

1）合同分析

包括分析合同的法律基础、词语含义、双方权利和义务、合同价格、合同工期、质量保证、合同实施保证等。以及在工程项目结构分解，施工组织计划、施工方案和工程成本计划的基础上进行合同的详细分析。

2）建立合同实施保证体系

① 组织项目管理人员和各工程小组负责人学习合同条文和合同总体分析结果，使大家熟悉合同中的主要内容、各规定、各种管理程序，了解承包合同的责任和工程范围，各种行为的法律后果等。

② 将各种合同事件的责任分解落实到各工程小组或分包商。并对这些活动实施的技术和法律问题进行解释和说明。

③ 合同责任的完成必须通过经济手段来保证。

④ 建立合同管理工作程序。

⑤ 定期和不定期协商会制度。

⑥ 施工过程中严格的检查验收制度。建立一整套质量检查和验收制度，是为了防止由于现场质量问题造成被监理工程师检查验收不合格，或试生产失败而承担违约责任。

⑦ 建立行文制度。承包商和业主、监理工程师、分包商之间的沟通都应以书面形式进行，或以书面形式作为最终依据。

⑧ 建立必要的特殊工作程序。对一些经常性工作应订立专门工作程序，使合同管理工作有章可循。如图纸审批程序；变更程序；分包商的账单审查程序；分包商的索赔程序；工程问题的请示报告程序等。

⑨ 建立文档管理系统。

工程的原始资料在合同实施过程中产生，它必须由各职能人员、工程小组负责人、分包商提供。

（2）施工索赔的处理

1）施工索赔程序

① 意向通知

一般索赔意向通知仅仅是表明意向，应写得简明扼要，涉及索赔内容但不涉及索赔数额，它通常包括以下几个方面的内容：事件发生的时间和情况简单描述；合同依据的条款和理由；有关后续资料的提供；对工程成本和工期产生的不利影响的严重程度，以期引起监理工程师（业主）的注意。

② 资料准备

施工索赔的成功很大程度上取决于承包商对索赔作出的解释和具有强有力的证明材料。

③ 索赔报告的提交

索赔报告是承包商向监理工程师（业主）提交的一份要求业主给予一定经济补偿和（或）延长工期的正式报告。正式报告应在意向通知提交后 28 天内提出。

2）施工索赔应注意的问题

① 要及早发现索赔机会；

② 对口头变更指令要得到确认；

③ 索赔报告要准确无误，条理清楚；

④ 索赔要先易后难，有理、有利、有节；

⑤ 坚持采用"清理账目法"；

⑥ 注意同业主、监理工程师搞好关系；

⑦ 力争友好解决，防止对立情绪。

3. 施工任务单的管理

（1）施工任务单内容

1）任务单——是班组进行施工的主要依据，内容有工程项目、工程数量、劳动定额、计划工数、开完工日期、质量及完全要求等。

2）小组记工单——是班组的考勤记录，也是班组分配计件工资或奖金的依据。

3）限额领料卡——是班组完成任务的必需的材料限额，是班组领退材料和节约材料的凭证。

（2）施工任务单的作用

1）是控制劳动力和材料消耗的手段。

2）是检查形象进度的依据。

3）是考核和计酬的依据。

4）是分项、分部、单位工程核算的依据。

5）是班组长指挥生产的依据。

（3）施工任务单的管理

1）计时工必须严格控制。

2）施工任务单的签发、结算、签证、审核、付款规范为：

① 签发：任务单必须由专业工长签发，注明分项名称、工程量、单价、复价、人工定额、工日、质量要求、安全措施、标准化文明施工要求等，力求准确全面。

② 结算：任务单当月结算（未完项目结转下月），先由专业工长（谁签发谁结算）结算，转材料员核实耗用；质量员、安全员评定质量安全状况，月底全面完成。

③ 签证和建立台账：预算员或核算员分项工程量，定额、人工数量并建立台账，正确无误后转给项目经理审核签证，次月2号完成。

④ 审核：所有任务单由劳资部门审核，次月4号完成。

⑤ 付款：前方班组执行内部单价。

4. 施工现场技术与安全交底

（1）技术交底

1）技术交底的程序

① 项目工程师向技术员、专业工长交底，并履行书面签证手续。

② 技术员、专业工长向班组长或班组成员交底。在施工任务单上反映出来，接受人签证。

③ 班组长向操作工人交底，多次数次口头交底。

2）分项工程技术交底的主要内容

① 图纸要求：如设计要求（包括设计变更）中的重要尺寸，轴心及标高的注意要点，预留孔洞、预埋件的位置、规格、大小、数量等。

② 材料及配合比要求：如使用材料的品种、规格、质量要求等；配合比要求及操作要求，如水泥、砂、石、水、外加剂等在搅拌过程中入料顺序，计量方法、搅拌时间等的规定。

③ 按照施工组织设计的有关事项，说明施工顺序、施工方法、工序搭接等。

④ 提出质量、安全、节约的具体要求和措施。

⑤ 提出班组责任制的要求，班组工人要做到定员定岗、任务明确、相对稳定。

⑥ 提出克服质量通病的要求等，对本分项工程可能出现的质量通病提出预防的措施。

（2）安全交底

1）施工质量安全交底（隐蔽工程交底见表7-4）

2）施工事故预防交底

主要内容有高处作业预防措施交底，脚手架支搭和防护措施交底，预防物体打击交底，各分部工程安全施工交底。

项　　目	交　底　内　容
基础工程	土质情况、尺寸、标高、地基处理、打桩记录、桩位、数量
钢筋工程	钢筋品种、规格、数量、形状、位置、接头和材料代用情况
防水工程	防水层数、防水材料和施工质量
水电管线	位置、标高、接头、各种专业试验(如水管试压)、防腐等

3）施工用电安全交底

① 施工现场内一般不架裸导线，照明线路要按标准架设。

② 各种电器设备均要采取接零或接地保护。

③ 每台电气设备机械应分开关和熔断保险。

④ 使用电焊机要特别注意一、二次线的保护。

⑤ 凡移动式设备和手持电动工具均要在配电箱内装设漏电保护装置。

⑥ 现场和工厂中的非电气操作人员均不准乱动电气设备。

⑦ 任何单位、任何人都不准擅自指派无电工执照的人员进行电气设备的安装和维修等工作，不准强令电工从事违章冒险作业。

4）工地防火安全交底

① 现场应划分用火作业区、易燃易爆材料区、生活区、按规定保持防水间距。

② 现场应有车辆循环通道，通道宽度不小于 3.5m，严禁占用场内通道堆放材料。

③ 现场应设专用消防用水管网，配备消防栓。

④ 现场临建设施、仓库、易燃料场和用火处要有足够的灭火工具和设备，对消防器材要有专人管理并定期检查。

⑤ 安装使用电器设备和使用明火时应注意的问题和要求。

⑥ 现场材料堆放的防火交底。

⑦ 现场中用易燃材料搭设工棚在使用时的要求交底。

⑧ 现场不同施工阶段的防火交底。

5）现场治安工作交底

① 安全教育方面

A. 新工人入场必须进行入场教育和岗位安全教育。

B. 特殊工种如起重、电气、焊接、锅炉、潜水、驾驶等工人应进行相应的安全教育和技术训练，经考核合格，方准上岗操作。

C. 采用新施工方法、新结构、新设备前必须向工人进行安全交底。

D. 做好经常性安全教育，特别坚持班前安全教育。

E. 做好暑季、冬季、雨季、夜间等施工时节安全教育。

② 安全检查方面：

A. 针对高处作业、电气线路、机械动力等关键性作业进行检查，以防止高处坠落，机械伤人，触电等人身事故。

B. 根据施工特点进行检查，如吊装、爆破、防毒、防塌等检查。

C. 季节性检查，如防寒、防湿、防毒、防洪、防台风等检查。

D. 防火及其安全生产检查。

③ 现场治安管理方面：

A. 落实消防管理制度。

B. 加强对职工的法规、厂纪教育，减少职工违纪、违法犯罪。

C. 加强施工现场的保卫工作，建立严密的门卫制度，运出工地的材料和物品必须持出门证明，经查验后放行。

D. 落实施工现场的治安管理责任制。

7.5.3 施工现场组织和布置

1. 施工现场调度

（1）施工现场调度工作的原则

1）一般工程服从于重点工程和竣工工程。

2）交用期限迟的工程，服从于交用期限早的工程。

3）小型或结构简单的工程，服从于大型或结构复杂的工程。

4）及时性、迅速性、果断性。

（2）施工现场调度工作的内容

1）施工准备工作的调度

施工准备工作的调度要坚持：设计与施工结合、室内准备与室外准备结合、土建工程准备与专业工程准备结合、施工现场的准备与预制加工准备的结合、全场性的准备与分项工程的准备结合。

2）劳动力和物资供应的调度

项目经理及各工长要随时检查施工进度过否满足工期要求，是否出现劳动力、机械和材料需要量有较大的不均衡现象。

3）现场平面管理的调度

指在施工过程中对施工场地的布置进行合理的调节。

4）现场技术管理的调度

在施工过程中，对技术管理的各个方面所做的调整和修改。

5）施工安全及生产中薄弱环节的调度

在施工过程中，对施工安全和生产中薄弱环节的各个方面进行特别的调整和强调，保证工程的质量，保证施工人员的人身安全。

（3）施工现场调度的手段

施工现场调度的手段主要有：书面指示、工地会议、口头指示、文件运转等。

2. 施工现场平面布置

（1）施工现场平面布置的原则

1）在满足施工需要前提下，尽量减少施工用地，不占或少占农田，施工现场布置要紧凑合理。

2）合理布置起重机械和各项施工设施，科学规划施工道路，尽量降低运输费用。

3）科学确定施工区域和场地面积，尽量减少专业工种之间交叉作业。

4）尽量利用永久性建筑物、构筑物或现有设施为施工服务，降低施工设施建造费用，尽量采用装配式施工设施，提高其安装速度。

5）各项施工设施布置都要满足：有利生产、方便生活、安全防火和环境保护要求。

（2）施工现场平面布置的依据

1）建设项目建筑总平面图、竖向布置图和地下设施布置图。

2）建设项目施工部署和主要建筑物施工方案。

3）建设项目施工总进度计划、施工总质量计划和施工总成本计划。

4）建设项目施工总资源计划和施工设施计划。

5）建设项目施工用地范围和水电源位置，以及项目安全施工和防火标准。

（3）施工现场平面布置内容

1）建设项目施工用地范围内地形和等高线；全部地上、地下已有和拟建的建筑物、构筑物及其他设施位置和尺寸。

2）全部拟建的建筑物、构筑物和其他基础设施的坐标网。

3）为整个建设项目施工服务的施工设施布置，它包括生产性施工设施和生活性施工设施两类。

4）建设项目施工必备的安全、防火和环境保护设施布置。

（4）施工现场平面布置设计步骤

1）把场外交通引入现场

在设计施工现场平面布置方案时，必须从确定大宗材料、预制品和生产工艺设备运入施工现场的运输方式开始。当大宗施工物资由铁路运来时，必须解决如何引入铁路专用线问题；当大宗施工物资由公路运来时，必须解决好现场大型仓库、加工场与公路之间相互关系；当大宗施工物资由水路运来时，必须解决如何利用原有码头和要否增设新码头，以及大型仓库和加工场同码头关系问题。

2）确定仓库和堆场位置

当采用铁路运输大宗施工物资时，中心仓库尽可能沿铁路专用线布置，并且在仓库前留有足够的装卸前线，否则要在铁路线附近设置转运仓库，而且该仓库要设置在工地同侧。当采用公路运输大宗施工物资时，中心仓库可布置在工地中心区或靠近使用地方，如不可能这样做时，也可将其布置在工地入口处。大宗地方材料的堆场或仓库，可布置在相应的搅拌站、预制场或加工场附近。当采用水路运输大宗施工物资时，要在码头附近设置转运仓库。工业项目的重型工艺设备，尽可运至车间附近的设备组装场停放，普通工艺设备可放在车间外围或其他空地上。

3）确定搅拌站和加工场位置

当有混凝土专用运输设备时，可集中设置大型搅拌站，其位置可采用线性规划方法确定，否则就要分散设置小型搅拌站，它们的位置均应靠近使用地点或垂直运输设备。

各种加工场的布置均应以方便生产、安全防火、环境保护和运输费用少为原则。通常加工场宜集中布置在工地边缘处，并且将其与相应仓库或堆场布置在同一地区。

4）确定场内运输道路位置

根据施工项目及其与堆场、仓库或加工场相应位置，认真研究它们之间物资转运路径和转运量，区分场内运输道路主次关系，优化确定场内运输道路主次和相互位置；要尽可能利用原有或拟建的永久道路；合理安排施工道路与场内地下管网间的施工顺序，保证场

240

内运输道路时刻畅通；要科学确定场内运输道路宽度，合理选择运输道路的路面结构。

5）确定生活性施工设施位置

全工地性的行政管理用房屋宜设在工地入口处，以便加强对外联系，当然也可以布置在比较中心地带，这样便于加强工地管理。工人居住用房屋宜布置在工地外围或其边缘处。文化福利用房屋最好设置在工人集中地方，或者工人必经之路附近的地方。生活性施工设施尽可能利用建设单位生活基地或其他永久性建筑物，其不足部分再按计划建造。

6）确定水电管网和动力设施位置

根据施工现场具体条件，首先要确定水源和电源类型和供应量，然后确定引入现场后的主干管（线）和支干管（线）供应量和平面布置形式。根据建设项目规模大小，还要设置消防站、消防通道和消火栓。

第8章 建筑施工技术

8.1 土 方 工 程

8.1.1 概述

土方工程施工的主要内容包括：场地平整，基坑（槽）与管沟的开挖与回填；人防工程、地下建筑物或构筑物的开挖与回填；地坪填土与碾压；路基的填筑等。土方工程的施工过程主要有：土的开挖或爆破、运输、填筑、平整和压实，以及排水、降水和墙壁支撑等准备工作与辅助工作。

1. 土方工程施工特点

土方工程具有面广量大、劳动繁重、施工条件复杂等特点。

2. 土的工程分类

建筑施工过程中一般按照土的开挖难易程度，将土分为松软土、普通土、坚土、砂砾坚土、软石、次坚石、坚石、特坚石八类。各类土的工程特点见表8-1

土的工程分类 表 8-1

土的分类	土 的 名 称	开挖方法及工具	可 松 性	
			K_s	K'_s
第一类（松软土）	砂，粉土，冲积砂土层，种植土，泥炭（淤泥）	用锹、锄头挖掘	1.08～1.17	1.01～1.04
第二类（普通土）	粉质黏土，潮湿的黄土，夹有碎石、卵石的砂，种植土，填筑土及亚砂土	用锹、锄头挖掘，少许用镐翻松	1.14～1.28	1.02～1.05
第三类（坚土）	软及中等密实黏土，重粉质黏土，粗砾石，干黄土及含碎石、卵石的黄土、亚黏土	主要用镐，少许用锹、锄头，部分用撬棍	1.24～1.30	1.04～1.07
第四类（砾砂坚土）	重黏土及含碎石、卵石的黏土，粗卵石，密实的黄土，天然级配砂石，软泥灰岩及蛋白岩	先用镐、撬棍，然后用锹挖掘，部分用锲子及大锤	1.26～1.37	1.06～1.09
第五类（软石）	硬石炭纪黏土，中等密实的页岩、泥灰岩、白垩土，胶结不紧的砾岩，软的石灰岩	用镐或撬棍、大锤，部分用爆破方法	1.30～1.45	1.10～1.20
第六类（次坚石）	泥岩，砂岩，砾岩，坚实的页岩、泥灰岩，密实的石灰岩，风化花岗岩，片麻岩	用爆破方法，部分用风镐	1.30～1.45	1.10～1.20
第七类（坚石）	大理石，辉绿岩；玢岩；粗中粒花岗岩；坚实的白云岩、砂岩、砾岩、片麻岩、石灰岩等	用爆破方法	1.45～1.50	1.15～1.20
第八类（特坚石）	安山岩，玄武岩，花岗片麻岩，坚实的细粒花岗岩、闪长岩	用爆破方法	1.45～1.50	1.20～130

3. 土的工程性质

土的工程性质对土方工程的施工方法及工程量大小有直接影响，其基本的工程性质有：

（1）土的可松性

自然状态下的土，经过开挖后，其体积因松散而增加，以后虽经回填压实，仍不能恢复到原来的体积，这种性质称为土的可松性。

土的可松性程度用可松性系数来表示。自然状态土经开挖后的松散体积与原自然状态下的体积之比，称为最初可松性系数（K_s）；土经回填压实后的体积与原自然状态下的体积之比，称为最后可松性系数（K_s'）。计算公式如下：

$$K_s = V_2/V_1 \tag{8-1}$$
$$K_s' = V_3/V_1 \tag{8-2}$$

式中　K_s——土的最初可松性系数（表8-1）；

　　　K_s'——土的最后可松性系数（表8-1）；

　　　V_1——土在自然状态下的体积（m^3）；

　　　V_2——土经开挖后的松散体积（m^3）；

　　　V_3——土经回填压实后的体积（m^3）。

（2）土的含水量

土的含水量是指土中所含的水与土的固体颗粒之间的质量比，以百分数表示：

$$W = \frac{m_1 - m_2}{m_2} \times 100\% = \frac{m_w}{m_s} \times 100\% \tag{8-3}$$

式中　W——土的含水量；

　　　m_1——含水状态时土的质量；

　　　m_2——烘干后土的质量；

　　　m_w——土中水的质量；

　　　m_s——固体颗粒的质量。

（3）土的渗透性

土的渗透性是指土体被水透过的性质。土的渗透性用渗透系数 K 表示。地下水在土中渗流速度可按达西定律计算：

$$V = Ki \tag{8-4}$$

式中　V——水在土中的渗流速度，m/d 或 cm/s；

　　　i——水力坡度；

　　　K——土的渗透系数，m/d 或 cm/s。

渗透系数 K 值反映出土的透水性强弱，它直接影响降水方案的选择和涌水量计算的准确性，一般可通过室内渗透试验或现场抽水试验确定。

8.1.2　土方工程量计算及土方调配

1. 基坑与基槽土方量计算

（1）基坑土方量计算

基坑土方量的计算可近似地按拟柱体（由两个平行的平面做上下底的多面体）体积计算（图8-1a）。即：

$$V=\frac{H}{6}(A_1+4A_0+A_2) \tag{8-5}$$

式中 H——基坑深度，m；

A_1，A_2——基坑上下底的面积，m^2；

A_0——基坑中截面面积，m^2。

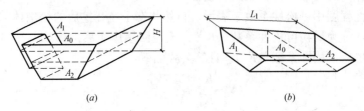

图 8-1 基坑（槽）土方量计算

(a) 基坑；(b) 基槽

（2）基槽土方量计算

基槽或路堤的土方量可以沿长度方向分段后，再按拟柱体的计算方法计算（图 8-1b）。即：

$$V_1=\frac{L}{6}(A_1+4A_0+A_2) \tag{8-6}$$

式中 V_1——第一段的土方量，m^3；

L——第一段的长度，m。其他符号含义同前。

然后将各段相加即得总土方量：

$$V=V_1+V_2+V_3+V_4+\cdots\cdots V_n \tag{8-7}$$

式中 V_1，V_2，…，V_n——各段的土方量，m^3。

2. 场地平整土方量的计算

场地平整的步骤：确定场地设计标高→计算挖、填土方工程量→确定土方平整调配方案→选择土方机械、拟定施工方案。

（1）确定场地设计标高

确定场地设计标高应考虑的主要因素：建筑规划、生产工艺、运输、尽量利用地形、排水等。

确定场地设计标高常用的原则：场地内挖、填方量平衡原则。

确定场地设计标高的主要步骤：划分网格（一般每方格网边长 10～40m，图 8-2）→利用等高线内插求得角点标高（有地形图时）或测量角点木桩高度（无地形图时）→初步确定场地的设计标高（H_0）→场地初步设计标高的调整。

1）计算场地初步设计标高的公式

$$H_0 na^2=\sum_{i=1}^{n}\left(a^2\frac{H_{i1}+H_{i2}+H_{i3}+H_{i4}}{4}\right)\Rightarrow H_0=\frac{\sum H_1+2\sum H_2+3\sum H_3+4\sum H_4}{4n} \tag{8-8}$$

式中 H_1——一个方格独有的角点标高；

H_2——两个方格共有的角点标高；

H_3——三个方格共有的角点标高；

H_4——四个方格共有的角点标高；

n——方格网中的方格数。

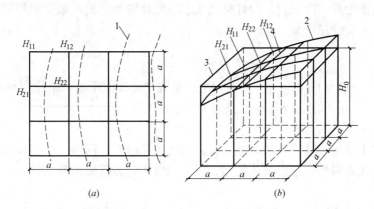

图 8-2　场地设计标高计算示意图

(a) 方格网划分；(b) 场地设计标高示意图

1—等高线；2—自然地面标高；3—设计地面标高；4—自然地面与设计标高平面的交线（零线）

2）场地初步设计标高的调整

场地标高调整的原因：土的可松性影响；借土或弃土的影响；泄水坡度的影响等。下面以考虑泄水坡度的影响对场地进行初步设计标高的调整。

按前面计算的场地初步设计标高，平整后场地是一个平面。但实际上由于排水的要求，场地表面需要有一定的泄水坡度，其大小应符合设计规定。因此，在计算的 H_0（或经调整后的 H_0'）基础上，要根据场地要求的泄水坡度（单向泄水或双向泄水，图 8-3），最后计算出场地内各方格角点实际施工时的设计标高。

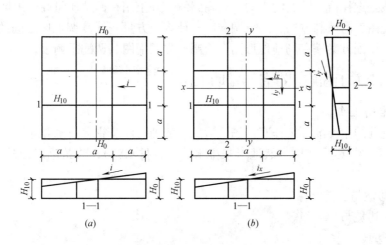

图 8-3　场地泄水坡度示意图

（a）单向泄水；（b）双向泄水

单向泄水时，以计算出的实际标高 H_0（或调整后的设计标高 H_0'）作为场地中心线的标高。场地内任意一个方格角点的设计标高为：

245

$$H_n = H_0(H_0') \pm li \qquad\qquad (8-9)$$

式中　l——该方格角点距场地中心线的距离，单位为 m；

　　　i——场地泄水坡度。

当场地表面为双向泄水时，设计标高的求法原理与单向泄水坡度时相同。场地内任意一个方格角点的设计标高为：

$$H_n = H_0(H_0') \pm l_x i_x \pm l_y i_y \qquad\qquad (8-10)$$

式中　l_x，l_y——该点在 x-x、y-y 方向上距场地中心线的距离，单位为 m；

　　　i_x，i_y——场地在 x-x、y-y 方向上的泄水坡度。

（2）场地土方量的计算

场地平整土方量的计算方法，通常有方格网法和断面法两种。当场地地形较为平坦时宜采用方格网法；当场地地形起伏较大、断面不规则时，宜采用断面法，本下主要介绍方格网法。

方格网法的方格边长一般取 10m、20m、30m、40m 等。根据每个方格角点的自然地面标高和设计标高，算出相应的角点挖填高度，然后计算出每一个方格的土方量，并算出场地边坡的土方量，这样即可求得整个场地的填、挖土方量。其具体步骤如下：

将场地按确定的方格边长进行网格划分（$a = 10 \sim 40$m，视场地大小及计算精度而定）→计算场地各角点的施工高度（h_n）→计算每个方格的挖、填方量→计算场地边坡的挖、填方量→累计求场地挖、填方总量。

3. 土方调配

土方调配：就是指对挖土的弃和填的综合协调。

土方调配的原则：挖方和填方基本平衡就近调配；考虑施工与后期利用；合理布置挖、填分区线，选择恰当的调配方向、运输路线；好土用在回填质量高的地区。

土方调配图表的编制方法：划分调配区→计算土方量→计算调配区之间的平均运距→确定土方最优调配方案→在场地地形图上绘制土方调配图、调配平衡表。

8.1.3　土方工程施工准备与辅助工作

1. 施工准备工作

土方开挖前的主要准备工作有：场地清理（清理房屋、古墓、通讯电缆、水道、树木等）；排出地面水（尽量利用自然地形来排水，设置排水沟）；修筑临时设施（道路、水、电、机棚）。

2. 土方边坡与土壁支撑

（1）土方边坡与边坡稳定

1）土方边坡

开挖基坑（槽）时，为了防止塌方，保证施工安全及边坡的稳定，其边沿应考虑放坡。当地质条件良好、土质均匀、地下水位低于基坑或基槽底面标高且敞开时间不长时，挖方边坡可以做成直立的形状（不放坡）。但是开挖深度不得超过当地规定的不放坡开挖的最大挖土深度要求（表 8-2）。

土的类别	挖方深度（m）
密实、中密的砂土和碎石类土（充填物为砂土）	1.00
硬塑、可塑的粉质黏土及粉土	1.25
硬塑、可塑的黏土和碎石类土（充填物为黏性土）	1.50
坚硬的黏土	2.00

　　当挖土深度超过了当地规定的最大挖土深度时，应考虑放坡，放坡时应按不同土层设置不同的放坡坡度（图 8-4）。

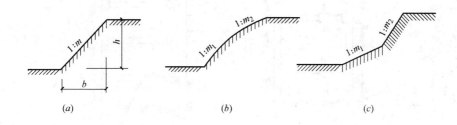

图 8-4　土方边坡图

(a) 直线边坡；(b) 不同土层折线边坡；(c) 相同土层折线边坡

　　土方边坡的坡度一般以挖方深度 h（或填方深度）与底宽 b 之比表示。即：

$$\frac{h}{b} = 1 \Big/ \left(\frac{b}{h}\right) = 1 : m \tag{8-11}$$

式中　m——边坡系数，边坡系数依据土质、挖方深度和施工方法来确定。

　　影响土方边坡大小的因素：土质、开挖深度、开挖方法、边坡留置时间、边坡附近的荷载状况、排水情况等。

　　基坑（槽）挖好后，应及时进行基础工程施工。当挖基坑较深或晾槽时间较长时，应根据实际情况采取防护措施，防止基底土体反鼓，降低地基土承载力。

　　2）边坡稳定

　　开挖基坑（槽）时，必须保证土方边坡的稳定，才能保证土方工程施工的安全。影响土方边坡的主要因素是由于外部因素的作用下造成土方边坡的土体内摩擦阻力和粘结力失去平衡，土体的抗剪强度降低。造成边坡塌方的常见原因有：①土质差且边坡过陡；②雨水、地下水渗入基坑，使边坡土体的重量增大，抗剪能力低；③基坑边缘附近大量堆土或停放机具材料，使土体产生剪应力超过土体强度等。

　　为了保证土方边坡的稳定，防止塌方，确保土方施工的安全，土方开挖达到一定深度时，应按规定进行放坡或进行土壁支撑。

　　（2）浅基坑土壁支撑技术

　　开挖浅基坑或基槽时，采用放坡开挖，往往是比较经济的。但当在建筑稠密地区或场地狭窄地段施工时，没有足够的场地来按规定进行放坡开挖或有防止地下水渗入基坑时，就需要用土壁支护结构来支撑土壁，以保证土方施工的安全顺利的进行，并减少对邻近建筑物和地下设施的不利影响。浅基坑常用的土壁支护结构是横撑式支撑、钢（木）板桩支撑等。

1）横撑式支撑

横撑式支撑由挡土板、木楞和横撑组成。用于基坑开挖宽度不大、深度也较小的土壁支撑。根据挡土板所放位置的不同分为水平和垂直两类型式（图8-5）。

水平挡土板有间断式和连续式两种。对于湿度小的黏性土，当开挖深度不大于3m时可用间断式水平挡土板支撑。对于开挖深度不超过5m且呈松散状如砾石、砂、湿度大的软黏土等可用连续式水平挡土板支撑。

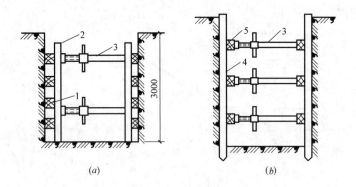

图8-5　横撑式支撑

（a）间断式水平挡土板支撑；（b）垂直挡土板支撑

1—水平挡土板；2—竖楞木；3—工具式横撑；4—竖直挡土板；5—横楞木

基坑开挖后按回填土的顺序拆除支撑，由下而上拆除，与支撑顺序相反。

2）板桩支撑

板桩是一种支护结构，可用于抵抗土和水所产生的水平压力，既挡土又挡水（连续板桩）。

当开挖的基坑较深，地下水位较高且有可能发生流砂时，如果未采用井点降水方法，则宜采用板桩支护，阻止地下水渗入基坑内，从而防止流砂产生。在靠近原建筑物开挖基坑（槽）时，为了防止原有建筑物基础下沉，通常也可采用板桩支护。

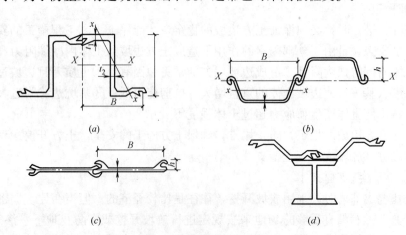

图8-6　钢板桩截面形式

（a）Z字形板桩；（b）波浪形板桩（"拉森"板桩）；（c）平板桩；（d）组合截面板桩

248

桩的常用种类有：钢板桩（图 8-6）、木板桩、钢筋混凝土板桩和钢（木）混合板桩式支护结构等。

8.1.4　人工降低地下水位

主要的降水方法有：集水坑降水法和井点降水法。

1. 集水坑降水法

集水坑降水法是在基坑开挖过程中，在坑底设置集水坑，并沿坑底的周围或中央开挖排水沟，使基坑内的水经排水沟流向集水井，然后用水泵抽走的降水法（图 8-7）。

集水坑降水法的适用范围：开挖深度不宜太大，地下水位不宜太高，土质宜较好的基坑降水。集水坑一般 20～40m 设置一个，直径或宽度一般为 0.7～0.8m，深度低于挖土面 0.8～1m。排水沟尺寸一般为 0.3m×0.3m。水泵主要有离心泵、潜水泵和软轴水泵等。

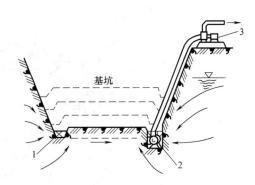

图 8-7　集水坑降水法
1—排水沟；2—集水坑；3—水泵

集水坑降水法具有设备简单和排水方便的优点，采用较为普遍，但当开挖深度大、地下水位较高而土质又不好时，容易出现"流砂"或"管涌"现象，导致工程事故。

1）流砂：基坑底部的土成流动状态，随地下水涌入基坑的现象。

① 流砂的特点：土完全丧失承载能力。

② 流砂的成因：高低水位间的压力差使得水在其间的土体内发生渗流，当压力差达到一定程度时，使土粒处于悬浮流动状态。

③ 流砂的受力分析：当动水压力 $G_D \geqslant \gamma'$ 时，土粒处于悬浮状态，土的抗剪强度等于零，土粒随着渗流的水一起流动，发生"流砂现象"。

④ 流砂现象易在粉土、细砂、粉砂及淤泥土中发生。但是否会发生流砂现象，还与动水压力的大小有关。当基坑内外水位差较大时，动水压力就较大，易发生流砂现象。一般工程经验是：在可能发生流砂的土质处，当基坑挖深超过地下水位线 0.5m 左右时，就要注意流砂的发生。

⑤流砂的治理办法，主要途径是消除、减少或平衡动水压力，具体措施有抢挖法、打板桩法、水下挖土法、人工降低地下水位（轻型井点降水）等。

2）管涌：坑底位于不透水层，不透水层下面为承压蓄水层，坑底不透水层的覆盖厚度的重量小于承压水的顶托力时，发生的管状涌水现象。

2. 井点降水法

井点降水法就是在基坑开挖前，预先在基坑四周埋设一定数量的井点管，利用抽水设备抽水，使地下水位降落在坑底以下，直到施工结束为止的降水方法。

井点降水法主要井点有轻型井点、喷射井点、电渗井点、管井井点和深井井点等，其适用范围见表 8-3，但一般轻型井点采用较广。

项次	井点类别	K	降低水位深度(m)
1	轻型井点	$10^{-2} \sim 10^{-5}$ cm/s$(0.1 \sim 80$m/d$)$	$3 \sim 6(3 \sim 6)$
2	多层轻型井点(二级轻型井点)	$10^{-2} \sim 10^{-5}$ cm/s$(0.1 \sim 80$m/d$)$	$6 \sim 12$(由层数决定)$(6 \sim 9)$
3	电渗井点	$<10^{-6}$ cm/s$(<0.1$m/d$)$	根据选用井点确定$(5 \sim 6)$
4	喷射井点	$10^{-3} \sim 10^{-6}$ cm/s$(0.1 \sim 50$m/d$)$	$8 \sim 20(8 \sim 20)$
5	管井井点	$(20 \sim 200$m/d$)$	$(3 \sim 5)$
6	深井井点	$\geqslant 10^{-5}$ cm/s$(10 \sim 80$m/d$)$	$>10(>15)$

注：表中数值为《建筑地基基础工程施工质量验收规范》(GB 50202) 规定，括号内数值为《公路桥涵施工技术规范》(JTJ 041) 规定。

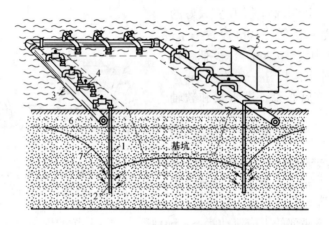

图 8-8 轻型井点全貌图

1—井点管；2—滤管；3—总管；4—弯联管；5—泵房；
6—原地下水位线；7—降水后地下水位线

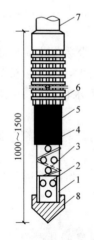

图 8-9 滤管构造

1—钢管；2—小孔；3—螺旋塑料管等；
4—细滤网；5—粗滤网；6—粗铁丝保
护网；7—井点管；8—塞头

（1）轻型井点（图 8-8）

1）组成

轻型井点主要由管路系统与抽水设备组成。

管路系统：井点管、滤管（图 8-9）、总管、联结管。

抽水设备：离心泵、真空泵、水气分离器。

2）轻型井点的布置

轻型井点布置时应考虑的影响因素主要有：基坑大小、深度、土质、地下水位的高低、流向、降水深度等。

轻型井点的平面布置形式有：单排线状布置、双排线状布置、环状布置和 U 形布置。

当基坑或沟槽宽度小于 6m，水位降低不大于 5m 时，可采用单排线状布置，井点管应布置在地下水的上游一侧，其两端的延伸长度一般不小于坑（槽）宽度（图 8-10）。如沟槽宽度大于 6m，或土质不良，

250

则采用双排线状布置（图 8-11）。面积较大的基坑应采用环状布置（图 8-12），且四个角点部分的井点应适当加密。有时也可布置为 U 形，以利于挖土机械和运输车辆出入基坑。

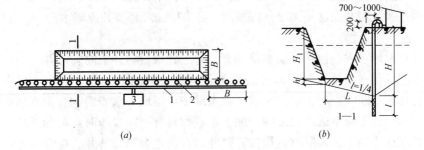

图 8-10　单排井点布置简图

（a）平面布置；（b）高程布置

1—总管；2—井点管；3—抽水设备

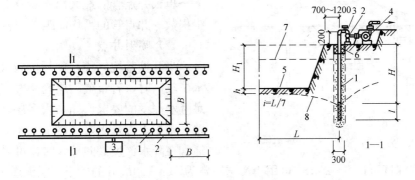

图 8-11　双排线状井点布置

1—井点管；2—集水总管；3—弯联管；4—抽水设备；5—基坑；

6—黏土封孔；7—原地下水位线；8—降低后地下水位线

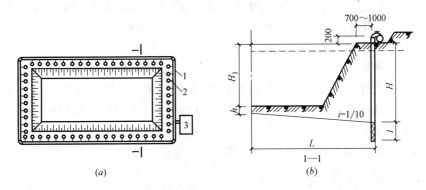

图 8-12　环形井点布置简图

（a）平面布置；（b）高程布置

1—总管；2—井点管；3—抽水设备

轻型井点的高程布置：

井点管的埋设深度 H（不包括滤管长），按下式计算：

$$H \geq H_1 + h + IL \tag{8-12}$$

式中　I——地下水降落坡度，环状井点为 1/10，单排线状井点为 1/4。

当采用一级轻型井点达不到降水深度时，可采用二级轻型井点降水。

3）轻型井点的计算

轻型井点的计算内容包括：涌水量计算、井点管数量与井距的确定等。

井点系统的涌水量计算是以水井理论为依据进行的。根据地下水在土层中的分布情况，水井有几种不同的类型。水井布置在含水层中，当地下水表面为自由水压时，称为无压井；当含水层处于两不透水层之间，地下水表面具有一定水压时，称为承压井。另一方面，当水井底部达到不透水层时，称为完整井；否则称为非完整井。综合而论，水井大致有下列四种：无压完整井、无压非完整井、承压完整井和承压非完整井。水井类型不同，其涌水量的计算公式亦不相同。

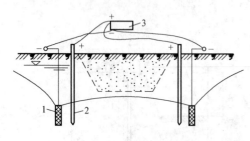

图 8-13　电渗井点

1—井点管；2—电极；3—24～48V 直流电源

轻型井点的计算过程一般为：涌水量计算→单根井点管的最大出水量→井点管的最少根数→井点管的平均间距。

（2）喷射井点

当开挖基坑（槽）的深度较大，且地下水位较高时，若布置一层轻型井点则不能满足降水深度的要求。如采用多层轻型井点布置，则挖土方量大，经济上又不合理。因此通常在降水深度超过 6m 时，可采用喷射井点。其降水深度可达 8～20m，可用于渗透系数为 0.1～50m/d 的砂土、淤泥质土层。

（3）电渗井点（图 8-13）

在深基坑施工中有时会遇到渗透系数小于 0.1m/d 的土质，这类土含水量大，压缩性高，稳定性差。由于土料间微小毛细孔隙的作用，将水保持在孔隙内，采用真空吸力降水的方法效果不好，此时采用电渗井点降水。在饱和黏土中插入两根电极，通入直流电，黏土粒即能沿力线向阳极移动，称为电泳。水分电子向阴极移动为电渗。

（4）管井井点和深井井点

在土的渗透系数更大（20～200m/d），地下水含量丰富的土层中降水，宜采用管井井点或深井井点。管井井点就是在基坑的四周每隔 10～50m 钻孔成井，然后放入钢筋混凝土管或钢管，底部设滤水管。每个井管用一台水泵抽水，以使水位降低。如图 8-14 所示分别为钢管和混凝土管井点。深井井点与管井井点基本相同，只是井较深，用井泵抽水。管井井点和深井井点设备简单，但一次投资大。

8.1.5　土方机械化施工

土方工程的施工过程主要包括土方开挖、运输、填筑与压实等。常用的施工机械有推土机、铲运机、单斗挖土机、装载机和土方压实机械等，施工时应正确选用，以加快施工进度。

1. 常用土方施工机械

（1）推土机施工

① 分类：我国生产的主要有：红旗100、T－120、移山160、T－180、黄河220、T—240和T—320等数种。推土板有用钢丝绳操纵和用油压操作两种。

② 使用范围：场地清理、场地平整、开挖深度1.5m以内的基坑，填平沟坑，以及配合铲运机、挖土机工作等。

③ 特点：操作灵活、运转方便，所需工作面较小、行驶速度快、易于转移，经济运距100m，效率最高为60m。

④ 提高生产率的作业方法有下坡推土（图8-15）、并列推土（图8-16）、多刀送土和槽形推土四种。

（2）铲运机施工

构成：牵引机械和土斗。

① 分类：按行走方式分为拖式和自行式两种；按操纵机构分油压式和索式两种（图8-17）。

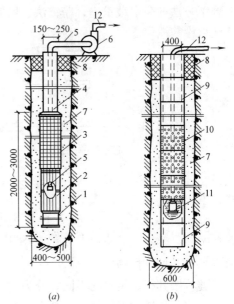

图 8-14　管井井点

（a）钢管管井；（b）混凝土管管井

1—沉沙管；2—钢筋焊接骨架；3—滤网；4—管身；
5—吸水管；6—离心泵；7—小砾石过滤层；
8—黏土封口；9—混凝土实壁管；10—混凝
土过滤管；11—潜水泵；12—出水管

② 使用范围：适合大面积场地平整，开挖大基坑、沟槽以及填筑路基、堤坝等工程。

③ 特点：能综合完成挖土、运土、平土和填土等全部土方施工工序，自行式经济运距800～1500m，拖式经济运距600m。

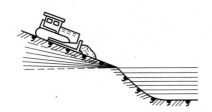

图 8-15　下坡推土法

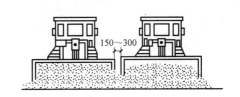

图 8-16　两台推土机并列推土法

图 8-17　拖式铲运机作业示意图

（a）铲土；（b）卸土

④ 提高生产率的作业方法：

合理的行走路线——环形路线、8字形路线，见图8-18。

施工方法——下坡铲土、跨铲法、助铲法。

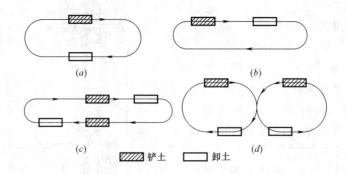

图 8-18　铲运机开行路线

(a)、(b) 环形路线；(c) 大环形路线；(d) 8字形路线

（3）单斗挖土机施工

分类：按其行走装置的不同，分为履带式和轮胎式两类；按其工作装置的不同，分为正铲、反铲、拉铲和抓铲等。按其操纵机械的不同，可分为机械式和液压式两类，但机械式现在少用了。

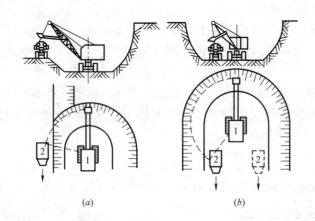

图 8-19　正铲挖土机开挖方式

(a) 正向开挖侧向卸土；(b) 正向开挖后方卸土

1—正铲挖土机；2—自卸汽车

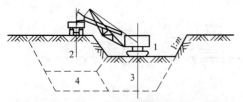

图 8-20　正铲挖土机开行通道布置示例

1、2、3、4—挖土机开行次序

1）正铲挖土机（图 8-19、图 8-20）

特点：向前向上，强制切土，挖掘能力大，生产率高。

适用范围：适用于开挖停机面以上的一至三类土。

开挖方式：正向挖土，侧向卸土；正向挖土，后方卸土。

工作面：一次开行中进行挖土的工作范围，由挖土机技术指标及挖、卸土的方式决定。

254

工作面的布置原则：保证挖土机生产效率最高，而土方的欠挖数量最少。

2）反铲挖土机

特点：后退向下，强制切土，挖掘能力比正铲小。

适用范围：能开挖停机面以下的一至三类土；适用于挖基坑、基槽和管沟、有地下水的土或泥泞土。

开挖方式：沟端开挖、沟侧开挖，见图8-21。

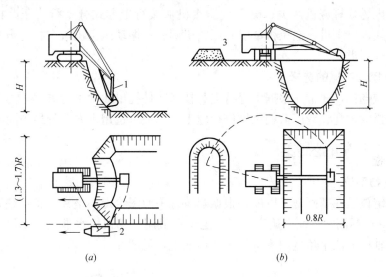

（a）　　　　　　　　　　　　（b）

图 8-21　反铲挖土机工作方式与工作面

（a）沟端开挖；（b）沟侧开挖

1—反铲挖土机；2—自卸汽车；3—弃土堆

3）拉铲挖掘机

特点：后退向下、自重（土斗自重）切土，其挖土半径和挖土深度较大，但不如反铲灵活，开挖精确性差。

适用范围：适用于开挖停机面以下的一、二类土。可用于开挖大而深的基坑或水下挖土。

开挖方式：与反铲相似，可沟侧开挖，也可沟端开挖。

4）抓铲挖土机（图8-22）

特点：直上直下、自重（土斗自重）切土。

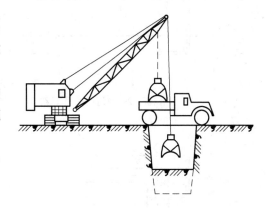

图 8-22　抓铲挖工机

适用范围：适用于开挖停机面以下的一、二类土，如挖窄而深的基坑疏通旧有渠道以及挖取水中淤泥，或用于装卸碎石、矿渣等松散材料。在软土地基的地区，常用于开挖基坑等。

（4）装载机

分类：按行走方式分履带式和轮胎式两种，按工作方式分单斗式和轮斗式两种。

特点：操作轻便、灵活、转运方便、快速。

适用范围：适用于装卸土方和散料，也可用于松散土的表层剥离、地面平整和场地清理等工作。

（5）压实机械

按压实原理不同，可分为冲击式、碾压式和振动式三大类。冲击式压实机械主要有蛙式打夯机和内燃式打夯机两类；碾压式压实机械按行走方式分自行式压路机（光轮和轮胎）和牵引式（推土机或拖拉机牵引）压路机两类；振动压实机械按行走方式分为手扶平板式和振动式两类。

2. 土方挖运机械的选择

土方机械选择，通常先根据工程特点和技术条件提出几种可行方案，然后进行技术经济比较，选择效率高、费用低的机械进行施工，一般可选用土方单价最小的机械。

8.1.6　土方开挖施工

1. 建筑物定位

建筑物定位是在基础施工以前，根据建筑总平面图给定的坐标，将拟建建筑物的平面位置和±0.000 标高在地面上确定下来。定位一般用经纬仪、水准仪、钢尺等根据轴线控制点将外墙轴线的四个角点用木桩标设在地面上，见图 8-23。

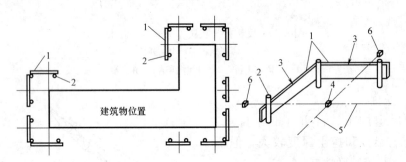

图 8-23　建筑物的定位

1—龙门板；2—龙门桩；3—轴线钉；4—轴线桩（角桩）；5—轴线；6—控制桩

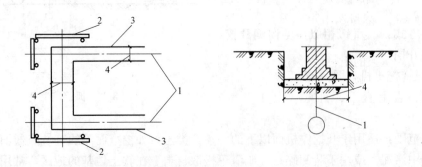

图 8-24　放线示意图

1—墙（柱）轴线；2—龙门板；3—白灰线（基槽）边线；4—基槽宽度

2. 放线

建筑物定位后，根据基础的宽度、土质情况、基础埋深及施工方法，计算基槽的上口挖土宽度，拉线后用石灰在地面上画出基坑（槽）开挖的边线既为放线，见图 8-24。

3. 基坑（槽）土方开挖

基坑（槽）开挖有人工开挖和机械开挖两种形式。当深度和土方量不大或无法用机械开挖的桩间土等可以采用人工开挖的方法。人工开挖可以保证放坡和坑底尺寸的精度要求，但是人工开挖劳动强度大，作业时间长。当基坑较深，土方量大时一般采用机械开挖的方式。即使采用机械开挖，在接近基底设计标高时通常也用人工来清底，以免超挖和机械扰动基底。

开挖较深基坑时，土方施工必须遵循"开槽支撑，先撑后挖，严禁超挖，分层开挖"的原则。

4. 验槽

基坑（槽）开挖完毕并清理好后，在垫层施工前，承包商应会同勘察设计、监理、业主、质量监督部门一起进行现场检查并验收。验收的主要内容为：

（1）核对基坑（槽）的位置、平面尺寸、坑底标高。

（2）核对基坑土质和地下水情况。

（3）孔穴、古井、防空掩体及地下埋设物的位置、形状、深度等。遇到持力层明显不均匀或软弱下卧层者，应在基坑底进行轻型动力触探，会同有关部门进行处理。

（4）验槽的重点应选择在桩基、承重墙或其他受力较大部位。

（5）验槽后应填写验槽记录或隐蔽工程验收报告。

5. 土方填筑与压实

（1）土料的选用与填筑要求

1）土料的选用

为了保证填方工程的强度和稳定性要求，必须正确地选择土料和填筑方法。填土的土料应符合设计要求。如设计无要求可按下列规定：

① 级配良好的碎石类土、砂土和爆破石渣可作表层以下填料，但其最大粒径不得超过每层铺垫厚度的 2/3。

② 含水量符合压实要求的黏性土，可用作各层填料。

③ 以砾石、卵石或块石作填料时，分层夯实最大料径不宜大于 400mm，分层压实不得大于 200mm，尽量选用同类土填筑。

④ 碎块草皮类土，仅用于无压实要求的填方。

不能作为填土的土料：含有大量有机物、石膏和水溶性硫酸盐（含量大于 5%）的土以及淤泥、冻土、膨胀土等；含水量大的黏土也不宜作填土用。

2）填筑要求

土方填筑前，要对填方的基底进行处理，使之符合设计要求。如设计无要求，应符合下列规定：

① 基底上的树墩及主根应清除，坑穴应清除积水、淤泥和杂物等，并分层回填夯实。基底为杂填土或有软弱土层时，应按设计要求加固地基，并妥善处理基底的空洞、旧基、暗塘等。

② 如填方厚度小于 0.5m，还应清除基底的草皮和垃圾。当填方基底为耕植土或松土时，应将基底碾压密实。

③ 在水田、沟渠或池塘填方前，应根据具体情况采用排水疏干、挖出淤泥、抛填石块、砂砾等方法处理后，再进行填土。

④ 应根据工程特点、填料种类、设计压实系数，施工条件等合理选择压实机具，并确定填料含水量的控制范围、铺土厚度和压实遍数等参数。

⑤ 填土应分层进行，并尽量采用同类土填筑。当选用不同类别的土料时，上层宜填筑透水性较小的填料，下层宜填筑透水性较大的土料。不能将各类土混杂使用，以免形成水囊。压实填土的施工缝应错开搭接，在施工缝的搭接处应适当增加压实遍数。

⑥ 当填方位于倾斜的地面时，应先将基底斜坡挖成阶梯状，阶宽不小于 1m，然后分层回填，以防填土侧向移动。

⑦ 填方土层应接近水平地分层压实。在测定压实后土的干密度，并检验其压实系数和压实范围符合设计要求后，才能填筑上层。由于土的可松性，回填高度应预留一定的下沉高度，以备行车碾压和自然因素作用下，土体逐渐沉落密实。其预留下沉高度（以填方高度为基数）：砂土为 1.5%，亚黏土为 3%～3.5%。

⑧ 如果回填土湿度大，又不能采用其他土换填，可以将湿土翻晒晾干、均匀掺入干土后再回填。

⑨ 冬、雨期进行填土施工时，应采取防雨、防冻措施，防止填料（粉质黏土、粉土）受雨水淋湿或冻结，并防止出现"橡皮土"。

（2）填土压实方法

填土压实的方法一般有碾压、夯实、振动压实等几种。

1）碾压法

碾压机械有平碾（压路机）、羊足碾、振动碾等（图 8-25）。砂类土和黏性土用平碾的压实效果好；羊足碾只适宜压实黏性土；振动碾是一种振动和碾压同时作用的高效能压实机械，适用于碾压爆破石碴、碎石类土等。

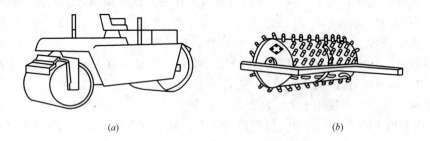

图 8-25　碾压机械
(a) 光轮压路机；(b) 羊足碾

用碾压机械进行大面积填方碾压时，宜采用"薄填、低速、多遍"的方法。碾压应从填土两侧逐渐压向中心，并应至少有 15～20cm 的重叠宽度。机械的开行速度不宜过快，一般不应超过下列规定：平碾、振动碾 2km/h，羊足碾 3km/h。除了按规定的速度行驶，还应有一定的压实遍数才能保证压实质量。为了保证填土压实的均匀和密实度的要求，提高碾压效率，宜先用轻型机械碾压，使其表面平整后，再用重型机械碾压。

2）夯实法

夯实法是用夯锤自由下落的冲击力来夯实土壤，主要用于小面积回填土。其优点是可以夯实较厚的黏性土层和非黏性土层，使地基原土的承载力加强。方法有人工和机械夯实两种。

人工夯实用木夯和石夯，机械夯实有夯锤和蛙式打夯机等。夯锤借助起重设备提起落下，其重力大于 15kN，落距 2.5～4.5m，夯实厚度可达 1.5～2.0m，但是费用高。常用于夯实黏性土、砂砾土，杂填土及分层填土施工等。

蛙式打夯机轻巧灵活、构造简单、操作方便，在小型土方工程中应用最广（图 8-26），夯打遍数依据填土的类别和含水量确定。

3）振动压实法

振动压实法是借助振动机构令压实机振动，使土颗粒发生相对位移而达到密实状态。振动压路机是一种振动和碾

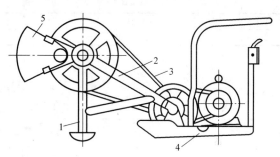

图 8-26　蛙式打夯机
1—夯头；2—夯架；3—三角胶带；4—拖盘；5—偏心块

压同时作用的高效能压实机械，比一般压路机提高功效 1～2 倍。这种方法更适用于填方为爆破石碴、碎石类土、杂填土等。

（3）影响填土压实的因素

填土压实的影响因素为压实功、土的含水量及每层铺土厚度。

1）压实功的影响

填土压实后的密度与压实机械所施加功的关系如图 8-27 所示。当土的含水量一定，开始压实时，土的密度急剧增加。当接近土的最大密度时，虽经反复压实，压实功增加很多，而土的密度变化很小。因此，在实际施工中，不要盲目地增加填土压实遍数。

2）含水量的影响

填土含水量的大小直接影响碾压（或夯实）遍数和质量。

较为干燥的土，由于摩阻力较大，而不易压实。当土具有适当含水量时，土的颗粒之间因水的润滑作用使摩阻力减小，在同样压实功作用下，得到最大的密实度，这时土的含水量称作最佳含水量（图 8-28）。

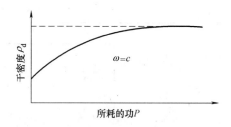

图 8-27　土的干密度与压实功的关系

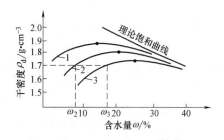

图 8-28　土的干密度与含水量的关系

为了保证填土在压实过程中具有最佳含水量，土的含水量偏高时，可采取翻松、晾晒、掺干土等措施。如含水量偏低，可采用预先洒水湿润、增加压实遍数等措施。

各种土的最佳含水量和所能获得的最大干密度，可由试验确定，也可参考表8-4。

土的含水量和最大干密度关系表   表8-4

项次	土的种类	变动范围		项次	土的种类	变动范围	
		最佳含水量（%）（质量比）	最大干密度（g/cm³）			最佳含水量（%）（质量比）	最大干密度（g/cm³）
1	砂 土	8～12	1.80～1.88	3	粉质黏土	12～15	1.85～1.95
2	黏 土	19～23	1.58～1.70	4	粉 土	16～22	1.61～1.80

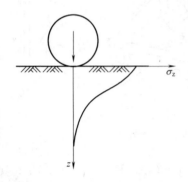

图 8-29　压实作用沿深度的变化

3）铺土厚度的影响

在压实功作用下，土中的应力随深度增加而逐渐减小（图 8-29）。其影响深度与压实机械、土的性质及含水量有关。铺土厚度应小于压实机械的有效作用深度。铺得过厚，要增加压实遍数才能达到规定的密实度。铺得过薄，机械的总压实遍数也要增加。恰当的铺土厚度能使土方压实而机械的耗能最少。

对于重要填方工程，达到规定密实度所需要的压实遍数、铺土厚度等应根据土质和压实机械在施工现场的压实试验来决定。若无试验依据可参考表8-5的规定。

填土施工时的分层厚度及压实遍数   表8-5

压实机具	分层铺土厚度(mm)	每层压实遍数
平 碾	250～300	6～8
振动压实机	250～350	3～4
柴油打夯机	200～250	3～4
人工打夯	<200	3～4

（4）填土压实的质量控制

填土经压实后必须达到要求的密实度，以避免建筑物产生不均匀沉陷。填土密实度以设计规定的控制干密度 ρ_d 作为检验标准。土的控制干密度 ρ_d 与最大干密度 ρ_{max} 之比称为压实系数 λ_c。利用填土作为地基时，规范规定了不同结构类型、不同填土部位的压实系数值（表8-6）。

填土压实的质量控制   表8-6

结构类型	填土部位	压实系数 λ_c	控制含水量(%)
砌体承重结构和框架结构	在地基主要受力层范围以内	≥0.97	$\omega_{op}\pm2$
	在地基主要受力层范围以下	≥0.95	
排架结构	在地基主要受力层范围以内	≥0.96	$\omega_{op}\pm2$
	在地基主要受力层范围以下	≥0.94	
地坪垫层以下及基础底面标高以上的压实填土		≥0.94	$\omega_{op}\pm2$

注：ω_{op} 为最佳含水量。

填土压实的最大干密度一般在试验室由击实试验确定，再根据规范规定的压实系数，即可算出填土控制干密度 ρ_d 值。在填土施工时，土的实际干密度 ρ'_d 大于或等于控制干密度 ρ_d 时，即：

$$\rho'_d \geqslant \rho_d = \lambda_c \cdot \rho_{max} \tag{8-13}$$

则符合质量要求。

式中　λ_c——要求的压实系数；

　　　ρ_{max}——土的最大干密度，g/cm^3。

8.1.7　土方工程施工安全要求

（1）基坑开挖时，两人操作间距应大于 2.5m，多台机械开挖，挖土机间距应大于 10m。挖土应由上而下，逐层进行，严禁采用挖空底脚（挖神仙土）的施工方法。

（2）基坑开挖应严格按要求放坡。操作时应随时注意土壁变动情况，如发现有裂纹或部分坍塌现象，应及时进行支撑或放坡，并注意支撑的稳固和土壁的变化。

（3）基坑（槽）挖土深度超过 3m 以上，使用吊装设备吊土时，起吊后，坑内操作人员应立即离开吊点的垂直下方，起吊设备距坑边一般不得少于 1.5m，坑内人员应戴安全帽。

（4）用手推车运土，应先铺好道路。卸土回填，不得放手让车自动翻转。用翻斗汽车运土，运输道路的坡度、转弯半径应符合有关安全规定。

（5）深基坑上下应先挖好阶梯或设置靠梯，或开斜坡道，采取防滑措施，禁止踩踏支撑上下。坑四周应设安全栏杆或悬挂危险标志。

（6）基坑（槽）设置的支撑应经常检查是否有松动变形等不安全迹象，特别是雨后更应加强检查。

（7）坑（槽）沟边 1m 以内不得堆土、堆料和停放机具。1m 以外堆土，其高度不宜超过 1.5m。坑（槽）、沟与附近建筑物的距离不得小于 1.5m，危险时必须加固。

（8）支护结构与挖土应紧密配合，遵循先撑后挖、分层分段、对称、限时的原则。土方开挖宜选用合适施工机械、开挖程序及开挖路线。

（9）要重视打桩效应，防止桩位移和倾斜。注意减少坑边地面荷载，防止开挖完的基坑暴露时间过长。

（10）当挖土至坑槽底 50cm 左右时，应及时抄平。在基坑开挖和回填过程中应保持井点降水工作的正常进行。开挖前要编制包含周详安全技术措施的基坑开挖施工方案，以确保施工安全。

8.2　地基处理与桩基础工程

8.2.1　地基处理

地基加固处理的原理是：将土质由松变实，将水的含水量由高变低。即可达到地基加固的目的。常用的人工地基处理方法有换填法、重锤夯实法、机械碾压法、挤密桩法、深层搅拌法、化学加固法等。

1. 换填法

当建筑物的地基土比较软弱、不能满足上部荷载对地基强度和变形的要求时，常采用换填来处理。具体实践中可分几种情况。

挖：就是挖去表面的软土层，将基础埋置在承载力较大的基岩或坚硬的土层上，此种方法主要用于软土层不厚、上部结构的荷载不大的情况。

填：当软土层很厚，而又需要大面积进行加固处理，则可在原有的软土层上直接回填一定厚度的好土或砂石、矿石等。

换：就是将挖与填相结合，即换土垫层法，施工时先将基础下一定范围内的软土挖去，而用人工填筑的垫层作为持力层，按其回填的材料不同可分为砂垫层、碎石垫层、素土垫层、灰土垫层等。

换填法适用于淤泥、淤泥质土、膨胀土、冻胀土、素填土、杂填土及暗沟、暗塘、古井、古墓或拆除旧基础后的坑穴等的地基处理。

换土垫层的处理深度应根据建筑物的要求，由基坑开挖的可能性等因素综合决定，一般多用于上部荷载不大，基础埋深较浅的多层民用建筑的地基处理工程中，开挖深度不超过 3m。

（1）砂和砂石地基垫层

砂和砂石地基（垫层）是采用级配良好、质地坚硬的中粗砂和碎石、卵石等，经分层夯实，作为基础的持力层，提高基础下地基强度，降低地基的压应力，减少沉降量，加速软土层的排水固结作用。

砂石垫层应用范围广泛，施工工艺简单，用机械和人工都可以使地基密实，工期短，造价低；适用于 3.0m 以内的软弱、透水性强的黏性土地基，不适用加固湿陷性黄土和不透水的黏性土地基。

（2）灰土垫层

灰土垫层是将基础底面以下一定范围内的软弱土挖去，用按一定体积配合比的灰土在最优含水量情况下分层回填夯实（或压实）。

灰土垫层的材料为石灰和土，石灰和土的体积比一般为 3∶7 或 2∶8。灰土垫层的强度是随用灰量的增大而提高，当用灰量超过一定值时，其强度增加很小。

灰土地基施工工艺简单，费用较低，是一种应用广泛、经济、实用的地基加固方法。适用于加固处理 1~3m 厚的软弱土层。

2. 强夯法

强夯法具有施工速度快、造价低、设备简单，能处理的土壤类别多等特点。

施工时用起重机将很重的锤（一般为 8~40t）起吊至高处（一般为 6~30m），使其自由落下，产生的巨大冲击能量和振动能量给地基以冲击和振动，从而在一定的范围内提高地基土的强度，降低其压缩性，达到地基受力性能改善的目的。是我国目前最为常用和最经济的深层地基处理方法之一。

强夯法适用于碎石土、砂性土、黏性土、湿陷性黄土和回填土。

3. 其他方法

（1）压：（压实地基）

压即指将地基压实，压实主要是用压路机等机械对地基进行碾压，使地基压实排水固结，也可在地基范围的地面上，预先堆置重物预压一段时间，以增加地基的密实度，提高地基的承载力，减少沉降量。

（2）挤：（挤密地基）

挤主要是用沉管、冲击或爆炸等方法在地基中挤土，形成一定直径的桩孔，然后向桩孔内夯填灰土、砂石、石灰和水泥粉煤灰等，形成灰土挤密桩、砂石挤密桩、石灰挤密桩和水泥粉煤灰挤密桩。成孔时，桩孔部分的土被横向挤开，形成横向挤密，与换土垫层相比，不需大量开挖和回填，施工的工期短，费用低，处理深度较大，桩体与挤密土共同组成人工复合地基，此种地基是一种深层地基加密处理的一种方法。

（3）拌：（搅拌法加固地基）

施工时以旋喷法或搅拌法加固地基，是以水泥土或水玻璃、丙凝等作为固化剂，通过特制的搅拌机械边钻进边往软土中喷射浆液或雾状粉体，在地基深处就地将软土和固化剂强制搅拌，使喷入软土中的固化剂与软土充分拌合在一起，由固化剂和软土之间产生一系列物理和化学变化，使土体固结，增加了地基的强度，减少沉降，形成复合地基。

地基处理应符合《建筑地基处理技术规范》（JGJ 79—2012）和《建筑地基基础工程施工质量验收规范》（GB 50202—2010）的相关要求。

8.2.2 桩基础施工

桩基础是深基础中的一种，利用承台和基础梁将深入土中的桩联系起来，以便承受整个上部结构重量（图 8-30）。

桩基础中桩的作用将来自上部结构的荷载传递至地下深处坚硬土层或岩石上，或者将软弱土层挤压密实，从而提高地基土的承载力，以减少基础的沉降。承台的作用则是将各单桩连成整体，承受并传递上部结构的荷载给群桩。

桩的种类较多，按桩的承载性质可分为端承桩和摩擦桩两种类型。端承桩是桩顶荷载由桩端阻力承受的桩；摩擦桩是桩顶荷载由桩侧摩阻力承受的桩。按桩身的材料可分为木桩、混凝土或钢筋混凝土桩、钢桩等。按沉桩的施工方法可分为挤土桩（包括打入式和压入式预制桩）、部分挤土桩（包括预钻孔打入式预制桩和部分挤土灌注桩）、非挤土桩（各种非挤土灌注桩）和混合桩等四种类型。按桩的制作方法可分为预制桩和灌注桩。

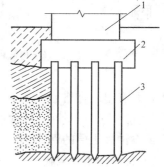

图 8-30　桩基础的组成
1—上部结构；2—承台；3—桩

1. 预制桩施工

预制桩是一种先预制桩构件，然后将其运至桩位处，用沉桩设备将它沉入或埋入土中而成的桩。预制桩主要有钢筋混凝土预制桩和钢桩两类。

预制桩施工流程如下：

现场布置→场地地基处理、整平、浇筑混凝土→支模→绑扎钢筋、安设吊环→浇混凝土→养护至 30％设计强度拆模→支间隔端头模板、刷隔离剂、绑钢筋→浇筑间隔桩混凝土→同法间隔重叠制作第二层桩→养护至 70％强度起吊→养护至 100％设计强度运输、打桩。

（1）桩的预制、起吊、运输与堆放

预制钢筋混凝土桩分实心桩和空腹桩，有钢筋混凝土桩和预应力钢筋混凝土桩。实心桩截面有三角形、圆形、矩形、六边形、八边形。为了便于预制一般做成正方形断面。断面一般为 200mm×200mm～550mm×550mm（图 8-31）。单根桩的最大长度，一般根据打桩架的高度而定，目前单根桩通常在 30m 以内，工厂预制时单根桩长一般在 12m 以内。如需打设 30m 以上的桩，在打桩过程中逐段接桩。空腹桩有空心正方形、空心三角形和空心圆形（即管桩）。管桩在工厂内采用离心法制成，外径一般有 400mm、500mm 等数种。钢桩通常有钢管桩、工字型钢桩、H 型钢桩等。

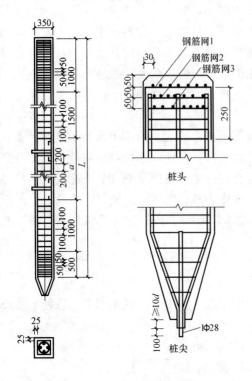

图 8-31　钢筋混凝土预制桩示例

1）桩的制作

预制桩的制作有并列法、间隔法、重叠法和翻模法等方法。

预应力混凝土管桩一般由工厂用离心旋转法制作。管桩按混凝土强度等级分为预应力混凝土管桩（混凝土等级不低于 C50）和预应力高强混凝土管桩（混凝土等级不低于 C80）。

制作钢管桩的材料规格及强度应符合设计要求，并有出厂合格证和试验报告。桩材表面不得有裂缝、起鳞、夹层及严重锈蚀等缺陷。焊缝的电焊质量除常规检查外，还应做 10％的焊缝探伤检查。用于地下水有侵蚀性的地区或腐蚀性土层的钢管桩，应按设计要求作防腐处理。

2）桩的起吊、运输

预制桩应在混凝土达到设计强度的 70％后方可起吊，达到设计强度的 100％后才可运输和沉桩。如需提前吊运和沉桩，则必须采取措施并经承载力和抗裂度验算合格后方可进行。

桩在起吊和搬运时，必须做到平稳并不得损坏棱角，吊点应符合设计要求。如无吊环，设计又未作规定时，可按吊点间的跨中弯矩与吊点处的负弯矩相等的原则来确定吊点位置。常见的几种吊点合理位置如图 8-32 所示。

钢管桩在运输过程中，应防止桩体撞击而造成桩端、桩体损坏或弯曲。

3）桩的堆放

桩运到工地现场后，应按不同规格将桩分别堆放，以免沉桩时错用；堆放桩的场地应靠近沉桩地点，地面必须平整坚实，设有排水坡度；多层堆放时，各层桩间应置放垫木，垫木的间距可根据吊点位置确定，并应上下对齐，位于同一垂直线上（图 8-33）。堆放桩最多 4 层。

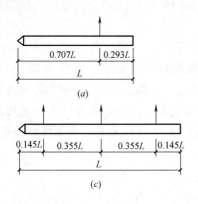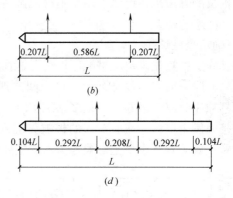

图 8-32 吊点的合理位置

(a) 1 个吊点；(b) 2 个吊点；(c) 3 个吊点；(d) 4 个吊点

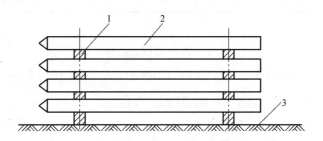

图 8-33 预制桩堆放图

1—垫木；2—预制桩；3—地坪

（2）沉桩前的准备工作

为使桩基施工能顺利地进行，沉桩前应根据设计图纸要求、现场水文地质情况和施工方案，做好以下施工准备工作。

1）清除障碍物

沉桩前应认真清除现场（桩基周围 10m 以内）妨碍施工的高空、地面和地下的障碍物（如地下管线、地上电杆线、旧有房基和树木等），同时还必须加固邻近的危房、桥涵等。

2）平整场地

在建筑物基线以外 4～6m 范围内的整个区域，或桩机进出场地及移动路线上，应作适当平整压实（地面坡度不大于 1%），并保证场地排水良好。

3）进行沉桩试验

沉桩前应进行不少于 2 根桩的沉桩工艺试验，以了解桩的沉入时间、最终贯入度、持力层的强度、桩的承载力以及施工过程中可能出现的各种问题和反常情况等，确定沉桩设备和施工工艺是否符合设计要求。

4）抄平放线、定桩位

在沉桩现场或附近区域，应设置数量不少于 2 个的水准点，以作抄平场地标高和检查桩的入土深度之用。根据建筑物的轴线控制桩，按设计图纸要求定出桩基础轴线和每个桩位。定桩位的方法是在地面上用小木桩或撒白灰点标出桩位，或用设置龙门板拉线法定桩位。

5）确定沉桩顺序

桩基施工中宜先确定沉桩顺序，后考虑预制桩堆放场地布局。

沉桩顺序一般有：逐排沉设、自中间向四周沉设、分段沉设等三种情况（图 8-34）。确定沉桩顺序时应考虑的因素很多，沉桩时产生的挤土，是否会造成先沉入的桩被后沉入的桩推挤而发生位移，或后沉入的桩被先沉入的桩挤紧而不能入土；桩架移位是否方便，有无空跑现象等。其中挤土影响为考虑的主要因素。

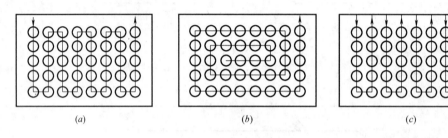

图 8-34　沉桩顺序图

（a）逐排沉没；（b）自中间向四周沉设；（c）分段沉设（可同时施工）

为减少挤土影响，确定沉桩顺序的原则如下：

① 从中间向四周沉设，由中及外；

② 从靠近现有建筑物最近的桩位开始沉设，由近及远；

③ 先沉设入土深度深的桩，由深及浅；

④ 先沉设断面大的桩，由大及小。

沉桩顺序确定后，还需考虑桩架是往后"退沉桩"还是向前"顶沉桩"。当沉桩地面标高接近桩顶设计标高时，由于桩尖持力层的标高不可能完全一致，桩架只能采取往后"退沉桩"，不能事先将桩布置在地面，只能随沉桩随运桩。如沉桩后桩顶的实际标高在地面以下，则桩架可以采取往前"顶沉桩"的方法，此时只要场地允许，所有的桩都可以事先布置好，避免场内二次搬运。

（3）桩的沉设

预制桩按沉桩设备和沉桩方法，可分为锤击沉桩、振动沉桩、静力压桩和射水沉桩等数种。

由于钢桩长度大，承受的荷载大，因此通常采用锤击沉桩，尤以柴油桩锤为佳。

1）锤击沉桩

锤击沉桩又称打桩。它是利用打桩设备的冲击动能将桩打入土中的一种方法。

① 打桩设备及选用

打桩设备主要包括桩锤、桩架和动力装置三部分。桩锤是对桩施加冲击，把桩打入土中的主要机具。桩架的作用是将桩提升就位，并在打桩过程中引导桩的方向，以保证桩锤能沿着所要求的方向冲击。动力装置包括驱动桩锤及卷扬机用的动力设备（发电机、蒸汽锅炉、空气压缩机等）、管道、滑轮组和卷扬机等。

② 打桩工艺

桩的沉设工艺流程：吊桩就位→打桩。

打桩有"轻锤高击"和"重锤低击"两种方式。这两种方式，如果所做的功相同，实际得到的效果却不同。轻锤高击，桩头易损坏，桩难以入土。相反，重锤低击，桩能很快地入土。此外，由于重锤低击的落距小，桩锤频率较高，对于较密实的土层，如砂土或黏土也能较容易地穿过（但不适用于含有砾石的杂填土），打桩效率也高，所以打桩宜采用"重锤低击"。实践经验表明：在一般情况下，若单动汽锤的落距≤0.6m，落锤的落距≤1.0m，以及柴油锤的落距≤1.50m时，能防止桩顶混凝土被击碎或开裂。

③ 质量要求与验收

打桩质量评定包括两个方面：一是能否满足设计规定的贯入度或标高的要求；二是桩打入后的偏差是否在施工规范允许的范围以内。具体要满足三个方面的要求：贯入度或标高必须符合设计要求；平面位置或垂直度必须符合施工规范要求；打入桩桩基工程的验收必须符合施工规范要求。

2）振动沉桩

振动沉桩与锤击沉桩的施工方法基本相同，其不同之处是用振动桩机代替锤打桩机施工。振动桩机主要由桩架、振动锤、卷扬机和加压装置等组成。

振动沉桩施工方法是在振动桩机就位后，先将桩吊升并送入桩架导管内，落下桩身直立插于桩位中。然后在桩顶扣好桩帽，校正好垂直度和桩位，除去吊钩，把振动锤放置于桩顶上并连牢。此时，在桩自重和振动锤重力作用下，桩自行沉入土中一定深度，待稳定并经再校正桩位和垂直度后，即可启动振动锤开始沉桩。振动沉桩一般控制最后三次振动（每次振动10min），测出每分钟的平均贯入度，或控制沉桩深度，当不大于设计规定的数值时即认为符合要求。

振动沉桩法适用于砂质黏土、砂土和软土地区施工，但不宜用于砾石和密实的黏土层中施工。如用于砂砾石和黏土层中时，则需配以水冲法辅助施工。

3）静力压桩

静力压桩（图8-35）是在软土地基上，利用桩机本身产生的静压力将预制桩分节压入土中的一种沉桩方法。具有施工时无噪声、无振动，施工迅速简便，沉桩速度快（压桩速度可达2m/min）等优点，而且在压桩过程中，还可预估单桩承载力。静力压桩适用于软弱土层，当存在厚度大于2m的中密以上砂夹层时，不宜采用静力压桩。

静力压桩施工程序：静力压桩的施工，一般都采取分段压入、逐段接长的方法。施工程序：测量定位→压桩机就位→吊桩、插桩→桩身对中调直→静压

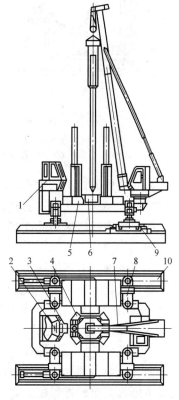

图8-35 液压式静力压桩机
1—操纵室；2—电气控制台；3—液压系统；4—导向架；5—配重；6—夹持机构；7—吊桩吊机；8—支腿平台；9—横向行走及回转机构；10—纵向行走机构

沉桩→接桩→再静压沉桩→终止压桩→切割桩头→检查验收→转移桩机。静力压桩施工前的准备工作，桩的制作、起吊、运输、堆放、施工流水、测量放线和定位等均同锤击沉桩法。

压桩时，用起重机将预制桩吊运或用汽车运至桩机附近，再利用桩机自身设置的起重机将其吊入夹持器中，夹持油缸将桩从侧面夹紧，即可开动压桩油缸，先将桩压入土中1m左右后停止，矫正桩在互相垂直的两个方向的垂直度后，压桩油缸继续伸程动作，把桩压入土层中。伸长完后，夹持油缸回程松夹，压桩油缸回程，重复上述动作，可实现连续压桩操作，直至把桩压入预定深度土层中。

4）水冲沉桩

水冲沉桩（图 8-36）施工方法是在待沉桩身两对称旁侧，插入两根用卡具与桩身连接的平行射水管，管下端设喷嘴，沉桩时利用高压水，通过射水管喷嘴射水，冲刷桩尖下的土壤，使土松散而流动，减少桩身下沉的阻力。同时射入的水流大部分又沿桩身返回地面，因而减少了土壤与桩身间的摩擦力，使桩在自重或加重的作用下沉入土中。

水冲沉桩法适用于在砂土和砂石土或其他坚硬土层中沉桩施工。水冲沉桩与锤击沉桩或振动沉桩结合使用，则更能显示其工效。方法是当桩尖水冲沉至离设计标高 1～2m 处时，停止射水，改用锤击或振动将桩沉到设计标高。

（4）桩的连接

预制桩的长度往往很大，须将长桩分节逐段沉入。通常一根桩的接头总数不宜超过 3 个，接桩时其接口位置应离地面 0.8～1.0m。

1）钢筋混凝土预制桩的连接

目前，国内通常采用的连接方法有焊接、法兰盘螺栓连接和硫磺胶泥锚接。

① 焊接接桩

焊接接桩即在上下桩接头处预埋钢帽铁件，上下接头对正后用金属件（如角钢）现场焊牢。焊接接桩适用于单桩设计承载力高，细长比大，桩基密集或须穿过一定厚度软硬土层，估计沉桩较困难的桩，其接头构造如图 8-37 所示。

② 法兰盘螺栓连接接桩

法兰盘螺栓连接接桩即在上下桩接头处预埋带有法兰盘的钢帽预埋件，上下桩对正用螺栓拧紧。法兰盘螺栓连接接桩的适用条件基本上与焊接接桩相同。接桩时上下节桩之间用石棉或纸板衬垫，拧紧螺母，经锤击数次后再拧紧一次，并焊死螺母。

③ 硫磺胶泥锚接接桩

硫磺胶泥锚接接桩即在上节桩的下端预留伸出锚筋，长度为其直径的 15 倍，布于方桩的四角，见图 8-38，下节桩顶端预留垂直锚筋孔，将熔化的硫磺胶泥注满锚筋孔并溢出桩面，迅速落下上桩头使相互胶结。待其冷却一段时间后即可开始沉桩。该接桩方法一般适用于软土层，但由于这种方法接桩的接头可靠性差，因而不推荐采用。

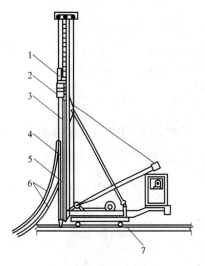

图 8-36　水冲沉桩示意图
1—桩锤；2—桩帽；3—桩；4—卡具；
5—射水管；6—高压软管；7—轨道

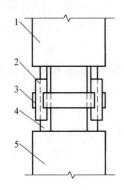

图 8-37　桩连接的焊接接头

1—上节桩；2—连接角钢；3—连接板；

4—与主筋连接的角钢；5—下节桩

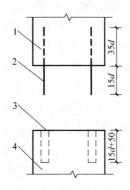

图 8-38　桩连接的硫磺胶泥锚接接头

1—上节桩；2—锚筋；3—锚筋孔；4—下节桩

2）钢桩的连接

① 钢管桩的连接

桩接头构造如图 8-39 所示，其连接用的衬环是斜面切开的，比钢管桩内径略小，搁置于挡块上，以专用工具安装，使之与下节钢管桩内壁紧贴。

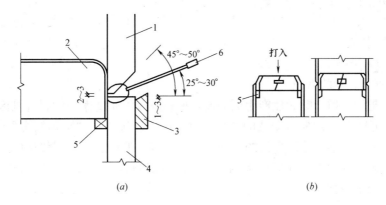

(a)　　　　　　　　(b)

图 8-39　钢管桩连接

（a）钢管桩连接构造；（b）内衬环安装

1—上节钢管栏；2—内衬环；3—铜夹箍；4—下节钢管桩；5—挡块；6—焊枪

② H 型钢桩

采用坡口焊对接连接，将上节桩下端作坡口切割，连接时采取措施（如加填块）使上下节桩保持 2～3mm 的连接间隙，使之对焊接长。

（5）沉桩施工对环境影响及预防措施

打桩对周围环境的影响，除振动、噪声外，还有土体的变形、位移和形成超静孔隙水压力，它使土体原来所处的平衡状态破坏，对周围原有的建筑物和地下设施带来不利影响。轻则使建筑物的粉刷脱落，墙体和地坪开裂；重则使圈梁和过梁变形，门窗开闭困难。它还会使邻近的地下管线破损或断裂，甚至中断使用；还能使邻近的路基变形，影响交通安全等。如附近有生产车间和大型设备基础，它亦可能使车间跨度发生变化，基础被推移，因而影响正常的生产。

产生这些危害，主要是因为打桩破坏了土体内部原来的静力平衡，产生了一系列新的变化。这些变化表现在土体方面则有：

1）地面垂直隆起，土体产生水平位移（包括表层土的水平位移和深层土的水平位移）；

2）土孔隙中静水压力升高，形成超孔隙静水压力；

3）沉桩后期地面会发生新的沉降，使已入土的群桩产生负摩擦力。

减少或预防沉桩对周围环境的有害影响，可采用下述措施：

1）减少和限制沉桩挤土影响的措施

① 采用预钻孔打桩工艺；

② 合理安排沉桩顺序；

③ 控制沉桩速率；

④ 挖防振沟；

⑤ 打设钢板桩等围护；

⑥采用钢管桩。

2）减小孔隙水压力措施

① 采用井点降水；

② 袋装砂井；

③ 预钻排水孔；

④ 预埋塑料板排水。

3）减少振动影响的措施

用锤击沉桩，在锤击时必然产生振动波，振动波在传播过程中对邻近桩区的地下结构和管线会带来危害。为减少振动波的产生，宜采用液压锤或用"重锤轻击"。为限制振动波的传播，可采用上述开挖防振沟的措施，用防振沟来阻断沿地表层传播的振动波。为防止振动对地下敏感的地下管线等的影响，可在沉桩期间将地下管线等挖出暂时暴露在外，沉桩结束时再回土掩埋。

2. 灌注桩施工

混凝土灌注桩（简称灌注桩）是一种直接在现场桩位上使用机械或人工方法成孔，并在孔中灌注混凝土（或先在孔中吊放钢筋笼）而成的桩。所以灌注桩的施工过程主要有成孔和混凝土灌注两个施工序。

灌注桩的成孔控制深度应符合以下要求：

① 当采用套管成孔时，必须保证设计桩长，对于摩擦桩其桩管入土深度的控制以标高为主，并以贯入度（或贯入速度）作为参考；对于端承桩其桩管入土深度的控制以贯入度（或贯入速度）为主，并以设计持力层标高对照作为参考。

② 采用钻孔成孔时，必须保证桩孔进入硬土层达到设计规定深度，并清理孔底沉渣。

（1）钻孔灌注桩

钻孔灌注桩是指利用钻孔机械钻出桩孔，并在孔中浇筑混凝土（或先在孔中吊放钢筋笼）而成的桩。根据钻孔机械的钻头是否在土壤的含水层中施工，分为泥浆护壁成孔和干作业成孔两种施工方法。

1）泥浆护壁成孔灌注桩施工

泥浆护壁成孔灌注桩的施工方法为先利用钻孔机械（机动或人工）在桩位处进行钻孔，待钻孔达到设计要求的深度后，立即进行清孔，并在孔内放人钢筋笼，水下浇注混凝土成桩。在钻孔过程中，为了防止孔壁坍塌，孔中可注入一定稠度的泥浆（或孔中注入清水直接制浆）护壁进行成孔。泥浆护壁成孔灌注桩适用于在地下水位较高的含水黏土层，或流砂、夹砂和风化岩等各种土层中的桩基成孔施工，因而使用范围较广。

泥浆护壁钻孔灌注桩施工工艺流程（图 8-40）：

场地平整→桩位放线→开挖浆池、浆沟→护筒埋设→钻机就位、孔位校正→成孔、泥浆循环、清除废浆、泥渣→清孔换浆→终孔验收→下钢筋笼和钢导管→浇筑水下混凝土→成桩。

泥浆护壁成孔灌注桩所用的成孔机械有冲击钻机、回转钻机及潜水钻机等。

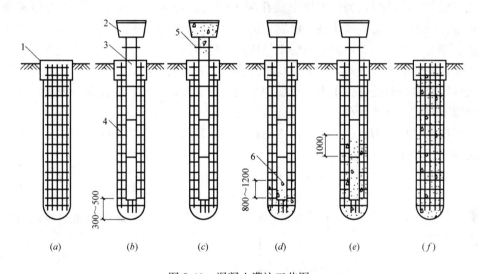

图 8-40　混凝土灌注工艺图

(a) 吊放钢筋笼；(b) 插下导管；(c) 漏斗满灌混凝土；
(d) 除去隔水栓混凝土下落孔底；(e) 随浇混凝土随提升导管；(f) 拔除导管成桩
1—护筒；2—漏斗；3—导管；4—钢筋笼；5—隔水栓；6—混凝土

2）干作业成孔灌注桩施工

干作业成孔灌注桩的施工方法是先利用钻孔机械（机动或人工）在桩位处进行钻孔，待钻孔深度达到设计要求时，立即进行清孔，然后将钢筋笼吊入桩孔内，再浇筑混凝土而成的桩。

干作业成孔灌注桩，适用于地下水位以上的干土层中桩基的成孔施工。

干作业成孔灌注桩所用的成孔机械有螺旋钻机、钻孔扩机、机动或人工洛阳铲等。

3）挤扩灌注桩施工

挤扩灌注桩是在普通灌注桩工艺中，增加一道"挤扩"工序，而生成一种新的桩型。它使传统的灌注桩由单纯摩擦受力变为摩擦与端承共同受力，使其承载力提高2~3倍，可缩短工期、节约建筑材料、减少工程量30%~70%，使工程造价大幅度降低。

挤扩灌注桩适用于一般黏性土、粉土、砂性土、残积土、回填土、强风化岩及其他可形成桩孔的地基土，而且地下水位上、下可选用不同的适用工法进行施工。

（2）人工挖孔灌注桩

人工挖孔灌注桩是以硬土层作持力层、以端承力为主的一种基础形式，其直径可达 $1\sim3.5m$，桩深 $60\sim80m$，每根桩的承载力高达 $6000\sim10000kN$，如果桩底部再进行扩大，则称"大直径扩底灌注桩"。

人工挖孔桩施工机具设备可根据孔径、孔深和现场具体情况加以选用，常用的有：

1）电动葫芦和提土桶：用于施工人员上下桩孔，材料和弃土的垂直运输。

2）潜水泵：用于抽出桩内中的积水。

3）鼓风机和输风管：用于向桩内中输送新鲜空气。

4）镐、锹和土筐：用于挖土的工具，如遇坚硬土或岩石，还需另备风镐。

5）照明灯、对讲机及电铃：用于桩孔内照明和桩孔内外联络。

人工挖孔桩施工时，为确保挖土成孔施工安全，必须预防孔壁坍塌和流砂现象的发生。护壁方法很多，可以采用现浇混凝土护壁、喷射混凝土护壁、混凝土沉井护壁、砖砌体护壁、钢套管护壁、型钢或木板桩工具式护壁等多种。

当做现浇混凝土护壁时，人工挖孔桩的施工工艺流程如下：

放线定桩位→开挖桩孔土方→支设护壁模板→放置操作平台→浇筑护壁混凝土→拆除模板继续下段施工→排出孔底积水→浇筑桩身混凝土。

人工挖孔桩承载力很高，一旦出现问题就很难补救，因此施工时必须注意以下几点：

① 必须保证桩孔的挖掘质量；

② 注意防止土壁坍落及流砂事故；

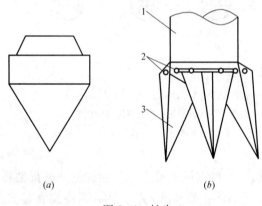

图 8-41　桩尖

（a）预制混凝土桩尖；（b）钢活瓣桩尖

1—钢套管；2—销轴；3—活瓣

③ 注意防积水；

④ 必须保证钢筋笼的保护层及混凝土的浇筑质量；

⑤ 注意防止护壁倾斜；

⑥ 必须制定切实可行的安全措施。

（3）沉管灌注桩

沉管灌注桩是指用锤击或振动的方法，将带有预制混凝土桩尖或钢活瓣桩尖（图 8-41）的钢套管沉入土中，待沉到规定的深度后，立即在管内浇筑混凝土或管内放入钢筋笼后再浇筑混凝土，随后拔出钢套管，并利用拔管时的冲击或振动使混凝土捣实而形成桩，沉管灌注桩又称打拔管灌注桩。

适应于有地下水、流砂、淤泥的情况下，可使施工大大简化，但其单桩承载能力低，在软土中易产生颈缩。

沉管灌注桩成桩过程为：桩机就位→锤击（振动）沉管→上料→边锤击（振动）边拔管，并继续浇筑混凝土→下钢筋笼，继续浇筑混凝土及拔管→成桩。

沉管灌注桩按沉管的方法不同，分为锤击沉管灌注桩和振动沉管灌注桩两种。锤击沉管灌注桩适用于一般黏性土、淤泥质土、砂土、人工填土及中密碎石土地基的沉桩。振动沉管灌注桩适用于一般黏性土、淤泥质土、淤泥、粉土、湿陷性黄土、松散至中密砂土以及人工填土等土层。沉管灌注桩的施工工艺流程如图 8-42 所示。

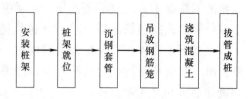

图 8-42　沉管灌注桩的施工工艺流程

1）振动沉管灌注桩

振动沉管灌注桩是利用振动锤将钢套管沉入土中成孔，其机械设备如图 8-43 所示。振动沉管原理与振动沉桩原理完全相同。

振动沉管灌注桩施工方法是先桩架就位，在桩位处用桩架吊起钢套管，并将钢套管下端的活瓣桩尖闭合起来，对准桩位后再缓慢地放下套管，使活瓣桩尖垂直压入土中，然后开动振动锤使套管逐渐下沉。当套管下沉达到设计要求的深度后，停止振动，立即利用吊斗向套管内灌满混凝土，并再次开动振动锤，边振动边拔管，同时在拔管过程中继续向套管内浇筑混凝土。如此反复进行，直至套管全部拔出地面后即形成混凝土桩身。

根据地基土层情况和设计要求不同，以及施工中处理所遇到问题时的需要，振动沉管灌注桩可采用单打法、复打法和反插法三种施工方法。

2）锤击沉管灌注桩

锤击沉管灌注桩是采用落锤、蒸汽锤或柴油锤将钢套管沉入土中成孔。其锤击沉管机械设备如图 8-44 所示。

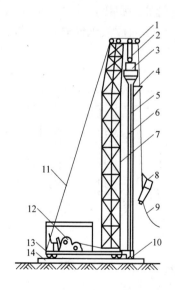

图 8-43　振动沉管灌注桩机械设备
1—导向滑轮；2—滑轮组；3—激振器；4—混凝土漏斗；
5—桩管；6—加压钢丝绳；7—桩架；8—混凝土吊斗；
9—回绳；10—桩尖；11—缆风绳；12—卷扬机；
13—行驶用钢管；14—枕木

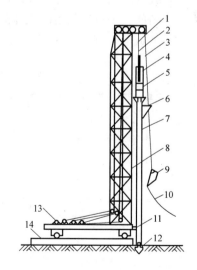

图 8-44　锤击沉管灌注桩机械设备
1—钢丝绳；2—滑轮组；3—吊斗金钢丝绳；4—桩锤；
5—桩帽；6—混凝土漏斗；7—套管；8—桩架；
9—混凝土吊斗；10—回绳；11—钢管；
12—桩尖；13—卷扬机；14—枕木

锤击沉管灌注桩的施工工艺是：先就位桩架，在桩位处用桩架吊起钢套管，对准预先设在桩位处的预制钢筋混凝土桩尖（也称桩靴）。套管与桩尖接口处垫以稻草绳或麻绳垫圈，以防地下水渗入管内。套管上端再扣上桩帽。检查与校正套管的垂直度，即可起锤打套管。锤击套管开始时先用低锤轻击，经观察无偏移后，才进入正常施打，直至把套管打入到设计要求的贯入度或标高位置时停止锤击，并用吊锤检查管内有无泥浆和渗水情况。然后用吊斗将混凝土通过漏斗灌入钢套管内，待混凝土灌满套管后，即开始拔管。套管内混凝土要灌满，第一次拔管高度应控制在能容纳第二次所需灌入的混凝土量为限，一般应使套管内保持不少于2m高度的混凝土，不宜拔管过高。拔管速度要均匀，一般应以1m/mim 为宜，能使套管内混凝土保持略高于地面即可。在拔管过程中应保持对套管连续低锤密击，使套管不断受振动而振实混凝土。采用倒打拔管的打击次数，对单动汽锤不得少于50次/min，对自由落锤不得少于40次/mim，在管底未拔到桩顶设计标高之前，倒打或轻击都不得中断。如此边浇筑混凝土，边拔套管，一直到套管全部拔出地面为止。

为扩大桩径，提高承载力或补救缺陷，也可采用复打法，复打法的要求同振动沉管灌注桩，但以扩大一次为宜，当作为补救措施时，常采用半复打法或局部复打法。

（4）爆扩灌注桩

爆扩灌注桩（简称爆扩桩）是由桩柱和扩大头两部分组成。爆扩桩一般桩身直径为 $d=200\sim350mm$，扩大头直径为 $D=(2.5\sim3.5)d$，桩距为 $l\geqslant1.5D$，桩长为 $H=3\sim6m$（最长不超过 10m）；混凝土粗骨料粒径不宜大于 25mm；混凝土坍落度在引爆前为 $100\sim140mm$，在引爆后为 $80\sim120mm$。

爆扩桩的一般施工过程是：用钻孔或爆破方法使桩身成孔，孔底放进有引出导线的雷管炸药包；孔内灌入适量用作压爆的混凝土；通电使雷管炸药引爆，孔底便形成圆球状空腔扩大头，瞬间孔中压爆的混凝土即落入孔底空腔内；桩孔内放入钢筋笼，浇筑桩身及扩大头混凝土而成爆扩桩（图 8-45）。

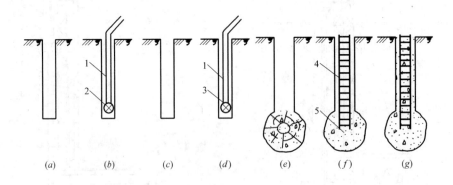

图 8-45　振动沉管灌注桩机械设备

（a）钻导孔；（b）放炸药条；（c）爆扩桩孔；（d）放炸药包；
（e）爆扩大头；（f）放钢筋笼；（g）浇筑混凝土

1—导线；2—炸药条；3—炸药包；4—钢筋笼；5—混凝土

爆扩桩适应性广泛，除软土、砂土和新填土外，其他各种土层中均可使用，尤其适用于大孔隙的黄土地区施工。

3. 桩承台筏式基础施工

桩基础施工已全部完成，并按设计要求挖完土，而且办完桩基施工验收记录后，即可进行桩承台施工。施工前先修整桩顶混凝土，剔完桩顶疏松混凝土，如桩顶低于设计标高时，需用同级混凝土接高，在达到桩强度的50%以上，再将埋入承台梁内的桩顶部分剔毛、冲净。如桩顶高于设计标高时，应预先剔凿，使桩顶伸入承台梁深度完全符合设计要求。

筏式基础（图8-46）由钢筋混凝土底板、梁组成（梁板式）或由整板式底板（平板式）两种类型，适用于有地下室或地基承载力较低而上部荷载较大的基础，其外形和构造像倒置的钢筋混凝土楼盖，其优点是整体刚度较大。

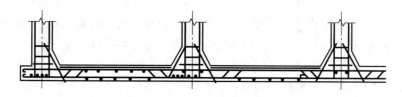

图 8-46　筏式基础

施工要点：

1）基础施工必须在无水的情况下进行，如地下水位较高，应提前进行降低地下水位至基坑底面以下500mm。

2）筏体结构施工要根据筏体结构情况和施工条件确定施工方案，一般有两种情况，第一种是先铺设垫层，在垫层上绑扎底板、梁的钢筋和柱子的插筋，浇筑底板混凝土，待达到25%设计强度后，再在底板上支梁模板，继续浇筑完梁部分的混凝土。也可采用底板和梁模板一次支好，梁侧模板采用支架支承并固定牢固，混凝土一次连续浇筑完成。

3）混凝土浇筑时一般不留施工缝，必须留设时，应按施工缝的要求处理，同时应有止水技术措施。

4）基础浇筑完毕，表面应覆盖和洒水养护。

4. 桩基检测

桩基检测有两种基本方法：一种是静载试验法（或称破坏试验），另外一种是动测法（或称无破坏试验）。

（1）静载试验

它是对单根桩进行的竖向抗压（抗拔或水平）试验，通过静载加压，确定单桩的极限承载力。在打桩后经过一定的时间，待桩身与土体的结合趋于稳定，才能进行试验。对于预制桩，土质为砂类土，打桩完后到试验的时间应不少于10天，如是粉土或黏性土，则不应少于15天，对于淤泥或淤泥质土，不应少于25天。灌注桩在桩身混凝土强度达到设计等级的前提下，对砂类土不少于10天，黏性土不少于20天，淤泥或淤泥质土不少于30天。

桩的静荷载试验根数应不少于总桩数的1%，且不少于3根，当总桩数少于50根时，应不少于2根。桩身质量也应进行检验，检验数不少于总数的20%，且每个柱子承台下不得少于1根。

一般静荷载试验可直观地反映桩的承载力和混凝土的浇筑质量，数据可靠。但其装置较复杂笨重，装、卸操作费工费时，成本高，测试数量有限，并且易破坏桩基。

　　（2）动测法（也称动力无损检测法）

　　它是检测桩基承载力及桩身质量的一项新技术，是作为静载试验的补充。动测法是相对于静载试验而言，它是对桩土体系进行适当的简化处理，建立起数学—力学模型，借助现代电子技术与量测设备采集桩、土体系在给定的动荷载作用下所产生的振动参数，结合实际桩土条件进行计算，所得结果与相应的静载试验结果进行比较，在积累一定数量的动静试验对比结果的基础上，找出两者之间的某种相关关系，并以此作为标准来确定桩基承载力。应用波在混凝土介质内的传播速度，传播时间和反射情况，用来检验、判定桩身是否存在断裂、夹层、颈缩、空洞等质量缺陷。

　　动测法具有仪器轻便灵活，检测快速（单桩检测时间仅为静载试验的1/50），不破坏桩基，相对也较准确，费用低，可进行普查。不足之处是需要做大量的测试数据，需静载试验来充实完善、编写电脑软件，所测的极限承载力有时与静载荷值离散性较大等问题。

　　单桩承载力的动测方法很多，国内有代表性的方法有：动力参数法、锤击贯入法、水电效应法、共振法、机械阻抗法、波动方程法等，最常用的是动力参数法和锤击贯入法两种。

　　5. 桩基工程施工安全施工要求

　　1）打桩前应对现场进行详细的踏勘和调查，对地下的各类管道和周边的建筑物有影响的，应采取有效的加固措施或隔离措施，以确保施工的安全。

　　2）机具进场要注意危桥、陡坡、陷地和防止碰撞电杆、房屋等以免造成事故。

　　3）施工前应全面检查机械，发现问题及时解决，严禁带病作业。

　　4）机械设备操作人员必须经过专门培训，熟悉机械操作性能，经专业部门考核取得操作证后方能上岗作业。不违规操作，杜绝机械和车辆事故发生。

　　5）在打桩过程中遇有地坪隆起或下陷时，应随时对桩架及路轨调平或垫平。

　　6）护筒埋设完毕、灌注混凝土完毕后的桩坑应加以保护，避免人和物品掉入而发生人身事故。

　　7）打桩时桩头垫料严禁用手拨正，不要在桩锤未打到桩顶即起锤或过早刹车，以免损坏桩机设备。

　　8）成孔桩机操作时，注意钻机安定平稳，以防止钻架突然倾倒或钻具突然下落而发生事故。

　　9）所有现场作业人员佩戴安全帽，特种作业人员佩戴专门的防保工具。所有现场作业人员严禁酒后上岗。

　　10）施工现场的一切电源、电路的安装和拆徐必须由持证电工操作；电器必须严格接地、接零和使用漏电保护器。

　　11）环保要求：

　　① 受工程影响的一切公共设施与结构物，在施工期间应采取适当措施加以保护。

　　② 使用机械设备时，要尽量减少噪声、废气等的污染；施工场地的噪声应符合建筑施工场地界噪声限值的规定。

　　③ 施工废水、生活污水不直接排入农田、耕地、灌溉渠和水库，不排入饮用水源。

④ 运转时有粉尘发生的施工场地应有防尘设备，在运输细料和松散料时用帆布、盖套等遮盖物覆盖。

⑤ 驶出施工现场的车辆应进行清理，避免携带泥土。

8.3 砌筑工程

砌体工程是指用砂浆砌筑烧结普通砖和多孔砖、蒸压灰砂和粉煤灰砖、普通混凝土和轻骨料混凝土小型砌块以及石材等。

脚手架是在施工现场为安全防护、工人操作以及解决少量上料和堆料而搭设的临时结构架。

8.3.1 脚手架施工

脚手架是建筑施工中重要的临时设施，是在施工现场为安全防护、工作操作以及解决楼层间少量垂直和水平运输而搭设的支架。

建筑工程施工用的脚手架种类很多，按材料分为竹、木、钢管脚手架；按平面搭设位置分为外脚手架、里脚手架；按用途分为操作脚手架、防护脚手架、承重脚手架和支撑脚手架。按构造分为多立杆式、门式、吊挂式、悬挑式、升降式以及工具式脚手架；按搭设高度分为高层脚手架和普通脚手架等。

对脚手架的基本要求是：构造合理、受力可靠和传力明确；能满足工人操作、材料堆置和运输的需要；搭拆简单，搬移方便，节约材料，能多次周转使用；与结构拉结可靠，局部稳定和整体稳定好。

1. 外脚手架的种类及搭设要求

外脚手架是沿建筑物的外围从地面搭起，既可用于外墙砌筑，又可用于外装饰施工的一种脚手架。其主要形式有多立杆式、门式和桥式等。其中多立杆式应用最广（图8-47），门式次之。

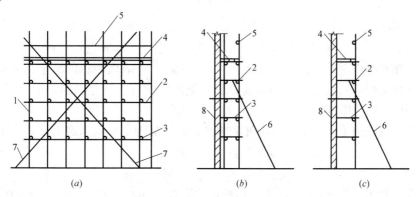

(a) (b) (c)

图 8-47　多立杆式脚手架

（a）立面；（b）侧面（双排）；（c）侧面（单排）

1—立杆；2—大横杆；3—小横杆；4—脚手板；5—栏杆；

6—抛撑；7—剪刀撑；8—墙体

多立柱式外脚手架主要有：扣件式钢管脚手架和碗扣式钢管脚手架两种形式。

（1）扣件式钢管脚手架

扣件式钢管脚手架属于多立杆式外脚手架的一种，其特点是：杆配件数量少；装卸方便，利于施工操作；搭设灵活，搭设高度大；坚固耐用，使用方便，能适应建筑物平立面的变化。但也具有一次性投资较大的缺点。

1）基本构造要求

扣件式脚手架是由标准的钢管杆件（立杆、横杆（大、小横杆）、斜杆）和特制扣件组成的脚手架骨架与脚手板、防护构件、连墙件等组成的，是目前最常用的一种脚手架。

① 钢管杆件

钢管杆件一般采用外径 48mm、壁厚 3.5mm 的焊接钢管。用于立杆、大横杆、斜杆的钢管最大长度不宜超过 6.5m，最大质量不宜超过 250N，以便适合人工搬运。用于小横杆的钢管长度宜在 1.5～2.5m，以适应脚手板的宽度。

② 扣件

扣件用于钢管之间的连接，其基本形式有三种（图 8-48）。

回转扣件，用于两根钢管成任意角度相交的连接；直角扣件，用于两根钢管成垂直相交的连接；对接扣件，用于两根钢管的对接连接。

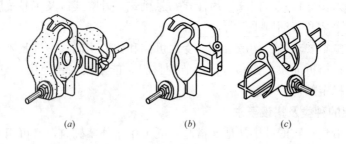

图 8-48 扣件形式

(a) 回转扣件；(b) 直角扣件；(c) 对接扣件

③ 支撑体系

主要有纵向支撑（剪刀撑又称十字撑）、横向支撑（又称横向斜拉杆、之字撑）、水平支撑、抛撑和连墙杆。剪刀撑设置在脚手架外侧面、与外墙面平行的十字交叉斜杆，可增强脚手架的纵向刚度；横向支撑是设置在脚手架内、外排立杆之间的、呈之字形的斜杆，可增强脚手架的横向刚度。

支撑是为保证脚手架的整体刚度和稳定性，并提高脚手架的承载力而设置的；双排脚手架应设剪刀撑与横向支撑，单排脚手架应设剪刀撑。

④ 脚手板

脚手板一般用厚 2mm 的钢板压制而成，长度 2～4m，宽度 250mm，表面应有防滑措施。也可采用厚度不小于 50mm 的杉木板或松木板，长度 3～4m，宽度 200～250mm；或者采用竹脚手板，有竹笆板和竹片板两种形式。

⑤ 连墙件

连墙件将立杆与主体结构连接在一起，可用钢管、型钢或粗钢筋等，其间距如表 8-7

所示。

每个连墙件抗风荷载的最大面积应小于 $40m^2$。连墙件需从底部第一根纵向水平杆处开始设置，附墙件与结构的连接应牢固，通常采用预埋件连接。

连墙件的布置 表 8-7

脚手架类型		脚手架高度(m)	垂直间距(m)	水平间距(m)
双 排		≤50	≤6	≤6
		>50	≤4	≤6
单 排		≤24	≤6	≤6

⑥ 底座

底座一般采用厚 8mm，边长 150～200mm 的钢板作底板，上焊 150mm 高的钢管。底座形式有内插式和外套式两种（图 8-49、图 8-50），内插式的外径 D_1 比立杆内径小 2mm，外套式的内径 D_2 比立杆外径大 2mm。

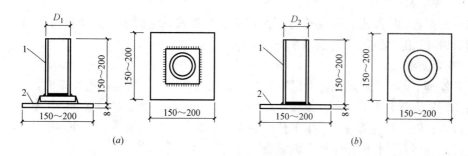

图 8-49　内插式扣件钢管架底座
（a）内插式底座；（b）外套式底座

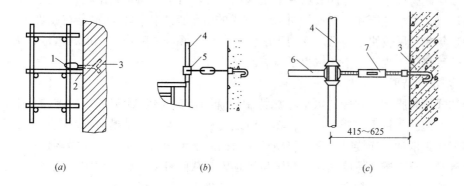

图 8-50　外套式脚手架典型连墙件构造
（a）扣件式钢管脚手架；（b）门式钢管脚手架；（c）碗扣式钢管脚手架
1—8 号铁丝；2—横杆顶紧；3—顶埋件；4—立杆；5—专用扣件；6—横杆；7—连墙撑

2）搭设要求

主要搭设程序：安放扫地杆（贴近地面的大横杆）→逐根立立柱，随即与扫地杆扣紧→装扫地小横杆并与立杆或扫地杆扣紧→要第一步大横杆，随即与各立杆扣紧→要第一步小横杆→第二步大横杆→第二步小横杆→加抛撑（临用时，上端与第二步大横杆扣紧，在装设两道连墙杆后可拆除）→第三、四步大横杆和小横杆→接立杆→加设剪力撑→铺脚手板。常用双排钢管外脚手架的搭设几何尺寸见表 8-8。

常用双排钢管外脚手架的搭设几何尺寸（m）   表 8-8

| 脚手架形式 | 步距 h | 排距 l_b | 柱距 l_a | 连墙件间距 | | 脚手架设计高度 |
				竖向 H_1	水平 L_1	H
扣件式	1.8	1.05	1.8	3.6	5.4	50
	1.8	1.30	1.5	3.6	5.4	50
	1.8	1.05	1.5	5.4	5.4	40
碗扣式	1.8	1.2	1.5	5.4	5.4	50
	1.8	1.2	2.4	5.4	9.6	30
门式	1.7	1.2	1.8	≤4.0	≤6.0	45

注：表中尺寸根据脚手架有两层装修荷载，每层荷载为 2.0kN/m² 定出。脚手架外侧仅用安全网封闭。当具体施工条件变化时，尺寸应作适当减少。

扣件式钢管脚手架搭设时应符合《建筑施工扣件式钢管脚手架安全技术规范》（JGJ 130—2011）的相关要求。

3）安全要求

钢管外脚手架在同时施工作业层数增多、施工荷载增加、搭设高度增高时，必须对其承载力作复核验算，以策安全。复核验算的主要内容有：脚手架立杆基础的承载力、连墙件的承载力、脚手板的承载力、水平杆件的承载力以及立杆的承载力。外脚手架上的荷载由立杆传至地面，立杆的稳定性尤为重要。

（2）碗扣式钢管脚手架

碗扣式钢管脚手架全称为 WDJ 碗扣型多功能脚手架，是我国参考国外经验自行研制的一种多功能脚手架，其杆件节点处采用碗扣连接，由于碗扣是固定在钢管上的，构件全部轴向连接，力学性能好，其连接可靠，组成的脚手架整体性好，不存在扣件丢失问题。在我国近年来发展较快，现已广泛用于房屋、桥梁、涵洞、隧道、烟囱、水塔、大坝、大跨度棚架等多种工程施工中，取得了显著的经济效益。

1）基本构造要求

碗扣式钢管脚手架立杆与水平杆靠特制的碗扣接头连接（图 8-51）。碗扣分上碗扣和下碗扣，下碗扣焊接于立杆上，上碗扣对应地套在立杆上，其销槽对准焊接在立杆上的限位销即能上下滑动。连接时，只需将横杆接头插入下碗扣内，将上碗扣沿限位销扣下，并顺时针旋转，靠上碗扣螺旋面使之与限位销顶紧，从而将横杆和立杆牢固地连在一起，形成框架结构。每个下碗扣内可同时插入 4 个横杆接头，位置任意。

2）搭设要求

基本同钢管扣件式脚手件。

3）安全要求

碗扣式钢管脚手架搭设时应符合《建筑施工碗扣式脚手架安全技术规范》（JGJ 166—2008）的相关要求。

（3）门式钢管脚手架

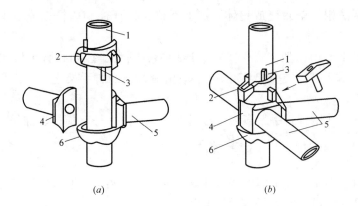

图 8-51　碗扣接头构造

(a) 连接前；(b) 连接后

1—立杆；2—上碗扣；3—限位销；4—横杆接头；5—横杆；6—下碗扣

门式钢管脚手架又称多功能门型脚手架，是一种工厂生产、现场搭设的脚手架，是当今国际上应用最普遍的脚手架之一。它不仅可作为外脚手架，也可作为内脚手架或满堂脚手架。门式钢管脚手架因其几何尺寸标准化、结构合理、受力性能好、施工中装拆容易、安全可靠、经济实用等特点，广泛应用于建筑、桥梁、隧道、地铁等工程施工，若在门架下部安放轮子，也可以作为机电安装、油漆粉刷、设备维修、广告制作的活动工作平台。

门式钢管脚手架的搭设一般只要根据产品目录所列的使用荷载和搭设规定进行施工，不必再进行验算。如果实际使用情况与规定有不同，则应采用相应的加固措施或进行验算。通常门式钢管脚手架搭设高度限制在 45m 以内，采取一定措施后可达到 80m 左右。施工荷载取值一般为：均布荷载 $1.8kN/m^2$，或作用于脚手板跨中的集中荷载 2kN。

1）基本构造要求

门式钢管脚手架是用普通钢管材料制成工具式标准件，在施工现场组合而成。其基本单元是由一副门式框架、二副剪刀撑、一副水平梁架和四个连接器组合而成（图 8-52）。若干基本单元通过连接器在竖向叠加，扣上臂扣，组成一个多层框架。在水平方向，用加

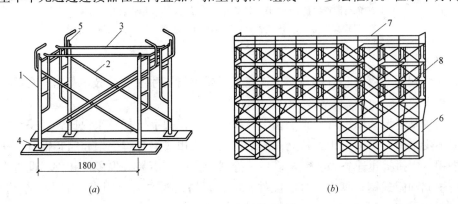

图 8-52　门式钢管脚手架

(a) 基本单元；(b) 门式外脚手架

1—门式框架；2—剪刀撑；3—水平梁架；4—螺旋基脚；5—连接器；6—梯子；7—栏杆；8—脚手板

固杆和水平梁架使相邻单元连成整体，加上斜梯、栏杆柱和横杆组成上下步相通的外脚手架。

门式钢管脚手架由门架、交叉支撑、连接棒、锁臂、挂扣式脚手板或水平架等基本构、配件组成（图 8-53），它是当今国际上应用最普遍的脚手架之一，而且可作为内脚手架或满堂脚手架。

我国使用的门式钢管脚手架多为三边门樘式，它由立杆、横杆、加强杆、短杆和锁销焊接组成。

2）搭设要求

门式钢管脚手架是一种工厂生产、现场搭设的脚手架，一般只要按产品安装说明书上所列的使用荷载和搭设规定进行搭设就可以。

门式钢管脚手架一般按以下程序搭设：铺放垫木（板）→拉线、放底座→自一端起立门架并随即装剪刀撑→装水平梁架（或脚手板）→装梯子（需要时，装设通长的纵向水平杆)→装连墙杆→照上述步骤，逐层向上安装→装加强整体刚度的长剪刀撑→装设顶部栏杆。

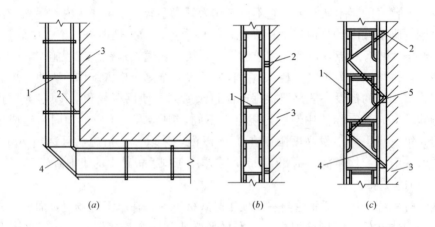

图 8-53　门式钢管脚手架的加固处理

(a) 转角用钢管扣紧；(b) 用附墙管与墙体锚固；(c) 用钢管与墙撑紧

1—门式脚手架；2—附墙管；3—墙体；4—钢管；5—混凝土板

3）安全要求

门式钢管脚手架搭设时应符合《建筑施工门式钢管脚手架安全技术规范》(JGJ 128—2010) 的相关要求。

上述三种基本形式的钢管外脚手架中，扣件式钢管脚手架相对来说比较经济，搭设灵活，尺寸不受限制，可适用于各种立面的结构物。碗扣式钢管脚手架和门式钢管脚手架安装如同搭积木，拼拆迅速省力，完全避免了拧螺栓作业，不易丢失零散扣件。此外，碗扣式钢管脚手架和门式钢管脚手架杆、配件标准化，搭设时受人为因素影响小，结构合理，传力直接明确，安全可靠。

2. 里脚手架的种类及搭设要求

里脚手架搭设于建筑物内部，每砌完一层墙后，即将其转移到上一层楼面，进行新的一层墙体砌筑。里脚手架也用于室内装饰施工。

里脚手架装拆较频繁，要求轻便灵活，装拆方便。通常将其做成工具式的，结构形式有折叠式、支柱式和门架式。

角钢折叠式里脚手架（图 8-54）的架设间距，砌墙时宜为 1.0～2.0m，粉刷时宜2.2～2.5m。根据施工层高，沿高度可以搭设两步脚手，第一步高约 1m，第二步高约1.65m。

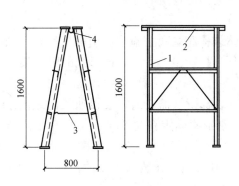

图 8-54　折叠式里脚手架

1—立柱；2—横楞；3—挂钩；4—铰链

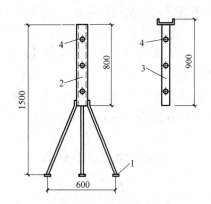

图 8-55　套管式支柱

1—支脚；2—立管；3—插管；4—销孔

套管式支柱（图 8-55）是支柱式里脚手架的一种，由若干支柱和横杆组成。将插管插入立管中，以销孔间距调节高度，在插管顶端的凹形支托内搁置方木横杆，横杆上铺设脚手板。搭设间距，砌墙时宜为 2.0m，粉刷时不超过 2.5m。

门架式里脚手架由两片 A 形支架与门架组成（图 8-56）。其架设高度为 1.5～2.4m，两片 A 形支架间距 2.2～2.5m。

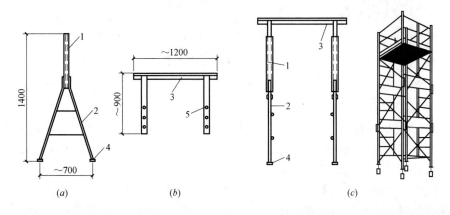

图 8-56　门架式里脚手架

（a）A 形支架；（b）门架；（c）安装示意

1—立管；2—支脚；3—门架；4—垫板；5—销孔

里脚手架搭设时应符合《建筑施工工具式脚手架安全技术规范》（JGJ 202—2010）的相关要求。

3. 其他脚手架简介

(1) 竹、木脚手架

主要在我国南方地区和广大乡镇地区采用,它是由竹、木用铅丝、棕绳或竹篾绑扎而成的。这种脚手架由于受力性能和稳定性能差而被限制使用。

(2) 悬挑式脚手架

简称"挑架",它是搭设在建筑物外边缘外伸的悬挑结构上,将脚手架荷载全部或部分传递给建筑结构的脚手架。该形式的脚手架适用于高层建筑的施工。

(3) 吊挂式脚手架

它在主体结构施工阶段为外挂脚手架,随主体结构逐层向上施工,用塔吊吊升,悬挂在结构上。在装饰施工阶段,该脚手架改为从屋顶吊挂,逐层下降。该形式的脚手架适用于高层框架和剪力墙结构施工。

(4) 升降式脚手架

简称"爬架",它是将自身分为两大部件,分别依附固定在建筑结构上。在主体结构施工阶段,升降式脚手架利用自身带有的升降机构和升降动力设备,使两个部件互为利用,交替松开、固定,交替爬升,其爬升原理同爬升模板。在装饰施工阶段,交替下降。它适用于高层框架、剪力墙和筒体结构的快速施工,如图 8-57 所示。

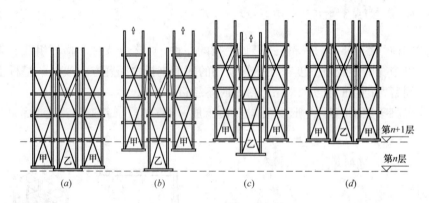

图 8-57 互升降式脚手架爬升过程

(a) 第 n 层作业;(b) 提升甲单元;(c) 提升乙单元;(d) 第 n+1 层作业

4. 脚手架施工安全要求

(1) 对脚手架的基础、构架、结构、连墙件等必须进行设计,复核验算其承载力,做出完整的脚手架搭设、使用和拆除施工方案。对超高或大型复杂的脚手架必须做专项方案,并通过必要的专家论证后方可实施。

(2) 脚手架按规定设置斜杆、剪刀撑、连墙件(或撑、拉件)。对通道和洞口或承受超规定荷载的部位,必须作加强处理。

(3) 脚手架的连结节点应可靠,连接件的安装和紧固力应符合要求。

(4) 脚手架的基础应平整,具有足够的承载力和稳定性。脚手架立杆距坑、台的上边缘应不小于 1m,立杆下必须设置垫座和垫板。

(5) 脚手架的连墙点、拉撑点和悬挂(吊)点必须设置在可靠的能承力的结构部位,必要时作结构验算。

（6）脚手架应有可靠的安全防护设施。作业面上的脚手板之间不留孔隙，脚手板与墙面之间的孔隙一般不大于 200mm；脚手板间的搭接长度不得小于 300mm；砌筑用脚手架的宽度一般为 1.5m。作业面的外侧面应有挡脚板（或高度小于 1m 竹笆，或满挂安全网），加两道防护栏杆或密目式聚乙烯网加 3 道栏杆。对临街面要作完全封闭。

8.3.2 垂直运输设施

1. 常用垂直运输设施

塔式起重机、井字架、独杆提升机、屋顶起重机、建筑施工电梯等。

2. 井字架、龙门架

（1）井字架特点

起重能力 10～15kN，提升高度 40m 以内，采取措施后亦可搭得更高。种类有单孔、两孔或多孔。井架上可设拔杆，起重量为 5～10kN，工作高度可达 10m。

（2）龙门架特点

起重能力在 2t 以内，提升高度 40m 以内，一般单独设置。

（3）井架、龙门架安装和使用注意事项

立于可靠的地基和基座上，排水畅通；架高在 12～15m 以下时设一道缆风绳，15m 以上每增高 5～10m 增设一道；井字架每道≮4 根，龙门架每道≮6 根；缆风绳为直径 7～9mm 钢丝绳，与地面成 45° 角；垂直偏差≯1/600H；架高超过 30m 设避雷；架向地面起 5m 以上设竖网封闭；采用限位自停装置；卷扬机距吊盘距离＞10m；卷扬机位置应不受现场作业干扰，且不应在起重机工作幅度之内。

3. 建筑施工电梯

特点：人货两用，附着在外墙或其他建筑结构上，架设高度 100m 以上，梯笼载重 10～12kN，载人 12～15 人。

8.3.3 砌体材料准备与运输

砖砌体所用的材料主要有块材（砖、砌块和石材）和砂浆。

1. 块材

（1）砖

砖的品种有烧结普通砖、烧结多孔砖、烧结空心砖、煤渣砖和蒸压（养）砖等，其强度等级决定着砌体的强度，特别是抗压强度。

砖在砌筑前应提前 1～2 天浇水湿润，以使砂浆和砖能很好地粘结。严禁砌筑前临时浇水，以免因砖表面存有水膜而影响砌体质量。烧结普通砖和多孔砖的含水率宜为 10％～15％；灰砂砖和粉煤灰砖的含水率宜为 5％～8％。检查含水率的最简易方法是现场断砖，砖截面周围融水深度 15～20mm 视为符合要求。

（2）砌块

砌块代替黏土砖作为建筑工程的墙体材料，是墙体改革的一个重要途径。砌块是以天然材料或工业废料为原材料制作的，它的主要特点是施工方法非常简便，改变了手工砌筑的落后方式，减轻了工人的劳动强度，提高了生产效率。

砌块按使用目的可分以分为承重砌块与非承重砌块（包括隔墙砌块和保温砌块）；按

是否有孔洞可以分为实心砌块与空心砌块（包括单排孔砌块和多排孔砌块）；按砌块大小可以分为小型砌块（块材高度小于380mm）和中型砌块（块材高度380～940mm）；按使用的原材料可以分为普通混凝土砌块、粉煤灰硅酸盐砌块、煤矸石混凝土砌块、蒸压加气混凝土砌块等。

（3）石块

砌筑用石有毛石和料石两类。

毛石又分为乱毛石和平毛石。乱毛石是指形状不规则的石块；平毛石是指形状不规则、但有两个平面大致平行的石块。毛石的中部厚度不宜小于150mm。

料石按其加工面的平整度分为细料石、粗料石和毛料石三种。料石的宽度、厚度均不宜小于200mm，长度不宜大于厚度的4倍。

因石材的大小和规格不一，通常用边长为70mm的立方体试块进行抗压试验，取3个试块破坏强度的平均值作为确定石材强度等级的依据。石材的强度等级划分为MU100、MU80、MU60、MU50、MU40、MU30、MU20、MU15和MU10。

2. 砂浆

砂浆是使单块砖按一定要求铺砌成砖砌体的必不可少的胶凝材料。砂浆既与砖产生一定的粘结强度，共同参与工作，使砌体受力均匀，又减少砌体的透气性，增加密实性。按组成材料的不同砂浆分为：仅有水泥和砂拌合成的水泥砂浆；在水泥砂浆中掺入一定数量的石灰膏的水泥混合砂浆，其目的是改善砂浆的和易性；最常用的砂浆的强度等级为M2.5级和M5级。在潮湿环境中砖墙砌体的砌筑砂浆宜采用水泥砂浆。

水泥砂浆的最小水泥用量不宜小于$200kg/m^3$，砂浆用砂宜采用中砂。砂中的含泥量，对于水泥砂浆和强度等级不小于M5的水泥混合砂浆，不应超过5%；对于强度等级小于M5的水泥混合砂浆，不应超过10%。用块状生石灰熟化成石灰膏时，其熟化时间不得少于7天。

砂浆应采用机械拌合，自投料完算起，水泥砂浆和水泥混合砂浆的拌合时间不得少于2min；水泥粉煤灰砂浆和掺用外加剂的砂浆不得少于3min；掺用有机塑化剂的砂浆，应为3～5min。砂浆的稠度控制在70～90mm，砂浆应随拌随用，水泥砂浆和水泥混合砂浆应分别在拌成后3h和4h内使用完毕；如施工期间最高气温超过30℃时，应分别在拌成后2h和3h使用完毕。

砂浆的强度等级以标准养护，龄期为28天的试块抗压试验结果为准。砌筑砂浆试块强度验收时其强度合格标准必须符合规定。

3. 块材和砂浆的运输

砖和砂浆的水平运输多采用手推车或机动翻斗车，垂直运输多采用人货两用施工电梯，或塔式起重机。对多高层建筑，还可以用灰浆泵输送砂浆。

8.3.4 砌筑施工工艺与质量要求

1. 砖墙的组砌形式

砖砌体的组砌要求：上下错缝，内外搭接，以保证砌体的整体性。同时组砌要少砍砖，以提高砌筑效率，节约材料。

砖墙的组砌形式主要有如图8-58所示的几种。

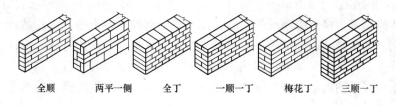

全顺　　两平一侧　　全丁　　一顺一丁　　梅花丁　　三顺一丁

图 8-58　砌筑形式

2. 砌筑工艺

砌砖施工通常包括抄平、放线、摆砖样、立皮数杆、挂准线、铺灰、砌砖等工序。如果是清水墙，则还要进行勾缝。

(1) 抄平：砌筑砖墙前，先在基础防潮层或楼面上定出各层标高，并用水泥砂浆或 C15 细石混凝土抄平。

(2) 放线：底层墙身可按龙门板上轴线定位钉为准拉麻线，沿麻线挂线锤，将墙身轴线引测到基础面上，据此定出纵横墙边线，定出门窗洞口位置。在楼层，可用经纬仪或线锤将各轴线向上引测，在复核无误后，弹出各墙边线及门窗洞口位置。

(3) 摆砖（又称摆脚）：摆砖主要是核对所弹出的墨线在门洞、窗口、附墙垛等处是否符合砖的模数，以减少打砖。

(4) 立皮数杆挂线：使用皮数杆对保证灰缝一致，避免砌体发生错缝、错皮的作用较大。皮数杆立于墙的转角处，其标高用水准仪校正。挂线时，根据皮数杆找准墙体两端砖的层数，将准线挂在墙身上。每砌一皮砖，准线向上移动一次。沿挂线砌筑，墙体才能平直。

(5) 砌筑：实心砖砌体多采用一顺一丁、梅花丁或三顺一丁的砌筑形式，见图 8-58。使用大铲砌筑宜采用一铲灰、一块砖、一挤揉的"三一"砌砖法；使用瓦刀铺浆砌筑时，铺浆长度不得超过 750mm，施工期间气温超过 30℃时，铺浆长度不得超过 500mm。

(6) 勾缝：勾缝使清水砖墙面美观、牢固。墙面勾缝宜采用细砂拌制的 1∶1.5 的水泥砂浆；内墙也可采用原浆勾缝，但必须随砌随勾，并使灰缝光滑密实。

3. 砖砌体砌筑施工准备工作

(1) 施工需用材料及施工工具，如淋石灰膏、淋黏土膏、筛砂、木砖或锚固件（包括防腐措施），支过梁模板、油毛毡、钢筋砖过梁及所需的拉结钢筋等材料；运砖车、运灰车、大小灰槽、水桶、靠尺、线坠、小白线、水平尺、百格网等工具应在砌筑前准备好。

(2) 砖要按规定及时进场，按砖的强度等级、外观、几何尺寸进行验收，并应检查出厂合格证。在常温情况下，黏土砖应在砌筑前一两天浇水湿润，以免在砌筑时由于砖吸收砂浆中的大量水分，使砂浆流动性降低，砌筑困难，影响砂浆的粘结强度。同时也要注意不能将砖浇得过湿，以水浸入砖内深度 1～1.5cm 为宜。过湿过干都会影响施工速度和施工质量。如因天气酷热，砖面水分蒸发过快，操作时揉压困难，也可在脚手架上进行二次浇水。

(3) 砌筑房屋墙体时，应事先准备好皮数杆。皮数杆上应划出主要部位的标高，如防潮层、窗台、门口过梁、挑檐、凹凸线脚、梁垫、楼板位置和预埋件以及砖的层数。砖的层数应按砖的实际厚度和水平灰缝的允许厚度来确定。水平灰缝和竖缝一般为 10mm，不应小于 8mm，也不应大于 12mm。

（4）墙体砌筑前应将基础顶面的灰砂、泥土和杂物等清扫干净，在皮数杆上接线检查基础顶面标高。如基础顶面高低不平、高低差大于 20mm 时，应用强度等级在 C10 以上的细石混凝土找平，高低差在 20mm 以内不必找平，可在砌筑过程中逐皮调整。然后，按龙门板上给定的轴线及图纸上标注的墙体尺寸，在基础顶面上用墨线弹出墙的轴线和墙的宽度线。

（5）砌筑前，必须按施工组织设计所确定的垂直和水平运输方案，组织机械进场和做好机械的架设工作。与此同时，还要准备好脚手架工具，搭设好搅拌棚，安设好搅拌机等。

4. 砖砌体的砌筑方法

砖砌体的砌筑方法常用的有"三一"砌砖法、挤浆法。

"三一"砌砖法：即一块砖、一铲灰、一揉压并随手将挤出的砂浆刮去的砌筑方法。这种砌砖方法的优点是：随砌随铺，随即挤揉，灰缝容易饱满，粘结力好，同时在挤砌时随手刮去挤出墙面的砂浆，使墙面保持整洁。所以，砌筑实心砖砌体宜采用"三一"砌砖法。

挤浆法：用灰勺、大铲或铺灰器在墙顶上铺一段砂浆，然后双手拿砖或单手拿砖，用砖挤入砂浆中一定厚度之后把砖放平，达到下齐边、上齐线、横平竖直的要求。这种砌砖方法的优点是可以连续挤砌几块砖，减少烦琐的动作，平推平挤可使灰缝饱满，效率高，保证砌筑质量。

5. 砌砖的技术要求

（1）砖基础

砖基础砌筑前，应先检查垫层施工是否符合质量要求，然后清扫垫层表面，将浮土及垃圾清除干净。砌基础时可依皮数杆先砌几皮转角及交接处部分的砖，然后在其间拉准线砌中间部分。若砖基础不在同一深度，则应先由底往上砌筑。在砖基础高低台阶接头处，下台面台阶要砌一定长度（一般不小于 500mm）实砌体，砌到上面后和上面的砖一起退台。基础墙的防潮层，如设计无具体要求，宜用 1：2.5 的水泥砂浆加适量的防水剂铺设，其厚度一般为 20mm。抗震设防地区的建筑物，不用油毡做基础墙的水平防潮层。

（2）砖墙

1）全墙砌砖应平行砌起，砖层必须水平，砖层正确位置除用皮数杆控制外，每楼层砌完后必须校对一次水平、轴线和标高，在允许偏差范围内，其偏差值应在基础或楼板顶面调整。

2）砖墙的水平灰缝厚度和竖缝宽度一般为 10mm，但不小于 8mm，也不大于 12mm。水平灰缝的砂浆饱满度不低于 80%，砂浆饱满度用百格网检查。竖向灰缝宜用挤浆或加浆方法，使其砂浆饱满，严禁用水冲浆灌缝。

3）砖墙的转角处和交接处应同时砌筑。不能同时砌筑应砌成斜槎，斜槎长度不应小于高度的 2/3。

非抗震设防及抗震设防烈度为 6 度、7 度地区，如临时间断处留斜槎确有困难，除转角处外，也可以留直槎，但必须做成阳槎，并加设拉结筋。拉结筋的数量为 120mm 和 240mm 厚墙放置 2Φ6 拉结钢筋，以后每增加 120mm 墙厚增设 1Φ6 拉结筋；拉结筋高度间距沿墙高不得超过 500mm；埋入长度从墙的留槎处算起，每边均不应小于 500mm。对抗震设防烈度为 6 度、7 度的地区，不应小于 1000mm，末端应有 90°弯钩。抗震设防地区建筑物的临时间断处不得留直槎。砖墙接槎如图 8-59 所示。

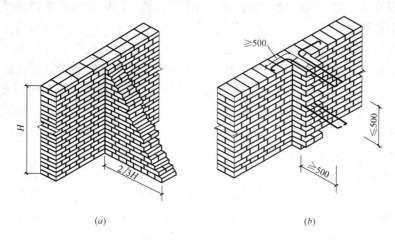

图 8-59　砖墙接槎示意图

(*a*) 斜槎砌筑示意图；(*b*) 直槎和拉接筋示意图

隔墙与墙或柱如不同时砌筑而又不留成斜槎时，可于墙或柱中引出阳槎，并于墙或柱的灰缝中预埋拉结筋（其构造与上述相同，但每道不得少于 2 根）。抗震设防地区建筑物的隔墙，除应留阳槎外，沿墙高每 500mm 配置 2 Φ 6 钢筋与承重墙或柱拉结，伸入每边墙内的长度不应小于 500mm。

砖砌体接槎时，必须将接槎处的表面清理干净，浇水湿润，并应填实砂浆，保持灰缝平直。

4）宽度小于 1m 的窗间墙，应选用整砖砌筑，半砖和破损的砖，应分散使用于墙心或受力较小部位。

5）不得在下列墙体或部位留设脚手眼：①半砖墙和砖柱；②过梁上与过梁成 60°角的三角形范围及过梁净跨度 1/2 的高度范围内；③宽度小于 1m 的窗间墙；④梁或梁垫下及其左右各 500mm 的范围内；⑤砖砌体的门窗洞口两侧 200mm（石砌体为 300mm）和转角处 450mm（石砌体为 600mm）的范围内。

6）施工时需在砖墙中留置的临时洞口，其侧边离交接处的墙面不应小于 500mm，洞口净宽度不应超过 1m。洞口顶部宜设置过梁。抗震设防烈度为 9 度地区的建筑物，临时洞口的留置应会同设计单位研究决定。临时施工洞口应做好补砌。

7）每层承重墙的最上一皮砖，在梁或梁垫的下面，应用丁砖砌筑。隔墙与填充墙的顶面与上层结构的接触处，宜用侧砖或立砖斜砌挤紧。

8）设有钢筋混凝土构造柱的抗震多层砖房，应先绑扎钢筋，而后砌砖墙，最后浇筑混凝土。墙与柱应沿高度方向每 500mm 设 2 Φ 6 钢筋（一砖墙），每边伸入墙内不应少于 1m。构造柱应与圈梁连接，砖墙应砌成马牙槎，每一马牙槎沿高度方向的尺寸不超过 300mm，马牙槎从每层柱脚开始，应先退后进。该层构造柱混凝土浇完之后，才能进行上一层的施工。

9) 砖墙每天砌筑高度以不超过 1.8m 为宜，雨期施工时，每天砌筑高度不宜超过 1.2m。

10) 砖砌体相邻工作段的高度差，不得超过楼层的高度，也不宜大于 4m。工作段的分段位置宜设在伸缩缝、沉降缝、防震缝或门窗洞口处。砌体临时间断处的高度差不得超过一步脚手架的高度。

11) 当室外日平均气温连续 5 天稳定低于 5℃时，砌筑工程应采取冬期施工措施。砂浆宜采用普通硅酸盐水泥拌制，必要时在水泥砂浆或水泥混合砂浆中掺入氯盐（氯化钠）。气温在−15℃以下时，可掺双盐（氯化钠和氯化钙）。氯盐掺入砂浆，能降低砂浆冰点，在负温条件下有抗冻作用。冬期施工的砖砌体应按"三一"砌砖法施工，并采用一顺一丁或梅花丁的排砖方法。砂浆使用时的温度不应低于 5℃。在负温条件下，砖可不浇水，但必须适当增大砂浆的稠度。砌体的每日砌筑高度不超过 1.2m。

（3）空心砖墙

空心砖墙砌筑前应先试摆，在不够整砖处，如无半砖规格，可用普通黏土砖补砌。承重空心砖的孔洞应呈垂直方向砌筑，且长圆孔应顺墙方向。非承重空心砖的孔洞应呈水平方向砌筑。非承重空心砖墙，其底部应至少砌三皮实心砖，在门口两侧一砖长范围内，也应用实心砖砌筑。半砖厚的空心砖隔墙，如墙较高，应在墙的水平灰缝中加设 2 φ 8 钢筋或每隔一定高度砌几皮实心砖带。

（4）砖过梁

砖平拱过梁应用不低于 MU10 的砖和不低于 M5.0 砂浆砌筑。砌筑时，在过梁底部支设模板，模板中部应有 1‰ 的起拱，过梁底部的模板在灰缝砂浆强度达到设计强度标准值的 50％ 以上时，方可拆除。砌筑时，应从两边往中间砌筑。

钢筋砖过梁其底部配置 3 φ 6～3 φ 8 钢筋，两端伸入墙内不应少于 240mm，并有 90°弯钩埋入墙的竖缝内。在过梁的作用范围内（不少于六皮砖高度或过梁跨度的 1/4 高度范围内），应用 M5.0 砂浆砌筑。砌筑前先在模板上铺设 30mm 厚 1：3 水泥砂浆层，将钢筋置于砂浆层中，均匀摆开，接着逐层平砌砖层，最下一皮应丁砌。

6. 砌筑工程质量要求

砌筑工程质量的基本要求是：横平竖直、砂浆饱满、灰缝均匀、上下错缝、内外搭砌、接槎牢固。

砌筑质量应符合《砌体结构工程施工质量验收规范》（GB 50203—2011）的要求。

8.3.5 砌块的砌筑要求

砌块房屋的施工，是采用各种吊装机械及夹具将砌块安装在设计位置。一般要按建筑物的平面尺寸及预先设计的砌块排列图逐块地按顺序吊运、就位。

1. 砌块安装前准备工作

（1）编制砌块排列图

砌块在吊装前应先绘制砌块排列图，以指导吊装施工和砌块准备。砌块排列图的绘制方法是：在立面图上用 1：50 或 1：30 的比例绘制出纵横墙，然后将过梁、平板、大梁、楼梯、混凝土垫块等在图上标出，再将预留孔洞标出，在纵墙和横墙上画出水平灰缝线，然后按砌块错缝搭接的构造要求和竖缝的大小进行排列。以主砌块为主，其他各种型号砌块为辅，以减少吊次，提高台班产量。需要镶砖时，应整砖镶砌，而且尽量对称分散布置。砖的强度等级应不小于砌块的强度等级。镶砖应平砌，不宜侧砌或竖砌，墙体的转角处和纵横墙交接处，不得镶砖，门窗洞口不宜镶砖。砌块的排列应遵守下列技术要求：上下皮砌块错缝搭接长度一般为砌块长度的1/2（较短的砌块必须满足这个要求），或不得小于砌块皮高的1/3，以保证砌块牢固搭接，外墙转角及纵横墙交接处应用砌块相互搭接。

如纵横墙不能互相搭接，则每二皮应设置一道钢筋网片。砌块中水平灰缝厚度应为10～20mm。当水平灰缝有配筋或柔性拉结条时，其灰缝厚度应为20～25mm。竖缝的宽度为15～20mm。当竖缝宽度大于30mm时，应用强度等级不低于C20的细石混凝土填实；当竖缝宽度大于或等于150mm，或楼层不是砌块加灰缝的整数倍时，都要用黏土砖镶砌。

（2）选择砌块安装方案

中小型砌块安装用的机械有台灵架、附设有起重拔杆的井架、轻型塔式起重机等。

1）用台灵架安装砌块，用附设起重拔杆的井架进行砌块、楼板的垂直运输。

根据台灵架安装砌块时的吊装路线，有后退法、合拢法及循环法。

后退法：吊装从工程的一端开始退至另一端，井架设在建筑物两端。台灵架回转半径为9.5m，房屋宽度小于9m。

合拢法：工程情况同前，井架设在工程的中间，吊装线路先从工程的一端开始吊装到井架处，再将台灵架移到工程的另一端进行吊装，最后退到井架处收拢。

循环法：当房屋宽度大于9m时，井架设在房屋一侧中间，吊装从房屋一端转角开始，依次循环至另一端转角处，最后吊装至井架处。

2）用台灵架安装砌块，用塔式起重机进行砌块和预制构件的水平和垂直运输及楼板安装，此时台灵架安装砌块的吊装线路与上述相同。

（3）机具准备

除应准备好砌块垂直、水平运输和吊装的机械外，还要准备安装砌块的专用夹具和其他有关工具。

（4）砌块的运输及堆放

砌块的装卸可用汽车式起重机、履带式起重机和塔式起重机等。砌块堆放应使场内运输路线最短。堆置场地应平整夯实，有一定泄水坡度，必要时开挖排水沟。砌块不宜直接堆放在地面上，应堆在草袋、煤渣垫层或其他垫层上，以免砌块底面弄脏。砌块的规格、数量必须配套，不同类型分别堆放。砌块的水平运输可用专用砌块小车、普通平板车等。

2. 砌块施工工艺

砌块施工的主要工序是铺灰、吊砌块就位、校正、灌缝和镶砖等。

铺灰：砌块墙体所采用的砂浆，应具有较好的和易性，砂浆稠度采用50～80mm，铺灰应均匀平整，长度一般以不超过5m为宜。炎热的夏季或寒冷季节应按设计要求适当缩短，灰缝的厚度按设计规定。

吊砌块就位：吊砌块一般用摩擦式夹具，夹砌块时应避免偏心。砌块就位时，应使夹具中心尽可能与墙身中心线在同一垂直线上，对准位置徐徐下落于砂浆层上，待砌块安放稳当后，方可松开夹具。

校正：用垂球或托线板检查垂直度，用拉准线的方法检查水平度。校正时可用人力轻微推动砌块或用撬杠轻轻撬动砌块，自重在150kg以下的砌块可用木锤敲击偏高处。

灌缝：竖缝可用夹板在墙体内外夹住，然后灌砂浆，用竹片插或铁棒捣，使其密实。当砂浆吸水后用刮缝板把竖缝和水平缝刮齐。此后，砌块一般不准撬动，以防止破坏砂浆的粘结力。

镶砖：镶砖工作要在砌块校正后进行，不要在安装好一层墙身后才砌镶砖。如在一层楼安装完毕尚需镶砖时，镶砖的最后一皮砖和安装楼板梁、檩条等构件下的砖层都必须用丁砖来镶砌。

3. 质量要求

砌筑工程质量的基本要求是：横平竖直、砂浆饱满、灰缝均匀、上下错缝、内外搭砌、接槎牢固。

8.3.6 框架填充墙的砌筑要求

框架填充墙施工应先主体结构施工，后砌填充墙，不得改变框架结构的传力路线。

砌筑施工时应满足一般砖砌体、砌块砌体的砌筑要求，同时应注意以下几方面的问题。

1. 与结构的连接

（1）墙两端与结构连接

砌体与混凝土柱或剪力墙的连接，一般采用构件上预埋铁件加焊拉结钢筋或植墙拉筋的方法。

（2）墙顶与结构件底部连接

为保证墙体的整体性稳定性，填充墙顶部应采取相应的措施与结构挤紧。通常采用在墙顶加小木楔。砌筑实心砖或在梁底做预埋铁件等方式与填充墙连接。为了让砌体砂浆有一个完成压缩变形的时间，保证墙顶与构件连接的效果，不论采用哪种连接方式，都应分两次完成一片墙体的施工。

（3）注意事项

填充墙施工最好从顶层向下层砌筑，防止因结构变形量向下传递而造成早期下层先砌筑的墙体产生裂缝。

2. 与门窗的连接

施工中通常采用在洞口两侧做混凝土构造柱、预埋混凝土预制块及镶砖的方法实现门窗与填充墙的连接。空心砌块在窗台顶面应做成混凝土压顶，以保证门窗框与砌体的可靠连接。

3. 防潮与防水

空心砌块用于外墙面涉及防水问题，主要发生在灰缝处。在砌筑中，应注意灰缝饱满密实，其竖缝应灌砂浆插捣密实。外墙面的装饰层采取适当的防水措施，如在抹灰层中加防水剂，面砖构缝等。

4. 单片面积较大的填充墙的施工

注意提高大空间的框架结构填充墙稳定性，在墙体中根据墙体长度和高度需要设置构造柱和水平现浇混凝土带。当大面积的墙体有转角时，可以在转角处设芯柱。

8.3.7 砌筑工程安全技术要求

为了避免事故的发生，做到文明施工，砌筑过程中必须采取适当的安全措施。砌筑操作前必须检查操作环境是否符合安全要求，道路是否畅通，机具是否完好，安全设施和防护用品是否齐全，经检查符合要求后方可施工。在砌筑过程中，应注意下列问题。

（1）砌基础时，应注意基坑土质变化情况，堆放砌筑材料应离开坑边一定距离。

（2）墙身砌体高度超过地坪 1.2m 以上时，应搭设脚手架，在一层以上或高度超过 4m 时，采用外脚手架必须支搭安全网。

（3）预留孔洞宽度大于 300mm 应该设置钢筋混凝土过梁。

（4）在楼层（特别是预制板面）施工时，堆放机具、砖块等物品不得超过使用荷载。

（5）不准用不稳固的工具或物体在脚手板面垫高操作。

（6）砍砖时应面向内打，防止碎砖跳出伤人。

（7）用于垂直运输的吊笼、滑车、绳索、刹车等，必须满足负荷要求，牢固无损。

（8）冬期施工时，脚手板上如有冰霜、积雪，应先清除后才能上架子进行操作。

（9）要做好防雨措施，以防雨水冲走砂浆，致使砌体倒塌。

（10）不准在墙顶或架上修改石材，以免振动墙体影响质量或石片掉下伤人。

（11）不准徒手移动上墙的料石，以免压破或擦伤手指。

（12）已经就位的砌块，必须立即进行竖缝灌浆。

（13）对稳定性较差的窗间墙、独立柱和挑出墙面较多的部位，应加临时稳定支撑。

（14）在台风季节，应及时进行圈梁施工，加盖楼板，或采取其他稳定措施。

（15）在砌块砌体上，不宜拉锚缆风绳，不宜吊挂重物。

（16）大风、大雨、冰冻等异常气候之后，应检查砌体是否有垂直度的变化，是否产生了裂缝。

8.4 钢筋混凝土工程

混凝土结构是土木工程结构的主要形式之一。混凝土结构工程由模板工程、钢筋工程和混凝土工程三个主要工种工程组成。

混凝土结构工程按施工方法分为现浇混凝土结构施工和预制装配混凝土结构施工。

8.4.1 模板工程

模板工程是指支承新浇筑混凝土的整个系统，包括了模板和支撑。模板是使新浇筑混凝土成形并养护，使之达到一定强度以承受自重的临时性结构并能拆除的模型板。支撑是保证模板形状和位置并承受模板、钢筋、新浇筑混凝土的自重以及施工荷载的临时性结构。

现浇混凝土结构施工中，模板工程费用约占结构工程费用的 30％左右，劳动量约占 50％左右。

模板工程必须满足下列三项基本要求：

安装质量：应保证成型后混凝土结构或构件的形状、尺寸和相互位置的正确；模板拼缝严密，不漏浆。

安全性：要有足够的承载能力、刚度和稳定性。

经济性：能快速装拆，多次周转使用，并便于后续钢筋和混凝土工序的施工。

1. 模板工程材料

模板工程材料的种类很多，木、钢、复合材、塑料、铝，甚至混凝土本身都可作为模板工程材料。

（1）木模板

木模板（图 8-60）的主要优点是制作拼装随意。尤适用于浇筑外形复杂、数量不多的混凝土结构或构件。木模板的木材主要采用松木和杉木，其含水率不宜过高，以免开裂。

（2）钢模板

组合钢模板是施工企业拥有量最大的一种钢模板。组合钢模板由钢模板（图 8-61）及配件两部分组成。配件包括支承件和连接件。

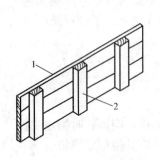

图 8-60 木模板

1—板条；2—拼长

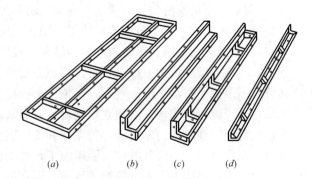

图 8-61 钢模板

（a）平面模板；（b）阳角模板；（c）阴角模板；（d）连接角模

（3）胶合板模板

模板用的木胶合板通常由 5、7、9、11 等奇数层单板（薄木片）经热压固化而胶合成型，相邻层的纹理方向相互垂直（图 8-62、图 8-63）。

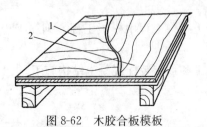

图 8-62 木胶合板模板

1—表板；2—芯板

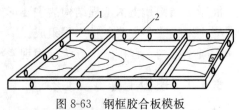

图 8-63 钢框胶合板模板

1—钢框；2—胶合板

（4）塑料与玻璃钢模板

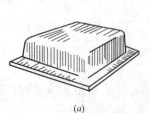

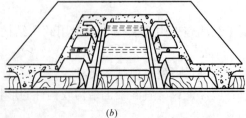

图 8-64 盆式模板

（a）塑料模壳；（b）用于密肋板施工的盆式模板

塑料与玻璃钢用作模板材料，优点是质轻，易加工成小曲率的曲面模板；缺点是材料价格偏高，模板刚度小。塑料与玻璃钢盆式模板主要用于现浇密肋楼板施工（图8-64）。

（5）脱模剂

脱模剂涂于模板面板上起润滑和隔离作用，拆模时使混凝土顺利脱离模板，并保持形状完整。有清水混凝土装饰要求的混凝土结构或构件，均应涂刷使用效果优良的脱模剂。

2. 基本构件的模板构造

现浇混凝土基本构件主要有柱、墙、梁、板等，下面介绍由胶合板模板以及组合钢模板组装的这些基本构件的模板构造。

（1）柱、墙模板

柱和墙均为垂直构件，模板工程应能保持自身稳定，并能承受浇筑混凝土时产生的横向压力。

1）柱模板

柱模主要由侧模（包括加劲肋）、柱箍、底部固定框、清理孔四个部分组成，图8-65为典型的矩形柱模板构造。

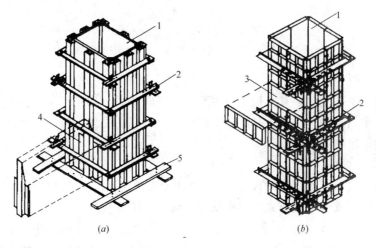

图 8-65　矩形柱模板

（a）胶合板模板；（b）组合钢模板

1—侧模；2—柱箍；3—浇筑孔；4—清理孔；5—固定框

柱的横断面较小，混凝土浇筑速度快，柱侧模上所受的新浇筑混凝土压力较大，特别要求柱模板拼缝严密、底部固定牢靠，柱箍间距适当，并保证其垂直度。此外，对高的柱模，为便于浇筑混凝土，可沿柱高度每隔2m开设浇注孔。

2）墙模板

对墙模板的要求与柱模板相似，主要保证其垂直度以及抵抗新浇筑混凝土的侧压力。

墙模板由五个基本部分组成：①侧模（面板）——维持新浇筑混凝土直至硬化；②内楞——支承侧模；③外楞——支承内楞和加强模板；④斜撑——保证模板垂直和支承施工荷载及风荷载等；⑤对拉螺栓及撑块——混凝土侧压力作用到侧模上时，保持两片侧模间的距离。

墙模板的侧模可采用胶合模板、组合钢模板、钢框胶合板模板等。图8-66为采用胶合板模板以及组合钢模板的典型墙模板构造。内外楞可采用方木、内卷边槽钢、圆钢管或矩形钢管等。

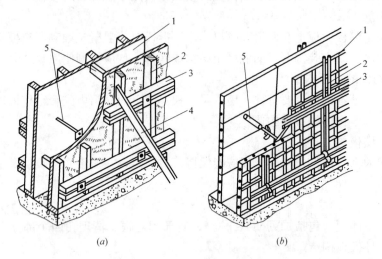

(a)　　　　　　　　　　　(b)

图 8-66　墙模板

(a) 胶合板模板；(b) 组合钢模板

1—侧模；2—内楞；3—外楞；4—斜撑；5—对拉螺栓及撑块

（2）梁、板模板

梁与板均为水平构件，其模板工程主要承受竖向荷载，如模板及支撑自重，钢筋、新浇筑混凝土自重以及浇筑混凝土时的施工荷载等，侧模则受到混凝土的侧压力。因此，要求模板支撑数量足够，搭设稳固牢靠。

1）梁与楼板模板

现浇混凝土楼面结构多为梁板结构，梁和楼板的模板通常一起拼装，见图 8-67。

梁模板由底模及侧模组成。底模承受竖向荷载，刚度较大，下设支撑；侧模承受混凝土侧压力，其底部用夹条夹住，顶部由支承楼板模板的小楞顶住或斜撑顶住。

2）支撑系统

模板工程的支撑系统广义地来说包括了垂直支撑、水平支撑、斜撑以及连接件等，其中垂直支撑用来支承梁和板等水平构件，直至构件混凝土达到足够的自承重强度；水平支撑用来支承模板跨越较大的施工空间或减少垂直支撑的数量。

梁与楼板模板的垂直支撑可选用可调式钢支柱，扣件式钢管支架、碗扣式钢管支架、门式钢管支架以及方塔钢管支架等，见图 8-68。单管钢支柱的支承

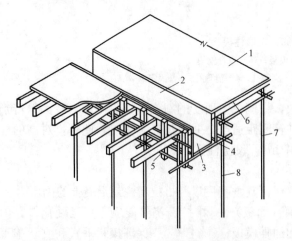

图 8-67　梁、楼板的胶合板模板系统

1—楼板模板；2—梁侧模；3—梁底模；4—夹条；5—短撑木；

6—楼板模板小楞；7—楼板模板钢管排架；8—梁模钢管架

高度为 3~4m；支架在承载能力允许范围内可搭设任意高度。

楼板模板的水平支撑主要有小楞、大楞或桁架等。小楞支承模板，大楞支承小楞。当层间高度大于 5m 或需要扩大施工空间时，可选用桁架、贝雷架、军用梁等来支承小楞，见图 8-69。

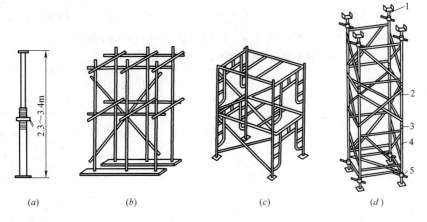

图 8-68　矩形柱模板
（a）可调式钢支柱；（b）扣件式钢管支架；（c）门式钢管支架；（d）方塔钢管支架
1—顶托；2—交叉斜撑；3—连接棒；4—标准架；5—底座

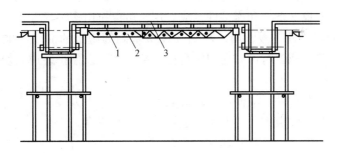

图 8-69　楼板模板的桁架式水平支撑
1—小楞；2—可调桁架；3—楼板模板

3. 模板荷载及计算规定

模板及其支架应具有足够的承载能力、刚度和稳定性，能可靠地承受浇筑混凝土的重量、侧压力以及施工荷载。

在计算模板及支架时，主要考虑下列荷载有：模板及支架自重；浇筑混凝土的重量；钢筋重量；施工人员及施工设备重量在水平投影面上的荷载；振捣混凝土时产生的荷载；新浇筑混凝土对模板的侧压力；倾倒混凝土时对垂直面模板产生的水平荷载；风荷载等。

4. 模板的拆除

混凝土结构模板的拆除日期取决于结构的性质、模板的用途和混凝土硬化速度，及时拆模，可提高模板的周转；过早拆模，过早承受荷载会产生变形甚至会造成重大的质量事故。

（1）模板拆除的规定

非承重模板（如侧板），应在混凝土强度能保证其表面及棱角不因拆除模板而受损坏时，方可拆除；承重模板应在达到规定的强度时方可拆除，见表8-9。拆模时如发现混凝土质量问题时应暂停拆除，经过处理后方可继续。

（2）拆除模板注意事项

拆模程序一般应是后支的先拆，先拆除非承重部分，后拆除承重部分。

拆除框架结构模板的顺序：首先是柱模板，然后是楼板底板，梁侧模板，最后梁底模板；拆除跨度较大的梁下支柱时，应先从跨中开始，分别拆向两端。

现浇结构单层模板支撑拆模时的混凝土强度要求 表 8-9

构件类型	构件跨度(m)	按达到设计的混凝土立方体抗压强度标准值的百分率计(%)
板	≤2	≥50
	>2,≤8	≥75
	>8	≥100
梁、拱、壳	≤8	≥75
	>8	≥100
悬臂构件	—	≥100

5. 组合模板

组合模板是一种工具式模板，是工程施工用得最多的一种模板。它由具有一定模数的若干类型的板块、角模、支撑和连接件组成，用它可以拼出多种尺寸和几何形状，以适应各种类型建筑物的梁、柱、板、墙、基础和设备基础等施工的需要，也可用它拼成大模板、隧道模和台模等。施工时可以在现场直接组装，亦可以预拼装成大块模板或构件模板用起重机吊运安装。

组合模板的板块和配件，轻便灵活，拆装方便，可用人力装拆；由于板块小，板块重量轻，存放、修理和运输极方便，如用集装箱运输效率更高。

6. 大模板

大模板是大尺寸的工具式模板，一般是一块墙面用一块大模板。因为其重量大，装拆皆需起重机械吊装，但可提高机械化程度，减少用工量和缩短工期。它是目前我国剪力墙和筒体体系的高层建筑施工用得较多的一种模板，已形成一种工业化建筑体系。目前，我国采用大模板施工的结构体系有：

1）内外墙皆用大模板现场浇筑，而隔墙、楼梯等为预制吊装；

2）横墙、内纵墙用大模板现场浇筑，而外墙板、隔墙板为预制吊装；

3）横墙、内纵墙用大模板现场浇筑，外墙、隔墙用砖砌筑。

一块大模板由面板、主肋、次肋、支撑桁架、稳定机构及附件组成。

7. 模板工程安全技术要求

（1）进入施工现场人员必须戴好安全帽，高空作业人员必须佩戴安全带，并应系牢。

（2）经医生检查认为不适宜高空作业的人员，不得进行高空作业。

（3）工作前应先检查使用的工具是否牢固，扳手等工具必须用绳链系挂在身上，以免掉落伤人。工作时要思想集中，防止钉子扎脚和空中滑落。

（4）安装与拆除 5m 以上的模板，应搭脚手架，并设防护栏，防止上下在同一垂直面操作。

（5）高空、复杂结构模板的安装与拆除，事先应有切实的安全措施。

（6）遇六级以上大风时，应暂停室外的高空作业，雪、霜、雨后应先清扫施工现场，略干后不滑时再进行工作。

（7）两人抬运模板时要互相配合、协同工作。传递模板、工具应用运输工具或绳子系牢后升降，不得乱扔。装拆时，上下应有人接应，钢模板及配件应随装随拆运送，严禁从高处掷下。高空拆模时，应有专人指挥，并在下面标出工作区，用绳子和红白旗加以围栏，暂停人员过往。

（8）不得在脚手架上堆放大批模板等材料。

（9）支撑、牵杠等不得搭在门框架和脚手架上。通路中间的斜撑、拉杠等应设在 1.8m 高以上。

（10）支模过程中，如需中途停歇，应将支撑、搭头、柱头板等钉牢。拆模间歇应将已活动的模板、牵杠等运走或妥善堆放，防止因扶空、踏空而坠落。

（11）模板上有预留洞者，应在安装后将空洞口盖好。混凝土板上的预留洞，应在模板拆除后随即将洞口盖好。

（12）拆除模板一般用长撬棍。人不许站在正在拆除的模板上。在拆除楼板模板时，要注意整块模板掉下，尤其是用定型模板做平台模板时，更要注意，拆模人员要站在门窗洞口外拉支撑，防止模板突然全部掉落伤人。

（13）在组合钢模板上架设的电线和使用电动工具，应用 36V 低压电源或采取其他有效措施。

8.4.2　钢筋工程

普通混凝土结构用的钢筋可分为两类，热轧钢筋和冷加工钢筋（冷轧带肋钢筋、冷轧钢筋、冷拔螺旋钢筋等），余热处理钢筋属于热轧钢筋一类。根据新标准，热轧钢筋的强度等级由原来的Ⅰ级、Ⅱ级、Ⅲ级和Ⅳ级更改为按照屈服强度（MPa）分为 HPB300 级、HRB335 级、HRB400 级和 HRB500 级。

1. 钢筋检验和存放

1）钢筋的检验

钢筋混凝土结构中所用的钢筋，都应有出厂质量证明或试验报告单，每捆（盘）钢筋均应有标牌。进场时应按批号及直径分批验收。验收的内容包括查对标牌、外观检查，并按有关标准的规定抽取试样作力学性能试验，合格后方可使用。

2）钢筋的存放

当钢筋运进施工现场后，必须严格按批分等级、牌号、直径、长度挂牌存放，并注明数量，不得混淆。钢筋应尽量堆入仓库或料棚内。条件不具备时，应选择地势较高，土质坚实，较为平坦的露天场地存放。在仓库或场地周围挖排水沟，以利泄水。堆放时钢筋下面要加垫木，离地不宜少于 200mm，以防钢筋锈蚀和污染。钢筋成品要分工程名称和构件名称，按号码顺序存放。同一项工程与同一构件的钢筋要存放在一起，按号挂牌排列，牌上注明构件名称、部位、钢筋类型、尺寸、钢号、直径、根数。不能将几项工程的钢筋混放在一起，同时不要和产生有害气体的车间靠近，以免污染和腐蚀钢筋。

2. 钢筋翻样与配料

为了确保钢筋配筋和加工的准确性，事先应根据结构施工图画出相应的钢筋翻样图并填写配料单。

（1）钢筋翻样图

钢筋翻样图依照结构配筋图做成。一般把混凝土结构分解成柱、梁、墙、楼板、楼梯等构件，根据构件所在的结构层次，以一种构件为主，画出其配筋。钢筋翻样图中构件的各钢筋均应编号，标明其数量、牌号、直径、间距、锚固长度、接头位置以及搭接长度等。对于形状复杂的钢筋和结构节点密度大的钢筋，在钢筋翻样图上，还应画出其细部加工图和细部安装图。

钢筋翻样图既是编制配料加工单和进行配料加工的依据，也是钢筋工绑扎、安装钢筋的依据，还是工程项目负责人检查钢筋工程施工质量的依据。

（2）钢筋配料单

钢筋配料单是根据构件配筋图，先绘出各种形状和规格的单根钢筋简图并加以编号，然后分别计算钢筋下料长度和根数，填写配料单，申请加工。

对于钢筋翻样图中编了号的各钢筋进行配料时，必须根据规范混凝土保护层、钢筋弯曲、弯钩等规定计算其下料长度。

钢筋因弯曲或弯钩会使其长度变化，在配料中不能直接根据图纸中尺寸下料；必须了解对混凝土保护层、钢筋弯曲、弯钩等规定，再根据图中尺寸计算其下料长度。

各种钢筋下料长度计算如下：

直钢筋下料长度＝构件长度－保护层厚度＋弯钩增加长度

弯起钢筋下料长度＝直段长度＋斜段长度－弯曲调整值＋弯钩增加长度

箍筋下料长度＝箍筋周长＋箍筋调整值

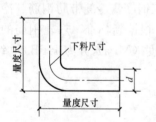

图 8-70　钢筋弯曲时的量度方法

上述钢筋需要搭接的话，还应增加钢筋搭接长度。

1）弯曲调整值

钢筋弯曲后的特点：一是在弯曲处内皮收缩、外皮延伸、轴线长度不变；二是在弯曲处形成圆弧。钢筋的量度方法是沿直线量外包尺寸（图 8-70）；因此，弯起钢筋的量度尺寸大于下料尺寸，两者之间的差值称为"弯曲调整值"。弯曲调整值，根据理论推算并结合实践经验，列于表 8-10。

钢筋弯曲调整值　　　　　　　　　　表 8-10

钢筋弯曲角度	30°	45°	60°	90°	135°
钢筋弯曲调整值	0.35d	0.5d	0.85d	2d	2.5d

注：d 为钢筋直径。

2）弯钩增加长度

钢筋的弯钩形式有三种：半圆弯钩、直弯钩及斜弯钩（图 8-71）。半圆弯钩是最常用的一种弯钩。直弯钩只用在柱钢筋的下部、箍筋和附加钢筋中。斜弯钩只用在直径较小的钢筋中。

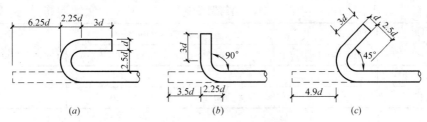

图 8-71　钢筋弯钩计算简图

（a）半圆弯钩；（b）直弯钩；（c）斜弯钩

光圆钢筋的弯钩增加长度，按图 8-70 所示的简图（弯心直径为 $2.5d$、平直部分为 $3d$）计算：对半圆弯钩为 $6.25d$，对直弯钩为 $3.5d$，对 $45°$ 斜弯钩为 $4.9d$。

3）弯起钢筋斜长

弯起钢筋斜长计算简图见图 8-72。弯起钢筋斜长系数见表 8-11。

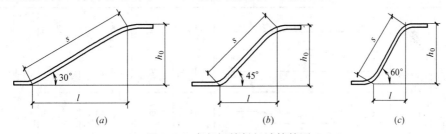

图 8-72　弯起钢筋斜长计算简图

（a）弯起角度 $30°$；（b）弯起角度 $45°$；（c）弯起角度 $60°$

弯起钢筋斜长系数　　　　　　　　　　　　　　　　表 8-11

弯起角度	$\alpha=30°$	$\alpha=45°$	$\alpha=60°$
斜边长度 s	$2h_0$	$1.41h_0$	$1.15h_0$
底边长度 l	$1.732h_0$	h_0	$0.575h_0$
增加长度 $s\text{-}l$	$0.268h_0$	$0.41h_0$	$0.575h_0$

注：h_0 为弯起高度。

4）箍筋调整值

箍筋调整值，即为弯钩增加长度和弯曲调整值两项之差或和，根据箍筋量外包尺寸或内皮尺寸确定见图 8-73 与表 8-12。

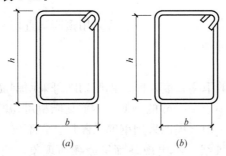

图 8-73　箍筋量度方法

（a）量外包尺寸；（b）量内皮尺寸

箍筋调整值　　　　　　　　　　　　　　　　　　　　　　表 8-12

箍筋量度方法	箍筋直径(mm)			
	4～5	6	8	10～12
量外包尺寸	40	50	60	70
量内皮尺寸	80	100	120	150～170

钢筋配料计算完毕，填写配料单，详见表 8-13。列入加工计划的配料单，将每一编号的钢筋制作一块料牌，作为钢筋加工的依据与钢筋安装的标志。钢筋配料单和料牌，应严格校核，必须准确无误，以免返工浪费。

钢筋配料单样表　　　　　　　　　　　　　　　　　　　　　　表 8-13

构件名称	钢筋编号	简图	直径(mm)	钢筋级别	下料长度(m)	单位(根数)	合计(根数)	重量(kg)
1号厂房 L_1 梁 共计 5 根	①	5980	18	Φ	6.21	2	10	123
	②	5980	10	Φ	6.11	2	10	37.5
	③	390 564 4400 564 390	18	Φ	6.49	1	5	64.7
	④	890 564 3400 564 890	18	Φ	6.49	1	5	64.7
	⑤	412 162	6	Φ	1.20	31	165	41.3
备注		合计Φ6＝41.3kg、Φ10＝37.5kg、Φ18＝252.4kg						

3. 钢筋加工

钢筋加工主要包括调直、切断和弯折。

（1）钢筋调直

钢筋调直宜采用机械方法，也可采用冷拉方法。当采用冷拉方法调直钢筋时，HPB300 级钢筋的冷拉率不宜大于 4%，HRB335 级、HRB400 级和 RRB400 级钢筋的冷拉率不宜大于 1%。

为了提高施工机械化水平，钢筋的调直宜采用钢筋调直切断机，它具有自动调直、定位切断、除锈、清垢等多种功能。

（2）钢筋切断

钢筋下料时须按计算的下料长度切断。钢筋切断可采用钢筋切断机或手动切断器。手动切断器只用于切断直径小于 16mm 的钢筋；钢筋切断机可切断直径 40mm 以内的钢筋。

在大中型建筑工程施工中，提倡采用钢筋切断机，它不仅生产效率高，操作方便，而且确保钢筋端面垂直钢筋轴线，不出现马蹄形或翘曲现象，便于钢筋进行焊接或机械连接。钢筋的下料长度力求准确，其允许偏差为±10mm。

（3）钢筋弯折

1）钢筋弯钩和弯折的一般规定

①受力钢筋。HPB300级钢筋末端应作180°弯钩，其弯弧内直径不应小于钢筋直径的2.5倍，弯钩的弯后平直部分长度不应小于钢筋直径3倍。当设计要求钢筋末端需作135°弯钩时，HRB335级、HRB400级钢筋的弧内直径D不应小于钢筋直径的4倍，弯钩的弯后平直部分长度应符合设计要求。钢筋作不大于90°的弯折时，弯折处的弯弧内直径不应小于钢筋直径的5倍。

②箍筋。除焊接封闭环式箍筋外，箍筋的末端应作弯钩。弯钩形式应符合设计要求，当设计无具体要求时，应符合下列规定：

箍筋弯钩的弯弧内直径不小于受力钢筋的直径；箍筋弯钩的弯折角度：对一般结构，不应小于90°；对有抗震等要求的结构应为135°。

③箍筋弯后的平直部分长度：对一般结构，不宜小于箍筋直径的5倍；对有抗震等级要求的结构，不应小于箍筋直径的10倍。

2）钢筋弯曲

①画线。钢筋弯曲前，对形状复杂的钢筋（如弯起钢筋），根据钢筋料牌上标明的尺寸，用石笔将各弯曲点位置划出。

②钢筋弯曲成型。钢筋在弯曲机上成型时（图8-74），心轴直径应是钢筋直径的2.5～5.0倍，成型轴宜加偏心轴套，以便适应不同直径的钢筋弯曲需要。弯曲细钢筋时，为了使弯弧一侧的钢筋保持平直，挡铁轴宜做成可变挡架或固定挡架（加铁板调整）。

钢筋弯曲点和心轴的关系，如图8-75所示。由于成型轴和心轴在同时转动，就会带动钢筋向前滑移。因此，钢筋弯90°时，弯曲点线约与心轴内边缘齐；弯180°时，弯曲点线距心轴内边缘为1.0～1.5d（钢筋硬时取大值）。对HRB335与HRB400钢筋，不能弯过头再弯过来，以免钢筋弯曲点处发生裂纹。

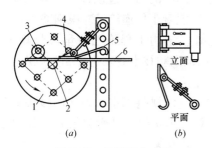

图8-74　钢筋弯曲成型

（a）工作简图；（b）可变挡架构造

1—工作盘；2—心轴；3—成型轴；

4—可变挡架；5—插座；6—钢筋

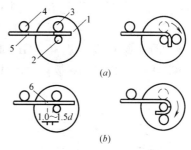

图8-75　弯曲点线与心轴关系

（a）弯90°；（b）弯180°

1—工作盘；2—心轴；3—成型轴；

4—固定挡铁；5—钢筋；6—弯曲点线

③曲线型钢筋成型。弯制曲线形钢筋时（图8-76），可在原有钢筋弯曲机的工作盘中央，放置一个十字架和钢套；另外在工作盘四个孔内插上短轴和成型钢套（和中央钢套相切）。插座板上的挡轴钢套尺寸，可根据钢筋曲线形状选用。钢筋成型过程中，成型钢套起顶弯作用，十字架只协助推进。

4. 钢筋连接

工程中钢筋往往因长度不足或因施工工艺上的要求等必须连接。钢筋连接，应按结构

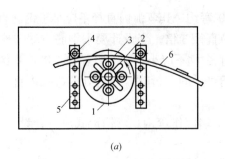

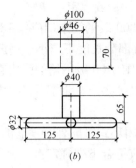

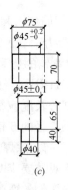

图 8-76　曲线形钢筋成型

(a) 工作简图；(b) 十字撑及圆套详图；(c) 桩柱及圆套详图

1—工作盘；2—十字撑及圆套；3—桩柱及圆套；4—挡轴圆套；5—插座板；6—钢筋

要求、施工条件及经济性等，选用合适的接头。钢筋在工厂或工地加工多选用闪光对焊接头。现场施工中，除采用传统的绑扎搭接接头以外，对多高层建筑结构中的竖向钢筋直径 $d>20mm$ 时多选用电渣压力焊接头，水平钢筋多选用螺纹套筒接头；对受疲劳荷载的高耸、大跨结构钢筋直径 $d>20mm$ 时，选用与母材等强的直螺纹套筒接头等。钢筋连接的方式很多，接头的主要方式可归纳为以下几类：

绑扎连接——绑扎搭接接头；

焊接连接——闪光对焊接头、电弧焊接头、电渣压力焊接头、气压焊接头等；

机械连接——挤压套筒接头、锥螺纹套筒接头、直螺纹套筒接头、填充介质套筒接头等。

（1）绑扎连接

钢筋绑扎连接的基本原理，是将两根钢筋搭接一定长度，用细铁丝将搭接部分多道绑扎牢固。混凝土中的绑扎搭接接头在承受荷载后，一根钢筋中的力通过该根钢筋与混凝土之间的握裹力（粘结力）传递给周围混凝土，再由该部分混凝土传递给另一根钢筋。

《混凝土结构设计规范》GB 50010—2010 和《混凝土结构工程施工质量验收规范》GB 50204—2002（2010 版）中，对绑扎搭接接头的使用范围和技术要求作了相关规定。

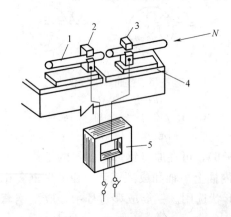

图 8-77　闪光对焊原理图

1—钢筋；2—固定电极；3—可动电极；

4—机座；5—焊接变压器

（2）焊接连接

混凝土结构设计规范规定，钢筋的接头宜优先采用焊接接头，焊接接头的焊接质量与钢材的焊接性、焊接工艺有关。

1）闪光对焊

闪光对焊是利用对焊机，将两钢筋端面接触，通以低电压的强电流，利用接触点产生的电阻热使金属融化，产生强烈飞溅、闪光，使钢筋端部产生塑性区及均匀的液体金属层，迅速施加顶锻力而完成的一种电阻焊方法，见图 8-77。

闪光对焊具有生产效率高、操作方便、节约能源、节约钢材、接头受力性能好、焊接质量高等优点，加工场钢筋制作时的对接焊接优先采用闪光对焊。最近，在箍筋加工上也引入了闪光对焊方法。

钢筋闪光对焊工艺常用的有三种工艺方法：连续闪光焊、预热闪光焊和闪光—预热—闪光焊。对焊接性差的 HRB500 牌号钢筋，还可焊后再进行通电热处理。

① 连续闪光焊：连续闪光焊是自闪光一开始就徐徐移动钢筋，工件端面的接触点在高电流密度作用下迅速融化、蒸发、连续爆破，形成连续闪光，接头处逐步被加热。连续闪光焊工艺简单，一般用于焊接直径较小和牌号较低的钢筋。连续闪光焊所能焊接钢筋的上限直径与焊机容量、钢筋牌号有关，一般钢筋直径在 22mm 以下。

② 预热闪光焊：预热闪光焊是首先连续闪光，使钢筋预热，接着再连续闪光，最后顶锻。预热闪光焊适用于直径较粗、端面比较平整的钢筋。

③ 闪光—预热—闪光焊：在预热闪光焊之前，预加闪光阶段，烧去钢筋端部的压伤部分，使其端面比较平整，以保证端面上加热温度比较均匀，提高焊接接头质量。

2）电弧焊

电弧焊是将焊条作为一极，钢筋为另一极，利用焊接电流通过产生的高温电弧热进行焊接的一种熔焊方法。选择焊条时，其强度应略高于被焊钢筋。对重要结构的钢筋接头，应选用低氢型碱性焊条。

钢筋电弧焊接头的主要形式有搭接焊、帮条焊、坡口焊、窄间隙焊等。

① 搭接焊与帮条焊接头

搭接焊接头（图 8-78a）适用于 HPB300、HRB335、HRB400、RRB400 钢筋。钢筋应适当预弯，以保证两钢筋的轴线在同一直线上。

帮条焊接头（图 8-78b）可用于 HPB300、HRB335、HRB400、RRB400 钢筋，帮条宜采用与主筋同牌号、同直径的钢筋制作。

搭接焊与帮条焊宜采用双面焊，如不能进行双面焊时，也可采用单面焊，其焊缝长度应加长一倍。采用双面焊时，焊缝长度应不小于（4～5）d（d 为钢筋直径）。搭接焊或帮条焊在焊接时，其焊缝厚度不应小于 $0.3d$，焊缝宽度不应小于 $0.8d$。

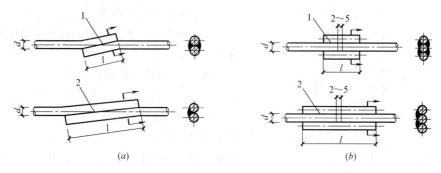

图 8-78　钢筋搭接焊与帮条焊接头

（a）搭接焊接头；（b）帮条焊接头

1—双面焊；2—单面焊

② 坡口焊接头

坡口焊分为平焊和立焊两种，适用于装配式框架结构的节点，可焊接直径 18～40mm 的 HPB300、HRB335、HRB400 钢筋。

钢筋坡口平焊见图 8-79（*a*），钢筋坡口立焊见图 8-79（*b*）。

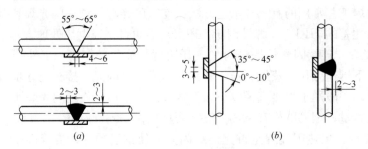

图 8-79　钢筋坡口焊接头

（*a*）坡口平焊；（*b*）坡口立焊

③ 窄间隙焊接头

水平钢筋窄间隙焊适用于直径 16mm 以上钢筋的现场水平连接，见图 8-80。

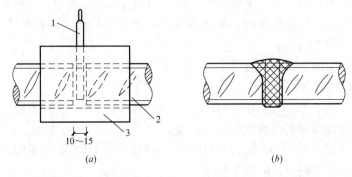

图 8-80　水平钢筋窄间隙焊接头

（*a*）被焊钢筋端部；（*b*）成型接头

1—焊条；2—钢筋；3—U 形铜模

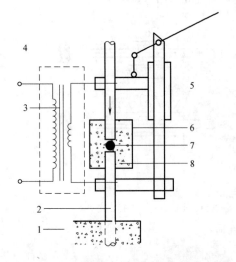

图 8-81　钢筋电渣压力焊示意图

1—混凝土；2—下钢筋；3—焊接电源；4—上钢筋；

5—焊接夹具；6—焊剂盒；7—钢丝圈；8—焊剂

3）钢筋电渣压力焊

钢筋电渣压力焊是将两钢筋安放成竖向对接形式，利用焊接电流通过两钢筋端面间隙，在焊剂层下形成电弧和电渣过程，产生电弧热和电阻热，熔化钢筋，待到一定程度后施加压力，完成钢筋连接。它适用于直径为 14～32mm 的 HPB235、HRB335、HRB400 竖向或斜向钢筋（倾斜度在 4∶1 范围内）的连接。

电渣压力焊的主要设备包括：三相整流或单相交流电的焊接电源；夹具、操作杆及监控仪的专用机头；可供电渣焊和电弧焊的专用控制箱等（图 8-81）。电渣压力焊耗用的材料主要有焊剂及钢丝。常用高度不小于 10mm 的钢丝圈，或用一高约 10mm 的 ϕ3.2 的焊条芯引燃电弧。

钢筋电渣压力焊具有电弧焊、电渣焊和压力焊的特点。焊接过程包括四个阶段（图 8-82）：

引弧过程→电弧过程→电渣过程→顶压过程。

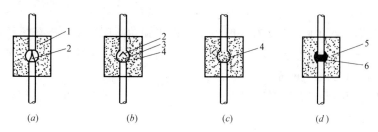

图 8-82　钢筋电渣压力焊焊接过程示意图
（a）引弧过程；（b）电弧过程；（c）电渣过程；（d）顶压过程
1—焊剂；2—电弧；3—渣池；4—熔池；5—渣壳；6—熔化的钢筋

4）气压焊

钢筋气压焊是利用乙炔与氧混合气体（或液化石油气）燃烧所形成的火焰加热两钢筋对接处端面，使其达到一定温度，在压力作用下获得牢固接头的焊接方法。这种焊接方法设备简单、工效高、成本较低，适用于各种位置的直径为 14～40mm 的 HPB300、HRB335、HRB400 钢筋焊接连接。

气压焊有熔态气压焊（开式）和固态气压焊（闭式）两种。

钢筋气压焊设备由供气装置、多嘴环管加热器、加压器以及焊接夹具等组成，见图 8-83。

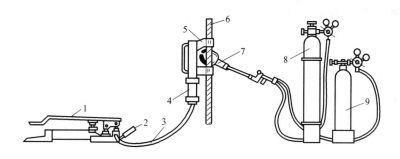

图 8-83　钢筋气压焊设备
1—手动液压加压器；2—压力表；3—油管；4—活动液压油缸；5—夹具；
6—被焊钢筋；7—焊炬；8—氧气瓶；9—乙炔气瓶

（3）机械连接

钢筋机械连接是通过连接件的直接或间接的机械咬合作用或钢筋端面的承压作用将一根钢筋中的力传至另一根钢筋的连接方法。在粗直径的钢筋连接中，钢筋机械连接方法有广阔的应用前景。

1）挤压套筒接头

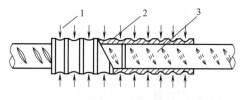

图 8-84　钢筋挤压套筒接头
1—压痕；2—钢套筒；3—带肋钢筋

钢筋挤压套筒有轴向挤压和径向挤压两种方式，现常用径向挤压。钢筋径向挤压套筒连接工艺的基本原理是：将两根待接钢筋端头插入钢套筒，用液压压接钳径向挤压套筒，使之产生塑性变形与带肋钢筋紧密咬合，由此产生摩擦力和抗剪力来传递钢筋连接处的轴向荷载，见图 8-84。

套筒冷挤压连接的主要设备有钢筋液压压接钳和超高压油泵。钢套筒材料可选用 10～20 号优质碳素结构镇静钢无缝钢管，钢套筒的设计截面积一般不小于被连接钢筋截面积的 1.7 倍，抗拉力为被接钢筋的 1.25 倍左右。

钢筋挤压套筒接头适用于直径 18～50mm 的 HRB335、HRB400 钢筋，操作净距大于 50mm 的各种场合。

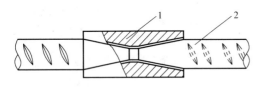

图 8-85　锥螺纹套筒接头

1—连接套筒；2—带肋钢筋

2）锥螺纹套筒接头

钢筋锥形螺纹连接是利用锥形螺纹能承受拉、压两种作用力及自锁性、密封性好的原理，将被连接的钢筋端部加工成锥形状螺纹，按规定的力矩值将两根钢筋连接在一起，见图 8-85。

钢筋端部锥形螺纹是在专用套丝机上套丝加工而成，连接套内锥形螺纹则是在锥形螺纹旋切机上加工而成。

该连接方法适用于按一、二级抗震等级设防的混凝土结构工程中直径为 16～40mm 的 HRB335、HRB400 的竖向、斜向和水平钢筋的现场连接施工。

3）直螺纹套筒接头

钢筋直螺纹连接分为镦粗直螺纹和滚轧直螺纹两类。镦粗直螺纹又分为冷镦粗和热镦粗直螺纹两种。钢筋冷镦粗直螺纹连接的基本原理是：通过钢筋镦粗机把钢筋端头镦粗，再切削成直螺纹，然后用直螺纹的连接套筒将被连钢筋两端拧紧完成连接。

钢筋滚轧直螺纹连接接头（图 8-86）是将钢筋端部用滚轧工艺加工成直螺纹，并用相应具有内螺纹的连接套筒将两根被连钢筋连接在一起。该接头形式是 20 世纪 90 年代中期发展起来的钢筋机械连接新技术，目前已成为钢筋机械连接的主要形式。滚轧直螺纹连接适用于中等或较粗直径的 HRB335、HRB400 带肋钢筋和 RRB400 余热处理钢筋的连接。

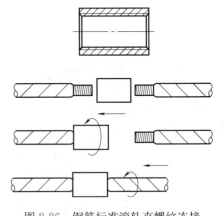

图 8-86　钢筋标准滚轧直螺纹连接

5. 钢筋代换

在钢筋配料中如遇有钢筋品种或规格与设计要求不符，需要代换时，可参照以下原则进行钢筋代换。

（1）代换原则

1）等强度代换：不同种类的钢筋代换，按抗拉强度值相等的原则进行代换；

2）等面积代换：相同种类和级别的钢筋代换，应按面积相等的原则进行代换。

（2）代换方法

1）等强度代换方法

如设计图中所用的钢筋设计强度为 f_{y1}，钢筋总面积 A_{S1}，代换后的钢筋设计强度为 f_{y2}，钢筋总面积 A_{S2}，则应使：

$$A_{S1} f_{y1} \leqslant A_{S2} f_{y2} \tag{8-14}$$

$$因为 \ n_1 \cdot \pi \cdot \frac{d_1^2}{4} \cdot f_{y1} \leqslant n_2 \cdot \pi \cdot \frac{d_2^2}{4} \cdot f_{y2} \tag{8-15}$$

$$所以 \ n_2 \geqslant \frac{n_1 d_1^2 f_{y1}}{d_2^2 f_{y2}} \tag{8-16}$$

式中　n_1——原设计钢筋根数；

　　　n_2——代换后钢筋根数；

　　　d_1——原设计钢筋直径；

　　　d_2——代换后钢筋直径。

2）等面积代换方法

$$A_{S1} \leqslant A_{S2} \tag{8-17}$$

$$n_2 \geqslant \frac{n_1 d_1^2}{d_2^2} \tag{8-18}$$

（3）钢筋代换应注意事项

1）对重要受力构件，如吊车梁、桁架下弦等不宜用Ⅰ级光面钢筋代替变形钢筋，以免裂缝开展过大。

2）钢筋代换后，应满足混凝土结构设计规范中所规定的钢筋间距、锚长，最小钢筋长度、根数等要求。

3）当构件受裂缝宽度或挠度控制时，钢筋代换后应进行刚度，裂缝验算。

4）梁的纵向受力钢筋与弯曲钢筋应分别代换，以保证正截面与斜截面强度。偏心受压构件或大偏心受拉构件作钢筋代换时，不取整个截面配筋量计算，应按受力面（受拉或受压）分别代换。

5）有抗震要求的梁、柱和框架，不宜以强度等级高的钢筋代换原设计中的钢筋，如必须代换时，其代换的钢筋检验所得的实际强度，尚应符合抗震钢筋要求。

6）预制构件的吊环，必须采用未经冷拉的 HPB235 级热轧钢筋制作，严禁以其他钢筋代换。

6. 钢筋工程施工安全技术要求

（1）钢筋加工应遵循以下安全要求：

① 机械的安装必须坚实稳固，保持水平位置。固定式机械应有可靠的基础，移动式机械作业时应楔紧行走轮。

② 室外作业应设置机棚，机旁应有堆放原料、半成品的场地。

③ 加工较长的钢筋时，应有专人帮扶，并听从操作人员指挥，不得随意推拉。

④ 作业后，应堆放好成品、清理场地、切断电源、锁好电闸。

对钢筋进行冷拉、冷拔及预应力筋加工，还应严格地遵守有关规定。

（2）钢筋焊接应遵循以下安全要求：

① 焊机必须接地，以保证操作人员安全，对于焊接导线及焊钳接导处，都应有可靠的绝缘。

② 大量焊接时，焊接变压器不得超负荷，变压器升温不得超过 60℃。

③ 点焊、对焊时，必须开放冷却水，焊机出水温度不得超过 40℃，排水量应符合要求。天冷时应放尽焊机内存水，以免冻塞。

④ 对焊机闪光区域，须设铁皮隔挡。焊接时禁止其他人员停留在闪光区范围内，以防火花烫伤。焊机工作范围内严禁堆放易燃物品，以免引起火灾。

⑤ 室内电弧焊时，应有排气装置。焊工操作地点相互之间应设挡板，以防弧光刺伤眼睛。

8.4.3 混凝土工程

混凝土工程在混凝土结构工程中占有重要地位，混凝土工程质量的好坏直接影响到混凝土结构的承载力、耐久性与整体性。目前由于高层现浇混凝土结构和高耸构筑物的增多，混凝土的制备在施工现场已基本上实现了机械化。在大中城市，大多采用大型搅拌站提供的预拌（商品）混凝土，已实现了微机控制自动化。混凝土外加剂技术也不断发展和推广应用，混凝土拌合物通过搅拌输送车和混凝土泵实现了长距离、超高度运输。随着现代工程结构的高度、跨度及预应力混凝土的发展，人们开发、研制了强度 80 MPa 以上的高强混凝土，以及高工作性、高体积稳定性、高抗渗性、良好力学性能的高性能混凝土，并且还有具备环境协调性和自适应特性的绿色混凝土。此外，自动化、机械化的发展和新的施工机械和施工工艺的应用，也大大改变了混凝土工程的施工技术。

混凝土施工的工艺流程一般为：搅拌→运输、泵送与布料→浇筑、振捣和表面抹压→养护。

1. 混凝土制备

（1）混凝土配制

混凝土在配合比设计时，必须满足结构设计的混凝土强度等级和耐久性要求，并有较好的工作性（流动性等）和经济性。混凝土的实际施工强度随现场生产条件的不同而上下波动，因此，混凝土制备前应在强度和含水量方面进行调整试配，试配合格后才能进行生产。

1）混凝土施工配制强度

为了保证混凝土的实际施工强度不低于设计强度标准值，混凝土的施工试配强度应比设计强度标准值提高一个数值，并有 95％的强度保证率，即：

混凝土配制强度应按下式计算：

$$f_{cu,o} \leqslant f_{cu,k} + 1.645\sigma \tag{8-19}$$

式中　$f_{cu,o}$——混凝土配制强度（MPa）；

　　　$f_{cu,k}$——混凝土立方体抗压强度标准值（MPa）；

　　　σ——混凝土强度标准差（MPa）。

混凝土配合比是在实验室根据混凝土的配制强度经过试配和调整而确定的。试验室配合比所用砂、石都是不含水分的，而施工现场砂、石都有一定的含水率，且含水率大小随气温等条件的变化而变化。施工中应按砂、石实际含水率对原配合比调整为施工配合比。

2）混凝土的施工配合比换算及施工配料

影响混凝土配制质量的因素主要有两方面：一是称量不准，二是未按砂、石骨料实际含水率的变化进行施工配合比的换算。这样必然会改变原理论配合比的水灰比、砂石比（含砂率）及浆骨比。当水灰比增大时，混凝土黏聚性、保水性差，而且硬化后多余的水分残留在混凝土中形成水泡，或水分蒸发留下气孔，使混凝土密实性差，强度低。若水灰比减少时，则混凝土流动性差，甚至影响成型后的密实，造成混凝土结构内部松散，表面产生蜂窝、麻面现象。同样，含砂率减少时，则砂浆量不足，不仅会降低混凝土流动性，更严重的是将影响其黏聚性及保水性，产生粗骨料离析，水泥浆流失，甚至溃散等不良现象。浆骨比是反映混凝土中水泥浆的用量多少（即每立方米混凝土的用水量和水泥用量），如控制不准，亦直接影响混凝土的水灰比和流动性。所以，为了确保混凝土的质量，在施工中必须及时进行施工配合比的换算和严格控制称量。

（2）施工配合比换算

混凝土的配合比是在试验室根据混凝土的施工配制强度经过试配和调整而确定的，称为试验室配合比。

试验室配合比所用的砂、石都是不含水分的，而施工现场的砂、石一般都含有一定的水分，且砂、石含水率的大小随当地气候条件不断发生变化。为保证混凝土配合比的准确，在施工中应适当扣除使用砂、石的含水量，经调整后的配合比，称为施工配合比。施工配合比可以经过试验室配合比作如下调整得出：

设试验室配合比为：水泥：砂子：石子＝$1：x：y$，水灰比为W/C，并测定砂子的含水量为W_x，石子的含水量为W_y，则施工配合比应为：水泥：砂子：石子＝$1：x（1＋W_x）：y（1＋W_y）$。

按试验室配合比$1m^3$混凝土水泥、砂、石的用量分别为$C(kg)$、C_x（kg）、C_y（kg），计算时确保混凝土水灰比W/C不变（W为用水量），则换算后各种材料用量为：

水泥：$C'＝C$；

砂子：$C'_砂＝C_x（1＋W_x）$；

石子：$G'_石＝C_y（1＋W_y）$；

水：$W'＝W－C_xW_x－C_yW_y$。

（3）施工配料

求出每立方米混凝土材料用量后，还必须根据工地现有搅拌机出料容量确定每次需用几整袋水泥，然后按水泥用量来计算砂石的每次拌用量。

为严格控制混凝土的配合比，原材料的计量应按重量计，水和液体外加剂可按体积计。其计量结果偏差不得超过以下规定：水泥、掺合料、水、外加剂为±2%；粗、细骨料为±3%。各种衡量器应定期校验，保持准确，骨料含水量应经常测定，雨天施工时，应增加测定次数。

2. 混凝土搅拌

（1）混凝土搅拌机理及搅拌机选择

采用机械搅拌，使混凝土中各物料颗粒均匀分散，其搅拌机理有两种：

1）自落式搅拌机就是在搅拌筒内壁焊有弧形叶片，当搅拌筒绕水平轴旋转时，弧形叶片不断地将物料提升到一定高度，然后自由落下而相互混合（图8-87）。

2）强制式搅拌机就是在搅拌筒中装有风车状的叶片，这些不同角度和位置的叶片转动时，强制物料翻越叶片，填充叶片通过后留下的空间，使物料混合均匀（图8-88）。

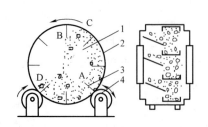

图 8-87　自落式搅拌机拌合原理
1—自由坠落物料；2—滚筒；3—叶片；4—托轮

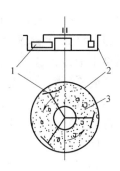

图 8-88　强制式搅拌机拌合原理
1—搅拌叶片；2—盘式搅拌筒；3—拌合物

施工现场少量零星的塑性混凝土或低流动性混凝土仍可选用自落式搅拌机，但由于此类搅拌机对混凝土骨料的棱角有较大的磨损，影响混凝土的质量，现已逐步被强制式搅拌机取代。对于干硬性混凝土和轻骨料混凝土也选用强制式搅拌机。在混凝土集中预拌生产的搅拌站，见图 8-89，多采用强制式搅拌机，以缩短搅拌时间，还能用微机控制配料和称量，拌制出具有较高工作性能的混合料。

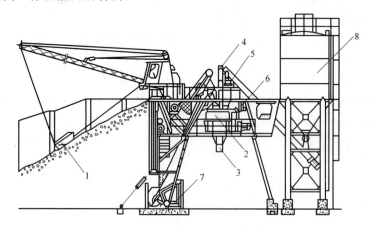

图 8-89　集中搅拌站拌合原理
1—拉铲；2—搅拌机；3—出料口；4—水泥计量；5—螺旋运输机；6—外加剂计量；7—砂石计量；8—水泥仓

选用搅拌机容量时不宜超载，如超过额定容积的 10％。就会影响混凝土的均匀性，反之则影响生产效益。我国规定混凝土搅拌机容量一般以出料容积（m³）×1000 标定规格，常用规格有 250、350、500、750、1000 等。装料容积与出料容积之比约为 1∶0.55～1∶0.72，一般可取 1∶0.66。

（2）搅拌制度的确定

主要是投料顺序的确定，其目的是提高搅拌质量，减少叶片、衬板的磨损，减少拌合物与搅拌筒的粘结，减少水泥飞扬等。主要的投料顺序有：

1）一次投料法。这是目前最普遍采用的方法。它是将砂、石、水泥和水一起同时加入搅拌筒中进行搅拌，为了减少水泥的飞扬和水泥的粘罐现象，对自落式搅拌机常采用的投料顺序是将水泥夹在砂、石之间，最后加水搅拌。

2）二次投料法。它又分为预拌水泥砂浆法和预拌水泥净浆法。

预拌水泥砂浆法是先将水泥、砂和水加入搅拌筒内进行充分搅拌，成为均匀的水泥砂浆后，再加入石子搅拌成均匀的混凝土。

预拌水泥净浆法是先将水泥和水充分搅拌成均匀的水泥净浆后，再加入砂和石搅拌成混凝土。

国内外的试验表明，二次投料法搅拌的混凝土与一次投料相比较，混凝土强度可提高约15%，在强度等级相同的情况下可节约水泥15%～20%。

（3）搅拌时间

搅拌时间是指从原材料全部投入搅拌筒时起，至开始卸料时为止所经历的时间。

搅拌时间是影响混凝土质量及搅拌机生产率的重要因素之一（图8-90）。混凝土的搅拌时间最多不宜超过表8-14规定的最短时间的3倍。轻骨料及掺有外加剂的混凝土均应适当延长搅拌时间。

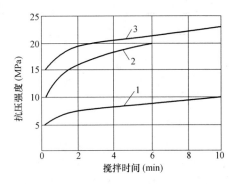

图 8-90　混凝土强度与搅拌时间的关系
1—混凝土 7 天强度；2—混凝土 28 天强度；
3—混凝土两个月强度

混凝土搅拌的最短时间（s）　　　　　　　　　表 8-14

混凝土坍落度(mm)	搅拌机类型	搅拌机出料容积(L)		
		<250	250～500	>500
≤30	自落式	90	120	150
	强制式	60	90	120
>30	自落式	90	90	120
	强制式	60	60	90

注：掺有外加剂时，搅拌时间应适当延长。

3. 混凝土的运输

（1）混凝土运输的基本要求

1）在混凝土运输过程中，应控制混凝土运至浇筑地点后，不离析、不分层，组成成分不发生变化，并能保证施工所必需的稠度。混凝土运送至浇筑地点，如混凝土拌合物出现离析或分层现象，应进行二次搅拌。

2）运送混凝土的容器和管道，应不吸水、不漏浆，并保证卸料及输送通畅。容器和管道在冬期应有保温措施，夏季最高气温超过 40℃ 时，应有隔热措施。混凝土拌合物运至浇筑地点时的温度，最高不超过 35℃，最低不低于 5℃。

3）混凝土从搅拌机卸出后到浇筑完毕的延续时间不应超过表8-15的规定。

混凝土从搅拌机卸出到浇筑完毕的延续时间　　　　　　　　　表 8-15

气　温	延续时间(min)			
	采用搅拌车		采用其他运输设备	
	≤C30	>C30	≤C30	>C30
≤25°	120	90	90	75
>25°	90	60	60	45

注：掺有外加剂或采用快硬水泥时延续时间应通过试验确定。

4）混凝土运至浇筑地点时，应检测其坍落度，所测值应符合设计和施工要求。其允许偏差应符合表 8-16 的规定。

坍落度允许偏差 表 8-16

坍落度（mm）	允许偏差（mm）
≤40	±10
50～90	±20
≥100	±30

（2）混凝土运输工具选择

1）地面运输——运距较远时可采用混凝土搅拌运输车，见图 8-91，工地范围内运输可采用小型机动翻斗车，近距离亦可采用双轮手推车；

2）垂直运输——塔式起重机，井架，也可采用混凝土泵或混凝土泵车，见图 8-92～图 8-94；

3）楼面运输——塔式起重机，手推车。

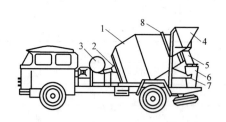

图 8-91 混凝土搅拌运输车外形示意图
1—搅拌筒；2—轴承座；3—水箱；4—进料斗；
5—卸料槽；6—引料槽；7—托轮；8—轮圈

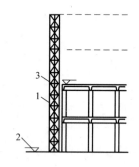

图 8-92 井架运输混凝土
1—井架；2—手推车；3—升降平台

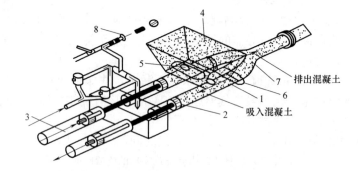

图 8-93 液压活塞式混凝土泵工作原理图
1—混凝土缸；2—活塞；3—液压缸；4—料斗；5—控制吸入的水平分配阀；
6—控制排出的竖向分配阀；7—Y 形输送管；8—冲洗系统

4. 混凝土的浇筑与捣实

浇筑前应检查模板、支架、钢筋和预埋件的正确位置，并进行验收。

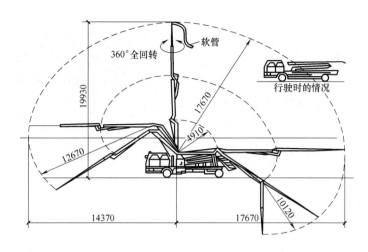

图 8-94　带布料杆的混凝土泵车

（1）浇筑要求

1）防止离析——混凝土拌合物自由倾落高度过大，粗骨料在重力作用下下落速度较砂浆快，形成混凝土离析；为此，混凝土倾落自由高度不应超过 2m，在竖向结构中限制自由倾落高度不宜超过 3m，否则应用串筒、斜槽、溜管等下料，见图 8-95。

2）分层灌注，分层捣实——前层混凝土初凝前，将次层混凝土浇筑完毕，以保证混凝土整体性。

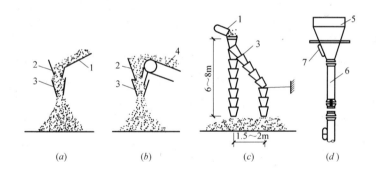

图 8-95　混凝土浇筑防止离析措施

（a）溜槽运输；（b）皮带运输；（c）串筒；（d）振动串筒

1—溜槽；2—挡板；3—串筒；4—皮带运输机；5—漏斗；6—节管；7—振动器（每隔 2～3 节管安一台）

3）正确留置施工缝

混凝土结构大多要求整体浇筑，如因技术或组织上的原因，混凝土不能连续浇筑，且停顿时间有可能超过混凝土的初凝时间，则应预先确定在适当位置留置施工缝。

① 施工缝的留置位置要求

宜留在结构剪力较小的部位，同时要方便施工；柱子宜留在基础顶面，梁的下面，见图 8-96；和板连成整体的大截面梁应留在板底面以下 20～30mm 处；单向板应留在平板短边的任何位置；有主次梁的楼盖宜顺着次梁方向浇筑，施工缝应留在次梁跨度的中间 1/3 长度范围内，见图 8-97。

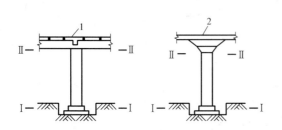

图 8-96　浇筑柱的施工缝位置图

Ⅰ—Ⅰ、Ⅱ—Ⅱ—施工缝位置

1—肋形板；2—无梁板

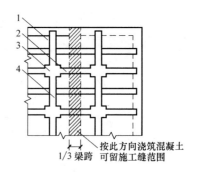

图 8-97　浇筑有主次梁楼板的施工缝位置图

1—楼板；2—次梁；3—柱；4—主梁

② 施工缝的处理办法

在施工缝处应除掉水泥浮浆和松动石子，并用水冲洗干净，待已浇筑混凝土强度不低于 1.2MPa 时才允许继续浇筑；在结合面应先铺抹一层水泥浆或与混凝土砂浆成分相同的砂浆；在重新浇筑混凝土过程中，施工缝处应仔细捣实，使新旧混凝土结合牢固。

4）后浇带的设置

后浇带是为在现浇钢筋混凝土过程中，克服由于温度收缩而可能产生有害裂缝而设置的临时施工缝。该缝需根据设计要求保留一段时间后再浇筑，将整个结构连成整体。

后浇带的设置距离，应考虑在有效降低温差和收缩应力条件下，通过计算来确定。在正常的施工条件下，一般规定是：如混凝土置于室内和土中，则为 30m；如在露天，则为 20m。

后浇带的保留时间应根据设计确定，若设计无要求时，一般应至少保留 28d 以上。后浇带的宽度一般为 700～1000mm，后浇带内的钢筋应完好保存。其构造见图 8-98 所示。

后浇带在浇筑混凝土前，必须将整个混凝土表面按照施工缝的要求进行处理。填充后浇带混凝土可采用微膨胀或无收缩水泥，也可采用普通水泥加入相应的外加剂拌制，但必须要求混凝土的强度等级比原结构强度提高一级，并保持至少 15d 的湿润养护。

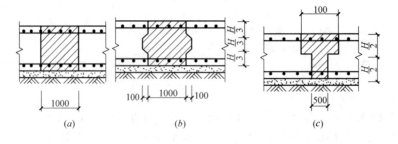

图 8-98　后浇带构造图

(a) 平接式；(b) 企口式；(c) 台阶式

（2）浇筑方法

1）多层钢筋混凝土框架结构的浇筑

划分施工层和施工段：施工层一般按结构层划分；施工层如何划分施工段，则要考虑工序数量、技术要求、结构特点等。

准备工作：模板、钢筋和预埋管线的检查；浇筑用脚手架、走道的搭设和安全检查。

浇筑柱子：施工段内的每排柱子应由外向内对称地依次浇筑，不要由一端向一端推进，预防柱子模板因湿胀造成受推倾斜而误差积累难以纠正。

梁和板一般应同时浇筑，顺次梁方向从一端开始向前推进。

为保证捣实质量，混凝土应分层浇筑，每层厚度见表 8-17；从运输到间歇到浇筑的全部时间不得超过表 8-18 的要求。

混凝土浇筑层厚度（mm）　　表 8-17

捣实混凝土的方法		浇筑层厚度
插入式振捣		振捣器作用部分长度的 1.25 倍
表面振动		200
人工捣固	在基础、无筋混凝土或钢筋稀疏的结构中	250
	在梁、墙板、柱结构中	200
	在配筋密列的结构中	150
轻骨料混凝土	插入式振捣	300
	表面振动（振动时需加荷）	200
泵送混凝土	一般结构	300～500
	水平结构厚度超过 500mm	按斜面坡度 1：6～1：10

混凝土运输、浇筑和间歇的允许时间（min）　　表 8-18

混凝土强度等级	气　温	
	≥25℃	<25℃
≤C30	210	180
>C30	180	150

注：当混凝土中掺有促凝或缓凝型外加剂时，其允许时间应根据试验结果确定。

2）剪力墙浇筑

剪力墙浇筑应采取长条流水作业，分段浇筑，均匀上升。墙体浇筑混凝土前或新浇混凝土与下层混凝土结合处，应在底面上均匀浇筑 50mm 厚与墙体混凝土成分相同的水泥砂浆或细石混凝土。砂浆或混凝土应用铁锹入模，不应用料斗直接灌入模内，混凝土应分层浇筑振捣，每层浇筑厚度控制在 600mm 左右，浇筑墙体混凝土应连续进行。墙体混凝土的施工缝一般宜设在门窗洞口上，接槎处混凝土应加强振捣，保证接槎严密。

洞口浇筑混凝土时，应使洞口两侧混凝土高度大体一致。振捣时，振捣棒应距洞边300mm 以上，从两侧同时振捣，以防止洞口变形，大洞口下部模板应开口并补充振捣。构造柱混凝土应分层浇筑，内外墙交接处的构造柱和墙同时浇筑，振捣要密实。

墙体浇筑振捣完毕后，将上口甩出的钢筋加以整理，用木抹子按标高线将墙上表面混凝土找平。

混凝土浇捣过程中，不可随意挪动钢筋，要经常检查钢筋保护层厚度及所有预埋件的牢固程度和位置的准确性。

3）大体积混凝土的浇筑

大体积混凝土结构整体性要求较高，一般不允许留设施工缝。因此，必须保证混凝土搅拌、运输、浇筑、振捣各工序的协调配合，并根据结构特点、工程量、钢筋疏密等具体情况，分别选用如下浇筑方案，如图 8-99 所示。

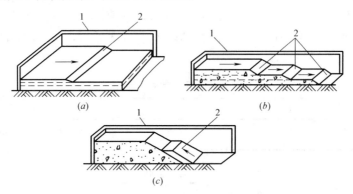

图 8-99　大体积混凝土浇筑方案
(a) 全面分层；(b) 分段分层；(c) 斜面分层
1—模板；2—新浇筑的混凝土

① 全面分层浇筑方案。在整个结构内全面分层浇筑混凝土，待第一层全部浇筑完毕，在初凝前再回来浇筑第二层，如此逐层进行，直至浇筑完成。此浇筑方案适宜于结构平面尺寸不大的情况下。浇筑时一般从短边开始，沿长边进行，也可以从中间向两端或由两端向中间同时进行。

② 分段分层浇筑方案。混凝土从底层开始浇筑，进行一定距离后回来浇筑第二层，如此依次向前浇筑以上各层。此浇筑方案适用于厚度不太大，而面积或长度较大的结构。

③ 斜面分层浇筑方案。混凝土从结构一端满足其高度浇筑一定长度，并留设坡度为 1∶3 的浇筑斜面，从斜面下端向上浇筑，逐层进行。此浇筑方案适用于结构的长度超过其厚度 3 倍的情况。

（3）混凝土密实成型

混凝土振动密实原理：在振动力作用下混凝土内部的黏聚力和内摩擦力显著减少，骨料在其自重作用下紧密排列，水泥砂浆均匀分布填充空隙，气泡逸出，混凝土填满了模板并形成密实体积。

人工捣实是用人力的冲击来使混凝土密实成型。

机械捣实的方法主要有：

① 内部振动器（插入式振动器）

建筑工地常用的振动器，多用于振实梁、柱、墙、厚板和基础等。振动混凝土时应垂直插入，并插入下层混凝土 50mm，以促使上下层混凝土结合成整体。振点振捣延续时间，应使混凝土捣实（即表面呈现浮浆和不再沉落为限）。捣实移动间距，不宜大于作用半径的 1.5 倍，见图 8-100 (a)、图 8-101。

② 表面振动器（平板式振动器）

适用于捣实楼板、地面、板形构件和薄壳等薄壁结构，见图 8-100 (b)、图 8-102。在

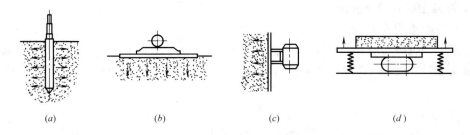

图 8-100　振动机械示意图

（*a*）内部振动器；（*b*）表面振动器；（*c*）外部振动器；（*d*）振动台

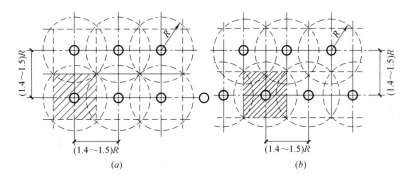

图 8-101　振动棒插点的布置

（*a*）行列式；（*b*）交错式

（$R=8\sim10$ 倍振动棒半径）

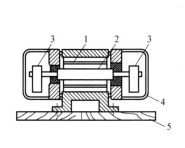

图 8-102　表面振动器

1—电动机；2—电机轴；3—偏心块；

4—护罩；5—平板

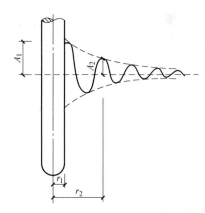

图 8-103　内部振动器振动波在混凝土
中传递的示意图

无筋或单层钢筋结构中，每次振实的厚度不大于 250mm；在双层钢筋的结构中，每次振实厚度不大于 120mm。

　　③ 外部振动器（附着式振动器）

　　通过螺栓或夹钳等固定在模板外侧的横档或竖档上，但模板应有足够的刚度见图 8-100（*c*）、图 8-103。

5. 混凝土的养护与拆模

（1）混凝土的养护

混凝土浇筑捣实后，而水化作用必须在适当的温度和湿度条件下才能完成。混凝土的养护就是创造一个具有一定湿度和温度的环境，使混凝土凝结硬化，达到设计要求的强度。

1）自然养护——是指在自然气温条件下（大于+5℃），对混凝土采取覆盖、浇水湿润、挡风、保温等养护措施，使混凝土在规定的时间内有适宜的温湿条件进行硬化。自然养护又可分为覆盖浇水养护和薄膜布养护、薄膜养生液养护等。

混凝土养护期间，混凝土强度未达到 $1.2N/mm^2$ 前，不允许在上面走动。

当最高气温低于 25℃ 时，混凝土浇筑完后应在 12h 以内加以覆盖和浇水；最高气温高于 25℃ 时，应在 6h 以内开始养护。

浇水养护时间的长短视水泥品种定，浇水次数应使混凝土保持具有足够的湿润状态。

2）人工养护——是指人工控制混凝土的温度和湿度，使混凝土强度增长，如蒸汽养护、热水养护、太阳能养护等。

现浇构件大多用自然养护，人工养护主要用来养护预制构件。

（2）混凝土的拆模

模板拆除日期取决于混凝土的强度、模板的用途、结构的性质及混凝土硬化时的气温；承重的侧模，在混凝土的强度能保证其表面棱角不因拆除模板而受损坏时，即可拆除；承重模板，如梁、板等底模，应待混凝土达到规定强度后，方可拆除；已拆除承重模板的结构，应在混凝土达到规定的强度等级后，才允许承受全部设计荷载。

6. 混凝土冬期施工

（1）混凝土冬期施工的基本概念

混凝土进行正常的凝结硬化，需要适宜的温度和湿度，温度的高低对混凝土强度的增长有很大影响。在一般情况下，在温度合适的条件下，温度越高，水泥水化作用就越迅速、越完全，混凝土硬化速度快，其强度越高。但是，当温度超过一定数值，水泥颗粒表面就会迅速水化，结成比较硬的外壳，阻止水泥内部继续水化，易形成"假凝"现象。

当温度低于 5℃ 时，水化作用缓慢，硬化速度变缓；当接近 0℃ 时，混凝土的硬化速度就更慢，强度几乎不再增长；当温度低于 -3℃ 时，混凝土中的水会产生结冰，水化作用完全停止，甚至产生"冰胀应力"，严重影响混凝土的质量。因此，为确保混凝土结构的工程质量，应根据工程所在地多年气温资料，当室外日平均气温连续 5d 稳定低于 5℃ 时，必须采用相应的技术措施进行施工，并及时采取气温突然下降的防冻措施，称为混凝土冬期施工。

（2）冻结对混凝土质量的影响

1）混凝土在初凝前或刚一初凝即遭冻结，此时水泥水化作用尚未开始或刚开始，混凝土本身尚无强度，水泥受冻后处于"休眠"状态；立即恢复正常养护后，强度可以重新增长，直到与未受冻前相同，强度损失非常小。但工程有工期的限制，故这种冻结要尽量避免。

2）若混凝土在初凝后遭冻结，此时其强度很小。混凝土内部存在两种应力：一种是水泥水化作用产生的粘结应力；另一种是混凝土内部自由水结冻，体积膨胀（8%～9%）

所产生的冻胀应力。由于粘结应力小于冻胀应力，很容易破坏刚形成水泥石的内部结构，产生一些微裂纹，这些微裂纹是不可逆的，冰块融化后也会形成孔隙，严重降低混凝土的强度和耐久性。在混凝土结冻后，其强度虽然能继续增长，但不能再达到设计的强度等级。

3）若混凝土在冻结前已达到某一强度值以上，此时混凝土内部虽然也存在着粘结应力，但其粘结应力可抵抗冻胀应力的破坏，不会出现微裂纹。混凝土解冻后强度能迅速增长，并可达到设计的强度等级，对强度影响较小，只不过增长比较缓慢。

（3）混凝土冬期施工工艺

1）原材料的选择及要求

① 水泥。配制冬期施工的混凝土，应优先选用硅酸盐水泥和普通硅酸盐水泥，水泥强度等级不应低于 42.5MPa，最小水泥用量不宜少于 300kg/m³，水灰比不应大于 0.6。使用矿渣硅酸盐水泥，宜采用蒸汽养护；使用其他品种的水泥，应注意掺合料对混凝土抗冻、抗渗等性能的影响，掺用防冻剂的混凝土，严禁选用高铝水泥。

② 骨料。配制冬期施工的混凝土，骨料必须清洁，不得含有冰、雪、冻块及其他易冻裂物质。在掺用含有钾、钠离子的防冻剂混凝土中，不得采用活性骨料或在骨料中混有这类物质的材料。

③ 外加剂。冬期浇筑的混凝土，宜使用无氯盐类防冻剂；对抗冻性要求高的混凝土，宜使用引气剂或减水剂。在钢筋混凝土中掺用氯盐类防冻剂时，其掺量应严格控制，按无水状态计算不得超过水泥重量的 1%。当采用素混凝土时，氯盐掺量不得超过水泥重量的 3%。掺用氯盐的混凝土应振捣密实，并且不宜采用蒸汽养护。

2）原材料的加热

冬期施工的混凝土，在拌制前应优先对水进行加热，当水加热仍不能满足要求时，再对骨料进行加热，但水泥不能直接加热，宜在使用前运入暖棚内存放。水及骨料的加热温度，应根据热工计算确定，但不得超过表 8-19 的规定。当水、骨料达到规定温度仍不能满足热工计算要求时，可提高水温到 100℃，但水泥不能与 80℃以上的水直接接触。

3）混凝土的搅拌

在混凝土搅拌前，先用热水或蒸汽冲洗、预热搅拌机，以保证混凝土的出机温度。投料顺序是：当拌合水的温度不高于 80℃（或 60℃）时，应将水泥和骨料先投入，干拌均匀后，再投入拌合水，直至搅拌均匀为止；当拌合水的温度高于 80℃（或 60℃）时，应先投入骨料和热水，搅拌到温度低于 80℃（或 60℃）时，再投入水泥，直至搅拌均匀为止。

拌合水及骨料加热最高温度（℃）　　　　　　　　　　　　　　　　表 8-19

项　　目	拌合水	骨料
水泥强度等级小于 52.5MPa 的普通硅酸盐水泥、矿渣硅酸盐水泥	80	60
水泥强度等级等于及大于 52.5MPa 的硅酸盐水泥、普通硅酸盐水泥	60	40

混凝土的搅拌时间应为常温搅拌时间的 1.5 倍，见表 8-20；混凝土拌合物的出机温度不宜低于 10℃。

拌制混凝土的最短时间 (s)　　　　　　　　　　　表 8-20

混凝土坍落度	搅拌机机型	搅拌机容积(L)		
		<250	250～650	>650
≤30	自落式	135	180	225
	强制式	90	135	180
>30	自落式	135	135	180
	强制式	90	90	135

4）混凝土运输和浇筑

冬期施工中运输混凝土所用的容器应有保温措施，运输时间尽量缩短，以保证混凝土的浇筑温度。

混凝土在浇筑前，应清除模板和钢筋上的冰雪和污垢；不得在强冻胀性地基上浇筑；当在弱冻胀性地基上浇筑时，基土不得遭冻；当在非冻胀性地基上浇筑时，混凝土在受冻前，其抗压强度不得低于允许受冻临界强度。

混凝土的入模温度不得低于5℃；当采用加热养护时，混凝土养护前的温度不得低于2℃；当分层浇筑大体积结构时，已浇筑层的混凝土温度，在被上一层混凝土覆盖前，不得低于按热工计算的温度，且不得低于2℃；当加热温度在40℃以上时，应征得设计单位的同意。

5）混凝土养护的方法

冬期施工的混凝土养护方法有蓄热法、蒸汽法、电热法、暖棚法及外加剂法等。

1）蓄热法养护。蓄热法是利用原材料预热的热量及水泥水化热，在混凝土外围用保温材料严密覆盖，使混凝土缓慢冷却，并在冷却过程中逐渐硬化，保证混凝土能在冻结前达到允许受冻临界强度以上。此种方法适用于室外最低温度不低于−15℃的地面以下工程，或表面系数不大于15的结构。

蓄热法养护具有施工简单、节省能源、冬期施工费用低等特点，这是混凝土冬期施工首选的方法。只有当确定蓄热法不能满足要求时，才考虑其他的养护方法。

蓄热法养护的三个基本要素是：混凝土的入模温度、围护层的总传热系数和水泥水化热值。采用蓄热法时，宜选用强度等级高、水化热大的硅酸盐水泥和普通硅酸盐水泥，适量掺用早强剂，适当提高入模温度，外部早期短时加热；同时选用导热系数小，价廉耐用的保温材料，如草帘、稻草板、麻袋、锯末、岩棉毡、谷糠、炉渣等。蓄热保温材料表面应覆盖一层塑料薄膜、油毡或水泥纸袋等。

此外，还可以采用其他一些有利蓄热的措施，如地下工程可用未冻结的土壤覆盖；用生石灰与湿锯末均匀拌合覆盖，利用保温材料本身发热保温；充分利用太阳的热能，白天打开保温材料日照，夜间覆盖保温等。

2）蒸汽法养护。蒸汽法养护可分为湿热养护和干热养护两类。湿热养护是让蒸汽与混凝土直接接触，利用蒸汽的湿热作用养护混凝土；干热养护是将蒸汽作为加热载体，通过某种形式的散热器，将热量传导给混凝土，使混凝土升温养护。蒸汽法养护混凝土，按其加热方法分为棚罩法、蒸汽套法、热模法、内部通气法等。

3）电热法养护。电热法是将电能转换为热能来加热养护混凝土，属于干热高温养护。

电热法养护可采用电极加热法、电热毯加热法、工频涡流加热法和远红外线加热法等。

4）暖棚法养护。暖棚法养护是在所要养护的建筑结构或构件周围用保温材料搭设暖棚，在棚内以生火炉、热风机供热、蒸汽管供热等形式采暖，使棚内温度保持在5℃以上，并保持混凝土表面湿润，使混凝土在正温条件下养护到一定强度。暖棚搭设需要大量的材料和人工，保温效果较差，工程费用较大，一般只适用于地下结构工程和混凝土量比较集中的结构工程。

5）外加剂法养护。外加剂法养护是在混凝土拌制时掺加适量的外加剂，使混凝土强度迅速增长，在冻结前达到要求的临界强度；或者降低水的冰点，使混凝土在负温下能够凝结、硬化。掺加防冻剂混凝土的初期养护温度，不得低于防冻剂的规定温度，达不到应立即采取保温措施。当温度降低到防冻剂的规定温度以下时，其强度不应小于3.5MPa。当拆模后混凝土的表面温度与环境温度差大于15℃时，应对混凝土采用保温材料覆盖养护。

7. 混凝土工程施工安全技术

（1）垂直运输设备的安全规定

1）垂直运输设备，应有完善可靠的安全保护装置（如起重量及提升高度的限制、制动、防滑、信号等装置及紧急开关等），严禁使用安全保护装置不完善的垂直运输设备。

2）垂直运输设备安装完毕后，应按出厂说明书要求进行无负荷、静负荷、动负荷试验及安全保护装置的可靠性实验。

3）对垂直运输设备应建立定期检修和保养责任制。

4）操作垂直运输设备的司机，必须通过专业培训。考核合格后持证上岗，严禁无证人员操作垂直运输设备。

5）操作垂直运输设备，在有下列情况之一时，不得操作设备：

① 司机与起重机之间视线不清、夜间照明不足，而又无可靠的信号和自动停车、限位等安全装置；

② 设备的传动机构、制动机构、安全保护装置有故障，问题不清，动作不灵；

③ 电气设备无接地或接地不良、电气线路有漏电；

④ 超负荷或超定员；

⑤ 无明确统一信号和操作规程。

（2）混凝土施工机械的安全规定

1）混凝土搅拌机的安全规定

① 进料时，严禁将头或手伸入料斗与机架之间察看或探摸进料情况，运转中不得用手或工具等物伸入搅拌筒内扒料出料。

② 料斗升起时，严禁在其下方工作或穿行。料坑底部要设料斗枕垫，清理料坑时必须将料斗用链条扣牢。

③ 向搅拌筒内加料应在运转中进行；添加新料必须先将搅拌机内原有的混凝土全部卸出来才能进行。不得中途停机或在满载荷时启动搅拌机，反转出料者除外。

④ 作业中，如发生故障不能继续运转时，应立即切断电源、将筒内的混凝土清除干净，然后进行检修。

2）混凝土泵送设备作业的安全事项

① 支腿应全部伸出并支固，未支固前不得启动布料杆。布料杆升离支架后方可回转。布料杆伸出时应按顺序进行。严禁用布料杆起吊或拖拉物件。

② 当布料杆处于全伸状态时，严禁移动车身。作业中需要移动时，应将上段布料杆折叠固定，移动速度不超过 10km/h。布料杆不得使用超过规定直径的配管，装接的软管应系防脱安全绳带。

③ 应随时监视各种仪表和指示灯，发现不正常应及时调整或处理。如出现输送管道堵塞时，应进行逆向运转使混凝土返回料斗，必要时应拆管排除堵塞。

④ 泵送工作应连续作业，必须暂停时应每隔 5～10min（冬期 3～5min）泵送一次。若停止较长时间后泵送时，应逆向运转一至二个行程，然后顺向泵送。泵送时料斗内应保持一定量的混凝土，不得吸空。

⑤ 应保持储满清水，发现水质混浊并有较多砂粒时应及时检查处理。

⑥ 泵送系统受压力时，不得开启任何输送管道和液压管道。液压系统的安全阀不得任意调整，蓄能器只能充入氮气。

3）混凝土振捣器的使用安全规定

① 使用前应检查各部件是否连接牢固，旋转方向是否正确。

② 振捣器不得放在初凝的混凝土、地板、脚手架、道路和干硬的地面上进行试振。维修或作业间断时，应切断电源。

③ 插入式振捣器软轴的弯曲半径不得小于 50cm，并不多于两个弯，操作时振动棒应自然垂直地沉入混凝土，不得用力硬插、斜推或使钢筋夹住棒头，也不得全部插入混凝土中。

④ 振捣器应保持清洁，不得有混凝土粘结在电动机外壳上妨碍散热。

⑤ 作业转移时，电动机的导线应保持有足够的长度和松度。严禁用电源线拖拉振捣器。

⑥ 用绳拉平板振捣器时，绳应干燥绝缘，移动或转向时不得用脚踢电动机。

⑦ 振捣器与平板应保持紧固，电源线必须固定在平板上，电器开关应装在手把上。

⑧ 在一个构件上同时使用几台附着式振捣器工作时，所有振捣器的频率必须相同。

⑨ 操作人员必须穿戴绝缘手套。

⑩ 作业后，必须做好清洗、保养工作。振捣器要放在干燥处。

8.5 预应力混凝土工程

8.5.1 预应力混凝土的概念

1. 预应力混凝土的定义

预应力混凝土结构是在结构承受外荷载前，预先对其在外荷载作用下的受拉区施加预压应力，以改善结构使用性能，这种结构形式称为预应力混凝土结构。

在结构（构件）使用前预先施加应力，推迟了裂缝的出现或限制裂缝的开展，提高了结构（构件）的刚度。

2. 预应力混凝土的特点

预应力混凝土与普通钢筋混凝土相比，具有以下明显的特点：

1）在与普通钢筋混凝土同样的条件下，具有构件截面小、自重轻、刚度大、抗裂度高、耐久性好、节省材料等优点。工程实践证明，预应力混凝土可节约钢材 40%～50%，节省混凝土 20%～40%，减轻构件自重可达 20%～40%。

2）可以有效地利用高强度钢筋和高强度等级的混凝土，能充分发挥钢筋和混凝土各自的特性，并能提高预制装配化程度。

3）预应力混凝土的施工，需要专门的材料与设备、特殊的施工工艺，工艺比较复杂，操作要求较高，但用于大开间、大跨度与重荷载的结构中，其综合效益较好。

3. 预应力混凝土的分类

预应力混凝土按预应力施加工艺的不同分为：先张法预应力混凝土和后张法预应力混凝土。先张法是在台座或钢模上先张拉预应力筋并用夹具临时固定，再浇筑混凝土，待混凝达到一定强度后，放张并切断构件外预应力筋的方法；预应力是靠预应力筋与混凝土之间的粘结力传递给混凝土，并使其产生预压应力。后张法是先浇筑构件或结构混凝土，待达到一定强度后，在构件或结构上张拉预应力筋，然后用锚具将预应力筋固定在构件或结构上的方法；预应力是靠锚具传递给混凝土，并使其产生预压应力。

预应力混凝土按预应力度大小可分为：全预应力混凝土和部分预应力混凝土。全预应力混凝土是在全部使用荷载下受拉边缘不允许出现拉应力的预应力混凝土，适用于要求混凝土不开裂的结构；部分预应力混凝土是在全部使用荷载下受拉边缘允许出现一定的拉应力或裂缝的混凝土。

预应力混凝土按预应筋在体内和体外的位置不同分为体内预应力混凝土和体外预应力混凝土。

按预应力筋粘结状态又可分为：有粘结预应力钢筋混凝土和无粘结预应力钢筋混凝土。

按钢筋张拉方式：机械张拉、电热张拉与自应力张拉。

8.5.2　预应力钢筋及锚（夹）具

预应力筋用锚具是后张法预应力结构或构件中为保持预应力筋的拉力并将其传递到构件或结构上所用的永久性锚固装置。预应力筋用夹具是先张法预应力混凝土构件施工时为保持预应力筋拉力并将其固定在张拉台座（设备）上的临时锚固装置。锚（夹）具按锚固原理不同可分为支承式锚（夹）具和楔紧式锚（夹）具。支承式锚（夹）具主要有镦头锚具、冷（热）铸锚、挤压锚等；楔紧式锚（夹）具主要有钢质锥形锚具、夹片锚具等。

1. 预应力钢筋

预应力筋通常由单根或成束的高强螺纹钢筋、高强钢丝、钢绞线和高强钢棒组成。

（1）高强螺纹钢筋

高强螺纹钢筋，也称精轧螺纹钢筋，主要用于中等跨度的变截面连续梁桥和连续刚构桥的箱梁腹板内竖向预应力束，还用于其他构件的直线预应力筋。

（2）高强钢丝

常用的高强钢丝分为冷拉和矫直回火两种，按外形分为光面、刻痕和螺旋肋三种，其直径有 4.0、5.0、6.0、7.0、8.0、9.0（mm）等，见图 8-104。

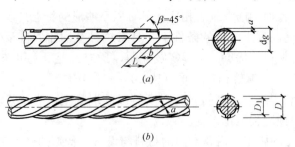

图 8-104　高强钢丝表面及截面形状

（a）三面刻痕钢丝；（b）螺旋肋钢丝

（a）中：a—刻痕深度；b—刻痕长度；L—节距；（b）中：a—单肋宽度

（3）钢绞线

钢绞线是用冷拔钢丝绞扭而成，其方法是在绞扭机上以一种稍粗的直钢丝为中心，其余钢丝围绕其进行螺旋状绞合，再经低温回火处理而成（图 8-105）。钢绞线根据深加工的不同又可分为：普通松弛钢绞线（消除应力钢绞线）、低松弛钢绞线、镀锌钢绞线、模拔钢绞线等。模拔钢绞线是在捻制成型后，再经模拔处理制成，其钢丝在模拔时被压扁，使钢绞线的密度提高约 18%。在相同截面时，该钢绞线的外径较小，可减少孔道直径；在相同直径的孔道内，可使钢绞线的数量增加，并且它与锚具的接触较大，易于锚固。

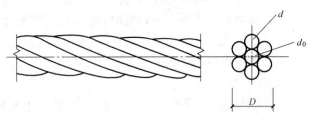

图 8-105　预应力钢绞线表面及截面形状

D—钢绞线直径；d_0—中心钢丝直径；d—外层钢丝直径

钢绞线规格有 2 股、3 股、7 股和 9 股等。7 股钢绞线由于的面积较大、柔软、施工定位方便，适用于先张法和后张法预应力结构，是目前国内外应用最广的一种预应力筋。

（4）热处理钢筋

热处理钢筋是由普通热轧中碳低合金钢经淬火和回火的调质热处理或轧后冷却方法制成。这种钢筋具有强度高、松弛值低、韧性较好、粘结力强等优点。按其螺纹外形可分为带纵肋和无纵肋两种（图 8-106）。

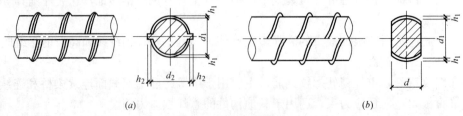

图 8-106　热处理钢筋表面及截面形状

（a）带纵肋；（b）无纵肋

热处理钢筋主要用于铁路轨枕，也可用于先张法预应力混凝土楼板等。

（5）高强钢棒

高强钢棒是由优质碳素结构钢、低合金高强度结构钢等材料经热处理后制成的一种光圆钢棒。主要用于大跨度空间预应力钢结构等领域。

2. 夹具

夹具是在先张法施工中，为保持预应力筋的张拉力并将其固定在张拉台座或设备上所使用的临时性锚固装置。对钢丝和钢筋张拉所用夹具不同。

（1）钢丝夹具

先张法中钢丝的夹具分两类：一类是将预应力筋锚固在台座或钢模上的锚固夹具；另一类是张拉时夹持预应力筋用的张拉夹具。图 8-107 是钢丝的锚固夹具，图 8-108 是钢丝的张拉夹具。

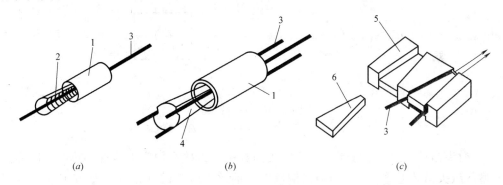

图 8-107　钢丝的锚固夹具

（a）圆锥齿板式；（b）圆锥槽式；（c）楔形

1—套筒；2—齿板；3—钢丝；4—锥塞；5—锚板；6—楔块

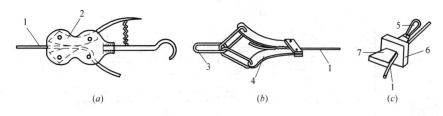

图 8-108　钢丝的张拉夹具

（a）钳式；（b）偏心式；（c）楔形

1—钢丝；2—钳齿；3—拉钩；4—偏心齿条；5—拉环；6—锚板；7—楔块

（2）钢筋夹具

钢筋锚固多用螺母锚具、镦头锚具和销片夹具等，见图 8-109。

3. 锚具

锚具是后张法结构或构件中保持预应力筋的张拉力，并将其传递到混凝土上的永久性锚固装置。锚具是结构或构件的重要组成部分，是保证预应力值和结构安全的关键，故应

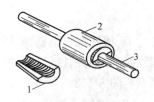

图 8-109　两片式销片夹具

1—销片；2—套筒；3—预应力筋

尺寸准确，有足够的强度和刚度，工作可靠，构造简单，施工方便，预应力损失小，成本低廉。锚具的种类很多，按其锚固方式不同可分为支承式锚具、锥塞式锚具、夹片式锚具和握裹式锚具。

（1）支承式锚具

1）螺母锚具。螺母锚具由螺丝端杆、螺母及垫板组成（图 8-110），适用于锚固直径 18～36mm 的冷拉 HRB335、HRB400 级钢筋。此锚具也可作先张法夹具使用。

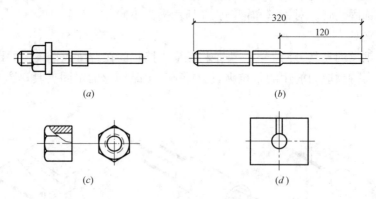

图 8-110　螺母锚具

（a）螺母锚具；（b）螺丝端杆；（c）螺母；（d）垫板

2）镦头锚具。用于单根粗钢筋的镦头锚具一般直接在预应力筋端部热镦、冷镦或锻打成型。镦头锚具也适用于锚固多根钢丝束。钢丝束镦头锚具分为 A 型和 B 型。A 型由锚环和螺母组成，可用于张拉；B 型为锚板，用于固定端。钢丝束镦头锚具构造如图 8-111 所示。

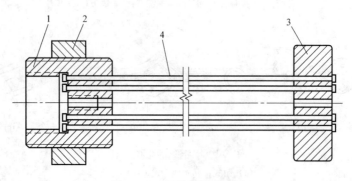

图 8-111　钢丝束镦头锚具

（a）张拉端锚具（A 型）；（b）固定端锚具（B 型）

1—锚环；2—螺母；3—锚板；4—钢丝束

3）精轧螺纹钢筋锚具。精轧螺纹钢筋锚具由垫板和螺母组成，是一种利用与该钢筋螺纹匹配的特制螺母锚固的支承式锚具，适用于锚固直径 25～32mm 的高强度精轧螺纹钢筋，见图 8-112。

（2）锥塞式锚具

1）锥形锚具。锥形锚具由钢质锚环和锚塞组成（图 8-113），用于锚固钢丝束。锚环

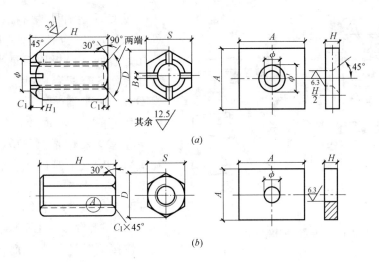

图 8-112　精轧螺纹钢筋锚具

(a) 锥面螺母与垫板；(b) 平面螺母与垫板

内孔的锥度应与锚塞的锥度一致。锚塞上刻有细齿槽，可夹紧钢丝防止滑动。

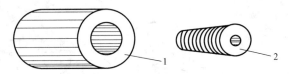

图 8-113　锥形锚具

1—锚环；2—锚塞

2) 锥形螺杆锚具。锥形螺杆锚具用于锚固 14～28 根直径 5mm 的钢丝束。它由锥形螺杆、套筒、螺母等组成（图 8-114）。

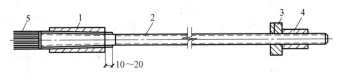

图 8-114　锥形螺杆锚具

1—套筒；2—锥形螺杆；3—垫板；4—螺母；5—钢丝束

（3）夹片式锚具

1) 单孔夹片锚具。单孔夹片锚具由锚环与夹片组成。夹片的种类很多，按片数可分为三片式与二片式；按开缝形式可分为直开缝与斜开缝（图 8-115）。

2) 多孔夹片锚具。多孔夹片锚具又称预应力钢筋束锚具，是在一块多孔锚板上，利用每个锥形孔装一副夹片夹持一根钢筋或钢绞线的一种楔紧式锚具。这种锚具在现代预应力混凝土工程中广泛应用，主要的产品有 XM 型、QM 型、QVM 型、BS 型等。

① XM 型锚具。由锚板和夹片组成（图 8-116）。锚板尺寸由锚孔数确定，锚孔沿锚板圆周排列，中心线倾角 1∶20；与锚板顶面垂直；夹片为 120°均分斜开缝三片式，开缝沿轴向的偏转角与钢绞线的扭角相反。

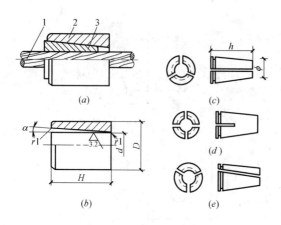

图 8-115　单孔夹片锚具

(a) 组装图；(b) 锚环；(c) 三片式夹片；

(d) 二片式夹片；(e) 斜开缝夹片

1—钢绞线；2—锚环；3—夹片

② QM 型锚具。由锚板与夹片组成（图 8-117）。它与 XM 型锚具的不同点是锚孔是直的，锚板顶面是平面，夹片垂直开缝，备有配套喇叭形铸铁垫板与弹簧圈等。由于灌浆孔设在垫板上，锚板的尺寸可稍小一些。

③ QVM 型锚具。QVM 型锚具是在 QM 型锚具的基础上发展起来的一种新型锚具，其与 QM 型锚具的不同点是夹片改用二片式直开缝，操作更加方便。

④ BS 型锚具。BS 型锚具采用钢垫板、焊接喇叭道与螺旋筋，灌浆孔设置在喇叭管上，并由塑料管引出（图 8-118）。此种锚具适用于锚固 3～55 根 φ15 钢绞线。

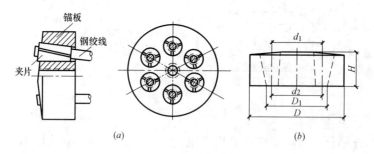

图 8-116　XM 型锚具

(a) 装配图；(b) 锚板

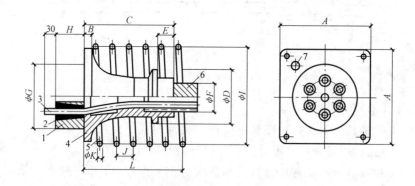

图 8-117　QM 型锚具及配件

1—锚板；2—夹片；3—钢绞线；4—喇叭形铸铁垫板；5—弹簧圈；6—预留孔道的螺旋管；7—灌浆孔

（4）握裹式锚具

钢绞线束固定端的锚具除了可以采用与张拉端相同的锚具外，还可选用握裹式锚具。

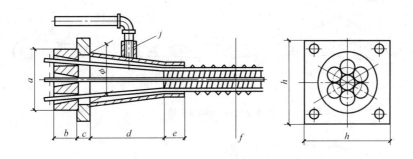

图 8-118　BS 型锚具

握裹式锚具有挤压锚具和压花锚具两类。

1）挤压锚具。挤压锚具是利用液压压头机将套筒挤紧在钢绞线端头上的一种锚具（图 8-119）。套筒内衬有硬钢丝螺旋圈，在挤压后硬钢丝全部脆断，一半嵌入外钢套，一半压入钢绞线，从而增加钢套筒与钢绞线之间的摩阻力。锚具下设有钢垫板与螺旋筋。这种锚具适用于构件端部的设计应力较大或端部尺寸受到限制的情况。

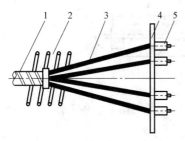

图 8-119　挤压锚具的构造

1—波纹管；2—螺旋筋；3—钢绞线；
4—钢垫板；5—挤锚具

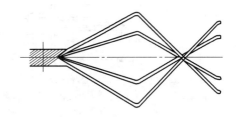

图 8-120　压花锚具

2）压花锚具。压花锚具是利用液压压花机将钢绞线端头压成梨形散花状的一种锚具（图 8-120）。梨形头的尺寸对于 φ15 钢绞线不小于 φ95mm×150mm。多根钢绞线梨形头应分排埋置在混凝土内。为提高压花锚四周混凝土及散花头根部混凝土抗裂强度，在散花头的头部配置构造筋，在散花头的根部配置螺旋筋，压花锚距构件截面边缘不小于 30cm。第一排压

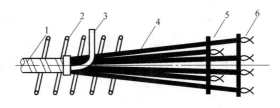

图 8-121　多根钢绞线压花锚具

1—波纹管；2—螺旋筋；3—灌浆管；4—钢绞线；5—构造筋；6—压花锚具

花锚的锚固长度，对 φ15 钢绞线不小于 95cm，每排相隔至少 30cm。多根钢绞线压花锚具构造如图 8-121 所示。

（5）钢棒专用锚具

钢棒专用锚具应是一个组装件（图 8-122），它由两端耳板、钢棒拉杆、调节套筒、锥

形锁紧螺母等组成。

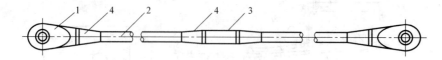

图 8-122　钢棒—锚具组装件

1—耳板；2—钢棒拉杆；3—调节套筒；4—锥形锁紧螺母

8.5.3　预应力张拉设备及连接器

1. 先张法张拉设备及连接器

张拉设备应当操作方便、可靠，准确控制张拉应力，以稳定的速率增大拉力。

在先张法中常用的是拉杆式千斤顶、穿心式千斤顶、台座式液压千斤顶、电动螺杆张拉机和电动卷扬张拉机等。

（1）拉杆式千斤顶

拉杆式千斤顶用于螺母锚具、锥形螺杆锚具、钢丝镦头锚具等（图 8-123）。

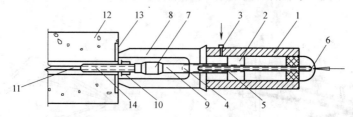

图 8-123　拉杆式张拉千斤顶张拉原理

1—主油缸；2—主缸活塞；3—进油孔；4—回油缸；5—回油活塞；6—回油孔；7—连接器；8—传力架；
9—拉杆；10—螺母；11—预应力筋；12—混凝土构件；13—预埋铁板；14—螺丝端杆

YL60 型千斤顶是一种常用的拉杆式千斤顶，另外还有 YL400 型和 YL500 型千斤顶，其张拉力分别为 4000kN 和 5000kN，主要用于张拉大吨位预应力筋。

（2）穿心式千斤顶

穿心式千斤顶具有一个穿心孔，是利用双液压缸张拉预应力筋和顶压锚具的双作用千斤顶。穿心式千斤顶适用于张拉带 JM 型锚具、XM 型锚具的钢筋，配上撑脚与拉杆后，也可作为拉杆式千斤顶张拉带螺母锚具和镦头锚具的预应力筋。图 8-124 为 JM 型锚具和 YC60 型千斤顶（图 8-125）的安装示意图。

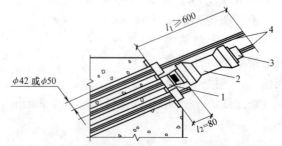

图 8-124　JM 型锚具和 YC60 型千斤顶的安装示意图

1—工作锚；2—YC60 型千斤顶；3—工具锚；4—预应力筋束

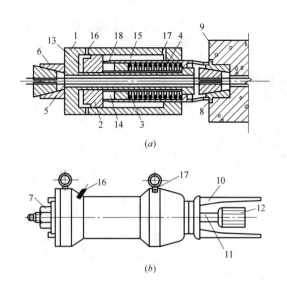

图 8-125　YC60 型千斤顶

(a) 构造与工作原理；(b) 加撑脚后的外貌

1—张拉油缸；2—顶压油缸（张拉活塞）；3—顶压活塞；4—弹簧；5—预应力筋；6—工具锚；7—螺帽；

8—锚环；9—构件；10—撑套；11—张拉杆；12—连接器；13—张拉工作油室；14—顶压工作油室；

15—张拉回程油室；16—张拉缸油嘴；17—顶压缸油嘴；18—油孔

穿心式千斤顶根据使用功能不同，可分为 YC 型、YCD 型与 YCQ 型等系列产品，常用的是 YC 型千斤顶，其中 YC20D 型、YC60 型和 YC120 型千斤顶应用较广。

（3）台座式千斤顶

台座式千斤顶是在先张法四横梁式或三横梁式台座上成组整体张位或放松预应力筋的设备，见图 8-126。

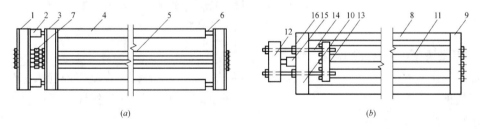

图 8-126　预应力钢筋成组张拉装置

(a) 三横梁式成组张拉装置；(b) 四横梁式成组张拉装置

1—活动横梁；2—千斤顶；3—固定横梁；4—槽式台座；5—预应力筋；6—放松装置；7—连接器；8—台座传力柱；

9，10—后、前横梁；11—钢丝（筋）；12，13—拉力架横梁；14—大螺杆；15—台座式千斤顶；16—螺母

（4）电动螺杆张拉机

电动螺杆张拉机主要适用于预制厂在长线台座上张拉冷拔低碳钢丝。其工作原理为：电动机正向旋转时，通过减速箱带动螺母旋转，螺母即推动螺杆沿轴向后移动，即可张拉钢筋。弹簧测力计上装有计量标尺和微动开关，当张拉力达到要求时，电动机能够自动停止转动。锚固好钢丝（筋）后，使电动机反向旋转，螺杆即向前运动，放松钢丝（筋），完成张拉过程。小型电动螺杆张拉机如图 8-127 所示。

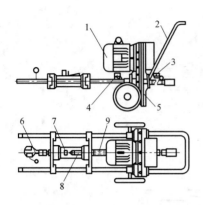

图 8-127　电动螺杆张拉机

1—电动机；2—手柄；3—前限位开关；
4—后限位开关；5—减速箱；6—夹具；
7—测力器；8—计量标尺；9—螺杆

目前，工程上常用的是 DL 型电动螺杆张拉机，其最大张拉力为 10kN，最大张拉行程为 780mm，张拉速度为 2m/min，适用于 $\varphi^b 3 \sim \varphi^b 5$ 的钢丝张拉。

（5）电动卷扬机

电动卷扬机主要用于长线台座上张拉冷拔低碳钢丝。工程上常用的是 LYZ-1 型电动卷扬机，其最大张拉力为 10kN，最大张拉行程为 5m，张拉速度为 2.5m/min，电动机功率 0.75kW。LYZ-1 型又分为 LYZ—1A 型（支撑式）和 LYZ-1B 型（夹轨式）两种。A 型适用于多处预制场地，移动变换场地方便；B 型运用于固定式大型预制场地，左右移动灵活、轻便、动作快，生产效率高。图 8-128 为采用卷扬机张拉单根预应力筋的示意图。

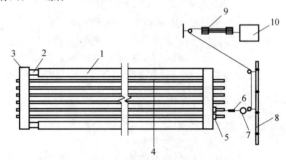

图 8-128　用卷扬机张拉预应力筋

1—台座；2—放松装置；3—横梁；4—预应力筋；5—锚固夹具；6—张拉夹具；
7—测力计；8—固定梁；9—滑轮组；10—卷扬机

2. 后张法张拉设备及连接器

后张法张拉时所用的张拉千斤顶，与先张法基本相同。关键是在施工时应根据所用预应力筋的种类及其张拉锚固工艺情况，选用适合的张拉设备，以确保施工质量。在选用时，应特别注意以下三点：

（1）预应力的张拉力不得大于设备的额定张拉力。

（2）预应力筋的一次张拉伸长值，不得超过设备的最大张拉行程。

（3）当一次张拉不足时，可采取分级重复张拉的方法，但所用的锚具与夹具应适宜重复张拉的要求。

（4）一般采用液压式张拉机

液压张拉机包括：液压千斤顶、油泵与压力表等。液压千斤顶常用的有：穿心式千斤顶和锥锚式千斤顶两类。选用千斤顶型号与吨位时，应根据预应力筋的张拉力和所用的锚具形式确定。

1）双作用穿心式千斤顶

双作用穿心式千斤顶，这种千斤顶的适应性强，既可张拉用夹片锚具锚固的钢绞线束；也可张拉用钢质锥形锚具锚固的钢丝束（图 8-129）。

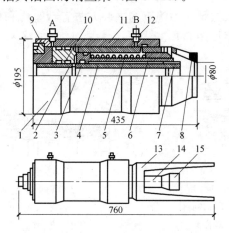

图 8-129　YC60 型千斤顶构造

1—大缸缸体；2—穿心套；3—顶压活塞；4—护套；5—回程弹簧；6—连接套；7—顶压套；8—撑套；
9—堵头；10—密封圈；11—二缸缸体；12—油嘴；13—撑脚；14—拉杆；15—连接套；A、B—油嘴

2）锥锚式千斤顶

锥锚式千斤顶，这种千斤顶专门用于张拉用锥形锚具锚固的钢丝束（图 8-130）。

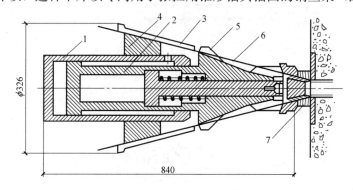

图 8-130　YZ85 型千斤顶构造简图

1—主缸；2—副缸；3—楔块；4—锥形卡环；5—退楔翼片；6—钢丝；7—锥形锚具

3）大孔径穿心式千斤顶

又称群锚千斤顶，是一种具有大穿心孔径的单作用千斤顶。广泛用于大吨位钢绞线束张拉（图 8-131）。

4）前卡式千斤顶

YDCQ 型前置内卡式千斤顶是一种小型千斤顶，适用于张拉单根钢绞线（图 8-132）。

8.5.4　预应力混凝土施工

1. 先张法预应力施工（图 8-133）

先张法是在浇筑混凝土之前，先张拉预应力钢筋，并将预应力筋临时固定在台座或钢模上，待混凝土达到一定强度（一般不低于混凝土设计强度标准值的 75%），混凝土与预应力筋具有一定的粘结力时，放松预应力筋，使混凝土在预应力筋的反弹力作用下，使构

件受拉区的混凝土承受预压应力。预应力筋的张拉力，主要是由预应力筋与混凝土之间的粘结力传递给混凝土。先张法预应力施工的主要方法有台座法和机组流水法，一般采用台座法较多。先张法施工顺序见图 8-133。

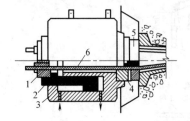

图 8-131　YCQ 型大孔径穿心式千斤顶构造简图

1—工具锚；2—千斤顶活塞；3—千斤顶缸体；
4—限位板；5—工作锚；6—钢绞线

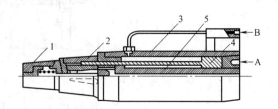

图 8-132　YDCQ 型前置内卡式千斤顶构造简图

A—进油；B—回油

1—顶压器；2—工具锚；3—外缸；4—活塞；5—拉杆

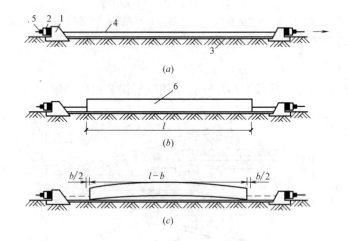

图 8-133　先张法施工顺序

（a）预应力筋张拉；（b）浇筑混凝土构件；（c）放张预应力筋

1—台座承力结构；2—横梁；3—台面；4—预应力筋；5—夹具；6—构件

先张法施工工艺流程如图 8-134 所示。

2. 后张法预应力（有粘结）施工

后张法是先制作构件，预留孔道，待构件混凝土强度达到设计规定的数值后，在孔道内穿入预应力筋进行张拉，并用锚具在构件端部将预应力筋锚固，最后进行孔道灌浆。预应力筋的张拉力主要是靠构件端部的锚具传递给混凝土，使混凝土产生预应力。后张法预应力施工，不需要台座设备，灵活性大，广泛用于施工现场生产大型预制预应力混凝土构件和就地浇筑预应力混凝土结构。后张法预应力施工，又可分为有粘结预应力施工和无粘结预应力施工两类。

后张法施工顺序如图 8-135 所示。

后张法施工工艺流程如图 8-136 所示。

3. 无粘结后张法预应力施工

无粘结预应力是近年来发展起来的新技术，其作法是在预应力筋表面涂敷防腐润滑油

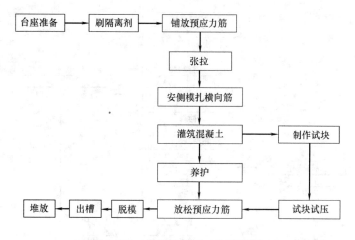

图 8-134　先张法施工工艺流程图

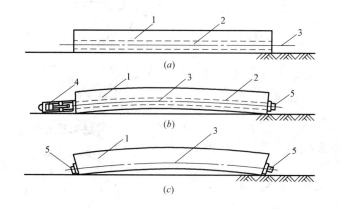

图 8-135　后张法施工顺序

(*a*) 制作构件，预留孔道；(*b*) 穿入预应力钢筋进行张拉并锚固；(*c*) 孔道灌浆

1—混凝土构件；2—预留孔道；3—预应力筋；4—千斤顶；5—锚具

脂，并外包塑料护套制成无粘结预应力筋后（图 8-137），如同普通钢筋一样先铺设在支好的模板内；然后，浇筑混凝土，待混凝土强度达到设计要求后再张拉锚固。它的特点是不需预留孔道和灌浆，施工简单等。在无粘结预应力施工中，主要工作是无粘结预应力筋的铺设、张拉和锚固区的处理。

（1）无粘结预应力筋的铺设：一般在普通钢筋绑扎后期开始铺设无粘结预应力筋，并与普通钢筋绑扎穿插进行。无粘结预应力筋的铺设位置应严格按设计要求就位，用间距为 1~2m 的支撑钢筋或钢筋马凳控制并固定位置，用钢丝绑扎牢固，确保混凝土浇筑中预应力筋不移位。

（2）无粘结预应力筋端头（图 8-138、图 8-139）承压板应严格按设计要求的位置用钉子固定在端模板上或用点焊固定在钢筋上，确保无粘结预应力曲线筋或折线筋末端的切线与承压板相垂直，并确保就位安装牢固，位置准确。

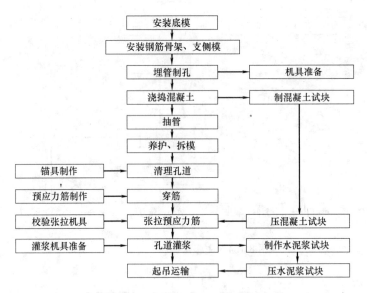

图 8-136　后张法施工工艺流程图

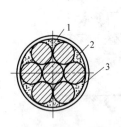

图 8-137　无粘结预应力筋

1—钢绞线；2—油脂；3—塑料护套

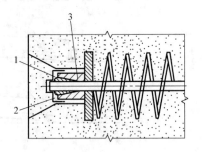

图 8-138　凹入式张拉端构造

1—防腐油脂；2—塑料盖帽；3—夹片锚具

（3）无粘结预应力筋的张拉应严格按设计要求进行。通常在预应力混凝土楼盖中的张拉顺序是先张拉楼板、后张拉楼面梁。板中的无粘结筋可依次张拉，梁中的无粘结筋可对称张拉。

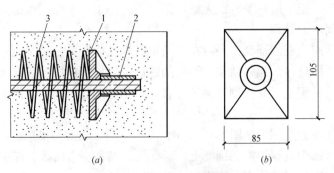

（a）　　　　　　　　　　　　（b）

图 8-139　内埋式固定端构造

（a）固定端构造；（b）铸铁锚垫板平面

1—铸铁承压板；2—挤压后的挤压锚；3—螺旋筋

当曲线无粘结预应力筋长度超过35m时，宜采用两端张拉。当长度超过70m时，宜采用分段张拉。正式张拉之前，宜用千斤顶将无粘结预应力筋先往复抽动1～2次后再张拉，以降低摩阻力。

张拉验收合格后，按图纸设计要求及时做好封锚处理工作，确保锚固区密封，严防水汽进入，锈蚀预应力筋和锚具等。

4. 缓粘结预应力施工

缓粘结预应力体系由无粘结和有粘结两种体系有机组合。其最大的特点是：在施工阶段与无粘结预应力一样施工方便，在使用阶段如同有粘结预应力一样受力性能好，且耐腐蚀性优于其他预应力体系。

缓粘结预应力筋由预应力钢材、缓粘结材料和塑料护套组成。预应力钢材宜用钢绞线，特别是应优先选用多股大直径的钢绞线；缓粘结材料是由树脂胶粘剂和其他材料混合而成，具有延迟凝固性能；塑料护套应带有纵横向外肋，以增强预应力筋与混凝土的粘结力（图8-140）。

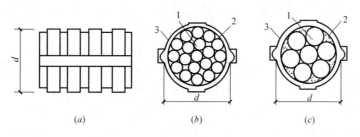

图8-140 缓粘结预应力钢绞线
(*a*) 外形；(*b*) 19丝钢绞线；(*c*) 7丝钢绞线
1—钢绞线；2—缓胶粘剂；3—塑料护套

5. 预应力混凝土工程施工安全技术

（1）所用张拉设备仪表，应由专人负责使用与管理，并定期进行维护与检验，设备的测定期不超过半年，否则必须及时重新测定。施工时，根据预应力筋种类等合理选择张拉设备，预应力筋的张拉力不应大于设备额定张拉力，严禁在负荷时拆换油管或压力表。按电源时，机壳必须接地，经检查绝缘可靠后，才可试运转。

（2）先张法施工中，张拉机具与预应力筋应在一条直线上；顶紧锚塞时，用力不要过猛，以防钢丝折断。台座法生产，其两端应设有防护设施，并在张拉预应力筋时，沿台座长度方向每隔4～5m设置一个防护架，两端严禁站人，更不准进入台座。

（3）后张法施工中，张拉预应力筋时，任何人不得站在预应力筋两端，同时在千斤顶后面设立防护装置。操作千斤顶的人员应严格遵守操作规程，应站在千斤顶侧面工作。在油泵开动过程，不得擅自离开岗位，如需离开，应将油阀全部松开或切断电路。

8.6 结构安装工程

将结构设计成许多单独的构件，分别在施工现场或工厂预制成型，然后在现场用起重机械将各种预制构件吊起并安装到设计位置上去的全部施工过程，称为结构安装工程。用这种施工方式完成的结构，叫做装配式结构。

结构安装工程的主要施工特点是：预制构件类型多；预制质量影响大；结构受力变化复杂；高空作业多。

8.6.1 起重机械

结构安装工程中常用的起重机械有桅杆起重机、自行杆式起重机（履带式、汽车式和轮胎式）、塔式起重机及浮吊等。索具设备有钢丝绳、吊具（卡环、横吊梁）、滑轮组、卷扬机及锚碇等。在特殊安装工程中，各种千斤顶、提升机等也是常用的起重设备。

1. 桅杆起重机

桅杆起重机分为：独脚桅杆、人字桅杆、悬臂桅杆和牵缆式桅杆起重机。

桅杆起重机的特点是：制作简单，装拆方便，能在比较狭窄的工地使用；起重能力较大（可达 1000kN 以上）；能解决缺少其他大型起重机械或不能安装其他起重机械的特殊工程和重大结构的困难；当无电源时可用人工绞磨起吊。但是，它的服务半径小，移动困难，需要设置较多的缆风绳，施工速度较慢，因而只适用于安装工程量比较集中，工期较富余的工程。

（1）独脚桅杆

独脚桅杆（又称扒杆）是由桅杆、起重滑轮组、卷扬机、缆风绳和锚碇组成（图8-141a）。独脚桅杆一般用钢管或型钢制成。桅杆的稳定主要依靠桅杆顶端的缆风绳。缆风绳常采用钢丝绳，数量一般为 6～12 根，但不得少于 5 根。缆风绳与地面夹角为 30°～45°。钢管独脚桅杆起升高度小于 30m，起升载荷小于 300kN；金属格构式独脚桅杆的起升高度可达 70～80m，起升载荷可达 1000kN 以上。

（2）人字桅杆

人字桅杆一般是用两根钢杆以钢丝绳或铁件铰接而成（图 8-141b）。两杆夹角以 30°为宜，其中一根桅杆底部装有起重导向滑轮，上部铰接处有缆风绳保持桅杆的稳定。人字桅杆的特点是起升载荷大，稳定性好，但构件吊起后活动范围小，适用于吊装重型柱子等构件。

（3）悬臂桅杆

在独脚桅杆中部或 2/3 高度处安装一根起重臂即成悬臂桅杆（图 8-141c）。悬臂桅杆的特点是起升高度和工作幅度都较大，起重臂可左右摆动 120°～270°，吊装方便。悬臂桅杆适用于吊装屋面板、檩条等小型构件。

（4）牵缆式桅杆起重机

在独脚桅杆的下端装一根起重臂即成牵缆式桅杆起重机（图 8-141d）。牵缆式桅杆起重机的特点是起重臂可以起伏；整个机身可作 360°回转；起升载荷（150～600kN）和起升高度（达 25m）都较大。适用于多而集中的构件吊装，但应设置较多的缆风绳。

2. 自行杆式起重机

自行杆式起重机有履带式起重机、汽车式起重机和轮胎式起重机三类。

（1）履带式起重机

履带式起重机由动力装置、传动装置、回转机构、行走装置、卷扬机构、操作系统、工作装置以及电器设备等部分组成（图 8-142）。

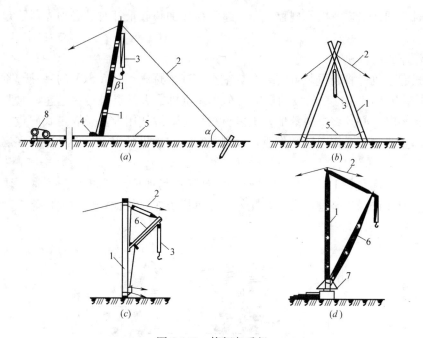

图 8-141　桅杆起重机

(a) 独脚桅杆；(b) 人字桅杆；(c) 悬臂桅杆；(d) 牵缆式桅杆起重机

1—桅杆；2—缆风绳；3—起重滑轮组；4—导向装置；5—拉索；6—起重臂；7—回转盘；8—卷扬机

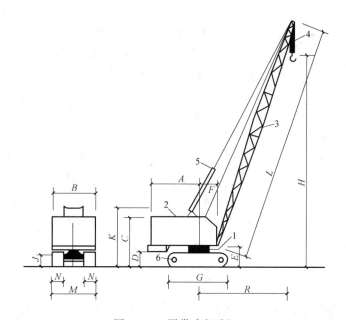

图 8-142　履带式起重机

1—底盘；2—机棚；3—起重臂；4—起重滑轮组；5—变幅滑轮组；6—覆带；

A~K—外形尺寸符号；L—起重臂长度；H—起升高度；R—工作幅度

履带式起重机的履带面积较大，可以在较为坎坷不平的松软地面行驶和工作，必要时可垫以路基箱；车身可以原地作 360° 回转，故在结构安装中得到了广泛应用。但其稳定性较差，使用时必须严格遵守操作规程，若需超负荷或加长起重杆时，必须先对稳定性进行验算。

（2）汽车式起重机

汽车式起重机是将起重装置安装在载重汽车（越野汽车）底盘上的一种起重机械（图8-143），其动力是利用汽车的发动机。汽车式起重机最大优点是转移迅速，对路面破坏性小。但它起吊时，必须将支腿落地，不能负载行走，故使用上不及履带式起重机灵活。轻型汽车式起重机主要适用于装卸作业，大型汽车式起重机可用于一般单层或多层房屋的结构吊装。

使用汽车式起重机时，因它自重较大，对工作场地要求较高。起吊前必须将场地平整、压实，以保证操作平稳、安全。此外，起重机工作时的稳定性主要依靠支腿，故支腿落地必须严格按操作规程进行。

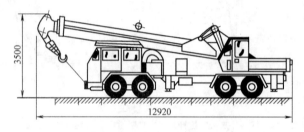

图 8-143　Q_2—32 型汽车式起重机

（3）轮胎式起重机

轮胎式起重机由起重机构、变幅机构、回转机构、行走机构、动力设备和操纵系统等组成。图 8-144 所示为轮胎式起重机的构造示意图。

轮胎式起重机底盘上装有可伸缩的支腿，起重时可使用支腿以增加机身的稳定性，并保护轮胎，必要时支腿下面可加垫块，以增加支承面。

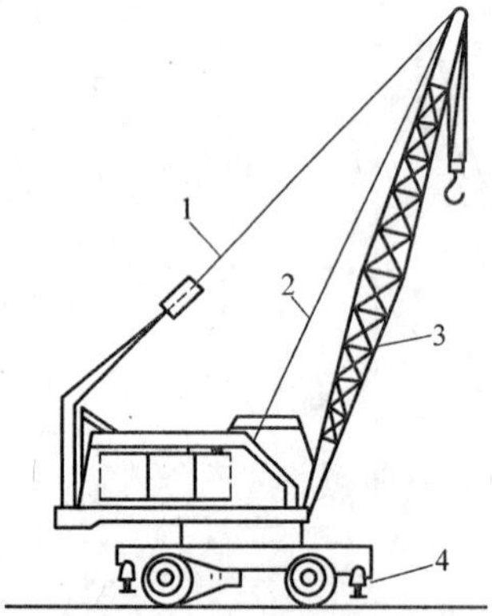

图 8-144　轮胎式起重机
1—变幅索；2—起重索；3—起重杆；4—支腿

（4）自行杆式起重机的稳定性验算

力矩法是验算起重机抗倾覆稳定的主要方法。力矩法校核抗倾覆稳定的基本原则是：作用于起重机上包括自重在内的各项荷载对危险倾覆边的力矩之和必须大于或等于零，即 $\sum M \geqslant 0$，其中起稳定作用的力矩为正值，起倾覆作用的力矩为负值。

3. 塔式起重机

塔式起重机具有竖直的塔身，起重臂安装在塔身的顶部，能全回转，具有较大的安装空间，起重高度和工作幅度均较大，运行速度快，工作效率高，使用和装拆方便等优点，广泛应用于多层及高层民用建筑和多层工业厂房结构安装工程。

塔式起重机的类型很多，按有无引走机构可分为固定式和移动式两种。前者固定在地面上或建筑物上，后者按其引走装置又可分为履带式、汽车式、轮胎式和轨道式四种，按其回转形式可分为上回转和下回转两种，按其安装方式可分为自动式、整体快速拆装和拼装式三种。目前，应用最广泛的是下回转、快速拆装、轨道式塔式起重机和能够一机四用（轨道式、固定式、附着式和内爬式）的自升塔式起重机。拼装式塔式起重机因拆装工作量大将逐渐淘汰。

塔机的生产厂家为了满足客户的不同需求，通常同一型号的塔吊可根据需要安装成轨道行走式、固定式、附着式及爬升式（图 8-145），这类塔吊通常采用上回转机构。

（1）轨道式塔式起重机

轨道式塔式起重机是可在轨道上行走的起重机械，其工作范围大，适用于工业与民用建筑的结构吊装工作。轨道式塔式起重机按其旋转机构的位置分上旋转塔式起重机和下旋转塔式起重机。

（2）内爬式塔式起重机（图 8-146）

内爬式塔式起重机安装在建筑物内部（如电梯井等），它的塔身长度不变，底座通过伸缩支腿支承在建筑物上，一般每隔 1～2 层爬升一次。这种塔吊体积小，重量轻，安装简单，既不需要铺设轨道，又不占用施工场地，故特别适用于施工现场狭窄的高层建筑施工。内爬式塔吊由塔身、套架、起重臂和平衡臂等组成。

（3）附着式自升塔式起重机（图 8-147）

附着式自升塔式起重机的液压自升系统主要包括：顶升套架、长行程液压千斤顶、支承座、顶升横梁及定位销等。其顶升过程可分为五个步骤（图 8-148）。

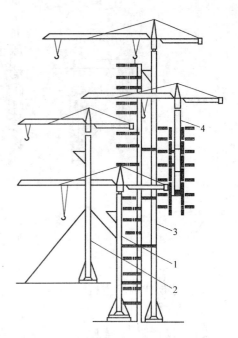

图 8-145　塔式起重机的多种安装方式

1—轨道行走式；2—固定式；

3—附着式；4—爬升式

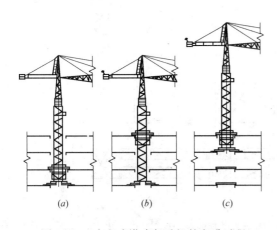

图 8-146　内爬式塔式起重机的爬升过程

（a）准备状态；（b）提升套架；（c）提升起重机

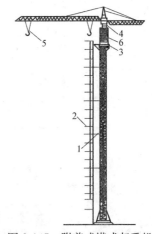

图 8-147　附着式塔式起重机

1—附墙支架；2—建筑物；3—标准节；4—操纵室；5—起重小车；6—顶升套架

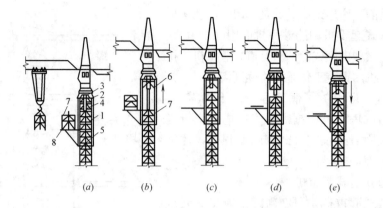

图 8-148　附着式塔式起重机的顶升过程

(*a*) 准备状态；(*b*) 顶升塔顶；(*c*) 推入塔身标准节；(*d*) 安装塔身标准节；(*e*) 塔顶与塔身连成整体

1—顶升套架；2—液压千斤顶；3—支承座；4—顶升横梁；5—定位销；6—过渡节；7—标准节；8—摆渡小车

4. 其他形式的起重机

(1) 龙门架

龙门架是土木工程施工中最常用的垂直起吊设备。在龙门架顶横梁上设置行车时，可横向运输重物构件，在龙门架两腿下缘设有滚轮并置于铁轨上时，可在轨道上纵向运输；若在两腿下设能转向的滚轮时，可进行任何方向的水平运输。

龙门架通常设于预制构件厂吊移构件，或设在桥墩顶、墩旁安装桥梁构件。常用的龙门架种类有钢木混合构造龙门架、拐脚龙门架和装配式钢梁桁架节拼制的龙门架，图8-149是装配式钢梁桁架节拼制的龙门架。

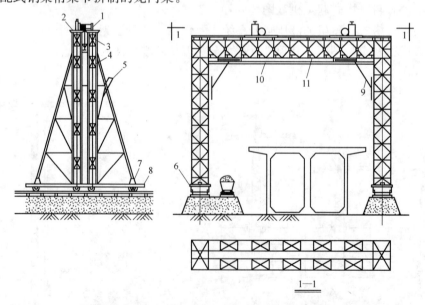

图 8-149　装配式钢梁桁架节拼制的龙门架

1—单筒慢速卷扬机；2—行道板；3—枕木；4—贝雷桁片；5—斜撑；

6—端桩；7—底梁；8—轨道平车；9—角撑；10—加强吊杆；11—单轨

（2）浮吊

在通航河流上建桥，浮吊船是浮运架桥重要的工作船。常用的浮吊有铁驳轮船浮吊和由木船、型钢、人字扒杆等拼成的简易浮吊，其起重量可达 5000kN。

一般简单的浮吊可利用两只民用木船组拼成门船，底舱用木料加固，舱面上安装型钢组成底板构架，上铺木板，其上安装人字扒杆。可使用一台双筒电动卷扬机作为起重动力，安装在门船后部中线上。人字扒杆可用钢管或圆木，由两根钢丝绳分别固定在船尾端两弦旁钢构件上，由门船移动来调节吊物平面位置，另外，还需配备电动卷扬机铰车、钢丝绳、锚链、铁锚等作为移动及固定船位用。

（3）缆索起重机

缆索起重机适用于高差较大的垂直吊装和架空纵向运输，吊运量比较大，纵向运距也比较长。

缆索起重机是由主索、天线滑车、起重索、牵引索、起重及牵引绞车、主索地锚、塔架、风缆、主索平衡滑轮、电动卷扬机、手摇绞车、链滑车及各种滑轮等部件组成。在吊装拱桥时，缆索吊装系统除了上述各部件外，还有扣索、扣索排架、扣索地锚、扣索绞车等部件。其布置方式见图 8-150。

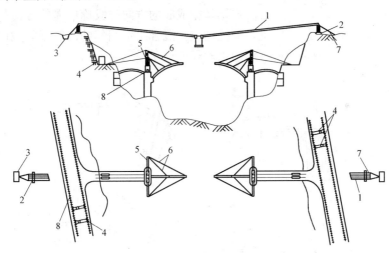

图 8-150　缆索吊装布置示例

1—主索；2—主索塔架；3—主索地锚；4—构件运输龙门架；

5—万能杆件缆风架；6—扣索；7—主索收紧装置；8—龙门架轨道

8.6.2　起重设备

结构吊装工程施工中除了起重机外，还要使用许多辅助工具及设备，如卷扬机、钢丝绳、滑车组及横吊梁等。

1. 卷扬机

卷扬机按驱动方式可分为手动卷扬机和电动卷扬机，用于结构吊装的卷扬机多为电动卷扬机。电动卷扬机主要由电动机、卷筒、电磁制动器和减速机等组成，如图 8-151 所示，卷扬机按其速度又分为快速和慢速两种。快速卷扬机又分单向和双向，主要用于垂直运输和打柱作业；慢速电动卷扬机主要用于结构吊装、钢筋冷拉、预应力张拉等作业。

卷扬机的主要技术参数是卷筒牵引力、钢丝绳的速度和卷筒容量。

卷扬机使用时，必须用地锚予以固定，以防止工作时产生滑动造成倾覆。根据牵引力的大小，固定卷扬机方法有四种：螺栓锚固法、水平锚固法、立桩锚固法、压重物锚固法，如图 8-152 所示。

2. 钢丝绳

结构吊装中常用的钢丝绳是由 6 股钢丝绳围绕一根绳芯（一般为麻芯）捻成，每股钢丝绳又由许多根直径为 0.4～2mm 的高强钢丝按一定规则捻制而成（图 8-153）。

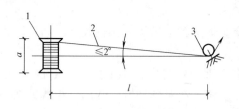

图 8-151　卷扬机制组成
1—卷筒；2—钢丝绳；3—第 1 个导向滑轮

钢丝绳按照捻制方法不同，分为单绕、双绕和三绕，土木工程施工中常用的是双绕钢丝绳。双绕钢丝绳按照捻制方向不同分为同向绕、交叉绕和混合绕三种（图 8-154），同向绕是钢丝捻成股的方向与股捻成绳的方向相同，这种绳的绕性好、表面光滑、磨损小，但易松散和扭转，不宜用作悬吊重物，多用于拖拉和牵引，交叉绕是指钢丝捻成股的方向与股捻成绳的方向相反，这种绳不宜松散和扭转，吊装中应用广泛，但绕性差。混合绕指相邻的两股钢丝绕向相反、性能介于两者之间，制造复杂，用得不多。钢丝绳安全系数见表 8-21。

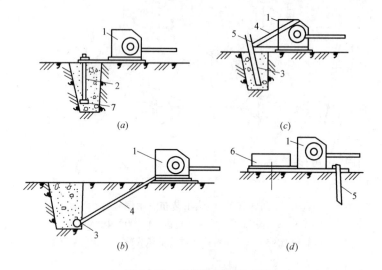

图 8-152　固定卷扬机的方法
(a) 螺栓锚固法；(b) 水平锚固法；(c) 立桩锚固法；(d) 压重物锚固法；
1—卷扬机；2—地脚螺栓；3—横木；4—拉索；5—木桩；6—压重；7—压板

钢丝绳安全系数　　　　　　　　　　　　　　　表 8-21

用途	安全系数 k	用途	安全系数 k
作缆风	3.5	作吊索，无弯曲时	6～7
用于手动起重设备	4.5	作捆绑吊索	8～10
用于机动起重设备	5～6	用于载人的升降机	14

3. 其他机具

（1）吊索、横吊梁

吊索与横吊梁都是吊装构件时的辅助工具。吊索又称千斤绳、绳套。主要用来绑扎构件以便起吊。常用的有环状吊索（又称万能吊索或闭式吊索）和8股头吊索（又称轻便吊索或开式吊索）两种（图 8-155）。

横吊梁又称铁扁担和平衡梁。常用于起吊柱子和屋架等构件（图 8-156）。用横吊梁吊柱时可使柱子保持垂直，便于安装；用横吊梁吊屋架时可以降低起吊高度，减少吊索的水平分力对屋架的压力。

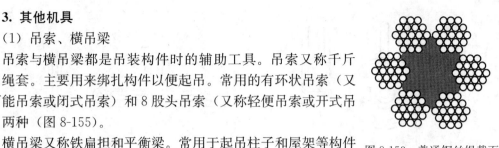

图 8-153　普通钢丝绳截面

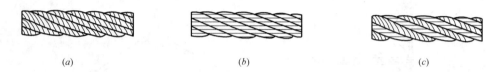

图 8-154　双丝钢丝绳绕向
(a) 同向绕；(b) 交叉绕；(c) 混合绕

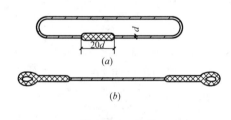

图 8-155　吊索
(a) 环状吊索；(b) 8股头吊索

常用的横吊梁有滑轮横吊梁、钢板横吊梁、桁架横吊梁和钢管横吊梁等形式。滑轮横吊梁由吊环、滑轮和轮轴等部分组成（图 156a）。一般用于吊装 80kN 以下的柱。钢板横吊梁由 Q235 钢板制成（图 156b），一般用于 100kN 以下柱的吊装，桁架横吊梁用于双机抬吊柱子安装（图 8-156c）。钢管横吊梁的钢管长 6～12m，也可用两个槽钢焊接成方形截面来代替（图 8-156d），一般用于屋架的吊装。

（2）滑车及滑车组

滑车又称"葫芦"，可以省力，也可改变力的方向。按其滑轮的多少可分为单门，双门和多门；按使用方式不同，可分为定滑车和动滑车。

滑车组是由一定数量的定滑车和动滑车以及绕过它们的绳索组成，具有省力和改变力的方向的功能，是起重机械的主要组成部分。

由滑车组引出的绳头称为"跑头"，跑头可根据需要从定滑车引出或从动滑车引出或由两台卷扬机同时牵引（图 8-157）。

8.6.3　构件吊装（以单层工业厂房为例）

单层工业厂房结构构件有基础、柱子、吊车梁、连系梁、物架、天窗架。

1. 准备工作

场地清理和道路修筑，结构构件的检查与清理，结构构件的弹线放样，杯形基础的准备，结构构件的运输，结构构件的堆放。

2. 结构安装方法及技术要求

单层工业厂房结构的安装方法，有以下两种：

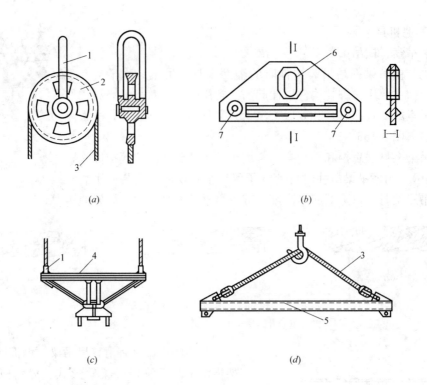

图 8-156 横吊梁

(a) 滑轮横吊梁；(b) 钢板横吊梁；(c) 桁架横吊梁；(d) 钢管横吊梁

1—吊环；2—滑轮；3—吊索；4—桁架；5—钢管；6—挂吊钩孔；7—挂卡环孔

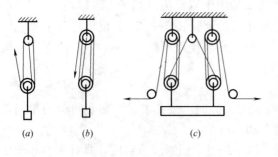

图 8-157　滑车组的种类

(a) 滑车跑头自动引出；(b) 跑头自定滑车引出；

(c) 双联滑车组

（1）分件安装法

起重机每开行一次，仅吊装一种或几种构件。

（2）综合安装法

起重机在厂房内一次开行中（每移动一次）就安装完一个节间内的各种类型的构件。

（3）起重机的选用

起重机型号的选择

起重机型号选择取决于三个工作参数：起重量、起重高度和起重半径。三个工作参数均应满足结构安装的要求。

3. 构件的吊装工艺

构件的吊装工艺包括绑扎、吊升、对位、临时固定、校正、最后固定等工序。

（1）柱子吊装

1）绑扎

柱的绑扎方法、绑扎位置和绑扎点数，应根据柱的形状、长度、截面、配筋、起吊方法和起重机性能等确定。常用的绑扎方法有：

348

① 一点绑扎斜吊法：当柱平放起吊的受弯承载力满足要求时，可采用斜吊绑扎法如图 8-158（a）所示，一般高重型柱吊装时用此法绑扎。

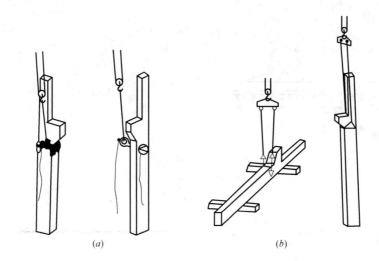

图 8-158　柱子一点绑扎法
（a）一点绑扎斜吊法；（b）一点绑扎直吊法

② 一点绑扎直吊法：当柱平放起吊的受弯承载力不足，需将柱由平放转为侧立后起吊（习惯上称为柱翻身），可采用直吊法如图 8-158（b）所示。

③ 两点绑扎法：当柱较长，一点绑扎受弯承载力不足时，可用两点绑扎起吊（图 8-159）。此时，绑扎点位置，应使下绑扎点距柱重心距离小于上绑扎点至柱重心距离，柱吊起后即可自行回转为直立状态。

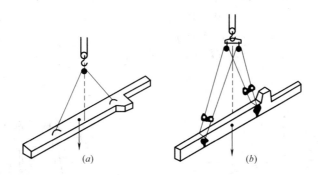

图 8-159　柱子一点绑扎法
（a）两点绑扎斜吊法；（b）两点绑扎直吊法

2）吊升方法

主要的吊升方法有旋转法、滑行法、双机抬吊旋转法和双机抬吊滑行法，如图 8-160～图 8-163 所示。

3）对位和临时固定

柱子对位是将柱子插入杯口并对准安装准线的一道工序。

临时固定是用楔子等将已对位的柱子作临时性固定的一道工序，如图 8-164 所示。

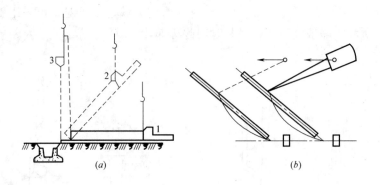

图 8-160　旋转法吊柱

(a) 旋转过程；(b) 平面布置

1—柱平放时；2—起吊中途；3—直立

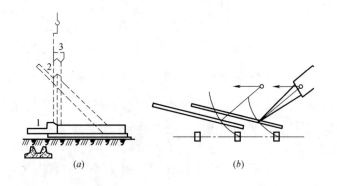

图 8-161　滑行法吊柱

(a) 旋转过程；(b) 平面布置

1—柱平放时；2—起吊中途；3—直立

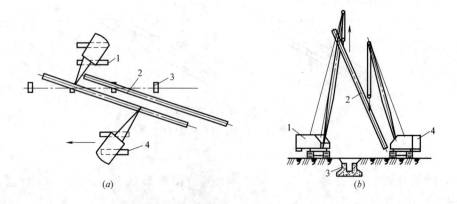

图 8-162　双机抬吊旋转法（递送法）

(a) 平面位置；(b) 递送过程

1—主机；2—柱；3—基础；4—副机

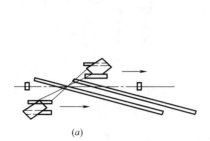

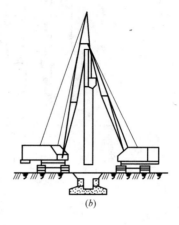

图 8-163　双机抬吊滑行法

(a) 平面布置；(b) 将柱吊离地面

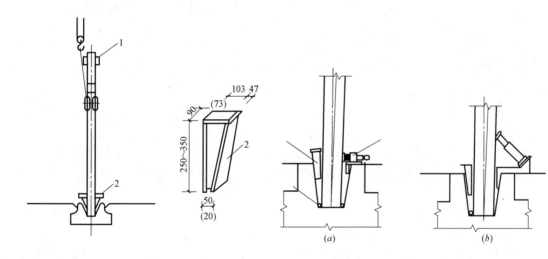

图 8-164　柱的对位与临时固定

1—安装缆风绳或挂操作台的夹箍；2—钢楔

图 8-165　柱垂直度校正方法

(a) 螺旋千斤顶平顶法；(b) 千斤顶斜顶法

4) 柱的校正

柱子校正是对已临时固定的柱子进行全面检查及校正的一道工序。柱子校正包括平面位置、标高和垂直度的校正。对重型柱或偏斜值较大则用千斤顶、缆风绳、钢管支撑等方法校正，如图 8-165 所示。

5) 柱子最后固定

其方法是在柱脚与杯口之间浇筑细石混凝土，其强度等级应比原构件的混凝土强度等级提高一级。细石混凝土浇筑分两次进行，如图 8-166 所示。

(2) 吊车梁的吊装

1) 绑扎、吊升、对位和临时固定

吊车梁绑扎时，两根吊索要等长，绑扎点对称设置，吊钩对准梁的重心，以使吊车梁起吊后能基本保持水平，如图 8-167 所示。

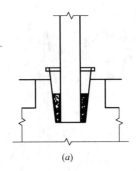 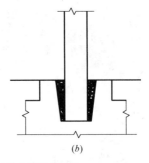

图 8-166　柱的对位与临时固定

(a) 第一次浇筑细石混凝土；(b) 第二次浇筑细石混凝土

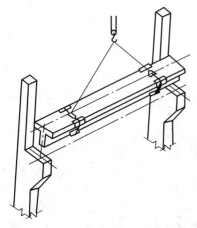

图 8-167　吊车梁的吊装

2）校正及最后固定

吊车梁的校正主要包括标高校正、垂直度校正和平面位置校正等。

吊车梁的标高主要取决于柱子牛腿的标高。

平面位置的校正主要包括直线度和两吊车梁之间的跨距。

吊车梁直线度的检查校正方法有通线法、平移轴线法、边吊边校法等。

重型吊车梁校正时撬动困难，可在吊装吊车梁时借助于起重机，采用边吊装边校正的方法。

吊车梁的最后固定，是在吊车梁校正完毕后，用连接钢板等与柱侧面、吊车梁顶端的预埋铁相焊接，并在接头处支模浇筑细石混凝土。

（3）屋架的吊装

1）屋架绑扎

屋架的绑扎点应选在上弦节点处，左右对称，绑扎中心（即各支吊索的合力作用点）必须高于屋架重心，使屋架起吊后基本保持水平，不晃动、不倾翻。吊索与水平线的夹角不宜小于 45°，以免屋架承受过大的横向压力，必要时可采用横吊梁。屋架的绑扎见如图 8-168 所示。

2）屋架的扶直与排放

屋架扶直时应采取必要的保护措施，必要时要进行验算。

屋架扶直有正向扶直和反向扶直两种方法。

正向扶直如图 8-169（a）所示；反向扶直如图 8-169（b）所示。

屋架扶直之后，立即排放就位，一般靠柱边斜向排放，或以 3～5 榀为一组平行于柱边纵向排放。

3）屋架的吊升、对位与临时固定

屋架的吊升是将屋架吊离地面约 300mm，然后将屋架转至安装位置下方，再将屋架吊升至柱顶上方约 300mm 后，缓缓放至柱顶进行对位。

屋架对位应以建筑物的定位轴线为准；屋架对位后立即进行临时固定。

352

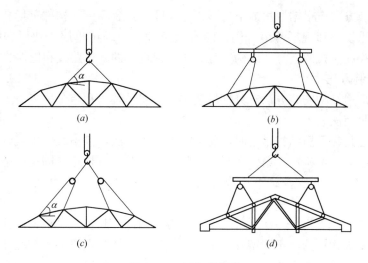

图 8-168　屋架的绑扎

(a) 屋架跨度小于或等于 18m 时；(b) 屋架跨度大于 18m 时；

(c) 屋架跨度等于或大于 30m 时；(d) 三角形组织屋架

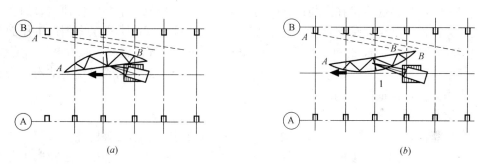

图 8-169　屋架的扶直

(a) 正向扶直；(b) 反向扶直

4) 屋架的校正及最后固定

屋架垂直度的检查与校正方法是在屋架上弦安装三个卡尺，一个安装在屋架上弦中点附近，另两个安装在屋架两端。

屋架垂直度的校正通过转动工具式支撑的螺栓加以纠正，并垫入斜垫铁。

屋架的临时固定与校正，屋架校正后应立即电焊固定。

(4) 天窗架及屋面板的吊装

天窗架常采用单独吊装，也可与屋架拼装成整体同时吊装。

天窗架单独吊装时，应待两侧屋面板安装后进行，最后固定的方法是用电焊将天窗架底脚焊牢于屋架上弦的预埋件上。

屋面板的吊装一般采用一钩多块叠吊法或平吊法，吊装顺序应由两边檐口向屋脊对称进行。

8.6.4　结构安装

结构安装内容包括：结构安装方法，起重机的选择，起重机的开行路线以及构件的平面布置等。安装方案应根据厂房的结构形式、跨度、安装高度、构件重量和长度、吊装工期以及现有起重设备和现场环境等因素综合研究确定。确定单层工业厂房结构安装方案时，应着重解决起重机的选择、结构安装方法、起重机的开行路线和构件的平面布置等。

1. 结构安装方法

单层工业厂房结构安装方法有分件吊装法、节间吊装法和综合吊装法。

（1）分件吊装法

分件吊装法是在厂房结构吊装时，起重机每开行一次，仅吊装一种或两种构件。一般分三次开行吊装完全部构件，第一次开行吊装柱子，并进行校正和固定；第二次开行吊装吊车梁、连系梁及柱间支撑；第三次开行分节间吊装屋架、天窗架、屋面板及屋面支撑等。

分件吊装法，起重机每一次开行均吊装同类型构件，起重机可根据构件的重量及安装高度来选择，不同构件选用不同型号起重机，能充分发挥起重机的工作性能。吊装过程中索具更换次数少，吊装速度快，效率高，可给构件校正、焊接固定、混凝土浇筑养护提供充足时间。

（2）节间吊装法

节间吊装法是指起重机在吊装过程内的一次开行中，分节间吊装完各种类型的全部构件或大部分构件。其优点是起重机行走路线短，可及时按节间为下道工序创造工作面。但要求选用起重量较大的起重机，起重机的性能不能充分发挥，索具更换频繁，安装速度慢，构件供应和平面布置复杂，构件校正及最后固定时间紧迫。钢筋混凝土结构厂房吊装一般不采用此法，仅适用于钢结构厂房及门架式结构的安装。

（3）综合吊装法

综合吊装法是指建筑物内一部分构件（柱、柱间支撑、吊车梁等构件）采用分件吊装法吊装，一部分构件（屋盖的全部构件）采用节间吊装法吊装。综合吊装法吸取了分件吊装法和节间吊装法的优点，因此，结构吊装中多采用此法。

2. 起重机选择

起重机的选择包括起重机类型、型号和数量的选择。

（1）起重机类型的选择

起重机的类型主要根据厂房结构的特点，厂房的跨度，构件的重量、安装高度以及施工现场条件和现有起重设备、吊装方法确定。一般中小型厂房跨度不大，构件的重量与安装高度也不大，可采用自行式起重机，以履带式起重机应用最普遍，也可采用桅杆式起重机；重型厂房跨度大、构件重、安装高度大，根据结构特点，可选用大型自行式起重机、重型塔式起重机等。

（2）起重机型号的选择

起重机类型确定后，还要根据构件的尺寸、重量及安装高度，选择起重机的型号和验算起重量 Q、起重高度 H 和工作幅度（回转半径）R，三个工作参数必须满足结构吊装要求。

3. 构件平面布置

（1）构件平面布置的原则

1）每跨构件宜布置在本跨内，如场地狭窄，也可布置在跨外便于吊装的地方。

2）应满足安装工艺的要求，尽可能布置在起重机的回转半径内，以减少起重机负荷行驶。

3）构件布置应"重近轻远"，即将重构件布置在距起重机停机点较近的地方，轻构件布置在距停机点较远的地方。

4）要注意构件布置的朝向，特别是屋架，避免安装时在空中调头，影响进度及安全。

5）构件布置应便于支模与浇灌混凝土，当为预应力混凝土构件时要考虑抽芯穿筋张拉等。

6）构件布置力求占地最少，以保证起重机的行驶路线畅通和安全回转。

（2）预制阶段构件的平面布置

1）柱的布置

柱的布置方式一般有斜向布置和纵向布置两种。

① 斜向布置。柱子如采用旋转法起吊，可按三点共弧斜向布置（图 8-170）。

② 纵向布置。用旋转法起吊，柱子按两点共弧纵向布置，绑扎点靠近杯口，柱子可以两根叠浇，每次停机可吊两根柱子（图 8-171）。

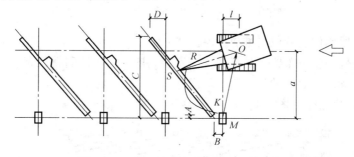

图 8-170　柱子的斜向布置（三点共弧）

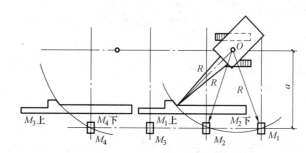

图 8-171　柱子的纵向平面布置

2）屋架布置

屋架一般在跨内平卧叠浇预制，每叠 3～4 榀，布置的方式有正面斜向布置、正反斜向布置和正反纵向布置三种（图 8-172），其中以斜向布置较多，以便于屋架的扶直与排放。对于预应力屋架，应在屋架的一端或两端留出抽芯与穿筋的工作场地（图中虚线表示预留的距离）。

3）吊车梁布置

吊车梁可布置在柱子与屋架间的空地处，一般可靠近柱子基础，平行于纵轴线或略倾斜，亦可插在柱子间混合布置。

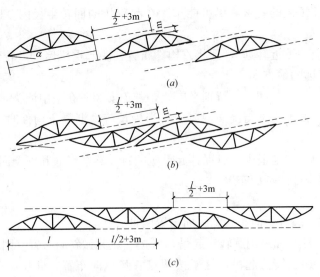

图 8-172 屋架预制时的几种平面布置

(a) 斜向位置；(b) 正反斜向布置；(c) 正反纵向布置

(3) 安装阶段构件的就位与堆放

安装阶段构件的就位布置，是指柱子已安装完毕其他构件的就位布置，包括屋架的扶直、就位，吊车梁、屋面板的运输就位等。

1) 屋架的扶直就位（图 8-173）

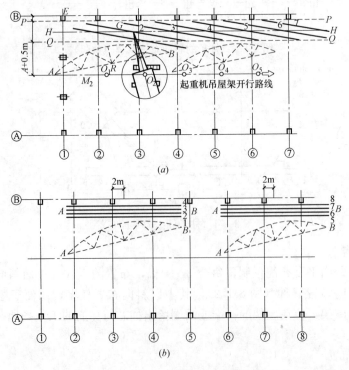

图 8-173 屋架的就位布置

(a) 斜向就位；(b) 成组纵向就位

2）屋面板的就位、堆放

单层工业厂房除了柱、屋架、吊车梁在施工现场预制外，其他构件如连系梁、屋面板均在场外制作，然后运至工地堆放。

屋面板的堆放位置，跨内跨外均可，根据起重机吊装屋面板时的起重半径确定，一般布置在跨内，6～8块叠放，若车间跨度在18m以内时，采用纵向堆放，若跨度大于24m时，可采用横向堆放。

8.6.5 结构安装工程施工安全技术要求

（1）使用机械的安全要求

1）吊装所用的钢丝绳，事先必须认真检查表面磨损，若腐蚀达钢丝绳直径10%时，不准使用。

2）起重机负重开行时，应缓慢行驶，且构件离地不得超过500mm。起重机在接近满荷时，不得同时进行两种操作动作。

3）起重机工作时，严禁碰触高压电线。起重臂、钢丝绳、重物等与架空电线要按规定保持一定的安全距离。

4）发现吊钩、卡环出现变形或裂纹时，不得再使用。

5）起吊构件时，吊钩的升降要平稳，避免紧急制动和冲击。

6）对新到、修复或改装的起重机在使用前必须进行检查、试吊；要进行静、动负荷试验。试验时，所吊重物为最大起重量的125%，且离地面1m，悬空10min。

7）起重机停止工作时，起动装置要关闭上锁。吊钩必须升高，防止摆动伤人，并不得悬挂物件。

（2）操作人员的安全要求

1）从事安装工作人员要进行体格检查，对心脏病或高血压患者，不得进行高空作业。

2）操作人员进入现场时，必须戴安全帽，手套，高空作业时还要系好安全带，所带的工具，要用绳子扎牢或放入工具包内。

3）在高空进行电焊焊接，要系安全带，着防护罩；潮湿地点作业，要穿绝缘胶鞋。

4）进行结构安装时，要统一用哨声、红绿旗、手势等指挥，所有作业人员，均应熟悉各种信号。

（3）现场设施安全要求

1）吊装现场的周围，应设置临时栏杆，禁止非工作人员入内。地面操作人员，应尽量避免在高空作业面的正下方停留或通过，也不得在起重机的起重臂或正在吊装的构件下停留或通过。

2）配备悬挂或斜靠的轻便爬梯，供人上下。

3）如需在悬空的屋架上弦行走时，应在其上设置安全栏杆。

4）在雨期或冬期里，必须采取防滑措施。如扫除构件上的冰雪、在屋架上捆绑麻袋、在屋面板上铺垫草袋等。

8.7 防水工程

防水工程是建筑工程的一个重要组成部分，直接关系到建筑物和构筑物的使用寿命、使用环境及卫生条件，影响到人们的生产活动、工作秩序及生活质量，也关系到整个城市的市容。它在建筑工程施工中属关键项目和隐蔽工程，对保证工程质量具有非常的重要地位。按其部位的不同分为地下防水、屋面防水、厕浴间和地面防水以及贮水池和贮液池等构筑物防水；按构造做法又分为结构构件的刚性自防水和用卷材、涂料等作为防水层的柔性防水。近年来，新型防水材料及其应用技术发展迅速，并朝着由多层向单层、由热施工向冷施工、由适用范围单一向适用范围广泛、刚柔并举的方向发展。

地下防水设计和施工的原则："防、排、截、堵相结合，刚柔相济、因地制宜、综合治理"。中、高层建筑为了满足使用功能方面要求和减轻结构自重，±0.000以下设计有多层地下室。地下防水工程属隐蔽工程，经常要受到地下水的渗透作用。

屋面防水工程设计和施工应从选择防水材料、施工方法等方面着眼，应考虑对建筑物节能效果着手，遵循"材料是基础、设计是前提、施工是关键、管理是保证"的综合治理原则。

8.7.1　防水材料

防水材料是防水工程的重要物质基础，是保证建筑物与构筑物防止雨水侵入、地下水等水分渗透的主要屏障，防水材料质量的优劣直接关系到防水层的耐久年限。由于建筑防水工程质量涉及选材、设计、施工、使用维护和管理等诸多环节，必须实施"防、排、截、堵相结合，刚柔相济，因地制宜，综合治理"的原则，才能得到可靠的保证。而在上述一系列环节中，做到恰当选材、精心设计、规范施工、定期维护、重视管理，则是提高防水工程质量、延长防水工程使用寿命的关键所在。

1. 刚性防水材料

刚性防水的主要防水材料包括防水混凝土和防水砂浆，其防水机理是通过在混凝土或水泥砂浆中加入膨胀剂、减水剂、防水剂等方式，合理调整混凝土、水泥砂浆的配合比，改善孔隙结构特征，增强材料的密实性、憎水性和抗渗性，阻止水分子渗透，从而达到结构自防水的目的。这种防水方法成本低、施工较为简单，当出现渗漏时，只需修补渗漏裂缝即可，无须重新更换整个防水层。由于刚性防水的防水层易受结构层的变形而开裂，所以，一般工程的防水层采用刚柔互补的复合防水技术。

（1）防水混凝土

防水混凝土兼有结构层和防水层的双重功效。其防水机理是依靠结构构件（如梁、板、柱、墙体等）混凝土自身的密实性，再加上一些构造措施（如设置坡度、变形缝或者使用嵌缝膏、止水环等），达到结构自防水的目的。

防水混凝土一般包括普通防水混凝土、外加剂防水混凝土（引气剂防水混凝土、减水剂防水混凝土、三乙醇胺防水混凝土、氯化铁防水混凝土等）和膨胀剂防水混凝土（补偿收缩混凝土）三大类。

（2）防水砂浆

水泥砂浆防水层是通过严格的操作技术或掺入适量的防水剂、高分子聚合物等材料，提高砂浆的密实性，达到抗渗防水的目的。

水泥砂浆防水层按其材料成分的不同，分为刚性多层普通水泥砂浆防水、聚合物水泥砂浆防水和掺外加剂水泥砂浆防水三大类。

2. 柔性防水材料

防水卷材是建筑柔性防水材料的主要品种之一，它应用广泛，其数量占我国整个防水材料的90%。防水卷材按材料的组成不同，分为普通沥青防水卷材、高聚物改性沥青防水卷材和合成高分子防水卷材三个系列，几十个品种规格。

（1）沥青防水卷材

沥青防水卷材是用原纸、纤维织物、纤维毡等胎体材料浸涂沥青，表面撒布粉状、粒状或片状材料制成的可卷曲的片状防水材料。按胎体材料的不同分为三类，即纸胎油毡、纤维胎油毡和特殊胎油毡。纤维胎油毡包括织物类（玻璃布、玻璃席等）和纤维毡类（玻纤、化纤、黄麻等）等；特殊胎油毡包括金属箔胎、合成膜胎、复合胎等。由于其容易老化，使用寿命不长，因而目前使用不多。

（2）高聚物改性沥青防水卷材

由于沥青防水卷材含蜡量高，延伸率低，温度的敏感性强，在高温下易流淌，低温下易脆裂和龟裂，因此只有对沥青进行改性处理，提高沥青防水卷材的拉伸强度、延伸率、在温度变化下的稳定性以及抗老化等性能，才能适应建筑防水材料的要求。

沥青改性以后制成的卷材，叫做改性沥青防水卷材。目前，对沥青的改性方法主要有：采用合成高分子聚合物进行改性、沥青催化氧化、沥青的乳化等。

合成高分子聚合物（简称高聚物）改性沥青防水卷材包括：SBS改性沥青防水卷材、APP改性沥青防水卷材、PVC改性焦油沥青防水卷材、再生胶改性沥青防水卷材、废橡胶粉改性沥青防水卷材和其他改性沥青防水卷材等种类。

（3）合成高分子防水卷材

合成高分子防水卷材是用合成橡胶、合成树脂或塑料与橡胶共混材料为主要原料，掺入适量的稳定剂、促进剂、硫化物和改进剂等化学助剂及填料，经混炼、压延或挤出等工序加工而成的可卷曲片状防水材料。

合成高分子防水卷材有多个品种，包括三元乙丙橡胶防水卷材、丁基橡胶防水卷材、再生橡胶防水卷材、氯化聚乙烯防水卷材、聚氯乙烯防水卷材、聚乙烯防水卷材、氯磺化聚乙烯防水卷材、氯化聚乙烯—橡胶共混防水卷材、三元乙丙橡胶—聚乙烯共混防水卷材等。这些卷材的性能差异较大，堆放时，要按不同品种的标号、规格、等级分别放置，避免因混乱而造成错用。

3. 涂膜防水材料

防水涂料是一种在常温下呈黏稠状液体的高分子合成材料。涂刷在基层表面后，经过溶剂的挥发或水分的蒸发或各组分间的化学反应，形成坚韧的防水膜，起到防水、防潮的作用。

涂膜防水层完整、无接缝，自重轻，施工简单、方便、工效高，易于修补，使用寿命长。若防水涂料配合密封灌缝材料使用，可增强防水性能，有效防止渗漏水，延长防水层的耐用期限。

防水涂料按液态的组分不同，分为单组分防水涂料和双组分防水涂料两类。其中单组分防水涂料按液态类型不同，分为溶剂型和水乳型两种；双组分防水涂料属于反应型。

防水涂料按基材组成材料的不同，分为沥青基防水涂料、高聚物改性沥青防水涂料和合成高分子防水涂料三大类。

4. 密封防水材料

建筑密封材料是为了填堵建筑物的施工缝、结构缝、板缝、门窗缝及各类节点处的接缝，达到防水、防尘、保温、隔热、隔声等目的。

建筑密封材料应具备良好的弹塑性、粘结性、挤注性、施工性、耐候性、延伸性、水密性、气密性、贮存性、化学稳定性，并能长期抵御外力的影响，如拉伸、压缩、收缩、膨胀、振动等。

建筑密封材料品种繁多，它们的不同点主要表现在材质和形态两个方面。

建筑密封材料按形态不同，分为不定型密封材料和定型密封材料两大类。不定型密封材料是呈黏稠状的密封膏或嵌缝膏，将其嵌入缝中，具有良好的水密性、气密性、弹性、粘结性、耐老化性等特点，是建筑常用的密封材料。定型密封材料是将密封材料加工成特定的形状，如密封条、密封带、密封垫等，供工程中特殊的密封部位使用。

建筑密封材料按材质的不同，分为改性沥青密封材料和合成高分子密封材料两大类。

8.7.2 地下结构防水施工

地下工程全埋或半埋于地下或水下，常年受到潮湿和地下水的有害影响，所以，对地下工程防水的处理比屋面防水工程的要求更高，防水技术难度更大。

1. 地下结构的防水方案与施工排水

（1）地下结构的防水方案

地下工程防水等级分为4级，各级标准见表8-22。

地下工程防水等级标准 表8-22

防水等级	防水标准
一级	不允许渗水,结构表面无湿渍
二级	不允许漏水,结构表面可有少量湿渍； 房屋建筑地下工程：总湿渍面积不应大于总防水面积（包括顶板、墙面、地面）的1/1000；任意100m²防水面积上的湿油不超过2处,单个湿渍的最大面积不大于0.1m²； 其他地下工程：总湿渍面积不应大于总防水面积的2/1000；任意100m²防水面积上的湿渍不超过3处,单个湿渍的最大面积不大于0.2m²；其中,隧道工程平均渗水量不在于0.05L/(m²·d),任意100m²防水面积上的渗水量不大于0.15L/(m²·d)
三级	有少量漏水点,不得有线流和漏泥砂； 任意100m²防水面积上的漏水或湿渍点数不超过7处,单个漏水点的最大漏水量不大于2.5L/d,单个湿渍的最大面积不大于0.3m²
四级	有漏水点,不得有线流和漏泥砂； 整个工程平均漏水量不大于2L/(m²·d)；任意100m²防水面积上的平均漏水量不大于4L/(m²·d)

当建造的地下结构超过地下正常水位时，必须选择合理的防水方案。目前，常用的有以下几种方案：

1）结构自防水：它是以地下结构本身的密实性（即防水混凝土）实现防水功能，使结构承重和防水合为一体。

2）防水层防水：它是在地下结构外表面加设防水层防水，常用的有砂浆防水层、卷材防水层、涂膜防水层等。

3）"防排结合"防水：即采用防水加排水措施，排水方案可采用盲沟排水、渗排水、内排法排水等。

（2）地下防水工程施工期间的排水与降水

地下防水工程施工期间，应保护基坑内土体干燥，严禁带水或带泥浆进行防水施工，因此，地下水位应降至防水工程底部最低标高以下至少300mm，并防止地表水流入基坑内。基坑内的地面水应及时排出，不得破坏基底受力范围内的土层构造，防止基土流失。

2. 防水混凝土结构施工

（1）防水混凝土适用于一般工业与民用建筑物的地下室、地下水泵房、水池、水塔、大型设备基础、沉箱、地下连续墙等防水建筑。防水混凝土不适用于裂缝开展宽度大于0.2mm，并有贯通的裂缝混凝土结构；防水混凝土不适用于遭受剧烈振动或冲击的结构，振动和冲击使得结构内部产生拉应力，当拉应力大于混凝土自身抗拉强度时，就会出现结构裂缝，产生渗漏现象；防水混凝土的环境温度不得高于80℃，一般应控制在50～60℃以下，最好接近常温，这主要是因为防水混凝土抗渗性随着温度提高而降低，温度越高降低越明显。

（2）地下防水混凝土结构的施工要点

1）模板：模板应表面平整，拼缝严密不漏浆，吸水性小，有足够的承载力和刚度。一般情况下模板固定仍采用对拉螺栓，为防止在混凝土内造成引水通路，应在对拉螺栓或套管中部加焊（满焊）直径70～80mm的止水环或方形止水片。如模板上钉有预埋小方木，则拆模后将螺栓贴底割去，再抹膨胀水泥砂浆封堵，效果更好。

2）混凝土浇筑：混凝土应严格按配料单进行配料，为了增强均匀性，应采用机械搅拌，搅拌时间至少2min，运输时防止漏浆和离析。混凝土浇筑时应分层连续浇筑，其自由倾落高度不得大于2m，必要时采用溜槽或串筒浇筑，并采用机械振捣，不得漏振、欠振。

3）养护：防水混凝土的养护条件对其抗渗性影响很大，终凝后4～6h即应覆盖草袋，12h后浇水养护，3天内浇水4～6次/天，3天后2～3次/天，养护时间不少于14天。

4）拆模：防水混凝土不能过早拆模，一般在混凝土浇筑3天后，将侧模板松开，在其上口浇水养护14天后方可拆除。拆模时混凝土必须达到70%的设计强度，应控制混凝土表面温度与环境温度之差不应超过15～20℃。

5）施工缝处理：施工缝是防水混凝土的薄弱环节，施工时应尽量不留或少留，底板混凝土必须连续浇筑，不得留施工缝；墙体一般不应留垂直施工缝，如必须留应留在变形缝处，水平施工缝应留在距底板面不小于300mm的墙身上。施工缝常用防水构造形式，如图8-174所示。在继续浇筑混凝土前，应将施工缝外松散的混凝土凿去，清理浮浆和杂物，用水冲净并保持湿润，先铺一层20～25mm厚与混凝土中砂浆相同的水泥砂浆或涂刷混凝土界面处理剂后再浇混凝土。

3. 水泥砂浆防水层施工

水泥砂浆防水层是一种刚性防水层，主要依靠特定的施工工艺要求或掺加防水剂来提高水泥砂浆的密实性或改善其抗裂性，从而达到防水抗渗的目的。

（1）分类及适用范围

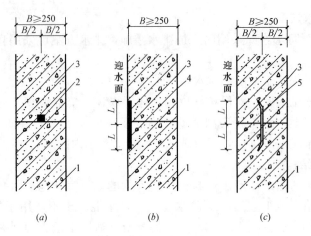

图 8-174　施工缝的防水处理

（a）设置膨胀止水条；（b）外贴止水带；（c）预埋钢板止水带

1—先浇混凝土；2—遇水膨胀止水带；3—后浇混凝土；4—外贴止水带；5—钢板止水带

1）刚性多层抹面的水泥砂浆防水层

它是利用不同配合比的水泥浆（素灰）和水泥砂浆分层交叉抹压密实而成的具有多层防线的整体防水层，本身具有较高的抗渗能力。

2）含无机盐防水剂的水泥砂浆防水层

在水泥砂浆中掺入占水泥质量3％～5％的防水剂（如氯化铁等），其抗渗性较低（≤0.4N/mm²）。

3）聚合物水泥砂浆防水层

掺入各种树脂乳液（如有机硅、氯丁胶乳、丙烯酸酯乳液等）的防水砂浆，其抗渗能力较强，可单独用于防水工程。

水泥砂浆防水层适用于埋深不大，环境不受侵蚀，不会因结构沉降，温度和湿度变化及持续受振动等产生有害裂缝的地下防水工程。

（2）刚性多层抹面水泥砂浆防水层施工

五层抹面做法（图8-175）主要用于防水工程的迎水面，背水面用四层抹面做法（少一道水泥浆）。

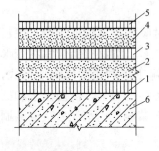

图 8-175　五层抹面做法构造

1、3—素灰层2mm；2、4—砂浆层4～5mm；5—水泥浆层1mm；6—结构层

施工应连续进行，尽可能不留施工缝。一般顺序为先平面后立面。分层做法如下：第一层，在浇水湿润的基层上先抹1mm厚素灰（用铁板用力刮抹5～6遍），再抹1mm找平；第二层，在素灰层初凝后终凝前进行，使砂浆压入素灰层0.5mm并扫出横纹；第三层，在第二层凝固后进行，做法同第一层；第四层，同第二层做法，抹平后在表面用铁板抹压5～6遍，最后压光；第五层，在第四层抹压二遍后刷水泥浆一遍，随第四层压光。养护可防止防水层开裂并提高不透水性，一般在终凝后约8～12h盖湿草包浇水养护，养护温度不宜低于5℃，并保持湿润，养护14天。

4. 卷材防水层施工

卷材防水层属柔性防水层，具有较好的韧性和延伸性，防水效果较好。其基本要求与屋面卷材防水层相同。

将卷材防水层铺贴在地下结构的外侧（迎水面）称为外防水，外防水卷材防水层的铺贴方法，按其与地下结构施工的先后顺序分为外防外贴法（简称外贴法）和外防内贴法（简称内贴法）两种。

（1）外防外贴法

外防外贴法是在地下构筑物墙体做好以后，把卷材防水层直接铺贴在墙面上，然后砌筑保护墙（图 8-176），其施工顺序如下：

待底板垫层上的水泥砂浆找平层干燥后，铺贴底板卷材防水层并伸出与立面卷材搭接的接头。在此之前，为避免伸出的卷材接头受损，先在垫层周围砌保护墙，其下部为永久性的（高度 $\geqslant B+(200\sim500)$mm，B 为底板厚），上部为临时性的（高度为 360mm），在墙上抹石灰砂浆或细石混凝土，在立面卷材上抹 M5 砂浆保护层。然后进行底板和墙身施工，在做墙身防水层前，拆临时保护墙，在墙面上抹找平层、刷基层处理剂，将接头清理干净后逐层铺贴墙面防水层，最后砌永久性保护墙。

外防外贴法的优点是构筑物与保护墙有不均匀沉陷时，对防水层影响较小，防水层做好后即可进行漏水试验，修补亦方便。缺点是工期较长，占地面积大；底板与墙身接头处卷材易受损。在施工现场条件允许时一般均采用此法施工。

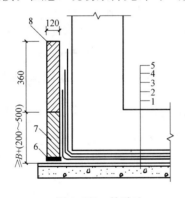

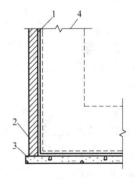

图 8-176　外贴法

1—垫层；2—找平层；3—卷材防水层；4—保护层；

5—构筑物；6—卷材；7—永久性保护墙；8—临时性保护墙

图 8-177　内贴法

1—卷材防水层；2—保护墙；

3—垫层；4—构筑物（未施工）

（2）外防内贴法

外防内贴法是墙体未做前，先砌筑保护墙，然后将卷材防水层铺贴在保护墙上，再进行墙体施工（图 8-177）。施工顺序如下：

1）先做底板垫层，砌永久性保护墙，然后在垫层和保护墙上抹 1∶3 水泥砂浆找平层，干燥后涂刷基层处理剂，再铺贴卷材防水层。

2）先贴立面，后贴水平面；先贴转角，后贴大面，铺贴完毕后做保护层（砂或散麻丝加 10～20mm 厚 1∶3 水泥砂浆），最后进行构筑物底板和墙体施工。

内贴法的优点是防水层的施工比较方便，不必留接头；施工占地面积小。缺点是构筑物与保护墙发生不均匀沉降时，对防水层影响较大；保护墙稳定性差；竣工后如发现漏水较难修补。这种方法只有当施工场地受限制，无法采用外贴法时才不得不用之。

5. 涂料防水层施工

（1）涂料防水层包括无机防水涂料和有机防水涂料。无机防水涂料通常采用水泥基防水涂料和水泥基渗透结晶型涂料，有机防水涂料通常选用反应型、水乳型、聚合物水泥防水涂料。当采用有机防水涂料时，应在阴阳角及底板增加一层胎体增强材料并增涂 2～4 遍防水涂料。

地下工程涂料防水层适用于混凝土结构或砌体结构迎水面或背水面涂刷。防水涂料也有外防外涂、内防内涂两种做法。

防水涂料厚度选用应符合表 8-23 规定。

防水涂料厚度（mm） 表 8-23

防水等级	设防道数	有机涂料			无机涂料	
		反应型	水乳型	聚合物水泥	水泥基	水泥基渗透结晶型
1级	三道或三道以上设防	1.2～2.0	1.2～1.5	1.5～2.0	1.5～2.0	≥0.8
2级	二道设防	1.2～2.0	1.2～1.5	1.5～2.0	1.5～2.0	≥0.8
3级	一道设防	—	—	≥2.0	≥2.0	
	复合设防	—	—	≥1.5	≥1.5	

（2）涂料防水层的施工顺序与前述卷材防水层施工顺序相似，其涂刷施工时应注意以下几点：

1）基层表面应洁净、平整，基层阴阳角应做成圆弧形；

2）涂料涂刷前应先在基层表面涂刷一层与涂料相容的基层处理剂；

3）涂膜应多遍完成，涂刷或喷涂应待前遍涂层干燥成膜后进行，每遍涂刷时应交替改变涂层的涂刷方向，同层涂膜的先后搭压宽度宜为 30～50mm；

4）涂料防水层的施工缝（甩槎）应注意保护。搭接缝宽度应大于 100mm，接涂前应将其甩在表面处理干净；

5）防水涂料施工完后应及时做好保护层。顶板的细石混凝土保护层厚度应大于 70mm，且与防水层之间宜设置隔离层，底板细石混凝土保护层厚度应大于 50mm，侧墙宜采用聚苯乙烯泡沫塑料保护层。

8.7.3 屋面防水施工

屋面防水工程，是指为防止雨水或人为因素产生的水从屋面渗入建筑物所采取的一系列结构、构造和建筑措施。按屋面防水工程的做法可分为：卷材防水屋面、涂膜防水屋面、刚性防水屋面、块材防水屋面、金属防水屋面、防水混凝土自防水结构、整体屋面防水等。按屋面防水材料可分为：自防水结构材料和附加防水层材料两大类。补偿收缩混凝土、防水混凝土、高效预应力混凝土、防水块材属于自防水结构材料；附加防水层材料则包括卷材、涂料、防水砂浆、沥青砂浆、接缝密封材料、金属板材、胶结材料、止水材料、堵漏材料和各类瓦材等。本节仅就目前常用的屋面防水做法进行介绍。

屋面工程的设计与施工应符合国家现行规范《屋面工程技术规范》GB 50345－2012和《屋面工程质量验收规范》GB 50207—2012。屋面工程应根据建筑物的性能、重要程度、使用功能要求，按不同的屋面防水等级进行防水设防。屋面防水等级及设防要求，见表8-24。

屋面防水等级和设防要求　　　　　　　　　　　　　表 8-24

防水等级	建筑类别	设防要求
Ⅰ级	重要建筑与高层建筑	两道防水设防
Ⅱ级	一般建筑	一道防水设防

注：本表摘自《屋面工程技术规范》GB 50345—2012。

1. 屋面找平层施工

屋面找平层按所用材料不同，可分为水泥砂浆找平层、细石混凝土找平层和沥青砂浆找平层，其厚度的技术要求应符合表 8-25 规定。

找平层的厚度和技术要求　　　　　　　　　　　　　表 8-25

类别	基层种类	厚度(mm)	技术要求
水泥砂浆找平层	整体混凝土	15～20	1：2.5～1：3（水泥：砂）体积比,水泥强度等级不低于32.5级
	整体或板状材料保温层	20～25	
	装配式混凝土板,松散材料保温层	20～30	
细石混凝土找平层	松散材料保温层	30～35	混凝土强度等级不低于C20
沥青砂浆找平层	整体混凝土	15～20	1：8（沥青：砂）,质量比
	装配式混凝土板,整体或板状材料保温层	20～25	

找平层表面应压实平整，排水坡度应符合设计要求。找平层宜留 20mm 宽的分格缝并嵌填密封材料，其最大间距不宜大于 6m（水泥砂浆或细石混凝土）或 4m（沥青砂浆）。

（1）水泥砂浆和细石混凝土找平层的施工

找平层施工前应对基层洒水湿润，并在铺浆前 1h 刷素水泥浆一度。找平层铺设按由远到近、由高到低的程序进行。在铺设时、初凝时和终凝前，均应抹平、压实，并检查平整度。

（2）沥青砂浆找平层的施工

冷底子油应均匀喷涂于洁净、干燥的基层上（1～2 遍），沥青砂浆的虚铺厚度一般为压实厚度的 3 倍，刮平后用火漆滚压（局部用热烙铁烫压）至平整、密实、表面无蜂窝压痕为止。

2. 保温及隔热层施工

保温隔热屋面适用于具有保温隔热要求的屋面工程。保温层可采用松散材料保温层、板状保温层和整体现浇（喷）保温层；隔热层可采用架空隔热层、蓄水隔热层、种植隔热层等。

（1）屋面保温层施工

保温层设在防水层上面时应做保护层，设在防水层下面时应做找平层；屋面坡度较大时，保温层应采取防滑措施。保温层的基层应平整、干燥和干净。

在铺设保温时，应根据标准铺筑，准确控制保温层的设计厚度。松散保温材料应分层铺设，并压实，每层虚铺厚度不宜大于150mm，压实的程度与厚度应根据设计和试验确定。干铺的板状保温层应铺平垫稳，分层铺设的板块上下层接缝应相互错开，板间缝隙应采用同类材料嵌填密实。粘贴的板状保温层、板块应与基层贴紧、铺平，上下层接缝错开，用水泥砂浆粘贴时，板缝应用体积比1∶1∶10（水泥∶石灰膏∶同类保温材料碎粒）的保温灰浆填实并勾缝；聚苯板材料应用沥青胶结料粘贴。整体保温层应分层（虚铺厚度一般为设计厚度的1.3倍）铺设，经压实后达到设计要求。压实后的保温层表面应及时铺抹1∶（2.5～3）的水泥砂浆找平层。

（2）倒置式屋面保温层施工

保温层设在防水层上面时称倒置式保温屋面，见图8-178。其基层应采用结构找坡（≥3%），必须使用憎水性保温材料，保温层可干铺，亦可粘贴。

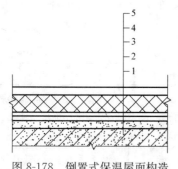

图8-178 倒置式保温屋面构造
1—结构基层；2—找平层；3—防水层；
4—保温层；5—保护层

保温层上面应做保护层，保护层分整体、板块和洁净卵石等，前两种均应分格。整体保护层为厚35～40mm厚C20以上的细石混凝土或25～35mm厚的1∶2水泥砂浆，板块保护层可采用C20细石混凝土预制块；卵石保护层与保温层之间应铺一层无纺聚酯纤维布做隔离层，卵石应覆盖均匀，不留空隙。

3. 隔热层施工

（1）架空隔热层施工

架空隔热层高度按屋面宽度和坡度大小确定，一般以100～300mm左右为宜，当屋面宽度大于10m时，应设置通风屋脊。施工时先将屋面清扫干净，弹出支座中线，再砌筑支座，砖墩支座宜用M5砂浆砌筑，也可用空心砖或C10混凝土。当在卷材或涂膜防水层上砌筑支墩时，应先干铺略大于支座的卷材块。架空板应坐浆刮平、垫稳，板缝整齐一致，随时清除落地灰，保证架空层气流畅通。架空板与山墙及女儿墙间距离应大于等于250mm。

（2）蓄水屋面与种植屋面施工

蓄水屋面应划分为若干边长不大于10m的蓄水区，屋面泛水的防水层高度应高出溢水口100mm，蓄水区的分仓墙宜用M10砂浆砌筑，墙顶应设钢筋混凝土压顶或钢筋砖（2φ6或2φ8）压顶。蓄水屋面的所有孔洞均应预留，不得后凿，每个蓄水区的防水混凝土应一次浇筑完不留施工缝。立面与平面的防水层应同时做好，所有给、排水管和溢水管等，应在防水层施工前安装完毕。蓄水屋面应设置人行通道。

种植屋面四周应设围护墙及泄水管、排水管，当屋面为柔性防水层时，上部应设刚性保护层。种植覆盖层施工时不得损坏防水层并不得堵塞泄水孔。

4. 卷材防水层施工

卷材防水屋面适用于防水等级为Ⅰ～Ⅱ级的屋面防水。卷材的防水屋面是用胶结材料粘贴卷材进行防水的屋面，其构造见图 8-179。这种屋面具有重量轻、防水性能好的优点，其防水层（卷材）的柔韧性好，能适应一定程度的结构振动和胀缩变形。卷材防水层应采用高聚物改性沥青防水卷材、合成高分子防水卷材或沥青防水卷材。

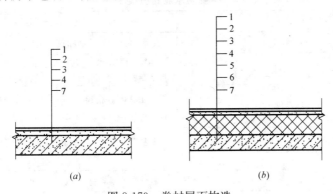

图 8-179　卷材屋面构造
(a) 不保温屋面；(b) 保温层面
1—保护层；2—防水层（卷材＋胶粘剂）；3—基层处理剂；4—找平层；
5—保温层；6—隔气层；7—结构层

（1）材料要求

1）基层处理剂

基层处理剂的选择应与所用卷材的材性相容。常用的基层处理剂有用于沥青卷材防水屋面的冷底子油，用于高聚物改性沥青防水卷材屋面的氯丁胶沥青乳胶、橡胶改性沥青溶液、沥青溶液（即冷底子油）和用于合成高分子防水卷材屋面的聚氨酯煤焦油系的二甲苯溶液、氯丁胶乳溶液、氯丁胶沥青乳胶等。施工前应查明产品的使用要求，合理选用。

2）胶粘剂

沥青卷材可选用玛琋脂或纯沥青（不得用于保护层）作为胶粘剂；高聚物改性沥青卷材可选用橡胶或再生橡胶改性沥青的汽油溶液或水乳液作胶粘剂，其粘结剪切强度应大于 0.05MPa，粘结剥离强度应大于 8N/10mm；合成高分子防水卷材可选用以氯丁橡胶和丁基酚醛树脂为主要成分的胶粘剂（如 404 胶等）或以氯丁橡胶乳液制成的胶粘剂，其粘结剥离强度不应小于 15N/10mm，用量为 0.4～0.5kg/m²。施工前亦应查明产品的使用要求，与相应的卷材配套使用。

3）卷材

主要防水卷材的分类参见表 8-26。

各种防水材料及制品均应符合设计要求，具有质量合格证明，进场前应按规范要求进行抽样复检，严禁使用不合格产品。

（2）施工的一般要求

基层处理剂可采用喷涂法或涂刷法施工。待前一遍喷、涂干燥后方可进行后一遍喷、涂或铺贴卷材。喷、涂基层处理剂前，应用毛刷对屋面节点、周边、拐角等处先行涂刷。

在坡度大于 25％的屋面上采用卷材做防水层时，应采取固定措施。卷材铺设方向应符合下列规定，当屋面坡度小于 3％时，卷材宜平行于屋脊铺贴；屋面坡度在 3％～15％时，卷材可平行或垂直屋脊铺贴；当屋面坡度大于 15％或屋面受振动时，沥青防水卷材应垂直屋脊铺贴，高聚物改性沥青防水卷材和合成高分子防水卷材可平行或垂直屋脊铺贴。上下层卷材不得相互垂直铺贴。

主要防水卷材分类表　　　　　　　　　　　　表 8-26

类　别		防水卷材名称
沥青基防水卷材		纸胎、玻璃胎、玻璃布、黄麻、铝箔沥青卷材
高聚物改性沥青防水卷材		SBS、APP、SBS—APP、丁苯橡胶改性沥青卷材；胶粉改性沥青卷材、再生胶卷材、PVC 改性煤焦油沥青卷材等
合成高分子防水卷材	硫化型橡胶或橡塑共混卷材	三元乙丙橡胶卷材、氯磺化聚乙烯卷材、丁基橡胶卷材、氯丁橡胶卷材、氯化聚乙烯—橡胶共混卷材等
	非硫化型橡胶或橡塑共混卷材	丁基橡胶卷材、氯丁橡胶卷材、氯化聚乙烯—橡胶共混卷材等
	合成树脂系防水卷材	氯化聚乙烯卷材、PVC 卷材等
	特种卷材	热熔卷材、冷自粘卷材、带孔卷材、热反射卷材、沥青瓦等

屋面防水层施工时，应先做好节点、附加层和屋面排水比较集中部位的处理，然后由屋面最低标高处向上施工。

铺贴卷材采用搭接法时，上下层及相邻两幅卷材搭接缝应错开。平行于屋脊的搭接缝应顺水流方向搭接；垂直于屋脊的搭接缝应顺最大频率风向搭接。各种卷材的搭接宽度应符合表 8-27 的要求。

卷材搭接宽度　　　　　　　　　　　　表 8-27

卷　材　类　别		搭　接　宽　度
合成高分子防水卷材	胶粘剂	80
	胶粘带	50
	单缝焊	60,有效焊接宽度不小于 25
	双缝焊	80,有效焊接宽度 10×2＋空腔宽
高聚物改性沥青防水卷材	胶粘剂	100
	自粘	80

（3）沥青卷材防水层的施工

1）普通沥青卷材防水层的施工

主要工艺流程是铺贴卷材前，应根据屋面特征及面积大小，合理划分施工流水段并在屋面基层上放出每幅卷材的铺贴位置，弹上标记。卷材在铺贴前应保持干燥，表面的撒布料应预先清扫干净。粘贴沥青防水卷材的玛　脂的每层厚度：对热玛　脂宜为 1～1.5mm，对冷玛　脂为 0.5～1mm；面层厚度：热玛　脂宜为 2～3mm，冷玛　脂宜为 1～1.5mm。玛　脂应涂刮均匀，不得过厚或堆积。

沥青卷材的铺贴方法有浇油法或刷油法，宜采用刷油法。在干燥的基层上满涂玛脂，应随刷涂随铺油毡。铺贴时，油毡要展平压实，使之与下层紧密粘结，卷材的接缝应用玛　脂赶平封严，对容易渗漏水的薄弱部位（如天沟、檐口、泛水、水落口处等），均应加铺1～2层卷材附加层。

2）排汽屋面卷材防水层的施工

所谓排汽屋面，就是在铺贴第一层卷材（各种卷材）时，采用空铺、条粘、点粘等方法使卷材与基层之间留有纵横相互贯通的空隙作排汽道（图 8-180）。对于有保温层的屋面，也可在保温层上的找平层上留槽作排汽道，并在屋面或屋脊上设置一定的排汽孔（每 $36m^2$ 左右一个）与大气相通，这样就能使潮湿基层中的水分蒸发排出，防止了油毡起鼓。排汽屋面适用于气候潮湿，雨量充沛，夏季阵雨多，保温层或找平层含水率较大，且干燥有困难地区。

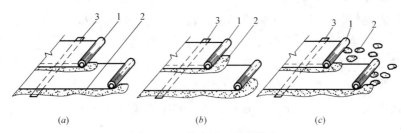

图 8-180　排汽屋面卷材铺法

（a）空铺法；（b）条贴法；（c）点粘法

1—卷材；2—玛　脂；3—附加卷材条

由于排汽屋面的底层卷材有一部分不与基层粘贴，可避免卷材拉裂，但其防水能力有所降低，且在使用时要考虑整个屋面抵抗风吸力的能力。

在铺贴第一层卷材时，为了保证足够的粘结力，在檐口、屋脊和屋面的转角处及突出屋面的连接处，至少应有 800mm 宽的卷材涂满胶粘剂。

3）保护层施工

用绿豆砂作保护层时，其粒径宜为 3～5mm 且清洁干燥，铺设时随刮热玛　脂（2～3mm 厚），随均匀铺撒热绿豆砂（预热至 100℃）并滚压使其嵌入玛　脂内 1/3～1/2 粒径。

用水泥砂浆、块体材料或细石混凝土作保护层时，应设置隔离层与防水层分开，保护层宜留设分格缝，分格面积对于水泥砂浆保护层宜为 $1m^2$，块体材料保护层宜小于 $100m^2$，细石混凝土保护层不宜大于 $36m^2$。

（4）高聚物改性沥青防水卷材施工

施工工艺流程与普通沥青卷材防水层相同。

立面或大坡面铺贴高聚物改性沥青防水卷材时，应采用满粘法，并宜减少短边搭接。

1）冷粘法铺贴卷材施工

胶粘剂涂刷应均匀、不漏底、不堆积。空铺法、条粘法、点粘法应按规定的位置与面积涂刷胶粘剂。铺贴卷材时应平整顺直，搭接尺寸准确，接缝应满涂胶粘剂，辊压粘结牢固，溢出的胶粘剂随即刮平封口；也可采用热熔法接缝。接缝口应用密封材料封严，宽度不小于 10mm。

2）热熔法铺贴卷材施工

卷材表面热熔后（以卷材表面熔融至光亮黑色为度）应立即滚铺卷材，使之平展，并辊压粘结牢固。搭接缝处必须溢出热熔的改性沥青为度，并应随即刮封接口。

3）自粘高聚物改性沥青防水卷材施工

待基层处理剂干燥后及时铺贴。先将自粘胶底面隔离纸完全撕净。铺贴时应排尽卷材下面的空气，并辊压粘结牢固，搭接部位宜采用热风焊枪加热后随即粘贴牢固，溢出的自粘胶随即刮平封口，接缝口用不小于 10mm 宽的密封材料封严。

4）保护层施工

采用浅色涂料作保护层时，涂层应与卷材粘结实牢固、厚薄均匀，不得漏涂。采用刚性材料保护层时施工方法同前。

（5）合成高分子防水卷材施工

施工工艺流程与前相同，可采用冷粘法、自粘卷材、热风焊接法施工。

冷粘法、自粘卷材施工与高聚物改性沥青防水卷材施工相同，但冷粘法施工时搭接部位应采用与卷材配套的接缝专用胶粘剂，在搭接缝粘合面上涂刷均匀，并控制涂刷与粘合的间隔时间，排除空气、辊压粘结牢固。

热风焊接法施工时焊接缝的结合面应清扫干净，先焊长边搭接缝，后焊短边搭接缝。保护层施工同前。

5. 涂膜防水屋面施工

涂膜防水屋面适用于防水等级为Ⅱ级的屋面防水，也可作为Ⅰ级屋面多道防水设防中的一道防水层。防水涂料应采用高聚物改性沥青防水涂料、合成高分子防水涂料。

（1）屋面密封防水施工

当屋面结构层为装配式钢筋混凝土板时，板缝内应浇灌细石混凝土（≥C20），并应掺微膨胀剂。板缝常用构造形式见图 8-181，上口留有 20～30mm 深凹槽，嵌填密封材料，表面增设 250～350mm 宽的带胎体增强材料的加固保护层。

（2）涂膜防水层施工

防水层构造见图 8-182。

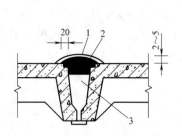

图 8-181　密封防水示意图
1—保护层；2—油膏；3—背衬材料

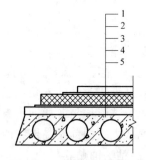

图 8-182　涂膜防水层构造
1—保护层；2—防水上涂层；3—加筋涂层；
4—防水下涂层；5—基层处理剂

基层处理剂常用涂膜防水材料稀释后使用，其配合比应根据不同防水材料按要求配置。

涂膜防水必须由两层以上涂层组成，每层应刷 2～3 遍，其总厚度必须达到设计要求。在满足厚度的前提下，涂刷遍数越多对成膜的密实度越好，因此，不论是厚质涂料还是薄质涂料均不得一次成膜。

涂料的涂布顺序为：先高跨后低跨，先远后近，先立面后平面。涂层应厚薄均匀，表面平整，待前遍涂层干燥后，再涂刷后遍。

涂膜防水屋面应设置保护层，保护层材料可采用细砂、云母、蛭石、浅色涂料、水泥砂浆或块材等。当采用细砂、云母、蛭石时，应在最后一遍涂料涂刷后随即撒上，并用扫帚轻扫均匀、轻拍粘牢。浅色涂料施工与涂膜防水相同。

6. 刚性防水屋面施工

刚性防水屋面适用于防水等级为Ⅰ—Ⅱ级的屋面防水，但不适用于设有松散材料保温层的屋面，不适用于受较大冲击或振动的以及坡度大于15％的建筑屋面。刚性防水层一般是在屋面上现浇一层厚度不少于40mm的细石混凝土，作为屋面防水层，内配直径4～6mm的双向钢筋网片（在分格缝处应断开），间距为100～200mm，保护层厚度不小于10mm，其构造如图8-183所示。

刚性防水屋面的防水层与基层间宜设置隔离层。细石混凝土内宜掺膨胀剂、减少剂、防水剂并设纵横间距均不大于6m的分格缝，分格缝内应嵌填密封材料。当采用补偿收缩防水层时，可不做隔离层。

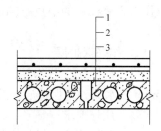

图8-183　刚性防水层构造
1—预制板；2—隔离层；
3—细石混凝土防水层

混凝土浇筑应按先远后近、先高后低的原则进行，一个分格缝内的混凝土必须一次浇筑完毕，不得留施工缝。钢筋网片应放置在混凝土中的上部，混凝土虚铺厚度为1.2倍压实厚度，先用平板振动器振实。然后用滚筒滚压至表面平整、泛浆，由专人抹光，在混凝土初凝时进行第二次压光。混凝土终凝后养护7～14天。

8.7.4　室内其他部位防水施工

1. 卫生间、楼地面聚氨酯防水施工

聚氨酯涂膜防水材料是双组分化学反应固化型的高弹性防水涂料，多以甲、乙双组分形式使用。主要材料有聚氨酯涂膜防水材料甲组分、聚氨酯涂膜防水材料乙组分和无机铝盐防水剂等。施工用辅助材料应备有二甲苯、醋酸乙酯、磷酸等。

（1）基层处理

卫生间的防水基层必须用1∶3的水泥砂浆找平。要求抹平压光无空鼓，表面要坚实，不应有起砂、掉灰现象。在抹找平层时，在管道根部的周围，应使其略高于地面，在地漏的周围，应做成略低于地面的洼坑。找平层的坡度以1‰～2‰为宜，坡向地漏。凡遇到阴、阳角处，要抹成半径不小于10mm的小圆弧。与找平层相连接的管件、卫生洁具、排水口等，必须安装牢固，收头圆滑，按设计要求用密封膏嵌固。基层必须基本干燥。一般在基层表面均匀泛白无明显水印时，才能进行涂膜防水层施工。施工前要把基层表面的尘土杂物彻底清扫干净。

（2）施工工艺

1）清理基层

需作防水处理的基层表面，必须彻底清扫干净。

2）涂布底胶

将聚氨酯甲、乙两组分和二甲苯按 1∶1.5∶2 的比例（重量比，以产品说明为准）配合搅拌均匀，再用小滚刷或油漆刷均匀涂布在基层表面上。涂刷量约 0.15~0.2kg/m²，涂刷后应干燥固化 4h 以上，才能进行下道工序施工。

3）配制聚氨酯涂膜防水涂料

将聚氨酯甲、乙组分和二甲苯按 1∶1.5∶0.3 的比例配合，用电动搅拌器强力搅拌均匀备用。应随配随用，一般在 2h 内用完。

4）涂膜防水层施工

用小滚刷或油漆刷将已配好的防水涂料均匀涂布在底胶已干固的基层表面上。涂完第一度涂膜后，一般需固化 5h 以上，在基本不粘手时，再按上述方法涂布第二、三、四度涂膜，并使后一度与前一度的涂布方向相垂直。对管子根部、地漏周围以及墙转角部位，必须认真涂刷，涂刷厚度不小于 2mm。在涂刷最后一度涂膜固化前及时稀撒少许干净的粒径为 2~3mm 的小豆石。使其与涂膜防水层粘结牢固，作为与水泥砂浆保护层粘结的过渡层。

5）作好保护层

当聚氨酯涂膜防水层完全固化和通过蓄水试验合格后，即可铺设一层厚度为 15~25mm 的水泥砂浆保护层，然后按设计要求铺设饰面层。

（3）质量要求

聚氨酯涂膜防水材料应符合设计要求或材料标准规定，并应附有质量证明文件和现场取样进行检测的试验报告以及其他有关质量的证明文件。聚氨酯的甲、乙料必须密封存放，甲料开盖后，吸收空气中的水分会起反应而固化，如在施工中混有水分，则聚氨酯固化后内部会有水泡，影响防水能力。涂膜厚度应均匀一致，总厚度不应小于 1.5mm。涂膜防水层必须均匀固化，不应有明显的凹坑、气泡和渗漏水的现象。

2. 卫生间、楼地面氯丁胶乳沥青防水涂料施工

氯丁胶乳沥青防水涂料是以氯丁橡胶和沥青为基料，经加工合成的一种水乳型防水涂料。它兼有橡胶和沥青的双重优点，具有防水、抗渗、耐老化、不易燃、无毒、抗基层变形能力强等优点，冷作业施工，操作方便。

（1）基层处理

与聚氨酯涂膜防水施工要求相同。

（2）施工工艺及要点

二布六油防水层的工艺流程：基层找平处理→满刮一遍氯丁胶沥青水泥腻子→满刮第一遍涂料→做细部构造加强层→铺贴玻璃布，同时刷第二遍涂料→刷第三遍涂料→铺贴玻纤网格布，同时刷第四遍涂料→涂刷第五遍涂料→涂刷第六遍涂料并及时撒砂粒→蓄水试验→按设计要求做保护层和面层→防水层二次试水，验收。

在清理干净的基层上满刮一遍氯丁胶乳沥青水泥腻子，管根和转角处要厚刮并抹平整，腻子的配制方法是将氯丁胶乳沥青防水涂料倒入水泥中，边倒边搅拌至稠浆状即可刮涂于基层，腻子厚度为 2~3mm，待腻子干燥后，满刷一遍防水涂料，但涂刷不能过厚，不得漏刷，表面均匀不流淌，不堆积，立面刷至设计标高。在细部构造部位，如阴阳角、管道根部、地漏、大便器蹲坑等分别附加一布二涂附加层。附加层干燥后，大面铺贴玻纤网格布同时涂刷第二遍防水涂料，使防水涂料浸透布纹渗入下层，玻纤网格布搭接宽度不小于100mm，立面贴到设计高度，顺水接槎，收口处贴牢。

上述涂料实干后（约 24h），满刷第三遍涂料，表干后（约 4h）铺贴第二层玻纤网格布同时满刷第四遍防水涂料。第二层玻纤布与第一层玻纤布接槎要错开，涂刷防水涂料时，应均匀，将布展平无折皱。上述涂层实干后，满刷第五遍、第六遍防水涂料，整个防水层实干后，可进行第一次蓄水试验，蓄水时间不少于 24h，无渗漏才合格，然后做保护层和饰面层。工程交付使用前应进行第二次蓄水试验。

（3）质量要求

水泥砂浆找平层做完后，应对其平整度、强度、坡度和干燥度进行预检验收。防水涂料应有产品质量证明书以及现场取样的复检报告。施工完成的氯丁胶乳沥青涂膜防水层，不得有起鼓、裂纹、孔洞缺陷。末端收头部位应粘贴牢固，封闭严密，成为一个整体的防水层。做完防水层的卫生间，经 24h 以上的蓄水检验，无渗漏水现象方为合格。要提供检查验收记录，连同材料质量证明文件等技术资料一并归档备查。

3. 卫生间涂膜防水施工注意事项

施工用材料有毒性，存放材料的仓库和施工现场必须通风良好，无通风条件的地方必须安装机械通风设备。

施工材料多属易燃物质，存放、配料以及施工现场必须严禁烟火，现场要配备足够的消防器材。在施工过程中，严禁上人踩踏未完全干燥的涂膜防水层。操作人员应穿平底胶布鞋，以免损坏涂膜防水层。

凡需做附加补强层的部位应先施工，然后再进行大面防水层施工。

已完工的涂膜防水层，必须经蓄水试验无渗漏现象后，方可进行刚性保护层的施工。进行刚性保护层施工时，切勿损坏防水层，以免留下渗漏隐患。

8.7.5 防水工程施工安全要求

1. 屋面防水工程施工安全要求

屋面防水属高空作业，油毡屋面防水层施工又为高温作业，防水材料多含有一定有毒成分和易燃物质，因此施工时，应防止火灾、中毒、烫伤和坠落等工伤事故，要采取必要的安全措施。

（1）屋面四周的脚手架，均应高出屋檐 1m 以上，并应有遮挡围护，这是必须做到的一点。

（2）在使用垂直运输的机械、井架时，均应遵守使用该类机具的规定，不准违反。

（3）上高施工人员应符合高空作业的条件，不得穿打滑的鞋，应戴好安全帽，系好安全带。

（4）附近有架空电线时，应搭设防护架，挡开电线，安全施工。

（5）不准夜间施工。大风（五级以上）、大雨和大雪天气不准施工。遇雪后天气，应先清扫架子、屋面，然后才能施工。

（6）对沥青材料等施工，应遵守国家《关于防止沥青中毒的办法》以及其他有关安全、防火的专门规定。现场使用明火要有许可证，并应有防火措施。施工运输操作中应防止烫伤。

（7）所用材料应有专人保管、领发，尤其应杜绝有毒的涂料、易燃材料的无人管理状况。

2. 地下防水工程施工安全要求

地下防水工程施工，首先应检查护坡和支护是否可靠。材料堆放应距坑边沿 1m 以外，重物应距土坡在安全距离以外。操作人员应穿戴工作服、安全帽、口罩和手套等劳动保护用品。熬制沥青、铺贴油毡等安全操作的要求同屋面防水工程。

8.8 钢结构工程

钢结构建筑被称为 21 世纪的绿色工程，具有自重轻、安装容易、施工周期短、抗震性能好、投资回收快、环境污染少、建筑造型美观等综合优势。随着我国钢铁工业的发展，国家建筑技术政策由以往限制使用钢结构转变为积极合理推广应用钢结构，从而推动了建筑钢结构的快速发展。

钢结构工程一般由专业厂家或承包单位负责详图设计、构件加工制作及安装任务。其工作程序如下：

工程承包→详图设计→技术设计单位审批→材料订货→材料运输→钢结构构件加工→成品运输→现场安装。

钢结构工程的施工，应符合《钢结构工程施工质量验收规范》GB 50205—2001 及其他相关规范、规程的规定。

8.8.1 钢结构材料

在钢结构中，常用的钢材只是普通碳素钢和普通低合金钢两种，如 Q235 钢、16 锰钢 (16Mn)、15 锰钒钢 (15MnV)、16 锰桥钢 (16Mnq)、15 锰钒桥钢 (15MnVq) 等。

承重结构的钢材，应根据结构的重要性、荷载特征、结构形式、应力状态、连接方法、钢材厚度和工作环境等进行选择。钢结构规范规定：

(1) 承重结构的钢材，宜采用 Q235 钢、Q345 钢、Q390 钢、和 Q420 等牌号钢，其质量应符合现行标准《碳素结构钢》（GB/T 700—2006）和《低合金高强度钢》（GB/T 1591—2008）的规定。

(2) 下列情况的承重结构不应采用 Q235 钢。

焊接结构：直接承受动力荷载或振动荷载且需要进行疲劳验算的结构；工作温度低于 −20℃时的直接承受动力荷载或振动荷载，但可不进行疲劳验算的结构；承受静力荷载的受弯及受拉的重要结构；以及工作温度等于或低于 −30℃的所有承重结构。

非焊接结构：工作温度等于或低于 −20℃的直接承受动力荷载且需要进行疲劳验算的结构。

(3) 承重结构的钢材应具有抗拉强度、伸长率、屈服强度和硫、磷含量的合格保证，对焊接结构尚应有碳含量的合格保证。

焊接承重结构以及重要的非焊接结构的钢材，还应具有冷弯试验的合格保证。

对于需要进行疲劳验算的焊接结构，应具有常温冲击韧性的合格保证。当结构工作温度不高于 0℃但高于 −20℃时，对于 Q235，Q345 钢应具有 0℃冲击韧性的合格保证；对 Q390 和 Q420 钢应具有 −20℃冲击韧性的合格保证。当结构工作温度不高于 −20℃时，对于 Q235，Q345 钢应具有 −20℃冲击韧性的合格保证；对 Q390 和 Q420 钢应具有

—40℃冲击韧性的合格保证。

对于需要进行疲劳验算的非焊接结构的钢材，必要时也应具有常温冲击韧性的合格保证。

《江苏省建筑安装工程施工技术操作规程》（DGJ32/J 31—2006）对钢材要求如下：

钢材、钢铸件的品种、规格、性能等应符合现行国家产品标准和设计要求。进口钢材产品的质量应符合设计和合同规定标准的要求。

在选用钢铸件材质时，除保证其力学性能符合设计要求外，还应注意对其碳含量与焊接裂纹敏感性指数的控制，以保证其有良好的可焊性。

钢材表面质量应符合国家标准的规定，当表面有锈蚀、麻点或划痕等缺陷时，其深度不得大于该钢材厚度负偏差允许值的1/2。低合金钢板和钢带的厚度还应保证不低于允许最小厚度。

钢材表面的锈蚀等级应符合现行国家标准《涂装前钢材表面锈蚀等级和除锈等级》（GB 8923—2011）规定的C级和C级以上。

钢板表面缺陷不允许采用焊补和堵塞处理，应用凿子或砂轮清理。

如发现钢材表面、端边、断口处有分层、夹灰、裂纹、气孔等缺陷时，应及时通知有关部门，划分缺陷等级，按有关规定处理。

8.8.2 钢结构构件的储存

（1）钢材储存的场地条件：

钢材可堆放在有顶棚的仓库里，不宜露天堆放。必须露天堆放时，时间不应超过6个月；且场地要平整，并应高于周围地面，四周留有排水沟。堆放时要尽量使钢材截面的背面向上或向外，以免积雪、积水，两端应有高差，以利排水。堆放在有顶棚的仓库内时，可直接堆放在地坪上，下垫楞木。

（2）钢材堆放要求：

经检验或复验合格的钢材应按品种、牌号、规格分类存放，并有明显标记，不得混杂。

钢材的堆放要尽量减少钢材的变形和锈蚀，在最底层垫上道木或木块，防止底部进水造成钢材锈蚀。钢材堆放时每隔5～6层放置楞木，其间距以不引起钢材明显的弯曲变形为宜，楞木要上下对齐，在同一垂直面内。材料堆放之间应考虑留有一定宽度的通道以便运输。

（3）钢材的标识：

钢材端部应树立标牌，标牌要标明钢材的规格、钢号、数量和材质验收证编号。钢材端部根据其钢号涂以不同颜色的油漆。钢材的标牌应定期检查。

（4）钢材的检验：

钢材在正式入库前必须严格执行检验制度，经检验合格的钢材方可办理入库手续。钢材检验的主要内容有：钢材的数量、品种与订货合同相符；钢材的质量保证书与钢材上的记号符合；核对钢材的规格尺寸；钢材表面质量检验。

（5）钢材领用时应该核对牌号、规格、型号、数量等，办理相关手续。

8.8.3 钢结构构件的加工制作

1. 加工制作前的准备工作

（1）详图设计和图纸审查

一般设计院提供的设计图，不能直接用来加工制作钢结构，而是要考虑加工工艺。如公差配合、加工余量、焊接控制等因素，在原设计图的基础上绘制加工制作图（又称施工详图）。详图设计一般由加工单位负责进行，应根据建设单位的技术设计图纸以及发包文件中所规定的规范、标准和要求进行。加工制作图是最后沟通设计人员及施工人员意图的详图，是实际尺寸、画线、剪切、坡口加工、制孔、弯制、拼装、焊接、涂装、产品检查、堆放和发送等各项作业的指示书。

图纸审查的目的，一方面是检查图纸设计的深度能否满足施工的要求，核对图纸上构件的数量和安装尺寸，检查构件之间有无矛盾等；另一方面也对图纸进行工艺审核，即审查在技术上是否合理，构造是否便于施工，图纸上的技术要求按加工单位的施工水平能否实现等。图纸审查的主要内容包括：

1）设计文件是否齐全。设计文件包括设计图、施工图、图纸说明和设计变更通知单等。

2）构件的几何尺寸是否标注齐全，相关构件的尺寸是否正确。

3）构件连接是否合理，是否符合国家标准。

4）加工符号、焊接符号是否齐全。

5）构件分段是否符合制作、运输、安装的要求。

6）标题栏内构件的数量是否符合工程的总数量。

7）结合本单位的设备和技术条件考虑能否满足图纸上的技术要求。

图纸审查后要做技术交底准备，其内容主要有：①根据构件尺寸考虑原材料对接方案和接头在构件中的位置；②考虑总体的加工工艺方案及重要的组装方案；③对构件的结构不合理处或施工有困难的地方，要与需方或者设计单位做好变更签证的手续；④列出图纸中的关键部位或者有特殊要求的地方，加以重点说明。

（2）备料和核对

根据设计图纸算出各种材质、规格的材料净用量，并根据构件的不同类型和供货条件，增加一定的损耗率（一般为实际所需量的10%）提出材料预算计划。

目前国际上采取根据构件规格尺寸增加加工余量的方法，不考虑损耗，国内也已开始实行由钢厂按构件表加余量直接供料。

（3）工艺装备和机具准备

1）根据设计图纸及国家标准定出成品的技术要求。

2）编制工艺流程，确定各工序的公差要求和技术标准。

3）根据用料要求和来料尺寸统筹安排、合理配料，确定拼装位置。

4）根据工艺和图纸要求，准备必要的工艺装备（胎、夹、模具）。

常用量具包括：木折尺、钢尺、钢卷尺、角尺、画线规及地规、游标卡尺等。

常用工具包括：锤类、样冲、凿子、划针、粉线圈、钳子、花砧子、调直器等。

在钢结构工程中，最好使工厂用卷尺和现场用卷尺属同一类产品，也就是各工种之间使用"同一把尺"。如果有困难，则 10m 之间的相互差值控制在 0.5mm 之内。

（4）编制工艺流程

编制工艺流程的原则是操作能以最快的速度、最少的劳动量和最低的费用，可靠地加工出符合图纸设计要求的产品。内容包括：①成品技术要求。②具体措施：关键零件的加工方法、精度要求、检查方法和检查工具；主要构件的工艺流程、工序质量标准、工艺措施（如组装次序、焊接方法等）；采用的加工设备和工艺设备。

编制工艺流程表（或工艺过程卡），基本内容包括零件名称、件号、材料牌号、规格、件数、工序名称和内容、所用设备和工艺装备名称及编号、工时定额等。关键零件还要标注加工尺寸公差，重要工序要画出工序图。

（5）组织安全技术交底

上岗操作人员应进行培训和考核，特殊工种应进行资格确认，充分做好各项工序的技术交底工作。技术交底按工程的实施阶段可分为两个层次。第一个层次是开工前的技术交底会，参加的人员主要有：工程图纸的设计单位，工程建设单位，工程监理单位及制作单位的有关部门和有关人员。技术交底主要内容有：①工程概况；②工程结构构件的类型和数量；③图纸中关键部位的说明和要求；④设计图纸的节点情况介绍；⑤对钢材、辅料的要求和原材料对接的质量要求；⑥工程验收的技术标准说明；⑦交货期限、交货方式的说明；⑧构件包装和运输要求；⑨涂层质量要求；⑩其他需要说明的技术要求。第二个层次是在投料加工前进行的本工厂施工人员交底会，参加的人员主要有：制作单位的技术、质量负责人，技术部门和质检部门的技术人员、质检人员，生产部门的负责人、施工员及相关工序的代表人员等。此类技术交底主要内容除上述 10 点外，还应增加工艺方案、工艺规程、施工要点、主要工序的控制方法和检查方法等与实际施工相关的内容。

钢结构生产效率很高，工件在空间大量、频繁地移动，各个工序中大量采用的机械设备都须作必要的防护和保护。因此，生产过程中的安全措施极为重要，特别是在制作大型、超大型钢结构时，更必须十分重视安全事故的防范。要求做到以下安全事项：

1）进入施工现场的操作者和生产管理人员均应穿戴好劳动防护用品，按规程要求操作。

2）对操作人员进行安全学习和安全教育，特殊工种必须持证上岗。

3）为了便于钢结构的制作和操作者的操作活动，构件宜在一定高度上测量。装配组装胎架、焊接胎架、各种搁置架等，均应与地面保持 0.4~1.2m。

4）构件的堆放、搁置应十分稳固，必要时应设置支撑或定位。构件堆垛不得超过二层。

5）索具、吊具要定时检查，不得超过额定荷载。正常磨损的钢丝绳应按规定更换。

6）所有钢结构制作中，各种胎具的制造和安装，均应进行强度计算，不能仅凭经验估算。

7）生产过程中所使用的氧气、乙炔、丙烷、电源等必须有安全防护措施，并定期检测泄漏和接地情况。

8）对施工现场的危险源应做出相应的标志、信号、警戒等，操作人员必须严格遵守各岗位的安全操作规程，以避免意外伤害。

9）构件起吊应听从一个人的指挥。构件移动时，移动区域内不得有人滞留和通过。

10）所有制作场地的安全通道必须畅通。

2. 零件加工

（1）放样

在钢结构制作中，放样是指把零（构）件的加工边线、坡口尺寸、孔径和弯折、滚圆半径等以1∶1的比例从图纸上准确地放制到样板和样杆上，并注明图号、零件号、数量等。样板和样杆是下料、制弯、铣边、制孔等加工的依据。

（2）画线

画线亦称号料，即根据放样提供的零件的材料、尺寸、数量，在钢材上画出切割、铣、刨边、弯曲、钻孔等加工位置，并标出零件的工艺编号。

（3）切割下料

钢材切割下料方法有气割、机械剪切和锯切等。

（4）边缘加工

边缘加工分刨边、铣边和铲边三种。

（5）矫正平直

钢材由于运输和对接焊接等原因产生翘曲时，在画线切割前需矫正平直。矫平可以采用冷矫和热矫的方法。

1）冷矫：一般用辊式型钢矫正机、机械顶直矫正机直接矫正。

2）热矫：热矫是利用局部火焰加热方法矫正。

（6）滚圆与煨弯

滚圆是用滚圆机把钢板或型钢变成设计要求的曲线形状或卷成螺旋管。

煨弯是钢材热加工的方式之一，即把钢材加热到900～1000℃（黄赤色），立即进行煨弯，在700～800℃（樱红色）前结束。

（7）零件的制孔

零件制孔方法有冲孔、钻孔两种。

3. 构件组装

组装亦称装配、组拼，是把加工好的零件按照施工图的要求拼装成单个构件。钢构件的大小应根据运输道路、现场条件、运输和安装单位的机械设备能力与结构受力的允许条件等来确定。

（1）一般要求

1）钢构件组装应在平台上进行，平台应测平。用于装配的组装架及胎模要牢固地固定在平台上。

2）组装工作开始前要编制组装顺序表，组拼时严格按照顺序表所规定的顺序进行组拼。

3）组装时，要根据零件加工编号，严格检验核对其材质、外形尺寸，毛刺飞边要清除干净，对称零件要注意方向，避免错装。

4）对于尺寸较大、形状较复杂的构件，应先分成几个部分组装成简单组件，再逐渐拼成整个构件，并注意先组装内部组件，再组装外部组件。

5）组装好的构件或结构单元，应按图纸的规定对构件进行编号，并标注构件的重量、重心位置、定位中心线、标高基准线等。构件编号位置要在明显易查处，大构件要在三个面上都编号。

（2）焊接连接的构件组装

1）根据图纸尺寸，在平台上画出构件的位置线，焊上组装架及胎模夹具。组装架离平台面不小于 50mm，并用卡兰、左右螺旋丝杠或梯形螺纹，作为夹紧调整零件的工具。

2）每个构件的主要零件位置调整好并检查合格后，把全部零件组装上并进行点焊，使之定形。在零件定位前，要留出焊缝收缩量及变形量。高层建筑钢结构的柱子，两端除增加焊接收缩量的长度之外，还必须增加构件安装后荷载压缩变形量，并留好构件端头和支承点铣平的加工余量。

3）为了减少焊接变形，应该选择合理的焊接顺序。如对称法、分段逆向焊接法、跳焊法等。在保证焊缝质量的前提下，采用适量的电流，快速施焊，以减小热影响区和温度差，减小焊接变形和焊接应力。

4. 构件成品的表面处理

（1）高强度螺栓摩擦面的处理

采用高强度螺栓连接时，应对构件摩擦面进行加工处理。摩擦面处理后的抗滑移系数必须符合设计文件的要求。

摩擦面的处理方法一般有喷砂、酸洗、砂轮打磨等几种，其中喷砂处理过的摩擦面的抗滑移系数值较高，离散率较小。处理好的摩擦面严禁有飞边、毛刺、焊疤和污损等，不得涂油漆，在运输过程中防止摩擦面损伤。

构件出厂前应按批做试件检验抗滑移系数，试件的处理方法应与构件相同，检验的最小数值应符合设计要求，并附三组试件供安装时复验抗滑移系数。

（2）构件成品的防腐涂装

钢结构构件在加工验收合格后，应进行防腐涂料涂装。但构件焊缝连接处、高强度螺栓摩擦面处不能作防腐涂装，应在现场安装完后，再补刷防腐涂料。

5. 构件成品验收

钢结构构件制作完成后，应根据《钢结构工程施工质量验收规范》（GB 50205—2001）及其他相关规范、规程的规定进行成品验收。钢结构构件加工制作质量验收，可按相应的钢结构制作工程或钢结构安装工程检验批的划分原则划分为一个或若干个检验批进行。

构件出厂时，应提交产品质量证明（构件合格证）和下列技术文件：

（1）钢结构施工详图，设计更改文件，制作过程中的技术协商文件。

（2）钢材、焊接材料及高强度螺栓的质量证明书及必要的实验报告。

（3）钢零件及钢部件加工质量检验记录。

（4）高强度螺栓连接质量检验记录，包括构件摩擦面处抗滑移系数的试验报告。

（5）焊接质量检验记录。

（6）构件组装质量检验记录。

8.8.4 钢结构连接施工

1. 焊接施工

（1）焊接方法选择

焊接是钢结构使用最主要的连接方法之一。在钢结构制作和安装领域中，广泛使用的是电弧焊。在电弧焊中又以药皮焊条手工焊条、自动埋弧焊、半自动与自动 CO_2 气体保护焊为主。在某些特殊场合，则必须使用电渣焊。焊接的类型、特点和适用范围见表 8-28。

钢结构焊接方法选择 表 8-28

焊接的类型			特 点	适用范围
电弧焊	手工焊	交流焊机	利用焊条与焊件之间产生的电弧热焊接,设备简单,操作灵活,可进行各种位置的焊接,是建筑工地应用最广泛的焊接方法	焊接普通钢结构
		直流焊机	焊接技术与交流焊机相同,成本比交流焊机高,但焊接时电弧稳定	焊接要求较高的钢结构
	埋弧自动焊		利用埋在焊剂层下的电弧热焊接,效率高,质量好,操作技术要求低,劳动条件好,是大型构件制作中应用最广的高效焊接方法	焊接长度较大的对接、贴角焊缝,一般是有规律的直焊缝
	半自动焊		与埋弧自动焊基本相同,操作灵活,但使用不够方便	焊接较短的或弯曲的对接、贴角焊缝
	CO_2 气体保护焊		用 CO_2 或惰性气体保护的实芯焊丝或药芯焊接,设备简单,操作简便,焊接效率高,质量好	用于构件长焊缝的自动焊
电渣焊			利用电流通过液态熔渣所产生的电阻热焊接,能焊大厚度焊缝	用于箱型梁及柱隔板与面板全焊透连接

（2）焊接工艺要点

1）焊接工艺设计　确定焊接方式、焊接参数及焊条、焊丝、焊剂的规格型号等。

2）焊条烘烤　焊条和粉芯焊丝使用前必须按质量要求进行烘焙，低氢型焊条经过烘焙后，应放在保温箱内随用随取。

3）定位点焊　焊接结构在拼接、组装时要确定零件的准确位置，要先进行定位点焊。定位点焊的长度、厚度应由计算确定。电流要比正式焊接提高 10%～15%，定位点焊的位置应尽量避开构件的端部、边角等应力集中的地方。

4）焊前预热　预热可降低热影响区冷却速度，防止焊接延迟裂纹的产生。预热区在焊缝两侧，每侧宽度均应大于焊件厚度的 1.5 倍以上，且不应小于 100mm。

5）焊接顺序确定　一般从焊件的中心开始向四周扩展；先焊收缩量大的焊缝，后焊收缩小的焊缝；尽量对称施焊；焊缝相交时，先焊纵向焊缝，待冷却至常温后，再焊横向焊缝；钢板较厚时分层施焊。

6）焊后热处理　焊后热处理主要是对焊缝进行脱氢处理，以防止冷裂纹的产生。后热处理应在焊后立即进行，保温时间应根据板厚按每 25mm 板厚 1h 确定。预热及后热均可采用散发式火焰枪进行。

2. 普通螺栓连接施工

钢结构普通螺栓连接即将螺栓、螺母、垫圈机械地和连接件连接在一起形成的一种连接方式。普通螺栓的紧固检验采用锤击法。用 3kg 小锤，一手扶螺栓（或螺母）头，另一手用锤敲，要求螺栓（或螺母）不偏移、不颤动、不松动，锤声干脆，否则说明螺栓紧固质量不合格，需重新紧固施工。一般受力较大的结构或承受动荷载的结构，当采用普通螺栓连接时，螺栓应采用精制螺栓以减小接头的变形量。精制螺栓连接是一种紧配合连接，即螺栓孔径和螺栓直径差一般在 0.2~0.5mm，有的要求螺栓孔径和螺栓直径相等，施工时需要强行打入。精制螺栓连接加工费用高、施工难度大，工程上已极少使用，逐渐被高强度螺栓连接所替代。

3. 高强度螺栓连接施工

高强度螺栓连接是目前与焊接并举的钢结构主要连接方法之一。其特点是施工方便、可拆可换、传力均匀、接头刚性好，承载能力大，疲劳强度高，螺母不易松动，结构安全可靠。高强度螺栓从外形上可分为大六角头高强度螺栓（即扭矩形高强度螺栓）和扭剪型高强度螺栓两种。高强度螺栓和与之配套的螺母、垫圈总称为高强度螺栓连接副。

（1）一般要求

1）高强度螺栓使用前，应按有关规定对高强度螺栓的各项性能进行检验。运输过程中应轻装轻卸，防止损坏。当包装破损，螺栓有污染等异常现象时，应用煤油清洗，并按高强度螺栓验收规程进行复验，经复验扭矩系数合格后方能使用。

2）工地储存高强度螺栓时，应放在干燥、通风、防雨、防潮的仓库内，并不得沾染脏物。

3）安装时，应按当天需用量领取，当天没有用完的螺栓，必须装回容器内，妥善保管，不得乱扔、乱放。

4）安装高强度螺栓时接头摩擦面上不允许有毛刺、铁屑、油污、焊接飞溅物。摩擦面应干燥，没有结露、积霜、积雪。并不得在雨天进行安装。

5）使用定扭矩扳子紧固高强度螺栓时，每天上班前应对定扭矩扳子进行校核，合格后方能使用。

（2）安装工艺

1）一个接头上的高强度螺栓连接，应从螺栓群中部开始安装，向四周扩展，逐个拧紧。扭矩型高强度螺栓的初拧、复拧、终拧，每完成一次应涂上相应的颜色或标记，以防漏拧。

2）接头如有高强度螺栓连接又有焊接连接时，宜按先栓后焊的方式施工，先终拧完高强度螺栓再焊接焊缝。

3）高强度螺栓应自由穿入螺栓孔内，当板层发生错孔时，允许用铰刀扩孔。扩孔时，铁屑不得掉入板层间。扩孔数量不得超过一个接头螺栓的 1/3，扩孔后的孔径不应大于 1.2d（d 为螺栓直径）。严禁使用气割进行高强度螺栓孔的扩孔。

4）一个接头多个高强度螺栓穿入方向应一致。垫圈有倒角的一侧应朝向螺栓头和螺母，螺母有圆台的一面应朝向垫圈，螺母和垫圈不应装反。

5）高强度螺栓连接副在终拧以后，螺栓丝扣外露应为 2~3 扣，其中允许有 10％的螺栓丝扣外露 1 扣或 4 扣。

（3）紧固方法

1）大六角头高强度螺栓连接副紧固

大六角头高强度螺栓连接副一般采用扭矩法和转角法紧固。

① 扭矩法：使用可直接显示扭矩值的专用扳手，分初拧和终拧二次拧紧。初拧扭矩为终拧扭矩的 60％~80％，其目的是通过初拧，使接头各层钢板达到充分密贴，终拧扭矩把螺栓拧紧。

② 转角法：根据构件紧密接触后，螺母的旋转角度与螺栓的预拉力成正比的关系确定的一种方法。操作时分初拧和终拧两次施拧。初拧可用短扳手将螺母拧至使构件靠拢，并作标记。终拧用长扳手将螺母从标记位置拧至规定的终拧位置。转动角度的大小在施工前由试验确定。

2）扭剪型高强度螺栓紧固

扭剪型高强度螺栓有一特制尾部，采用带有两个套筒的专用电动扳手紧固。紧固时用专用扳手的两个套筒分别套住螺母和螺栓尾部的梅花头，接通电源后，两个套筒按反向旋转，拧断尾部后即达相应的扭矩值。一般用定扭矩扳手初拧，用专用电动扳手终拧。

8.8.5　钢结构安装施工（以单层钢结构厂房安装为例）

1. 钢结构构件安装前的准备工作

（1）钢结构安装前，应按构件明细表核对进场的构件，核查质量证明书、设计变更文件、加工制作图、设计文件和构件交工时所提交的技术资料。

（2）进一步落实和深化施工组织设计，对起吊设备、安装工艺做出明确规定，对稳定性较差的物件，起吊前应进行稳定性验算，必要时应进行临时加固。大型构件和细长构件的吊点位置和吊环构造应符合设计或施工组织设计的要求。对大型或特殊的构件，吊装前应进行试吊，确认无误后方可正式起吊。确定现场焊接的保护措施。

（3）应掌握安装前后外界环境，如风力、温度、风雪和日照等资料，做到胸中有数。

（4）钢结构安装前，应对下列图纸进行自审和会审：

1）钢结构设计图。

2）钢结构加工制作图。

3）基础图。

4）钢结构施工详图。

5）其他必要的图纸和技术文件。

应使项目管理组的主要成员、质保体系的主要人员和监理公司的主要人员，都熟悉图纸，掌握设计内容，发现和解决设计文件中影响构件安装的问题，同时提出与土建和其他专业工程的配合要求。要有把握地确认土建基础轴线、预埋件位置标高、檐口标高和钢结构施工图中的轴线、标高、檐高要一致。一般情况下，钢结构柱与基础的预埋件是由钢结构安装单位来制作、安装、监督和浇筑混凝土的。因此，一方面要吃透图纸，制作好预埋件，同时委派将来进行构件安装的技术负责人到现场指挥安放预埋件，至少做到两点：一是安装的埋件在浇筑混凝土时不会由于碰撞而跑动；二是外锚栓外露部分，用设计要求的钢夹板夹固。

（5）基础验收：

1）基础混凝土强度应达到设计强度的 75％ 以上。

2）基础周围回填完毕，要有较好的密实性，吊车行走不会塌陷。

3）基础的轴线、标高、编号等都要根据设计图标注在基础面上。

4）基础顶面应平整，如不平，要事先修补，预留孔应清洁，地脚螺栓应完好，二次浇筑处的基础表面应凿毛。基础顶面标高应低于柱底面安装标高 40～60mm。

5）支承面、地脚螺栓（锚栓）预留孔的允许偏差应符合规范要求。

（6）垫板的设置原则：

1）垫板要进行加工，有一定的精度。

2）垫板应设置在靠近地脚螺栓（锚栓）的柱脚底板加劲板或柱肢下，每根地脚螺栓（锚栓）侧应设1～2组垫板。

3）垫板与基础面接触应平整、紧密。二次浇筑混凝土前垫板组间应点焊固定。

4）每组垫板板叠不宜超过5块，同时宜外露出柱底板10～30mm。

5）垫板与基础面应紧贴、平稳，其面积大小应根据基础抗压强度和柱脚底板二次浇筑前柱底承受的荷载及地脚螺栓（锚栓）的紧固手拉力计算确定。

6）每块垫板间应贴合紧密，每组垫板都应承受压力，使用成对斜垫板时，两块垫板斜度应相同，且重合长度不应少于垫板长度的2/3。

7）采用坐浆垫板时，其允许偏差应符合如下要求。

顶面标高：0.0～－3.0mm；水平度：1/1000mm；位置：20.0mm。灌注的砂浆应采用无收缩的微膨胀砂浆，一定要做砂浆试块，强度应高于基础混凝土强度一个等级。

8）采用杯口基础时，杯口尺寸的允许偏差应符合如下规定。

底面标高：0.0～－5.0mm；杯口深度：$H\pm5.0$mm；杯口垂直度：$H/100$，且不应大于10.0mm；位置：10.0mm。

2. 钢柱子安装

（1）柱子安装前应设置标高观测点和中心线标志，并且与土建工程相一致。标高观测点的设置应以牛腿（肩梁）支承面为基准，设在柱的便于观测处。无牛腿（肩梁）柱时，应以柱顶端与桁架连接的最后一个安装孔中心为基准。

（2）中心线标志的设置应符合下列规定：

1）在柱底板的上表面各方向设中心标志。

2）在柱身表面的各方向设一个中心线，每条中心线在柱底部、中部（牛腿或肩梁部）和顶部各设一处中心标志。

3）双牛腿（肩梁）柱在行线方向两个柱身表面分别设中心标志。

（3）多节柱安装时，宜将柱组装后再整体吊装：

（4）钢柱安装就位后需要调整，校正应符合下列规定：

1）应排除阳光侧面照射所引起的偏差。

2）应根据气温（季节）控制柱垂直度偏差。当气温接近当地年平均气温时（春、秋季），柱垂直偏差应控制在"0"附近。当气温高于或低于当地平均气温时，应以每个伸缩段（两伸缩缝间）设柱间支撑的柱子为基准，垂直度校正至接近"0"，行线方向连跨应以与屋架刚性连接的两柱为基准。此时，当气温高于平均气温（夏季）时，其他柱应倾向基准点相反方向；当气温低于平均气温（冬季）时，其他柱应倾向基准点方向。柱的倾斜值应根据施工时气温和构件跨度与基准点的距离而定。

（5）柱子安装的允许偏差应符合《钢结构工程施工质量验收规范》（GB 50205—2001）有关要求。

（6）屋架、吊车梁安装后，应进行总体调整，然后固定连接。固定连接后尚应进行复测，超差的应进行调整。

（7）对长细比较大的柱子，吊装后应增加临时固定措施。

（8）柱子支撑的安装应在柱子找正后进行，只有在确保柱子垂直度的情况下，才可安装柱间支撑，支撑不得弯曲。

3. 吊车梁安装

（1）吊车梁的安装应在柱子第一次校正和柱间支撑安装后进行。安装顺序应从有柱间支撑的跨间开始，吊装后的吊车梁应进行临时固定。

（2）吊车梁的校正应在屋面系统构件安装并永久连接后进行，其允许偏差应符合《钢结构工程施工质量验收规范》（GB 50205—2001）的有关要求。

（3）吊车梁面标高的校正可通过调整柱底板下垫板厚度，调整吊车梁与柱牛腿支承面间的垫板厚度，调整后垫板应焊接牢固。

（4）吊车梁下翼缘与柱牛腿连接应符合要求。吊车梁是靠制动桁架传给柱子制动力的简支梁（梁的两端留有空隙，下翼缘的一端为长螺栓连接孔），连接螺栓不应拧紧，所留间隙应符合设计要求，并应将螺母与螺栓焊牢固。纵向制动由吊车梁和辅助桁架共同传给柱的吊车梁，连接螺栓应拧紧后将螺母焊牢固。

（5）吊车梁与辅助桁架安装宜采用拼装后整体吊装。其侧向弯曲、扭曲和垂直度应符合《钢结构工程施工质量验收规范》（GB 50205—2001）的有关要求。

拼装吊车梁结构其他尺寸的允许偏差应符合《钢结构工程施工质量验收规范》（GB 50205—2001）的有关要求。

（6）当制动板与吊车梁为高强度螺栓连接、与辅助桁架为焊接连接时，按以下顺序安装：

① 安装制动板与吊车梁应用冲钉和临时安装螺栓，制动板与辅助桁架用点焊临时固定。

② 经检查各部尺寸并确认符合有关规程后，焊接制动板之间的拼接缝。

③ 安装并紧固制动板与吊车梁连接的高强度螺栓。

（7）焊接制动板与辅助桁架的连接焊缝，安装吊车梁时，中部宜弯向辅助桁架，并应采取防止产生变形的焊接工艺施焊。

4. 吊车轨道安装

（1）吊车轨道的安装应在吊车梁安装符合规定后进行。

（2）吊车轨道的规格和技术条件应符合设计要求和国家现行有关标准的规定，如有变形应经矫正后方可安装。

（3）在吊车梁顶面上弹放墨线——安装基准线，也可在吊车梁顶面上拉设钢线，作为轨道安装基准线。

（4）轨道接头采用鱼尾板连接时，要做到：

1）轨道接头应顶紧，间隙不应大于 3mm，接头错位不应大于 1mm。

2）伸缩缝应符合设计要求，其允许偏差为±3mm。

轨道采用压轨器与吊车梁连接时，要做到：

1）压轨器与吊车梁上翼应密贴，其间隙不得大于 0.5mm，有间隙的长度不得大于压轨器长度的 1/2。

2）压轨器固定螺栓紧固后，螺纹露长不应少于 2 倍螺距。

3）当设计要求压轨器底座焊接在吊车梁上翼缘时，应采取适当焊接工艺，以减少吊车梁的焊接变形。

当设计要求压轨器由螺栓连接在吊车梁上翼缘时，特别是垫圈安装应符合设计要求。

（5）轨道端头与车挡之间的间隙应符合设计要求。当设计无要求时，应根据温度留出轨道自由膨胀的间隙。两车挡应与起重机缓冲器同时接触。

（6）轨道安装的允许偏差应符合《钢结构工程施工质量验收规范》（GB 50205—2001）的有关要求。

5. 屋面系统结构安装

（1）屋架的安装应在柱子校正符合规定后进行。

（2）对分段出厂的大型桁架，现场组装时应符合下列要求：

1）现场组装的平台，支点间距为 L，支点的高度差不应大于 $L/1000$，且不超过 10mm。

2）构件组装应按制作单位的编号和顺序进行，不得随意调换。

3）桁架组装，应先用临时螺栓和冲钉固定，腹杆应同时连接，经检查达到规定后，方可进行节点的永久连接。

（3）屋面系统结构可采用扩大组合拼装后吊装，扩大组合拼装单元宜成为具有一定刚度的空间结构，也可进行局部加固达到此目的。扩大拼装后结构的允许偏差应符合《钢结构工程施工质量验收规范》GB 50205—2001 的有关规定。

（4）每跨第一、第二榀屋架及构件形成的结构单元，是其他结构安装的基准。安全网、脚手架和临时栏杆等可在吊装前装设在构件上。垂直支撑、水平支撑、檩条和屋架角撑的安装应在屋架找正后进行，角撑安装应在屋架两侧对称进行，并应自由对位。

（5）有托架且上部为重屋盖的屋面结构，应将一个柱间的全部屋面结构构件安装完，并且连接固定后再吊装其他部分。

（6）天窗架可组装在屋架上一起起吊。

（7）安装屋面天沟应保证排水坡度，当天沟侧壁是屋面板的支承点时，则侧壁板顶面标高应与屋面板其他支承点的标高相匹配。

（8）屋面系统结构安装允许偏差应符合《钢结构工程施工质量验收规范》（GB 50205—2001）的有关规定。

6. 围护结构安装

墙面檩条等构件安装应在主体结构调整定位后进行。可用拉杆螺栓调整墙面檩条的平直度，其允许偏差应符合《钢结构工程施工质量验收规范》（GB 50205—2001）的有关规定。

7. 平台、梯子及栏杆的安装

（1）钢平台、梯子和栏杆的安装应符合国家标准《固定式钢平台》、《固定式钢直梯》和《固定式防护栏杆》的规定。

（2）平台钢板应铺设平整，与支承梁密贴，表面有防滑措施。栏杆安装要牢固可靠，扶手转角应光滑。安装允许偏差应符合《钢结构工程施工质量验收规范》（GB 50205—2001）的有关规定。

8.8.6　钢结构涂装工程

钢结构在常温大气环境中安装、使用，易受大气中水分、氧和其他污染物的作用而被腐蚀。钢结构的腐蚀不仅造成经济损失，还直接影响到结构安全。另外，钢材由于其导热快，比热小，虽是一种不燃烧材料，但极不耐火。未加防火处理的钢结构构件在火灾温度作用下，温度上升很快，只需十几分钟，自身温度就可达540℃以上，此时钢材的力学性能如屈服点、抗拉强度、弹性模量及载荷能力等都将急剧下降；达到600℃时，强度则几乎为零，钢构件不可避免地扭曲变形，最终导致整个结构的垮塌毁坏。

因此，根据钢结构所处的环境及工作性能采取相应的防腐与防火措施，是钢结构设计与施工的重要内容。目前国内外主要采用涂料涂装的方法进行钢结构的防腐与防火。

1. 钢结构防腐涂装工程

（1）钢材表面除锈等级与除锈方法

钢结构构件制作完毕，经质量检验合格后应进行防腐涂料涂装。涂装前钢材表面应进行除锈处理，以提高底漆的附着力，保证涂层质量。除锈处理后，钢材表面不应有焊渣、焊疤、灰尘、油污、水和毛刺等。

国家标准《涂装前钢材表面锈蚀等级和除锈等级》（GB/T 8923—2008）将除锈等级分成喷射或抛射除锈、手工和动力工具除锈、火焰除锈三种类型。

1）喷射或抛射除锈　用字母"Sa"表示，分四个等级：

① Sa1：轻度的喷射或抛射除锈。钢材表面无可见的油脂或污垢，没有附着不牢的氧化皮、铁锈和油漆涂层等附着物。

② Sa2：彻底地喷射或抛射除锈。钢材表面无可见的油脂和污垢，氧化皮、铁锈等附着物已基本消除，其残留物应是牢固附着的。

③ Sa2$\frac{1}{2}$：非常彻底地喷射或抛射除锈。钢材表面无可见的油脂、污垢、氧化皮、铁锈和油漆涂层等附着物，任何残留的痕迹应仅是点状或条状的轻微色斑。

④ Sa3：使钢材表观洁净的喷射或抛射除锈。钢材表面无可见的油脂、污垢、氧化皮、铁锈和油漆涂层等附着物，该表面应显示均匀的金属光泽。

2）手工和动力工具除锈　用字母"St"表示，分两个等级：

① St2：彻底手工和动力工具除锈。钢材表面无可见的油脂和污垢，没有附着不牢的氧化皮、铁锈和油漆涂层等附着物。

② St3：非常彻底手工和动力工具除锈。钢材表面应无可见的油脂和污垢，并且没有附着不牢的氧化皮、铁锈和油漆涂层等附着物。除锈应比St2更为彻底，底材显露部分的表面应具有金属光泽。

3）火焰除锈　以字母"Fl"表示，它包括在火焰加热作业后，以动力钢丝刷清除加热后附着在钢材表面的产物。只有一个等级：

Fl：钢材表面应无氧化皮、铁锈和油漆涂层等附着物，任何残留的痕迹应仅为表面变色（不同颜色的暗影）。

喷射或抛射除锈采用的设备有空气压缩机、喷射或抛射机、油水分离器等，该方法能控制除锈质量、获得不同要求的表面粗糙度，但设备复杂、费用高、污染环境。手工和动力工具除锈采用的工具有砂布、钢丝刷、铲刀、尖锤、平面砂轮机、动力钢丝刷等，该方法工具简单、操作方便、费用低，但劳动强度大、效率低、质量差。

《钢结构工程施工质量验收规范》（50205—2001）规定，钢材表面的除锈方法和除锈等级应与设计文件采用的涂料相适应。当设计无要求时，钢材表面除锈等级应符合表 8-29 的规定。

各种底漆或防锈漆要求最低的除锈等级 表 8-29

涂料品种	除锈等级
油性酚醛、醇酸等底漆或防锈漆	St2
高氯化聚乙烯、氯化橡胶、氯磺化聚乙烯、环氧树脂、聚氨酯等底漆或防锈漆	Sa2
无机富锌、有机硅、过氧乙烯等底漆	Sa2 $\frac{1}{2}$

目前国内各大、中型钢结构加工企业一般都具备喷、抛射除锈的能力，所以应将喷、抛射除锈作为首选的除锈方法，而手工和电动工具除锈仅作为喷射除锈的补充手段。随着科学技术的不断发展，不少喷、抛射除锈设备已采用微机控制，具有较高的自动化水平，并配有效除尘器，消除粉尘污染。

（2）钢结构防腐涂料

钢结构防腐涂料是一种含油或不含油的胶体溶液，涂敷在钢材表面，结成一层薄膜，使钢材与外界腐蚀介质隔绝。涂料分底漆和面漆两种。

底漆是直接涂在钢材表面上的漆。含粉料多，基料少，成膜粗糙，与钢材表面粘结力强，与面漆结合性好。

面漆是涂在底漆上的漆。含粉料少，基料多，成膜后有光泽，主要功能是保护下层底漆。面漆对大气和湿气有高度的不渗透性，并能抵抗有腐蚀介质、阳光紫外线所引起风化分解。

钢结构的防腐涂层，可由几层不同的涂料组合而成。涂料的层数和总厚度是根据使用条件来确定的，一般室内钢结构要求涂层总厚度为 $125\mu m$，即底漆和面漆各二道。高层建筑钢结构一般处在室内环境中，而且要喷涂防火涂层，所以通常只刷二道防锈底漆。

（3）防腐涂装方法

钢结构防腐涂装，常用的施工方法有刷涂法和喷涂法两种。

1）刷涂法 应用较广泛，适宜于油性基料刷涂。因为油性基料虽干燥得慢，但渗透性大，流平性好，不论面积大小，刷起来都会平滑流畅。一些形状复杂的构件，使用刷涂法也比较方便。

2）喷涂法 施工工效高，适合于大面积施工，对于快干和挥发性强的涂料尤为适合。喷涂的漆膜较薄，为了达到设计要求的厚度，有时需要增加喷涂的次数。喷涂施工比刷涂施工涂料损耗大，一般要增加 20％左右。

（4）防腐涂装质量要求

1）涂料、涂装遍数、涂层厚应均应符合设计要求。当设计对涂层厚度无要求时，涂层干漆膜总厚度：室外应为 $150\mu m$，室内应为 $125\mu m$，其允许偏差为 $-25\mu m$。每遍涂层干漆膜厚度的允许偏差为 $-5\mu m$。

2）配制好的涂料不宜存放过久，涂料应在使用的当天配制。稀释剂的使用应按说明书的规定执行，不得随意添加。

3）涂装时的环境温度和相对湿度应符合涂料产品说明书的要求，当产品说明书无要求时，环境温度宜在 $5\sim38℃$ 之间，相对湿度不应大于 85％。涂装时构件表面不应有结露；涂装后 4h 内应保护免受雨淋。

4）施工图中注明不涂装的部位不得涂装。焊缝处、高强度螺栓摩擦面处，暂不涂装，待现场安装完后，再对焊缝及高强度螺栓接头处补刷防腐涂料。

5）涂装应均匀，无明显起皱、流挂、针眼和气泡等，附着应良好。

6）涂装完毕后，应在构件上标注构件的编号。大型构件应标明其重量、构件重心位置和定位标记。

2. 钢结构防火涂装工程

钢结构防火涂料能够起到防火作用，主要有三个方面的原因：一是涂层对钢材起屏蔽作用，隔离了火焰，使钢构件不至于直接暴露在火焰或高温之中；二是涂层吸热后，部分物质分解出水蒸气或其他不燃气体，起到消耗热量，降低火焰温度和燃烧速度，稀释氧气的作用；三是涂层本身多孔轻质或受热膨胀后形成炭化泡沫层，热导率均在 0.233W/(m·K) 以下，阻止了热量迅速向钢材传递，推迟了钢材受热温升到极限温度的时间，从而提高了钢结构的耐火极限。

（1）钢结构防火涂料

1）防火涂料分类

钢结构防火涂料按涂层的厚度分为两类：

① B 类，即薄涂型钢结构防火涂料，涂层厚度一般为 2～7mm，有一定装饰效果，高温时涂层膨胀增厚，耐火极限一般为 0.5～2h，故又称为钢结构膨胀防火涂料。

② H 类，厚涂型钢结构防火涂料，涂层厚度一般为 8～50mm，粒状表面，密度较小，热导率低，耐火极限可达 0.5～3h，又称为钢结构防火隔热涂料。

2）防火涂料选用

① 室内裸露钢结构、轻型屋盖钢结构及有装饰要求的钢结构，当规定其耐火极限在 1.5 及以下时，宜选用薄涂型钢结构防火涂料。

② 室内隐蔽钢结构、多层及高层全钢结构、多层厂房钢结构，当规定其耐火极限在 2.0 及以上时，宜选用厚涂型钢结构防火涂料。

③ 露天钢结构，如石油化工企业、油（汽）罐支撑、石油钻井平台等钢结构，应选用符合室外钢结构防火涂料产品规定的厚涂型或薄涂型钢结构防火涂料。

选用防火涂料时，应注意不应把薄涂型钢结构防火涂料用于保护 2h 以上的钢结构；不得将室内钢结构防火涂料，未加改进和采取有效的防火措施，直接用于喷涂保护室外的钢结构。

（2）防火涂料涂装的一般规定

1）防火涂料的涂装，应在钢结构安装就位，并经验收合格后进行。

2）钢结构防火涂料涂装前钢材表面应除锈，并根据设计要求涂装防腐底漆。防腐底漆与防火涂料不应发生化学反应。

3）防火涂料涂装基层不应有油污、灰尘和泥砂等污垢。钢构件连接处 4～12mm 宽的缝隙应采用防火涂料或其他防火材料，如硅酸铝纤维棉，防火堵料等填补堵平。

4）对大多数防火涂料而言，施工过程中和涂层干燥固化前，环境温度应宜保持在 5～38℃之间，相对湿度不应大于 85%，空气应流动。涂装时构件表面不应有结露；涂装后 4h 内应保护免受雨淋。

（3）厚涂型防火涂料涂装

1）施工方法与机具

厚涂型防火涂料一般采用喷涂施工。机具可为压送式喷涂机或挤压泵，配能自动调压的 $0.6\sim0.9m^3/min$ 的空压机，喷枪口径为 $6\sim12mm$，空气压力为 $0.4\sim0.6MPa$。局部修补可采用抹灰刀等工具手工抹涂。

2）涂料的搅拌与配置

① 由工厂制造好的单组分湿涂料，现场应采用便携式搅拌器搅拌均匀。

② 由工厂提供的干粉料，现场加水或用其他稀释剂调配，应按涂料说明书规定配比混合搅拌，边配边用。

③ 由工厂提供的双组分涂料，按配制涂料说明规定的配比混合搅拌，边配边用。特别是化学固化干燥的涂料，配制的涂料必须在规定的时间内用完。

④ 搅拌和调配涂料，使稠度适宜，即能在输送管道中畅通流动，喷涂后不会流淌和下坠。

3）施工操作

① 喷涂应分 $2\sim5$ 次完成，第一次喷涂以基本盖住钢材表面即可，以后每次喷涂厚度为 $5\sim10mm$，一般以 $7mm$ 左右为宜。通常情况下，每天喷涂一遍即可。

② 喷涂时，应注意移动速度，不能在同一位置久留，以免造成涂料堆积流淌；配料及往挤压泵加料应连续进行，不得停顿。

③ 施工工程中，应采用测厚针检测涂层厚度，直到符合设计规定的厚度，方可停止喷涂。

④ 喷涂后的涂层要适当维修，对明显的乳突，应采用抹灰刀等工具剔除，以确保涂层表面均匀。

（4）薄涂型防火涂料涂装

1）施工方法与机具

① 喷涂底层、主涂层涂料，宜采用重力（或喷斗）式喷枪，配能自动调压的 $0.6\sim0.9m^3/min$ 的空压机。喷嘴直径为 $4\sim6mm$，空气压力为 $0.4\sim0.6MPa$。

② 面层装饰涂料，一般采用喷吐施工，也可以采用刷涂或滚涂的方法。喷涂时，应将喷涂底层的喷嘴直径换为 $1\sim2mm$，空气压力调为 $0.4MPa$。

③ 局部修补或小面积施工，可采用抹灰刀等工具手工抹涂。

2）施工操作

① 底层及主涂层一般应喷 $2\sim3$ 遍，每遍间隔 $4\sim24h$，待前遍基本干燥后再喷后一遍。头遍喷涂以盖住基底面 70% 即可，二、三遍喷涂每遍厚度不超过 $2.5mm$ 为宜。施工工程中应采用测厚针检测涂层厚度，确保各部位涂层达到设计规定的厚度。

② 面层涂料一般涂饰 $1\sim2$ 遍。若头遍从左至右喷涂，二遍则应从右至左喷涂，以确保全部覆盖住下部主涂层。

（5）防火涂装质量要求

1）薄涂型防火涂料的涂层厚度应符合有关耐火极限的设计要求。厚涂型防火涂料涂层的厚度，80% 及以上面积应符合有关耐火极限的设计要求，且最薄处厚度不应低于设计要求的 85%。

2）薄涂型防火涂料涂层表面裂纹宽度不应大于 0.5mm；厚涂型防火涂料涂层表面裂纹宽度不应大于 1mm。

3）防火涂料不应有误涂、漏涂，涂层应闭合无脱层、空鼓、明显凹陷、粉化松散和浮浆等外观缺陷。

8.8.7 钢结构工程施工安全技术要求

1. 钢结构安装工程安全技术

钢结构安装工程，绝大部分工作都是高空作业，除此之外还有临边、洞口、攀登、悬空、立体交叉作业等；施工中还使用有起重机、电焊机、切割机等用电设备和氧气瓶、乙炔瓶等化学危险品，以及吊装作业、电弧焊与气切割明火作业等，因此，施工中必须贯彻"安全第一、预防为主"的方针，确保人身安全和设备安全。此外由于钢结构耐火性能差，任何消防隐患都可能造成重大经济损失，还必须加强施工现场的消防安全工作。

（1）施工安全要求

1）高空安装作业时，应戴好安全带，并应对使用的脚手架或吊架等进行检查，确认安全后方可施工。操作人员需要在水平钢梁上行走时，安全带要挂在钢梁上设置的安全绳上，安全绳的立杆钢管必须与钢梁连接牢固。

2）高空操作人员携带的手动工具、螺栓、焊条等小件物品，必须放在工具袋内，互相传递要用绳子，不准扔掷。

3）凡是附在柱、梁上的爬梯、走道、操作平台、高空作业吊篮、临时脚手架等，要与钢构件连接牢固。

4）构件安装后，必须检查连接质量，无误后才能摘钩或拆除临时固定。

5）风力大于 5 级，雨、雪天和构件有积雪、结冰、积水时，应停止高空钢结构的安装作业。

6）高层建筑钢结构安装时，应按规定在建筑物外侧搭设水平和垂直安全网。第一层水平安全网离地面 5～10m，挑出网宽 6m；第二层水平安全网设在钢结构安装工作面下，挑出 3m。第一、二层水平安全网应随钢结构安装进度往上转移，两者相差一节柱距离。网下已安装好的钢结构外侧，应安设垂直安全网，并沿建筑物外侧封闭严密。建筑物内部的楼梯、电梯井口、各种预留孔洞等处，均要设置水平防护网、防护挡板或防护栏杆。

7）构件吊装时，要采取必要措施防止起重机倾翻。起重机行驶道路，必须坚实可靠；尽量避免满负荷行驶；严禁超载吊装；双机抬吊时，要根据起重机的起重能力进行合理的负荷分配，并统一指挥操作；绑扎构件的吊索须经过计算，所有起重机具应定期检查。

8）使用塔式起重机或长吊杆的其他类型起重机时，应有避雷防触电设施。

9）各种用电设备要有接地装置，地线和电力用具的电阻不得大于 4Ω。各种用电设备和电缆（特别是焊机电缆），要经常进行检查，保证绝缘良好。

（2）施工现场消防安全措施

1）钢结构安装前，必须根据工程规模、结构特点、技术复杂程度和现场具体条件等，拟定具体的安全消防措施，建立安全消防管理制度，并强化进行管理。

2）应对参加安装施工的全体人员进行安全消防技术交底，加强教育和培训工作。各专业工程应严格执行本工种安全操作规程和本工程指定的各项安全消防措施。

3）施工现场应设置消防车道，配备消防器材，安排足够的消防水源。

4）施工材料的堆放、保管，应符合防火安全要求，易燃材料必须专库堆放。

5）进行电弧焊、栓钉焊、气切割等明火作业时，要有专职人员值班防火。氧、乙炔瓶不应放在太阳光下暴晒，更不可接近火源（要求与火源距离不小于10m）；冬季氧、乙炔瓶阀门发生冻结时，应用干净的热布把阀门烫热，不可用火烤。

6）安装使用的电气设备，应安使用性质的不同，设置专用电缆供电。其中塔式起重机、电焊机、栓钉焊机三类用电量大的设备，应分成三路电源供电。

7）多层与高层钢结构安装施工时，各类消防设施（灭火器、水桶、沙袋等）应随安装高度的增加及时上移，一般不得超过二个楼层。

2. 钢结构涂装工程安全技术

（1）防腐涂装安全技术

钢结构防腐涂料的溶剂和稀释剂大多为易燃品，大部分有不同程度的毒性，且当防腐涂料中的溶剂与空气混合达到一定比例时，一遇火源（往往不是明火）即发生爆炸。为此应重视钢结构防腐涂装施工中的防火、防暴、防毒工作。

1）防火措施

① 防腐涂装施工现场或车间不允许堆放易燃物品，并应远离易燃物品仓库。

② 防腐涂装施工现场或车间严禁烟火，并应有明显的禁止烟火标志。

③ 防腐涂装施工现场或车间必须备有消防水源和消防器材。

④ 擦过溶剂和涂料的棉纱应存放在带盖的铁桶内，并定期处理掉。

⑤ 严禁向下水道倾倒涂料和溶剂。

2）防暴措施

① 防明火。防腐涂装施工现场或车间禁止使用明火，必须加热时，要采用热载体、电感加热，并远离现场。

② 防摩擦和撞击产生的火花。施工中应禁止使用铁棒等物体敲击金属物体和漆桶；如需敲击时，应使用木质工具。

③ 防电火花。涂料仓库和施工现场使用的照明灯应有防爆装置，电器设备应使用防爆型的，并要定期检查电路及设备的绝缘情况。在使用溶剂的场所，应严禁使用闸刀开关，要用三线插销的插头。

④ 防静电。所使用的设备和电器导线应接地良好，防止静电聚集。

3）防毒措施

① 施工现场应有良好的通风排气装置，使有害气体和粉尘的含量不超过规定浓度。

② 施工人员应戴防毒口罩或防毒面具；对接触性的侵害，施工人员应穿工作服、戴手套和防护眼镜等，尽量不与溶剂接触。

（2）防火涂装安全技术

1）防火涂装施工中，应注意溶剂型涂料施工的防火安全，现场必须配备消防器材，严禁现场明火、吸烟。

2）施工中应注意操作人员的安全保护。施工人员应戴安全帽、口罩、手套和防尘眼镜，并严格执行机械设备安全操作规程。

3）防火涂料应储存在阴凉的仓库内，仓库温度不宜高于35℃，不应低于5℃，严禁露天存放、日晒雨淋。

8.9 建筑节能施工

房屋建筑节能是指从房屋建筑的规划开始，在设计、施工和使用的各个过程中，严格执行房屋建筑节能标准，采用节能型的建筑技术、工艺、设备、材料和产品，并提高建筑围护结构的保温隔热性能和建筑物用能系统的效率，在保证建筑物室内热工环境质量的前提下，减少供热采暖、空调制冷、照明、热水供应等方面的能耗，充分利用可再生能源、保护生态平衡和改善人居环境，为达到节约能源和提高能源利用效率的目的而采取的一系列措施。

众所周知，我国是一个能耗大国，其中建筑能耗约占全国总能耗的 1/4，高居我国能耗之首。并随着我国城市化建设的飞速发展，逐年呈现大幅上升之势。目前，建筑能耗占全社会能耗量的 32% 以上，再加上每年建筑材料的生产能耗约为 13%，建筑的总能耗已达全国能源总消耗量的 45%。我国现有的房屋建筑绝大部分为高能耗型建筑，新建的房屋建筑中，大多数仍然是高能耗建筑。房屋建筑节能对我国来讲是一件十分重要的事情，房屋建筑节能措施的实施，对改善我国房屋建筑的高能耗有着重要的意义。

在建筑中外围护结构的热损耗较大，其中墙体又占了很大份额，所以建筑墙体改革与墙体节能技术的发展是建筑节能技术的一个最重要的环节，发展外墙保温技术及节能材料则是建筑节能的主要方式之一。

8.9.1 外墙保温系统的构造及要求

外墙外保温工程是一种新型、先进、节约能源的方法。外墙外保温系统是由保温层、保护层与固定材料构成的非承重保温构造总称。外墙外保温工程是将外墙外保温系统通过组合、组装、固定技术手段在外墙外表面上所形成的建筑物实体。

1. 外墙外保温工程适用范围及作用

外墙外保温工程适用于严寒和寒冷地区、夏热冬冷地区新建居住建筑物或旧建筑物的墙体改造工程，起保温、隔热的作用；是庞大的建筑物节能的一项重要技术措施；是一种新型建材和先进的施工方法。

我国城市化进程加快，建筑业持续快速发展；传统的实心黏土砖的年产量达 5400 多亿块，绝大部分工艺技术落后。浪费能源和污染环境的小型企业生产，每年因此毁田烧砖达 95 万亩。据有关材料估计：2005 年全国城乡累计房屋竣工面积 57 亿万平方米，众所周知房屋建筑具有投资大、使用寿命长的特点，假如这些新建房屋不按建筑物的节能标准进行设计，则将造成更大的浪费，并成为以后节能改造的重大负担。国家有关行政管理部门已发禁令：城市新建建筑，全面禁止使用毁田生产的实心或空心黏土制品。积极发展钢结构建筑、钢筋混凝土框架结构、钢筋混凝土剪力墙结构等其他各种新型复合结构。但这些房屋外墙围护通常采用混凝土小型空心砌块，墙体厚度 200mm 左右，满足不了房屋的热工计算要求和外墙的保温隔热作用。如不进行外墙保温，热能耗量大，所以用新型先进节能的外墙外保温方法势在必行。

2. 新型外墙外保温饰面特点

新型外墙外保温材料（EPS）集节能、保温、防水和装饰功能为一体，采用阻燃、自熄型聚苯乙烯泡沫塑料板材，外用专用抹面胶浆铺贴抗碱玻璃纤维网格布，形成浑然一体的坚固保护层，表面可涂美观耐污染的高弹性装饰涂料和贴各种面砖。新型（EPS）外墙外保温饰面，经德国、法国、美国、加拿大等欧美国家实践，已普遍沿用了 30 年，最高层建筑物达 40 多层；积累了大量的工程资料和丰富的实践经验。最近几年开始引进国内，它是一种简便易行的外保温材料技术，其施工方法简捷、具有新建筑物在建筑设计、结构设计、施工设计、节能设计等方面设计简便、设计周期短、出图量小的特点。从设计标准及有关法规依据上，完全符合《民用建筑节能设计标准》和《民用建筑施工设计规范》。

新型聚苯板外墙外保温有如下的特点：

① 节能：由于采用导热系数较低的聚苯板，整体将建筑物外墙面包起来，消除了冷桥，减少了外界自然环境对建筑的冷热冲击，可达到较好的保温节能效果。

② 牢固：由于该墙体采用了高弹力强力粘合基料或与混凝土一起现浇，使聚苯板与墙面的垂直拉伸粘结强度符合规范规定的技术指标，具有可靠的附载效果，耐候性、耐久性更好更强。

③ 防水：该墙体具有高弹性和整体性，解决了墙面开裂，表面渗水的通病，特别对陈旧墙面局部裂纹有整体覆盖作用。

④ 体轻：采用该材料可将建筑房屋外墙厚度减小，不但减小了砌筑工程量、缩短工期，而且减轻了建筑物自重。

⑤ 阻燃：聚苯板为阻燃型，具有隔热、无毒、自熄、防火功能。

⑥ 易施工：该墙体饰面施工，对建筑物基层混凝土、红砖、砌块、石材、石膏板等有广泛的适用性。施工简单的工具，具有一般抹灰水平的技术工人，经短期培训，即可进行现场操作施工。

3. 外墙保温系统的基本构造及特点

外墙保温系统的基本构造做法见图 8-184。外墙保温系统按保温层的位置分为外墙内保温系统和外墙外保温系统两大类。我们重点介绍外墙外保温系统。

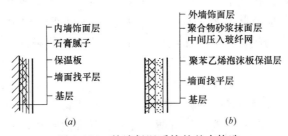

图 8-184　外墙保温系统的基本构造

(*a*) 复合聚苯保温板外墙内保温；(*b*) 聚苯乙烯泡沫板（简称 EPS）外墙外保温

（1）外墙内保温系统的构造及特点

外墙内保温系统主要由基层、保温层和饰面层构成，其构造见图 8-184（*a*）。

外墙内保温是在外墙结构的内部加做保温层。目前，使用较多的内保温材料和技术有：增强石膏复合聚苯保温板、聚合物砂浆、复合聚苯保温板、增强水泥复合聚苯保温板、内墙贴聚苯板、粉刷石膏抹面及聚苯颗粒保温料浆加抗裂砂浆压入网格布抹面等施工方法。

但内保温要占用房屋使用面积，热桥问题不易解决，容易引起开裂，还会影响施工速度，影响居民的二次装修，且内墙悬挂和固定物件也容易破坏内保温结构。内保温在技术上的不合理性决定了其必然要被外保温所替代。

（2）外墙外保温系统的构造及特点

外墙外保温主要由基层、保温层、抹面层、饰面层构成，其构造见图 8-184 （b）。

基层：是指外保温系统所依附的外墙。

保温层：由保温材料组成，在外保温系统中起保温作用的构造层。

抹面层：抹在保温层外面，中间夹有增强网，保护保温层，并起防裂、防水和抗冲击作用的构造层。抹面层可分为薄抹面层和厚抹面层。对于具有薄抹面层的系统，保护层厚度应不小于 3mm 并且不宜大于 6mm。对于具有厚抹面层的系统，厚抹面层厚度应为 25～30mm。

饰面层：外保温系统的外装饰层。

把抹面层和饰面层总称保护层。

外墙外保温适用范围广，技术含量较高；外保温层包在主体结构的外侧能够保护主体结构，可起到延长建筑物的寿命，有效减少了建筑结构的热桥，增加建筑的有效空间，同时消除了冷凝，提高了居住的舒适度的作用。

目前比较成熟的外墙外保温技术主要有：聚苯乙烯泡沫板薄抹灰外墙外保温系统、胶粉 EPS 颗粒保温浆料外墙外保温系统、EPS 板现浇混凝土外墙外保温系统、EPS 钢丝网架板现浇混凝土外墙外保温系统等。

4. 外墙外保温系统的基本要求

（1）外墙外保温工程的基本规定

外墙外保温应能适应基层的正常变形而不产生裂缝或空鼓；不产生有害的变形；在遇地震发生时不应从基层上脱落；保温、隔热和防潮性能应符合国家现行标准。应能承受风荷载的作用而不产生破坏；应能耐受室外气候的长期反复作用而不产生破坏；高层建筑外墙外保温工程应采取防火构造措施；应具有防水渗透性能；各组成部分应具有物理、化学稳定性。所有组成材料应彼此相容并应具有防腐性。在可能受到生物侵害（鼠害、虫害等）时，还应具有防生物侵害性能；在正确使用和正常维护的条件下，使用年限不应少于25 年。

（2）外墙外保温工程的性能要求

外墙外保温系统应按规定进行耐候性检验，不得出现饰面层起泡或剥落、保护层空鼓或脱落等破坏，不得产生渗水裂缝。具有薄抹面层的外保温系统，抹面层与保温层的拉伸粘结强度不得小于 0.1MPa，并且破坏部位应位于保温层内。

外墙外保温系统应按规定对胶粘剂进行拉伸粘结强度检验；对玻纤网进行耐碱拉伸断裂强力检验。外墙外保温系统其他性能要求及实验方法应符合规定。

5. 外墙保温系统施工的一般规定

除采用现浇混凝土外墙外保温系统外，外保温工程的施工应在基层施工质量验收合格后进行；外门窗洞口应通过验收，洞口尺寸、位置应符合设计要求和质量要求，门窗框或辅框应安装完毕。伸出墙面的消防梯、水落管、各种进户管线和空调器等的预埋件、连接件应安装完毕，并按外保温系统厚度留出间隙。

保温层施工前，应进行基层处理，基层应坚实、平整。

外保温工程的施工应具备施工方案，施工人员应经过培训并经考核合格。

8.9.2　增强石膏复合聚苯保温板外墙内保温施工

1. 增强石膏复合聚苯保温板外墙内保温的构造

增强石膏复合聚苯保温板外墙内保温的构造见图 8-184（a）。

2. 施工准备

（1）材料的准备及要求

增强石膏聚苯复合板，胶粘剂，建筑石膏粉及石膏腻子，玻纤网格布条。材料必须符合设计及规范要求。

（2）施工主要机具

主要机具有木工手锯、钢丝刷、2m 靠尺、开刀、2m 托线板、钢尺、橡皮锤、钻、扁铲、扫帚等。

3. 作业条件

结构已验收，屋面防水层已施工完毕。墙面弹出 500mm 标高线；内隔墙、外墙、门窗框、窗台板安装完毕；门、窗抹灰完毕；水暖及装饰工程分别需用的管卡、炉钩、窗帘杆等埋件留出位置或埋设完毕；电气工程的暗管线、接线盒等必须埋设完毕，并应完成暗管线的穿带线工作；操作地点环境温度不低于5℃。

正式安装前，先试安装样板墙一道，经鉴定合格后再正式安装。

4. 施工工艺

（1）施工工艺流程

墙面清理→排板、弹线→配板、修补→标出管卡、炉钩等埋件位置→墙面贴饼→稳接线盒、安管卡、埋件等→安装防水保温踢脚板复合板→安装复合板→板缝及阴、阳角处理→板面装修。

（2）施工要点

1）墙面清理　凡凸出墙面 20mm 的砂浆块、混凝土块必须剔除，并扫净墙面。

2）排板、弹线　以门窗洞口边为基准，向两边按板宽 600mm 排板；按保温层的厚度在墙、顶上弹出保温墙面的边线；按防水保温踢脚层的厚度在地面上弹出防水保温踢脚面的边线，并在墙面上弹出踢脚的上口线。

3）配板、修补　按排板进行配板。复合保温板的长度应略小于顶板到踢脚上口的净高尺寸；计算并量测门窗洞口上部及窗口下部的保温板尺寸，并按此尺寸配板；当保温板与墙的长度不相适应时，应将部分保温板预先拼接加宽（或锯窄）成合适的宽度，并放置在阴角处。有缺陷的板应修补。

4）墙面贴饼　在墙面贴饼位置，用钢丝刷刷出直径不少于 100mm 的洁净面并浇水润湿，刷一道 801 胶水泥素浆；检查墙面的平整、垂直，找规矩贴饼，并在需设置埋件四周做出 200mm×200mm 的灰饼；贴饼材料为 1：3 水泥砂浆，灰饼大小为直径 100mm 左右，厚度以 20mm 左右为准。

5）按接线盒、管卡、埋件　安装电气接线盒时，接线盒高出冲筋面不得大于复合板的厚度，且要稳定牢固。

6）粘贴防水保温踢脚板　粘贴时要保证踢脚板上口平顺，板面垂直，保证踢脚板与结构墙间的空气层为 10mm 左右。

7）安装复合板　将接线盒、管卡、埋件的位置准确地翻样到板面，并开出洞口；复合板安装顺序宜从左至右依次顺序安装；按弹线位置立即安装就位。每块保温板除粘贴在灰饼上外，板中间需有＞10％板面面积的 SG791 胶粘剂呈梅花状布点直接与墙体粘牢。复合板的上端，如未挤严留有缝隙时，可用木楔适当楔紧，并用 SG791 胶粘剂将上口填塞密实。按以上操作办法依次安装复合板。安装过程中随时用 2m 靠尺及塞尺测量墙面的平整度，用 2m 托线板检查板的垂直度。复合板在门窗洞口处、接线盒、管卡、埋件与复合板开口处的缝隙，用 SG791 胶粘剂嵌塞密实。

8）板缝及阴阳角处理　复合板安装 10d 后，检查所有缝隙合格。已粘结良好的所有板缝、阴角缝，先清理浮灰，刮一层接缝腻子，粘贴 50mm 宽玻纤网格带一层，压实、粘牢，表面再用接缝腻子刮平。所有阳角粘贴 200mm 宽（每边各 100mm）玻纤布，其方法同板缝。

9）胶粘剂配制　胶粘剂要随配随用，配制的胶粘剂应在 30min 内用完。

10）板面装修　板面打磨平整后，满刮石膏腻子一道，干后均需打磨平整，最后按设计规定做内饰面层。

（3）应注意的质量问题

1）增强石膏聚苯复合保温板未经烘干的湿板不得使用，以防止板裂缝和变形。

2）注意增强石膏聚苯复合板的运输和保管。

3）板缝开裂是目前的质量通病。防止板缝开裂的办法，一是板缝的粘结和板缝处理要严格按操作工艺认真操作。二是使用的胶粘剂必须按设计规定。胶粘剂的质量必须合格。三是宜采用接缝腻子处理板缝。

8.9.3　EPS 板薄抹灰外墙外保温系统施工

1. EPS 板薄抹灰外墙外保温系统的构造

EPS 板薄抹灰外墙外保温系统（简称 EPS 板薄抹灰系统）由 EPS 板保温层、薄抹面层和饰面涂层构成，EPS 板用胶粘剂固定在基层上，薄抹面层中满铺玻纤网，当建筑物高度在 20m 以上时，在受负风压作用较大的部位宜使用锚栓辅助固定。其构造见图 8-185。

2. 施工准备

（1）材料的准备及要求

聚苯乙烯板，水泥，胶粘剂，玻纤布。进入工地的原材料必须有出厂合格证或化验单。

（2）施工工具的准备

锯条或刀锯、打磨 EPS 板的粗砂纸挫子或专用工具、小压子或铁勺、铝合金靠尺、钢卷尺、线绳、线坠、墨斗、铁灰槽、小铁平锹、提漏（1kg/个或 5kg/个）、塑料桶。

3. 基层的要求

基层表面应光滑、坚固、干燥、无污染或其他有害的材料；墙外设施、预埋件、进口管线或其他预留洞口，应按设计图纸或施工验收规范要求提前施工并验收；墙面抹灰找平，墙面平整度用 2m 靠尺检测，其平整度≤3mm，局部不平整超限度部位用 1：2 水泥砂浆找平；阴、阳角方正。

4. 施工工艺

（1）EPS 板薄抹灰外墙外保温系统施工工艺流程

基面检查或处理→工具准备→阴阳角、门窗膀挂线→基层墙体湿润→配制聚合物砂浆，挑选 EPS 板→粘贴 EPS 板→EPS 板塞缝，打磨、找平墙面→配制聚合物砂浆→EPS 板面抹聚合物砂浆，门窗洞口处理，粘贴玻纤网，面层抹聚合物砂浆→找平修补，嵌密封膏→外饰面施工。

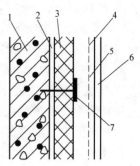

图 8-185　EPS 板薄抹灰系统
1—基层；2—胶粘剂；
3—EPS 板；4—玻纤网；
5—薄抹面层；6—饰面涂层；
7—锚栓

（2）粘贴聚苯乙烯板（EPS 板）施工要点

1）配制聚合物砂浆必须有专人负责，以确保搅拌质量；按配合比进行搅拌，搅拌必须均匀，避免出现离析。根据和易性可适当加水，加水量为胶粘剂的 5％。应随用随配，配好的砂浆最好在 1 小时之内用光。应在阴凉处放置，避免阳光暴晒。

2）EPS 板薄抹灰系统的基层表面应清洁，无油污、脱模剂等妨碍粘结的附着物。凸起、空鼓和疏松部位应剔除并找平。找平层应与墙体粘结牢固，不得有脱层、空鼓、裂缝，面层不得有粉化、起皮、爆灰等现象。

3）粘贴 EPS 板时，应将胶粘剂涂在 EPS 板背面，涂胶粘剂面积不得小于 EPS 板面积的 40％。板应按顺砌方式粘贴，竖缝应逐行错缝。粘贴牢固，不得有松动和空鼓。墙角处应交错互锁，见图 8-186（a）。

4）门窗洞口四角处 EPS 板不得拼接，应采用整块 EPS 板切割成形，EPS 板接缝应离开角部至少 200mm，见图 8-186（b）。

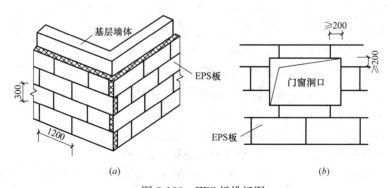

图 8-186　EPS 板排板图
（a）墙角处 EPS 板应交错互锁；（b）门窗洞口 EPS 板排列

5）应做好檐口、勒脚处的包边处理。装饰缝、门窗四角和阴阳角等处应做好局部加强网施工。变形缝处应做好防水和保温构造处理。

6）EPS 板安装的允许偏差及检验方法符合规定。

7）聚苯板粘贴 24h 后方可进行打磨，作轻柔圆周运动将不平处磨平，墙面打磨后，应将聚苯板碎屑清理干净，随磨随用 2m 靠尺检查平整度。

8）网布必须在聚苯板粘贴 24 小时以后进行施工，应先安排朝阳面贴布工序；女儿墙压顶或凸出物下部，应预留 5mm 缝隙，便于网格布嵌入。

9）EPS 板板边除有翻包网格布的可以在 EPS 板侧面涂抹聚合物砂浆，其他情况均不得在 EPS 板侧面涂抹聚合物砂浆。

10）装饰分格条须在 EPS 板粘贴 24h 后用分隔线开槽器挖槽。

（3）粘贴玻纤网格布的施工方法和要点

1）配制聚合物砂浆必须专人负责，以确保搅拌质量；按配合比进行搅拌，搅拌必须均匀，避免出现离析。

2）聚合物砂浆应随用随配，配好的砂浆最好在 1h 之内用光。砂浆应于阴凉处放置，避免阳光暴晒。

3）在干净平整的地方按预先需要长度、宽度从整卷玻纤网布上剪下网片，留出必要的搭接长度，下料必须准确，剪好的网布必须卷起来，不允许折叠、踩踏。

4）在建筑物阳角处做加强层，加强层应贴在最内侧，每边 150mm。

5）涂抹第一遍聚合物砂浆时，应保持 EPS 板面干燥，并去除板面有害物质或杂质。

6）在聚苯板表面刮上一层聚合物砂浆，所刮面积应略大于网布的长或宽厚度应一致（约 2mm），除有包边要求者外，聚合物砂浆不允许涂在聚苯板侧边。

7）刮完聚合物砂浆后，应将网布置于其上，网布的弯曲面朝向墙，从中央向四周抹压平整，使网布嵌入聚合物砂浆中，网布不应皱折，不得外露，待表面干后，再在其上施抹一层聚合物砂浆。网布周边搭接长度不得小于 70mm，在被切断的部位，应采用补网搭接，搭接长度不得小于 70mm。

8）门窗周边应做加强层，加强层网格布贴在最内侧。若门窗框外皮与基层墙体表面大于 50mm，网格布与基层墙体粘贴。若小于 50mm 需做翻包处理。大墙面铺设的网格布应嵌入门窗框外侧粘牢。

9）门窗口四角处，在标准网施抹完后，再在门窗口四角加盖一块 200mm×300mm 标准网，与窗角平分线成 90°角放置，贴在最外侧，用以加强；在阴角处加盖一块 200mm 长，与窗户同宽的标准网片，贴在最外侧。一层窗台以下，为了防止撞击带来的伤害，应先安置加强型网布，再安置标准型网布，加强网格布应对接。

10）网布自上而下施抹，同步施工先施抹加强型网布，再做标准型网布。墙面粘贴的网格布应覆盖在翻包的网格布上。

11）网布粘完后应防止雨水冲刷或撞击，容易碰撞的阳角，门窗应采取保护措施，上料口应采取防污染措施，发生表面损坏或污染必须立即处理。

12）施工后保护层 4h 内不能被雨淋，保护层终凝后应及时喷水养护。养护时间：昼夜平均气温高于 15℃时不得少于 48h；低于 15℃时不得少于 72h。

8.9.4 胶粉 EPS 颗粒保温浆料外墙外保温系统施工

1. 胶粉 EPS 颗粒保温浆料外墙外保温系统的构造

胶粉 EPS 颗粒保温浆料外墙外保温系统（以下简称保温浆料系统）应由界面层、胶粉 EPS 颗粒保温浆料保温层、抗裂砂浆薄抹面层和饰面层组成（图 8-187）。胶粉 EPS 颗粒保温浆料经现场拌合后喷涂或抹存基层上形成保温层。薄抹面层中应满铺玻纤网；胶粉EPS颗粒保温浆料保温层设计厚度不宜超过100mm，必要时应设置抗裂分隔缝。

2. 施工注意事项

胶粉EPS颗粒保温浆料保温层抹面的施工要点与前述抹灰要求相近，在此只阐述不同点。

（1）胶粉EPS颗粒保温浆料保温层的基层表面应清洁，无油污和脱模剂等妨碍连接的附着物，空鼓、疏松部位应剔除。

（2）胶粉EPS颗粒保温浆料宜分遍抹灰，每遍间隔时间应在24h以上，每遍厚度不宜超过20mm。第一遍抹灰应压实，最后一遍应找平，并用大杠搓平。

（3）保温层硬化后，应现场检验保温层厚度并现场取样检验胶粉EPS颗粒保温浆料干密度。现场检验保温层厚度应符合设计要求，不得有负偏差。

8.9.5 EPS板与现浇混凝土外墙外保温系统一次浇筑成型施工

1. EPS板现浇混凝土外墙外保温系统的构造

EPS板现浇混凝土外墙外保温系统（简称无网现浇系统）以现浇混凝土外墙作为基层，EPS板为保温层。板内表面（与现浇混凝土接触的表面）沿水平方向开有矩形齿槽，内、外表面均满涂界面砂浆。在施工时将板置于外模板内侧，并安装锚栓作为辅助固定件。浇灌混凝土后，墙体与板以及锚栓结合为一体。板表面抹抗裂砂浆薄抹面层，外表以涂料为饰面层，其构造见图8-188。

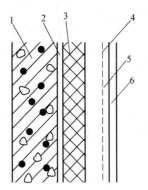

图8-187　保温浆料系统

1—基层；2—界面砂浆；

3—胶粉EPS颗粒保温浆料；

4—抗裂砂浆薄抹面层；

5—玻纤网；6—饰面层

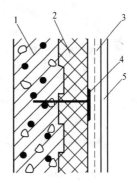

图8-188　保温浆料系统

1—现浇混凝土外墙；2—EPS板；

3—抗裂砂浆薄抹面；

4—锚栓；5—饰面层

2. EPS板现浇混凝土外墙外保温系统施工注意事项

（1）安装前，无网现浇系统EPS板两面必须预喷刷界面砂浆，要求喷涂应均匀，不得漏涂。

（2）EPS板宽度宜为1.2m，高度宜为建筑物层高。薄抹面层中满铺玻纤网。

（3）锚栓每平方米宜设2～3个。

（4）水平抗裂分格缝宜按楼层设置。垂直抗裂分格缝宜按墙面面积设置，在板式建筑中不宜大于 30m²，在塔式建筑中可视具体情况而定，宜留在阴角部位。

（5）应采用钢制大模板施工。

（6）混凝土一次浇筑高度不宜大于 1m，混凝土需振捣密实均匀，墙面及接槎处应光滑、平整。

（7）混凝土浇筑后，EPS 板表面局部不平整处宜抹胶粉 EPS 颗粒保温浆料修补和找平，修补和找平处厚度不得大于 10mm。

表面抹灰要求与前相同。

8.10 高层建筑施工

8.10.1 深基坑施工

1. 支护结构选型

支护结构可根据基坑周边环境、开挖深度、工程地质与水文地质、施工作业设备和施工季节等条件，按表 8-30 选用排桩、地下连续墙、水泥土墙、逆作拱墙、土钉墙、原状土放坡或采用上述形式的组合。

支护结构选型表　　　　　　　　　　　　　　表 8-30

结构形式	适 用 条 件
排桩或地下连续墙	1. 适于基坑侧壁安全等级一、二、三级 2. 悬臂式结构在软土场地中不宜大于 5m 3. 当地下水位高于基坑底面时，宜采用降水、排桩加截水帷幕或地下连续墙
水泥土墙	1. 基坑侧壁安全等级宜为二、三级 2. 水泥土桩施工范围内地基承载力不宜大于 150kPa 3. 基坑深度不宜大于 6m
土钉墙	1. 基坑侧壁安全等级宜为二、三级的非软土场地 2. 基坑深度不宜大于 12m 3. 当地下水位高于基坑底面时，应采取降水或截水措施
逆作拱墙	1. 基坑侧壁安全等级宜为二、三级 2. 淤泥和淤泥质土场地不宜采用 3. 拱墙轴线的矢跨比不宜小于 1/8 4. 基坑深度不宜大于 12m 5. 地下水位高于基坑底面时，应采取降水或截水措施
放坡	1. 基坑侧壁安全等级宜为三级 2. 施工场地应满足放坡条件 3. 可独立或与上述其他结构结合使用 4. 当地下水位高于坡脚时，应采取降水措施

支护结构选型应考虑结构的空间效应和受力特点，采用有利支护结构材料受力性状的形式。软土场地可采用深层搅拌、注浆、间隔或全部加固等方法对局部或整个基坑底土进行加固，或采用降水措施提高基坑内侧被动抗力。

2. 基坑开挖与监控

基坑开挖应根据支护结构设计、降排水要求，确定开挖方案。基坑边界周围地面应设排水沟，且应避免漏水、渗水进入坑内；放坡开挖时，应对坡顶、坡面、坡脚采取降排水措施。基坑周边严禁超堆荷载。软土基坑必须分层均衡开挖，层高不宜超过 1m。基坑开挖过程中，应采取措施防止碰撞支护结构、工程桩或扰动基地原状土。发生异常情况时，应立即停止挖土，并应立即查清原因和采取措施，方能继续挖土。开挖至坑底标高后坑底应及时满封闭并进行基础工程施工。地下结构工程施工过程中应及时进行夯实回填土施工。

基坑开挖前应做出系统的开挖监控方案，监控方案应包括监控目的、监测项目、监控报警值、监测方法及精度要求、监测点的布置、监测周期、工序管理和记录制度以及信息反馈系统等。监测点的布置应满足监控要求，从基坑边缘以外 1~2 倍开挖深度范围内的需要保护物体均应作为监控对象。基坑工程监测项目可按表 8-31 选择。

基坑监测项目表 表 8-31

监测项目 \ 基坑侧壁安全等级	一级	二级	三级
支护结构水平位移	应测	应测	应测
周围建筑物、地下线管变形	应测	应测	宜测
地下水位	应测	应测	宜测
桩、墙内力	应测	宜测	可测
锚杆拉力	应测	宜测	可测
支撑轴力	应测	宜测	可测
立柱变形	应测	宜测	可测
土体分层竖向位移	应测	宜测	可测
支护结构界面上侧向压力	宜测	可测	可测

位移观测基准点数量不应少于两点，且应设在影响范围以外。监测项目在基坑开挖前应测得初始值，且不应少于两次。基坑监测项目的监控报警值应根据监测对象的有关规范及支护结构设计要求确定。各项监测的时间间隔可根据施工进程确定。当变形超过有关标准或监测结果变化速率较大时，应加密观测次数。当有事故征兆时，应连续监测。基坑开挖监测过程中，应根据设计要求提交阶段性监测结果报告。工程结束时应提交完整的监测报告，报告内容应包括：

（1）工程概况；

（2）监测项目和各测点的平面和立面布置图；

（3）采用仪器设备和监测方法；

（4）监测数据处理方法和监测结果过程曲线；

（5）监测结果评价。

3. 支护结构施工

（1）排桩及地下连续墙

悬臂式排桩结构桩径不宜小于 600mm，桩间距应根据排桩受力及桩间土稳定条件确定。排桩顶部应设钢筋混凝土冠梁连接，冠梁宽度（水平方向）不宜小于桩径，冠梁高度（竖直方向）不宜小于 400mm。排桩与桩顶冠梁的混凝土等级宜大于 C20；当冠梁作为连系梁时可按构造配筋。基坑开挖后，排桩的桩间土防护可采用钢丝网混凝土护面、砖砌等处理方法，当桩间渗水时，应在护面设泄水孔。当基坑在实际地下水位以上且土质较好，暴露时间较短时，可不对桩间土进行防护处理。悬臂式现浇钢筋混凝土地下连续墙厚度不宜小于600mm，地下连续墙顶部应设置钢筋混凝土冠梁，冠梁宽度不宜小于地下连续墙厚度，高度不宜小于400mm。

地下连续墙施工工艺过程：修筑导墙→挖槽→吊放接头管（箱）、吊放钢筋笼→浇筑混凝土。导墙的作用：护槽口，为槽定位（标高、水平位置、垂直），支撑（机械、钢筋笼等），存放泥浆（可保持泥浆面高度）。

泥浆的作用：护壁，携碴，冷却润滑。泥浆的成分：膨润土（特殊黏土，有售）。聚合物、分散剂（抑制泥水分离）、加重剂（常用重晶石）、增粘剂（常用羟甲纤维素，化学糨糊）、防漏剂（堵住砂土槽壁大孔，如锯末、稻草末等）。泥浆质量的控制指标：密度（比重计）、黏度（黏度计）、含沙量（泥浆含沙量测定仪）、pH值（一般为8～9时泥浆不分层）、失水量和泥皮厚度（泥浆渗透失水，同时在槽壁形成泥皮，薄而密实的泥皮有利于槽壁稳定，用过滤试验测定）、稳定性（静置前后密度差）、精切力（外力使静止泥浆开始流动后阻止其流动的阻力，精切力大时泥浆质量好）、胶体率（静置后泥浆部分体积与总体积之比）。泥浆的护理：土渣的分离处理—沉淀池（考虑泥浆循环、再生、舍弃等工艺要求）、振动筛与旋流器（离心作用分离）。

目前，在地下连续墙施工中，国内外常用的挖槽机构按工作机理分为挖斗式、冲击式和回转式三大类，而每一类中又分为多种。钢筋笼吊放采取在钢筋笼内放桁架的方法避免钢筋笼起吊式变形。单元墙段的街头常用的施工接头有以下几种。

接头管（也称锁口管）接头，应用最多。一个单元槽段土方挖好后，在槽段端部用吊车放入接头管，然后吊放钢筋笼并浇筑混凝土，待浇筑的混凝土强度达到0.05～0.20MPa时（一般在混凝土浇筑后3～5h，视气温而定），开始用吊车或液压顶升架提拔接头管，上拔速度应与混凝土浇筑速度、混凝土强度增长速度相适应，一般为2～4m/h，应在混凝土浇筑结束后8h以内将接头管全部拔出。接头管直径一般比墙厚小50mm，可根据需要分段、接长、端部半圆形可以增强整体性和防水能力。

接头箱接头。一个单元槽段挖土结束后，吊放接头箱，再吊放钢筋笼。钢筋笼端部的水平钢筋可插入接头箱内。接头箱的开口面被焊在钢筋笼端部的钢板封住，因此浇筑的混凝土不能进入接头箱。混凝土初凝后，与接头管一样，逐步吊出接头箱。

用U形接头管与滑板式接头箱施工的钢板接头，是另一种整体式接头的做法。这种整体式钢板接头是在两相邻单元槽段的交界处，利用U形接头管放入开有方孔且焊有封头钢板的接头钢板，以增强接头的整体性。接头钢板上开有大量方孔，其目的是增强接头钢板与混凝土之间的粘结。滑板式接头箱的端部设有充气的锦纶塑料管，用来密封止浆，避免新浇筑混凝土浸透。为了便于抽拔接头箱，在接头箱与封头钢板和U形接头管接触处均设有聚四氟乙烯滑板。

隔板式接头，隔板式接头按隔板的形状分为平隔板、榫形隔板和V形隔板，由于隔板与槽壁之间难免有缝隙，为避免新浇筑的混凝土渗入，要在钢筋笼的两边铺贴维尼龙化纤布。化纤布可把单元槽段钢筋笼全部罩住，也可以只有2～3m宽。要注意吊入钢筋笼时不要损坏化纤布。

带有接头钢筋的榫形隔板式接头，能使各单元墙段形成一个整体，是一种较好的接头方式。但插入钢筋笼较困难，且接头处混凝土的流动也受到阻碍，施工时要特别加以注意。

（2）锚杆施工

锚杆施工应符合下列要求：锚杆钻孔水平方向孔距在垂直方向误差不宜大于100mm，倾斜度不应大于3‰；注浆管宜与锚杆杆体绑扎在一起，一次注浆管距孔底宜为100～200mm，二次注浆管的出浆孔应进行可灌密封处理；浆体应按设计配制，一次灌浆宜选用灰砂比1:1～1:2、水灰比0.38～0.45的水泥砂浆，或水灰比0.45～0.5的水泥浆，二次高压注浆宜使用水灰比0.45～0.55的水泥浆；二次高压注浆压力宜控制在2.5～5.0MPa之间，注浆时间可根据注浆工艺试验确定或一次注浆锚固体强度达到5MPa后进行；锚杆的张拉与施加预应力（锁定）应符合下列要求：锚固段强度大于15MPa并达到设计强度等级的75%后方可进行拉张；锚杆拉张顺序应考虑对邻近锚杆的影响；锚杆宜张拉至设计载荷的0.9～1.0倍后，再按设计要求锁定；锚杆张拉控制应力不应超过锚杆杆体强度标准值的0.75倍。

1）深基坑干作业成孔锚杆支护施工工艺流程

确定孔位→钻机就位→调整角度→钻孔并清孔→安装锚索→一次灌浆→二次高压灌浆→安装钢腰梁及锚头→张拉→锚头锁定→下一层锚杆施工。

2）深基坑湿作业成孔锚杆支护施工工艺流程

钻机就位→校正孔位，调整角度→打开水源→钻孔→反复提内钻杆冲洗→接内套管钻杆及外套管→继续钻进至设计孔深→清孔→停水，拔内钻杆→插放钢绞线束及注浆管→压注水泥浆→用力拔管机拔外套管并二次灌浆→养护→安装钢腰梁及锚头→预应力张拉→锁定下一层锚杆施工。

（3）水平支撑施工

钢筋混凝土支撑应符合下列要求：钢筋混凝土支撑构件的混凝土强度等级不应低于C20；钢筋混凝土支撑体系在同一平面内应整体浇注，基坑平面转角处的腰梁连接点应按刚节点设计。

钢结构支撑应符合相爱列要求：钢结构支撑构件的连接可采用焊接或高强度螺栓连接；

腰梁连接节点一设置在支撑点的附近，且不应超过支撑间距的1/3；钢腰梁与排桩、地下连续墙之间宜采用不低于C20细石混凝土填充；钢腰梁与钢支撑的连接节点应设加劲板。

支撑拆除前应在主体结构与支护结构之间设置可靠的换撑传力或回填夯实。

支撑系统施工应符合下列要求：支撑结构的安装与拆除顺序，应同基坑防护结构的设计计算工况相一致。必须严格遵守先支撑后开挖额原则；立柱穿过主体结构底板以及支撑结构穿越主体结构地下室外墙的部位，应采用止水构造措施；钢支撑的端头与冠梁或腰梁的连接应符合下列规定：支撑端头应设置厚度不小于10mm的钢板作封头端板，端板与支撑杆件满焊，焊缝厚度及长度能承受全部支撑力或支撑等强度，必要时，增设加劲肋板；肋板数量，尺寸应满足支撑端头局部稳定要求和传递支撑力的要求；支撑端面与支撑轴线不垂直时，可在冠梁或腰梁上设置预埋软件或采取其他构造措施以承受支撑与冠梁或腰梁间的剪力。

钢支撑预加压力的施工应符合下列要求：支撑安装完毕后，应及时检查各节点的连接状况，经确认符合要求后可施加预应力，预应力的施加应在支撑的两端同步对称进行；预应力应分级施加，重复进行，加至设计值时，应再次检查各连接点的情况，必要时应对节点进行加固，待额定压力稳定后锁定。

（4）水泥土墙施工

水泥土搅拌法是利用水泥为固化剂，通过特制的机械（型号有多种，如 SJB 系列深层搅拌机，另配套灰浆泵、桩架等），在地基深处就地将原位土和固化剂（浆液或液体）强制搅拌，形成水泥土桩。水泥土搅拌桩施工分为湿法（喷浆）和干法（喷粉）两种。

水泥土搅拌桩施工步骤由于湿法和干法的施工设备不同而略有差异。其主要步骤如下：搅拌机械就位、调平；预搅下沉至设计加固深度；边喷浆（粉）、边搅拌提升，直至预定的停浆（灰）面；重复搅拌下沉至设计加固深度；根据设计要求，喷浆（粉）或只搅拌提升，直至规定的停浆（灰）面。

高压水泥浆（或其他硬化剂）的通常压力为 15MPa 以上，通过喷射头上一或两个直径约 2mm 的横向喷嘴向土中喷射，使水泥浆与土搅拌混合，形成桩体。喷射头借助喷射管喷射或振动贯入，或随普通或专用钻孔下沉。使用特殊喷射管的二重管法（同时喷射高压浆液和压缩空气）、三重管法（同时喷射高压清水、压缩空气、低压浆液），影响范围更大，直径分别可达 1000mm、2000mm。施工工艺流程有单管法、二重管法的喷射管。

水泥墙采用格栅布置时，水泥土的置换率对于淤泥不宜小于 0.8，淤泥质土不宜小于 0.7，一般黏性土及砂土不宜小于 0.6；格栅长宽比不宜大于 2。水泥土桩与桩之间的搭接宽度应根据挡土及截水要求确定，考虑截水作用时，桩的有效搭接宽度不宜小于 150mm；当不考虑截水作用时，搭接宽度不宜小于 100mm。当变形不能满足要求时，宜采用基坑内侧土体加固或水泥土墙插筋加混凝土面板及加大嵌固深度等措施。

水泥土墙应采取切割搭接法施工。应在前桩水泥土尚未固化时进行后序搭接桩施工。施工开始和结束的头尾搭接处，应采取加强措施（如重复喷浆搅拌），消除搭接勾缝。

深层搅拌水泥土墙施工前，应进行成桩工艺及水泥掺入量或水泥浆的配合比试验，以确定相应的水泥掺入比或水泥浆水灰比。浆喷深层搅拌的水泥掺入量宜为被加固土重度的 15%～18%；粉喷深层搅拌的水泥掺入量宜为被加固土重度的 13%～16%。

高压喷射注浆施工前，应通过试喷试验确定不同土层旋喷固结体的最小直径、高压喷射施工技术参数等。高压喷射水泥水灰比宜为 1.0～1.5。

水泥土桩应在施工后一周内进行开挖检查或采用钻孔取芯等手段检查成桩质量，若不符合设计要求应及时调整施工工艺。水泥土墙应在设计开挖龄期采用钻芯法检测墙身完整性，钻芯数量不宜少于总桩数的 2%，且不应少于 5 根；并应根据设计要求取样进行单轴抗压强度试验。

（5）土钉墙施工工艺流程

排水设施的设置→基坑开挖→边坡处理→钻孔→插入土钉→钢筋→注浆→铺钢筋网→喷射面层混凝土→土钉现场测试→施工监测。

水时土钉支护结构最为敏感的问题，不但要在施工前做好降排水工作，还要充分考虑土钉支护结构工作期间地表水及地下水的处理，设置排水构造措施。

基坑四周地表应加以修整并构筑明沟排水和水泥砂浆或混凝土地面，严防地表向下渗流。

基坑边壁有透水层或渗水土层时，混凝土面层上杆要做泄水孔，按间距 1.5～2.0m 均布插设长 0.4～0.6m、直径 40mm 的塑料排水管，外管口略向下倾斜。

为了排除积聚在基坑内的渗水和雨水，应在坑底设置排水沟和集水井。排水沟应离开坡脚 0.5～1.0m，严防冲刷坡脚。排水沟和集水井宜采用砖砌并用砂浆抹面以防止渗漏。坑内积水应及时排除。

基坑要按设计要求严格分层分段开挖在完成上一层作业面土钉与喷射混凝土面层达到设计强度的 70% 以前，不得进行下一层土层的开挖。每层开挖最大深度取决于在支护投入工作前土壁可以自稳而不发火说呢过滑移破坏的能力，实际工程中常取基坑每层挖深与土钉竖向间距相等。每层开挖的水平分段也取决于土壁自稳能力，且与支护施工流程相互衔接，一般多为 10～20m 长。当基坑面积较大时，允许在距离基坑四周边坡 8～10m 的基坑中部自由开挖，但应注意与分层作业区的开挖相协调。

挖土要选用对坡面土体扰动晓得挖土设备和方法，严禁边壁出现超挖或造成边壁土体松动。坡面经机械开挖后，要采用小型机械或人工进行切削清坡，以使坡度与坡面平整度达到设计要求。

为防止基坑内的裸露土体塌陷，对于易塌的土体可采取下列措施：对修整后的边坡，立即喷上一层薄的混凝土，强度等级不宜低于 C20，凝结后再进行钻孔；在作业面上先构筑钢筋网喷射混凝土面层，钢筋保护层厚度不宜小于 20mm，面层厚度不宜小于 80mm，而后进行钻孔和设置土钉；在水平方向上分小段间隔开挖；先将作业深度上的边壁做成斜坡，待钻孔并设置土钉后再清坡；在开挖前，沿开挖面垂直击入钢筋或钢管，或注浆加固土体。

若土层地质条件较差时，在每步开挖后应尽快做好面层，即对修整后的边壁立即喷上一层薄混凝土或砂浆；若土质较好的话，可省去该道面层。

土钉设置通常做法是先在土体上成孔，然后置入土钉钢筋并沿全长注浆，也可以是采用专门设备将土钉钢筋击入土体。

钻孔前应根据设计要求定出孔位并做出标记和编号，钻孔时要保证位置正确（上下左右及角度），防止高低参差不齐和相互交错。

钻进时要比设计深度多钻进 100～200mm，以防止孔深不够。采用的机具应符合土层的特点，满足设计要求，在进钻和抽铁杆过程中不得引起土体坍孔。在易坍孔的土体中钻孔时宜采用套筒成孔或挤压成孔。

插进土钉钢筋前要进行清孔检查，若孔中出现局部渗水、塌孔或掉落松土，应立即处理。土钉钢筋置入孔中前，要先在钢筋上安装对中定位支架，以保证钢筋处于孔位中心且注浆后其保护层厚度不小于 25mm。支架沿钉长的间距可为 2～3m 左右，支架可为金属或塑料件，以不妨碍浆体自由流动为宜。

注浆材料宜选用水泥浆、水泥砂浆。注浆用水泥砂浆的水灰比不宜超过 0.4～0.45，当用水泥静浆时水灰比不宜超过 0.45～0.5，并宜加入适量的速凝剂等外加剂以促进早凝和控制泌水。注浆前要验收土钉钢筋安设质量是否达到设计要求。一般可采用重力、低压（0.4～0.6MPa）或高压（1～2MPa）注浆，水平孔应采用低压或高压注浆。压力注浆时应在孔口或规定位置设置止浆塞，注满后保持压力 3～5min。重力注浆以满孔为止，但在浆体初凝前需补浆 1～2 次。对于向下倾角的土钉，注浆采用重力或低压注浆时宜采用底部注浆方式，注浆导管底端应插至距孔底 250～500mm 处，在注浆同时将导管匀速缓慢地撤出。注浆过程中，注浆导管口应始终埋在浆体表面以下，以保证孔中气体能全部溢出。注浆时采取必要的排气措施。对于水平土钉的钻孔，应用孔口部压力注浆或分段压力注浆，此时需配排气管并与土钉钢筋绑捆牢固，在注浆前与土钉钢筋同时送入孔中。向孔内注入浆体的充盈系数必须大于 1 每次向孔内注浆时，宜预先计算所需的浆体体积并根据注浆泵的冲程数计算出实际向孔内注入的浆体体积，以确认实际注浆量超过孔内容积。注浆材料应搅合均匀，随伴随用，一次搅合的水泥浆、水泥砂浆应在初凝前用完。注浆前应将孔内残留或松动的杂土清除干净。注浆开始或中途停止超过 30min 时，应用水或稀水泥浆润滑注浆泵及管路。为提高土钉抗拔能力，还可采用二次注浆工艺。

在喷混凝土之前，先按设计要求绑捆、固定钢筋网。面层内钢筋网片应牢固固定在边壁上并符合设计规定的保护层厚度要求。钢筋网片可用插入土中的钢筋固定，但在喷混凝土时不应出现振动。钢筋网片可焊成或绑捆而成，网格允许偏差为正负 10mm。铺设钢筋网时每边的搭设长度应不小于一个网格边长或 300mm，如为搭接焊则单面焊接长度不小于网片钢筋直径的 10 倍。网片与坡面间隙不小于 20mm。土钉与面层钢筋网的连接可通过垫片、螺帽及土钉端部螺纹杆固定。垫片钢板厚 8～10mm，尺寸为 200mm×200mm～300mm×300mm。垫板下空隙需先用高强水泥砂浆填实，待砂浆达到一定强度后方可旋紧螺帽以固定土钉。土钉钢筋也可通过井字加强钢筋直接焊接在钢筋网上。当面层厚度大于 120mm 时，宜采用双层钢筋网，第二层钢筋网应在第一层钢筋网被混凝土覆盖后铺设。

喷射混凝土的配合比应通过试验确定，粗骨料最大粒径不宜大于 12mm，水灰比不宜大于 0.45，并应通过外加剂来调节所需工作度和早强时间。当采用干法施工时，应事先对操作人员进行技术考核，以保证喷射混凝土的水灰比和质量达到设计要求。喷射混凝土前，应对机械设备、风、水管路和电路进行全面检查和试运转。为保证喷射混凝土厚度达到均匀的设计值，可在边壁上隔一定距离打入垂直短钢筋段作为厚度标志。喷射混凝土的射距宜保持在 0.6～1.0m 范围内，并使射流垂直于壁面。在有钢筋的部位可先喷钢筋的后方以防止钢筋背面出现空隙。喷射混凝土的路线可从壁面开挖层底部逐渐向上进行，但底部钢筋网搭设接长度范围以内先不喷混凝土，待与下层钢筋网搭设接绑捆后再与下层壁面同时喷射混凝土。混凝土面层接缝部分做成 45°角斜面搭设。当设计面层厚度超过 100mm 时，混凝土应分两层喷射，一次喷射厚度不宜小于 40mm，且接缝错开。混凝土接缝在继续喷射混凝土之前应清除浮浆碎屑，并喷少量水湿润。面层喷射混凝土终凝后 2h 应喷水养护，养护时间宜在 3～7d，养护视当地环境条件可采用喷水、覆盖浇水或喷涂养护剂等方法。喷射混凝土强度可用边长为 100mm 的立方体试块进行测定。制作试块时，将试模底面紧贴边壁，从侧向喷入混凝土，每批至少取 3 组（每组 3 块）试件。

土钉的施工监测应包括下列内容：支护位移、沉降的观测；地表开裂状态（位置、裂宽）的观察；附近建筑物和重要管线等设施的变形测量和裂缝宽度观测；基坑渗、漏水和基坑内外地下水位的变化。

在支护施工阶段，每天监测不少于 1～2 次；在支护施工完成后，变形趋于稳定的情况下，每天一次。监测过程应持续至整个基坑回填结束为止。

观测点的设置：每个基坑观测点的总数不宜少于 3 个，间距不宜大于 30m；其位置应选在变形量最大或局部条件最为不利的地段；观测仪器宜用精密水准仪和精密经纬仪。

当基坑附近有重要建筑物等设施时，也应在相应位置设置观测点，在可能的情况下，宜同时测定基坑边壁不同深度位置处的水平位移，以及地表距基坑边壁不同深度位置处的水平位移，以及地表距基坑边壁不同距离处的沉降。

应特别加强雨天和雨后的监测，以及对各种可能危及支护安全的水害来源（如场地周围生产、生活用水，上下水管、储水池罐、化粪池漏水。人工井点降水的排水，因开挖后土体变形造成管道漏水等）进行观察。

在施工开挖过程中，基坑顶部的侧向位移与当时的开挖深度之比超过 3％（砂土中）和 4％（一般黏性土）时应密切加强观察，分析原因并及时对支护采取加固措施，必要时增用其他支护方法。

土钉墙设计及构造应符合下列规定：土钉墙墙面坡度不宜大于 1:0.1；土钉必须和面层有效连接，应设置承压板或加强钢筋等构造措施，承压板或加强钢筋应与土钉螺栓连接或钢筋焊接连接；土钉的长度宜为开挖深度的 0.5~1.2 倍，间距宜为 1~2m，与水平面夹角宜为 5°~20°；土钉钢筋宜采用Ⅱ、Ⅲ级钢筋，钢筋直径宜为 16~32mm，钻孔直径宜为 70~120mm；注浆材料宜采用水泥浆或水泥砂浆，其强度等级不宜低于 M10；喷射混凝土面层宜配置钢筋网，钢筋直径宜为 6~10mm，间距宜为 150~300mm；喷射混凝土强度等级不宜低于 C20，面层厚度不宜小于 80mm；坡面上下段钢筋网搭接长度应大于 300mm。

当地下水位高于基坑底面时，应采取降水或截水措施；土钉墙墙顶应采用砂浆或混凝土护面，坡顶和坡脚应设排水措施，坡面上可根据具体情况设置泄水孔。

上层土钉注浆体及喷射混凝土面层达到设计强度的 70％后方可开挖下层土方及下层土钉施工。

基坑开挖和土钉墙施工应按设计要求自上而下分段分层进行。在机械开挖后，应辅以人工修整坡面，坡面平整度的允许偏差宜为 ±20mm，在坡面喷射混凝土支护前，应清除坡面虚土。

土钉墙施工可按下列顺序进行：应按设计要求开挖工作面，修整边坡，埋设喷射混凝土厚度控制标志；喷射第一层混凝土；钻孔安设土钉、注浆，安设连接件；绑扎钢筋网，喷射第二层混凝土；设置坡顶、坡面和坡脚的排水系统。

喷射混凝土作业应符合下列规定：喷射作业应分段进行，同一分段内喷射顺序应自上而下，一次喷射厚度不宜小于 40mm；喷射混凝土时，喷头与受喷面应保持垂直，距离宜为 0.6~1.0m；喷射混凝土终凝 2h 后，应喷水养护，养护时间根据气温确定，宜为 3~7h。

喷射混凝土面层张的钢筋网铺设应符合下列规定：钢筋网应在喷射一层混凝土后铺设，钢筋保护层厚度不宜小于 20mm；采用双层钢筋网时，第二层钢筋网应在第一层钢筋网被混凝土覆盖后铺设；钢筋网与土钉应连接牢固。

土钉注浆材料应符合下列规定：注浆材料宜选用水泥浆或水泥砂浆；水泥浆的水灰比宜为 0.5，水泥砂浆配合比宜为 1:1~1:2（重量比），水灰比宜为 0.38~0.45；水泥浆、水泥砂浆应拌合均与，随拌随用，一次拌合的水泥浆、水泥砂浆应在初凝前用完。

注浆作业应符合以下规定：注浆前应将孔内残留或松动的杂土清除干净；注浆开始或中途停止超过 30min 时，应用水或稀水泥浆润滑注浆泵及其管路；注浆时，注浆管应插至距孔底 250～500mm 处，孔口部位宜设置止浆塞及排气管；土钉钢筋应设定位支架。

土钉墙应按下列规定进行质量检测：土钉采用抗拉试验检测承载力，同一条件下，试验数量不宜少于土钉总数的 1%，且不应少于 3 根；墙面喷射混凝土厚度应采用钻孔检测，钻孔数宜每 100m² 墙面积一组，每组不应少于 3 点。

（6）逆作拱墙施工

传统的施工多层地下室的方法是开敞式施工，即大开口放坡开挖，或用支护结构围护后垂直开挖，挖至设计标高后浇筑钢筋混凝土底板，再由下而上逐层施工各层地下室结构，待地下结构完成后再进行地上结构施工。

逆作法的工艺原理：先沿建筑物地下室轴线（地下连续墙也是地下室结构承重墙）或周围（地下连续墙等只用作支护结构）施工地下连续墙或其他支护结构，同时在建筑物内部的有关位置（柱子或隔壁相交处等，根据需要计算确定）浇筑或打下中间支撑柱，作为施工期间在底板封底之前承受上部结构自重和施工荷载的支撑；然后施工地面一层的梁板楼面结构，作为地下连续墙刚度很大的支撑，随后逐层向下开挖土方和浇筑各层地下结构，直至底板封底；与此同时，由于地面一层的楼面结构已完成，为上部结构施工创造了条件，因此可以同时向上逐层进行地上结构的施工，如此，地面上、下同时进行施工，直至工程结束；但是在地下室浇筑钢筋混凝土底板之前，地面上的上部结构允许施工的层数要经计算确定。

逆作法施工还可以使地面一层楼面结构敞开，上部结构不与地下结构同时进行施工，只是地下结构自上而下逐层施工。

中间支撑柱的作用，是在逆作法施工期间，在地下室底板未浇筑之前与地下连续墙一起承受地下和地上各层的结构自重和施工荷载；在地下室底板规定的最高层浇筑后，与底板连接成整体，作为地下室结构的一部分，将上部结构及承受的荷载传递给地基。

中间支撑住的位置和数量，要根据地下室的结构布置和制定的施工方案详细考虑后经计算确定，一般布置在柱子位置或纵、横墙相交处。中间支撑柱所承受的最大荷载，是地下室已修筑至最下一层，而地面上已修筑至规定的最高层数时的荷载。由于底板以下的中间支撑柱要与底板的受力与设计的计算假定不一致。也有的采用预制柱（钢管桩等）作为中间支撑柱。采用灌注桩时，底板以上的中间支撑柱的柱身多为钢筋混凝土柱或 H 型钢柱，断面小而承载能力大，而且也便于与地下室的梁、柱、墙、板等连接。

在泥浆护壁下用反循环或正循环潜水电钻钻孔施工中间支撑柱。钻孔后吊放钢管，钢管的位置要十分准确，否则与上部柱子不在同一垂线上对受力不利，因此钢管吊放后要用定位装置调整其位置。钢管的薄壁按其承受的荷载计算确定。利用导管浇筑混凝土，钢管的内径要比导管接头处的直径大 50～100mm。而用钢管内的导管浇筑混凝土时，超压力不可能将混凝土压上很高，因此导管底部埋入混凝土不可能很深，一般为 1m 左右，为便于钢管下部与现浇混凝土能较好地结合，可在钢管下端加焊竖向分布的钢筋。混凝土柱的顶端一般高出底板面 30mm，高出部分在浇筑底板时将其凿除，以保证底板与中间支撑柱连成一体。混凝土浇筑完毕吊出导管。由于钢管外面不浇筑混凝土，钻孔上段中的泥浆需进行固化处理，以便于在清除开挖的土方时，防止泥浆到处流淌，恶化施工环境。泥浆的固化处理方法，是在泥浆中掺入水泥形成自凝泥浆，使其自凝固化。水泥掺量约10%，可直接投入钻孔内，用空气压缩机通过软管进行压缩空气搅和。

4. 地下水控制施工

地下水控制的设计和施工应满足支护结构设计要求，应根据场地及周边工程地质条件、水文地质条件和环境条件并结合基坑支护和基础施工方案综合分析、确定。地下水控制方法可分为集水明排、降水、截水和回灌等形式单独或组合使用，可按表8-32选用。

地下水控制方法   表 8-32

方法名称	适用土类	渗透系数(m/d)	降水深度(m)	水文地质特征
集水明排	填土、粉土、黏性土、砂土	<20.0	<5	上层滞水或水量不大的潜水
		0.1~20.0	单级<6 多级<20	
真空井点降水		0.1~20.0	<20	
喷射井点降水				
管井降水	粉土、砂土、碎石土、可溶岩、破碎带	1.0~200.0	>5	含水丰富的潜水、承压水、裂隙水
截水	黏性土、粉土、砂土、碎石土、岩溶土	不限	不限	
回灌	填土、粉土、砂石、碎石土	0.1~200	不限	

当因降水而危及基坑及周边环境安全时，宜采用截水或回灌方法。截水后，基坑中的水量或水压较大时，宜采用基坑内降水。当基坑底为隔水层且层底作用有承压水时，应进行坑底突涌验算，必要时可采用水平封底隔渗或钻孔减压措施保证坑底土层稳定。

截水帷幕的厚度应满足基坑防渗要求，截水帷幕的渗透系数宜小于1.0×10^{-6} cm/s。当地下含水层渗透性较强，厚度较大时，可采用悬挂式竖向截水与坑内井点降水相结合或采用悬挂式竖向截水与水平封底相结合的方案。截水帷幕施工方法、工艺和机具的选择应根据场地工程地质、水文地质及施工条件等综合确定。施工质量应满足《建筑地基处理规范》(JGJ 79—2012)的有关规定。

回灌可采用井点、砂井、砂沟等。回灌井与降水井的距离不宜小于6m。回灌井的间距应根据降水井的间距和被保护物的平面位置确定。回灌井宜进入稳定水面下1m，且位于渗透性较好的土层中，过滤器的长度应大于降水井过滤器的长度。回灌量可通过水位观测孔中水位变化进行控制和调节，不宜超过原水位标高。回灌水箱高度可根据灌水量配置。回灌砂井的灌砂量应取井孔体积的95%，填料宜采用含泥量不大于3%，不均匀系数在3~5之间的纯净中粗砂。回灌井与降水井应协调控制。回灌水宜采用清水。

8.10.2 大体积混凝土施工

1. 一般规定

大体积混凝土施工应编制施工组织设计或施工技术方案。大体积混凝土工程施工除应满足设计规范及生产工艺的要求外，尚应符合下列要求；大体积混凝土的设计强度要求等级宜为 C25～C40，并可采用混凝土 60d 或 90d 的强度作为混凝土混合比设计，混凝土强度评定及工程验收的依据；大体积混凝土的结构配筋除应满足结构强度和构造要求外，还应满足大体积混凝土的施工方法配置控制温度和收缩的构造钢筋；大体积混凝土置于岩石类地基上时，宜在混凝土垫层上设置滑动层；设计中应采取减少大体积混凝土外部约束的技术设施；设计中宜根据工程情况提出温度场和应变的相关测试要求。大体积混凝土工程施工前，宜对施工阶段大体积混凝土浇筑物的温度、温度应力及收缩应力进行测试，并确定施工阶段大体积混凝土浇筑体的温升峰值、里表温差及降温速率的控制指标，制定相应的温控技术措施。

大体积混凝土施工前，应做好各项施工前准备工作，并与当地气象台、站联系，掌握近期气象情况。必要时，应增添相应的技术措施，在冬期施工时，尚应符合国家现行有关混凝土冬期施工的标准。

大体积混凝土配合比的设计除应符合工程设计所规定的强度等级、耐久性、抗渗性、体积稳定性等要求外，尚应符合大体积混凝土施工工艺特性的要求，并应符合合理使用材料、降低混凝土绝热温升值的要求。

大体积混凝土的制备和运输，除应符合设计混凝土强度等级的要求外，尚应根据预拌混凝土供应运输距离、运输设备、供应能力、材料批次、环境温度等调整预拌混凝土的有关参数。

粉煤灰和粒化高炉矿渣粉，其质量应符合现行国家标准《用于水泥和混凝土中的粉煤灰》（GB/T 1596—2005）和《用于水泥和混凝土中的粒化高炉矿渣粉》（GB/T 18046—2008）的有关规定。

所用外加剂的质量及应用技术，应符合国家现行标准《混凝土外加剂》GB 8076、《混凝土外加剂应用技术规范》GB 50119 和有关环境保护标准的规定。

外加剂的选择除应满足本规范的规定外，尚应符合下列要求：外加剂的品种、掺量应根据工程所用胶凝材料经试验确定；应提供外加剂对硬化混凝土收缩等性能的影响；耐久性要求较高或寒冷地区的大体积混凝土，应采用引气剂或引气减水剂。

拌合用水的质量应符合国家现行标准《混凝土用水标准》JGJ 63 的有关规定。

2. 混凝土施工

大体积混凝土的施工宜采用整体分层连续浇筑施工或推移式连续浇筑施工。大体积混凝土施工设置水平施工缝时，除应符合设计要求外，尚应根据混凝土浇筑过程中温度裂缝控制的要求、混凝土的供应能力、钢筋工程的施工、预埋管件的安装等因素确定其位置及间歇时间。超长大体积混凝土施工，应选用下列方法控制结构不出现有害裂缝：留置变形缝：变形缝的设置和施工应符合国家现行有关标准的规定；后浇带施工：后浇带的设置和施工应符合国家现行有关标准的规定；跳仓法施工：跳仓的最大分块尺寸不宜大于 40m，跳仓间隔施工的时间不宜小于 7d，跳仓接缝处应按施工缝的要求设置和处理。

大体积混凝土的施工宜规定合理的工期，在不利气候条件下应采取确保工程质量的措施。

大体积混凝土的模板和支架系统应按国家现行有关标准的规定进行强度、刚度和稳定性验算，同时还应结合大体积混凝土的养护方法进行保温构造设计。

模板和支架系统在安装、使用和拆除过程中，必须采取防倾覆的临时固定措施。

后浇带或跳仓法留置的竖向施工缝，宜用钢板网、铁丝网或小板条拼接支模，也可用快易收口网进行支挡；后浇带的垂直支架系统宜与其他部位分开。

大体积混凝土的拆模时间，应满足国家现行有关标准对混凝土的强度要求，混凝土浇筑体表面与大气温差不应大于20℃；当模板作为保温养护措施的一部分时，其拆模时间应根据本规范规定的温控要求确定。

大体积混凝土宜适当延迟拆模时间，拆模后，应采取预防寒流袭击、突然降温和剧烈干燥等措施。

混凝土浇筑层厚度应根据所用振捣器的作用深度及混凝土的和易性确定，整体连续浇筑时宜为300～500mm。

整体分层连续浇筑或推移式连续浇筑，应缩短间歇时间，并应在前层混凝土初凝之间将次层混凝土浇筑完毕。层间最长的间歇时间不应大于混凝土的初凝时间。混凝土的初凝时间应通过试验确定。当层间间歇时间超过混凝土的初凝时间时，层面应按施工缝处理。

混凝土浇筑宜从低处开始，沿长边方向自一端向另一端进行。当混凝土供应量有保证时，亦可多点同时浇筑。

混凝土浇筑宜采用二次振捣工艺。

大体积混凝土施工采取分层间歇浇筑混凝土时，水平施工缝的处理应符合下列规定：在已硬化的混凝土表面，应清除表面的浮浆、松动的石子及软弱混凝土层；在上层混凝土浇筑前，应用清水冲洗混凝土表面的污物，应当充分润湿，但不得有积水；混凝土应振捣密实，并应使新旧混凝土紧密结合。

大体积混凝土底板与侧壁相连接的施工缝，当有防水要求时，应采取钢板止水带处理措施。在大体积混凝土浇筑过程中，应采取防水受力钢筋、定位筋、预埋件等移位和变形的措施，并应及时清除混凝土表面的泌水。大体积混凝土浇筑面应及时进行二次抹压处理。

大体积混凝土应进行保温保湿养护，在每次混凝土浇筑完毕后，除应按普通混凝土进行常规养护外，尚应及时按温控技术措施的要求进行保温养护，并应符合下列规定：应专人负责保温养护工作，并应按本规范的有关规定操作，同时应做好测试记录；保温养护的持续时间不得少于14d，并应经常检查塑料薄膜或养护剂涂层的完整情况，保持混凝土表面湿润；保温覆盖层的拆除应分层逐步进行，当混凝土的表面温度与环境最大温差小于20℃时，可全部拆除。

在混凝土浇筑完毕初凝前，宜立即进行喷雾养护工作。塑料薄膜、麻袋、阻燃保温被等，可作为保温材料覆盖混凝土和模板，必要时，可搭设挡风保温棚或遮阳降温棚。在保温养护中，应对混凝土浇筑体的里表温差和降温速率进行现场监测，当实测结果不满足温控指标的要求时，应及时调整保温养护措施。高层建筑转换层的大体积混凝土施工，应加强养护，其侧模、底模的保温构造应在支模设计时确定。大体积混凝土拆模后，地下结构应及时回填土；地上结构应尽早进行装饰，不宜长期暴露在自然环境中。

大体积混凝土的施工遇炎热、冬期、大风或雨雪天气时，必须采用保证混凝土浇筑质量的技术措施。炎热天气浇筑混凝土时，宜采用遮盖、洒水、拌冰屑等降低混凝土原材料温度的措施混凝土入模温度宜控制在30℃以下。混凝土浇筑后，应及时进行保湿保温养护；条件许可时，应避开高温时段浇筑混凝土。冬期浇筑混凝土时，宜采用热水拌合、加热骨料等提高混凝土原材料温度的措施，混凝土入模温度不宜低于 5℃。混凝土浇筑后，应及时进行保温保湿养护。大风天气浇筑混凝土时，在作业面应采取挡风措施，并应增加混凝土表面的抹压次数，应及时覆盖塑料薄膜和保温材料。雨雪天不宜露天浇筑混凝土，当需施工时，应采取确保混凝土质量的措施。浇筑过程中突遇大雨或大雪天气时，应及时在结构合理部位留置施工缝，并应尽快终止混凝土浇筑；对已浇筑还未硬化的混凝土应立即进行覆盖，严禁雨水进行直接冲刷新浇筑的混凝土。

3. 大体积混凝土结构温差裂缝

建筑工程中的大体积混凝土结构，由于其截面大，水泥用量多，水泥水化所释放的水化热会产生较大的温度变化和收缩作用，由此形成的温度收缩应力是导致混凝土结构产生裂缝的主要原因。这种裂缝有表面裂缝和贯通裂缝两种。表面裂缝是由于混凝土表面和内部的散热条件不同，温度外低内高，形成了温度梯度，使混凝土内部产生压应力，表面产生拉应力，表面的拉应力超过混凝土抗拉强度而引起裂缝。贯通裂缝是由于大体积混凝土在强度发展到一定程度，混凝土逐渐降温，这个降温差引起的变形加上混凝土失水造成的体积收缩变形，受到地基和其他结构边界条件的约束时引起的拉应力，超过混凝土抗拉强度时所产生的贯通整个界面的裂缝。这两种裂缝在不同程度上都属于有害裂缝。

为了有效地控制有害裂缝的出现和发展，可采用下列几个方面的技术措施。

（1）降低水泥水化热

选用低水化热水泥；减少水泥用量；选用粒径较大，级配良好的粗骨料；掺加粉灰等掺合料或掺和减水剂；在大体积混凝土结构内部通入循环冷却水，强制降低混凝土水化热温度；在大体积混凝土中掺加总量不超过 20% 的大石块等。

（2）降低混凝土入模温度

选择适宜的气温浇筑；用低温水搅拌混凝土；对骨料预冷或避免骨料日晒；掺加缓凝型减水剂；加强模内通风等。

（3）加强施工中的温度控制

做好混凝土的保温保湿养护，缓慢降温，夏季避免暴晒，冬季保温覆盖；加强温度监测与管理；合理安排施工工序，控制浇筑均匀上升，及时回填等。

（4）改善约束条件、削减温度应力

采取分层或分块浇筑，合理设置水平或垂直施工缝，或在适当的位置设置施工后浇带；在大体积混凝土结构基层设置滑动层，在垂直面设置缓冲层，以释放约束应力。

（5）提高混凝土极限抗拉强度

大体积混凝土基础可按现浇结构工程检验批施工质量验收。

4. 温控施工的现场监测

大体积混凝土施工时，应对混凝土进行温度控制，并应符合下列规定：

（1）混凝土入模温度不宜大于 30℃；混凝土浇筑体最大温升值不宜大于 50℃。

（2）在覆盖养护或带模养护阶段，混凝土浇筑体表面以内 40～100mm 位置处的温度与混凝土浇筑体表面温度差值不应大于 25℃；结束覆盖养护或拆模后，混凝土浇筑体表面以内 40～100mm 位置处的温度与环境温度差值不应大于 25℃。

（3）混凝土浇筑体内部相邻两侧温点的温度差值不应大于 25℃。

（4）混凝土降温速率不宜大于 2.0℃/d；当有可靠经验时，降温速率要求可适当放宽。

大体积混凝土测温频率应符合下列规定：

（1）第一天至第四天，每 4h 不应少于一次；

（2）第五天至第七天，每 8h 不应少于一次；

（3）第七天至测温结束，每 12h 不应少于一次。

8.10.3 高层建筑垂直运输

1. 塔式起重机

塔式起重机简称塔吊，其主要特点是吊臂长，工作幅度大，吊钩高度高，起重能力强，效率高。塔式起重机是高层建筑吊装施工和垂直运输的主要机械设备。

按照行走机构分，分为自行式塔式起重机、固定式塔式起重机。

自行式塔式起重机能够在固定的轨道上、地面上开行。其具有能靠近工作点、转移方便、机动性强等特点。常见的有轨道行走式、轮胎行走式、履带行走式等。

固定式塔式起重机没有行走机构，但它能够附着在固定的建筑物或构筑物的基础上，随着建筑物或构筑物的上升不断地上升。

按起重臂变幅方法划分，分为起重臂变幅式塔式起重机和起重小车变幅式塔式起重机。

起重臂变幅式塔式起重机的起重臂与塔身铰接，变幅时可调整起重臂的仰角，常见的变幅结构有电动和手动两种。

起重小车变幅式塔式起重机的起重臂是不变（或可变）横梁，下弦装有起重小车，变幅简单，操作方便，并能负载变幅。

按回转方式划分，分为上塔回转塔式起重机和下塔回转塔式起重机。上塔回转塔式起重机的塔尖回转，塔身不懂，回转机构在顶部，结构简单，但起重机重心偏高，塔身下部要加配重，操作室位置较低，不利于高层建筑施工；下塔回转塔式起重机的塔身与起重臂同时回转，回转机构在塔身下部，便于维修，操作室位置较高，便于施工观测，但回转机构较复杂。

按起重能力划分，分为轻型塔式起重机、中型塔式起重机和重型塔式起重机。通常情况下，起重量 0.5～3t 的为轻型塔式起重机，3.0～15t 的为中型塔式起重机，起重量 15～40t 的为重型塔式起重机。

按塔式起重机使用架设的要求划分为四种：固定式、轨道式、附着式和内爬式。固定式塔式起重机将塔身基础固定在地基基础或结构物上，塔身不能行走。轨道式塔式起重机又称轨道式行走式塔式起重机，简称为轨行式塔式起重机，在轨道上可以符合行驶。附着式塔式起重机每隔一定距离通过支撑将塔身锚固在构筑物上。内爬式塔式起重机设置在建筑物内部（如电梯井、楼梯间等），利用支撑在结构物上的爬升装置，使整机随着建筑物的升高而升高。

塔式起重机的主要参数包括幅度、起重量、起重力矩、起升高度。

幅度又称为回转半径或工作半径，即塔吊回转中心线至吊钩中心线的水平距离。幅度包含最大幅度与最小幅度两个参数。高层建筑施工选择塔式起重机时，应考查该塔吊的最大幅度能否满足施工需要。

起重量是指塔式起重机在各种工况下安全作业所允许的起吊重物的最大重量。起重量包括所吊重物和吊具的重量。起重量是随着工作半径的加大而减少的。

初步确定起重量和幅度参数后，还必须按照塔吊技术说明书中给出的资料，核查是否超过额定起重力矩。所谓起重力矩（单位 kN·m）值得是塔式起重机的幅度同与其相应的幅度下的起重量的乘积，能比较全面和确切地反映塔式起重机的工作能力。

起升高度是指自轨面或混凝土基础顶面至吊钩中心的垂直距离。起升高度的大小与塔身高度及臂架构造形式有关。通常应根据构筑物的总高度、预制构件或部件的最大高度、脚手架构造尺寸及施工方法等综合确定起升高度。

附着式自升塔式起重机的自由高度超过一定限度时，就需与建筑结构拉结附着，自由高度的限值与塔式起重机的额定起重能力和塔身结构强度有关，一般中型自升塔吊的起始附着高度为 25～30m，而重型的自升塔式起重机的起始附着高度一般为 40～50m。第一道附着与第二道附着之间的距离，轻、中型附着式自升压式起重机为 16～20m，而重型附着式自升塔式起重机则为 20～35m。施工时，可根据高层建筑结构特点、塔式起重机安装基础高程以及塔身结构特点进行适当调整。一般情况下，附着式塔式起重机设 2～3 道附着已可满足需要。

塔身中心到建筑外墙皮的水平距离称为附着距离。一般塔吊的附着距离多规定为 4～6.5m，有时大至 10～15m，两锚固点的水平距离为 5～8m。附着杆在建筑结构上的锚固点应尽可能设在柱的根部或混凝土墙板的下部，以距离混凝土楼板 300mm 左右为宜。附着杆锚固点区段（上、下各 1m 左右）应加设配筋并将混凝土强度等级提高一级。

2. 泵送混凝土施工机械

混凝土搅拌运输车简称搅拌车，是一种长距离运送混凝土的专用车辆。在汽车底盘上安置一个可以自行转动的搅拌筒，搅拌车在行驶的过程中混凝土仍能进行搅拌，因此它是具有运输与搅拌双重功能的专用车辆。

目前，市场上常见的搅拌输送车的搅拌筒容积为 8.9～10.5m³。8.9m³ 的搅拌筒可装拌合料 6m³，10.5m³ 的搅拌筒可装拌合料 7m³。

在特殊情况下，搅拌车也可作为混凝土搅拌机使用，这类搅拌车称为干式搅拌车。此时配好的生料从料斗灌入，搅拌筒正转，安装在搅拌车上的供水装置根据要求定量供水。这样一边运输，一边对干料进行加水搅拌，既代替了一台搅拌机，又可以进行输送。但由于干料是松散的，因此进行干料搅拌时，搅拌筒的工作容积应进行折减，一般为正常拌合料的三分之二。另一方面，进行干料混合搅拌对搅拌筒的磨损较为严重，会大幅度地折减使用寿命，所以除极特殊情况外一般不采用干料搅拌。

混凝土泵经过半个世纪的发展，从立式泵、机械式挤压泵、水压隔膜泵、气压泵发展到今天的卧式全液压泵。目前，世界各地生产与使用的全是液压泵。按照混凝土泵的移动方式不同，液压泵分为固定泵、拖式泵和混凝土泵车。

混凝土泵车是将混凝土泵安装在汽车地盘上，利用柴油发动机的动力，通过动力分动箱将动力传给液压泵，然后带动混凝土泵进行工作。混凝土通过布料杆，可送到一定高程和距离。对于一般的建筑物施工，这种泵车有独特的优越性。它移动方便，输送幅度与高度适中，可节省一台起重机，在施工中很受欢迎。

3. 施工电梯

施工电梯又称人货两用电梯，是高层建筑施工设备中唯一可运送人员上下的垂直运输工具。如若不采用施工电梯，高层建筑中的净工作时间会损失30％左右，所以施工电梯是高层建筑提高生产率的关键设备之一。施工电梯按动力装置可分为电动与电动—液压两种，电动—液压驱动电梯工作速度比电动驱动电梯速度快，可达96m/min。施工电梯按用途可划分为载货电梯、载人电梯和人货两用电梯。载货电梯一般起重能力较大，起升速度快，而载人电梯或人货两用电梯对安全装置要求高一些。目前，在实际工程中用的比较多的是人货两用电梯。施工电梯按驱动形式分为钢索曳引、齿轮齿条曳引和星轮滚到曳引三种形式。钢索曳引是早起产品；星轮滚道曳引的传动形式较新颖，但载重能力较小；目前用得比较多的是齿轮齿条曳引这种结构形式。施工电梯按吊厢数量可分为单吊笼式和双吊笼式。施工电梯按承载能力可分为两级：一级能载重物1t或人员11～12人，另一级载重量为2t或载乘员24人。我国施工电梯用得比较多的是前者。施工电梯按塔架多少分为单塔架式和双塔架式。目前，双塔架桥式施工电梯很少用。

吊笼又称为吊厢，不仅是乘人载物的容器，而且又是安装驱动装置和架设或拆卸支柱的场所。吊笼内的尺寸一般为长×宽×高=3m×1.3m×2.7m左右。吊笼底部由浸过桐油的硬木或钢板铺成，结构主要由型钢焊接骨架、顶部和周壁方眼编织网围护结构组成。一般国产电梯在吊笼的外沿都装有司机专用的驾驶室，内有电气操纵开关和控制仪表盘，或在吊笼一侧设有电梯司机专座，负责操纵电梯。

4. 塔基基础

混凝土基础的形式构造应根据塔机制造商提供的《塔机使用说明书》及现场工程地质等要求，选用板式基础或十字形基础。确定基础底面尺寸和计算基础承载力时，基底压力应符合规范规定；基础配筋应按受弯构件计算确定。基础埋置深度的确定应综合考虑工程地质、塔机的荷载大小和相邻环境条件及地基土冻胀影响等因素。基础顶面标高不宜超出现场自然地面。在冻土地区的基础应采取构造措施避免基底及基础侧面的土受冻胀作用。

基础高度应满足塔机预埋件的抗拔要求，且不宜小于1000mm，不宜采用坡行或台阶行截面的基础。基础的混凝土强度等级不应低于C25，垫层混凝土强度等级不应低于C10，混凝土垫层厚度不宜小于100mm。板式基础在基础表层和底层配置直径不应小于12mm、间距不应大于200mm的钢筋，且上、下层主筋应用间距不大于500mm的竖向构造钢筋连接；十字形基础主筋应按梁式配筋，主筋直径不应小于12mm，箍筋直径不应小于8mm且间距不应大于200mm，侧向构造纵筋的直径不应小于10mm且间距不应大于200mm。板式和十字形基础架立筋的截面积不宜小于受力筋截面积的一半。预埋于基础中的塔机基础节锚栓或预埋节，应符合塔机制造商提供的《塔机使用说明书》规定的构造要求，并应有支盘式锚固措施。矩形基础的长边与短边长度之比不宜大于2，宜采用方形基础，十字形基础的节点处应采用加腋构造。

当地基土为软弱土层，采用浅基础不能满足塔机对地基承载力和变形的要求时，可采用桩基础。基桩可采用预制混凝土桩、预应力混凝土管桩、混凝土灌注桩或钢管桩等，在软土中采用挤土桩时，应考虑挤土效应的影响。桩端持力层宜选择中低压缩性的黏性土、中密或密实的砂土或粉土等承载力较高的土层。桩端全断面进入持力层的深度，对于黏性土、粉土不宜小于2d，对于砂土不宜小于1.5d，碎石类土不宜小于1d；当存在软弱下卧层时,桩端以下硬持力土层厚度不宜小于 3d,并应验算下卧层的承载力。桩基计算应包括桩顶作用效应计算、桩基竖向抗压及抗拔承载力计算、桩身承载力计算、桩承台计算等,可不计算桩基的沉降变形。桩基础设计应符合现行行业标准《建筑桩基技术规范》JGJ 94 的规定。当塔机基础位于岩石地基时,必要时可采用岩石锚杆基础。

桩基构造应符合现行行业标准《建筑桩基技术规范》JGJ 94 的规定。预埋件应按《塔机使用说明书》布置。桩身和承台的混凝土强度等级不应小于 C25,混凝土预制桩强度等级不应小于 C30,预应力混凝土实心桩的混凝土强度等级不应小于 C40。

基桩应按计算和构造要求配置钢筋。纵向钢筋的最小配筋率,对于灌注桩不宜小于 0.20%~0.65%(小直径桩取高值);对于预制桩不宜小于 0.8%;对于预应力混凝土管桩不宜小于 0.45%。纵向钢筋应沿桩周边均匀布置,其净距不应小于 60mm,非预应力混凝土桩的纵向钢筋不应小于 6φ12。箍筋应采用螺旋式,直径不应小于 6mm,间距宜为 200~300mm。桩顶以下 5 倍基桩直径范围内的箍筋间距应加密,间距不应大于 100mm。当基桩属抗拔桩或端承桩时,应等截面或变截面通常配筋。灌注桩和预制桩主筋的混凝土保护层厚度不应小于 35mm,水下灌注桩主筋的混凝土保护层厚度不应小于 50mm。

承台宜采用截面高度不变的矩形板式或十字形梁式,截面高度不宜小于 1000mm,且应满足塔机使用说明书的要求。基桩宜均匀对称布置,且不宜少于 4 根,边桩中心至承台边缘的距离不应小于桩的直径或截面边长,且桩的外边缘至承台边缘的距离不应小于 200mm。十字形梁式承台的节点处应采用加腋构造。

板式承台基础上、下面均应根据计算或构造要求配筋,钢筋直径不应小于 12mm,间距不应大于 200mm,上、下层钢筋之间应设置竖向架立筋,宜沿对角线配置暗梁。十字形承台应按两个方向的梁分别配筋,承受正、负弯矩的主筋应按计算配置,箍筋不宜小于 φ8,间距不宜大于 200mm。

当桩径小于 800mm 时,基桩嵌入承台的长度不宜小于 50mm;当桩径不小于 800mm 时,基桩嵌入承台的长度不宜小于 100mm。

基桩主筋伸入承台基础的锚固长度不应小于 35d(主筋直径),对于抗拔桩,桩顶主筋的锚固长度应按现行国家标准《混凝土结构设计规范》GB 50010 确定。对预应力混凝土管桩和钢管桩,宜采用植于桩芯混凝土不少于 6φ20 的主筋锚入承台基础。预应力混凝土管桩和钢管桩中的桩芯混凝土长度不应小于 2 倍桩径,且不应小于 1000mm,其强度等级宜比承台提高一级。

当塔机安装于地下室基坑中,根据地下室结构设计、围护结构的布置和工程地质条件及施工方便的原则,塔机基础可设置于地下室底板下、顶板上或底板至顶板之间。

组合式基础可由混凝土承台或型钢平台、格构式钢柱或钢管柱及灌注桩或钢管柱等组成。

混凝土承台、基桩应按规程桩基础的相关规定进行设计。

型钢平台的设计应符合现行国家标准《钢结构设计规定》GB 50017 的有关规定,由厚钢板和型钢主次梁焊接或螺栓连接而成,型钢主梁应连接于格构式钢柱,宜采用焊接连接。

塔机在地下室中的基桩宜避开底板的基础梁、承台及后浇带或加强带。

随着基坑土方的分层开挖,应在格构式钢柱外侧四周及时设置型钢支撑,将各格构式钢柱连接为整体。型钢支撑的截面积不宜小于格构式钢柱分肢的截面积，与钢柱分肢及缀件的连接焊缝厚度不宜小于 6mm，绕角焊缝长度不宜小于 200mm。当格构式钢柱的计算长度（H_0）超过 8m 时，宜设置水平型钢剪刀撑，剪刀撑的竖向间距不宜超过 6m，其构造要求同竖向型钢支撑。

混凝土承台构造应符合现行行业标准《建筑桩基技术规范》JGJ94 和《塔机使用说明书》规定。格构式钢柱的布置应与下端的基桩轴线重合且宜采用焊接四肢组合式对称构件，截面轮廓尺寸不宜小于 400mm×400mm，分肢宜采用等边角钢，且不宜小于L90mm×8mm；缀件宜采用缀板式，也可采用缀条（角钢）式。格构式钢柱伸入承台长度不宜低于承台厚度的中心。格构式钢柱的构造应符合现行国家标准《钢结构设计规范》GB 50017 规定。灌注桩的构造应符合现行行业标准《建筑桩基技术规范》JGJ 94 的规定，其截面尺寸应满足格构式钢柱插入基桩钢筋笼的要求。灌注桩在格构式钢柱插入部位的箍筋应加密，间距不应大于 100mm。格构式钢柱上端伸入混凝土承台的锚固长度应满足抗拔要求，宜在邻接承台底面处焊接承托角钢（规格同分肢），下端伸入灌注桩的锚固长度不宜小于 2.0m，且应与基桩的纵筋焊接。

8.10.4 高层建筑外用脚手架

1. 扣件式钢管脚手架

（1）纵向水平杆的规定应符合下列规定：纵向水平杆应设置在立杆内侧，单根杆长度不应小于 3 跨。

（2）纵向水平杆接长应采用对接扣件连接或搭接，并应符合下列规定：两根相邻纵向水平杆的接头不应设置在同步或同跨内；不同步或不同跨两个相邻接头在水平方向错开的距离不应小于 500mm；各接头中心至最近主节点的距离不应大于纵距的 1/3；搭接长度不应小于 1m，应等间距设置 3 个旋转扣件固定；端部扣件盖板边缘至搭接纵向水平杆杆端的距离不应小于 100mm；当使用冲压钢脚手板、木脚手板、竹串片脚手板时，纵向水平杆应作为横向水平杆的支座，用直角扣件固定在立杆上；当使用竹笆脚手架时，纵向水平杆应采用直角扣件固定在横向水平杆上，并应等间距设置，间距不应大于 400mm。

（3）横向水平杆的构造应符合下列规定：作业层上非主节点处的横向水平杆，宜根据支撑脚手板的需要等间距设置，最大间距不应大于纵距的 1/2；当使用冲压钢脚手架、木脚手架、竹串片脚手架时，双排脚手架的横向水平杆两端均应采用直角扣件固定在纵向水平杆上；单排脚手架 的横向水平杆的一端应用直角扣件固定在纵向水平杆上，另一端应插入墙内，插入长度不应小于 180mm；当使用竹笆脚手架时，双排脚手架的横向水平杆的两端，应用直角扣件固定在立杆上；单排脚手架的横向水平杆的一端，应用直角扣件固定在立杆上，另一端插入墙内，插入长度不应小于 180mm；主节点处必须设置一根横向水平杆，用直角扣件扣接且严禁拆除。

（4）每根立杆底部宜设置底座或垫板。

（5）脚手架立杆基础不在同一高度上时，必须将高处的纵向扫地杆向地处延长两跨与立杆固定，高低差不应大于 1m。靠边破上方的立杆轴线到边坡的距离不应小于 500mm。单、双排脚手架底层步距均不应大于 2m。单、双排与满堂脚手架立杆接长除顶层顶部外，其余各层各步接头必须采用对接扣件连接。

（6）脚手架立杆的对接、搭接应符合下列规定：

1）当立杆采用对接接长时，立杆的对接扣件应交错布置，两根相邻立杆的接头不应设置在同步内，同步内隔一根立杆的两个相隔接头在高度方向错开的距离不宜小于500mm；各接头中心至主节点的距离不宜大于步距的1/3。

2）当立杆采用搭接接长时，搭接长度不应小于1m，并应采用不小于2个旋转扣件固定。端部扣件盖板的边缘至杆端距离不应小于100mm。

3）脚手架立杆顶端栏杆宜高出女儿墙上端1m，宜高出檐口上端1.5m。

（7）脚手架必须设置纵、横向扫地杆：

纵向扫地杆应采用直角扣件固定在距钢管底端不大于200mm处的立杆上。横向扫地杆应采用直角扣件固定在紧靠纵向扫地杆下方的立杆上。

（8）脚手架连墙件设置的位置、数量应按专项施工方案确定。脚手架连墙件数量的设置除应满足《建筑施工扣件式钢管脚手架安全技术规范》（JGJ 130—2011）的计算要求外，还应符合规定。

（9）斜道脚手板构造应符合下列规定：脚手板横铺时，应在横向水平杆下增设纵向支托杆，纵向支托杆间距不应大于500mm；脚手板顺铺时，接头应采用搭接，下面的板头应压住上面的板头，板头的凸棱处应采用三角木填顺；人行斜道和运料斜道的脚手板上应每隔250～300mm设置一根防滑木条，木条厚度应为20～30mm。

2. 碗扣式钢管脚手架

双排脚手架碗扣节点构成：由上碗扣、下碗扣、立杆、横杆接头和上碗扣限位销组成。双排脚手架应按《建筑施工碗扣式钢管脚手架安全技术规范》（JGJ 166—2008）构造要求搭设；当连墙件按2步3跨设置，2层装修作业层、外挂密目安全网封闭，且符合下列基本风压值时，其允许搭设高度宜符合规定。当曲线布置双排脚手架组架时，应按曲率要求使用不同长度的内外横杆组架，曲率半径应大于2.4m。当双排脚手架拐角为直角时，宜采用横杆直接组架；当双排脚手架拐角为非直角时，可采用钢管扣件组架。双排脚手架首层立杆应采用不同的长度交错布置，底层纵、横向横杆作为扫地杆距地面高度应小于或等于350mm，严禁施工中拆除扫地杆，立杆应配置可调底座或固定底座。

3. 门式钢管脚手架

门架是门式脚手架的主体构件，其受力杆件为焊接钢管，由立杆、横杆及加强杆等相互焊接组成。门架应能配套使用，在不同组成情况下，均可保证连接方便、可靠，且应具有良好的互换性。不同型号的门架与配件严禁混合使用。上下榀门架立杆应在同一轴线位置上，门架立杆轴线的对接偏差不应大于2mm。门式脚手架的内侧立杆离墙面净距不宜大于150mm；当大于150mm时，应采取内设挑梁板或其他隔离防护的安全措施。门式脚手架顶端栏杆宜高出女儿墙上端或檐口上端1.5m。

4. 附着式升降脚手架

附着式升降脚手架是一种用于高层和超高层建筑物用的工具式外脚手架。这种脚手架采用各种形式的架体结构和附着支撑结构，依靠设置于架体上或工程结构上的专用升降设备实现脚手架本身的升降。目前使用的附着升降脚手架，适用于高度小于150m的高层和超高层建筑或高耸构筑物，而且不携带施工用外模板。

5. 升降平台

在高层建筑施工中，升降平台是旅游宾馆门厅、多功能厅和四季厅等室内装饰和机电设备安装用的一种重要机具。

按工作原理，升降平台可分为伸缩性和折叠式两种。按职称结构的构造特点，升降平台可分为立柱式和交叉式两种。安逸动方式来，升降平台又分为牵引式和移动式两种。牵引式升降平台的底部装有行走轮胎和牵引杆，借助人力推动转移施工部位。移动式升降平台则以轻型卡车为基础改装而成，主要供裙房外檐装饰工程和庭院机电设备安装工程使用。

目前，应用较广的是叉式升降平台，这种设备又称剪刀撑升降台或叉架剪式升降台。

8.10.5 主体工程施工

1. 钢筋连接技术

（1）闪光对焊

当钢筋直径较小，钢筋强度级别较低，可采用连续闪光焊。采用连续闪光焊的最大钢筋直径应符合规定。当钢筋直径较大，端面较平整，宜采用预热闪光焊；当端面不平整。则应采用闪光—预热闪光焊。

HRB500 钢筋焊接时，无论直径大小，均应采用预热闪光焊或闪光—预热闪光焊工艺。当接头拉伸试验结果发生脆性断裂或弯曲试验不能达到规定要求时，尚应在焊机上进行焊后热处理。

闪光对焊时，应选择合适的调伸长度、烧化留量，顶锻留量以及变压器级数等焊接参数。

调伸长度的选择，应随着钢筋牌号的提高和钢筋直径的加大而增长，主要是减缓接头的温度梯度。防止在热影响区 产生淬硬组织。当焊接 HRB400、HRB500 等级别钢筋时，调伸长度宜在 40～60mm 内选用。烧化留量的选择，应根据焊接工艺方法确定。当连续闪光焊时，闪光过程应较长，烧化留量应等于两根钢筋在断料时切断机道口严重压伤部分（包括端面的不平整）再加 8mm. 闪光-预热闪光焊时，应区分一次烧化留量和二次烧化留量。一次烧化留量硬不小于 10mm，预热闪光焊时的烧化留量应不小于 10mm。需要预热是，宜采用电阻预热法。预热留量应为 1～2mm，预热次数应为 1～4 次，每次预热时间应为 1.5～2s，间歇时间应为 3～4s。顶锻留量应为 4～10mm，并应随钢筋直径的增大和钢筋牌号的提高而增加。其中，有电顶锻留量约占 1/3，无顶锻留量约占 2/3，焊接时必须控制得当。

连续闪光点焊工艺流程，通电后，应借助操作杆使两钢筋端面轻微接触，使其产生电阻热，并使钢筋端面的突出部分互相融化，并将融化的金属微粒向外喷射形成火光闪光，再徐徐不断地移动钢筋形成连续闪光，待预定的烧化留量消失后，以适当的压力迅速进行顶锻，即完成整个连续闪光焊接。

预热闪光对焊工艺流程，通电后应使两根钢筋端面交替接触分开，使钢筋端面之间产生断续闪光，形成烧化预热过程。当预热过程完成，应立即转入连续闪光和顶锻。

闪光—预热闪光焊工艺流程，通电后，应首先进行闪光，当钢筋端面已平整时，应立即进行预热、闪光及顶锻过程。

（2）手工电弧焊

根据钢筋级别、直径、接头形式和焊接位置，选择适宜的焊条直径、焊接层数和焊接电流，保证焊缝和钢筋融合良好。

在每批钢筋正式焊接前，应焊接 3 个模拟试件做拉力试验，经试验合格后，方可确定的焊接参数成批生产。

钢筋帮条焊适宜于 HPB300、HRB335、HRBF335、HRB400、HRBF400、HRB500、HRBF500、RRB400 钢筋。钢筋帮条焊宜采用双面焊，当不能进行双面焊时，方可以采用单面焊。帮条长度应符合规定。当帮条牌号与主筋相同时，帮条直径可与主筋相同或小一个规格；当帮条直径与主筋相同时，帮条牌号可与主筋相同或低一个牌号。

钢筋帮条焊接头的焊缝厚度 s 不应小于主筋直径的 0.3 倍；焊缝宽度 b 不应小于主筋直径的 0.8 倍。

钢筋搭接焊。焊接时，宜采用双面焊。当不能进行双面焊时，方可采用单面焊。搭接长度可与帮条长度相同。

搭接焊时，钢筋的装配和焊接应符合下列要求：搭接焊时，焊接端钢筋应预弯，并应使两钢筋的轴线在同一直线上。在现场预制构件安装条件下，节点处钢筋进行搭接焊时，如钢筋预弯确有困难，可适当预弯。搭接焊时，应用两点固定，定位焊缝与搭接端部的距离宜大于或等于 20mm。焊接时，应在搭接焊形成焊缝中引弧；在端头收弧前应填满弧坑，并应使主焊缝与定位焊缝的始端与终端熔合。

预埋件 T 形接头电弧焊。预理件 T 形接头电弧焊的接头形式分角焊和穿孔塞焊两种。焊接时，应符合下列要求。钢板厚度不小于 $0.6d$，并不宜小于 6mm。当采用 HPB300 钢筋时，角焊缝焊脚尺寸 k 不得小于钢筋直径的 0.5 倍；采用其他牌号钢筋时，焊脚尺寸 k 不得小于钢筋直径的 0.6 倍施焊中，不得使钢筋咬边和烧伤。

钢筋与钢板搭接焊。

钢筋与钢板搭接焊时。HPB300 钢筋的搭接长度 l 不得小于 4 倍钢筋直径，其他牌号钢筋搭接长度 l 不得小于 5 倍钢筋直径，焊缝宽度 b 不得小于钢筋直径的 0.6 倍，焊缝厚度 s 不得小于钢筋直径的 0.35 倍。

（3）电渣压力焊

钢筋焊接分熔焊和压焊两种形式，电渣压力焊属于熔焊。进行电渣压力焊时，利用电流通过渣池产生的电阻热量将钢筋端部熔化，然后施加压力使上、下两段钢筋焊接为一体。开始焊接时，先在上、下面钢筋端面之间引燃电弧，使电弧周围焊剂熔化形成渣池；随后进行"电弧过程"，一方面使电弧周围的焊剂不断熔化，使渣池形成必要的深度，另一方面将钢筋端部烧平，为获得优良接头创造条件；接着将上钢筋端部埋入渣池中，电弧熄灭进行"电渣过程"，利用电阻热使钢筋全断面熔化；最后，在断电同时迅速挤压，排除熔渣和熔化金属形成的焊接接头。

电渣压力焊适用于国产 HPR300、HRB335、HRB400 级直径 14～40mm 的竖向或斜向（倾斜度在 4∶1 范围内）钢筋的连接，采取措施后也可用于国产 RRB400 级直径 16～40mm 钢筋的连接。

进行电渣压力焊使用的主要设备和材料为焊机、焊接机头和焊剂。

竖向钢筋电渣压力焊的电源有弧焊机和焊接电源。弧焊机可采用一般的 BX-500、

BX600、BX700、BX1000 型交流弧焊机。焊接电源可采用 JSD-600 型和 JSD-1000 型专用电源，前者用来焊接直径 14～32mm 的钢筋，后者可焊接直径 22～40mm 的钢筋。

焊接机头常用的有 LDZ 型杠杆式单柱焊接机头、YJ 型焊接机头和 MH 型丝杆传动式双柱焊接机头。这些机头都可采用手控与自控相结合的半自动化操作方式。

焊剂采用高锰、高硅、低氟型 HJ431 焊剂。其作用是使熔渣形成渣池，保护熔化的高温金属，防止发生氧化、氮化作用，形成良好的钢筋接头。使用前必须经 250 烘烤 2h。

电渣压力焊焊接参数应包括焊接电流、焊接电压和通电时间，采用 HJ431 焊剂时，宜符合规定。采用专用焊剂或自动电渣压力焊机时，应根据焊剂或焊机使用说明书中推荐数据，通过试验确定。

不同直径钢筋焊接时，钢筋直径相差宜不超过 7mm，上下两钢筋轴线应在同一直线上，焊接接头上下钢筋轴线偏差不得超过 2mm。

施焊前，先用夹具夹紧钢筋，使上、下钢筋同轴。对螺纹钢筋，使钢筋两棱对齐，轴心偏差不得大于 2mm；在两根钢筋接头处安放 10mm 左右用 12～14 号钢丝做的钢丝圈，作为引弧材料；将烘烤合格的焊药装满焊剂盒，并防止其泄露；然后引弧施焊。施焊时要求网络电压不低于 400V。

对钢筋电渣压力焊接头应进行外观检查和强度检验。外观检查应逐根进行，并符合以下要求。接头焊包均匀，不得有裂纹，四周焊包凸出钢筋表面高度，当钢筋直径为 25mm 及以下时不得小于 4mm；当钢筋直径为 28mm 及以上时不得小于 6mm。钢筋与电极接触处，应无烧伤缺陷。接头处钢筋轴线偏移不得超过 0.1 倍钢筋直径，同时也不得大于 2mm。接头处轴线弯折不得大于 4。

进行强度检验时，对于现浇混凝土结构，每一楼层或施工区段中以 300 个同类型接头（同钢筋级别、同钢筋直径）为一批。不足 300 个仍作为一批。切取其中 3 个试件进行拉伸试验，3 个试件的抗拉强度均不得低于该级别钢筋抗拉强度标准值，如有 1 个试件低于上述数值，应取双倍试件进行复验，复验中如仍有 1 个试件不符合要求，则该批接头为不合格。

（4）气压焊

钢筋气压焊是采用一定比例的氧气、乙炔焰对两连接钢筋端部接缝处进行加热，待其达到热塑状态时对钢筋施加 30～40N/mm 的轴向压力，使钢筋顶锻在一起。

气压焊的机理是钢筋在还原性气体的保护下，产生塑性流变后紧密接触，促使端面金属晶体相互扩散渗透，再结晶和再排列，形成牢固的对焊接头。这种焊接工艺既适用于竖向钢筋的连接，也适用于各种方向钢筋的连接，宜用于焊接直径 16～40mm 的 HPB335、HRB335 级钢筋。

2. 大模板施工

大模板的构造由于面板材料的不同亦不完全相同，通常由面板、骨架、支撑系统、操作平台和附件等组成。

面板的作用是使混凝土成型，具有设计要求的外观。骨架的作用是支撑面板，保证所需的刚度，将荷载传给穿墙螺栓等，通常由薄壁型钢、槽钢等做成的横肋、竖肋组成。支撑系统包括支撑架和地脚螺丝，一块大模板至少设两个，用于调整模板的垂直度和水平标高、支撑模板使其自立。操作平台用于两人操作，附件有穿墙螺栓、上口卡板和爬梯等。

对于外承式大模板，还包括外承架。

面板的种类较多，现在常用的有以下几种：整块钢板；组合钢模板组拼；钢框胶合板模板组拼；多层胶合板、酚醛薄膜胶合板、硬质夹心纤维板等，可用螺栓与骨架连接，表面平整，重量轻，有一定保温性能，表面经树脂处理后防水耐磨，是较好的面板材料；高分子材料板。

常用的大模板有以下几种类型：平模；大角模；小角模。

3. 滑模施工

滑模装置由模板系统、操作平台系统和液压提升系统以及施工精度控制系统等组成。

模板系统由模板、围圈、提升架及其附属配件组成。其作用是根据滑模工程的结构特点组成成型结构，使混凝土能按照设计的几何形状及尺寸准确成型，并保证表面质量符合要求。其在滑升施工工程中，主要承受浇筑混凝土时的侧压力，以及滑动时的摩擦阻力和模板滑空、纠偏等情况下的外加荷载。

模板又称围板，可用钢板、木材或钢木混合以及其他材料制成，目前使用钢模板居多。常用钢模板制作有薄钢板冷弯成型和用薄钢板加焊角钢、扁钢组合成型两种。如采用定型组合钢模板时，则需在边框增加与围圈固定相适应的连接孔。模板之间的连接，可采用螺栓（M8）或 U 形卡。

为了避免混凝土在浇筑时的外溅，在采取滑空方法来处理建筑物水平结构施工时，外模板上端应比内模板高出 100～200mm，下端应比内模板长 300mm 左右。模板的高度与混凝土达到出模强度所需的时间和模板滑升速度有关。如果模板高度不够，混凝土脱模过早，则会导致混凝土坍塌。如果模板高度过高，则会增加摩擦阻力，影响滑升。一般来说，模板高度当用于墙模时为 1m，用于柱模时为 1.2m，用于筒模时为 1.2～1.6m。模板的宽度以考虑组装及拆卸方便为宜，通常为 300～500mm。

为了减少滑动时模板与混凝土的摩擦阻力，以便于滑升脱模，模板的上、下口应形成一定的倾斜度（锥度），其单面倾斜度宜取为模板高度的 2/1000～5/1000。锥度过大，在模板滑升中易导致漏浆或使混凝土出现厚薄不均的现象；锥度过小或出现倒锥度时，会增大模板滑升时的摩擦阻力，甚至将混凝土拉裂。模板的锥度可以通过改变围圈的间距或模板厚度的方法来形成。在安装工程中，应随时用倾斜度样板检查模板的锥度是否符合要求。模板支撑在围圈上的方法有挂在围圈上和搁在围圈上，也可采用 U 形螺栓（模板背面有横楞）和钩头螺栓（模板背面没有横楞）连接。

围圈又称围枋，用于固定模板，保证模板所构成的几何几何形状以及尺寸，承受模板传来的水平与垂直荷载，因此要具有足够的强度和刚度。围圈横向布置在模板外侧，一般上下各布置一道，分别支撑在提升架的立柱上，并把模板与提升架联系成整体。

为了减少模板的支撑跨度，围圈一般不设在模板的上下两端，其合理位置应使模板受力时产生的变形最小。上下围圈的间距由模板的高度确定，如果模板高 1～1.2m，上下围圈间距宜在 600～700mm；围圈距模板上口不宜大于 250mm，以确保模板上口的刚度；距模板下口不宜大于 150mm。围圈接头处的刚度不得小于围圈本身的刚度，上下圈的接头不应设置在同一截面。

围圈可使用角钢、槽钢或工字钢，一般采用 8～10 号的槽钢或工字钢；围圈的连接宜采用等刚度的型钢连接，连接螺栓每边不少于两个，并形成刚性节点；围圈放置在提升架立柱的支托上，用 U 形螺栓固定。在高层建筑施工中，大多数把围圈设计成架形式，称架围圈。

提升架又称千斤顶或门架，其作用是约束固定围圈的位置，避免模板的侧向变形，并将模板系统和操作平台系统连成一体，将其全部荷载传递给千斤顶和支撑杆。提升架承受的荷载有围圈传来的垂直、水平荷载和操作平台、内外挑挂架子传来的荷载等。在使用荷载下，其立柱侧向变形不大于 2mm。

目前常见的是钢提升架，其常用形式有采用单横梁的"门"形架和双横梁的"开"形架。提升架一般用 12 号槽钢制作横梁，立柱可用 12～16 号槽钢做成单肢式、格构式或架式；横梁与立柱的拼装连接，可采用焊接连接，也可采用螺栓拼装。提升架立柱的高度，应使模板上口到提升架横梁下皮间的净空能满足施工要求。

操作平台系统主要包括操作平台、外挑脚手架和内、外吊脚手架，如果施工需要，还可设置辅助平台，以供材料、设备、工具的堆放。

操作平台又称工作平台，既是绑扎钢筋、浇筑混凝土的操作场所，也是油路、控制系统的安置台，有时还利用操作平台架设起重设备。操作平台所受的荷载比较大，必须有足够的强度和刚度。

操作平台一般用钢架或梁及铺板构成。架可以支撑在提升架的立柱上，也可以通过托架支撑在上下围圈上。架之间应设水平和垂直支撑，保证平台的强度和刚度。

操作平台的设计应根据施工对象采用的滑模工艺和现场实际情况而定。在采用逐层空滑模板（也称"滑一浇一"）施工工艺时，要求操作平台板采用活动式的，以便于楼板施工时支模材料、混凝土的运输和混凝土的浇灌。活动式平台板宜用型钢作框架，上铺多层胶合板或木板，再铺设铁板增加耐磨性和减少吸水率。常用的操作平台形式有整体式、分块式和活动式。

液压提升系统包括支撑杆、液压千斤顶、液压控制系统和油路等，是液压滑模系统的重要组成部分，也是整套滑模施工装置中的提升动力和荷载传递系统。提升系统的工作原理是由电动机带动高压油泵，将高压油液通过电磁换向阀、分油器、截止阀及管路输送到液压千斤顶，液压千斤顶在油压作用下带动滑升模板合操作平台沿着支撑杆向上爬升；当控制台使电磁换向阀换向回油时，油液由千斤顶排出并回入到油泵的油箱内；在不断供油、回流的过程中，使千斤顶活塞不断地压缩、复位，将全部滑升模板装置向上提升到需要的高度。

4. 爬模施工

爬升模板的构造，由模板、爬架和爬升装置三部分组成。

模板与大模板相似，构造也相同，其高度一般为层高加 100～300mm，新增加部分为模板与下层已浇筑墙体的搭接高度，用作模板下端定位和固定。为使模板与墙体搭接处相贴严密，在模板上需增设软橡皮衬垫，以免浇筑混凝土时漏浆。模板的高度应以标准层的层高来确定。如果用于层高较高的非标准层时，可用两次爬模两次浇筑、一次爬架的方法解决。

模板的宽度在条件允许时愈宽愈好，以减少模板间的拼接和提高墙面平整度。模板宽度一般取决于爬升设备的能力，可以是一个开间、一片墙甚至是一个施工段的宽度。

模板爬升以爬架为支撑，模板上需有模板爬升装置；爬架爬升以模板为支撑，模板上又需有爬架爬升装置。这两个装置取决于爬升设备的种类。如果用单作用液压千斤顶，模板爬升装置为千斤顶座，爬架爬升装置为爬杆支座。如果用环链手拉葫芦，模板爬升装置为向上的吊环，爬架爬升装置为向下的吊环。

由于模板的拆模、爬升、安装就位和校正固定，模板的螺栓安装和拆除、墙面清理和嵌塞穿墙螺栓洞等工作人员均在模板外侧工作，因此模板外侧须设悬挂脚手架。在模板竖向大肋上焊角钢三脚架，悬挂角钢焊成的悬挂脚手架，宽度为600～900mm，4～5步，每步高1800mm，有2～3步悬挂在模板之下，每步均满铺脚手板，外侧设栏杆和挂安全网。为使脚手能在爬架外连通，可将脚手在爬架处折转。

爬架的作用是悬挂模板和爬升模板。爬架由附墙架、支撑架、挑横梁、爬升爬架的千斤顶架（或吊环）等组成。

附墙架紧贴墙面，至少用四只附墙螺栓与墙体连接，作为爬架的支撑体。螺栓的位置尽量与模板的穿墙螺栓孔相符，以便于用该孔作为附墙架的螺栓孔。附墙架的位置如果在窗洞口处，也可利用窗台作支撑。附墙架底部应满铺脚手板，以免工具、螺栓等物坠落。

支撑架为由四根角钢组成的格构柱，一般做成两个标准节，使用时拼接起来。支撑架的尺寸除取决于强度、刚度和稳定性验算外，尚需满足操作要求。由于操作人员到附墙架内操作，只允许在支撑架内上下，因此支撑架的尺寸不应小于650mm×650mm。

爬架顶端一般要超出上一层楼层0.8～1.0m，爬架下端附墙架应在拆模层的下一层，因此，爬架的总高度一般为3～3.5个楼层高度。对于层高2.8m的住宅，爬架总高度为9.3～10.0m。由于模板紧贴墙面，爬架的支撑架要离开墙面0.4～0.5m，以便于模板在拆除、爬升和安装时有一定的活动余地。

挑横梁、千斤顶架（或吊环）的位置，要与模板上相应装置处于同一竖线上，以便于千斤顶爬杆或环链呈竖直，使模板或爬架能竖直爬升，提高安装精度，减少爬升和校正的困难。

爬升装置有环链手拉葫芦、单作用液压千斤顶、双作用液压千斤顶和专用爬模千斤顶。

环链手拉葫芦是用人力拉动环链使起重钩上升，它简便、廉价、适应性强，虽操作人员较多，但仍是应用最多的爬升装置。每个爬架处设两个环链手拉葫芦。

单作用液压千斤顶即滑模施工用的滚珠式或卡块式穿心液压千斤顶。它能同步爬升，动作平稳，操作人员少，但爬升模板和爬升爬架各需一套液压千斤顶，数量多，成本较高，且每爬升一个楼层后需抽、插一次爬杆。

双作用液压千斤顶中各有一套向上和向下动作的卡具，既能沿爬杆向上爬升，又能使爬杆向上提升。因此用一套双作用液压千斤顶，在其爬杆上下端分别固定模板和爬架，在油路控制下就能分别完成爬升模板和爬升爬架。但目前这种千斤顶笨重，油路控制系统复杂，较少应用。

专用爬模千斤顶是一种长冲程千斤顶，活塞端连接模板，缸体端连接附墙架，不用爬杆和支撑架，进油时活塞将模板举高一个楼层高度，待墙体混凝土达到一定强度，模板作为支撑，拆去附墙架的螺栓，千斤顶回油，活塞回程将缸体连同附墙架爬升一个楼层高度。它效率高，省去支撑架，操作简便，但目前成本高，较少应用。

5. 钢结构高层建筑施工

（1）钢构件安装

第一节钢柱是安装在柱基临时标高支撑块上的，钢柱安装前应将登高扶梯和挂篮等临时固定好。钢柱起吊后对准中心轴线就位，固定地脚螺栓，校正垂直度。其他各节钢柱都安装在下节钢柱的柱顶（采用对接焊），钢柱两侧装有临时固定用的连接板，上节钢柱对准下节钢柱柱顶中心线后，即用螺栓固定连接板进行临时固定。

钢柱起吊有以下两种方法：

1）双机抬吊法，特点是两台起重机悬高起吊，柱根部不着地摩擦；

2）单机吊装法，特点是钢柱根部必须用垫木垫实，以回转法起吊，严禁柱根拖地。

钢柱就位后，先对钢柱的垂直度、轴线、牛腿面标高进行初校，然后安装临时固定螺栓，再拆除吊索。钢柱起吊回转过程中应注意防止同其他已吊好构件相碰撞，吊索应具有一定的有效高度。

钢筋在吊装前，应于柱子牛腿处检查标高和柱子间距。主梁吊装前，应在梁上装好扶手杆和扶手绳，待主梁吊装就位后，将扶手绳与钢柱系牢，以确保施工人员的安全。

钢梁采用两点吊，通常在钢梁上翼缘处开孔，作为吊点。吊点位置取决于钢梁的跨度。为加快吊装速度，对质量较小的次梁和其他小梁，多利用多头吊索一次吊装数根。

水平桁架的安装基本同框架梁，但吊点位置选择应按照桁架的形状而定，需确保起吊后平直，便于安装连接。安装连接螺栓时严禁在情况不明时任意扩孔，连接板必须平整。

钢主梁、次梁及受压杆件的垂直度和侧向弯曲矢高的允许偏差应符合有关钢屋（托）架允许偏差的规定。

装配式剪力墙板安装在钢柱和楼层框架梁之间，剪力墙板有钢制墙板和钢筋混凝土墙板两种。安装方法多采用以下两种：

1）先安装好框架，然后再装墙板。进行墙板安装时，选用索具吊到就位部位附近临时搁置，之后调换索具，在分离器两侧同时下放对称索具绑扎墙板，然后起吊安装到位。这种方法安装效率不高，临时搁置尚需采取一定的措施。

2）先同上部框架梁组合，再安装。剪力墙板是四周与钢柱和框架梁用螺栓连接再用焊接固定的，安装前在地面先将墙板与上部框架梁组合，之后一并安装，定位后再连接其他部位，组合安装效率高，是个较合理的安装方法。

剪力墙支撑安装部位与剪力墙板吻合，安装时也应采用剪力墙板的安装方法，尽可能组合后再进行安装。

刚扶梯通常以平台部分为界限分段制作，构件是空间体，与框架同时进行安装，再进行位置和标高调整。在安装施工中常作为操作人员在楼层之间的工作通道，安装工艺简便，定位固定较复杂。

高层钢结构中，因为楼层使用要求不同和框架结构受力因素，其钢构件的布置和规格也相应不同。如底层用于公共设施，则楼层较高；受力关键部位则设置水平加强结构的楼层；管道布置集中区则增设技术楼层；为便于宴会、集体活动和娱乐等需设置大空间宴会厅和旋转厅等。以上楼层的钢构件的布置都是不同的，这是钢结构安装施工的特点之一。但是大多数楼层的使用要求是一样的，钢结构的布置也基本一致，叫做钢结构框架的标准节框架，其安装方法有以下两种。

1）在标准节框架中，先选择一个节间作为标准间，在安装 4 根钢柱后立即安装框架梁、次梁和支撑等，由下而上逐间构成空间标准间，并且进行校正和固定。然后以此标准间为依靠，按照规定方向进行安装，逐步扩大框架，每立两根钢柱，就安装一个节间，直至该施工层完成。国外大多采用节间综合安装法，随吊随运，现场不设堆场，每天提出供货清单，每天安装完毕。这种安装方法对现场管理要求严格，供货交通必须保证畅通，在构件运输确保的条件下能获得最佳的效果。

2）在标准节框架中先安装钢柱，再安装框架梁，之后安装其他构件，按层进行，从下到上，最终完成框架。国内目前大多采用此法，主要原因如下。影响钢构件供应的因素多，不能按综合安装供应钢构件。在构件不能按计划供应时，还可继续进行安装，有机动的余地。管理和生产工人容易适应。

两种不同的安装方法各有利弊，但只要构件供应能保证，构件质量又合格，其生产工效的差异不大，可按照实际情况进行选择。

在标准节框架安装中，要进一步划分主要流水区和次要流水区，划分原则是框架可进行整体校正。塔式起重机爬升部位为主要流水区，其余为次要流水区，安装施工工期的长短取决于主要流水区。通常主要流水区内构件由钢柱和框架梁组成，其间的次要构件可后安装，主要流水区构件一经安装完成，即开始框架整体校正。

（2）钢框架整体校正

高层钢框架整体校正是在主要流水区安装完成后进行的。对于校正时的允许偏差，我国目前在高层钢结构工程安装中尚无明显的规范可循，现有的建筑钢结构施工规范只适用于普通钢结构工程，所以目前只能针对具体工程由设计单位参照有关规定提出校正的质量标准和允许偏差，供高层钢结构安装实施。

1）标准柱和基准点选择

标准柱是能控制框架平面轮廓的少数柱子，用它来控制框架结构安装的质量。通常选取平面转角柱为标准值。如正方形框架取 4 根转角柱；长方形框架当长边与短边之比大于 2 时取 6 根柱；多边形框架取转角柱为标准柱。

基准点的选择以标准柱的柱基中心线为依据，从 x 轴和 y 轴分别引出距离为 e 的补偿线，其交点作为标准柱的测量基准点。对基准点应加以保护，避免损坏，e 值大小由工程情况确定。

进行框架校正时，可采用激光经纬仪的基准点为依据对框架标准柱进行垂直度观测，对钢柱顶部进行垂直度校正，使其在允许范围内。

框架其他柱子的校正不用激光经纬仪，一般采用丈量测定法。具体做法是以标准柱为依据，用钢丝绳组成平面方格封闭状，用钢尺丈量距离，如超过允许偏差者则需调整偏差，在允许范围内者一律只记录不调整。

框架校正完毕要调整数据列表，进行中间验收鉴定，之后才能开始高强度螺栓紧固工作。

2）轴线位移校正

任何一节框架钢柱的校正，均以下节钢柱顶部的实际柱中心线为准，安装钢柱的底部对准下节钢柱的中心线方可。控制柱节点时须要注意四周外形，尽可能平整以利焊接。实测位移按有关规定做记录。校正位移时尤其应注意钢柱的扭矩，钢柱扭转对框架安装很不利，应引起重视。

3）柱子标高调整

每安装一节钢柱后，应对柱顶进行一次标高实测，按照实测标高的偏差值来确定调整与否（以设计±0.000m为统一基准标高）。标高偏差值小于或等于6mm，只记录不调整，超过6mm需进行调整。调整标高用低碳钢板垫到规定要求。钢柱标高调整应注意以下事项。

偏差过大（大于20mm）不宜一次调整，可先调整一部分，待下一步再调整。原因是一次调整过大会影响支撑的安装和钢梁表面的标高。

中间框架柱的标高宜稍高些。通过实际工程的观察证明，中间列柱的标高通常均低于边柱标高，这主要是因为钢框架安装工期长，结构自重不断增大，中间列柱承受的结构荷载较大，所以中间列柱的基础沉降值也大。

4）垂直度校正

用一般的经纬仪难以满足要求，应采用激光经纬仪来测定标准柱的垂直度。测定方法是将激光经纬仪中心放在预定的基准点上，使激光经纬仪光束射到事先固定在钢柱上的靶标上，光束中心同靶标中心重合，表明钢柱垂直度无偏差。激光经纬仪必须经常检验，以确保仪器本身的精度。当光束中心与靶标中心不重合时，表明有偏差。偏差超过允许值应校正钢柱。

测量时，为了减少仪器误差的影响，可以采用四点投射光束法来测定钢柱的垂直度，就是在激光经纬仪定位后，旋转经纬仪水平度盘，向靶标投射四次光束（按 $0°→90°→180°→270°$ 位置），将靶标上四次光束的中心用对角线连接，其对角线交点即为正确位置。以此为准检验钢柱垂直度与否，决定钢柱是否需要校正。

5）框架梁面标高校正

用水准仪、标尺进行实测，测定框架梁两端标高误差情况。超过规定时应进行校正，方法是扩大端部安装连接孔。

第9章 法律法规

9.1 法律体系和法的形式

9.1.1 法律体系

法律体系是指将一国的全部现行法律规范，按一定标准和原则（主要是根据所调整社会关系性质的不同）划分为不同的法律部门，也称为部门法体系。我国法律体系包括：宪法、民法、商法、经济法、行政法、劳动法与社会保障法、自然资源与环境保护法、刑法、诉讼法。

1. 宪法

宪法是整个法律体系的基础，主要表现形式是《中华人民共和国宪法》。

2. 民法

民法是调整作为平等主体的公民之间、法人之间、公民和法人之间的财产关系和人身关系的法律，主要由《中华人民共和国民法通则》（下称《民法通则》）和单行民事法律组成。单行法律主要包括合同法、担保法、专利法、商标法、著作权法、婚姻法等。

3. 商法

商法是调整平等主体之间的商事关系或商事行为的法律，主要包括公司法、证券法、保险法、票据法、企业破产法、海商法等。我国实行"民商合一"的原则，商法虽然是一个相对独立的法律部门，但民法的许多概念、规则和原则也通用于商法。

4. 经济法

经济法是调整国家在经济管理中发生的经济关系的法律。包括建筑法、招标投标法、反不正当竞争法、税法等。

5. 行政法

行政法是调整国家行政管理活动中各种社会关系的法律规范的总和。主要包括行政处罚法、行政复议法、行政监察法、治安管理处罚法等。

6. 劳动法与社会保障法

劳动法是调整劳动关系的法律，主要是《中华人民共和国劳动法》；社会保障法是指调整关于社会保险和社会福利关系的法律规范的总称，包括社会保险法、安全生产法、消防法等。

7. 自然资源与环境保护法

自然资源与环境保护法是关于保护环境和自然资源，防治污染和其他公害的法律。自然资源法主要包括土地管理法、节约能源法等；环境保护方面的法律主要包括环境保护法、环境影响评价法、环境噪声污染防治法等。

8. 刑法

刑法是规定犯罪和刑罚的法律，主要是《中华人民共和国刑法》。一些单行法律、法规的有关条款也可能规定刑法规范。

9. 诉讼法

诉讼法（又称诉讼程序法），是有关各种诉讼活动的法律，其作用在于从程序上保证实体法的正确实施。诉讼法主要包括民事诉讼法、行政诉讼法、刑事诉讼法。

9.1.2 法的形式

根据《中华人民共和国宪法》和《中华人民共和国立法法》及其有关规定，我国法的形式主要包括：

1. 宪法

当代中国法的渊源主要是以宪法为核心的各种制定法。宪法是每一个民主国家最根本的法的渊源，其法律地位和效力是最高的。我国的宪法是由我国的最高权力机关——全国人民代表大会制定和修改的，一切法律、行政法规和地方性法规都不得与宪法相抵触。

2. 法律

法律是指全国人大及其常委会制定的规范性文件。法律的效力低于宪法，高于行政法规、地方性法规等。

3. 行政法规

行政法规是指最高国家行政机关（国务院）制定的规范性文件，如《建设工程质量管理条例》、《建设工程安全生产管理条例》、《安全生产许可证条例》等。行政法规的效力低于宪法和法律。

4. 地方性法规

地方性法规是指省、自治区、直辖市以及省、自治区人民政府所在地的市和经国务院批准的较大的市的人民代表大会及其常委会，在其法定权限内制定的法律规范性文件，如《江苏省建筑市场管理条例》、《北京市招标投标条例》等。地方性法规具有地方性，只在本辖区内有效，其效力低于法律和行政法规。

5. 行政规章

行政规章是由国家行政机关制定的法律规范性文件，包括部门规章和地方政府规章。

部门规章是由国务院各部、委制定的法律规范性文件，如《工程建设项目施工招标投标办法》、《建筑业企业资质管理规定》、《危险性较大的分部分项工程安全管理办法》等。部门规章的效力低于法律、行政法规。

地方政府规章是由省、自治区、直辖市以及省、自治区人民政府所在地的市和国务院批准的较大的市的人民政府所制定的法律规范性文件。地方政府规章的效力低于法律、行政法规，低于同级或上级地方性法规。

6. 最高人民法院司法解释规范性文件

最高人民法院对于法律的系统性解释文件和对法律适用的说明，对法院审判有约束力，具有法律规范的性质，在司法实践中具有重要的地位和作用。在民事领域，最高人民法院制定的司法解释文件有很多，例如《关于贯彻执行（中华人民共和国民法通则）若干问题的意见（试行）》、《关于审理建设工程施工合同纠纷案件适用法律问题的解释》等。

9.2 建设工程质量法规

为了加强对建设工程质量的管理，保证建设工程质量，保护人民生命和财产安全，《中华人民共和国建筑法》（下称《建筑法》）对建设工程质量管理做出了规定，同时国务院根据《建筑法》的规定又制定了《建设工程质量管理条例》。另外，国家有关职能部门还先后出台了一系列保障建设工程质量安全的政策法规，如《房屋建筑工程和市政基础工程竣工验收暂行规定》、《房屋建筑工程和市政基础设施竣工验收备案管理暂行办法》、《房屋建筑工程质量保修办法》、《实施工程建设强制性标准监督规定》等。

《建设工程质量管理条例》第 2 条规定："凡在中华人民共和国境内从事建设工程的新建、扩建、改建等有关活动及实施对建设工程质量监督管理的，必须遵守本条例。"

9.2.1 建设工程质量管理的基本制度

1. 工程质量监督管理制度

建设工程质量必须实行政府监督管理。政府对工程质量的监督管理主要以保证工程使用安全和环境质量为主要目的，以法律、法规和强制性标准为依据，以地基基础、主体结构、环境质量和与此有关的工程建设各方主体的质量行为为主要内容，以施工许可制度和竣工验收备案制度为主要手段。

2. 工程竣工验收备案制度

《建设工程质量管理条例》确立了建设工程竣工验收备案制度。该项制度是加强政府监督管理，防止不合格工程流向社会的一个重要手段。结合《建设工程质量管理条例》和《房屋建筑工程和市政基础设施工程竣工验收备案管理暂行办法》的有关规定，建设单位应当在工程竣工验收合格后的 15 天内到县级以上人民政府建设行政主管部门或其他有关部门备案。建设单位办理工程竣工验收备案应提交以下材料：

（1）工程竣工验收备案表；

（2）工程竣工验收报告；

（3）法律、行政法规规定应当由规划、公安消防、环保等部门出具的认可文件或者准许使用文件；

（4）施工单位签署的工程质量保修书；

（5）法规、规章规定必须提供的其他文件；

（6）商品住宅还应当提交《住宅质量保证书》和《住宅使用说明书》。

建设行政主管部门或其他有关部门收到建设单位的竣工验收备案文件后，依据质量监督机构的监督报告，发现建设单位在竣工验收过程中有违反国家有关建设工程质量管理规定行为的，责令停止使用，重新组织竣工验收后，再办理竣工验收备案。建设单位有下列违法行为的，要按照有关规定予以行政处罚：

（1）在工程竣工验收合格之日起 15 天内未办理工程竣工验收备案；

（2）在重新组织竣工验收前擅自使用工程；

（3）采用虚假证明文件办理竣工验收备案。

3. 工程质量事故报告制度

建设工程发生质量事故后，有关单位应当在 24 小时内向当地建设行政主管部门和其他有关部门报告。对重大质量事故，事故发生地的建设行政主管部门和其他有关部门应当按照事故类别和等级向当地人民政府和上级建设行政主管部门和其他有关部门报告。

4. 工程质量检举、控告、投诉制度

《建筑法》与《建设工程质量管理条例》均明确，任何单位和个人对建设工程的质量事故、质量缺陷都有权检举、控告、投诉。工程质量检举、控告、投诉制度是为了更好地发挥群众监督和社会舆论监督的作用，是保证建设工程质量的一项有效措施。

9.2.2　建设单位的质量责任和义务

《建设工程质量管理条例》第二章明确了建设单位的质量责任和义务。

（1）建设单位应当将工程发包给具有相应资质等级的单位，不得将工程肢解发包。

（2）建设单位应当依法对工程建设项目的勘察、设计、施工、监理以及与工程建设有关的重要设备、材料等的采购进行招标。

（3）建设单位不得对承包单位的建设活动进行不合理干预。

（4）施工图设计文件未经审查批准的，建设单位不得使用。

（5）对必须实行监理的工程，建设单位应当委托具有相应资质等级的工程监理单位进行监理。

（6）建设单位在领取施工许可证或者开工报告之前，应当按照国家有关规定办理工程质量监督手续。

（7）涉及建筑主体和承重结构变动的装修工程，建设单位要有设计方案。

（8）建设单位应按照国家有关规定组织竣工验收，建设工程验收合格的，方可交付使用。

9.2.3　勘察设计单位的质量责任和义务

《建设工程质量管理条例》第三章明确了勘察、设计单位的质量责任和义务。

（1）勘察、设计单位应当依法取得相应资质等级的证书，并在其资质等级许可的范围内承揽工程，不得转包或违法分包所承揽的工程。

（2）勘察、设计单位必须按照工程建设强制性标准进行勘察、设计，注册执业人员应当在设计文件上签字，对设计文件负责。

（3）设计单位应当根据勘察成果文件进行建设工程设计。

（4）除有特殊要求的建筑材料、专用设备、工艺生产线等外，设计单位不得指定生产厂、供应商。

9.2.4　施工单位的质量责任和义务

《建设工程质量管理条例》第四章明确了施工单位的质量责任和义务。

（1）施工单位应当依法取得相应资质等级的证书，并在其资质等级许可的范围内承揽工程。

（2）施工单位不得转包或违法分包工程。

（3）总承包单位与分包单位对分包工程的质量承担连带责任。

（4）施工单位必须按照工程设计图纸和施工技术标准施工，不得擅自修改工程设计，不得偷工减料。

（5）施工单位必须按照工程设计要求、施工技术标准和合同约定，对建筑材料、建筑构配件、设备和商品混凝土进行检验，未经检验或检验不合格的，不得使用。

（6）施工人员对涉及结构安全的试块、试件以及有关材料，应在建设单位或工程监理单位监督下现场取样，并送具有相应资质等级的质量检测单位进行检测。

（7）建设工程实行质量保修制度，承包单位应履行保修义务。

9.2.5　工程监理企业的质量责任和义务

《建设工程质量管理条例》第五章明确了工程监理单位的质量责任和义务。

（1）工程监理企业应当依法取得相应资质等级的证书，并在其资质等级许可的范围内承担工程监理业务，不得转让工程监理业务。

（2）工程监理企业不得与被监理工程的施工承包单位以及建筑材料、建筑构配件和设备供应单位有隶属关系或者其他利害关系。

（3）工程监理企业应当依照法律、法规以及有关技术标准、设计文件和建设工程承包合同，代表建设单位对施工质量实施监理，并对施工质量承担监理责任。

9.2.6　建设工程质量保修

建设工程质量保修制度是指建设工程在办理竣工验收手续后，在规定的保修期限内，因勘察、设计、施工、材料等原因造成的质量缺陷，应当由施工承包单位负责维修、返工或更换，由责任单位负责赔偿损失。建设工程实行质量保修制度是落实建设工程质量责任的重要措施。《建筑法》、《建设工程质量管理条例》、《房屋建筑工程质量保修办法》（自2000年6月30日建设部令第80号发布）对该项制度的规定主要有以下几方面内容。

（1）建设工程承包单位在向建设单位提交竣工验收报告时，应当向建设单位出具质量保修书。质量保修书中应当明确建设工程的保修范围、保修期限和保修责任等。保修范围和正常使用条件下的最低保修期限为：

1）基础设施工程、房屋建筑的地基基础工程和主体结构工程，为设计文件规定的该工程的合理使用年限；

2）屋面防水工程、有防水要求的卫生间、房间和外墙面的防渗漏，为5年；

3）供热与供冷系统，为2个采暖期、供冷期；

4）电气管线、给排水管道、设备安装和装修工程，为2年。

其他项目的保修期限由发包方与承包方约定。建设工程的保修期，自竣工验收合格之日起计算。因使用不当或者第三方造成的质量缺陷，以及不可抗力造成的质量缺陷，不属于法律规定的保修范围。

（2）建设工程在保修范围和保修期限内发生质量问题的，施工单位应当履行保修义务，并对造成的损失承担赔偿责任。

对在保修期限内和保修范围内发生的质量问题，一般应先由建设单位组织勘察、设计、施工等单位分析质量问题的原因，确定维修方案，由施工单位负责维修，但当问题较严重复杂时，不管是什么原因造成的，只要是在保修范围内，均先由施工单位履行保修义务，不得推诿扯皮。对于保修费用，则由质量缺陷的责任方承担。

9.2.7 建设工程质量的监督管理

1. 工程质量监督管理部门

（1）建设行政主管部门及有关专业部门：

① 我国实行国务院建设行政主管部门统一监督管理。

② 各专业部门按照国务院确定的职责分别对其管理范围内的专业工程进行监督管理。

③ 县级以上人民政府建设行政主管部门在本行政区域内实行建设工程质量监督管理，专业部门按其职责对本专业建设工程质量实行监督管理。

（2）国家发展与改革委员会。

（3）工程质量监督机构。

2. 工程质量监督管理职责

（1）国务院建设行政主管部门的基本职责

国务院建设行政主管部门和国务院铁路、交通、水利等有关部门应当加强对有关建设工程质量的法律、法规和强制性标准执行情况的监督检查。

（2）县级以上地方人民政府建设行政主管部门的基本职责

县级以上地方人民政府建设行政主管部门和其他有关部门应当加强对有关建设工程质量的法律、法规和强制性标准执行情况的监督检查。

（3）工程质量监督机构的基本职责

1）办理建设单位工程建设项目报监手续，收取监督费；

2）依照国家有关法律、法规和工程建设强制性标准，对建设工程的地基基础、主体结构及相关的建筑材料、构配件、商品混凝土的质量进行检查；

3）对于被检查实体质量有关的工程建设参与各方主体的质量行为及工程质量文件进行检查，发现工程质量问题时，有权采取局部暂停施工等强制性措施，直到问题得到改正；

4）对建设单位组织的竣工验收程序实施监督，察看其验收程序是否合法，资料是否齐全，实体质量是否存有严重缺陷；

5）工程竣工后，应向委托的政府有关部门报送工程质量监督报告；

6）对需要实施行政处罚的，报告委托的政府部门进行行政处罚。

9.3 建设工程安全生产法规

建设工程安全生产涉及的法律法规有：《中华人民共和国安全生产法》（以下简称《安全生产法》）、《建设工程安全生产管理条例》、《安全产生产许可证条例》、《建筑施工企业安全生产许可证管理规定》及《危险性较大的分部分项工程安全管理办法》等。

9.3.1 安全生产法

《安全生产法》的立法目的在于为了加强安全生产监督管理，防止和减少生产安全事故，保障人民群众生命和财产安全，促进经济发展。《安全生产法》包括 7 章，共 99 条。对生产经营单位的安全生产保障、从业人员的权利和义务、安全生产的监督管理、生产安全事故的应急救援与调查处理四个主要方面做出了规定。

1. 生产经营单位的安全生产保障措施

（1）组织保障措施

1）建立安全生产保障体系

生产经营单位必须要建立安全生产保障体系，必须遵守《安全生产法》和其他有关安全生产的法律、法规，加强安全生产管理，建立、健全安全生产责任制度，完善安全生产条件，确保安全生产。矿山、建筑施工单位和危险物品的生产、经营、储存单位，应当设置安全生产管理机构或者配备专职安全生产管理人员。

2）明确岗位责任

生产经营单位的主要负责人对本单位生产工作负有下列职责：

① 建立、健全本单位安全生产责任制；

② 组织制定本单位安全生产规章制度和操作规程；

③ 保证本单位安全生产投入的有效实施；

④ 督促、检查本单位的安全生产工作，及时消除生产安全事故隐患；

⑤ 组织制定并实施本单位的生产安全事故应急救援预案；

⑥ 及时、如实报告生产安全事故。

同时，《安全生产法》第 42 条规定："生产经营单位发生重大生产安全事故时，单位的主要负责人应当立即组织抢救，并不得在事故调查处理期间擅离职守。"

生产经营单位的安全生产管理人员的职责：

① 根据本单位的生产经营特点，对安全生产状况进行经常性检查；

② 对检查中发现的安全问题，应当立即处理；

③ 不能处理的，应当及时报告本单位有关负责人；

④ 将检查及处理情况应当记录在案。

（2）管理保障措施

1）人力资源管理

① 对主要负责人和安全生产管理人员的管理。生产经营单位的主要负责人和安全生产管理人员必须具备与本单位所从事的生产经营活动相应的安全生产知识和管理能力。

危险物品的生产、经营、储存单位以及矿山、建筑施工单位的主要负责人和安全生产管理人员，应当由有关主管部门对其安全生产知识和管理能力考核合格后方可任职。

② 对一般从业人员的管理。生产经营单位应当对从业人员进行安全生产教育和培训，保证从业人员具备必要的安全生产知识，熟悉有关的安全生产规章制度和安全操作规程，掌握本岗位的安全操作技能。未经安全生产教育和培训合格的从业人员，不得上岗作业。

③ 对特种作业人员的管理。生产经营单位的特种作业人员必须按照国家有关规定经专门的安全作业培训，取得特种作业操作资格证书，方可上岗作业。

2）物力资源管理

① 设备的日常管理。生产经营单位应当在有较大危险因素的生产经营场所和有关设施、设备上，设置明显的安全警示标志。

生产经营单位必须对安全设备进行经常性维护、保养，并定期检测，保证正常运转。维护、保养、检测应当作好记录，并由有关人员签字。

② 设备的淘汰制度。国家对严重危及生产安全的工艺、设备实行淘汰制度。生产经营单位不得使用国家明令淘汰、禁止使用的危及生产安全的工艺、设备。

③ 生产经营项目、场所、设备的转让管理。生产经营单位不得将生产经营项目、场所、设备发包或者出租给不具备安全生产条件或者相应资质的单位或者个人。

④ 生产经营项目、场所的协调管理。生产经营项目、场所有多个承包单位、承租单位的，生产经营单位应当与承包单位、承租单位签订专门的安全生产管理协议，或者在承包合同、租赁合同中约定各自的安全生产管理职责；生产经营单位对承包单位、承租单位的安全生产工作统一协调、管理。

（3）经济保障措施

① 保证安全生产所必需的资金。

② 保证安全设施所需要的资金。

③ 保证劳动防护用品、安全生产培训所需要的资金。

④ 保证工伤社会保险所需要的资金。

（4）技术保障措施

① 对新工艺、新技术、新材料或者使用新设备的管理。生产经营单位采用新工艺、新技术、新材料或者使用新设备，必须了解、掌握其安全技术特性，采取有效的安全防护措施，并对从业人员进行专门的安全生产教育和培训。

② 对安全条件论证和安全评价的管理。矿山建设项目和用于生产、储存危险物品的建设项目，应当分别按照国家有关规定进行安全条件论证和安全评价。

③ 对废弃危险物品的管理。生产、经营、运输、储存、使用危险物品或者处置废弃危险物品的，由有关主管部门依照有关法律、法规的规定和国家标准或者行业标准审批并实施监督管理。

④ 对重大危险源的管理。生产经营单位对重大危险源应当登记建档，进行定期检测、评估、监控，并制订应急预案，告知从业人员和相关人员在紧急情况下应当采取的应急措施。

生产经营单位应当按照国家有关规定将本单位重大危险源及有关安全措施、应急措施报有关地方人民政府负责安全生产监督管理的部门和有关部门备案。

⑤ 对员工宿舍的管理。生产、经营、储存、使用危险物品的车间、商店、仓库不得与员工宿舍在同一座建筑物内，并应当与员工宿舍保持安全距离。

生产经营场所和员工宿舍应当设有符合紧急疏散要求、标志明显、保持畅通的出口。禁止封闭、堵塞生产经营场所或者员工宿舍的出口。

⑥ 对危险作业的管理。生产经营单位进行爆破、吊装等危险作业，应当安排专门人员进行现场安全管理，确保操作规程的遵守和安全措施的落实。

⑦ 对安全生产操作规程的管理。生产经营单位应当教育和督促从业人员严格执行本单位的安全生产规章制度和安全操作规程；并向从业人员如实告知作业场所和工作岗位存在的危险因素、防范措施以及事故应急措施。

⑧ 对施工现场的管理。两个以上生产经营单位在同一作业区域内进行生产经营活动，

可能危及对方生产安全的，应当签订安全生产管理协议，明确各自的安全生产管理职责和应当采取的安全措施，并指定专职安全生产管理人员进行安全检查与协调。

2. 从业人员安全生产的权利和义务

生产经营单位的从业人员，是指该单位从事生产经营活动各项工作的所有人员，包括管理人员、技术人员和各岗位的工人，也包括生产经营单位临时聘用的人员。他们在从业过程中依法享有权利、承担义务。

（1）安全生产中从业人员的权利

1）知情权。生产经营单位的从业人员有权了解其作业场所和工作岗位存在的危险因素、防范措施及事故应急措施，有权对本单位的安全生产工作提出建议。

2）批评权和检举、控告权。从业人员有权对本单位安全生产工作中存在的问题提出批评、检举、控告。

3）拒绝权。从业人员有权拒绝违章指挥和强令冒险作业。

4）紧急避险权。从业人员发现直接危及人身安全的紧急情况时，有权停止作业或者在采取可能的应急措施后撤离作业场所。

5）请求赔偿权。因生产安全事故受到损害的从业人员，除依法享有工伤社会保险外，依照有关民事法律尚有获得赔偿的权利的，有权向本单位提出赔偿要求。

6）获得劳动防护用品的权利。生产经营单位必须为从业人员提供符合国家标准或者行业标准的劳动防护用品，并监督、教育从业人员按照使用规则佩戴、使用。

7）获得安全生产教育和培训的权利。生产经营单位应当对从业人员进行安全生产教育和培训，保证从业人员具备必要的安全生产知识，熟悉有关的安全生产规章制度和安全操作规程，掌握本岗位的安全操作技能。

（2）安全生产中从业人员的义务

1）自律遵规的义务。从业人员在作业过程中，应当严格遵守本单位的安全生产规章制度和操作规程，服从管理，正确佩戴和使用劳动防护用品。

2）自觉学习安全生产知识的义务。从业人员应当接受安全生产教育和培训，掌握本职工作所需的安全生产知识，提高安全生产技能，增强事故预防和应急处理能力。

3）危险报告义务。从业人员发现事故隐患或者其他不安全因素，应当立即向现场安全生产管理人员或者本单位负责人报告；接到报告的人员应当及时予以处理。

3. 生产安全事故的应急救援与处理

（1）生产安全事故的应急救援

1）生产安全事故的分类

《生产安全事故报告和调查处理条例》对生产安全事故作出了明确的分类。根据生产安全事故（以下简称事故）造成的人员伤亡或者直接经济损失，事故一般分为以下等级：

① 特别重大事故，是指造成30人以上死亡，或者100人以上重伤（包括急性工业中毒，下同），或者1亿元以上直接经济损失的事故；

② 重大事故，是指造成10人以上30人以下死亡，或者50人以上100人以下重伤，或者5000万元以上1亿元以下直接经济损失的事故；

③ 较大事故，是指造成3人以上10人以下死亡，或者10人以上50人以下重伤，或者1000万元以上5000万元以下直接经济损失的事故；

④ 一般事故，是指造成3人以下死亡，或者10人以下重伤，或者1000万元以下直接经济损失的事故。

2）应急救援体系的建立

《安全生产法》第68条规定："县级以上地方各级人民政府应当组织有关部门制定本行政区域内特大生产安全事故应急救援预案，建立应急救援体系。"

根据《安全生产法》第69条的规定，建筑施工单位应当建立应急救援组织；生产经营规模较小，可以不建立应急救援组织的，应当指定兼职的应急救援人员。危险物品的生产、经营、储存单位以及矿山、建筑施工单位应当配备必要的应急救援器材、设备，并进行经常性维护、保养，保证正常运转。

（2）生产安全事故报告

根据《安全生产法》第70～72条的规定，生产安全事故的报告应当遵守以下规定：

1）生产经营单位发生生产安全事故后，事故现场有关人员应当立即报告本单位负责人。

2）单位负责人接到事故报告后，应当迅速采取有效措施，组织抢救，防止事故扩大，减少人员伤亡和财产损失，并按照国家有关规定立即如实报告当地负有安全生产监督管理职责的部门，不得隐瞒不报、谎报或者拖延不报，不得故意破坏事故现场、毁灭有关证据。对于实行施工总承包的建设工程，根据《建设工程安全生产管理条例》第50条的规定，由总承包单位负责上报事故。

3）负有安全生产监督管理职责的部门接到事放报告后，应当立即按照国家有关规定上报事故情况。负有安全生产监督管理职责的部门和有关地方人民政府对事故情况不得隐瞒不报、谎报或者拖延不报。

4）有关地方人民政府和负有安全生产监督管理职责部门的负责人接到重大生产安全事故报告后，应当立即赶到事故现场，组织事故抢救。

（3）生产安全事故调查处理

根据《安全生产法》第73～75条的规定，生产安全事故调查处理应当遵守以下基本规定：

1）事故调查处理应当按照实事求是、尊重科学的原则，及时、准确地查清事故原因，查明事故性质和责任，总结事故教训，提出整改措施，并对事故责任者提出处理意见。

2）生产经营单位发生生产安全事故，经调查确定为责任事故的，除了应当查明事故单位的责任并依法予以追究外，还应当查明对安全生产的有关事项负有审查批准和监督职责的行政部门的责任，对有失职、渎职行为的，追究法律责任。

3）任何单位和个人不得阻挠和干涉对事故的依法调查处理。

4. 安全生产的监督管理

（1）安全生产监督管理部门

根据《安全生产法》和《建设工程安全生产管理条例》的有关规定，国务院负责安全生产监督管理的部门对全国建设工程安全生产工作实施综合监督管理。国务院建设行政主管部门对全国建设工程安全生产实施监督管理。国务院铁路、交通、水利等有关部门按照国务院的职责分工，负责有关专业建设工程安全生产的监督管理。

根据《建设工程安全生产管理条例》第44条的规定，建设行政主管部门或者其他有关部门可以将施工现场的监督检查委托给建设工程安全监督机构具体实施。

（2）安全生产监督管理措施

对安全生产负有监督管理职责的部门依照有关法律、法规的规定，对涉及安全生产的事项需要审查批准（包括批准、核准、许可、注册、认证、颁发证照等，下同）或者验收的，必须严格依照有关法律、法规和国家标准或者行业标准规定的安全生产条件和程序进行审查；不符合有关法律、法规和国家标准或者行业标准规定的安全生产条件的，不得批准或者验收通过。对未依法取得批准或者验收合格的单位擅自从事有关活动的，负责行政审批的部门发现或者接到举报后应当立即予以取缔．并依法予以处理。对已经依法取得批准的单位，负责行政审批的部门发现其不再具备安全生产条件的，应当撤销原批准。

《建设工程安全生产管理条例》第 42 条规定，建设行政主管部门在审核发放施工许可证时，应当对建设工程是否有安全施工措施进行审查，对没有安全施工措施的，不得颁发施工许可证。

建设行政主管部门或者其他有关部门对建设工程是否有安全施工措施进行审查时，不得收取费用。

（3）安全生产监督管理部门的职权

负有安全生产监督管理职责的部门依法对生产经营单位执行有关安全生产的法律、法规和国家标准或者行业标准的情况进行监督检查，行使以下职权：

1）进入生产经营单位进行检查，调阅有关资料，向有关单位和人员了解情况。

2）对检查中发现的安全生产违法行为，当场予以纠正或者要求限期改正；对依法应当给予行政处罚的行为，依照本法和其他有关法律、行政法规的规定作出行政处罚决定。

3）对检查中发现的事故隐患，应当责令立即排除；重大事故隐患排除前或者排除过程中无法保证安全的，应当责令从危险区域内撤出作业人员，责令暂时停产停业或者停止使用；重大事故隐患排除后，经审查同意，方可恢复生产经营和使用。

4）对有根据认为不符合保障安全生产的国家标准或者行业标准的设施、设备、器材予以查封或者扣押，并应当在 15 日内依法作出处理决定。监督检查不得影响被检查单位的正常生产经营活动。

（4）安全生产监督检查人员的义务

安全生产监督检查人员在行使职权时，应当履行如下法定义务：

1）应当忠于职守，坚持原则，秉公执法；

2）执行监督检查任务时，必须出示有效的监督执法证件；

3）对涉及被检查单位的技术秘密和业务秘密，应当为其保密。

9.3.2 建设工程安全生产管理条例

《安全生产管理条例》的立法目的在于加强建设工程安全生产监督管理，保障人民群众生命和财产安全。《建筑法》和《安全生产法》是制定该条例的基本法律依据。《安全生产管理条例》分为 8 章，共包括 71 条，分别对建设单位、施工单位、工程监理单位以及勘察、设计和其他有关单位的安全责任做出了规定。

《建设工程安全生产管理条例》第 2 条规定："在中华人民共和国境内从事建设工程的新建、扩建、改建和拆除等有关活动及实施对建设工程安全生产的监督管理，必须遵守本

438

条例。本条例所称建设工程，是指土木工程、建筑工程、线路管道和设备安装工程及装修工程。"

1. 建设工程安全生产管理制度

（1）安全生产责任制度

安全生产责任制度是指将各种不同的安全责任落实到负责有安全管理责任的人员和具体岗位人员身上的一种制度。这种制度是建筑生产中最基本的安全管理制度，是所有安全规章制度的核心，是安全第一、预防为主方针的具体体现。

（2）群防群治制度

群防群治制度是职工群众进行预防和治理安全的一种制度。这一制度也是"安全第一、预防为主"的具体体现，同时也是群众路线在安全工作中的具体体现，是企业进行民主管理的重要内容。这一制度要求建筑企业职工在施工中应当遵守有关生产的法律、法规和建筑行业安全规章、规程，不得违章作业；对于危及生命安全和身体健康的行为有权提出批评、检举和控告。

（3）安全生产教育培训制度

安全生产教育培训制度是对广大建筑干部职工进行安全教育培训，提高安全意识，增加安全知识和技能的制度。安全生产，人人有责。只有通过对广大职工进行安全教育、培训，才能使广大职工真正认识到安全生产的重要性、必要性，才能使广大职工掌握更多更有效的安全生产的科学技术知识，牢固树立安全第一的思想，自觉遵守各项安全生产和规章制度。

（4）安全生产检查制度

安全生产检查制度是上级管理部门或企业自身对安全生产状况进行定期或不定期检查的制度。通过检查可以发现问题，查出隐患，从而采取有效措施，堵塞漏洞，把事故消灭在发生之前，做到防患于未然，是"预防为主"的具体体现。通过检查，还可总结出好的经验加以推广，为进一步搞好安全工作打下基础。安全检查制度是安全生产的保障。

（5）伤亡事故处理报告制度

施工中发生事故时，建筑企业应当采取紧急措施减少人员伤亡和事故损失，并按照国家有关规定及时向有关部门报告的制度。事故处理必须遵循一定的程序，做到三不放过（事故原因不清不放过、事故责任者和群众没有受到教育不放过，没有防范措施不放过）。通过对事故的严格处理，可以总结出教训，为制定规程、规章提供第一手素材，做到亡羊补牢。

（6）安全责任追究制度

建设单位、设计单位、施工单位、监理单位，由于没有履行职责造成人员伤亡和事故损失的，视情节给予相应处理；情节严重的，责令停业整顿，降低资质等级或吊销资质证书；构成犯罪的，依法追究刑事责任。

2. 建设单位的安全责任

（1）向施工单位提供资料的责任

建设单位应当向施工单位提供施工现场及毗邻区域内供水、排水、供电、供气、供热、通信、广播电视等地下管线资料，气象和水文观测资料，相邻建筑物和构筑物、地下工程的有关资料，并保证资料的真实、准确、完整。

建设单位提供的资料将成为施工单位后续工作的主要参考依据。这些资料如果不真实、准确、完整，并因此导致了施工单位的损失，施工单位可以就此向建设单位要求赔偿。

（2）依法履行合同的责任

建设单位不得对勘察、设计、施工、工程监理等单位提出不符合建设工程安全生产法律、法规和强制性标准规定的要求，不得压缩合同约定的工期。

建设单位与勘察、设计、施工、工程监理等单位都是完全平等的合同双方的关系，其对这些单位的要求必须要以合同为根据并不得触犯相关的法律、法规。

（3）提供安全生产费用的责任

《安全生产管理条例》第8条规定："建设单位在编制工程概算时，应当确定建设工程安全作业环境及安全施工措施所需费用。"

（4）不得推销劣质材料设备的责任

建设单位不得明示或者暗示施工单位购买、租赁、使用不符合安全施工要求的安全防护用具、机械设备、施工机具及配件、消防设施和器材。

（5）提供安全施工措施资料的责任

建设单位在申请领取施工许可证时，应当提供建设工程有关安全施工措施的资料。

依法批准开工报告的建设工程，建设单位应当自开工报告批准之日起15日内，将保证安全施工的措施报送建设工程所在地的县级以上地方人民政府建设行政主管部门或者其他有关部门备案。

（6）对拆除工程进行备案的责任

《安全生产管理条例》第11条规定，建设单位应当将拆除工程发包给具有相应资质等级的施工单位。

建设单位应当在拆除工程施工15日前，将下列资料报送建设工程所在地的县级以上地方人民政府建设行政主管部门或者其他有关部门备案：

1）施工单位资质等级证明；

2）拟拆除建筑物、构筑物及可能危及毗邻建筑的说明；

3）拆除施工组织方案；

4）堆放、清除废弃物的措施。

实施爆破作业的，应当遵守国家有关民用爆炸物品管理的规定。

3. 工程监理单位的安全责任

（1）审查施工方案的责任

《建设工程安全生产管理条例》第14条第1款规定：工程监理单位应当审查施工组织设计中的安全技术措施或者专项施工方案是否符合工程建设强制性标准。

（2）安全生产的监理责任

工程监理单位和监理工程师应当按照法律、法规和工程建设强制性标准实施监理，并对建设工程安全生产承担监理责任。

《建设工程安全生产管理条例》第14条第2款规定：工程监理单位在实施监理过程中，发现存在安全事故隐患的，应当要求施工单位整改；情况严重的，应当要求施工单位暂时停止施工，并及时报告建设单位。施工单位拒不整改或者不停止施工的，工程监理单位应当及时向有关主管部门报告。

4. 施工单位的安全责任

（1）总承包单位和分包单位的安全责任

《建设工程安全生产管理条例》第 24 条规定，建设工程实行施工总承包的、由总承包单位对施工现场的安全生产负总责。

总承包单位应当自行完成建设工程主体结构的施工。

总承包单位依法将建设工程分包给其他单位的，分包合同中应当明确各自的安全生产方面的权利、义务。总承包单位和分包单位对分包工程的安全生产承担连带责任。

分包单位应当接受总承包单位的安全生产管理，分包单位不服从管理导致生产安全事故的，由分包单位承担主要责任。

（2）施工单位安全生产责任制度

《建设工程安全生产管理条例》第 21 条规定，施工单位主要负责人依法对本单位的安全生产工作全面负责。施工单位应当建立健全安全生产责任制度和安全生产教育培训制度，制定安全生产规章制度和操作规程，保证本单位安全生产条件所需资金的投入，对所承担建设工程进行定期和专项安全检查，并做好安全检查记录。

施工单位的项目负责人应当由取得相应执业资格的人员担任，对建设工程项目的安全施工负责，落实安全生产责任制度、安全生产规章制度和操作规程，确保安全生产费用的有效使用，并根据工程的特点组织制定安全施工措施，消除安全事故隐患，及时、如实报告生产安全事故。

（3）施工单位安全生产基本保障措施

1）安全生产费用应当专款专用

《建设工程安全生产管理条例》第 22 条规定，施工单位对列入建设工程概算的安全作业环境及安全施工措施所需费用，应当用于施工安全防护用具及设施的采购和更新、安全施工措施的落实、安全生产条件的改善，不得挪作他用。

2）安全生产管理机构及人员的设置

《建设工程安全生产管理条例》第 23 条规定，施工单位应当设立安全生产管理机构，配备专职安全生产管理人员。

专职安全生产管理人员负责对安全生产进行现场监督检查。发现安全事故隐患，应当及时向项目负责人和安全生产管理机构报告；对违章指挥、违章操作的，应当立即制止。

3）编制安全技术措施及专项施工方案的规定

《建设工程安全生产管理条例》第 26 条规定，施工单位应当在施工组织设计中编制安全技术措施和施工现场临时用电方案，对下列达到一定规模的危险性较大的分部分项工程编制专项施工方案，并附具安全验算结果，经施工单位技术负责人、总监理工程师签字后实施，由专职安全生产管理人员进行现场监督：

① 基坑支护与降水工程；

② 土方开挖工程；

③ 模板工程；

④ 起重吊装工程；

⑤ 脚手架工程；

⑥ 拆除、爆破工程；

⑦ 国务院建设行政主管部门或者其他有关部门规定的其他危险性较大的工程。

对上述工程中涉及深基坑、地下暗挖工程、高大模板工程的专项施工方案，施工单位还应当组织专家进行论证、审查。

施工单位还应当根据施工阶段和周围环境及季节、气候的变化，在施工现场采取相应的安全施工措施。施工现场暂时停止施工的，施工单位应当做好现场防护，所需费用由责任方承担，或按照合同约定执行。

4）对安全施工技术要求的交底

《建设工程安全生产管理条例》第27条规定、建设工程施工前，施工单位负责项目管理的技术人员应当对有关安全施工的技术要求向施工作业班组、作业人员做出详细说明，并由双方签字确认。

5）危险部位安全警示标志的设置

《建设工程安全生产管理条例》第28条规定，施工单位应当在施工现场入口处、施工起重机械、临时用电设施、脚手架、出入通道口、楼梯口、电梯井口、孔洞口、桥梁口、隧道口、基坑边沿、爆破物及有害危险气体和液体存放处等危险部位，设置明显的安全警示标志。安全警示标志必须符合国家标准。

6）对施工现场生活区、作业环境的要求

《建设工程安全生产管理条例》第29条规定，施工单位应当将施工现场的办公、生活区与作业区分开设置，并保持安全距离；办公、生活区的选址应当符合安全性要求。职工的膳食、饮水、休息场所等应当符合卫生标准。施工单位不得在尚未竣工的建筑物内设置员工集体宿舍。

7）环境污染防护措施

《建设工程安全生产管理条例》第30条规定，施工单位因建设工程施工可能造成损害的毗邻建筑物、构筑物和地下管线等，应当采取专项保护措施。

施工单位应当遵守有关环境保护法律、法规的规定，在施工现场采取措施，防止或减少粉尘、废气、废水、固体废物、噪声、振动和施工照明对人和环境的危害和污染。

8）消防安全保障措施

消防安全是建设工程安全生产管理的重要组成部分，是施工单位现场安全生产管理的工作重点之一。《建设工程安全生产管理条例》第31条规定，施工单位应当在施工现场建立消防安全责任制度，确定消防安全责任人，制定用火、用电、使用易燃易爆材料等各项消防安全管理制度和操作规程，设置消防通道、消防水源，配备消防设施和灭火器材，并在施工现场入口处设置明显标志。

9）劳动安全管理规定

《建设工程安全生产管理条例》第32条规定，施工单位应当向作业人员提供安全防护用具和安全防护服装，并书面告知危险岗位的操作规程和违章操作的危害。

作业人员有权对施工现场的作业条件、作业程序和作业方式中存在的安全问题提出批评、检举和控告，有权拒绝违章指挥和强令冒险作业。

在施工中发生危及人身安全的紧急情况时，作业人员有权立即停止作业或者在采取必要的应急措施后撤离危险区域。

《建设工程安全生产管理条例》第33条规定，作业人员应当遵守安全施工的强制性标准、规章制度和操作规程，正确使用安全防护用具、机械设备等。

《建设工程安全生产管理条例》第38条规定，施工单位应当为施工现场从事危险作业的人员办理意外伤害保险。

意外伤害保险费由施工单位支付。实行施工总承包的，由总承包单位支付意外伤害保险费。意外伤害保险期限自建设工程开工之日起至竣工验收合格止。

10）安全防护用具及机械设备、施工机具的安全管理

《建设工程安全生产管理条例》第34条规定，施工单位采购、租赁的安全防护用具、机械设备、施工机具及配件，应当具有生产（制造）许可证、产品合格证，并在进入施工现场前进行查验。

施工现场的安全防护用具、机械设备、施工机具及配件必须由专人管理，定期进行检查、维修和保养，建立相应的资料档案，并按照国家有关规定及时报废。

《建设工程安全生产管理条例》第35条规定，施工单位在使用施工起重机械和整体提升脚手架、模板等自升式架设设施前，应当组织有关单位进行验收，也可以委托具有相应资质的检验检测机构进行验收；使用承租的机械设备和施工机具及配件的，由施工总承包单位、分包单位、出租单位和安装单位共同进行验收。验收合格的方可使用。

（4）安全教育培训制度

1）特种作业人员培训和持证上岗

《建设工程安全生产管理条例》第25条规定，垂直运输机械作业人员、安装拆卸工、爆破作业人员、起重信号工、登高架设作业人员等特种作业人员，必须按照国家有关规定经过专门的安全作业培训，并取得特种作业操作资格证书后，方可上岗作业。

2）安全管理人员和作业人员的安全教育培训和考核

《建设工程安全生产管理条例》第36条规定，施工单位的主要负责人、项目负责人、专职安全生产管理人员应当经建设行政主管部门或者其他有关部门考核合格后方可任职。

施工单位应当对管理人员和作业人员每年至少进行一次安全生产教育培训，其教育培训情况记入个人工作档案。安全生产教育培训考核不合格的人员，不得上岗。

3）作业人员进入新岗位、新工地或采用新技术时的上岗教育培训

《建设工程安全生产管理条例》第37条规定，作业人员进入新的岗位或者新的施工现场前，应当接受安全生产教育培训。未经教育培训或者教育培训考核不合格的人员，不得上岗作业。

施工单位在采用新技术、新工艺、新设备、新材料时，应当对作业人员进行相应的安全生产教育培训。

5. 勘察、设计单位的安全责任

（1）勘察单位的安全责任

1）勘察单位应当按照法律、法规和工程建设强制性标准进行勘察，提供的勘察文件应当真实、准确，满足建设工程安全生产的需要。

2）勘察单位在勘察作业时，应当严格按照操作规程，采取措施保证各类管线、设施和周边建筑物、构筑物的安全。

（2）设计单位的安全责任

1）设计单位应当按照法律、法规和工程建设强制性标准进行设计，防止因设计不合理导致安全生产事故的发生。

2）设计单位应当考虑施工安全操作和防护的需要，对涉及施工安全的重点部位和环节在设计文件中注明，并对防范安全生产事故提出指导意见。

3）采用新结构、新材料、新工艺的建设工程和特殊结构的建设工程，设计单位应当在设计中提出保障施工作业人员安全和预防生产安全事故的措施建议。

4）设计单位和注册建筑师等注册执业人员应当对其设计负责。

6. 建设工程相关单位的安全责任

（1）机械设备和配件供应单位的安全责任

《建设工程安全生产管理条例》第 15 条规定，为建设工程提供机械设备和配件的单位，应当按照安全施工的要求配备齐全有效的保险、限位等安全设施和装置。

（2）机械设备、施工机具和配件出租单位的安全责任

《建设工程安全生产管理条例》第 16 条规定，出租的机械设备和施工工具及配件，应当具有生产（制造）许可证，产品合格证。

出租单位应当对出租的机械设备和施工工具及配件的安全性能进行检测，在签订租赁协议时，应当出具检测合格证明。

禁止出租检测不合格的机械设备和施工工具及配件。

（3）起重机械和自升式架设设施的安全管理

1）在施工现场安装、拆卸施工起重机械和整体提升脚手架、模板等自升式架设设施，必须由具有相应资质的单位承担。

2）安装、拆卸施工起重机械和整体提升脚手架、模板等自升式架设设施，应当编制拆装方案、制定安全施工措施，并由专业技术人员现场监督。

3）施工起重机械和整体提升脚手架、模板等自升式架设设施安装完毕后，安装单位应当自检，出具自检合格证明，并向施工单位进行安全使用说明，办理验收手续并签字。

4）施工起重机械和整体提升脚手架、模板等自升式架设设施的使用达到国家规定的检验检测期限的，必须经具有专业资质的检验检测机构检测。经检测不合格的，不得继续使用。

5）检验检测机构对检测合格的施工起重机械和整体提升脚手架、模板等自升式架设设施，应当出具安全合格证明文件，并对检测结果负责。

9.3.3 安全生产许可证的管理规定

《安全生产许可证条例》第 2 条规定："国家对矿山企业、建筑施工企业和危险化学品、烟花爆竹、民用爆破器材生产企业（以下统称企业）实行安全生产许可制度。企业未取得安全生产许可证的，不得从事生产活动。"

《建筑施工企业安全生产许可证管理规定》第 2 条规定："国家对建筑施工企业实行安全生产许可制度；建筑施工企业未取得安全生产许可证的，不得从事建筑施工活动。"

1. 安全生产许可证的申请

建筑施工企业从事建筑施工活动前，应当依照《建筑施工企业安全生产许可证管理规定》向省级以上建设主管部门申请领取安全生产许可证。建筑施工企业申请安全生产许可

证时，应当向建设主管部门提供下列材料：

(1) 建筑施工企业安全生产许可证申请表；

(2) 企业法人营业执照；

(3) 与申请安全生产许可证应当具备的安全生产条件相关的文件、材料。

2. 安全生产许可证的有效期

安全生产许可证的有效期为 3 年。安全生产许可证有效期满需要延期的，企业应当于期满前 3 个月向原安全生产许可证颁发管理机关申请办理延期手续。

3. 安全生产许可证的变更与注销

建筑施工企业变更名称、地址、法定代表人等，应当在变更后 10 日内，到原安全生产许可证颁发管理机关办理安全生产许可证变更手续。

建筑施工企业破产、倒闭、撤销的，应当将安全生产许可证交回原安全生产许可证颁发管理机关予以注销。

9.4　其他相关法规

9.4.1　招标投标法

《中华人民共和国招标投标法》（以下简称《招标投标法》）的立法目的在于规范招标投标活动，保护国家利益、社会公共利益和招标投标活动当事人的合法权益，提高经济效益，保证项目质量。

依据《招标投标法》，我国陆续发布了一系列规范招标投标活动的部门规章，主要有《工程建设项目招标范围和规模标准规定》、《评标委员会和评标办法暂行规定》、《工程建设项目勘察设计招标投标办法》、《工程建设项目施工招标投标办法》、《工程建设项目货物招标投标办法》等。

1. 招标投标活动的基本原则及适用范围

(1) 招标投标活动的基本原则

《招标投标法》第 5 条规定："招标投标活动应当遵循公开、公平、公正和诚实信用的原则。"

(2) 必须招标的项目范围和规模标准

1) 必须招标的工程建设项目范围

根据《招标投标法》第 3 条规定，在中华人民共和国境内进行下列工程建设项目包括项目的勘察、设计、施工、监理以及与工程建设有关的重要设备、材料等的采购，必须进行招标：

① 大型基础设施、公用事业等关系社会公共利益、公众安全的项目；

② 全部或者部分使用国有资金投资或者国家融资的项目；

③ 使用国际组织或者外国政府贷款、援助资金的项目。

2) 必须招标项目的规模标准

根据《工程建设项目招标范围和规模标准规定》的规定，上述各类工程建设项目包括项目的勘察、设计、施工、监理以及与工程建设有关的重要设备、材料等的采购，达到下列标准之一的，必须进行招标：

① 施工单项合同估算价在 200 万元人民币以上的；

② 重要设备、材料等货物的采购，单项合同估算价在 100 万元人民币以上的；

③ 勘察、设计、监理等服务的采购，单项合同估算价在 50 万元人民币以上的；

④ 单项合同估算价低于第 1、2、3 项规定的标准，但项目总投资额在 3000 万元人民币以上的。

（3）可以不进行招标的工程建设项目

《工程建设项目施工招标投标办法》第 12 条的规定，工程建设项目有下列情形之一的，依法可以不进行施工招标：

1）涉及国家安全、国家秘密或者抢险救灾而不适宜招标的；

2）属于利用扶贫资金实行以工代赈需要使用农民工的；

3）施工主要技术采用特定的专利或者专有技术的；

4）施工企业自建自用的工程，且该施工企业资质等级符合工程要求的；

5）在建工程追加的附属小型工程或者主体加层工程，原中标人仍具备承包能力的；

6）法律、行政法规规定的其他情形。

2. 招标程序

根据《招标投标法》和《工程建设项目施工招标投标办法》的规定，招标程序如下：

（1）成立招标组织，由招标人自行招标或委托招标；

（2）编制招标文件和标底（如果有）；

（3）发布招标公告或发出投标邀请书；

（4）对潜在投标人进行资质审查，并将审查结果通知各潜在投标人；

（5）发售招标文件；

（6）组织投标人踏勘现场，并对招标文件答疑；

（7）确定投标人编制投标文件所需要的合理时间；

（8）接受投标书；

（9）开标、评标；

（10）定标、签发中标通知书，签订合同。

3. 投标的要求和程序

（1）投标的要求

《建筑法》规定：承包建筑工程的单位应当持有依法取得的资质证书，并在其资质等级许可的范围内承揽工程。禁止建筑施工企业超越本企业资质登记许可的业务范围或以任何形式用其他施工企业的名义承揽工程。

（2）投标程序

1）组织投标机构；

2）编制投标文件；

3）送达投标文件。

4. 关于投标的禁止性规定

根据《招标投标法》第 32 条、第 33 条的规定，投标人不得实施以下不正当竞争行为：

（1）投标人之间串通投标；

（2）投标人与招标人之间串通招标投标；

（3）投标人以行贿的手段谋取中标；

（4）投标人以低于成本的报价竞标；

（5）投标人以非法手段骗取中标。

9.4.2 合同法

1. 合同法的调整范围

1）合同法所称合同的含义

《中华人民共和国合同法》（以下简称《合同法》）所称合同是指平等主体的自然人、法人、其他组织之间设立、变更、终止民事权利义务关系的协议。这里所说的民事权利义务关系，主要是指债权关系，即债权合同。

2）不受合同法调整的合同类型

目前，部分合同虽称之为"合同（协议）"，但却不受合同法调整，主要有以下几类：

① 有关身份关系的合同。如婚姻合同（婚约）适用《婚姻法》、收养合同适用《收养法》等专门法。

② 有关政府行使行政管理权的行政合同。政府依法进行社会管理活动，属于行政管理关系，适用各行政管理法，不适用合同法。

③ 劳动合同。在我国劳动者与用人单位之间的劳动合同适用《劳动法》、《劳动合同法》等专门法。

④ 政府间协议。国家或者特别地区之间协议适用国际法，如国家之间各类条约、协定、议定书等。

2. 合同法的基本原则

《合同法》的基本原则包括：平等原则、自愿原则、公平原则、诚实信用原则、不得损害社会公共利益原则。

3. 合同的形式

合同的形式指订立合同的当事人达成一致意思表示的表现形式。

《合同法》第 10 条规定：当事人订立合同，有书面形式、口头形式和其他形式。法律、行政法规规定采用书面形式的，应当采用书面形式；当事人约定采用书面形式的，应当采用书面形式。

《合同法》第 36 条规定，法律、行政法规规定或者当事人约定采用书面形式订立合同，当事人未采用书面形式但一方已经履行主要义务，对方接受的，该合同成立。

4. 合同的要约与承诺

合同的订立要经过两个必要的程序，即要约与承诺。

（1）要约

1）要约的概念

要约是希望和他人订立合同的意思表示，该意思表示应当符合下列规定：

① 内容具体确定；

② 表明经受要约人承诺，要约人即受该意思表示约束。

要约是一种法律行为。它表现为在规定的有效期限内，要约人要受到要约的约束。受要约人若按时和完全接受要约条款时，要约人负有与受要约人签订合同的义务。否则，要约人对由此造成受要约人的损失应承担法律责任。

2）要约邀请

《合同法》第 15 条规定：要约邀请是希望他人向自己发出要约的意思表示。寄送价目表、拍卖公告、招标公告、招股说明书、商业广告等为要约邀请。商业广告的内容符合要约规定的，视为要约。

3）要约生效

《合同法》第 16 条规定："要约到达受约人时生效。采用数据电文形式订立合同，收件人指定特定系统接收数据电文的，该数据电文进入该特定系统的时间，视为到达时间；未指定特定系统的，该数据电文进入收件人的任何系统的首次时间，视为到达时间。"

4）要约撤回与要约撤销

要约的撤回，是指在要约发生法律效力之前，要约人使其不发生法律效力而取消要约的行为。《合同法》第 17 条规定："要约可以撤回。撤回要约的通知应当在要约到达受要约人之前或者与要约同时到达受要约人。"

要约的撤销，是指在要约发生法律效力之后，要约人使其丧失法律效力而取消要约的行为。《合同法》第 18 条规定："要约可以撤销。撤销要约的通知应当在受要约人发出承诺通知之前到达受要约人"。

为了保护当事人的利益，有下列情形之一的，要约不得撤销：

① 要约人确定了承诺期限或者以其他形式明示要约不可撤销；

② 受要约人有理由认为要约是不可撤销的，并已经为履行合同作了准备工作。

5）要约失效

《合同法》第 20 条规定，有下列情形之一的，要约失效：

① 拒绝要约的通知到达要约人；

② 要约人依法撤销要约；

③ 承诺期限届满，受要约人未作出承诺；

④ 受要约人对要约的内容作出实质性变更。

（2）承诺

1）承诺的概念

承诺是受要约人同意要约的意思表示。

承诺也是一种法律行为。承诺必须是要约的相对人在要约有效期限内以明示的方式作出，并送达要约人；承诺必须是承诺人作出完全同意要约的条款，方为有效。如果受要约人对要约中的某些条款提出修改、补充、部分同意，附有条件或者另行提出新的条件，以及迟到送达的承诺，都不被视为有效的承诺，而被称为新要约。

2）承诺方式

《合同法》第 22 条规定：承诺应当以通知的方式作出，但根据交易习惯或者要约表明可以通过行为作出承诺的除外。

"通知"的方式，是指承诺人以口头形式或书面形式明确告知要约人完全接受要约内容作出的意思表示。"行为"的方式，是指承诺人依照交易习惯或者要约的条款能够为要

448

约人确认承诺人接受要约内容作出的意思表示。

3）承诺期限

《合同法》第 23 条规定：承诺应当在要约确定的期限内到达要约人。要约没有确定承诺期限的，承诺应当依照下列规定到达：

① 要约以对话方式作出的，应当即时作出承诺，但当事人另有约定的除外；

② 要约以非对话方式作出的，承诺应当在合理期限到达。

要约以信件或者电报作出的，承诺期限自信件载明的日期或者电报交发之日开始计算。信件未载明日期的，自投寄该信件的邮戳日期开始计算。要约以电话，传真等快速通信方式作出的，承诺期限自要约到达受要约人时开始计算。

4）承诺生效

《合同法》第 25 条规定：承诺生效时合同成立。

承诺生效与合同成立是密不可分的法律事实。承诺生效，是指承诺发生法律效力，也即承诺对承诺人和要约人产生法律约束力。承诺人作出有效的承诺，在事实上合同已经成立，已经成立的合同对合同当事人双方具有约束力。

5）承诺撤回、超期和延误

① 承诺撤回　承诺的撤回，是指承诺人主观上欲阻止或者消灭承诺发生法律效力的意思表示。《合同法》第 27 条规定："承诺可以撤回。撤回承诺的通知应当在承诺通知到达要约人之前或者与承诺通知同时到达要约人。"

② 承诺超期　承诺超期是指受要约人主观上超过承诺期限而发出的承诺。《合同法》第 28 条规定："受要约人超过承诺期限发出承诺的，除要约人及时通知受要约人该承诺有效的以外，为新要约（承诺无效）。"

③ 承诺延误　承诺延误是指受要约人发出的承诺由于外界原因而延迟到达要约人。《合同法》第 29 条规定："受要约人在承诺期限内发出承诺，按照通常情形能够及时到达要约人，但因其他原因承诺到达要约人时超过承诺期限的，除要约人及时通知受要约人因承诺超过期限不接受该承诺的以外，该承诺有效。"

5. 合同的一般条款

合同的一般条款，即合同的内容。《合同法》第 12 条规定，合同的内容由当事人约定，一般包括以下条款：

（1）当事人的名称或者姓名和住所；

（2）标的；

（3）数量；

（4）质量；

（5）价款或者报酬；

（6）履行期限、地点和方式；

（7）违约责任；

（8）解决争议的方法。当事人可以参照各类合同的示范文本订立合同。

6. 合同的效力

合同生效需要具备一定的条件。这些条件的欠缺可能导致所订立的合同成为无效合同、效力待定合同或可变更、可撤销合同。

当事人可以约定合同生效的时间或条件。如果未满足所附条件的要求，即使具备了合同生效的要件，合同也不会生效。如果约定了终止的时间或条件，满足了该时间或条件的要求，也不因符合合同生效要件而继续有效，合同将终止。

（1）合同成立

合同成立是指当事人完成了签订合同过程，并就合同内容协商一致。合同成立不同于合同生效。合同生效是法律认可合同效力，强调合同内容合法性。因此，合同成立体现了当事人的意志，而合同生效体现国家意志。

1）合同成立的一般要件

① 存在订约当事人；

② 订约当事人对主要条款达成一致；

③ 经历要约与承诺两个阶段。

《合同法》第 13 条规定，"当事人订立合同，采取要约、承诺方式。"当事人就订立合同达成合意，一般应经过要约、承诺阶段。若只停留在要约阶段，合同根本未成立。

2）合同成立时间

确定合同成立时间，遵守如下规则：

① 承诺生效时合同成立。

② 当事人采用合同书形式订立合同的，自双方当事人签字或者盖章时合同成立。各方当事人签字或者盖章的时间不在同一时间的，最后一方签字或者盖章时合同成立。

③ 当事人采用信件、数据电文等形式订立合同的，可以在合同成立之前要求签订确认书。签订确认书时合同成立。此时，确认书具有最终正式承诺的意义。

3）合同成立地点

确定合同成立地点，遵守如下规则：

①承诺生效的地点为合同成立的地点。采用数据电文形式订立合同的，收件人的主营业地为合同成立的地点；没有主营业地的，其经常居住地为合同成立的地点。当事人另有约定的，按照其约定。

② 当事人采用合同书形式订立合同的，双方当事人签字或者盖章的地点为合同成立的地点。

（2）合同生效

合同生效需要具备以下要件：

① 订立合同的当事人必须具有相应民事权利能力和民事行为能力；

② 意思表示真实；

③ 不违反法律、行政法规的强制性规定，不损害社会公共利益；

④ 具备法律所要求的行式。

《合同法》第 44 条规定：依法成立的合同，自成立时生效；法律、行政法规规定应当办理批准、登记等手续生效的，依照其规定。

7. 合同的履行

合同履行是指合同当事人双方依据合同条款的规定，实现各自享有的权利，并承担各自负有的义务。合同的履行，就其实质来说，是合同当事人在合同生效后，全面地、适当地完成合同义务的行为。

合同当事人履行合同时，应遵循以下原则：

（1）全面、适当履行的原则；

（2）遵循诚实信用的原则；

（3）公平合理，促进合同履行的原则；

（4）当事人一方不得擅自变更合同的原则。

9.4.3 劳动法

《中华人民共和国劳动法》（以下简称《劳动法》）的立法目的在于保护劳动者的合法权益，调整劳动关系，建立和维护适应社会主义市场经济的劳动制度，促进经济发展和社会进步。

《劳动法》第2条规定：在中华人民共和国境内的企业、个体经济组织（以下统称用人单位）和与之形成劳动关系的劳动者，适用本法；国家机关、事业组织、社会团体和与之建立劳动合同关系的劳动者，依照本法执行。

1. 劳动保护的规定

（1）劳动安全卫生

劳动安全卫生，又称劳动保护，是指直接保护劳动者在劳动中的安全和健康的法律保障。根据《劳动法》的有关规定，用人单位和劳动者应当遵守如下有关劳动安全卫生的法律规定：

1）用人单位必须建立、健全劳动安全卫生制度，严格执行国家劳动安全卫生规程和标准，对劳动者进行劳动安全卫生教育，防止劳动过程中的事故，减少职业危害。

2）劳动安全卫生设施必须符合国家规定的标准。新建、改建、扩建工程的劳动安全卫生设施必须与主体工程同时设计、同时施工、同时投入生产和使用。

3）用人单位必须为劳动者提供符合国家规定的劳动安全卫生条件和必要的劳动防护用品，对从事有职业危害作业的劳动者应当定期进行健康检查。

4）从事特种作业的劳动者必须经过专门培训并取得特种作业资格。

5）劳动者在劳动过程中必须严格遵守安全操作规程。劳动者对用人单位管理人员违章指挥、强令冒险作业，有权拒绝执行；对危害生命安全和身体健康的行为，有权提出批评、检举和控告。

（2）女职工和未成年工特殊保护

1）女职工的特殊保护

根据我国《劳动法》的有关规定，对女职工的特殊保护规定主要包括：

① 禁止安排女职工从事矿山井下、国家规定的第四级体力劳动强度的劳动和其他禁忌从事的劳动。

② 不得安排女职工在经期从事高处、低温、冷水作业和国家规定的第三级体力劳动强度的劳动。

③ 不得安排女职工在怀孕期间从事国家规定的第三级体力劳动强度的劳动和孕期禁忌从事的劳动。对怀孕7个月以上的女职工，不得安排其延长工作时间和夜班劳动。

④ 女职工生育享受不少于90天的产假。

⑤ 不得安排女职工在哺乳未满一周岁的婴儿期间从事国家规定的第三级体力劳动强

度的劳动和哺乳期禁忌从事的其他劳动，不得安排其延长工作时间和夜班劳动。

2）未成年工特殊保护

所谓未成年工，是指年满16周岁未满18周岁的劳动者。根据我国《劳动法》的有关规定，对未成年工的特殊保护规定主要包括：

① 不得安排未成年工从事矿山井下、有毒有害、国家规定的第四级体力劳动强度的劳动和其他禁忌从事的劳动。

② 用人单位应当对未成年工定期进行健康检查。

2. 劳动合同

（1）劳动合同的概念

劳动合同是指劳动者与用人单位确立劳动关系，明确双方权利和义务的书面协议。

我国《劳动法》对劳动合同作出了明确规定。为了完善劳动合同制度，明确劳动合同双方当事人的权利和义务，保护劳动者的合法权益，构建和发展和谐稳定的劳动关系，2007年6月29日全国人大常务委员会通过了《中华人民共和国劳动合同法》（以下简称《劳动合同法》），2012年12月28日又通过局部修订条款。

（2）劳动合同的类型

根据《劳动合同法》的规定，劳动合同分为固定期限劳动合同、无固定期限劳动合同和以完成一定工作任务为期限的劳动合同。

1）固定期限劳动合同

固定期限劳动合同，是指用人单位与劳动者约定合同终止时间的劳动合同。用人单位与劳动者协商一致，可以订立固定期限劳动合同。

2）无固定期限劳动合同

无固定期限劳动合同，是指用人单位与劳动者约定无确定终止时间的劳动合同。用人单位与劳动者协商一致，可以订立无固定期限劳动合同。

有下列情形之一，劳动者提出或者同意续订、订立劳动合同的，除劳动者提出订立固定期限劳动合同外，应当订立无固定期限劳动合同：

① 劳动者在该用人单位连续工作满十年的；

② 用人单位初次实行劳动合同制度或者国有企业改制重新订立劳动合同时，劳动者在该用人单位连续工作满十年且距法定退休年龄不足十年的；

③ 连续订立二次固定期限劳动合同，且劳动者没有本法第三十九条和第四十条第一项、第二项规定的情形，续订劳动合同的。

用人单位自用工之日起满一年不与劳动者订立书面劳动合同的，视为用人单位与劳动者已订立无固定期限劳动合同。

3）以完成一定工作任务为期限的劳动合同

以完成一定工作任务为期限的劳动合同，是指用人单位与劳动者约定以某项工作的完成为合同期限的劳动合同。用人单位与劳动者协商一致，可以订立以完成一定工作任务为期限的劳动合同。

（3）劳动合同的订立

1）劳动关系与劳动合同的确定

根据《劳动合同法》的有关规定，劳动关系与劳动合同的确定应符合以下规定：

① 用人单位自用工之日起即与劳动者建立劳动关系。用人单位应当建立职工名册备查；

② 建立劳动关系，应当订立书面劳动合同；

③ 已建立劳动关系，未同时订立书面劳动合同的，应当自用工之日起一个月内订立书面劳动合同；

④ 用人单位与劳动者在用工前订立劳动合同的，劳动关系自用工之日起建立。

2）劳动合同的内容

《劳动合同法》第十七条规定：劳动合同应当具备以下条款：

① 用人单位的名称、住所和法定代表人或者主要负责人；

② 劳动者的姓名、住址和居民身份证或者其他有效身份证件号码；

③ 劳动合同期限；

④ 工作内容和工作地点；

⑤ 工作时间和休息休假；

⑥ 劳动报酬；

⑦ 社会保险；

⑧ 劳动保护、劳动条件和职业危害防护；

⑨ 法律、法规规定应当纳入劳动合同的其他事项。

劳动合同除前款规定的必备条款外，用人单位与劳动者可以约定试用期、培训、保守秘密、补充保险和福利待遇等其他事项。

3）劳动合同的试用期

根据《劳动合同法》第19条规定，劳动合同的试用期应符合以下规定：

① 劳动合同期限三个月以上不满一年的，试用期不得超过一个月；劳动合同期限一年以上不满三年的，试用期不得超过二个月；三年以上固定期限和无固定期限的劳动合同，试用期不得超过六个月。

② 同一用人单位与同一劳动者只能约定一次试用期。

③ 以完成一定工作任务为期限的劳动合同或者劳动合同期限不满三个月的，不得约定试用期。

④ 试用期包含在劳动合同期限内。劳动合同仅约定试用期的，试用期不成立，该期限为劳动合同期限。

劳动者在试用期的工资不得低于本单位相同岗位最低档工资或者劳动合同约定工资的百分之八十，并不得低于用人单位所在地的最低工资标准。

3. 劳动争议的处理

劳动争议，又称劳动纠纷，是指劳动关系当事人之间关于劳动权利和义务的争议。我国《劳动法》第77条明确规定："用人单位与劳动者发生劳动争议，当事人可以依法申请调解、仲裁、提起诉讼，也可以协商解决。"2008年5月1日开始施行的《中华人民共和国劳动争议调解仲裁法》（以下简称《劳动争议调解仲裁法》）第5条进一步规定，"发生劳动争议，当事人不愿协商、协商不成或者达成和解协议后不履行的，可以向调解组织申请调解；不愿调解、调解不成或者达成调解协议后不履行的，可以向劳动争议仲裁委员会申请仲裁；对仲裁裁决不服的，除本法另有规定的外，可以向人民法院提起诉讼。"

（1）协商

劳动争议发生后，当事人首先应当协商解决。协商是一种简便易行、最有效、最经济的方法，能及时解决争议，消除分歧，提高办事效率，节省费用。协商一致的，当事人可以形成和解协议，但和解协议不具有强制执行力，需要当事人自觉履行。

根据《劳动争议调解仲裁法》第 4 条的规定，"发生劳动争议，劳动者可以与用人单位协商，也可以请工会或者第三方共同与用人单位协商，达成和解协议。"

（2）调解

劳动争议发生后，当事人可以向本单位劳动争议调解委员会申请调解。经调解达成协议的，由劳动争议调解委员会制作调解书。调解协议书由双方当事人签名或者盖章，经调解员签名并加盖调解组织印章后生效，对双方当事人具有约束力，当事人应当履行。

《劳动法》第 80 条规定：在用人单位内，可以设立劳动争议调解委员会。劳动争议调解委员会由职工代表、用人单位代表和工会代表组成。劳动争议调解委员会主任由工会代表担任。

（3）仲裁

劳动争议发生后，当事人任何一方都可以直接向劳动争议仲裁委员会申请仲裁。当事人申请劳动争议仲裁，应当在法律规定的仲裁时效内提出。

《劳动法》第 82 条规定：提出仲裁要求的一方应当自劳动争议发生之日起 60 日内向劳动争议仲裁委员会提出书面申请。仲裁裁决一般应在收到仲裁申请的 60 日内作出。对仲裁裁决无异议的，当事人必须履行。

《劳动法》第 83 条规定：当事人对仲裁裁决不服的，可自收到仲裁裁决书之日起 15 日内向人民法院提起诉讼。一方当事人在法定期限内不起诉又不履行仲裁裁决的，另一方当事人可以申请人民法院强制执行。

9.5 建设工程纠纷的处理

9.5.1 建设工程纠纷的分类及处理方式

建设工程纠纷主要分为民事纠纷和行政纠纷两大类。

1. 民事纠纷

民事纠纷是指平等主体的当事人之间发生的纠纷。这种纠纷又可分为两类：合同纠纷和侵权纠纷。前者是指当事人之间对合同是否成立、生效、对合同的履行和不履行出现的后果等产生的纠纷。如建设工程勘察设计合同纠纷、建设工程施工合同纠纷、建设工程委托监理合同纠纷、建材及设备采购合同纠纷等；后者是指由于当事人对另一方侵权而产生的纠纷，如工程施工中对施工单位未采取安全措施而对他人造成损害而产生的纠纷等。其中，合同纠纷是建设活动中最常出现的纠纷。

民事纠纷的处理方式主要有和解、调解、仲裁、诉讼四种。

我国《合同法》第 128 条规定：当事人可以通过和解或者调解解决合同争议；当事人不愿和解、调解或者和解、调解不成的，可以根据仲裁协议向仲裁机构申请仲裁；当事人没有订立仲裁协议或者仲裁协议无效的，可以向人民法院起诉；当事人应当履行发生法律效力的判决、仲裁裁决、调解书，拒不履行的，对方可以请求人民法院执行。

2. 行政纠纷

行政纠纷是指行政机关与相对人之间因行政管理而产生的纠纷，如在办理施工许可证时符合办证条件而不予办理所导致的纠纷；在招投标过程中行政机关进行行政处罚而产生的纠纷等。

目前解决行政争议的途径主要有行政复议和行政诉讼两种。

9.5.2 和解与调解

1. 和解

（1）和解的概念

和解是指建设工程纠纷当事人在自愿互谅的基础上，就已经发生的争议进行协商并达成协议，自行解决争议的一种方式。和解达成的协议不具有强制执行的效力，但是可以成为原合同的补充部分。建设工程发生纠纷时，当事人应首先考虑通过和解解决纠纷。事实上，在工程建设过程中，绝大多数纠纷都可以通过和解解决。

（2）和解的适用

1）未经仲裁和诉讼的和解。发生争议后，当事人即可以自行和解。如果达成一致意见，就不需要进行仲裁或诉讼。

2）申请仲裁后的和解。当事人申请仲裁后，可以自行和解。达成和解协议的，可以请求仲裁庭根据和解协议作出裁决书，也可以撤回仲裁申请。当事人达成和解协议，撤回仲裁申请后反悔的，可以根据仲裁协议申请仲裁。

3）诉讼后的和解。当事人在诉讼中和解的，应由原告申请撤诉，经法院裁定撤诉后结束诉讼。

4）执行中的和解。在执行过程中，双方当事人在自愿协商的基础上达成的和解协议，产生结束执行程序的效力。如果一方当事人不履行和解协议或者反悔的，另一方当事人可以申请人民法院按照原生效法律文书强制执行。

（3）建设工程纠纷和解解决的特点

1）简便易行，能经济、及时地解决纠纷。

2）纠纷的解决依靠当事人的妥协与让步，没有第三方的介入，有利于维护合同双方的友好合作关系，使合同能更好地得到履行。

3）和解协议不具有强制执行的效力，和解协议的执行依靠当事人的自觉履行。

2. 调解

（1）调解的概念

调解是指建设工程当事人对法律规定或者合同约定的权利、义务发生纠纷，第三人依据一定的道德和法律规范，通过摆事实、讲道理，促使双方互相作出适当的让步，平息争端，自愿达成协议，以求解决建设工程纠纷的一种方式。

（2）调解的形式

1）民间调解，即在当事人以外的第三人或组织的主持下，通过相互谅解，使纠纷得到解决的方式。民间调解达成的协议不具有强制约束力。

2）行政调解，是指在有关行政机关的主持下，依据相关法律、行政法规、规章及政策，处理纠纷的方式。行政调解达成的协议也不具有强制约束力。

3）仲裁调解，仲裁庭在作出裁决前进行调解的解决纠纷的方式。当事人自愿调解的，仲裁庭应当调解。仲裁的调解达成协议，仲裁庭应当制作调解书或者根据协议的结果制作裁决书。调解书与裁决书具有同等法律效力，调解书经当事人签收后即发生法律效力。

4）法院调解，是指在人民法院的主持下，在双方当事人自愿的基础上，以制作调解书的形式，从而解决纠纷的方式。调解书经双方当事人签收后，即具有法律效力。

（3）建设工程纠纷调解解决的特点

1）法院外调解的特点

① 当事人的行为无诉讼上的意义；

② 主持者可以是人民调解委员会、行政机关、仲裁机关以及双方当事人所信赖的个人；

③ 有利于消除当事人的对立情绪，维护双方的长期合作关系；

④ 除仲裁机构制作的调解书对当事人有约束力外，其他机构或个人主持下达成的调解协议均无约束力，调解协议的执行依靠当事人的自觉履行。当事人反悔的，可向人民法院起诉。

2）法院调解的特征

① 调解发生在诉讼过程中；

② 调解在法院主持下进行；

③ 调解书送达双方当事人并经签收后产生法律效力；

④ 调解书生效后，若一方不执行，另一方有权请求法院强制执行。

9.5.3 仲裁

1. 仲裁的概念

仲裁是指建设工程当事人在纠纷发生前或纠纷发生后达成协议，自愿将纠纷提交第三者（仲裁机构），由第三者在事实上作出判断、在权利义务上作出裁决的一种解决纠纷的方式。如果当事人之间有仲裁协议，纠纷发生后又无法通过和解和调解解决的，则应及时将纠纷提交仲裁机构仲裁。

《中华人民共和国仲裁法》（以下简称《仲裁法》）是调整和规范仲裁制度的基本法律，但《仲裁法》的调整范围仅限于民商事仲裁，即平等主体的公民、法人和其他组织之间发生的合同纠纷和其他财产权纠纷仲裁。劳动争议仲裁不受《仲裁法》的调整；依法应当由行政机关处理的行政争议不能仲裁。

2. 建设工程纠纷仲裁解决的特点

（1）自愿性。仲裁以双方当事人的自愿为前提，即当事人之间的纠纷是否提交仲裁，交与谁仲裁，仲裁庭如何组成，以及仲裁的审理方式、开庭形式等都是在当事人自愿的基础上，由双方协商确定。因此，仲裁是最能充分体现当事人意思自治原则的争议解决方式。

（2）专业性。由于各仲裁机构的仲裁员都是由各方面的专业人士组成，当事人完全可以选择熟悉纠纷领域的专业人士担任仲裁员。专家仲裁是民商事仲裁的重要特点之一。

（3）保密性。保密和不公开审理是仲裁制度的重要特点，除当事人、代理人，以及需要时的证人和鉴定人外，其他人员不得出席和旁听仲裁开庭审理，仲裁庭和当事人不得向外界透露案件的任何实体及程序问题。

（4）裁决的终局性。仲裁实行一裁终局制，仲裁裁决一经仲裁庭作出即发生法律效力，这使当事人之间的纠纷能够迅速得以解决。

（5）执行的强制性。仲裁裁决具有强制执行的法律效力，当事人可以向人民法院申请强制执行。由于中国是《承认及执行外国仲裁裁决公约》的缔约国，中国的涉外仲裁裁决可以在世界上 100 多个公约成员国得到承认和执行。

9.5.4 诉讼

1. 诉讼的概念

诉讼是指建设工程当事人依法请求人民法院行使审判权，审理双方之间发生的纠纷，作出有国家强制保证实现其合法权益、从而解决纠纷的审判活动。合同双方当事人如果未约定仲裁协议，则只能以诉讼作为解决纠纷的最终方式。《中华人民共和国民事诉讼法》（以下简称《民事诉讼法》）是调整和规范法院和诉讼参与人的各种民事诉讼活动的基本法律。

2. 建设工程纠纷诉讼解决的基本特点

（1）公权性。民事诉讼是以司法方式解决平等主体之间的纠纷，是由法院代表国家行使审判权解决民事争议。它既不同于群众自治组织性质的人民调解委员会以调解方式解决纠纷，也不同于由民间性质的仲裁委员会以仲裁方式解决纠纷。

（2）强制性。民事诉讼的强制性既表现在案件的受理上，又反映在裁判的执行上。只要原告起诉符合民事诉讼法规定的条件，无论被告是否愿意，诉讼均会发生。同时，若当事人不自动履行生效裁判所确定的义务，法院可以依法强制执行。

（3）程序性。民事诉讼是依照法定程序进行的诉讼活动，无论是法院还是当事人或者其他诉讼参与人，都应按照《民事诉讼法》设定的程序实施诉讼行为，违反诉讼程序常常会引起一定的法律后果。

9.5.5 证据

证据是指在诉讼中能够证明案件真实情况的各种资料。当事人只有通过证据才能证明自己主张的观点是正确的。因此，证据在纠纷的处理过程中具有非常重要的地位。

1. 证据的种类

《民事诉讼法》第 63 条规定：根据表现形式的不同，民事证据有以下 7 种，分别是书证、物证、视听资料、证人证言、当事人的陈述、鉴定结论、勘验笔录。

1）书证

书证是指以文字、符号、图形等形式所记载的内容或表达的思想来证明案件事实的证据。如合同文本、信函、电报，传真、图纸、图表等各种书面文件或纸面文字材料，但书证的物质载体并不限于纸质材料，非纸类的物质也可成为载体，如木、竹、金属等均不限。

2）物证

物证是指能够证明案件事实的物品及其痕迹。凡是以其存在的外形、重量、规格、损坏程度等物体的内部或者外部特征来证明待证事实的一部或者全部的物品及痕迹，均属于物证范畴。

3）视听资料

视听资料是指利用录音、录像等技术手段反映的声音、图像以及电子计算机储存的数据证明案件事实的证据。常见的视听资料如录像带、录音带、胶卷、电脑数据等。

4）证人证言

证人是指了解案件事实情况并向法院或当事人提供证词的人。证言是指证人将其了解的案件事实向法院所作的陈述或证词。

5）当事人陈述

当事人陈述是指当事人在诉讼中就本案的事实向法院所作的说明。作为证据的当事人陈述是指那些能够证明案件事实的陈述。

6）鉴定结论

鉴定结论是指鉴定人运用自己的专门知识，对案件中的专门性问题进行鉴定后所作出的书面结论。当事人申请鉴定，应当注意在举证期限内提出。

7）勘验笔录

勘验笔录，是指人民法院审判人员或者行政机关工作人员对能够证明案件事实的现场或者对不能、不便拿到人民法院的物证，就地进行分析、检验、测量、勘察后所作的记录。包括文字记录、绘图、照相、录像、模型等材料。

2. 证据的保全

（1）证据保全的概念

所谓证据保全，是指在证据可能灭失或以后难以取得的情况下，法院根据申请人的申请或依职权，对证据加以固定和保护的制度。

根据最高人民法院《关于民事诉讼证据的若干规定》第 23 条规定，当事人依据《民事诉讼法》第 74 条的规定向人民法院申请保全证据的，不得迟于举证期限届满前 7 日。当事人申请保全证据的，人民法院可以要求其提供相应的担保。

（2）证据保全的方法

人民法院采取证据保全的方法主要有三种：

1）向证人进行询问调查，记录证人证言；

2）对文书、物品等进行录像、拍照、抄写或者用其他方法加以复制；

3）对证据进行鉴定或者勘验。

人民法院获取的证据材料，由法院存卷保管。

3. 证据的应用

（1）证明对象

证明对象就是需要证明主体运用证据加以证明的案件事实。在民事诉讼中，需要运用证据加以证明的对象包括：

1）当事人主张的实体权益的法律事实。如当事人主张权利产生、变更、消灭的事实。

2）当事人主张的程序法事实。如当事人的资格与行为能力等问题。

3）证据事实。如书证是否客观真实，所反映内容与本案待证事实是否相关。

4）习惯、地方性法规。

（2）举证责任

举证责任是指当事人对自己提出的主张有收集或提供证据的义务，并有运用该证据证明主张的案件事实成立或有利于自己的主张的责任。

1）一般原则

《民事诉讼法》第 64 条规定：当事人对自己提出的主张，有责任提供证据。即谁主张相应的事实，谁就应当对该事实加以证明。

在合同纠纷诉讼中，主张合同成立并生效的一方当事人对合同订立和生效的事实承担举证责任。主张合同变更、解除、终止、撤销的一方当事人对引起合同变动的事实承担举证责任。对合同是否履行发生争议的，由负有履行义务的当事人承担举证责任。代理权发生争议的，由主张有代理权的一方当事人承担举证责任。

在侵权纠纷诉讼中，主张损害赔偿的权利人应当对损害赔偿请求权产生的事实加以证明。另一方面，关于免责事由就应由行为人加以证明，如损害是受害人的故意造成的。

2）举证责任的倒置

举证责任倒置，是为了弥补一般原则的不足，针对一些特殊的案件，将按照一般原则本应由己方承担的某些证明责任，改为由对方当事人承担的证明方法。证明责任倒置必须有法律的规定，法官不可以在诉讼中任意将证明责任分配加以倒置。如因医疗行为引起的侵权诉讼，由医疗机构就医疗行为与损害结果之间不存在因果关系及不存在医疗过错承担举证责任。

（3）证据的收集

证据收集是指审判人员为了查明案件事实，按照法定获取证据的行为。一般可以通过以下方法收集证据：

1）当事人提供证据；

2）人民法院认为审理案件需要，依职权主动调查收集；

3）当事人依法申请人民法院调查收集证据。

（4）证明过程

证明过程是一个动态过程，一般认为证明过程由举证、质证与认证组成。

1）举证时限　是指法律规定或法院、仲裁机构指定的当事人能够有效举证的期限。当事人应当在举证期限内向人民法院提交证据材料，当事人在举证期限内不提交的，视为放弃举证权利。

2）证据交换　是指在诉讼答辩期届满后开庭审理前，在人民法院的主持下，当事人之间相互明示其持有证据的过程。

3）质证　是指当事人在法庭的主持下，围绕证据的真实性、合法性、关联性，针对证据证明力有无以及证明力大小，进行质疑、说明与辩驳的过程。根据最高人民法院《关于民事诉讼证据的若干规定》第 47 条的规定，证据应当在法庭上出示，由当事人质证。未经质证的证据，不能作为认定案件事实的依据。

4）认证　即证据的审核认定，是指人民法院对经过质证或当事人在证据交换中认可的各种证据材料作出审查判断，确认其能否作为认定案件事实的根据。

9.5.6　行政复议和行政诉讼

1. 行政复议

行政复议是通过行政机关内部的复议来解决。即公民、法人或者其他组织不服原处理机关行政处理决定的，依法向该机关的上一级行政机关或者法律、法规规定的复议机关提出申请，由上一级行政机关或者法律、法规规定的复议机关对原处理机关处理的决定的合法性和适当性进行审查，并作出复议决定。现行的法律依据主要是《中华人民共和国行政复议法》。

根据《行政复议法》第 6 条的有关规定，建设工程行政纠纷当事人可以申请复议的情形通常包括：

（1）行政处罚，即当事人对行政机关作出的警告、罚款、没收违法所得、没收非法财物、责令停产停业、暂扣或者吊销许可证、暂扣或者吊销执照、行政拘留等行政处罚决定不服的；

（2）行政强制措施，即当事人对行政机关作出的限制人身自由或者查封、扣押、冻结财产等行政强制措施决定不服的；

（3）行政许可，包括：当事人对行政机关作出的有关许可证、执照、资质证、资格证等证书变更、中止、撤销的决定不服的，以及当事人认为符合法定条件，申请行政机关颁发许可证、执照、资质证、资格证等证书，或者申请行政机关审批、登记等有关事项，行政机关没有依法办理的；

（4）认为行政机关侵犯其合法的经营自主权的；

（5）认为行政机关违法集资、征收财物、摊派费用或者违法要求履行其他义务的；

（6）认为行政机关的其他具体行政行为侵犯其合法权益的等。

《行政复议法》第 9 条规定：公民、法人或者其他组织认为具体行政行为侵犯其合法权益的，可以自知道该具体行政行为之日起六十日内提出行政复议申请；但是法律规定的申请期限超过六十日的除外。因不可抗力或者其他正当理由耽误法定申请期限的，申请期限自障碍消除之日起继续计算。

2. 行政诉讼

行政诉讼是通过向人民法院提出行政诉讼来解决。即公民、法人或者其他组织不服行政机关处理决定或复议决定的，依法向人民法院提出行政诉讼，由人民法院对行政机关具体行政行为的合法性进行审查，并依法作出判决或裁定。现行的法律依据主要是《中华人民共和国行政诉讼法》。

公民、法人或者其他组织（原告）提起行政诉讼，应当在法定期间内进行，具体包括：

（1）除法律另有规定的以外，行政复议申请人不服行政复议决定，可以在收到行政复议决定书之日起 15 日内向法院提起诉讼。行政复议机关逾期不作决定的，申请人可以在复议期满之日起 15 日内向法院提起诉讼。

（2）不申请行政复议，直接向法院提起行政诉讼的，除法律另有规定的以外，应当知道作出具体行政行为之日起 3 个月内提出。

根据《行政诉讼法》第 42 条及相关规定，人民法院接到起诉状，经审查，应当在 7 日内立案或者作出裁定不予受理。原告对裁定不服的，可以在裁定送达之日起 10 日内提起上诉。

第10章 职业道德

10.1 概　　述

1. 基本概念

道德是以善恶为标准，通过社会舆论、内心信念和传统习惯来评价人的行为，调整人与人之间以及个人与社会之间相互关系的行为规范的总和。只涉及个人、个人之间、家庭等的私人关系的道德，称为私德；涉及社会公共部分的道德，称为社会公德。一个社会一般有社会公认的道德规范，不过，不同的时代，不同的社会，往往有一些不同的道德观念；不同的文化中，所重视的道德元素以及优先性、所持的道德标准也常常会有所差异。

（1）道德与法纪的区别和联系

遵守道德是指按照社会道德规范行事，不做损害他人的事。遵守法纪是指遵守纪律和法律，按照规定行事，不违背纪律和法律的规定条文。法纪与道德既有区别也有联系。它们是两种重要的社会调控手段，自人类进入文明社会以来，任何社会在建立与维持秩序时，都必须借助于这两种手段。遵守道德与遵守法纪是这两种规范的实现形式，两者是相辅相成、相互促进、相互推动的。

1）法纪属于制度范畴，而道德属于社会意识形态范畴。道德侧重于自我约束，是行为主体"应当"的选择，依靠人们的内心信念、传统习惯和社会舆论发挥其作用和功能，不具有强制力；而法纪则侧重于国家或组织的强制，是国家或组织制定和颁布，用以调整、约束和规范人们行为的权威性规则。

2）遵守法纪是遵守道德的最低要求。道德可分为两类：第一类是社会有序化要求的道德，是维系社会稳定所必不可少的最低限度的道德，如不得暴力伤害他人、不得用欺诈手段谋取利益、不得危害公共安全等；第二类是那些有助于提高生活质量、增进人与人之间紧密关系的原则，如博爱、无私、乐于助人、不损人利己等。第一类道德通常会上升为法纪，通过制裁、处分或奖励的方法得以推行。而第二类道德是对人性较高要求的道德，一般不宜转化为法纪，需要通过教育、宣传和引导等手段来推行。法纪是道德的演化产物，其内容是道德范畴中最基本的要求，因此遵纪守法是遵守道德的最低要求。

3）遵守道德是遵守法纪的坚强后盾。首先，法纪应包含最低限度的道德，没有道德基础的法纪，是一种"恶法"，是无法获得人们的尊重和自觉遵守的。其次，道德对法纪的实施有保障作用，"徒善不足以为政，徒法不足以自行"，执法者职业道德的提高，守法者的法律意识、道德观念的加强，都对法纪的实施起着推动的作用。再者，道德对法纪有补充作用，有些不宜由法纪调整的，或本应由法纪调整但因立法的滞后而尚"无法可依"的，道德约束往往起到了补充作用。

（2）公民道德的主要内容

公民道德主要包括社会公德、职业道德和家庭美德三个方面：

1）社会公德。社会公德是全体公民在社会交往和公共生活中应该遵循的行为准则，涵盖了人与人、人与社会、人与自然之间的关系。在现代社会，公共生活领域不断扩大，人们相互交往日益频繁，社会公德在维护公众利益、公共秩序和保持社会稳定方面的作用更加突出，成为公民个人道德修养和社会文明程度的重要表现。以文明礼貌、助人为乐、爱护公物、保护环境、遵纪守法为主要内容的社会公德，旨在鼓励人们在社会上做一个好公民。

2）职业道德。职业道德是所有从业人员在职业活动中应该遵循的行为准则，涵盖了从业人员与服务对象、职业与职工、职业与职业之间的关系。随着现代社会分工的发展和专业化程度的增强，市场竞争日趋激烈，整个社会对从业人员职业观念、职业态度、职业技能、职业纪律和职业作风的要求越来越高。以爱岗敬业、诚实守信、办事公道、服务群众、奉献社会为主要内容的职业道德，旨在鼓励人们在工作中做一个好建设者。

3）家庭美德。家庭美德是每个公民在家庭生活中应该遵循的行为准则，涵盖了夫妻、长幼、邻里之间的关系。家庭生活与社会生活有着密切的联系，正确对待和处理家庭问题，共同培养和发展夫妻爱情、长幼亲情、邻里友情，不仅关系到每个家庭的美满幸福，也有利于社会的安定和谐。以尊老爱幼、男女平等、夫妻和睦、勤俭持家、邻里团结为主要内容的家庭美德，旨在鼓励人们在家庭里做一个好成员。

党的十八大对未来我国道德建设也做出了重要部署。强调要坚持依法治国和以德治国相结合，加强社会公德、职业道德、家庭美德、个人品德教育，弘扬中华传统美德，弘扬时代新风，指出了道德修养的"四位一体"性。"十八大"报告中"推进公民道德建设工程，弘扬真善美、贬斥假恶丑，引导人们自觉履行法定义务、社会责任、家庭责任，营造劳动光荣、创造伟大的社会氛围，培育知荣辱、讲正气、作奉献、促和谐的良好风尚"，强调了社会氛围和社会风尚对公民道德品质的塑造；"深入开展道德领域突出问题专项教育和治理，加强政务诚信、商务诚信、社会诚信和司法公信建设"，突出了"诚信"这个道德建设的核心。

（3）职业道德的概念

所谓职业道德，是指从事一定职业的人们在其特定职业活动中所应遵循的符合职业特点所要求的道德准则、行为规范、道德情操与道德品质的总和。职业道德是对从事这个职业所有人员的普遍要求，它不仅是所有从业人员在其职业活动中行为的具体表现，同时也是本职业对社会所负的道德责任与义务，是社会公德在职业生活中的具体化。每个从业人员，不论是从事哪种职业，在职业活动中都要遵守职业道德，如教师要遵守教书育人、为人师表的职业道德；医生要遵守救死扶伤的职业道德；企业经营者要遵守诚实守信、公平竞争、合法经营职业道德等。具体来讲，职业道德的含义主要包括以下八个方面：

1）职业道德是一种职业规范，受社会普遍的认可。

2）职业道德是长期以来自然形成的。

3）职业道德没有确定形式，通常体现为观念、习惯、信念等。

4）职业道德依靠文化、内心信念和习惯，通过职工的自律来实现。

5）职业道德大多没有实质的约束力和强制力。

6）职业道德的主要内容是对职业人员义务的要求。

7）职业道德标准多元化，代表了不同企业可能具有不同的价值观。

8）职业道德承载着企业文化和凝聚力，影响深远。

2. 职业道德的基本特征

职业道德是从业人员在一定的职业活动中应遵循的、具有自身职业特征的道德要求和行为规范。根据《中华人民共和国公民道德建设实施纲要》，我国现阶段各行各业普遍使用的职业道德的基本内容包括"爱岗敬业、诚实守信、办事公道、服务群众、奉献社会"。上述职业道德内容具有以下基本特征：

（1）职业性

职业道德的内容与职业实践活动紧密相连，反映着特定职业活动对从业人员行为的道德要求。每一种职业道德都只能规范本行业从业人员的执业行为，在特定的职业范围内发挥作用。由于职业分工的不同，各行各业都有各自不同特点的职业道德要求。如医护人员有以"救死扶伤"为主要内容的职业道德，营业员有以"优质服务"为主要内容的职业道德。建设领域特种作业人员的职业道德则集中体现在"遵章守纪，安全第一"上。职业道德总是要鲜明地表达职业义务、职业责任以及职业行为上的道德准则，反映职业、行业以至产业特殊利益的要求；它往往表现为某一职业特有的道德传统和道德习惯，表现为从事某一职业的人们所特有的道德心理和道德品质。甚至形成从事不同职业的人们在道德品貌上的差异。如人们常说，某人有"军人作风"、"工人性格"等等。

（2）继承性

在长期实践过程中形成的职业道德内容，会被作为经验和传统继承下来。即使在不同的社会经济发展阶段，同样一种职业，虽然服务对象、服务手段、职业利益、职业责任有所变化，但是职业道德基本内容仍保持相对稳定，与职业行为有关的道德要求的核心内容将被继承和发扬，从而形成了被不同社会发展阶段普遍认同的职业道德规范。如"有教无类"、"学而不厌，诲人不倦"，从古至今都是教师的职业道德。

（3）多样性

不同的行业和不同的职业，有不同的职业道德标准，且表现形式灵活，涉及范围广泛。职业道德的表现形式总是从本职业的交流活动实际出发，采用制度、守则、公约、承诺、誓言、条例，以至标语口号之类来加以体现，既易于为从业人员所接受和实行，而且便于形成一种职业的道德习惯。

（4）纪律性

纪律也是一种行为规范，但它是介于法律和道德之间的一种特殊的规范。它既要求人们能自觉遵守，又带有一定的强制性。就前者而言，它具有道德色彩；就对后者而言，又带有一定的法律色彩。就是说，一方面遵守纪律是一种美德，另一方面，遵守纪律又带有强制性，具有法令的要求。例如，工人必须执行操作规程和安全规定；军人要有严明的纪律等。因此，职业道德有时又以制度、章程、条例的形式表达，让从业人员认识到职业道德又具有纪律的约束性。

3. 职业道德建设的必要性和意义

在现代社会里，人人都是服务对象，人人又都为他人服务。社会对人的关心、社会的安宁和人们之间关系的和谐，是同各个岗位上的服务态度、服务质量密切相关的。在构建和谐社会的新形势下，大力加强社会主义的职业道德建设，具有十分重要的意义，一个人对社会贡献的大小，主要体现在职业实践中。

（1）加强职业道德建设，是提高职业人员责任心的重要途径

行业、企业的发展有赖于好的经济效益，而好的经济效益源于好的员工素质。员工素质主要包含知识、能力、责任心三个方面，其中责任心即是职业道德的体现。职业道德水平高的从业人员其责任心必然很强，因此，职业道德能促进行业企业的发展。职业道德建设要把共同理想同各行各业、各个单位的发展目标结合起来，同个人的职业理想和岗位职责结合起来，这样才能增强员工的职业观念、职业事业心和职业责任感。职业道德要求员工在本职工作中不怕艰苦，勤奋工作，既讲团结协作，又争个人贡献，既讲经济效益，又讲社会效益。

在现代社会里，各行各业都有它的地位和作用，也都有自己的责任和权力。有些人凭借职权钻空子，谋私利，这是缺乏职业道德的表现。加强职业道德建设，就要紧密联系本行业本单位的实际，有针对性地解决存在的问题。比如，建筑行业要针对高估多算、转包工程从中渔利等不正之风，重点解决好提高质量、降低消耗、缩短工期、杜绝敲诈勒索和拖欠农民工工资等问题；商业系统要针对经营商品以次充好、以假乱真和虚假广告等不正之风，重点解决好全心全意为顾客服务的问题；运输行业要针对野蛮装卸、以车谋私和违章超载等不正之风，重点解决好人民交通为人民的问题。当职业人员的职业道德修养提升了，就能做到干一行，爱一行，脚踏实地工作，尽心尽责地为企业为单位创造效益。

（2）加强职业道德建设，是促进企业和谐发展的迫切要求

职业道德的基本职能是调节职能。它一方面可以调节从业人员内部的关系，即运用职业道德规范约束职业内部人员的行为，促进职业内部人员的团结与合作，加强职业、行业内部人员的凝聚力。如职业道德规范要求各行各业的从业人员，都要团结、互助、爱岗、敬业、齐心协力地为发展本行业、本职业服务。另一方面，职业道德又可以调节从业人员和服务对象之间的关系，用来塑造本职业从业人员的社会形象。

企业是具有社会性的经济组织，在企业内部存在着各种复杂的关系。这些关系既有相互协调的一面，也有矛盾冲突的一面，如果解决不好，将会影响企业的凝聚力。这就要求企业所有的员工都应从大局出发，光明磊落、相互谅解、相互宽容、相互信赖、同舟共济，而不能意气用事、互相拆台。总之，要求职工必须具有较高的职业道德觉悟。

现在，各行各业从宏观到微观都建立了经济责任制，并与企业、个人的经济利益挂钩，从业者的竞争观念、效益观念、信息观念、时间观念、物质利益观念、效率观念都很强，这使得各行各业产生了新的生机和活力。但另一方面，由于社会观念的相对转弱，又往往会产生只顾小集体利益，不顾大集体利益；只顾本企业利益，不顾国家利益；只顾个人利益，不顾他人利益；只顾眼前利益，不顾长远利益等问题。因此，加强职业道德建设，教育员工顾大局、识大体，正确处理国家、集体和个人三者之间的关系，防止各种旧思想、旧道德对员工的腐蚀就显得尤为重要。要促进企业内部党政之间、上下级之间、干群之间团结协作，使企业真正成为一个具有社会主义精神风貌的和谐集体。

（3）加强职业道德建设，是提高企业竞争力的必要措施

当前市场竞争激烈，各行各业都讲经济效益，这就促使企业的经营者在竞争中不断开拓创新。但行业之间为了自身的利益，会产生很多新的矛盾，形成自我力量的抵消，使一些企业的经营者在竞争中单纯追求利润、产值，不求质量，或者以次充好、以假乱真，不

顾社会效益，损害国家、人民和消费者的利益。这只能给企业带来短暂的收益，当企业失去了消费者的信任，也就失去了生存和发展的源泉，难以在竞争的激流中不倒。在企业中加强职业道德建设，可使企业在追求自身利润的同时，创造社会效益，从而提升企业形象，赢得持久而稳定的市场份额；同时，可使企业内部员工之间相互尊重、相互信任、相互合作，从而提高企业凝聚力。如此，企业方能在竞争中稳步发展。

现阶段的企业，在人财物、产供销方面都有极大的自主权。但粗放型经济增长方式在建设、生产、流通等各个领域，突出表现为管理水平低、物资消耗高、科技含量低、资金周转慢、经济效益差，新旧经济体制的转变已进入了交替的胶着状态，旧经济体制在许多方面失去了效应，而新经济体制还没有完全建立起来。同时，人们在认识上缺乏科学的发展观念。解决这些问题，当然要坚定不移地推进改革，进一步完善经济、法制、行政的调节机制，但运用道德手段来调节和规范企业及员工的经济行为也是合乎民心的极其重要的工作。因此，随着改革的深入，人们的道德责任感应当加强而不是削弱。

（4）加强职业道德建设，是个人健康发展的基本保障

市场经济对于职业道德建设有其积极一面，也有消极的一面，它的自发性、自由性、注重经济效益的特性，诱惑一些人"一切向钱看"，唯利是图，不择手段追求经济效益，从而走上不归路，断送前程。通过加强职业道德建设，提高从业人员的道德素质，使其树立职业理想，增强职业责任感，形成良好的职业行为。当从业人员具备职业道德精神，将职业道德作为行为准则时，就能抵抗物欲诱惑，而不被利益所熏心，脚踏实地在本行业中追求进步。在社会主义市场经济条件下，弄虚作假、以权谋私、损人利己的人不但给社会、国家利益造成损害，自身发展也会受到影响，只有具备"爱岗敬业、诚实守信、办事公道、服务群众、奉献社会"职业道德精神的从业人员，才能在社会中站稳脚跟，成为社会的栋梁之材，在为社会创造效益的同时，也保障了自身的健康发展。

（5）加强职业道德建设，是提高全社会道德水平的重要手段

职业道德是整个社会道德的主要内容，它一方面涉及每个从业者如何对待职业，如何对待工作，同时也是一个从业人员的生活态度、价值观念的表现，是一个人的道德意识和道德行为发展到成熟阶段的体现，具有较强的稳定性和连续性。另一方面，职业道德也是一个职业集体甚至一个行业全体人员的行为表现，如果每个行业、每个职业集体都具备优良的道德，那么对整个社会道德水平的提高就会发挥重要作用。

10.2 建设行业从业人员的职业道德

对于建设行业从业人员来说，一般职业道德要求主要有忠于职守、热爱本职，质量第一、信誉至上，遵纪守法、安全生产，文明施工、勤俭节约，钻研业务、提高技能等内容，这些都需要全体人员共同遵守。对于建设行业不同专业、不同岗位从业人员，还有更加具有针对性和更加具体的职业道德要求。

1. 一般职业道德要求

（1）忠于职守，热爱本职

一个从业人员不能尽职尽责，忠于职守，就会影响整个企业或单位的工作进程。严重的还会给企业和国家带来损失，甚至还会在国际上造成不良影响。因此，应当培养高度的

职业责任感，以主人翁的态度对待自己的工作，从认识上、情感上、信念上、意志乃至习惯上养成"忠于职守"的自觉性。

1）忠实履行岗位职责，认真做好本职工作

岗位责任一般包括：岗位的职能范围与工作内容；在规定的时间内完成的工作数量和质量。忠实履行岗位职责是国家对每个从业人员的基本要求，也是职工对国家、对企业必须履行的义务。

2）反对玩忽职守的渎职行为

玩忽职守，渎职失责的行为，不仅影响企事业单位的正常活动，还会使公共财产、国家和人民的利益遭受损失，严重的将构成渎职罪、玩忽职守罪、重大责任事故罪，而受到法律的制裁。作为一个建设行业从业人员，就要从一砖一瓦做起，忠实履行自己的岗位职责。

（2）质量第一、信誉至上

"质量第一"就是在施工时要对建设单位（用户）负责，从每个人做起，严把质量关，做到所承建的工程不出次品，更不能出废品，争创全优工程。建筑工程的质量问题不仅是建筑企业生产经营管理的核心问题，也是企业职业道德建设中的一个重大课题。

1）建筑工程的质量是建筑企业的生命

建筑企业要向企业全体职工，特别是第一线职工反复地进行"百年大计，质量第一"的宣传教育，增强执行"质量第一"的自觉性，同时要"奖优罚劣"，严格制度，检查考核。

2）诚实守信、实践合同

信誉，是信用和名誉两者在职业活动中的统一。一旦签订合同，就要严格认真履行，不能"见利忘义"、"取财无道"、不守信用。"信招天下客，誉从信中来"，企业生产经营要真诚待客，服务周到，产品上乘，质量良好，以获得社会肯定。

建设行业职工应该从我做起，抓职业道德建设，抓诚信教育，使诚实守信成为每个建筑企业的精神，成为每个建筑职工进行职业活动的灵魂。

（3）遵纪守法，安全生产

遵纪守法，是一种高尚的道德行为，作为一个建筑业的从业人员，更应强调在日常施工生产中遵守劳动纪律。自觉遵守劳动纪律，维护生产秩序，不仅是企业规章制度的要求，也是建筑行业职业道德的要求。

严格遵守劳动纪律，要求做到：听从指挥，服从调配，按时、按质、按量完成上级交给的生产劳动任务；保证劳动时间，不迟到、不早退、不旷工，遵守考勤制度；认真执行岗位责任制和承包责任制，坚守工作岗位，不玩忽职守，在施工劳动中精力要集中，不"磨洋工"，不干私活，不拉扯闲谈开玩笑，不做与本职工作无关的事；要文明施工、安全生产，严格遵守操作规程，不违章指挥、违章作业；做遵纪守法、维护生产秩序的模范。

（4）文明施工、勤俭节约

文明施工就是坚持合理的施工程序，按既定的施工组织设计，科学地组织施工，严格地执行现场管理制度，做到经常性的监督检查，保证现场整洁，工完场清，材料堆放整齐，施工秩序良好。

勤俭就是勤劳俭朴，节约就是把不必使用的节省下来。换句话说，一方面要多劳动、多学习、多开拓、多创造社会财富；另一方面又要俭朴办企业，合理使用人力、物力、财力，精打细算，节省开支、减少消耗，降低成本、提高劳动生产率，提高资金利用率，严格执行各项规章制度，避免浪费和无谓的损失。

（5）钻研业务，提高技能

当前，我国建立了社会主义市场经济体制，建筑企业要在优胜劣汰的竞争中立于不败之地，并保持蓬勃的生机和活力，从内因来看，很大程度上取决于企业是否拥有现代化建设所需要的各种适用人才。企业要实现技术先进、管理科学、产品优良，关键是要有人才优势。企业的职工素质优劣（包括文化、科学、技术、业务水平的高低，政治思想、职业道德品质的好坏）往往决定了企业的兴衰。科学技术越进步，人才在生产力发展中的作用也就越大，作为建设行业从业人员，要努力学习先进技术和专门知识，了解行业发展方向，适应新的时代要求。

2. 个性化职业道德要求

在遵守一般职业道德要求的基础上，建设行业从业人员还应遵守各自的特殊、详细职业道德要求。为进一步加强建筑业社会主义精神文明建设，提高全行业的整体素质，树立良好的行业形象，一九九七年九月，中华人民共和国建设部建筑业司组织起草了《建筑业从业人员职业道德规范（试行）》，并下发施行。其中，重点对 项目经理、工程技术人员、管理人员、工程质量监督人员、工程招标投标管理人员、建筑施工安全监督人员、施工作业人员的职业道德规范提出了要求。

对于项目经理，重点要求有：强化管理，争创效益对项目的人财物进行科学管理；加强成本核算，实行成本否决，厉行节约，精打细算，努力降低物资和人工消耗。讲求质量，重视安全 ，加强劳动保护措施，对国家财产和施工人员的生命安全负责，不违章指挥，及时发现并坚决制止违章作业，检查和消除各类事故隐患。关心职工，平等待人 ，不拖欠工资，不敲诈用户，不索要回扣，不多签或少签工程量或工资，搞好职工的生活，保障职工的身心健康。发扬民主，主动接受监督，不利用职务之便谋取私利，不用公款请客送礼。用户至上，诚信服务，积极采纳用户的合理要求和建议，建设用户满意工程，坚持保修回访制度，为用户排忧解难，维护企业的信誉。

对于工程技术人员，重点要求有：热爱科技，献身事业，不断更新业务知识，勤奋钻研，掌握新技术、新工艺。深入实际，勇于攻关，不断解决施工生产中的技术难题提高生产效率和经济效益。一丝不苟，精益求精，严格执行建筑技术规范，认真编制施工组织设计，积极推广和运用新技术、新工艺、新材料、新设备，不断提高建筑科学技术水平。以身作则，培育新人，既当好科学技术带头人，又做好施工科技知识在职工中的普及工作。严谨求实，坚持真理，在参与可行性研究时，协助领导进行科学决策；在参与投标时，以合理造价和合理工期进行投标；在施工中，严格执行施工程序、技术规范、操作规程和质量安全标准。

对于管理人员，重点要求有：遵纪守法，为人表率，自觉遵守法律、法规和企业的规章制度，办事公道。钻研业务，爱岗敬业，努力学习业务知识，精通本职业务，不断提高工作效率和工作能力。深入现场，服务基层，积极主动为基层单位服务，为工程项目服务。团结协作，互相配合，树立全局观念和整体意识，遇事多商量、多通气，互相配合，互相支持，不推、不扯皮，不搞本位主义。廉洁奉公，不谋私利，不利用工作和职务之便吃拿卡要。

对于工程质量监督人员，重点要求有：遵纪守法，秉公办事，贯彻执行国家有关工程质量监督管理的方针、政策和法规，依法监督，秉公办事，树立良好的信誉和职业形象。敬业爱岗，严格监督，严格按照有关技术标准规范实行监督，严格按照标准核定工程质量等级。提高效率，热情服务，严格履行工作程序，提高办事效率，监督工作及时到位。公正严明，接受监督，公开办事程序，接受社会监督、群众监督和上级主管部门监督，提高质量监督、检测工作的透明度，保证监督、检测结果的公正性、准确性。严格自律，不谋私利，严格执行监督、检测人员工作守则，不在建筑业企业和监理企业中兼职，不利用工作之便介绍工程进行有偿咨询活动。

对于工程招标投标管理人员，重点要求有：遵纪守法，秉公办事，在招标投标各个环节要依法管理、依法监督，保证招标投标工作的公开、公平，公正。敬业爱岗，优质服务，以服务带管理，以服务促管理，寓管理于服务之中。接受监督，保守秘密，公开办事程序和办事结果，接受社会监督、群众监督及上级主管部门的监督，维护建筑市场各方的合法权益。廉洁奉公，不谋私利，不吃宴请，不收礼金，不指定投标队伍，不准泄露标底，不参加有妨碍公务的各种活动。

对于建筑施工安全监督人员，重点要求有：依法监督，坚持原则，宣传和贯彻"安全第一，预防为主"的方针，认真执行有关安全生产的法律、法规、标准和规范。敬业爱岗、忠于职守，以减少伤亡事故为本，大胆管理。实事求是，调查研究，深入施工现场，提出安全生产工作的改进措施和意见，保障广大职工群众的安全和健康。努力钻研，提高水平，学习安全专业技术知识，积累和丰富工作经验，推动安全生产技术工作的不断发展和完善。

对于施工作业人员，重点要求有：苦练硬功，扎实工作，刻苦钻研技术，熟练掌握本工作的基本技能，努力学习和运用先进的施工方法，练就过硬本领，立志岗位成才。热爱本职工作，不怕苦、不怕累，认认真真，精心操作。精心施工，确保质量，严格按照设计图纸和技术规范操作，坚持自检、互检、交接检制度，确保工程质量。安全生产，文明施工，树立安全生产意识，严格执行安全操作规程，杜绝一切违章作业现象。维护施工现场整洁，不乱倒垃圾，做到工完场清。不断提高文化素质和道德修养。遵守各项规章制度，发扬劳动者的主人翁精神，维护国家利益和集体荣誉，服务从上级领导和有关部门的管理，争做文明职工。

10.3 建设行业职业道德的核心内容

1. 爱岗敬业

爱岗敬业，顾名思义就是认真对待自己的岗位，对自己的岗位职责负责到底，无论在任何时候，都尊重自己的岗位职责，对自己的岗位勤奋有加。

爱岗敬业是人类社会最为普遍的奉献精神，它看似平凡，实则伟大。一份职业，一个工作岗位，都是一个人赖以生存和发展的基本保障。同时，一个工作岗位的存在，往往也是人类社会存在和发展的需要。所以，爱岗敬业不仅是个人生存和发展的需要，也是社会存在和发展的需要。爱岗敬业是一种普遍的奉献精神。只有爱岗敬业的人，才会在自己的工作岗位上勤勤恳恳，不断地钻研学习，一丝不苟，精益求精，才有可能为社会为国家做出崇高而伟大的奉献。

热爱本职工作、热爱自己的单位。职工要做到爱岗敬业，首先应该热爱单位，树立坚定的事业心。只有真正做到甘愿为实现自己的社会价值而自觉投身这种平凡，对事业心存敬重，甚至可以以苦为乐、以苦为趣才能产生巨大的拼搏奋斗的动力。我们的劳动是平凡的，但求要求是很高的。人的一生应该有明确的工作和生活目标，为理想而奋斗虽苦然乐在其中，热爱事业，关心单位事业发展，这是每个职工都应具备的。

爱岗敬业需要有强烈的责任心。责任心是指对事情能敢于负责、主动负责的态度；责任心，是一种舍己为人的态度。一个人的责任心如何，决定着他在工作中的态度，决定着其工作的好坏和成败。如果一个人没有责任心，即使他有再大的能耐，也不一定能做出好的成绩来。有了责任心，才会认真地思考，勤奋地工作，细致踏实，实事求是；才会按时、按质、按量完成任务，圆满解决问题；才能主动处理好分内与分外的相关工作，从事业出发，以工作为重，有人监督与无人监督都能主动承担责任而不推卸责任。

2. 诚实守信

诚实守信就是指言行一致，表里如一，真实无欺，相互信任，遵守若言，信守约定，践行规约，注重信用，忠实地履行自己应当承担的责任和义务。诚实守信作为社会主义职业道德的基本规范，是和谐社会发展的必然要求，对推进社会主义市场经济体制建立和发展具有十分重要的作用。它不仅是建筑行业职工安身立命的基础，也是企业赖以生存和发展的基石。

在公民道德建设中，把"诚实守信"融入职业道德的各个领域和各个方面，使各行各业的从业人员，都能在各自的职业中，培养诚实守信的观念，忠诚于自己从事的职业，信守自己的承诺。对一个人来说，"诚实守信"既是一种道德品质和道德信念，也是每个公民的道德责任，更是一种崇高的"人格力量"，因此"诚实守信"是做人的"立足点"。对一个团体来说，它是一种"形象"，一种品牌，一种信誉，一个使企业兴旺发达的基础。对一个国家和政府来说，"诚实守信"是"国格"的体现，对国内，它是人民拥护政府、支持政府、赞成政府的一个重要的支撑；对国际，它是显示国家地位和国家尊严的象征，是国家自立自强于世界民族之林的重要力量，也是良好"国际形象"和"国际信誉"的标志。

"以诚实守信为荣，以见利忘义为耻"，是社会主义荣辱观的重要内容。市场经济是交换经济、竞争经济，又是一种契约经济。保证契约双方履行自己的义务，是维护市场经济秩序的关键。而"诚实守信"对保证市场经济沿着社会主义道路向前发展，有着特殊的指向作用。一些企业之所以能兴旺发达，在世界市场占有重要地位，尽管原因很多，但"以诚信为本"，是其中的一个决定的因素；相反，如果为了追求最大利润而弄虚作假、以次充好、假冒伪劣和不讲信用，尽管也可能得利于一时，但最终必将身败名裂、自食其果。在前一段时期，我国的一些地方、企业和个人，曾以失去"诚实守信"而导致"信誉扫地"，在经济上、形象上蒙受了重大损失。一些地方和企业，"痛定思痛"，不得不以更大的代价，重新铸造自己"诚实守信"形象，这个沉痛教训，是值得认真吸取的。

一个行业、一个企业的信誉，也就是它们的形象、信用和声誉，是指企业及其产品与服务在社会公众中的信任程度，提高企业的信誉主要靠产品的质量和服务质量，而从业人员职业道德水平高是产品质量和服务质量的有效保证。如江苏省的建筑队伍，由于素质过硬，吃苦耐劳、能征善战，狠抓工程质量、工程进度和安全生产，在全国建造了众多荣获鲁班奖的地标建筑，被誉为江苏建筑铁军。这支队伍在世博会的建设上再展风采，江苏建筑铁军凭借过硬的质量、创新的科技、可靠的信誉和一流的素质，成为世博会场馆建设的主力军。江苏建筑企业承接完成了英国馆、比利时馆、奥地利馆、阿曼馆、俄罗斯馆、沙特馆、爱尔兰馆、意大利馆和震旦馆、万科馆、气象馆、航空馆、H1 世博村酒店等 14 个世博会展馆和附属工程的总包项目，63 个分包项目，合同额计 28.8 亿元。江苏是除上海以外，承担场馆建设项目最多、工程科技含量最大、施工技术要求最高的省份，江苏铁军为国家再立新功。

3. 安全生产

近年来，建筑工程领域对工程的要求由原来的三"控"（质量，工期，成本）变成"四控"（质量，工期，成本，安全），特别增加了对安全的控制，可见安全越来越成为建筑业一个不可忽视的要素。

安全，通常是指各种（指天然的或人为的）事物对人不产生危害、不导致危险、不造成损失、不发生事故、运行正常、进展顺利等状态，近年来，随着安全科学（技术）学科的创立及其研究领域的扩展，安全科学（技术）所研究的问题已不再仅局限于生产过程中的狭义安全内容，而是包括人们从事生产、生活以及可能活动的一切领域、场所中的所有安全问题，即称为广义的安全。这是因为，在人的各种活动领域或场所中，发生事故或产生危害的潜在危险和外部环境有害因素始终是存在的，即事故发生的普遍性不受时空的限制，只要有人和危害人身心安全与健康的外部因素同时存在的地方，就始终存在着安全与否的问题。换句话说，安全问题存在于人的一切活动领域中，伤亡事故发生的可能性始终存在，人类遭受意外伤害的风险也永远存在。

虽然目前我国已经建立了一套较为完整的建筑安全管理组织体系，建筑安全管理工作也取得了较为显著的成绩，但整体形势依然严峻。近十年来我国建筑业百亿元产值死亡率一直呈下降趋势，然而从绝对数上看死亡人数和事故发生数却一直居高不下。因此安全第一、预防为主、综合治理就成了建设行业一项十分重要的工作。

文明生产是指以高尚的道德规范为准则，按现代化生产的客观要求进行生产活动的行为，具体表现为物质文明和精神文明两个方面。在这里物质文明是指为社会生产出优质的符合要求的建筑或为住户提供优质的服务。精神文明体现出来的是建筑员工的思想道德素质和精神面貌。安全施工就是在施工过程中强调安全第一，没有安全的施工，随时都会给生命带来危害、给财产造成损失。文明生产、安全施工是社会主义文明社会对建筑行业的要求，也是建筑行业员工的岗位规范要求。

要达到文明生产、安全施工的要求，一些最基本的要求首先必须做到：

（1）相互协作，默契配合。在生产施工中，各工序、工种之间、员工与领导之间要发扬协作精神，互相学习，互相支援。处理好工地上土建与水电施工之间经常会出现的进度不一、各不相让的局面，使工程能够按时按质的完成。

（2）严格遵守操作规程。从业人员在施工中要强化安全意识，认真执行有关安全生产的法律、法规、标准和规范，严格遵守操作规程和施工程序，进入工地要戴安全帽，不违章作业，不野蛮施工，不乱堆乱扔。

（3）讲究施工环境优美，做到优质、高效、低耗。做到不乱排污水，不乱倒垃圾，不遗撒渣土，不影响交通，不扰民施工。

4. 勤俭节约

勤俭节约是指在施工、生产中严格履行节省的方针，爱惜公共财物和社会财物以及生产资料。降低企业成本是指企业在日常工作中将成本降低，通过技术、提高效率、减少人员投入、降低人员工资或提高设备性能或批量生产等方法，将成本降低。作为建筑施工企业的施工员，必须要做到杜绝资源的浪费。资源是有限的，但人类利用资源的潜力是无限的，应该杜绝不合理的浪费资源现象的发生。在当今建筑施工企业竞争日益激烈的局面中，勤俭节约，降低成本是每一个从业人员都应该努力做到的。员工与公司的关系实质上是同舟共济，并肩前进的关系，只有每个员工都从自身做起，严格要求自己，建筑施工企业才能不断发展壮大。

人才也是重要的社会资源，建筑企业要充分发挥员工的才能，让员工在合适的岗位上做出相应的业绩。企业更应当采取各种措施培养人才，留住人才，避免人才流动频繁。每一个员工也都应该关心本企业的发展，以积极向上的精神奉献社会。

5. 钻研技术

技术、技巧、能力和知识是为职业服务的最基本的"工具"，是提高工作效率的客观需要，同时也是搞好各项工作的必要前提。从业人员要努力学习科学文化知识，刻苦钻研专业技术，精通本岗位业务。创新是人类发展之本，从业人员应该在实际中不断探索适于本职工作的新知识，掌握新本领，才能更好地获得人生最大的价值。

10.4 建设行业职业道德建设的现状、特点与措施

1. 建设行业职业道德建设现状

（1）质量安全问题频发，敲响职业道德建设警钟。从目前我国建筑业总的发展形势来看，总体上各方面还是好的，无论是工程规模、业绩、质量、效益、技术等都取得了很大突破。虽然行业的主流是好的，但出现的一些问题必须引起人们的高度重视。因为，作为百年大计的建筑物产品，如果质量差，则损失和危害无法估量。例如5.12汶川大地震中某些倒塌的问题房屋，杭州地铁坍塌，上海、石家庄在建楼房倒楼事件，以及由于其他一些因为房屋质量、施工技术问题引发的工程事故频发，对建设行业敲响了职业道德建设警钟。

（2）营造市场经济良好环境，急切呼唤职业道德。众所周知，一座建筑物的诞生需要有良好的设计、周密的施工、合格的建筑材料和严格的检验与监督。然而，在一段时间内许多设计不仅结构不合理、计算偏差，而且根本不考虑相关因素，埋下很大隐患；施工过程中秩序混乱；建筑材料伪劣产品层出不穷，人情关系和金钱等因素严重干扰建筑工程监督的严肃性。这一系列环节中的问题，使我国近几年的建筑工程质量事故屡见不鲜。影响建筑工程质量的因素很多，但是道德因素是重要因素之一，所以，新形势下的社会主义市场经济急切呼唤职业道德。

面对市场经济大潮，建筑企业逐渐从传统的计划经济体制中走了出来。面对市场竞争，人们要追求经济效益，要讲竞争手段。我国的建筑市场竞争激烈，特别是我国各省市发展不平衡，建筑行业的法规不够健全，在竞争中引发出一些职业道德病。每当我国大规

模建设高潮到来时，总伴随着工程质量问题的增加。一些建筑企业为了拿到工程项目，使用各种手段，其中手段之一就是盲目压价，用根本无法完成工程的价格去投标。中标后就在设计、施工、材料等方面做文章，启用非法设计人员搞黑设计；施工中偷工减料；材料上买低价伪劣产品，最终，使建筑物的"百年大计"大大打了折扣。

搞社会主义市场经济，不仅要重视经济效益，也要重视社会效益，并且，这两种效益密不可分。一个建筑企业如果只重视经济效益，而不重视社会效益，最终必然垮台。实践证明，许多企业并不是垮在技术方面，而是垮在思想道德方面。我国的建筑业要振兴，必须大力加强建筑行业职业道德建设。否则，有可能给中华大地留下一堆堆建筑垃圾，建筑业的发展和繁荣最终成为一句空话。一个企业不仅要在施工技术和经营管理方面有发展，在企业员工职业道德建设方面也不可忽视。两个品牌建设都要创。我国的建筑业要振兴，必须大力加强建筑行业职业道德建设。否则，将会严重影响我们国家的社会主义经济建设的发展。

2. 建设行业职业道德建设的特点

开展建设行业职业道德建设，要注意结合行业自身的特点。以建筑行业为例，职业道德建设具有以下几个方面特点：

（1）人员多、专业多、岗位多、工种多

我国建筑行业有着逾千万人员，40 多个专业，30 多个岗位，100 多个职业工种。且众多工种的从业人员中，80％左右来自广大农村，全国各地都有，语言不一，普遍文化程度较低，基本上从业前没有受过专门专业的岗位培训教育，综合素质相对不高。对这些员工来讲应该积极参加各类教育培训、认真学习文化、专业知识、努力提高职业技能和道德素质。

（2）条件艰苦，工作任务繁重

建筑行业大部分属于露天作业、高空作业，有些工地差不多在人烟荒芜地带，工人常年日晒雨淋，生产生活场所条件艰苦，作业人员缺乏必要的安全作业生产培训，安全作业存在隐患，安全设施落后和不足，安全事故频发。随着经济社会的不断发展和国家社会越来越注重以人为本的理念，经济发达地区的企业对于现场工地人员的生活条件有了明显改善。同时对建筑行业中房屋的质量、工期、人员安全要求也更高，加强职业道德建设成为一项必要的内容。

（3）施工面大，人员流动性大

建筑行业从业人员的工作地点很难长期固定在一个地方，人员来自全国各地又流向全国各地，随着一个施工项目的完工，建设者又会转移到别的地方，可以说这些人是四海为家，随处奔波。很难长期定点接受一定的职业道德教育培训教育。

（4）各工种之间联系紧密

建筑行业职业的各专业、岗位和工种之间有一种承前启后的紧密联系。所有工程的建设，都是由多个专业、岗位、工种共同来完成的。每个职业所完成的每项任务，既是对上一个岗位的承接，也是对下一个岗位的延续，直到工程竣工验收。

（5）社会性

一座建筑物的完工，凝聚了多方面的努力，体现了其社会价值和经济价值。同时，建筑行业随着国民经济的发展，其行业地位和作用也越来越重要，行业发展关乎国计民生。

建筑工程项目生产过程中，几乎与国民经济中所有部门都有协作关系，而且一旦建成为商品，其功能应满足社会的需要，满足国民经济发展的需要。建筑物只有在体现出自身的社会价值之后才能体现出自身的经济价值。

因此，开展建筑行业的职业道德建设，一定要联系上述特点，因地制宜地实施行业的职业道德建设。要以人为本，遵守职业道德规范，一切为了社会广大人民和子孙后代的利益，坚持社会主义、集体主义原则，发挥行业人员优秀品质，严谨务实，艰苦奋斗、团结协作，多出精品优质工程，体现其社会价值和经济价值。

3. 加强建设行业职业道德建设的措施

职业道德建设是塑造建筑行业员工行业风貌的一个窗口，也是提高行业竞争力和发展势头的重要保证。职业道德建设涉及政府部门、行业企业、职工队伍等方方面面，需要齐抓共管，共同参与，各司其职，各负其责。

（1）发挥政府职能作用，加强监督监管和引导指导。政府各级建设主管部门要加强监督和引导，要重视对建设行业职业道德标准的建立完善，在行政立法上约束那些不守职业道德规范的员工，建立健全建设行业职业道德规范和制度。坚持"教育是基础"，编制相关教材，开展骨干培训，积极采用广播电视网络开展宣传教育。不但要努力贯彻实施建设部制定颁布的行业职业道德准则，有条件的可以下企业了解并制定和健全不同行业、工种、岗位的职业道德规范，并把企业的职业道德建设作为企业年度评优的重要参考内容。

（2）发挥企业主体作用，抓好工作落实和服务保障。企业要把员工职业道德建设作为自身发展的重要工作来抓，领导班子和管理者首先要有对职业道德建设重要性的充分认识，要起模范带头作用。企业领导应关注职业道德建设的具体工作落实情况，企业的相关部门要各负其责，抓好和布置具体活动计划，使企业的职业道德建设工作有序开展。

（3）改进教学手段，创新方式方法。由于目前建设行业特别是建筑行业自身的特点，建筑队伍素质整体上文化水平不是很高，大部分职工在接受文化教育能力有限。因此，在教育时要改进教学手段，创新方式方法，尽量采用一些通俗易懂的方法，防止生硬、呆板、枯燥的教学方式，努力营造良好的学习教育氛围，增加职工对职业道德学习的兴趣。可以采用报纸、讲演、座谈、黑板报、企业报、网络新闻电视传媒等多种有效的宣传教育形式，使职工队伍学习到更多的施工技术、科学文化、道德法律等方面知识。可以充分利用工地民工学校这样便捷教育场地，在时间和教育安排上利用员工工作的业余时间或集中专门培训；岗位业务培训和职业道德教育培训相结合；班前班后上岗针对性安全技术教育培训等。使广大员工受到全面有效的职业技能和职业道德教育学习，从而为行业员工队伍建设打好坚实基础。

（4）结合项目现场管理，突出职业道德建设效果。项目部等施工现场作为建设行业的第一线，是反映建设行业职业道德建设的窗口，在开展职业道德建设中要认真做好施工现场管理工作，做到现场道路畅通，材料堆放整齐，防护设备完备，周围环境整洁，努力创建安全文明样板工地，充分展示建设工地新形象。把提高项目工程质量目标、信守合同作为职业道德建设的一个重要一环，高度注重：施工前为用户着想；施工中对用户负责；完工后使用户满意。把它作为建设企业职业道德建设工作实践的重要环节来抓。

（5）开展典型性教育，发挥惩奖激励机制作用。在职业道德教育中，应当大力宣传身边的先进典型，用先进人物的精神、品质和风格去激发职工的工作热情。此外，应当在项目建设中建立惩奖激励机制。一个品质项目的诞生，离不开那些有着特别贡献的员工，要充分调动广大员工的积极性和主动性，激发其创新潜能和发挥其奉献精神，对优秀施工班组和先进个人实行物质精神奖励，作为其他员工的学习榜样。同时，对于不遵章守规、作风不良的应该曝光、批评，指出缺点错误，使其在接受教育中逐步改变原来的陈规陋习，得到正确的职业道德教育。

（6）倡导以人为本理念，改善职工工作生活环境。随着经济社会的发展，政府和社会对人的关心、关怀变的更加重视，确保广大职工有一个良好的工作生活环境，为他们解决生产生活方面的困难，如夏季的降温解暑工作，冬天供热保暖工作，每年春节、中秋等节假日的慰问、团拜工作，以及其他一些业余文化活动，使广大职工感觉到企业和社会对他们的关爱，更加热爱这份职业，更能在实现自身价值中充分展现职业道德风貌。

10.5　加强职业道德修养

当前我国社会职业道德方面存在的问题相当严重，凸显了加强职业道德修养的必要性和紧迫性。职业人员为了个人或小团体利益，违背职业道德的现象频频出现，如官场的"钱权交易"，市场的"缺德交易"，文场的"钱文交易"。一些政府官员以权谋私，将人民赋予的权力当作牟利的工具，严重影响了政府的公信力；医疗卫生行业，收受红包、回扣，乱开药，乱收费，草率误诊，小病大治，服务态度恶劣等现象屡禁不止；企业之间恶性竞争，制销售各种假冒伪劣商品，类似"染色馒头"、"地沟油"、"瘦肉精"、"毒奶粉"等事件屡屡发生，消费者利益甚至生命安全都受到了威胁；在建筑行业，施工单位围标、串纸、低价抢标，中标后，通过各种途径更改投标文件，违规建设、偷工减料、以次充好，以牺牲工程质量和安全为代价赚取利润，以致工程事故时有发生，建筑企业或个人的"挂靠"行为盛行，有资质的企业或工程师"以资质换收益"而不是通过提供技术服务来获取所得，这种行为容易造成工程质量劣质，给工程带来了安全隐患；学术界中，一些学者由于急功近利，捏造、篡改研究数据，抄袭他人成果，恶意一稿多投的行为也层出不穷，严重影响了学术尊严。我国正处在经济转型阶段，市场经济的自由交易带来经济的快速发展，然而，在利益面前，道德越来越被人们所忽视，各行各业的职业道德缺失问题愈演愈烈，这必然会阻碍我国经济社会的健康发展，企业和个人的自身发展也将会受到威胁。

职业道德修养，它是一个从业者头脑中进行的两种不同思想的斗争。用形象一点的话来说，就是自己重视思想建设，用儒家的话来说就是"内省"，也就是做好自我批评，发扬优点，改正缺点。正是由于这种特点，必须随时随地认真培养自己的道德情感，充分发挥思想道德上正确方面的主导作用，促使"为他"的职业道德观念去战胜"为己"的职业道德观念，认真检查自己的一切言论和行动，改正一切不符合社会主义职业道德的东西，才能达到不断提高自己职业道德的水平。

1. 加强职业道德修养的途径

首先，树立正确的人生观是职业道德修养的前提。其次，职业道德修养要从培养自己良好的行为习惯着手。最后，要学习先进人物的优秀品质，不断激励自己。职业道德修养是一个从业人员形成良好的职业道德品质的基础和内在因素。一个从业人员只知道什么是职业道德规范而不进行职业道德修养，是不可能形成良好职业道德品质的。

2. 加强职业道德修养的方法

（1）学习职业道德规范、掌握职业道德知识。

（2）努力学习现代科学文化知识和专业技能，提高文化素养。

（3）经常进行自我反思，增强自律性。

（4）提高精神境界，努力做到"慎独"。"慎独"一词出于我国古籍《礼记·中庸》："道也者，不可须臾离也，可离非道也。事故君子戒慎乎其所不睹，恐惧乎其所不闻。莫见乎隐，莫显乎微，故君子慎其独也"。意思是说，道德原则是一时一刻也不能离开的，时时刻刻检查自己的行动，一个有道德的人在独自一人，无人监督时，也是小心谨慎地不做任何不道德的事。在提倡"慎独"的同时，提倡"积善成德"。就是精心保持自己的善行，使其不断积累和壮大。我国战国时哲学家荀况曾说："积土成山，风土兴焉；积水成渊，蛟龙生焉；积善成德，而神明自得，圣心备焉。故不积跬步，无以至千里；不积小流，无以成江河。"高尚的道德人格和道德品质，不是一夜之间能够养成的，它需要一个长期的积善过程。

参 考 文 献

[1] 高丽荣，和燕. 建筑制图（第2版）. 北京：北京大学出版社，2013.

[2] 宋莲琴等. 建筑制图与识图（第3版）. 北京：清华大学出版社，2012.

[3] 王强、张小平. 建筑工程制图与识图（第2版）. 北京：机械工业出版社，2011.

[4] 中华人民共和国国家标准. 房屋建筑制图统一标准 GB/T 50001—2010. 北京：中国计划出版社，2010.

[5] 中华人民共和国国家标准. 总图制图标准 GB/T 50103—2010. 北京：中国计划出版社，2010.

[6] 中华人民共和国国家标准. 建筑制图标准 GB/T 50104—2010. 北京：中国计划出版社，2010.

[7] 中华人民共和国国家标准. 建筑结构制图标准 GB/T 50105—2010. 北京：中国计划出版社，2010.

[8] 国家建筑标准设计图集. 11G101-1，11G101-2，11G101-3.

[9] 颜宏亮. 建筑构造. 上海：同济大学出版社，2010.

[10] 李必瑜，魏宏杨，覃琳. 建筑构造（第5版）. 北京：中国建筑工业出版社，2013.

[11] 姜涌. 建筑构造：材料、构法、节点. 北京：中国建筑工业出版社，2011.

[12] 张正禄等. 工程的变形监测分析与预报. 北京：测绘出版社，2007.

[13] 魏静. 建筑工程测量. 北京：机械工业出版社，2008.

[14] 单辉祖. 材料力学（第2版）. 北京：高等教育出版社，2004.

[15] 中华人民共和国国家标准. 建筑结构荷载规范 GB 50009—2012. 北京：中国建筑工业出版社，2011.

[16] 龙驭球，包世华. 结构力学教程Ⅰ. 北京：高等教育出版社，2000.

[17] 周国瑾，施美丽，张景良. 建筑力学. 上海：同济大学出版社，2000.

[18] 哈工大理论力学教研室. 理论力学（第六版）Ⅰ、Ⅱ. 北京：高等教育出版社，2002.

[19] 王春阳. 建筑材料. 北京：高等教育出版社，2002.

[20] 潘延平. 质量员必读（第2版）. 北京：中国建筑工业出版社，2005.

[21] 中华人民共和国国家标准. 通用硅酸盐水泥 GB 175—2007. 北京：中国标准出版社，2007.

[22] 中华人民共和国国家标准. 钢筋混凝土用钢 GB 1499.1—2008. 北京：中国标准出版社，2008.

[23] 中华人民共和国国家标准. 建筑抗震设计规范 GB 50011—2010. 北京：中国建筑工业出版社，2010.

[24] 中华人民共和国国家标准. 建筑地基基础设计规范 GB 50007—2011. 北京：中国建筑工业出版社，2011.

[25] 中华人民共和国国家标准. 混凝土结构设计规范 GB 50010—2010. 北京：中国建筑工业出版社，2010.

[26] 中华人民共和国国家标准. 砌体结构设计规范 GB 50003—2011. 北京：中国建筑工业出版社，2011.

[27] 中华人民共和国行业标准. 高层建筑混凝土结构技术规程 JGJ 3—2010. 北京：中国建筑工业出版社，2010.

[28] 项建国. 建筑工程施工项目管理. 北京：中国建筑工业出版社，2005.

[29] 邓小平. 建筑工程项目管理. 北京：高等教育出版社，2002.

[30] 全国二级建造师执业资格考试用书编写委员会. 建设工程施工管理. 北京：中国建筑工业出版社，2007.

[31] 银花. 建筑工程项目管理. 北京：机械工业出版社，2011.

[32] 李玉芬、高宁. 建筑工程项目管理. 北京：机械工业出版社，2011.

[33] 成虎、陈群. 工程项目管理. 北京：中国建筑工业出版社，2009.

[34] 陆惠民，苏振民，王延树. 工程项目管理. 南京：东南大学出版社，2010.

[35] 全国一级建造师执业资格考试用书编写委员会. 建设工程项目管理. 北京：中国建筑工业出版社，2011.

[36] 全国二级建造师执业资格考试用书编写委员会. 建设工程施工管理. 北京：中国建筑工业出版社，2011.

[37] 姚谨英. 建筑施工技术（第 4 版）. 北京：中国建筑工业出版社，2012.

[38] 宁仁岐. 建筑施工技术（第 2 版）. 北京：高等教育出版社，2011.

[39] 郭正兴. 土木工程施工（第 2 版）. 南京：东南大学出版社，2012.

[40] 应惠清. 建筑施工技术（第 2 版）. 北京：高等教育出版社，2011.

[41] 陈守兰. 建筑施工技术（第 4 版）. 北京：科学出版社，2011 年.

[42] 本书编写组. 建筑施工手册（第 5 版）. 北京：中国建筑工业出版社，2012.

[43] 中华人民共和国行业标准. 建筑基坑支护技术规程 JGJ 120—99. 北京：中国建筑工业出版社，2005.

[44] 中华人民共和国国家标准. 大体积混凝土施工规范 GB 50496—2009. 北京：中国建筑工业出版社，2009.

[45] 中华人民共和国行业标准. 塔式起重机混凝土基础工程技术规程 JGJ/T 187—2009. 北京：中国建筑工业出版社，2009.

[46] 纪闯，冷超群，谢晓杰. 建筑法规. 南京：南京大学出版社，2013.

[47] 全国一级建造师执业资格考试用书编写委员会. 建设工程法规及相关知识. 北京：中国建筑工业出版社，2011 年.

[48] 全国二级建造师执业资格考试用书编写委员会. 建设工程法规及相关知识. 北京：中国建筑工业出版社，2011 年.

[49] 胡成建. 建设工程法规. 北京：中国建筑工业出版社，2009 年.

[50] 中国就业培训技术指导中心. 职业道德 国家职业资料培训教程. 北京：中央广播电视大学出版社，2007.

[51] 人才资源和社会保障部教材办公室. 职业道德（第 2 版）. 北京：中国劳动社会保障出版社，2009.